AF545784

Sara-Isabell Buch

Präsentieren können

Das neue Handbuch für authentische Präsentationen

Liebe Leserin, lieber Leser,

Sie kennen vermutlich das mulmige Gefühl, wenn Sie unmittelbar vor einem Vortrag stehen. Sie haben viel Zeit in die inhaltliche Ausarbeitung gesteckt, doch die Gestaltung der Folien überzeugt Sie nicht vollends. Haben Sie sich schon einmal gefragt, wie Sie Ihre Aussagen am besten strukturieren? Wie kommen Sie bei Ihrem Publikum an? Sie möchten authentisch und seriös wirken, aber durch Ihre plötzliche Nervosität droht Ihnen alles aus den Händen zu gleiten. Vermutlich sind Sie einfach froh, wenn Sie diese »Hürde« genommen haben.

Weil Sie dieses Szenario zukünftig vermeiden möchten, haben Sie zu diesem Buch gegriffen. Eine gute Wahl, denn hier bekommen Sie wirklich alles gezeigt, was Sie für einen guten Vortrag wissen müssen. Von den Grundlagen menschlicher Wahrnehmung über klares Präsentationsdesign und Elemente des Storytellings bis zur richtigen Köper- und Lautsprache behandelt Sara-Isabell Buch die wichtigen Elemente, die eine überzeugende Präsentation ausmachen. Die Inhalte sind nicht nur für »klassische« Vorträge geeignet, sondern lassen sich auch bei Online-Präsentation anwenden. Alles ist direkt in der Praxis umsetzbar und mit vielen Tipps und Tricks versehen. Egal, welcher Bereich für Sie relevant ist, hier werden Sie fündig.

Abschließend noch ein Wort in eigener Sache: Um die Qualität unserer Bücher zu gewährleisten, stellen wir bei Rheinwerk stets hohe Ansprüche an Autoren und Lektorat. Falls Sie dennoch Anmerkungen oder Vorschläge zu diesem Buch haben, so freue ich mich über Ihre Rückmeldung.

Nun wünsche ich Ihnen aber eine spannende Lektüre und viele erfolgreiche Vorträge!

Ihr Erik Lipperts
Lektorat Rheinwerk Computing

erik.lipperts@rheinwerk-verlag.de
www.rheinwerk-verlag.de
Rheinwerk Verlag · Rheinwerkallee 4 · 53227 Bonn

Wir hoffen, dass Sie Freude an diesem Buch haben und sich Ihre Erwartungen erfüllen. Ihre Anregungen und Kommentare sind uns jederzeit willkommen. Bitte bewerten Sie doch das Buch auf unserer Website unter **www.rheinwerk-verlag.de/feedback**.

An diesem Buch haben viele mitgewirkt, insbesondere:

Lektorat Erik Lipperts
Korrektorat Annette Lennartz, Bonn
Herstellung Vera Brauner
Typografie und Layout Vera Brauner
Einbandgestaltung Lisa Kirsch
Titelbild Shutterstock: 1694685166©fizkes, 2031749690©Rawpixel.com, 627628097©Africa Studio; Unsplash:©jess-bailey
Satz III-Satz, Kiel
Druck und Bindung Firmengruppe Appl, Wemding

Dieses Buch wurde gesetzt aus der PT Serif (9,5 pt/14 pt) in FrameMaker.

Gedruckt wurde es mit mineralölfreien Farben auf chlorfrei gebleichtem, FSC®-zertifiziertem Offsetpapier (90 g/m²).

Hergestellt in Deutschland.

Bibliografische Information der Deutschen Nationalbibliothek:
Die Deutsche Nationalbibliothek verzeichnet diese Publikation in der Deutschen Nationalbibliografie; detaillierte bibliografische Daten sind im Internet über *http://dnb.dnb.de* abrufbar.

ISBN 978-3-8362-9291-7

1. Auflage 2023

Informationen zu unserem Verlag und Kontaktmöglichkeiten finden Sie auf unserer Verlagswebsite *www.rheinwerk-verlag.de*. Dort können Sie sich auch umfassend über unser aktuelles Programm informieren und unsere Bücher und E-Books bestellen.

Inhalt

Vorwort
Wie alles begann ...

Weltweit werden täglich 30 Millionen Präsentationen gehalten. Das entspricht einer unglaublichen Präsentationsdichte von 1.250.000 Präsentationen alle 10 Minuten. Ein Grund mehr, sich mit diesem Thema genauer zu befassen.

Stell dir einmal folgende Situation vor: Du hast ein neues Werbekonzept ausgearbeitet und musst es nun vor deinem Kunden präsentieren, ihn von deiner Idee überzeugen und zur Umsetzung bewegen. Du bereitest gewissenhaft eine Präsentation vor, und am Tag X bist du voller Zuversicht und guter Dinge, da du dich top vorbereitet fühlst, schließlich bist du gedanklich alles tausendmal durchgegangen. Du überprüfst beim Ankommen kurz die Technik und machst noch einen Abstecher zum Organisator der Veranstaltung. Dieser freut sich bereits auf deinen Vortrag und erzählt dir freudig, wie viele daran teilnehmen werden. Schon schwindet die erste Zuversicht. Ein wenig beklommen begibst du dich zurück an deinen Platz, und die ersten zarten Zweifel beginnen an dir zu nagen.

Als es dann dunkel wird und dein Name aufgerufen wird, betrittst du mit zittrigen Beinen die Bühne und blickst in rund 50 erwartungsvolle Gesichter. In diesem Moment fragst du dich (leider auch nicht zum ersten Mal): Was mache ich überhaupt hier oben?

Du bist dankbar für das kleine, blickdichte Rednerpult, das an der äußeren Ecke der Bühne steht, zumindest etwas, um sich daran festzuklammern und deine zitternden Beine dahinter zu verstecken. Du schluckst und startest deine Präsentation. Deine Kehle fühlt sich fürchterlich trocken an. War das vorhin auch schon so?

Abbildung 1 Eine Präsentation zu halten gehört heutzutage zum normalen Arbeitsalltag und sollte beherrscht werden, um dich und deine Ideen überzeugend rüberzubringen.

Schon nach kurzer Zeit bemerkst du, dass höchstens die Zuschauer der ersten beiden Reihen noch aus Höflichkeit zuhören, während auf den hinteren Plätzen bereits die neuesten Katzenvideos auf Instagram kursieren oder Sitznachbarn sich angeregt unterhalten.

Du rast mit Tempo 180 durch deine Präsentation und hastest von einer Folie zur nächsten. Nach gefühlt 2 Stunden hast du es fast geschafft und befindest dich auf der Zielgraden. In Wahrheit sind aber gerade einmal 20 Minuten vergangen, wohlgemerkt die schlimmsten 20 Minuten deines Lebens! Du blickst in die Runde und betest insgeheim darum, niemand möge die Hand heben, um eine Frage zu stellen. Du hoffst, dass deine Zuhörer und Zuhörerinnen Mitleid mit dir haben und man dich endlich aus dieser schrecklichen Situation befreit.

Schier endlose Sekunden schweift dein Blick durch die Menge. Keine Hand hebt sich – Glück gehabt, denkst du. Dann ein kleiner Applaus, und du verlässt schnellstens, aber vor allem erleichtert die Bühne. Jetzt bloß nicht stolpern und zügig zurück an deinen sicheren Platz. Das Drama ist überstanden. Schon beginnt sich dein Gedankenkarussell zu drehen, und du fragst dich, ob es wirklich so schlimm war, wie es sich angefühlt hat, aber die Antwort lässt natürlich noch auf sich warten ...

Heute

Soll ich dir mal etwas verraten? Genauso erging es mir bei meiner allerersten Präsentation vor rund 50 Personen. Ich war unglaublich nervös und wurde von meinem damaligen Chef sprichwörtlich ins kalte Wasser geworfen. In meiner jungen Karriere als Grafikerin hatte ich bis zu diesem Zeitpunkt noch keinerlei Erfahrung in Sachen

Präsentation gesammelt und wohl jeden Fehler gemacht, den du dir nur vorstellen kannst. Zwar wurde mein Marketingkonzept am Ende genommen und umgesetzt (so schlecht kann die Präsentation also nicht gewesen sein), aber die Art, wie ich es präsentiert hatte und vor allem wie ich *mich* präsentiert hatte, waren alles andere als zufriedenstellend und – wenn ich ehrlich bin – auch ein wenig beschämend.

Seitdem sind rund neun Jahre vergangen, und in dieser Zeit habe ich intensiv an meinen Präsentationsskills gearbeitet, sie verfeinert und meinen eigenen Workflow für die Vorbereitung entwickelt. Damals habe ich mir geschworen, nie wieder in eine für mich so peinliche Situation zu kommen und Gefahr zu laufen, dass ich meine Idee bzw. meine Kernbotschaft nicht rüberbringen kann.

Mit den Mitteln der Kommunikation habe ich gelernt, meine Präsentationen informativ, aber vor allem authentisch aufzubauen, um meine Zuhörerinnen und Zuhörer zu überzeugen. Dabei nutze ich mittlerweile die volle Bandbreite der mir zur Verfügung stehenden Methoden und Werkzeuge. Vom *Elevator Pitch* bis hin zu *Kommunikationsmodellen* (DISG-Modell) und *Kundentypologien* reichere ich meine Präsentationen und die Art und Weise, wie ich sie präsentieren will, mit all jenen Dingen an, die ich dir in den folgenden Kapiteln vorstellen möchte, damit du deine Präsentationen auf soliden Beinen aufbauen kannst.

Was dich erwartet

In **Kapitel 1**, »Wofür brauchen wir Präsentationen?«, beleuchte ich zunächst einmal den historischen Kontext, und du lernst die Bedeutung von Präsentationen kennen.

Um Ideen und Projekte besser präsentieren zu können und um deine Botschaft klar zu kommunizieren, ist es ebenfalls wichtig zu verstehen, wie unser Verstand Informationen aufnimmt und verarbeitet. Nur wenn du die Grundzüge der Wahrnehmung verstehst, kannst du Lösungen entwickeln, um komplexe Informationen oder Botschaften auf einfache Art und Weise zu decodieren und zu präsentieren. **Kapitel 2**, »Die Grundprinzipien unserer Wahrnehmung«, liefert dir kurz und knapp alle nötigen Informationen dazu.

Bevor es an die Feinheiten der Gestaltung geht, fängt es erst einmal mit einer Geschichte an. **Kapitel 3**, »Storytelling – die Würze deiner Präsentation«, stellt dir alle notwendigen Kenntnisse vor, um nicht nur spannende Geschichten zu erzählen, sondern auch solche, die emotional berühren und überzeugen. Ich zeige dir in diesem Kapitel, wie du spannende Geschichten findest, wie du einen Spannungsbogen aufbaust und welche Bausteine nötig sind, um deine Geschichte zu erzählen.

Wir alle wurden bereits Opfer schlecht gemachter und fertig vordefinierter Präsentationen, die auf einem Irrtum in der Auffassung von Design beruhen. Dabei ist Design ein wichtiger Botschafter, der deine Aussage visuell unterstützen und nicht überfordern sollte. Natürlich darf der grafische Aspekt nicht fehlen. Die Optik der Präsentation ist wichtiger denn je. Denn mit einer gut gemachten Präsentation transportierst du nicht nur die Idee, sondern auch dich selbst. Sie vertritt dein Image und das Bild, das du von dir selbst hast, nach außen. *Authentizität* lautet hier das Stichwort. Ich zeige dir in **Kapitel 4**, »Erwecke deine Präsentation zum Leben«, wie du deine Präsentation klar und einfach aufbaust und eine Mastervorlage erstellst, auf die du immer wieder zurückgreifen kannst. Ziel ist es, das volle Potenzial eines Präsentationsdesigns für dich zu nutzen. Ich erkläre dir hierzu grundlegenden Basics. Dazu gehören unter anderem Farbe, Stil, Komposition und Typografie. Das Kapitel liefert die Grundlagen dafür, um schöne, authentische, aber vor allem effektive Präsentationen von Grund auf zu gestalten. Die darin erklärten Designprinzipien sind auch relevant für Themen wie *Brand Design* oder der Präsentation von *Visual Brands*.

Auch die Darstellung wichtiger Daten, Fakten und Zahlen will gelernt sein. Deswegen widmen wir uns in **Kapitel 5**, »Vereinfache komplexe Geschichten mithilfe von Visuals«, auch den Design- und Hierarchieprinzipien, um die gängigsten Diagrammarten zu erstellen.

In **Kapitel 6**, »Vor Publikum sprechen – finde deinen Flow«, geht es dann an die große Aufgabe, deine Idee, dein Projekt oder dein Produkt in bestmöglichem Licht darzustellen und zu präsentieren. Dieses Kapitel geht der Frage nach, was es braucht, um ein guter Redner oder eine gute Rednerin zu sein und um das Publikum zu begeistern – authentisch und professionell. Mithilfe von Storytelling wird die Präsentation vorgetragen. Es sind Geschichten, die bei den Zuhörern hängen bleiben, nicht nur reine Fakten. Die Zeiten, in denen die Präsentationsfolien voll mit Text und Diagrammen waren, sind längst vorbei. Es kommt auf die perfekte Mischung an.

Kurz vor der Präsentation muss alles perfekt sein. In **Kapitel 7**, »Vor der Präsentation«, werden die Weichen für eine technisch einwandfreie Präsentation gestellt, die mit Bild und Ton überzeugt. Du betrittst mit diesem Kapitel die Bühne der Präsentation.

Spannend wird es in **Kapitel 8**, »Kommunikationstechniken für eine kreative Präsentation«, denn hier erhältst du geballtes Wissen zum Thema Kommunikation und Psychologie. Oder anders ausgedrückt: Beherrsche Körper- und Lautsprache, um die Zuhörerinnen und Zuhörer mit deiner nächsten Idee zu fesseln. Grundlagenwissen über Kommunikationswissenschaften sowie psychologische Grundkenntnisse helfen dir dabei, Ideen und Emotionen erfolgreich zu kommunizieren und dein Gegenüber emotional zu erreichen und zu leiten. Kommunikation ist gewollt und verfolgt eine klare Botschaft, die du mit deiner Präsentation transportieren willst. Zusätzlich erklärt das Kapitel, wie Superhelden dabei helfen, die Kunden besser zu verstehen und für dich zu gewinnen.

Viele Wege führen nach Rom. Und so gibt es auch viele Möglichkeiten, um die Aufmerksamkeit des Publikums für sich zu erringen. **Kapitel 9**, »Aufmerksamkeit erzeugen«, beleuchtet genau diese Aspekte und zeigt Möglichkeiten und Methoden auf, wie du deine Präsentation auf den Punkt bringst, ohne langweilig zu wirken. Dabei helfen neben sprachlichen Mitteln auch die klassischen Methoden wie die *AIDA*-, *KISS*- und *PAS-Formel*. Auch ein gewisses schauspielerisches Talent kann dabei helfen, zu überzeugen. Dies zeige ich dir an mehreren Best-Practice-Beispielen.

Die Pandemie hat die Art und Weise, wie wir interagieren und miteinander kommunizieren, nachhaltig verändert und geprägt. Aus Präsenzpräsentationen wurden Onlinepräsentationen und -meetings. Die Regeln des Spiels haben sich enorm geändert. Da die Körpersprache, bedingt durch den kleinen Bildausschnitt, beschränkt ist, gilt es, auf andere Art und Weise zu überzeugen. In **Kapitel 10**, »Der große Onlineauftritt – überzeuge im digitalen Show-down«, geht es genau um diese veränderten Bedingungen und wie du sie für dich nutzen kannst, um dich und deine Idee überzeugend darzustellen.

Die letzten vier Kapitel liefern dir zum Schluss noch jede Menge Tipps und Tricks, um nicht nur deinen Workflow zu beschleunigen, sondern auch das Maximum aus deiner Präsentation zu holen.

Nach der Präsentation ist vor der nächsten. **Kapitel 11**, »Nach der Präsentation«, beleuchtet die wichtigsten Aspekte und To-dos, die es nach der Präsentation zu beachten gilt.

Speziell für die Grafiker unter uns habe ich anhand eines Beispielprojekts, das dich im gesamten Verlauf des Buches begleiten wird, die Präsentation eines Brand-Projekts in den Fokus gerückt. Näheres dazu erfährst du in **Kapitel 12**, »Präsentationen von Brand-Projekten«.

Du gehörst nicht zu den Grafikern dieser Welt? Kein Problem, denn in **Kapitel 13**, »Präsentieren wie die Profis«, gehe ich gezielt auf weitere spezielle Gruppen ein, die oft mit dem Thema Präsentation in Berührung kommen. So zeige ich etwa, wie Coaches, Trainer und Berater ihre Präsentation mithilfe von Visuals und Sketchnotes aufwerten können. Du liebst Zahlen, Daten und Fakten? Auch dafür zeige ich Mittel und Wege, wie du diese spannend präsentieren kannst. Und dann wären da noch die Lehrer, Schüler und Studenten, für euch habe ich ebenfalls zahlreiche nützliche Tipps zusammengestellt.

In **Kapitel 14**, »Tipps und Tricks für die Zukunft«, habe ich dir Tastenkürzel und Organisationstools zusammengestellt, mit deren Hilfe du Präsentationen effektiv und schnell erstellen kannst. Wie ein kleiner Keks dir dabei helfen kann, deine Angebote optimal aufzubauen und zu präsentieren, wird ebenfalls Teil dieses Kapitels sein. Nur so viel vorweg, besorg dir schon einmal eine Rolle Oreo-Kekse als Inspiration.

Zum Schluss möchte ich dir noch einen kleinen Denkansatz mit auf den Weg geben:

Präsentationen sind zu einer hohen Kunst im Arbeitsalltag geworden, die – richtig eingesetzt – deine Botschaft in die Welt hinaustragen und am Ende des Tages dein Publikum überzeugen können.

Nutze dieses mächtige Instrument, um deine Kunden, Vorgesetzten und Kollegen mit deiner Idee, deinem Projekt oder deiner Botschaft zu fesseln. Das nötige Know-how dafür gebe ich dir mit auf den Weg. Nutze es weise und betritt im Anschluss die Bühne für deine nächste große oder kleine Präsentation.

Doch das Allerwichtigste von all dem, was ich dir gleich erklären und zeigen werde, ist, dass du an dich und deine Botschaft glaubst, der Rest ist reine Technik, die du lernen kannst. Also, worauf wartest du noch? Stürz dich nun in die aufregende Welt der Präsentationen!

Kapitel 1
Wofür brauchen wir Präsentationen?

»Wenn man es nicht einfach erklären kann, versteht man es nicht gut genug.« – Albert Einstein

So fängt sie also an – deine aufregende Reise, rund um das Thema Präsentation, an dessen Ende du nicht nur ansprechende, sondern vor allem authentische Präsentationen erstellen und vortragen kannst. Präsentationen sind aus unserer heutigen Zeit nicht mehr wegzudenken. Tagtäglich werden zu den verschiedensten Themen Präsentationen gehalten. Man geht aktuell davon aus, dass an einem Tag im Schnitt mehrere Millionen Präsentationen gehalten werden. Und das weltweit!

Eine unglaubliche Zahl. Du siehst also, dass das Thema gar nicht so irrelevant ist, wie man es möglicherweise zunächst glauben könnte. Auch wenn mein Arbeitsalltag nicht aus täglich zehn Präsentationen besteht, so kann ich dennoch die Techniken, Tools und Methoden, die ich dir auf den folgenden rund 490 Seiten zeigen und erklären möchte, für meine tägliche Arbeit nutzen. Und sei es auch nur, um eine Kundin am Telefon oder einen Kollegen im Büro von etwas zu überzeugen.

Bevor ich nun in die Materie einsteige, ist es wichtig zu wissen, woher überhaupt Präsentationen kommen und welchem Umstand sie ihren Siegeszug verdanken. Schauen wir uns also einmal den historischen Kontext etwas genauer an.

1.1 Woher kommen Präsentationen und warum präsentieren wir?

Im Vergleich zu früher haben wir heutzutage extrem viele Möglichkeiten, um eine Präsentation innerhalb von Minuten mit wenigen Klicks zusammenzustellen. Die vielen verschiedenen Präsentationssoftwares, allen voran Microsoft PowerPoint und Apple Keynote, machen es möglich. Doch das war nicht immer so.

Schauen wir uns zunächst einmal die Definition des Wortes Präsentation genauer an. Unter einer Präsentation versteht man ein visuelles Werkzeug, das uns dabei unterstützen soll, Menschen Geschichten zu erzählen. Es ist eine Vortragsform, die in einem besonderen Maße die Zuhörer und Zuhörerinnen aktiv miteinbezieht. Sie ist nicht per se ein Monolog, wie es bei einer Rede oder einem Referat der Fall ist. Vielmehr bietet die Präsentation die Möglichkeit, direkt in einen Dialog mit dem Publikum zu treten. Man könnte auch sagen, dass sie eine schwächere Form des Workshops ist.

Richtig eingesetzt, kann die Präsentation zu einem wahren Türöffner werden, der dir nicht nur neue Aufträge und Kunden einbringen kann, sondern es dir ebenfalls ermöglicht, dich als Spezialist*in auf deinem Gebiet zu positionieren und zum Beispiel als Speaker groß herauszukommen.

Mit Präsentationen werden Botschaften kommuniziert. Wenn man so will, könnte man auch die ersten Höhlenmalereien als eine Art Präsentation verstehen. Doch so weit würde ich nicht gehen. Es gibt nämlich einen weiteren wesentlichen Aspekt, der meiner Meinung nach ebenfalls eine Präsentation ausmacht. Das Ziel einer Präsentation ist es nämlich immer, eine Form von Wissen zu vermitteln. Demnach kann man ruhigen Gewissens sagen, dass der Ursprung der Präsentation in den Schulen liegt. Denn wo, wenn nicht hier, war und ist es das Ziel, Wissen zu vermitteln? Das Tafelbild war die erste *visuelle Präsentation* überhaupt. Der Lehrer hat vorgetragen und mit seinem Zeigestock die entsprechenden Stellen hervorgehoben, während die Schüler das Wissen brav in sich aufgesogen haben.

Abbildung 1.1 Der Ursprung der Präsentationen, wie wir sie heute kennen, liegt in den Anfängen der Wissensvermittlung in Schulen.

So weit, so gut. Natürlich blieb es nicht bei einem Tafelbild. Der nächste Schritt in der Entwicklung der Präsentation waren vorgefertigte Zeichnungen auf großen Bögen Papier – den Vorläufern der *Flipcharts*. Diese wurden von John Henry Patterson erfunden, der von 1867 bis 1947 lebte und in der britischen Armee gedient hat. Er präsentierte seinen Soldaten auf den Flipcharts die Angriffsstrategien. Die vorgefertigten Zeichnungen sind vergleichbar mit einem riesigen Notizbuch, das man umblättert, um von einer erstellten Illustration zur nächsten zu kommen. Dieses Medium war nicht nur in Schulen beliebt, die Technik wurde auch bald in Büros adaptiert und erfreute sich bei Geschäftsterminen immer größerer Beliebtheit.

Kennst du die Serie »Mad Men«? Sie handelt von der fiktiven New Yorker Werbeagentur Sterling Cooper, ihren Mitarbeitern und deren Angehörigen in den 1960er Jahren. Im Mittelpunkt steht der ehrgeizige und erfolgreiche Werbefachmann Don Draper. In dieser Serie kann man sehr schön weitere wichtige Schritte in der Entwicklung der Präsentation sehen. So wurden die von Sterling Cooper entwickelten Werbekonzepte beispielsweise auf großen Pappen präsentiert. Dies war früher eine sehr beliebte Präsentationsform in der Werbebranche. Es gibt sogar noch heute Werbeagenturen, die ihre Präsentationen um derartige Pappen ergänzen. Auch ich habe schon mit diesen »schwarzen Pappen« gearbeitet.

Abbildung 1.2 Don Draper benutzt für seine Präsentation die damals sehr beliebten schwarzen Pappen, um seine Idee dem Kunden zu zeigen. (Quelle: www.youtube.com/watch?v=iDzZg3OE3B8)

Der nächste Schritt ließ nicht lange auf sich warten, um 1961 folgte das sogenannte *Kodak-Karussell*, der Vorläufer der heutigen *Diaprojektoren*. Auch der *Overheadprojektor,* der seit 1960 auf dem Markt war, erlangte im Laufe der Zeit einen immer größeren Stellenwert in der Präsentationstechnik, und zum ersten Mal überhaupt begann man damit, Präsentationsfolien zu gestalten.

Das Aussehen der Folien wurde immer wichtiger. Sie nahmen sogar fast denselben Platz wie die Printwerbung zu der damaligen Zeit ein. Auch wenn wir uns auf unsere eigene Schulzeit zurückbesinnen, wird sich der eine oder die andere sicherlich noch an die mal mehr oder weniger geglückten selbst erstellten Overheadfolien der Lehrer erinnern.

Vor 1987 waren die Folien echte Handarbeit, und der Beruf des Foliendesigners war ein eigener Berufszweig. Zunächst wurden die Inhalte auf Papier gestaltet. Anschließend wurden sie abfotografiert und auf den Film übertragen. Diese *Dias* wurden in einem weiteren Schritt zugeschnitten und in die dafür vorgesehenen Rahmen gelegt. Dadurch war die Herstellung der Folien nicht nur sehr aufwendig, sondern auch zeitintensiv und kostspielig.

Abbildung 1.3 Eine weitere Form in der Entwicklung der Präsentation waren die sogenannten Dias, die früher gleich für mehrere Präsentationen angefertigt wurden.

Doch mit den fortschreitenden technischen Neuerungen ging Schritt für Schritt die analoge Kunst in die digitale über, bis der nächste große Meilenstein in der Entwicklung der Präsentation folgte. Das Jahr 1987 läutete die Wende im Präsentationsdesign ein. Es war das Jahr, in dem Microsoft sein Programm *PowerPoint* auf den Markt brachte. Zunächst stand das Programm nur den Kreativstudios und Werbeagenturen zur Verfügung, da diese in der Regel schon über einen Computer verfügten. Die erste Version des Programms war im Übrigen schwarzweiß.

Interessant ist, dass die Diadesigner schnell erkannten, wohin die Reise gehen würde, und auf den Erfolgszug PowerPoint aufsprangen. Und obwohl Computer benutzt wurden, wurden die Folien zunächst weiterhin auf Dias übertragen. Zehn Jahre lang war PowerPoint die einzige Präsentationssoftware am Markt. So hatte man wenig Möglichkeiten, selbst eine ansprechende Präsentation zu erstellen. In der Regel wurden teure Designagenturen mit der Anfertigung von Präsentationen beauftragt. Schon damals gab es einen großen Bedarf daran. Besonders Organisationen und Unternehmen wollten ihre Vorträge visuell unterstreichen, um sich besser von der Konkurrenz abzuheben.

Wenn wir uns dagegen die heutigen Möglichkeiten ansehen, scheinen diese schier grenzenlos zu sein. Jeder von uns hat Zugriff auf entsprechende Programme und Medien. Die moderne Technik macht es möglich, und das 24/7.

Präsentationen werden mittlerweile überall genutzt, sei es auf Veranstaltungen, Tagungen oder Konferenzen. Doch alles begann ganz klein in einem Klassenzimmer, in dem Wissen an Schüler und Schülerinnen vermittelt werden sollte. Doch damit ist noch lange nicht Schluss. Auch die Präsentation entwickelt sich stetig weiter und greift immer wieder neue Trends auf. So werden heutzutage nicht nur Sounds, Musik, Animationen oder Effekte eingefügt, vielmehr werden Präsentationen zu kompletten Erlebniswelten, die über die reinen Foliendarstellungen hinausgehen, ganz nach dem Motto: höher, schneller, weiter.

1.2 Dos and Don'ts einer guten Präsentation

Vieles, was wir heutzutage als Design bezeichnen, hat diesen Titel gar nicht verdient. Da werden einfach sämtliche Effekte, Inhalte, Bilder etc. auf eine Folie gepackt, und fertig ist das Design. Doch so einfach ist das nicht. Ein gutes Präsentationsdesign will durchdacht sein, und es gilt, die ein oder andere Stolperfalle zu umgehen. Damit du nicht genau in eine solche Falle tappst, habe ich dir im Folgenden eine Liste mit Dos and Don'ts zusammengestellt.

Wie du bereits gelesen hast, ist eine Präsentation ein visuelles Medium, dementsprechend sollte dein Design auch so visuell wie möglich sein. Das bedeutet, dass deine Folie nicht vor Text überquellen sollte. Der Weißraum ist dafür da, um ihn zu nutzen. Beschränke dich also auf die wirklich relevanten Inhalte. Das betrifft im Übrigen auch die Bilder. Hier wird oft der Fehler gemacht, dass die Bilder nicht in komprimierter Qualität in die Präsentation eingefügt werden. Die Folge ist, dass die Datei unnötig aufgeblasen wird. Das kann zu einem Problem werden, beispielsweise wenn du die Präsentation per E-Mail versenden möchtest.

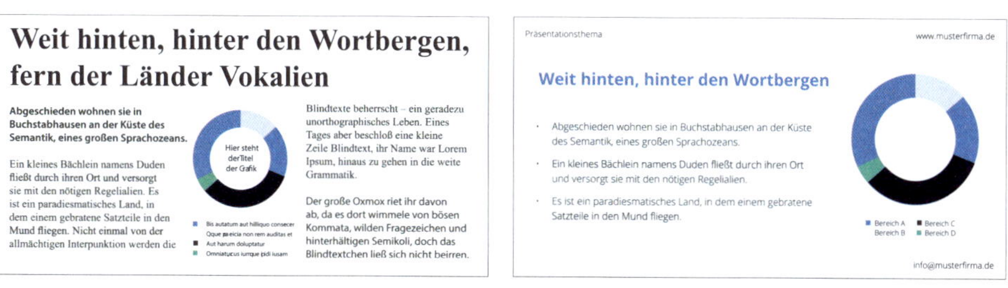

Abbildung 1.4 Links ein Beispiel für eine zu vollgepackte Folie: Die Betrachter wissen nicht, wo sie als Erstes hinsehen sollen. Auf der rechten Seite ist die Folie aufgeräumt mit einer klaren Blickführung.

Ein nächster Fehler, der oft gemacht wird, ist der, mit unleserlichen Schriften zu experimentieren. Ja, ich weiß, es gibt viele tolle Schreibschriften im Internet, und am liebsten würde man viele davon nutzen. Aber ich bitte dich, lass die Finger davon. Schreibschriften haben als Fließtext nichts in deiner Business-Präsentation zu suchen. Dein Publikum wird sich damit extrem schwertun beim Lesen, und die Aufmerksamkeit schwindet dahin. Das sollte niemals dein Ziel sein.

Mein Tipp: Verwende am besten eine serifenlose Schriftart, also *Sans Serif*. Damit liegst du in der Regel goldrichtig.

Serifenlose Schrift (Sans Serif)

Wird bei einer Schriftart der Name Sans Serif ergänzt, handelt es sich um eine serifenlose Schrift. In Fachkreisen ist auch die Bezeichnung »serifenlose Linear-Antiqua« gängig. In der Mikrotypografie bezeichnet man eine kurze dünne Linie auf den Linien von Buchstaben und Zeichen, quer zu seiner Grundrichtung als Horizontalstrich als Serifen. In Abschnitt 4.1.2, »Grundlagen der Typografie«, gehe ich noch genauer auf diese Thematik ein.

Abbildung 1.5 Zu verspielte Schriften erschweren das Lesen. Verwende lieber eine klare, serifenlose Schrift.

Gerade wenn man am Anfang seiner Präsentationskarriere steht, macht man gerne den Fehler, zu wenige Folien zu benutzen. Da werden lieber sämtliche Fakten auf eine Folie gestellt. Doch dass du nun dieses Buch in Händen hältst und es aufmerksam durcharbeitest, zeigt mir, wie wichtig es dir ist, mit deiner Präsentation einen guten Eindruck zu hinterlassen.

Du brauchst in Zukunft keine Angst davor zu haben, zu viele Folien zu benutzen. Es ist sogar ratsam, für jede Idee und jeden Gedanken immer eine eigene Folie zu erstellen. Dadurch erzielst du eine gewisse Ordnung und überforderst dein Publikum nicht mit zu viel Informationen auf einer Folie.

Wenn man sich verschiedene Präsentationsratgeber ansieht, kommt man zwangsläufig auch zu dem Punkt *Effekte und Übergänge*. Ich will ganz ehrlich sein, ich bin kein großer Fan davon. Besser ist es, wenn du nicht zu viele davon benutzt, denn auch hier gilt wie so oft: Weniger ist mehr. Bei meinen Präsentationen verzichte ich weitestgehend darauf. Man sollte Effekte nur dann benutzen, wenn sie unbedingt nötig sind, und dann auch immer nur ein und denselben. Sonst besteht die Gefahr, dein Publikum zu sehr zu verwirren. Maximal zwei bis drei Effekte dürfen es sein.

Der nächste Punkt, den ich ansprechen möchte, ist im eigentlichen Sinn kein direktes No-Go, sondern vielmehr ein gut gemeinter Rat. Es handelt sich um die Verwendung von *Bullet Points*. Ich finde, Bullet Points sind heutzutage extrem abgenutzt und geben optisch auch nicht sehr viel her. Sie sind einfach abgedroschen. Versuche stattdessen lieber Grafiken, Symbole oder kleinere Illustrationen zu verwenden. Sie werten dein Design nicht nur optisch auf, sie zeugen auch davon, dass dir deine Präsentation wichtig ist und du möchtest, dass sie etwas hermacht. Es mag nach nicht viel klingen, aber unbewusst wirkt sich dies positiv auf deine Zuhörerinnen und Zuhörer aus.

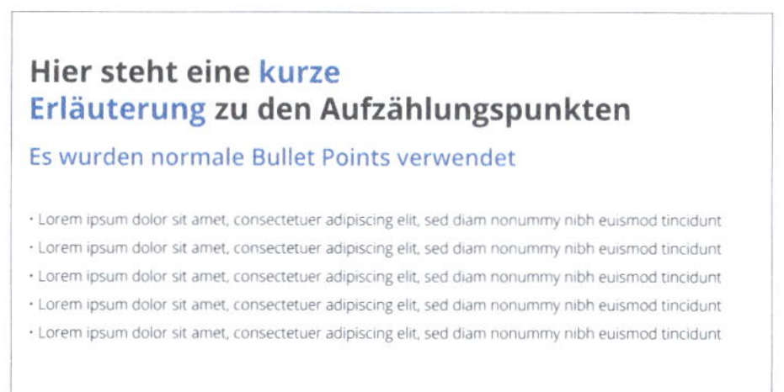

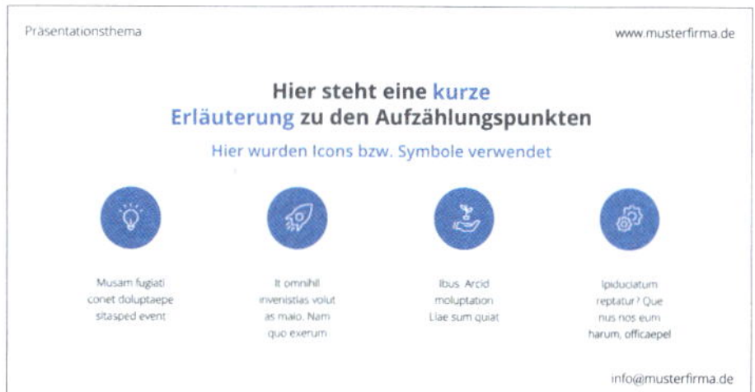

Abbildung 1.6 Langweilige Bullet Points waren einmal. Mit Icons und Symbolen bringst du Schwung und das gewisse Etwas in deine Aufzählung.

Ein weiterer Punkt, der etwas mit der Optik zu tun hat, sind *Textblöcke*. Wenn du mit Textblöcken arbeitest, erzielst du eine gewisse Gliederung und gibst deinem Publikum eine bestimmte Leserichtung vor. Und noch einmal, deine Präsentation sollte so visuell wie möglich sein.

Viele achten bei der Erstellung einer Präsentation gar nicht auf die verwendeten *Farbkontraste*. Ich habe schon Präsentationen gesehen, die hatten einen schwarzen Hintergrund und es wurde mit roter Schrift gearbeitet. Wenn du so etwas siehst, sollten eigentlich sämtliche Alarmglocken in deinem Kopf schrillen und aufschreien. Ein schwarzer Hintergrund ist ja nicht kategorisch schlecht, aber wenn du so einen unbedingt benutzen möchtest, dann bitte in Zukunft nur mit weißem Text.

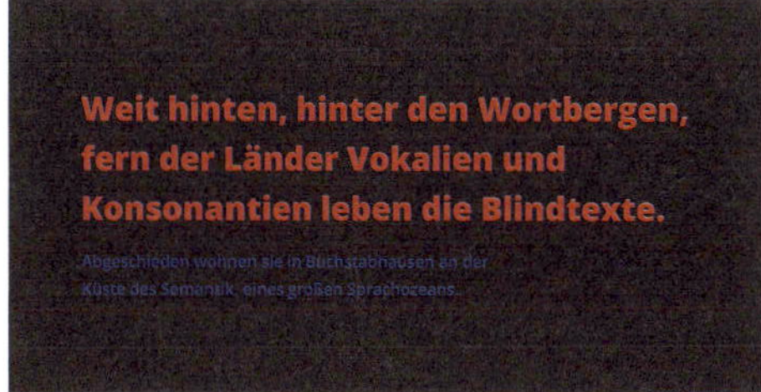

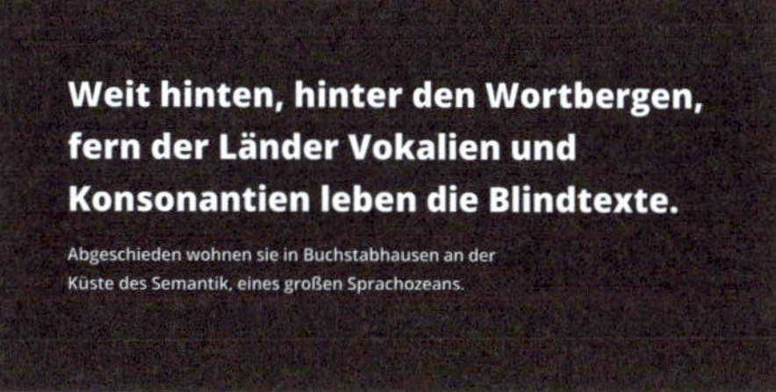

Abbildung 1.7 Achte auf einen ausreichenden Kontrast zwischen Hintergrund und Text, um die Lesbarkeit deiner Texte und Aufzählungspunkte jederzeit zu gewährleisten.

Womit du auch immer innerhalb deiner Präsentationen punkten kannst, sind *Grafiken und Diagramme*, die komplexe Sachverhalte leicht und verständlich erklären. Wie du solche Grafiken, Diagramme etc. selbst erstellen kannst, erkläre ich dir ausführlich in Kapitel 5, »Vereinfache komplexe Geschichten mithilfe von Visuals«). Aber auch hier gilt: Überlade deine Folien nicht damit. Ebenfalls ein sehr schönes stilistisches Mittel sind *visuelle Metaphern*, um komplexe Konzepte darzustellen. So fällt es deinem Publikum leichter, Zusammenhänge zu verstehen.

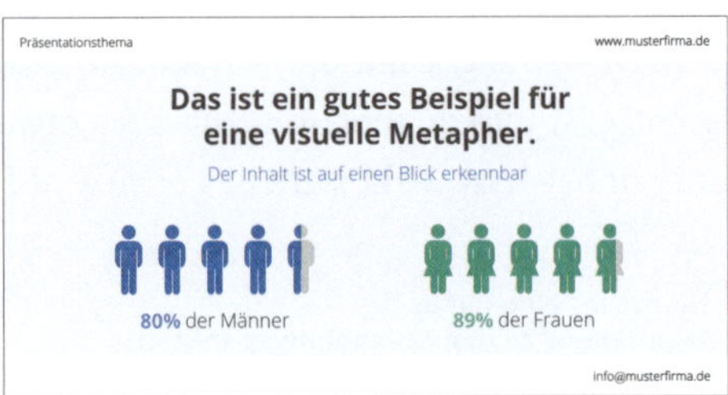

Abbildung 1.8 Richtig eingesetzt, können visuelle Metaphern dabei helfen, Informationen auf einen Blick zu erfassen.

Eine weitere Stolperfalle, über die du in Zukunft hoffentlich nicht mehr stolpern wirst, sind *Bilder*. Richtig eingesetzt, transportieren deine Bilder nicht nur Informationen, sondern auch Emotionen. Deshalb mein Rat an dieser Stelle: Investiere ruhig ein wenig mehr Zeit in die Recherche nach dem richtigen Bildmaterial. Gib dich nicht mit dem erstbesten Suchergebnis ab. Neben einem direkten Bezug zur Präsentation sollte das Bild auch über eine entsprechende Qualität verfügen. Du wirst sehen, die Suche nach dem richtigen Bild wird sich auszahlen. Hier gilt ganz klar: Qualität vor Quantität. Verwende nicht die Bilder, die jeder benutzt, nur um des Bildes willen. Das wird auf Dauer nicht funktionieren.

Was an dieser Stelle natürlich am besten ist, wenn du selber Bilder erstellst. So kannst du nicht nur sicher sein, dass nur du dieses Bild besitzt, sondern du bist auch rechtlich auf der sicheren Seite. Außerdem kannst du diese Bilder ebenfalls für deine gesamte Kommunikation und deine Kommunikationskanäle verwenden und hebst dich somit von deinen Mitbewerbern weiter ab – ein *Alleinstellungsmerkmal*.

Zum Abschluss noch ein absolutes No-Go: Verwende niemals Folien aus verschiedenen Präsentationen in einer, ohne die Folien optisch anzupassen. Hier ist es für mich ein absolutes Muss, auf einen *einheitlichen Look* zu achten. Deine Präsentation wirkt dadurch nicht nur hochwertiger, sondern auch die Wirkung auf dein Publikum wird eine andere sein.

Abbildung 1.9 Erstelle eigene Bilder, um dich von der Masse abzuheben. Anstatt ein Bild mit einer Glühbirne herauszusuchen, wurde hier ein eigenes Konzept zum Thema Heureka umgesetzt.

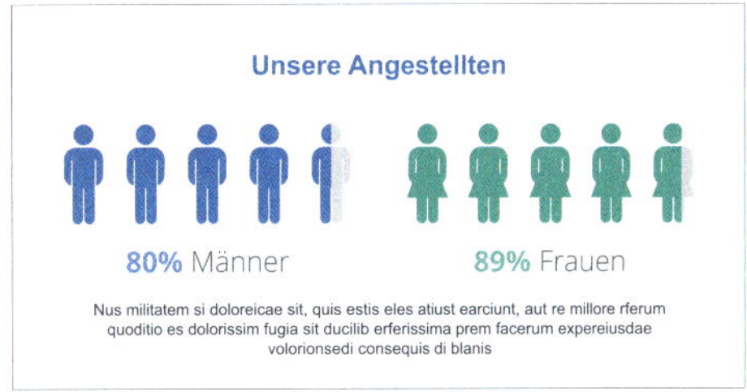

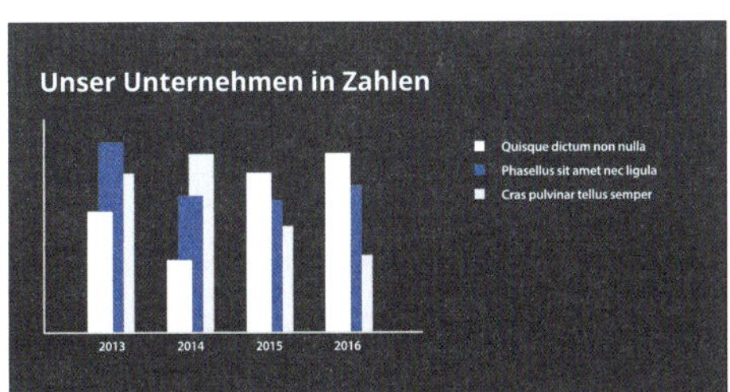

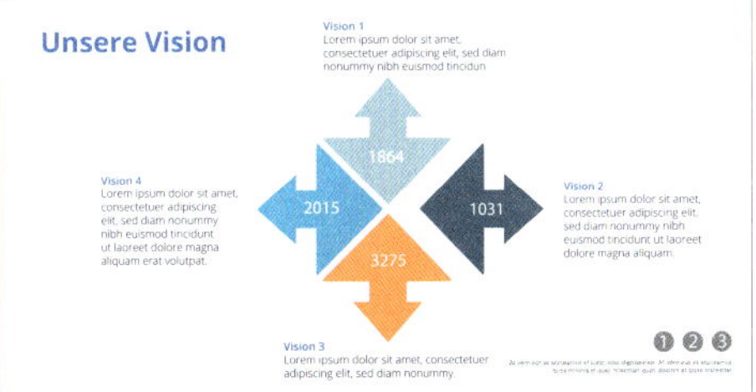

Abbildung 1.10 Ein Beispiel dafür, wie schlecht wild zusammengewürfelte Folien wirken

Merk dir also, dass die Typografie, die verwendeten Farben oder ganz allgemein gesprochen der Stil deiner Präsentation einheitlich bleiben sollten. Dadurch wirkt sie nicht nur kohärent, sondern auch sauber und ordentlich.

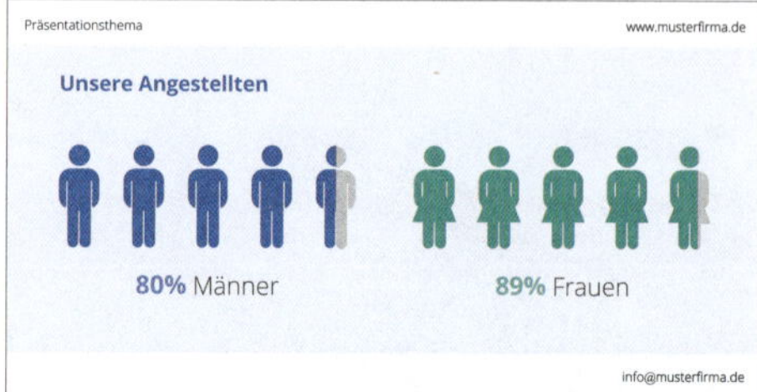

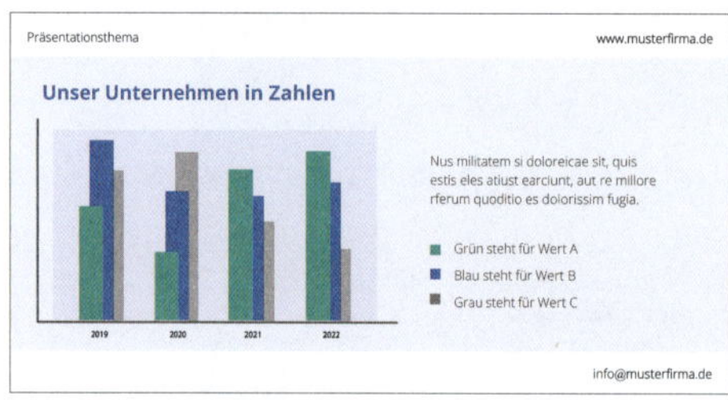

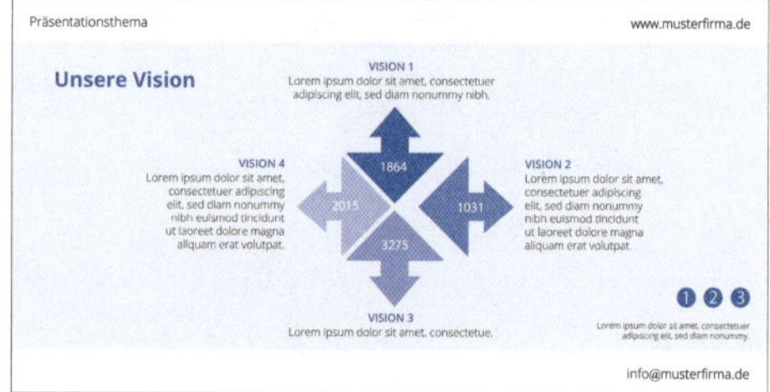

Abbildung 1.11 Dieselben Folien, aber vom Stil her einheitlich angepasst

Am Ende dieses Abschnitts möchte ich dir noch einmal eine Checkliste mit den wichtigsten Punkten zum Thema gute und schlechte Präsentation mit auf den Weg geben.

Was macht eine schlechte Präsentation aus?

Folgende Dinge werden dein Publikum nicht überzeugen können:

Struktur der Präsentation

- Unordnung und langweiliger Inhalt
- mangelhafte Vorbereitung
- zu viele Informationen, die nicht auf die Zuhörer zugeschnitten sind

Vortragende Person

- Nuscheln, Stammeln oder Schreien
- monotone Stimmlage, der jegliche Emotion fehlt
- immer wieder auf die eigenen Gesprächsnotizen schauen
- die Technik nicht beherrschen
- auf der Bühne direkt vor der Präsentation stehen ohne Augenkontakt zum Publikum
- vom Blatt oder der Leinwand ablesen

Digitale Präsentation

- zu viele Effekte und Übergänge
- keine passenden Grafiken oder alberne Clip Arts
- zu viel oder zu kleiner Text auf der Folie
- kein einheitlicher Stil und Look der Präsentation
- unlogische Reihenfolge der Folien

Was macht eine gute Präsentation aus?

In den nachfolgenden Kapiteln werde ich noch genauer auf die einzelnen Punkte eingehen und dir zeigen, wie du authentische und grafisch ansprechende Präsentationen erstellen kannst. Denn jede Präsentation hinterlässt bei deinem Publikum eine gewisse Wirkung. Diese kann positiv, negativ oder neutral sein. Du hast es selbst in der Hand, dass dieser Eindruck positiv ist.

Die oben genannten Punkte solltest du natürlich vermeiden. Denk dabei auch an folgende Punkte:

- Die Inhalte sollten interessant und spannend sein.
- Die Inhalte sollten auf deine Zuhörer und Zuhörerinnen zugeschnitten sein.
- Eine klare und nachvollziehbare Struktur sollte erkennbar werden.
- Arbeite, falls vorhanden, mit Anschauungsmaterial.
- Verzichte auf übermäßige Effekte und Animationen, wenn diese zu sehr ablenken.
- Dein Vortrag sollte mehr Informationen enthalten, als auf den Folien zu lesen ist.
- Halte Augenkontakt zum Publikum.
- Und zeig Humor.

Übung

Eine gute Übung an dieser Stelle ist es, dir einmal verschiedene Präsentationen anzusehen und zu analysieren, was gut und was schlecht daran war. Das schult nicht nur deinen Blick für gute Präsentationen, du lernst so auch noch, wie man störende Faktoren vermeiden kann, damit deine Präsentationen in Zukunft noch besser werden. Denn – und das muss man so sagen – Präsentationen zu halten ist eine Frage der Übung.

1.3 Die Präsentationsarten

Je nach Zweck unterscheidet man verschiedene Arten von Präsentationen. Die drei gebräuchlichsten sind hierbei die überzeugende Präsentation, die narrative Präsentation und die erklärende Präsentation. Jede dieser drei Formen hat unterschiedliche Schwerpunkte, Ziele und Erzählstrukturen. Schauen wir uns die Arten einmal genauer an:

1. *Überzeugende Präsentation*: Sie ist dazu da, um Produkte zu verkaufen und Lösungen vorzustellen. Auch möchte sie eine bestimmte Änderung hervorrufen. Für Pitches (hierzu im späteren Verlauf des Buches mehr) oder Pitchdecks von Start-ups wird diese Form der Präsentation gerne gewählt.
2. *Narrative Präsentation*: Wie der Name es bereits vermuten lässt, dient diese Art der Präsentation der Inspiration und Motivation. Sie erzählt Geschichten und teilt damit Erfahrungen. Sie sollen zum Nachdenken anregen, aber auch eigene Gedanken zu einem Thema hervorrufen. Grundsätzlich sind fast alle Präsentationen narrative Präsentationen, nur eben in einer stärkeren oder schwächeren Form.
3. *Erklärende Präsentation*: Mit dem letzten Typ möchte man Informationen teilen, Vorgänge erklären oder Neuigkeiten verkünden. Sie ist von allen drei Formen die sachlichste und einfachste Präsentation, da sie ausschließlich Informationen teilt.

Allgemein lässt sich sagen, dass es nie eine reine Form von überzeugenden, narrativen oder erklärenden Präsentationen gibt. Meistens handelt es sich um eine Mischform, in der eine Art einen dominaten Part einnimmt. Wann du welche Form verwendest und was du bei dem Aufbau der Spannung beachten musst, erfährst du in Abschnitt 4.2.2, »Inhaltsstruktur – Planen und Schreiben eines Skripts«.

1.4 Die Bedeutung einer guten Präsentation

Ich hoffe, die vorangegangenen Seiten haben dir bereits einen guten Überblick darüber verschafft, warum Präsentationen so einen hohen Stellenwert in unserer heutigen Zeit haben. In den folgenden Kapiteln werde ich nun gezielt auf die Erstellung einer Präsentation eingehen und dir Techniken und Möglichkeiten zeigen, mit denen du dein Publikum nicht nur von dir, sondern auch von deiner Idee, deinem Konzept oder deinem Produkt überzeugen kannst. Denn mit einer Präsentation steht und fällt der Erfolg eines Projekts.

Mein Ratschlag an dich lautet deswegen: Du kannst gar nicht früh genug damit anfangen, dich mit guten Präsentationen zu befassen. Du schulst dadurch nicht nur den Blick für gute Präsentationen, dir wird es in Zukunft auch leichter fallen, selbst solche aus der Masse hervorstechenden Präsentationen zu erstellen. Ein unsicheres Auftreten oder das Vermeiden von Augenkontakt kann den Gesamteindruck einer Präsentation komplett zerstören. Die Folge ist, dass die Aufmerksamkeit deines Publikums mit jeder Minute, die verstreicht, immer weiter schwindet. Und am Ende hört dir im schlimmsten Fall gar keiner mehr zu.

Zum Abschluss dieses Kapitels habe ich dir eine weitere Checkliste zusammengestellt, damit du dich bestmöglich auf deine Präsentation vorbereiten kannst.

Für einen bleibenden Eindruck

1. **Zähle nicht nur lose Stichpunkte auf**: Neben einem relevanten Inhalt spielt auch die Art und Weise, wie du deine Präsentation hältst, eine große Rolle. Wenn du nachhaltig in Erinnerung bleiben willst, solltest du es vermeiden, einzelne Stichpunkte der Reihe nach vorzulesen. Verpack diese lieber in eine spannende Geschichte. In Kapitel 3, »Storytelling – die Würze deiner Präsentation«, erfährst du, wie das funktioniert.
2. **Nutz die Kraft von Visuals**: Präsentationen enthalten nicht nur interessante Dinge, manchmal muss man sich auch an unliebsame Zahlen und Fakten halten. Damit deine Zuhörer und Zuhörerinnen nicht das Interesse an deiner Präsentation verlieren, nutz ansprechende Visuals, um Daten und Fakten aufzulockern. Aber Achtung, verwende Visuals nur dort, wo sie wirklich erforderlich sind. Wie du Visuals erstellst und sie am besten nutzen kannst, erkläre ich dir in Kapitel 5, »Vereinfache komplexe Geschichten mithilfe von Visuals«.
3. **Präsentiere nur relevante Informationen**: Zeit ist Geld, deshalb solltest du lernen, Wichtiges von Unwichtigem zu unterscheiden. Manchmal hat man nur 10 Minuten Zeit für eine Präsentation, und da heißt es dann, die relevantesten Informationen herauszufiltern und zu präsentieren. Bei zu langen Präsentationen läufst du außerdem Gefahr, dass die Aufmerksamkeit deines Publikums schwindet. Auch wenn du vor deiner Chefin oder einem Kollegen präsentierst, werden dir diese in der Regel eine kurze Präsentation danken.
4. **Kenne dein Publikum**: Du solltest dir absolut im Klaren darüber sein, wer deine Zielgruppe ist. Diese definiert die Art der Sprache, die du während deiner Präsentation benutzen solltest. Wie dir Superhelden dabei helfen können, erfährst du in Kapitel 8, »Kommunikationstechniken für eine kreative Präsentation«.
5. **Achte auf eine einheitliche Präsentation**: Wie weiter oben schon erwähnt, ist es ein absolutes No-Go, Folien aus verschiedenen Präsentationen zu mixen. Achte immer darauf, dass deine Folien und *Handouts* ein und denselben Stil

haben. Wie du optisch ansprechende Präsentationen erstellst, erkläre ich dir in Kapitel 4, »Erwecke deine Präsentation zum Leben«.

6. **Zeig Mehrwert**: Du willst mit deiner Präsentation nicht nur Informationen vermitteln, sondern deinem Publikum einen Mehrwert bieten. Dies schaffst du, indem du deinen Vortrag in einen größeren Kontext bringst. Mach deutlich, dass alle Beteiligten von deinem Thema berührt werden. Dein Publikum sollte nach deiner Präsentation das Gefühl haben, dass sie das Thema betrifft und dass es eine gewisse Bedeutung für sie hat.
7. **Bleib flexibel**: In jeder Präsentation stecken viel Zeit und Mühe. Deshalb möchte man gerne immer alles präsentieren, was man vorbereitet hat. Ab und an kann es allerdings passieren, dass ein Thema deiner Präsentation mehr Interesse hervorruft als ein anderes. Anstatt die Fragen und Wünsche deines Publikums zu ignorieren, solltest du besser darauf eingehen, nicht stur deinen Plan durchziehen.
8. **Tritt selbstbewusst auf**: Der Inhalt deiner Präsentation ist nur die halbe Miete. Es kommt auch darauf an, selbstbewusst aufzutreten, also stell dich aufrecht hin, halte Augenkontakt und sei präsent.
9. **Denk an ein gutes Ende**: Sicherlich möchtest du bei deinen Zuhörerinnen und Zuhörern in guter Erinnerung bleiben. Deshalb muss deine Präsentation einen guten Abschluss finden. Damit stellst du sicher, dass die von dir vorgetragenen Informationen richtig gemerkt werden. Außerdem gibst du damit deinem Publikum auch gedanklich etwas mit auf den Weg. Besonders das zuletzt Gesagte können sich Menschen gut merken. Schließ also mit einer Art *Take-Home Message*. Die bezeichnet die Essenz oder Kerninformation, aus der dein Publikum etwas lernen soll. Sie sollte so angelegt sein, dass sich jemand auch nach dem Ende deines Vortrags noch gedanklich damit beschäftigt.
10. **Bleib authentisch**: Es mag banal klingen, aber gerade in Stresssituationen neigen wir dazu, uns zu verstellen, um krampfhaft ein gutes Bild von uns zu erzeugen. Doch dieser Schuss geht nach hinten los. Sei du selbst, und versuch ruhig zu bleiben. Du wirst schnell merken, dass alles nur halb so wild ist. Ansonsten hast du noch einen mächtigen Verbündeten, den du zur Not zu Hilfe rufen kannst: deinen Humor. Mit einem flotten Spruch auf den Lippen lässt sich relativ schnell das Eis brechen. Vermeide es allerdings, albern zu wirken. Alles nur in Maßen.

Kapitel 2
Die Grundprinzipien unserer Wahrnehmung

Die menschliche Wahrnehmung ist ein komplexer Prozess, der von Mensch zu Mensch verschieden ist. Das Grundverständnis um diese komplexen Abläufe ermöglicht es uns, Informationen auf einfache Art und Weise zu decodieren und zu präsentieren, sodass die Kernbotschaft unserer Aussage verstanden wird.

Um Ideen, Konzepte oder Produkte optimal präsentieren zu können, ist es wichtig zu verstehen, wie der menschliche Verstand Informationen wahrnimmt und verarbeitet. Wenn uns dieser Vorgang in seinen Grundzügen bekannt ist, sind wir in der Lage, Lösungen zu entwickeln und umzusetzen, um komplexe Informationen auf eine einfache Art und Weise zu entschlüsseln und unserem Publikum zugänglich zu machen.

In der Psychologie bezeichnet man *Wahrnehmung* als jenen komplexen Prozess, bei dem im Gehirn *sensorische Informationen* organisiert und interpretiert werden. Dank dieses Prozesses sind wir in der Lage, die Bedeutung von Gegenständen und Ereignissen zu erfassen und zu erkennen. Wir können infolgedessen miteinander interagieren. Schauen wir uns nun den Sachverhalt einmal genauer an.

Sensorische Informationen

Als sensorische Informationen werden diejenigen Informationen bezeichnet, die durch Sinnesorgane oder Sensoren über die Außenwelt wahrgenommen werden.

2.1 Wie nehmen wir Informationen wahr?

Wenn wir über Wahrnehmung sprechen, sollte uns bewusst sein, dass wir immer nur einen kleinen Teil des großen Ganzen erfassen. Stell dir ein Bild vor, das du aufnimmst. Dieses spiegelt ebenfalls nur einen Ausschnitt wider und bildet einen Teil der Realität ab, aber niemals die ganze.

Abbildung 2.1 Unsere Wahrnehmung ist vergleichbar mit einem fotografischen Bild. Es zeigt immer nur ein kleines Stück der Realität, die über die Ränder hinaus weitergeht.

Wie viel jeder Einzelne nun wirklich wahrnimmt bzw. wie viel er oder sie erfasst, ist von Mensch zu Mensch verschieden. Bevor du nun an die Gestaltung deiner Präsentation gehst, solltest du dich etwas mit der Funktionsweise des Gehirns auseinandersetzen, um die Informationen, die du vermitteln möchtest, gezielt zu steuern.

Von entscheidender Bedeutung ist an dieser Stelle die Tatsache, dass wir Bilder viel schneller verstehen und interpretieren, als das geschriebene oder gesprochene Wort. Lass mich dir das an einem Beispiel zeigen. Dazu habe ich mir eine Begebenheit ausgesucht, die jeder Mensch kennt. Lies dir einmal die folgende Wikipedia-Definition durch und versuch zu erraten, worum es sich handelt.

Was bin ich?

»Es handelt sich um ein atmosphärisch-optisches Phänomen, das als kreisbogenförmiges farbiges Lichtband in einer von der Sonne beschienenen Regenwand oder -wolke wahrgenommen wird. Sein radialer Farbverlauf ist das mehr oder weniger verweißlichte sichtbare Licht des Sonnenspektrums. Das Sonnenlicht wird beim Ein- und beim Austritt an jedem annähernd kugelförmigen Regentropfen abgelenkt und in Licht mehrerer Farben zerlegt. Dazwischen wird es an der

Tropfenrückseite reflektiert. Das jeden Tropfen verlassende Licht ist in farbigen Schichten konzentriert, die aufeinander gesteckte dünne Kegelmäntel bilden. Der Beobachter hat die Regenwolke vor sich und die Sonne im Rücken. Ihn erreicht Licht einer bestimmten Farbe aus Regentropfen, die sich auf einem schmalen Kreisbogen am Himmel befinden.« (*https://de.wikipedia.org/wiki/Regenbogen*)

Und nun schau dir Abbildung 2.2 an.

Abbildung 2.2 Das Gesehene ist eindeutig zu erkennen: Es handelt sich um einen Regenbogen.

Bei beiden Darstellungsformen handelt es sich um ein und dieselbe Begebenheit, nämlich einen Regenbogen. Und lass mich raten, das Bild hast du auf Anhieb verstanden. Der Text dagegen hat dich möglicherweise etwas stutzen lassen. Vielleicht musstest du ihn auch zweimal lesen, um zu erfassen und zu interpretieren, was er beschreibt. Doch egal wie, beide Darstellungsformen sind richtig.

Was ich damit sagen möchte, ist, dass wir visuelle Informationen 15-mal schneller verarbeiten als Texte. Bilder, Grafiken, Diagramme, Illustrationen – sie alle unterstützen die Aussagen von Texten und helfen uns dabei, Informationen anschaulich darzustellen und sie damit einprägsamer zu gestalten. Auch die Leserichtung kann hierbei entscheidend sein. In der westlichen Welt lesen wir von links nach rechts, im asiatischen Raum dagegen von rechts nach links. Somit ist auch die »Leserichtung« deines Bildes kulturabhängig. Da wir uns aber im europäischen Raum befinden, erfolgt die Wahrnehmung des Bildes in der Regel linear und sequenziell (fortlaufend, nacheinander erfolgend). Oder anders ausgedrückt, unsere Augen scannen das Bild oder den Text von oben nach unten. Lass mich dir das an einem kleinen Beispiel zeigen.

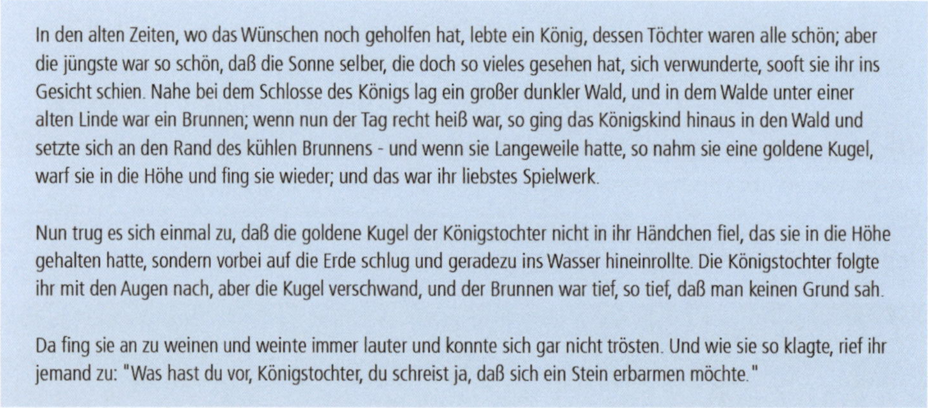

In den alten Zeiten, wo das Wünschen noch geholfen hat, lebte ein König, dessen Töchter waren alle schön; aber die jüngste war so schön, daß die Sonne selber, die doch so vieles gesehen hat, sich verwunderte, sooft sie ihr ins Gesicht schien. Nahe bei dem Schlosse des Königs lag ein großer dunkler Wald, und in dem Walde unter einer alten Linde war ein Brunnen; wenn nun der Tag recht heiß war, so ging das Königskind hinaus in den Wald und setzte sich an den Rand des kühlen Brunnens - und wenn sie Langeweile hatte, so nahm sie eine goldene Kugel, warf sie in die Höhe und fing sie wieder; und das war ihr liebstes Spielwerk.

Nun trug es sich einmal zu, daß die goldene Kugel der Königstochter nicht in ihr Händchen fiel, das sie in die Höhe gehalten hatte, sondern vorbei auf die Erde schlug und geradezu ins Wasser hineinrollte. Die Königstochter folgte ihr mit den Augen nach, aber die Kugel verschwand, und der Brunnen war tief, so tief, daß man keinen Grund sah.

Da fing sie an zu weinen und weinte immer lauter und konnte sich gar nicht trösten. Und wie sie so klagte, rief ihr jemand zu: "Was hast du vor, Königstochter, du schreist ja, daß sich ein Stein erbarmen möchte."

Abbildung 2.3 Die Verdeutlichung der Leserichtung

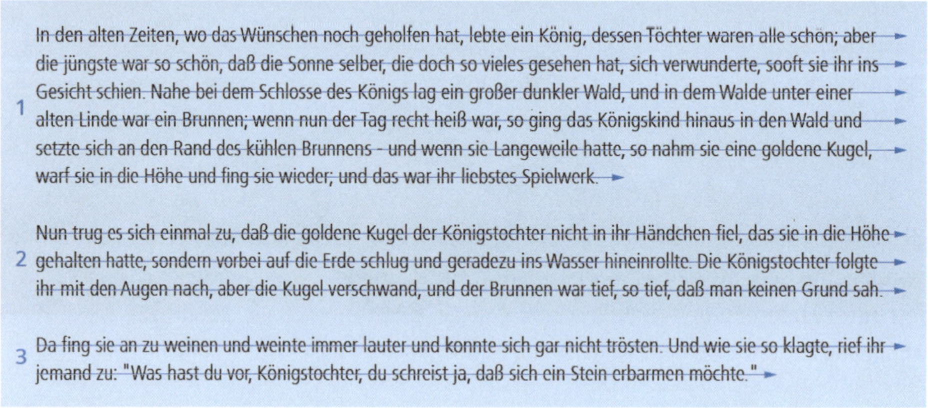

1 In den alten Zeiten, wo das Wünschen noch geholfen hat, lebte ein König, dessen Töchter waren alle schön; aber die jüngste war so schön, daß die Sonne selber, die doch so vieles gesehen hat, sich verwunderte, sooft sie ihr ins Gesicht schien. Nahe bei dem Schlosse des Königs lag ein großer dunkler Wald, und in dem Walde unter einer alten Linde war ein Brunnen; wenn nun der Tag recht heiß war, so ging das Königskind hinaus in den Wald und setzte sich an den Rand des kühlen Brunnens - und wenn sie Langeweile hatte, so nahm sie eine goldene Kugel, warf sie in die Höhe und fing sie wieder; und das war ihr liebstes Spielwerk.

2 Nun trug es sich einmal zu, daß die goldene Kugel der Königstochter nicht in ihr Händchen fiel, das sie in die Höhe gehalten hatte, sondern vorbei auf die Erde schlug und geradezu ins Wasser hineinrollte. Die Königstochter folgte ihr mit den Augen nach, aber die Kugel verschwand, und der Brunnen war tief, so tief, daß man keinen Grund sah.

3 Da fing sie an zu weinen und weinte immer lauter und konnte sich gar nicht trösten. Und wie sie so klagte, rief ihr jemand zu: "Was hast du vor, Königstochter, du schreist ja, daß sich ein Stein erbarmen möchte."

Abbildung 2.4 Wir lesen den Text linear und sequenziell.

Aber auch die Positionierung deines Bildes, Diagramms etc. entscheidet darüber, wie Informationen wahrgenommen werden. Werden Diagramme beispielsweise vor den Text gesetzt, dienen sie dazu, einen Überblick zum Thema zu geben, bevor der Text ins Detail geht. Wird das Diagramm allerdings nach dem Text eingefügt, bietet es in der Regel zusätzliche Informationen und Hinweise. Das Wichtigste ist hier allerdings, dass unser Gehirn die Änderung im Aufbau sofort bemerkt und unsere Aufmerksamkeit sofort dorthin lenkt. Wenn wir also Bilder, Grafiken, Diagramme, Illustrationen oder sonstige Visuals benutzen, sollten sich diese auf eine Kerninformation fokussieren.

Lass mich dies kurz an einem kleinen Beispiel erläutern. In der Grafik in Abbildung 2.5 habe ich ein Liniendiagramm erstellt. Zunächst einmal spielen bei der Wahrnehmung die Zahlen keine Rolle. Du erkennst, dass zwei Dinge miteinander in Beziehung gesetzt werden. Anhand der Farbe und der Richtung triffst du eine erste Einordnung.

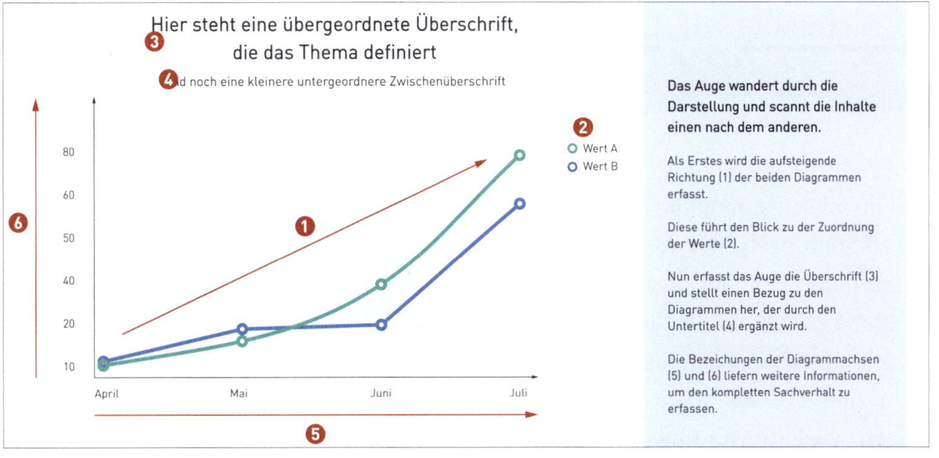

Abbildung 2.5 Der Weg unserer Augen beim Erfassen von Daten

Unser Gehirn stellt nun eine Verbindung her und sucht als Nächstes nach dem Sinn. Dazu werden erst jetzt die Zahlen zurate gezogen, und die Verbindung zwischen den Elementen wird hergestellt. All das geschieht innerhalb von 300 Millisekunden. Wahnsinn, oder?

Du siehst also, wenn du Elemente präsentieren möchtest, solltest du darauf achten, diese sinnvoll miteinander zu verknüpfen. Es gibt aber auch Elemente, denen man vorab keine Bedeutung mehr geben muss, da sie universell eindeutig sind. Hierzu zählen unter anderem die folgenden Beispiele in Abbildung 2.6 bis Abbildung 2.8.

Abbildung 2.6 Grün für richtig und Rot für falsch

Abbildung 2.7 Norden ist oben und Süden ist unten.

Abbildung 2.8 Rechts und links

Vielleicht ist dir bei der ein oder anderen Abbildung etwas komisch vorgekommen und du musstest möglicherweise zweimal hinsehen. Dann hast du ein weiteres Prinzip erkannt, nach dem unser Gehirn funktioniert. Die kleinste Abweichung derartiger Darstellungen nimmt unser Gehirn direkt wahr und wird aufmerksam darauf. Diesen Umstand kannst du dir für deine Präsentationen natürlich zunutze machen und ihn gezielt einsetzen, dazu mehr in Kapitel 9, »Aufmerksamkeit erzeugen«.

An dieser Stelle möchte ich dir zum Abschluss noch zwei weitere kleine Beispiele zeigen, wie Farbe für eine Zuordnung bzw. für Ordnung sorgen kann.

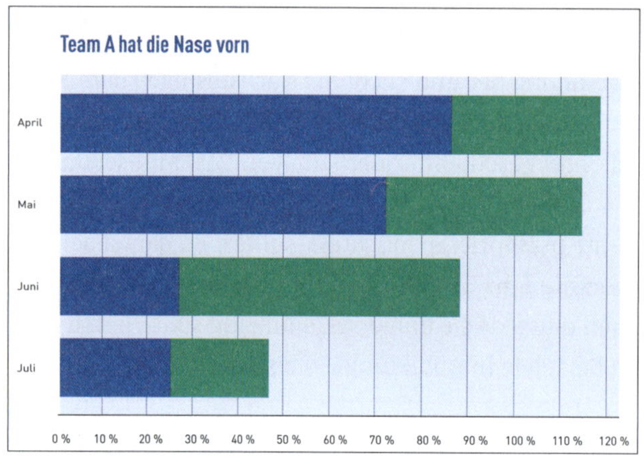

Abbildung 2.9 Durch die blaue Überschrift gehen wir automatisch davon aus, dass Team A blau ist. Unser Gehirn hat für eine Zuordnung gesorgt.

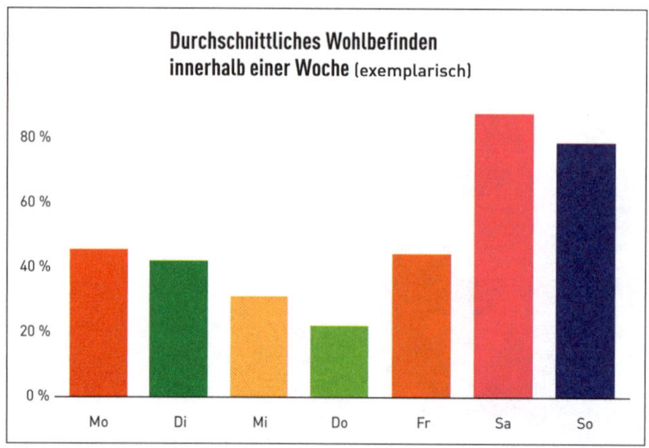

Abbildung 2.10 Dank des wilden Farbmix fällt es schwer, eine klare Ordnung zu erkennen.

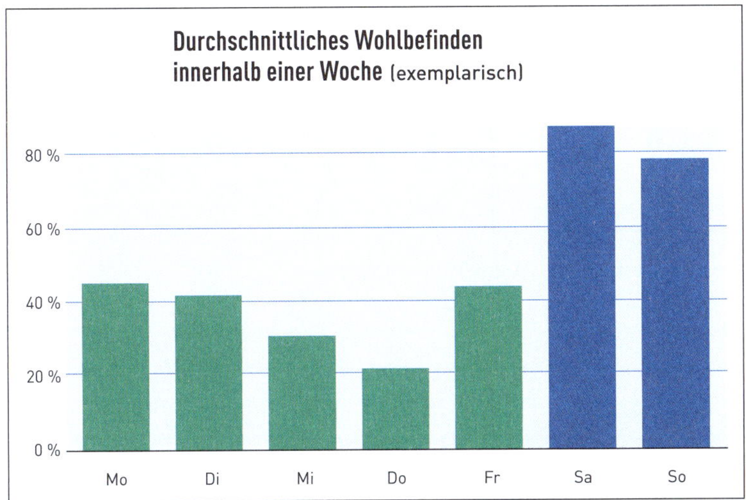

Abbildung 2.11 Wird dieselbe Grafik mit nur zwei Farben erstellt, fällt sofort auf, wo der Fokus liegt.

So viel zunächst einmal dazu, wie wir Informationen wahrnehmen. Doch keine Sorge, ich gehe in Kapitel 5, »Vereinfache komplexe Geschichten mithilfe von Visuals«, noch genauer auf die einzelnen Spezifikationen von Diagrammen und Grafiken ein und zeige dir, worauf es bei der Erstellung solcher Visuals ankommt. Vorher widmen wir uns noch der Frage, warum wir überhaupt visuelle Inhalte brauchen.

2.2 Warum brauchen wir Bilder und visuelle Inhalte?

Mit Fortschreiten der Globalisierung ist nicht nur unsere Kommunikation, sondern auch unsere Sprache immer umfangreicher geworden. Wir verwenden Karten, Bilder, Symbole usw., um miteinander zu kommunizieren. Wenn man so will, gehen sie weit über die gesprochene Sprache hinaus. Sie funktionieren international. Überall gibt es visuellen Kontext (im Auto, in Zeitungen, Smartphone-Apps, auf Rechnungen usw.). So sind wir in der Lage, komplexe Sachverhalte auf eine einfache Art und Weise zu vermitteln und zu verstehen. Es fand eine Verschiebung von Text zu Bild statt. Anders ausgedrückt fand eine Verschiebung von Information hin zu Emotion statt. Bilder transportieren viel mehr als nur bloße Informationen. Lass mich das kurz demonstrieren.

WELPE

Abbildung 2.12 Was empfindest du beim Anblick dieses Wortes?

Abbildung 2.13 Dasselbe Thema, allerdings in diesem Fall mit einem entsprechenden Bild dargestellt

Welche der beiden Abbildungen hat eine stärkere Emotion bei dir ausgelöst? War es das reine Wort Welpe oder war es doch das Bild eines Welpen? Ich bin mir fast sicher, dass dich das Bild eines Welpen stärker getriggert hat als das bloße Wort. Es wurde dank des Welpenbildes nicht nur eine Information vermittelt, sondern zusätzlich ein Gefühl.

Bilder können Wörter ersetzen, veranschaulichen und erklären. Denk nur einmal an das Beispiel mit dem Regenbogen zurück. An dem Beispiel hast du erkennen können, dass Bilder in der Lage sind, sofort und ohne Umwege zu kommunizieren. Das schafft in der Regel fast kein Text.

Wenn wir nur Wörter benutzen, um ein Bild zu beschreiben, löst das im Gehirn eine Assoziation aus, die bei jedem von uns anders ausfällt, je nachdem, wie wir geprägt wurden und welche Dinge wir mit der Beschreibung in Verbindung bringen. Wenn du nun allerdings ein Bild ergänzend hinzufügst, unterstützt es die Aussage und was noch viel wichtiger ist, du vermeidest Missverständnisse. Durch Bilder sind wir in der Lage, effektiver zu kommunizieren.

2.3 Prinzipien der visuellen Hierarchie

Es stehen eine ganze Reihe von stilistischen Mitteln zur Verfügung, um gewisse visuelle Hierarchien abzubilden. Im Folgenden möchte ich dir gerne die drei wichtigsten von ihnen vorstellen.

2.3.1 Größe, Maßstab und Skalierung

Größere Objekte ziehen in der Regel viel mehr Aufmerksamkeit auf sich als kleinere. Unser Gehirn verknüpft diese Art der *Informationsdarstellung* mit Wichtigkeit. Größere Objekte nehmen mehr Platz ein und müssen von daher mehr Bedeutung haben. Wir sagen uns selbst: Das muss wichtig sein.

Wie bereits weiter oben erwähnt, nehmen wir Informationen linear von links nach rechts und von oben nach unten wahr. Allerdings bricht diese Art der Elementdarstellung mit der Norm. Unser Blick wird automatisch auf das größte Element gelenkt. Außerdem stehen die Objekte allein schon durch ihre Skalierung in einem gewissen Verhältnis zueinander, was eine Art Reihenfolge suggeriert. Sie schafft zusätzlich ein Gleichgewicht in der Darstellung.

Abbildung 2.14 Beispiel für die Darstellung verschiedener Schriftgrößen auf einem Flyer. Der Blick der Betrachter fällt als Erstes auf das Wort »Ganze«.

2.3.2 Farben nutzen

Der Einsatz von Farbe dient ebenfalls als *visuelles Ordnungswerkzeug*, da Farbe die Aufmerksamkeit auf bestimmte Bereiche lenkt. Wichtig ist die konsequente Nutzung. Durch den Einsatz von beispielsweise zwei Farben lassen sich Unterschiede in einem Muster erkennen, die du bewusst einsetzen kannst in deinen Präsentationen. Das einfachste Beispiel ist der Einsatz der Farben Blau und Rot, wenn es darum geht Wärme und Kälte darzustellen.

Auch die Durchbrechung von Farbmustern hilft uns, auf etwas aufmerksam zu machen. Unser Publikum weiß dann in dem Moment, jetzt kommt etwas von Bedeutung. Farben können hierbei Unterschiede oder Gemeinsamkeiten zeigen oder, wie bereits erwähnt, andere Bedeutungen.

Es gibt aber noch einen weiteren Bereich, in dem dir Farbe einen hilfreichen Dienst erweisen kann, nämlich bei Verlaufsdarstellungen. An dieser Stelle kannst du mit der *Farbsättigung* spielen, um einen Fortschritt oder Ähnliches anzuzeigen.

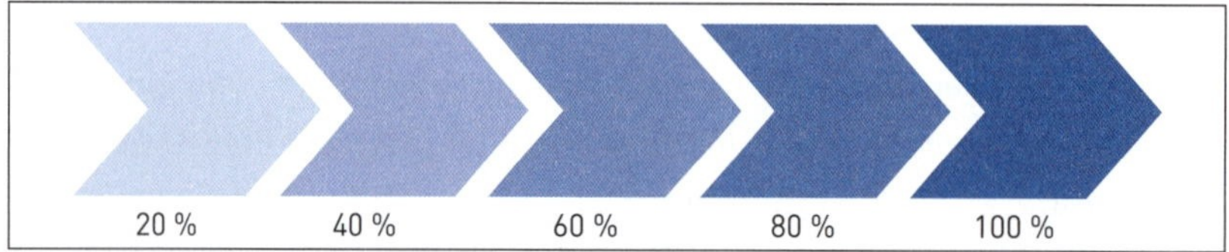

Abbildung 2.15 Anhand der Farbintensität erkennen wir auf einen Blick den Fortschritt.

Auf das Thema Farbe werde ich noch ausführlicher in Abschnitt 4.1.1, »Farbtheorie«, eingehen.

2.3.3 Kontraste

Kontraste erleichtern uns die visuelle Wahrnehmung. Diese können mittels Form, Farbe, Größe oder Ausrichtung erfolgen. Bei dem Letztgenannten unterscheidet man zwischen zwei Prinzipien – dem der Ähnlichkeit und dem der Nähe.

Gesetz der Ähnlichkeit

Das Gesetz der Ähnlichkeit besagt, dass unser Gehirn ähnliche Elemente als zusammengehörig empfindet und wahrnimmt. Dabei ist es egal, auf welche Eigenschaft (Farbe, Form, Größe etc.) sich die Ähnlichkeit bezieht. Diese Elemente werden als Gruppe wahrgenommen.

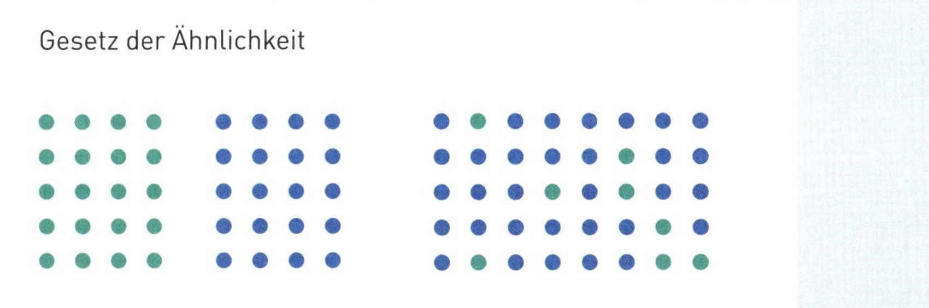

Abbildung 2.16 Einfachstes Beispiel für das Gesetz der Ähnlichkeit

Gesetz der Nähe

Elemente, die räumlich nah beieinanderliegen, werden von unserem Gehirn als zusammengehörig empfunden. Unsere Wahrnehmung gruppiert diese Elemente automatisch.

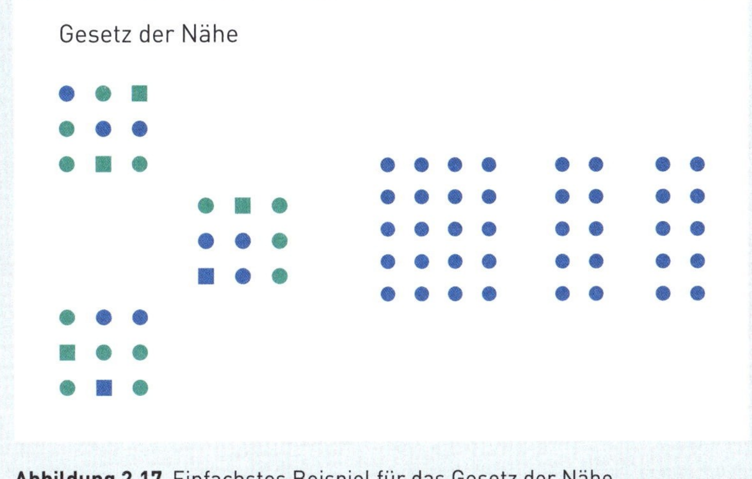

Abbildung 2.17 Einfachstes Beispiel für das Gesetz der Nähe

Auch hierauf komme ich in Abschnitt 4.1.3, »Grundlagen für ein ausdrucksstarkes Layout«, noch genauer zu sprechen.

Wir sind nun am Ende dieses zweiten Kapitels angelangt. Du weißt nun, wie unsere Wahrnehmung in ihren Grundzügen funktioniert und wie du sie für deine Präsentation nutzen kannst. Im nächsten Kapitel will ich dafür sorgen, dass deine Präsentation den richtigen Spannungsbogen erhält. Dafür widmen wir uns nun dem Thema Storytelling und dessen Bausteinen, um nicht nur eine ansprechende Geschichte zu finden, sondern auch dein Publikum damit zu fesseln und zu überzeugen.

Kapitel 3
Storytelling – die Würze deiner Präsentation

Geschichten bewegen und begeistern seit jeher die Menschen. Die neuen Kommunikationsmittel sind bildgewaltiger als jemals zuvor und helfen dir dabei, deine Ideen zu präsentieren. Denn hinter jeder Idee steckt eine Geschichte, die erzählt werden will.

3.1 Warum nutzen wir Storytelling?

Bitte festhalten, die wilde Reise durch die aufregende Welt des Storytellings geht jetzt los mit ihren spannenden, berührenden und komischen Geschichten. In diesem Kapitel soll es darum gehen, wie du die Macht des Geschichtenerzählens nutzen kannst, um deine Präsentation zu einem einmaligen und unvergesslichen Erlebnis zu machen. Seit jeher faszinieren uns Geschichten. Und wieder einmal haben wir es der Globalisierung zu verdanken, dass das Interesse an guten Geschichten einfach nicht abreißt. Falls du glaubst, jede gute Geschichte sei bereits erzählt worden, so kann ich dir versichern: Das mag zwar stimmen, aber die Geschichte wurde noch nie aus *deiner* Perspektive erzählt. Und die ist einzigartig.

Gerade im Bereich der Public Relations und im Marketing hat sich die Art und Weise, wie wir kommunizieren, grundlegend verändert. Die sozialen Medien sind nicht ganz unschuldig daran. Wir sind hypervernetzt, multimedial und vor allem immer online. Im Amerikanischen gibt es dafür ein Akronym: *POPC – permanently online, permanently connected*. Die Folge davon ist allerdings, dass wir mit allerhand Informationen geradezu überschwemmt werden. Das ständige Aufblinken einkommender Nachrichten, die neuesten Statusmeldungen unserer Freunde oder Fernbotschaften unserer Liebsten haben dafür gesorgt, dass wir über die Jahre hinweg abgestumpft sind. Anstatt mehr zu wissen, ist vielmehr das Gegenteil der Fall. Wir versuchen krampfhaft, alle einkommenden Informationen zu filtern und die für uns relevanten Themen herauszupicken, um zumindest einigermaßen konzentriert und fokussiert zu bleiben. Das Fatale daran: Wir blenden wichtige Dinge einfach aus, weil sie keine Priorität in unserer Aufmerksamkeit gewinnen. Und darum geht es ja in einer Präsentation: um *Persuasion*.

Persuasion

Persuasive Kommunikation (lat. *persuadere* = überreden) ist eine der vielen Formen der zwischenmenschlichen Kommunikation, die auf das Beeinflussen des Kommunikationspartners abzielt. Mit ihr will man erreichen, dass sich eine Einstellung ändert. Persuasive Kommunikation ist außerdem ein Teilgebiet der modernen Rhetorik. (*https://de.wikipedia.org/wiki/Persuasive_Kommunikation*)

Mit Persuasion wollen wir also die Aufmerksamkeit wecken, über etwas informieren und gleichzeitig unser Publikum motivieren, etwas Bestimmtes zu tun. Und wir haben genau zwei Möglichkeiten, dies zu erreichen, nämlich mit der rationalen und mit der emotionalen Persuasion. Mit *rationaler Persuasion* ist gemeint, dein Gegenüber mit Zahlen, Fakten und Daten zu überzeugen. Es handelt sich um *Argumentationslinien* und logische Schlussfolgerungen. Wenn du dagegen die *emotionale Persuasion* wählst, willst du bewusst Gefühle wecken: Du willst begeistern und überzeugen.

Du kannst dir ebenfalls merken, dass die rationale Persuasion ein ganz bewusster und intellektueller Prozess ist. Du sprichst damit die linke Gehirnhälfte an, die logisch denkende Hälfte. Das setzt allerdings voraus, dass beide Kommunikationspartner dieselben Interessen verfolgen und über dieselben Vorstellungen verfügen. Beide Parteien stecken gleich viel Zeit in die Kommunikation.

Leider sind wir heutzutage nicht in der komfortablen Situation, unser Publikum mit rein rationalen Informationen überzeugen zu können. Die Faktoren Zeit und Stress spielen hier eine zentrale Rolle. Die Spanne der Aufmerksamkeit ist extrem niedrig. So geht man davon aus, dass die Aufmerksamkeitsspanne aktuell bei einem Menschen dank Social Media, Smartphones und anderen digitalen Ablenkungen bei 8 Sekunden liegt. Damit unterbieten wir sogar noch um 1 Sekunde den Goldfisch, der eine Aufmerksamkeitsspanne von immerhin 9 Sekunden hat. 2020 lag die Aufmerksamkeitspanne eines Menschen noch bei 12 Sekunden – eine beunruhigende Entwicklung im Hinblick auf unser Ziel, die Aufmerksamkeit der Menschen zu gewinnen.

An dieser Stelle kommt die emotionale Persuasion ins Spiel. Sie ist ein intuitiver, aber vor allem ein unterbewusster Prozess. Das Schöne an ihr ist, dass beide Gehirnhälften gleichermaßen angesprochen werden. Vor allem die visionäre und gefühlsbetonte rechte Seite wird angesprochen. Hier arbeiten wir mit Techniken wie *Immersion* (fachsprachlich für »Eintauchen«) und *Identifikation*. Das ist auch mit einer der

Gründe, warum die Faszination am Geschichtenerzählen nicht abbricht. Geschichten laden ihre Zuhörer in eine andere Welt ein und lassen sie für einen kurzen Moment darin eintauchen. Sie lassen uns nicht nur Abenteuer erleben, sondern auch mit dem Helden oder der Heldin mitfiebern.

LINKE GEHIRNHÄLFTE

RATIONALE EBENE

- Überzeugung erfolgt über Zahlen, Daten und Fakten.
- intellektueller und bewusster Prozess
- Beide Kommunikationspartner haben dieselben Interessen.
- Es wird gleich viel Zeit investiert.

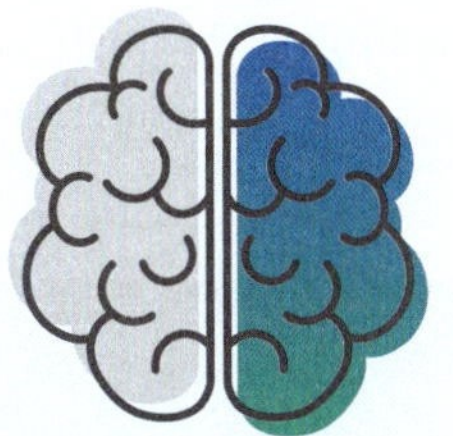

RECHTE GEHIRNHÄLFTE

EMOTIONALE EBENE

- Überzeugung erfolgt über Gefühle/Emotionen.
- intuitiver und unbewusster Prozess
- Immersion (»Eintauchen«)
- Identifikation

Abbildung 3.1 Storytelling aktiviert sowohl die linke rationale als auch die rechte emotionale Gehirnhälfte.

Wir sehen die Dinge aus ihrer Sicht und sind mittendrin in der Geschichte. Wir aktivieren, wenn man so will, das mentale Holodeck unseres Gehirns. Emotionales Storytelling ist also eine Form der spielerischen Kommunikation. Denn mit einer rein rationalen Kommunikation ist der Mensch in der Regel überfordert. Es ist die emotionale Komponente, die den Unterschied macht. Sie ist nicht anstrengend, dafür aber mächtig und damit das beste Vehikel, um unsere Präsentationsbotschaft zu vermitteln.

Der englische Begriff des *Storytellings* steht für einen positiven Eindruck nach außen, wohingegen sein deutsches Pendant eher negativ wirkt. Da ist oft vom Geschichtenerzähler oder der Märchentante die Rede. Doch das wird dem Ganzen überhaupt nicht gerecht und verdient diese negative Darstellung nicht. Eines sollte dir klar sein, Geschichten erzeugen Aufmerksamkeit und fördern so im nächsten Schritt den Verkauf oder die Annahme deiner Idee, deines Konzepts oder deines Produkts.

In einer Präsentation können Fakten wie ein roter Faden im Storytelling sein, der dafür sorgt, dass man sich die Botschaft, die hinter der Präsentation steht, leichter und vor allem schneller merken kann. In der Fachsprache wird auch gerne der Begriff *Visual Turn* verwendet. Mithilfe von sprachlichen Bildern werden heutzutage nicht nur Informationen vermittelt, sondern vor allem Emotionen. Dadurch gelingt es uns, mehr Menschen anzusprechen.

Hierzu gibt es von den beiden amerikanischen Soziologen Joshua Glen und Rob Walker ein interessantes Experiment. Die beiden wollten nachweisen, dass Geschichten nicht nur einen emotionalen Mehrwert bieten, sondern auch den Wert eines

Objekts steigern können. Sie ließen erfolgreiche Autoren Geschichten zu einfachen Objekten aufschreiben, die sie auf dem Flohmarkt für ein paar Dollar erstanden hatten.

Das Erstaunlichste daran war, dass sie tatsächlich einen Mehrwert erzielten. So kauften sie beispielsweise ein Set von Fischlöffeln für 2,99 US$ und verkauften es dank der fiktiven Autorengeschichte für sage und schreibe 76 US$. Auf ihrer Website unter *www.signifikantobjects.com* findest du noch viele weitere solcher Geschichten. Ein Blick darauf lohnt sich auf jeden Fall, um ein Gespür für die Kraft des Storytellings zu bekommen.

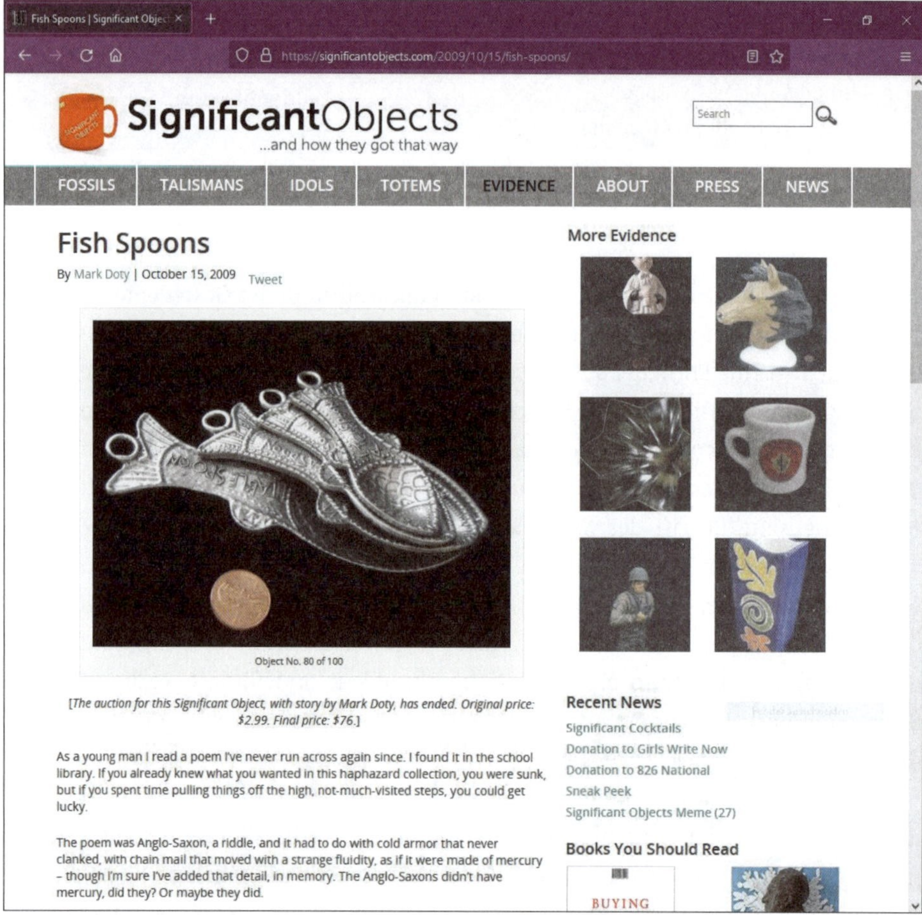

Abbildung 3.2 Auf der Seite Significants Objects findest du etliche Beispiele dafür, wie erfolgreiches Storytelling funktionieren kann. (Quelle: significantobjects.com/2009/10/15/fish-spoons/)

Wo früher die reine *Ankündigungskommunikation* vorherrschte, werden heutzutage Storys präsentiert. Eine Geschichte lebt mündlich, schriftlich und audiovisuell. Und das wiederum kannst du dir für deine zukünftigen Präsentationen zunutze machen. Storytelling ist die Alternative zur reinen *Produktkommunikation*. Sie bildet den Kern deiner Präsentation bzw. deiner Vermarktung, wie du es bei dem eben genannten Beispiel deutlich erkennen konntest. Im Zentrum steht nicht mehr nur das Unternehmen, das Produkt oder die Idee, sondern die Inhalte und Geschichten rund um die Idee, dein Konzept oder dein Produkt. Du schaffst mit ihnen ganze Erlebniswelten. Geschichten sind wie Kino im Kopf.

3.1.1 Wie Geschichten wirken – we are all storytelling animals

2013 brachte der amerikanische Literaturwissenschaftler Jonathan Gottschall sein Werk »The storytelling Animal« auf den Markt und fasst mit seinem Titel schon den Kern des guten Geschichtenerzählens zusammen: »How Stories make us human.«

Geschichten machen uns zu dem, was wir heute sind. Und noch einmal muss ich auf die Höhlenmalereien unserer Vorfahren zurückkommen. Sie bieten uns im Grunde einen ersten Hinweis auf Erzählungen überhaupt. Viele Darstellungen, die man im Laufe der Jahre entdeckt hat, zeigen Formen und Motive, die auf religiöse Mythen hinweisen. Sie sind eine frühe Form narrativer Präsentation (siehe hierzu Abschnitt 1.3, »Die Präsentationsarten«).

Abbildung 3.3 Welche Geschichte erkennst du?

Das Erzählen von Geschichten dient seit Urzeiten einem bestimmten Zweck – nämlich der Wissensvermittlung. Die Menschen kamen am Lagerfeuer zusammen, um Informationen auszutauschen. Storytelling ist somit die älteste Form des Wissensmanagements. Es hat keinen Gründer und gehört allen gleichermaßen. Heutzutage wird auch gerne der Begriff des *Knowledge Sharings* (Wissen teilen) verwendet. Mit Geschichten geben wir Wissen von einer Generation an die nächste weiter. Daten und Fakten, die wir vermitteln wollen, werden dabei gekonnt in die Geschichte eingebunden. Auch die Geschichte selbst lehrt uns etwas. Das beste Beispiel dafür sind Märchen. In ihnen stecken letztendlich eine Moral oder Werte, die wir vermitteln wollen. In dem Märchen vom Froschkönig, das im letzten Kapitel als Textbeispiel vorkam (Abbildung 2.3), verstecken sich sogar zwei Werte: zum einen, dass man Versprechen halten sollte, und zum anderen, dass der Schein manchmal trügen kann und wir nicht nur nach dem Äußeren gehen sollten.

Abbildung 3.4 Märchen als Urform des Storytellings

Mythen und Märchen haben im Grunde eine viel ältere Historie, als man heutzutage vermuten würde. Allerdings sind sie auch für den negativen Aspekt verantwortlich, der dem Geschichtenerzählen anhaftet und den ich bereits weiter oben erwähnt habe. Sie werden gerne in den Bereich des Fantastischen, Unglaubwürdigen abgeschoben. Nicht umsonst sind mit Märchen Assoziationen wie flunkern oder lügen verbunden. Deshalb hat sich auch der englische Begriff Storytelling in unserem Sprachgebrauch etabliert, um eine gewisse Distanz zum Begriff des Märchenerzählens zu schaffen.

Dieser negative Aspekt ist leider mit einer der Gründe, warum das Thema noch nicht überall in den Unternehmen Einzug gehalten hat. Firmenchefs oder Managerinnen beäugen Storytelling äußerst kritisch und legen eine eher ablehnende Haltung an den Tag – zu Unrecht, wie ich finde.

So viel zu meinem kleinen Exkurs ins Reich der Mythen und Märchen. Er war wichtig, um zu verstehen, welche Faszination nach wie vor von ihnen ausgeht und warum wir uns dem nicht entziehen können. Psychologen untersuchen schon seit Jahren diese Faszination. Sie wollen erforschen, wie Geschichten verarbeitet werden und warum sie so perfekt unser Unterbewusstsein ansprechen. Manche Therapeuten setzen Geschichten sogar gezielt als Therapieform ein.

Aus Sicht der Psychologie sind dabei drei Aspekte besonders interessant, wenn es um das Thema Storytelling geht: Erfahrungsbericht, Stellvertreterlernen und Kontextualisierung. Was es damit genau auf sich hat, erfährst du im nächsten Abschnitt.

3.1.2 Die Psychologie dahinter – Geschichten sind unser mentales Holodeck

In diesem Abschnitt möchte ich kurz auf den psychologischen Aspekt des Storytellings eingehen. Den Anfang macht hier der *Erfahrungsbericht* und was mit ihm gemeint ist. Jede Geschichte hat einen Helden oder eine Heldin, der oder die sich in einer schwierigen Situation wiederfindet und Hürden auf dem Weg zum Erfolg überwinden muss. Dabei stellen sich ihm auch einige Widersacher in den Weg, die ihr das Leben schwer machen.

Bei dem Erfahrungsbericht haben wir schon einmal eine ähnliche Situation erlebt und verstehen das Dilemma, in dem Heldin oder Held steckt. Das einfachste Beispiel an dieser Stelle sind Anwenderberichte und Fallbeispiele vieler B2B-Unternehmen. Die Zuhörer können die geschilderten Probleme im Anwenderbericht nachvollziehen und gleichen sie mit den eigenen Erfahrungen ab. Dadurch kommt es zu einer Identifikation mit der Geschichte und ihren Helden.

Ein weiterer Aspekt des Storytellings, der aus psychologischer Sicht höchst interessant ist, ist das sogenannte *Stellvertreterlernen*. Die Geschichte dient hier als Ersatzhandlung, denn sie zeigt eine Situation oder ein Ereignis, die man selbst noch nicht erlebt hat und auch nicht erleben möchte (zum Beispiel Todeserfahrungen, große Krisen etc.). Krimis arbeiten gerne mit diesem Effekt. Im Grunde ist es ein »Was wäre wenn«-Szenario, um eine gewisse *Suspense* aufzubauen.

Suspense

Der Begriff Suspense (engl. für »Gespanntheit«) kommt aus der Theater-, Film- und Literaturwissenschaft. Er leitet sich von lat. *suspendere* (»aufhängen«) ab und bedeutet so viel wie »in Unsicherheit schweben« bezogen auf ein befürchtetes oder erhofftes Ereignis.

Ein gutes Beispiel für diese Art des Storytellings sind die Videos von RedBull, die Extremsportler zeigen. Als Zuschauer ist man extrem nah dran und erlebt die Abenteuer der Sportler mit. Dabei macht unser Gehirn keinen Unterschied, ob wir die Situation selbst erleben oder ob wir uns nur ein Video dazu anschauen. Die chemischen Prozesse, die in unserem Körper dabei ablaufen sind dabei identisch.

Abbildung 3.5 »The Most Insane Ski Run Ever Imagined – Markus Eder's The Ultimate Run« (Quelle: www.youtube.com/watch?v=fbqHK8i-HdA)

Wenn du es so willst, aktiviert das Stellvertreterlernen unser mentales Holodeck, das uns in die Lage versetzt, virtuelle Welten oder Realitäten zu betreten.

Als Letztes hätten wir da noch die *Kontextualisierung*. Das hört sich zunächst komplizierter an, als es ist. Wie bereits erwähnt, helfen uns Geschichten dabei, uns in andere Situationen oder Welten zu versetzen und uns mit ihnen auseinanderzusetzen. Sie befähigen uns, Zusammenhänge zu erkennen, die sonst eventuell verborgen geblieben wären. Dieser Vorgang nennt sich Kontextualisierung. Geschichten haben hier die Funktion, Informationen einen Kontext zu verleihen und Fakten zu einem roten Faden zu verbinden. Das ist auch einer der Gründe, warum wir uns Geschichten so gut merken und zum Teil nach Jahren noch davon berichten können.

Lass mich nun noch einmal kurz den wesentlichen Kern zusammenfassen: Geschichten rufen Bilder in uns hervor. Dadurch schaffst du es trotz der tagtäglichen Reizüberflutung zu deinen Zuhörern durchzudringen und ihre Aufmerksamkeit zu gewinnen.

Wie sollte deine Geschichte in Zukunft aussehen?

Sie sollte ...

- unterhaltsam sein,
- spielerisches Lernen und Konzentrieren forcieren,
- Emotionen wecken,
- uns in neue Welten eintauchen und
- mit dem Helden mitfiebern lassen.

Deine zukünftigen Geschichten sollten auf die Erfahrungen deines Publikums zugreifen oder zumindest eine Ersatzhandlung darstellen. Ziele auf das Unterbewusstsein ab, um Informationen dort zu verankern.

3.1.3 Was ist kommunikatives Storytelling?

Die Definition von Storytelling unterscheidet zwischen *Historie* (Vergangenes) und *Narration* (Erzähltes). Letztere wiederum kann real oder fiktiv sein. Die Narration greift außerdem auf vier unterschiedliche Erfahrungsbereiche zurück:

- Rhetorik (bezeichnet die Kunst der Rede)
- Journalismus
- Markenführung
- narrative Kunst

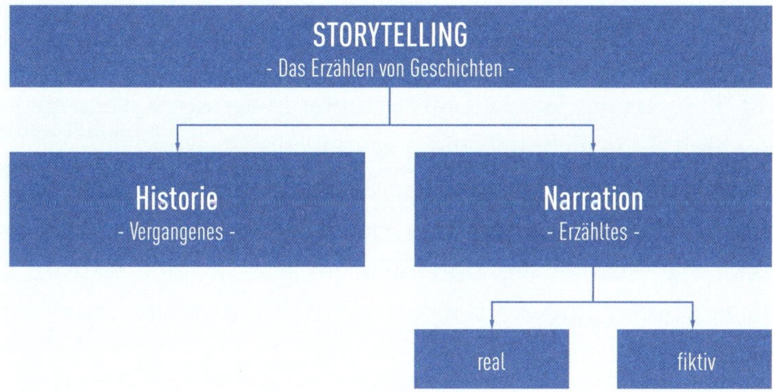

Abbildung 3.6 Wie Storytelling funktioniert

Ganz allgemein gesprochen ist Storytelling eine rhetorische Technik, um gute Reden zu halten. Gute Redner*innen bauen in ihre Reden meistens persönliche Anekdoten ein, um den Vortrag oder die Präsentation lebendiger und emotionaler zu gestalten. Steve Jobs war ein Meister dieser Redeform. Ich empfehle dir, einmal seine inspirierende Rede vor den Absolventen der Stanford University anzusehen. Darin erzählt er drei Geschichten. Sie handeln von der Geburt, dem Leben und dem Tod.

Des Weiteren wird der Begriff Story auch gerne mit *Journalismus* in Verbindung gebracht. Reporter sind ständig auf der Suche nach guten Geschichten im Sinne von etwas Neuem und Relevantem. Stell dir Lois Lane aus Superman vor, die immer auf der Jagd nach der nächsten großen Story ist und manchmal dafür sogar über die ein oder andere Leiche gehen würde. Dort, wo sie auftaucht, hinterlässt sie verbrannte Erde.

Abbildung 3.7 Steve Jobs berühmteste Rede auf Deutsch – Motivation und Leidenschaft pur! (Quelle: www.youtube.com/watch?v=b1ozBKH4KKQ)

In den letzten Jahren ist dabei besonders eine Form immer beliebter geworden, der *narrative Journalismus*. Dieser greift ein Einzelschicksal heraus und erklärt anhand dessen die Gesamtsituation, beispielsweise bei Berichten über die Flüchtlingssituation. Allerdings steht diese Art des Journalismus mitunter in der Kritik, denn sie ist entgegen der gewünschten Norm nicht unbedingt neutral oder objektiv.

Im Bereich der *Markenführung* werden vor allem Geschichten rund um das Unternehmen, die Marke und die Produkte aufgegriffen oder man geht dem *Gründermythos* näher auf den Grund. Die Historie des Unternehmens wird in eine Geschichte gepackt, und mithilfe des Storytellings werden dessen Vision und Mission vermittelt.

Abbildung 3.8 Die vier Anwendungsbereiche des Storytellings

Doch letztendlich haben alle ihren Ursprung in der *narrativen Kunst*. Wie keine anderen verstehen es Künstler, Filmemacher, Musiker oder Autoren, ihr Publikum immer wieder aufs Neue zu fesseln und zu begeistern. Um es mit Robert McKees (amerikanischer Lehrer für kreatives Schreiben) Worten zu sagen:

»Eine gut erzählte Geschichte, die nach allen Regeln der Kunst erzählt wird, kann Menschen motivieren und von den Sitzen reißen.«

Und er muss es wissen, denn mittlerweile gehen mehr als 70 Oscars auf seinen Einfluss zurück.

3.1.4 Big Data vs. Big Stories

»I've learned that people will forget what you said, people will forget what you did, but people will never forget how you made them feel.«[1]

Dieses wunderschöne Zitat stammt von Maya Angelou und könnte den nachfolgenden Abschnitt nicht besser beschreiben. Die US-amerikanische Schriftstellerin, Professorin und Bürgerrechtlerin traf mit ihrer Aussage den Kern von Big Stories, also den großen Geschichten, die uns bewegen. Dabei geht es vor allem um Emotionen, oder wenn man es konkreter definieren möchte: Jeder Teil einer Geschichte braucht eine Art Emotion.

Hierzu haben Fritz Heider und Marianne Simmel bereits 1944 ein sehr interessantes Experiment gestartet. Sie hatten ein kleines animiertes Video mit geometrischen Formen erstellt und Versuchspersonen gebeten, sich dieses Video anzusehen und hinterher zu erzählen, was sie gesehen haben. Schau dir das Video am besten selbst einmal an, bevor du weiterliest.

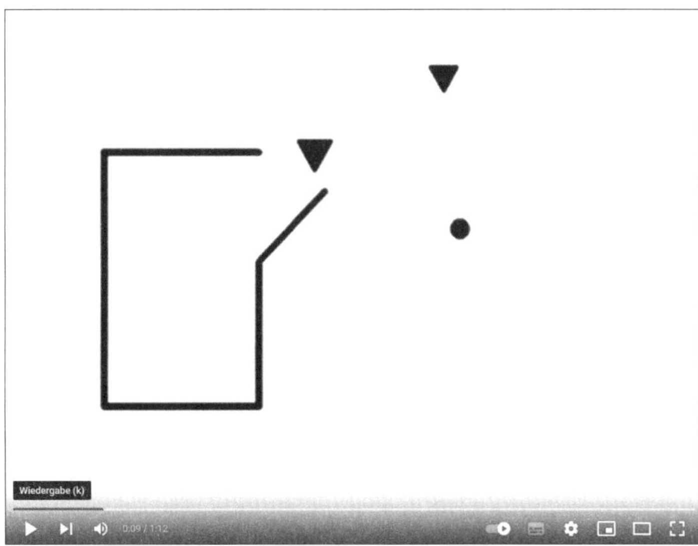

Abbildung 3.9 In dem 1944 erschienenen animierten Kurzvideo sind geometrische Formen die Hauptfiguren. (Quelle: www.youtube.com/watch?v=sx7lBzHH7c8)

1 *www.compass-usa.com/how-you-made-them-feel/*

Das Erstaunliche bei der Auswertung der Aussagen der Probanden war, dass alle eine Geschichte darin gesehen hatten. Es waren keine geometrischen Formen mehr, sondern eine hoch emotionale Geschichte von Eifersucht, Leidenschaft und Drama. Doch Tatsache ist, dass es lediglich einzelne Figuren sind, die sich im Raum bewegen. Nicht mehr und nicht weniger.

Dieses Beispiel zeigt aber auf sehr schöne Art und Weise, was unser Gehirn in so einer Situation leistet. Es hat viel mehr in die dargestellte Situation hineininterpretiert und uns über die Tatsachen hinausblicken lassen. Wir haben das Ganze als große Geschichte wahrgenommen.

Die Zuschauer haben die Formen vermenschlicht, da der Mensch dazu neigt, die Welt und die Realität mittels Geschichten zu interpretieren. Die reinen Daten werden vergessen, rücken in den Hintergrund und sagen im Grunde nichts aus. Sie müssen in einem Storykontext interpretiert werden.

Wenn wir reine Daten erfassen, ist, wie bereits erwähnt, nur die linke Gehirnhälfte aktiv. Das ist so weit auch in Ordnung, denn wir brauchen sie, um die Daten zu entschlüsseln, aber erst durch die Interpretation und Kontextualisierung wird die rechte Gehirnhälfte aktiviert. Geschichten laden uns zudem zum Handeln ein. Gemäß unserer natürlichen Tendenz, packen wir alles in Geschichten, um die Welt für uns greifbarer zu machen. Dies wiederum hilft uns, die Vergangenheit, Gegenwart und Zukunft besser zu verstehen.

Kommen wir zum Kern der Sache: Dieses Wissen um die Psychologie unserer Wahrnehmung und darüber, wie wir uns erinnern, hat Auswirkungen auf Marken und ihr Verständnis dafür. Erinnern und Handeln sind von entscheidender Bedeutung. Doch was hat das mit deinen Präsentationen zu tun? Ganz einfach: Eine PowerPoint-Präsentation sollte eine großartige Geschichte unterstützen. Leider wird sehr oft der Fehler gemacht, dass die gestalteten Folien als die eigentliche Geschichte missbraucht werden. Dieses Denken ist aber grundverkehrt.

Mit der Kraft des Storytellings gelingt es uns, Menschen emotional miteinander zu verbinden und sogar Klüfte zu überwinden. Um das zu erreichen, müssen wir allerdings die Emotionen erst einmal richtig verstehen, um sie dann gezielt einzusetzen. Einen ersten Hinweis auf die vielen Emotionen bietet uns das *Plutchik-Rad* oder der *Emotionskompass*. Was es damit auf sich hat, erfährst du im nachfolgenden Abschnitt.

3.1.5 Das Plutchik-Rad – der Kompass zu deiner emotionalen Geschichte

Sicherlich kennst du den Disney-Film »Alles steht Kopf« aus dem Jahr 2015 oder hast zumindest schon einmal von ihm gehört. Dort spielen Emotionen eine tragende

Rolle, viel mehr noch, sie sind die personifizierten Hauptfiguren des Films: Angst, Trauer, Wut, Freude und Ekel.

Abbildung 3.10 Alles steht Kopf: Hier sind Emotionen die Hauptdarsteller der Geschichte. (Quelle: www.youtube.com/watch?v=xhHkk1q04GA)

Jede dieser Emotionen stellt eine von insgesamt acht Grundformen dar und hat eine eigene Körperlichkeit. Und jede Emotion erzählt aus ihrer Sicht etwas uber die Welt. Und genau an dieser Stelle kommt nun das Plutchik-Rad oder der Emotionskompass ins Spiel.

Der amerikanische Psychologe Robert Plutchik (1927–2006) arbeitete zwischen 1958 und 1980 seine *Emotionstheorie* aus. Seitdem wurden keine wesentlichen Änderungen mehr an dem Modell vorgenommen, und es wird noch heute in seinen Grundzügen verwendet. Doch keine Sorge, du musst kein Experte für die emotionale Psychologie werden, vielmehr geht es darum, dass du Plutchiks Ansatz nutzen und seine Theorie als eine Art Kompass ansehen kannst, die dir die ungefähre Richtung für dein Präsentations-Storytelling vorgibt.

Laut Plutchiks Theorie gibt es acht *primäre bipolare Emotionen*: Begeisterung, Bewunderung, Angst, Verwunderung, Trübseligkeit, Ekel, Wut und Wachsamkeit. Diese acht Emotionen lassen sich kegelförmig anordnen. Ähnliche Emotionen befinden sich in unmittelbarer Nachbarschaft bzw. direkt nebeneinander, während sich gegensätzliche Emotionen gegenüberstehen, beispielsweise begeistert – betrübt. Alle weiteren Emotionen sind Kombinationen aus diesen Primäremotionen. Man spricht hier auch von *primären Dyaden* (ähnliche Emotionen werden zusammengefasst) oder *sekundären Dyaden* (nicht direkt benachbarte Emotionen werden zusammengefasst).

Die Dyade

Eine Dyade (altgriech. *dýas* für »Zweiheit«) steht für eine intensive Zweierbeziehung in der Soziologie bzw. Psychologie.

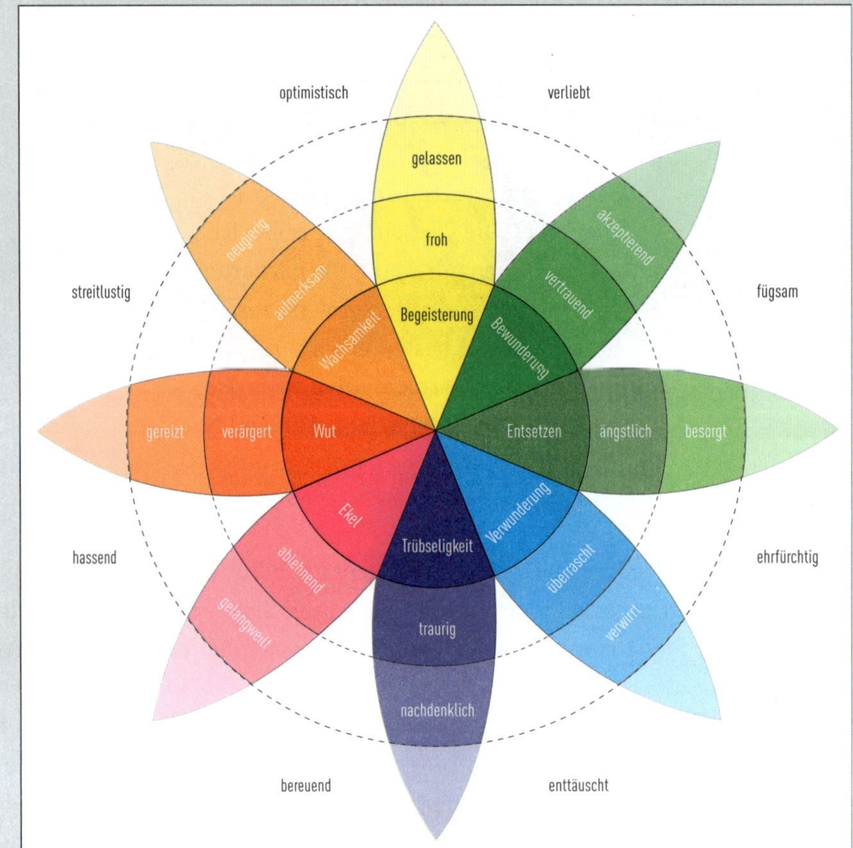

Abbildung 3.11 Der Emotionskompass nach Robert Plutchik

Das Ganze gleicht einem Farbkreis, wie du in Abbildung 3.11 erkennen kannst. Und ähnlich wie bei einem Farbkreis können sich Emotionen auch in unterschiedlichen Intensitäten ausdrücken und zeigen. Je weiter wir uns vom Kern der Grundemotionen entfernen, desto schwächer wird die Intensität. Auch können sich Emotionen miteinander vermischen, um sogenannte *tertiäre Emotionen* zu bilden.

Ich möchte an dieser Stelle gar nicht so ausführlich auf den genauen Prozess eingehen, das würde hier den Rahmen sprengen, doch die Grundzüge solltest du verstehen, damit du diese für dein zukünftiges Storytelling gebrauchen kannst. Die vereinfachte Darstellung sieht dabei wie folgt aus: Emotionen entstehen immer aus der Bewertung eines wahrgenommenen Reizes. Dieser wird beurteilt, und es kommt zu einer *kognitiven Einschätzung* (ich sehe eine aggressive Person auf der Straße – Gefahr). Diese kognitive Einschätzung löst nun ein Gefühl (ich habe Angst) sowie psychologische Reaktionen aus (erhöhte Aufmerksamkeit). Dies wiederum hat zu Folge, dass ein *Handlungsimpuls* entsteht (ich will weglaufen und mich in Sicherheit bringen), der in nächster Konsequenz Auswirkung auf die Situation haben könnte (ich bin in Sicherheit, mir kann nichts mehr passieren). Diese Auswirkungen können die zuvor wahrgenommenen Emotionen über eine sogenannte *Rückkopplungsschleife* verändern, was den Gleichgewichtszustand zwischen der Person und der Situation wiederherstellt.

Ein kleines und einfaches Beispiel dazu: Stell dir vor, du musst ein neues Werbekonzept für eine Versicherung vorstellen. Die Versicherung selbst ist nicht gerade günstig für ihre Versicherten, und bisher wurden nur wenige Versicherungen verkauft, da der Endkunde keine Notwendigkeit in einer zusätzlichen Versicherung sieht. Das soll sich nun ändern. Und wie könnte man das am besten erreichen? Richtig, indem man mit den Emotionen der potenziellen Kunden spielt. In diesem Fall würdest du deine Geschichte auf Basis der Emotionen erschrocken, ängstlich und besorgt aufbauen. Die Werbung erklärt den Kunden, was alles passieren kann, und schürt so Angst, um ihnen dann die Lösung in Form der Versicherung zu präsentieren.

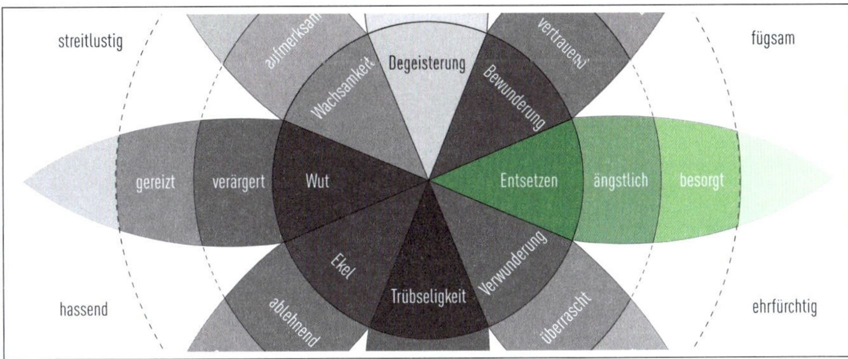

Abbildung 3.12 Die Wahl der Grundemotion hilft dir dabei, spannende Geschichten zu konzipieren.

So könnte beispielsweise ein Werbeclip wie folgt aussehen: Ein Vertreter der Versicherung will seiner Kundin die Versicherung verkaufen, diese lehnt allerdings dankend ab. Später am Tag macht sie einen Spaziergang und erkennt plötzlich überall Gefahren um sich herum und stellt sich vor, wie ihr diese Unfälle passieren und wie sie im Anschluss darunter zu leiden hätte. Es folgt ein Cut ins Versicherungsbüro und man sieht, wie die Versicherung abgeschlossen wird. Wieder geht die Frau durch die Stadt, und statt der Gefahren sieht sie nur noch Glück und Zufriedenheit, da sie weiß, dass sie im Schadensfall nichts zu befürchten hat. Aus Erschrecken wird im Verlauf der Geschichte Begeisterung in Form von Gelassenheit.

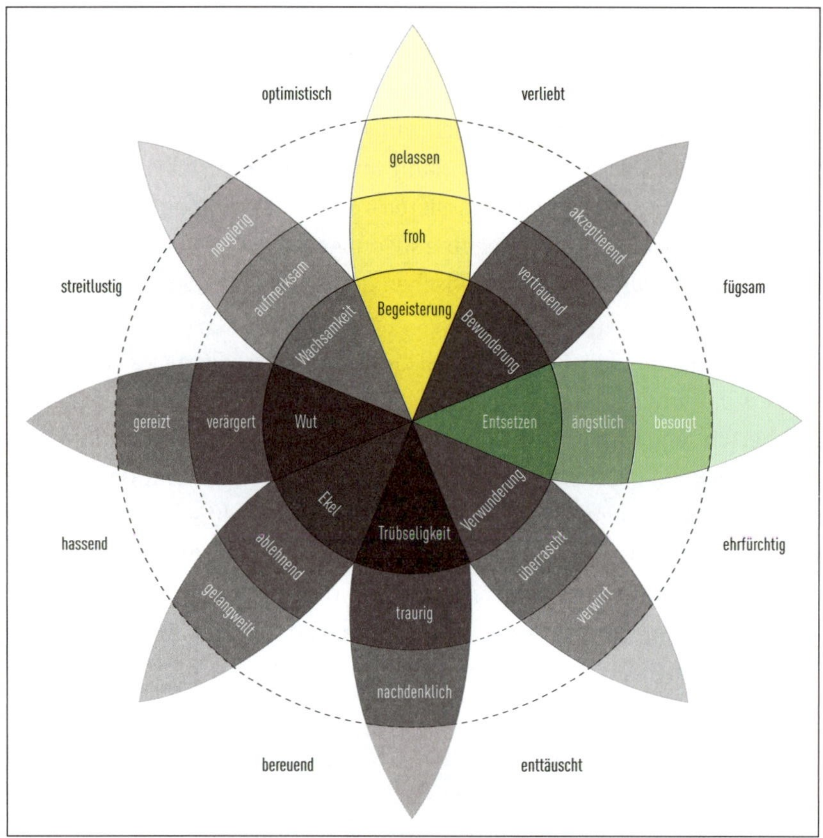

Abbildung 3.13 Aus Angst wird während der Geschichte Begeisterung.

Das ist natürlich nur ein ganz einfaches Beispiel, aber es geht hier in erster Linie um das Verständnis dafür, wie du Emotionen gezielt für dein Storytelling einsetzen und nutzen kannst.

Wenn du also die Emotion der Idee, des Konzepts oder des Produkts definierst, kannst du diese entsprechend für das Storytelling deiner Präsentation nutzen. Definiere also die Ausgangsemotion und lass sie im Verlauf der Geschichte wachsen oder sich verändern. Es liegt ganz in deiner Hand, in welche Richtung sich deine Geschichte entwickelt.

Doch lass uns nun einen Blick auf die fünf Erfolg versprechenden Bausteine werfen, damit deine Geschichte endlich zum Leben erwacht.

3.2 Das Erfolgsrezept für spannende Geschichten

Der große Moment ist gekommen, ich lüfte nun das Geheimnis um das Erfolgsrezept spannender Geschichten. Eigentlich braucht es dafür nicht viel. Es sind gerade einmal fünf Zutaten. Bevor ich nun ins Detail gehe, möchte ich dir gerne eine Aufgabe stellen, der ich mich in der Vergangenheit auch bereits stellen musste.

Aufgabe

Beschreib innerhalb von 30 Sekunden einem fremden Menschen dein Leben.

Gar nicht so einfach oder? Ich muss ehrlich gestehen, dass ich mich mit der Aufgabe damals sehr schwergetan habe. 30 Sekunden, um ein Leben zu beschreiben? Puh, wo fängt man da an? Für mich stellten sich dabei folgende Fragen:

- Was ist entscheidend für meine Geschichte, was muss unbedingt erwähnt werden?
- Von welchen Ereignissen erzähle ich? Erzähle ich etwas über meinen Beruf oder nur rein private Ereignisse?
- Erzähle ich die Geschichte chronologisch?
- Was ist das Warum meiner Geschichte? Welchen roten Faden hat sie?
- Aber vor allem, wie stelle ich mich selbst dar? Bin ich die Heldin oder nur eine passive Beobachterin?
- Wie schaffe ich es, meine Zuhörer und Zuhörerinnen nicht zu langweilen?

Diese Liste könnte ich noch ewig so weiterführen. Der Punkt ist allerdings, dass zum Beispiel Drehbuchautoren oder Romanautorinnen genau mit solchen Fragen arbeiten, wenn sie an einem neuen Projekt sitzen. Denn in diesen Fragen liegen bereits die fünf Hauptzutaten für das Erfolgsrezept spannender Geschichten versteckt. Wenn du den Weg des Storytellings gehst, solltest du auf fünf Dinge ein besonderes Augenmerk legen:

1. Jede Geschichte braucht einen Grund erzählt zu werden.
2. Jede Geschichte braucht einen Helden oder eine Heldin.
3. Jede Geschichte beginnt mit einem Konflikt.
4. Jede Geschichte muss emotional berühren.
5. Jede Geschichte muss weitererzählt und damit viral werden können.

Doch alles der Reihe nach. Eine Sache möchte ich an dieser Stelle bereits vorwegnehmen: Nutze niemals Storytelling, nur weil es gerade en vogue ist. Eine gute Geschichte braucht einen Grund, und diesen Grund findet man im Unternehmen, in der Marke oder der Vision. Storytelling muss uns in der Tiefe berühren!

> **Quick-Tipp**
>
> Deshalb auch schon einmal ein kleiner Tipp vorweg: Tu so, als ob jeder Tag der erste wäre. Am zweiten Tag kehrt bereits Routine ein. Die Aufregung des ersten Tages hilft dir, wachsam zu sein und zu bleiben. Sie hilft dir, dein Bestes zu geben.

Storytelling ist unterm Strich betrachtet nichts anderes als ein Stück Unterhaltung. Mir ist bewusst, dass Manager, Marketingmenschen oder Beraterinnen nicht dafür da sind, um einen zu Tränen zu rühren. Ihr oberstes Ziel ist es, Informationen zu vermitteln. Doch das gelingt eben am eindringlichsten über Storytelling.

3.3 Fünf Bausteine für ein Halleluja

Wer gewillt ist, sich auf das spannende Abenteuer des Geschichtenerzählens einzulassen, muss sein Publikum nicht nur unterhalten, sondern auch emotional packen. Auch sollte berücksichtig werden, in welchem Rahmen die Geschichte erzählt wird. Und noch einmal: Gute Geschichten werden gemerkt und weitererzählt.

Der beste Beweis dafür sind zum Beispiel die Märchen der Gebrüder Grimm. In ihren Geschichten lassen sich ebenfalls die fünf Bausteine wiederfinden. Deine Präsentation setzt sich aus den folgenden Bausteinen zusammen:

1. einer sinnstiftenden Idee (Konzept, Marke oder Produkt), die den Grund deiner Story definiert
2. einer Heldin oder einem Helden, mit der oder dem sich dein Publikum identifizieren kann
3. einem Konflikt, der die Geschichte spannend macht
4. Emotionen, die deine Zuhörerschaft nicht mehr loslassen
5. Möglichkeiten, mit deiner Idee auch außerhalb des Präsentationsraumes zu spielen

Ein sehr gutes Beispiel, wie die fünf Bausteine in der Werbung funktionieren, liefert unter anderem der Edeka-Weihnachtsspot von 2015.

1. Die Grundidee des Clips ist es, alle an Weihnachten an einen Tisch zu bekommen, um das leckere Weihnachtsessen zu genießen.
2. Unser Held ist der ältere Herr, der seine Familie gerne um sich hätte.
3. Seine Familie sagt wie so oft das gemeinsame Familienessen zu Weihnachten ab. Der Gegensatz zwischen dem Wunsch des älteren Herrn und der Wirklichkeit beschreibt den Konflikt.

4. Der alte Mann stirbt scheinbar allein gelassen, die Familie kommt in Trauer zusammen, doch dann kommt der Turning Point und man erfährt, dass der ältere Herr das alles nur inszeniert hatte, um mit seiner Familie endlich wieder vereint zu sein. Also, wer hier nicht zumindest mal schwer schlucken muss, bei dem erzeugt wohl keine Geschichte jemals Emotionen.
5. Das Video ging viral und wird seitdem jedes Jahr aufs Neue zu Weihnachten gezeigt. Aus einer bloßen Idee wurde ein viraler Inhalt. Schaue dir hierzu auch die aktuellen View-Zahlen an.

Abbildung 3.14 Höchst emotional – der Edeka Weihnachtsspot: »EDEKA Weihnachtsclip – #heimkommen«, der auf den fünf Storybausteinen beruht (Quelle: www.youtube.com/watch?v=V6-0kYhqoRo)

Diese Geschichte ist ein wunderbares Beispiel für eine emotionale, modern und multimedial erzählte Geschichte, die alle fünf Zutaten einer spannenden Geschichte enthält.

3.4 Baustein 1: Jede Geschichte hat einen Grund, erzählt zu werden

Wenn man das alles so hört oder liest, scheint Storytelling die Lösung für einfach alles zu sein. Aber so einfach ist es nicht, denn nicht alles lässt sich mit einer spannenden Geschichte lösen. Oftmals ist es für Unternehmen, Marken, Studierende oder Lehrkräfte gar nicht so einfach, sich im narrativen Erzählen zu üben. Wer Storytelling ernsthaft nutzen und einsetzen möchte, muss einige Regeln beachten, Regeln, die im Bereich der Literatur, im Theater oder Film schon längst Einzug gehalten haben. Doch genau diese Regeln stellen Unternehmen, Schüler, Studentinnen oder Lehrer*innen vor eine ganz schöne Herausforderung. Zuallererst muss es einen sehr guten Grund geben, warum man überhaupt Geschichten erzählt.

3.4.1 Golden Circle

Als Ausgangspunkt für starke und spannende Geschichten musst du zunächst einmal dem Anlass, dem Grund oder der Moral, die du vermitteln möchtest, auf die Spur kommen. Hast du diesen Punkt gefunden, stellt dies einen idealen Ausgangspunkt für zum Beispiel eine *Corporate Story* oder einen Vortrag vor deinem Tutor dar.

Corporate Storytelling

Das Corporate Storytelling erzählt die kleinen und großen Geschichten eines Unternehmens. Das Wesen und das Handeln des Unternehmens werden in einen erzählerischen Kontext gestellt und vermitteln so nicht nur nach innen, sondern auch nach außen die Vision sowie die Ziele und Werte, mit denen sich das Unternehmen identifiziert.

Andrew Stanton, ein US-amerikanischer Regisseur, der unter anderem für den Film »Wall-E – Der letzte räumt die Erde auf« verantwortlich war, vergleicht eine spannende Geschichte mit einem guten Witz. Es kommt für ihn auf den Schluss an, die Pointe. Am Ende fügen sich alle Teile einer Geschichte zu einem Ganzen und entfalten letztendlich den Sinn und die Kraft der Geschichte. Und genau deswegen ist es so überaus wichtig, diesen Grund bzw. den Sinn von Anfang an zu kennen und klar vor Augen zu haben.

Um diesem Sinn auf den Grund zu gehen, möchte ich dir an dieser Stelle Simon Sineks *Golden Circle* ans Herz legen. Niemand versteht es besser als Sinek, den *Reason Why* so gekonnt auf den Punkt zu bringen. Ich empfehle dir, dir hierzu seinen TED-Talk anzusehen. Dabei handelt es sich um das drittmeist gesehene Video unter all den TED-Talks.

Was ist ein TED-Talk?

Das Akronym *TED* steht für Technology, Entertainment und Design und war ursprünglich eine alljährliche Innovationskonferenz in Monterey, Kalifornien. Bekanntheit erlangte sie vor allem über die dazugehörige Website (*www.ted.com*), auf der man sich die besten Vorträge kostenlos als Video ansehen kann. Mittlerweile gibt es viele der dort gezeigten Videos mit deutschen Untertiteln. Die Ausrichtung der Innovationskonferenz hat sich in den letzten Jahren zunehmend verändert. Heutzutage umfasst die Themenauswahl nicht mehr nur Technologie, Entertainment und Design, sondern darüber hinaus auch Business, globale Themen, Kultur, Kunst und Wissenschaft.

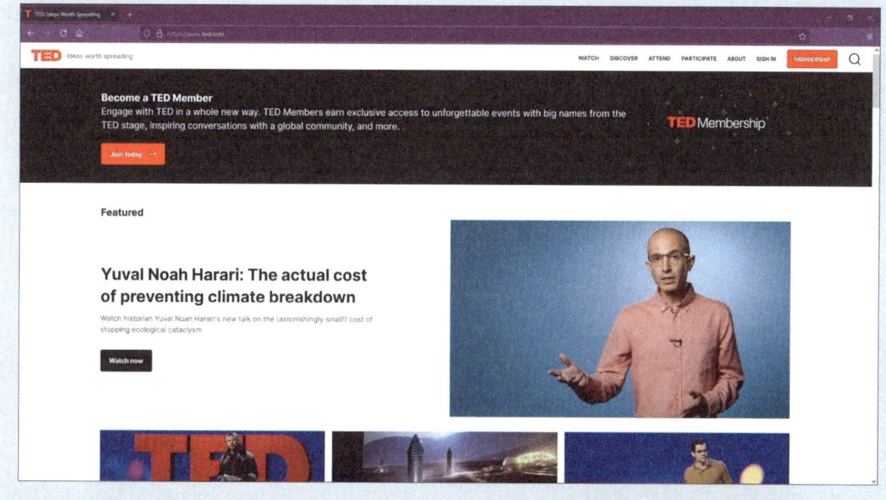

Abbildung 3.15 Die offizielle Website der TED Conferences (Quelle: www.ted.com)

In Kapitel 8, »Kommunikationstechniken für eine kreative Präsentation«, gehe ich auf weitere wichtige und interessante TED-Talks ein.

Abbildung 3.16 »Simon Sinek: Wie große Führungspersönlichkeiten zum Handeln inspirieren« (Quelle: www.youtube.com/watch?v=qp0HIF3SfI4)

In seinem Vortrag stellt Sinek das Bauprinzip für eine gute Rede dar, und das ist etwas, das du perfekt für den Aufbau deiner Präsentationsreden nutzen kannst. Sinek weist darauf hin, dass Unternehmen oder Marken immer über drei Dinge sprechen: über das Was, also die Produkte und Dienstleistungen, das Wie, das heißt die Art und Weise, wie das Unternehmen oder die Marke funktionieren, und über das große Warum, nämlich warum sie überhaupt am Markt sind. Wo die ersten beiden Fragen noch leicht zu beantworten sind, wird es bei der dritten schon schwieriger, doch genau da findest du den Kern spannender Geschichten.

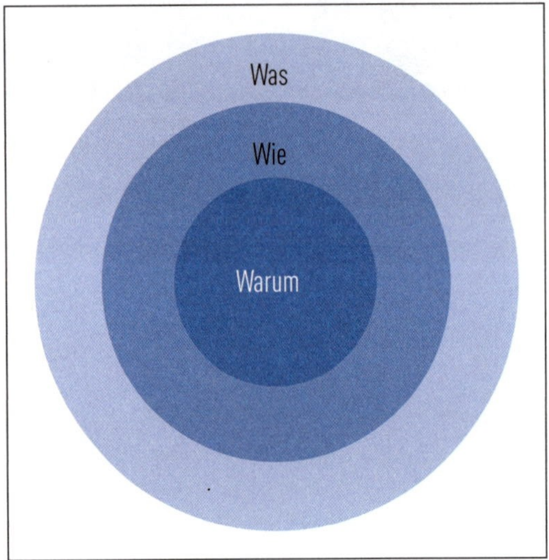

Abbildung 3.17 Der Golden Circle nach Simon Sinek

Laut Sinek sind die meisten Unternehmen nicht in der Lage, die Frage nach dem Warum klar zu beantworten. Oft folgen Antworten nach Profit, Gewinn und Umsatz. Doch das ist nicht damit gemeint. Er meint hier den höheren Zweck bzw. den tieferen Sinn des Unternehmens. In seinem Vortrag führt Sinek Apple als Beispiel auf. Als eines der wenigen Unternehmen verfolgte Apple damals wie heute eine klare Vision. Apples Reason Why ist es bis heute, den Status quo zu hinterfragen und zu durchbrechen. Auf dieser Grundlage schaffte es Apple immer wieder, mit seinen Produkten neue Rekorde aufzustellen. Man hat nicht einfach nur Technik verkauft, man hat den Käufern und Käuferinnen ein Gefühl vermittelt und verkauft.

Schau dir hierzu einmal den legendären Werbespot von Apple aus dem Jahr 1984 an. Apple nutzte gekonnt den Hype um die Romanverfilmung von George Orwells Werk »1984«.

Abbildung 3.18 Das Brechen mit dem Status quo – Apple 1984 (Quelle: www.youtube.com/watch?v=R706isyDrqI)

Passend dazu hat Steve Jobs vorab eine Keynote-Präsentation gehalten, in der er nicht nur den Macintosh präsentierte, sondern auch die Geschichte zum Werbespot hervorragend erzählte (*www.youtube.com/watch?v=ISoWKxKyWhQ*). Ich weiß, dass ich bisher schon oft Steve Jobs als Beispiel herangezogen habe, aber in Sachen überzeugender Präsentation machte ihm niemand so schnell etwas vor. Du kannst von ihm auch heute noch eine Menge lernen.

Wenn du nun eine Idee, ein Konzept oder ein Produkt präsentieren musst, beschäftige dich also vorab einmal ausführlicher mit dem Reason Why, um daraus eine kraftvolle Geschichte zu schöpfen und einer Vision ein Gesicht und eine Stimme zu verleihen.

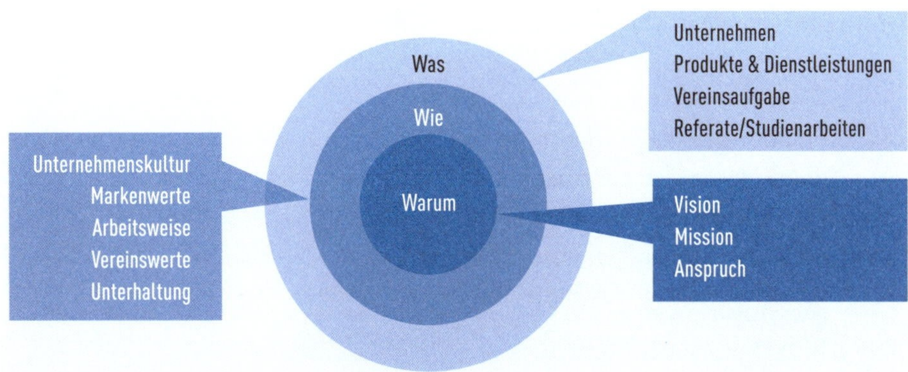

Abbildung 3.19 Frag immer erst nach dem Warum.

3.4.2 Die vier Grundbedürfnisse

»Desire is the blood of good stories.« – Robert McKee

Neben dem Golden Circle gibt es noch eine weitere Methode, um spannende Geschichten zu kreieren. *»Bedürfnisse sind das Blut, das gute Storys durchzieht.«* Dieses Zitat stammt von dem bereits erwähnten Autor Robert McKee. Damit erfasst er den Kern der zweiten Methode, um spannende Erzählungen zu kreieren. Bei der zweiten Methode geht es um die menschlichen Bedürfnisse. Vielleicht hast du schon einmal etwas von Abraham Maslows *Bedürfnispyramide* gehört? Maslow galt als ein Gründervater der humanistischen Psychologie und führte den Begriff der positiven Psychologie ein.

Humanistische Psychologie

Die humanistische Psychologie bezeichnet die Auffassung in der Psychologie, bei der das Wachstumspotenzial und die Persönlichkeitsentwicklung des Menschen im Mittelpunkt seines Lebens stehen und nicht so sehr seine psychischen Schwächen. Es geht um den sich selbst verwirklichenden Menschen.

Maslow ging davon aus, dass der Mensch fünf Grundbedürfnisse hat. An erster Stelle stehen die Grundbedürfnisse wie Essen, Trinken und Schlafen. Danach wird es für uns interessant. Das Bedürfnis nach Sicherheit, soziale Bedürfnisse, Individualbedürfnisse und das Bedürfnis nach Selbstverwirklichung ergeben eine Basis für gute und spannenden Geschichten.

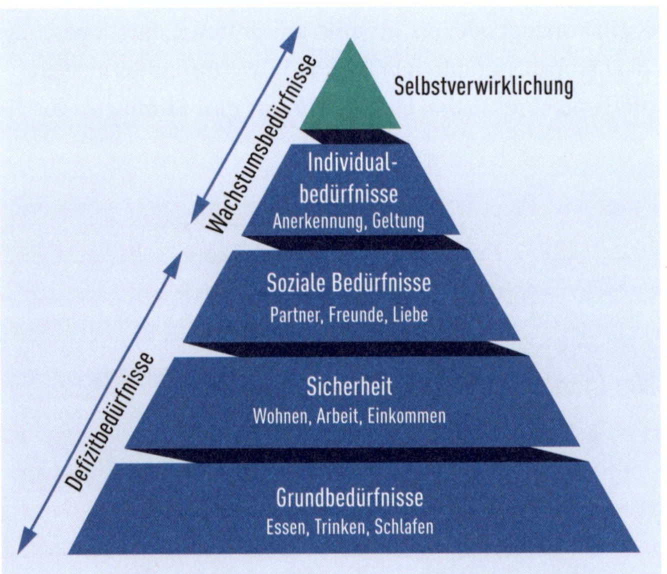

Abbildung 3.20 Die Bedürfnispyramide nach Abraham Maslow

Jedes dieser Bedürfnisse ist unterschiedlich stark bei den Menschen ausgeprägt, aber wir alle können uns in diese Bedürfnisse hineinversetzen und die Sehnsucht danach nachvollziehen. Mit diesen Effekten arbeitet auch Hollywood gerne. Du findest in der Regel in jedem Hollywood-Film eines dieser Bedürfnisse wieder.

Du möchtest Beispiele? Bitte, hier sind sie. Es mag paradox klingen, aber der Film »Titanic« von James Cameron aus dem Jahr 1997 ist ein Beispiel für Stabilität und Sicherheit. Natürlich kennen wir alle den Film und wissen, wie er ausgeht. Da kann man sich verständlicherweise fragen, warum dieser Film ausgerechnet für Sicherheit stehen sollte. Der Film spielt gekonnt mit dem Gegenteil und zeigt, was passiert, wenn einem die Sicherheit und Stabilität genommen werden. Doch am Ende ist es die 101-jährige Rose, die offenbart, dass die Liebe zu Jack ihr über all die Jahre die Sicherheit gab, um weiterzumachen. Und so fügt sich am Ende ein großes Ganzes zusammen.

James Cameron ist im Übrigen ein Meister darin, die menschlichen Bedürfnisse in seinen Filmen zu verarbeiten. So verwundert es nicht, dass sein Meisterwerk »Avatar« das Grundbedürfnis nach sozialer Sicherheit zum Thema hat. Der einstige US-Marine Jake Sully findet dank des Volkes der Navi zurück ins Leben und bekommt das, wonach er sich all die Jahre gesehnt hat.

Und welcher Film könnte besser für Selbstverwirklichung stehen als »Rocky«? Wenn du dir das nächste Mal einen Film ansiehst, betrachte es einmal als Übung, das Grundbedürfnis des Films zu identifizieren. So wird es dir in Zukunft immer leichter fallen, das passende Grundbedürfnis deiner Präsentationsgeschichte zu finden, wenn du dich für diese Methode des Geschichtenerzählens entscheiden solltest.

Auch die Markenwelt des Kunden, kann dir bereits erste Hinweise auf die Grundbedürfnisse des Menschen liefern. So steht Coca-Cola mit seiner Botschaft für das Zusammensein mit anderen Menschen (soziale Bedürfnisse). Oder Nike, diese Marke steht für Selbstverwirklichung.

Du kannst dir also Folgendes merken: Du verkaufst in deiner Präsentation Gefühle. Als Bonus gibt es kostenlos das Produkt, die Dienstleistung, eine gute Zensur oder das Vermitteln von Fachwissen obendrauf.

3.4.3 Storytelling – was steht uns zur Verfügung?

Egal, für welche Methode du dich entscheidest, ob nun das Warum nach Simon Sinek oder nach der Bedürfnispyramide nach Abraham Maslow, wichtig ist, dass du so konkret wie möglich auf die Grundidee eingehst und deine Idee, dein Konzept oder dein Produkt als sinnstiftend darstellst. Du musst deinem Zuhörer oder deiner Zuhörerin erklären, warum es die Idee, das Konzept oder das Produkt gibt.

Hier gilt jedoch, weniger ist mehr. Lerne zu priorisieren. So schaffst du das solide Fundament für deine Geschichte und all das, was du darumherum aufbaust. Dieser Schritt erfordert etwas Zeit und ist nicht einfach zwischen Tür und Angel abgehandelt. Erst, wenn dir dieser Kern bewusst und klar ist, kannst du damit anfangen, den Helden oder die Heldin zu definieren und den Konflikt darzustellen, in dem er oder sie sich befindet.

Durchforsche bei deiner Recherche auf jeden Fall auch die *Corporate Identity* und die Positionierung deines Auftraggebers, solltest du ein Konzept für einen Kunden erarbeiten. Wie sehen die Vision oder Mission aus? Welches Leitbild wird verfolgt und welche Werte spiegeln den Reason Why wider?

Storymöglichkeiten

Daraus ergeben sich für dich folgende Möglichkeiten:

- Corporate Story
- Marken- oder Brand-Storys
- Produktstory

Abbildung 3.21 Jede Art von Story bietet dir Möglichkeiten, die Geschichte zu erzählen, die du erzählen möchtest.

Unternehmensgeschichten dienen in erster Linie der Reputation, sie sprechen meist die allgemeine Öffentlichkeit an, dazu zählen auch Mitarbeiter und Investoren. *Markenstorys* richten sich schon konkreter an eine bestimmte Zielgruppe – nämlich den bestehenden Kundenstamm und mögliche potenzielle Neukunden. Sie dienen dazu, das Image einer Marke zu stärken und weiter auszubauen. *Produktstorys* haben eine klare Zielgruppe: die Käufer. Diese Art der Geschichte zielt auf Abverkäufe und Aufmerksamkeit ab.

Doch auch abseits von Marken und Produktvermarktung gilt: Egal, zu welcher Art Präsentation du eine Geschichte aufbaust, eines haben sie alle gemeinsam: Die Geschichte braucht einen sehr guten Grund, um überhaupt erzählt zu werden. Mit einer klaren Definition hast du bereits den Grundstein für ein erfolgreiches Storytelling gelegt.

3.5 Baustein 2: Jede Geschichte hat einen Helden

Willkommen bei Baustein Nummer zwei, einem nicht ganz unwesentlichen Element, denn er ist das Herz deiner Geschichte. Die Rede ist von der Heldin oder dem Helden deiner Geschichte. Eigentlich ist es ja offensichtlich, dass jede Geschichte einen Helden braucht. Schon als Kind haben wir das gelernt, und zwar aus den vielen Geschichten, die man uns vorgelesen hat und die wir später selbst gelesen haben. Schon als Kind haben wir uns in die Situation des Ritters oder der Forschungsreisenden versetzt und wilde Abenteuer erlebt. Anders ausgedrückt haben wir uns auf eine *Heldenreise* begeben.

3.5.1 Heldenreise

Der Held oder die Heldin spielen, wie du dir sicherlich denken kannst, eine zentrale Rolle in der Geschichte. Der US-amerikanischer Professor und Publizist Joseph Campbell veröffentlichte hierzu 1949 sein Buch »Der Heros in tausend Gestalten«. Für seine Abhandlung erforschte er rund 4.000 Mythen und Geschichten und fasste in ihr zusammen, dass sämtliche Geschichten, die wir kennen, nach dem gleichen Muster ablaufen, und zwar unabhängig von der Kultur oder Region des Menschen.

Alles beginnt damit, dass etwas die vertraute Welt des Helden in Aufruhr versetzt und ihn oder sie dazu bringt, diese Welt zu verlassen und sich Aufgaben und Prüfungen zu stellen. Durch die Reise macht die Heldin eine Entwicklung durch und wächst über sich hinaus. Am Ende kommt er oder sie als veränderte Person wieder, wodurch sich auch die bisher vertraute Welt wandelt. Er wird zum Herrn, sie wird zur Herrin der zwei Welten, in der das alte und das neue Wissen zusammenkommen.

Dies ist nur eine kurze und komprimierte Fassung der Heldenreise, die im Ganzen aus zwölf Etappen besteht. Aber du brauchst für deine Präsentation nicht alle zwölf Etappen zu nutzen.

Abbildung 3.22 Eine Kurzfassung der Heldenreise nach Joseph Campbell

Ein klassisches Beispiel der Heldenreise ist J. R. R. Tolkiens Fantasy-Epos »Der Herr der Ringe«. Hier bricht Frodo auf, um den einen Ring zu vernichten. Er verlässt seine vertraute Welt und stellt sich den Aufgaben und Prüfungen, die sich ihm und seinem Weggefährten Sam in den Weg zum Schicksalsberg stellen, um am Ende als jemand anderes (gereiftes Ich) zurückzukehren. Es fand eine Transformation des Charakters statt.

Du wirst, wenn du Geschichten einmal näher betrachtest, diese Grundform in den meisten wiederfinden. Dabei sind zwei Prinzipien von Bedeutung:

1. Bei den Helden handelt es sich nicht zwangsläufig um Superhelden mit übermenschlichen Fähigkeiten wie Superman oder Wonder Woman. Gemeint ist hier eine Person, die klar erkennbar als zentrale Figur wahrgenommen wird und mit der sich das Publikum identifizieren kann.
2. Der Held muss sich zwischen Anfang und Ende verändert haben. Idealerweise geschieht dies durch die Heldenreise, die er oder sie erlebt hat.

Doch genau diese beiden Prinzipien machen es Vortragenden so schwer. Einerseits fällt es ihnen schwer, die eine zentrale Hauptfigur zu finden, und zum anderen findet am Ende keine Veränderung statt. Anstatt sich also eine konkrete Person herauszupicken, wird die allgemeine Zielgruppe im Ganzen angesprochen, und die notwendige Transformation bleibt aus. In so einer Situation ist es ratsam, sich exemplarisch eine Person herauszusuchen und an ihr die Situation zu schildern. Wenn dann die gewünschte eine Veränderung eintritt, hat man vieles richtig gemacht.

Wer das auf eine sehr lustige Art und Weise geschafft hat, war IKEA in seinen Werbespots. Dort streitet sich ständig ein Pärchen über alltägliche Dinge während des Zusammenlebens. Um genauer zu sein, überall liegen die Sachen des jeweiligen anderen herum. Das ist etwas, womit sich die meisten von uns identifizieren können. Das Paar geht sogar zu einem Therapeuten.

Abbildung 3.23 »Ikea ›Therapie‹« (Quelle: www.youtube.com/watch?v=RZCufQ7aWPg)

Schließlich sorgen neue Regale und praktische Möbel für Harmonie in der Beziehung, und alles verändert sich. Am Ende sieht man die beiden glücklich vereint in ihrem aufgeräumten Zuhause. Dieses Thema wurde im Übrigen über mehrere Spots aufrechterhalten. Und IKEA gelang es damit, die zwei wichtigsten Prinzipien des Helden in eine fortlaufende und unterhaltsame Geschichte zu packen.

Natürlich richtet sich IKEA nicht nur an streitende Paare, aber sie stehen exemplarisch für all jene, die Ordnung lieben und schaffen wollen. Diese Art der Erzählung nennt sich *narratives Erzählen*. Mit ihr ist die Umkehrung des *klassischen Journalismus* gemeint, in dem alle wichtigen Informationen untermauert von Daten und Fakten zuerst kommen. Dessen Erzählweise ist logisch und die Sprache selbst ist sachlich. Das Ganze ist objektiv.

Das narrative Erzählen dagegen beruht auf der Erzählung eines Einzelschicksals, bei der von den Sorgen, Nöten und Ängsten einer Person erzählt wird. Das Ganze ist anekdotisch angehaucht, und auch die Sprache ist deutlich emotionaler. Die Geschichte ist subjektiv. Wenn du nun also Storytelling für Präsentationen nutzen willst, solltest du dich am narrativen Erzählen orientieren.

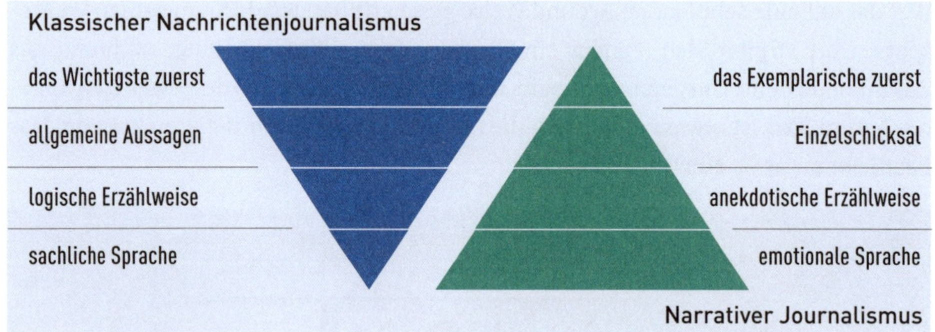

Abbildung 3.24 Die Abkehr vom klassischen Journalismus hin zum narrativen Erzählen

3.5.2 Kopfkino

Es ist gerade dieses exemplarische Erzählen, dass den Unterschied macht und deine Zuhörer dazu befähigt, sich mit dem Helden oder der Heldin zu identifizieren. Die Zuhörer möchten sich in der Geschichte ein Stück weit selbst wiederfinden. Diese Identifizierung ist es, die uns an der Geschichte festhalten lässt. Wir gleichen unsere Erfahrungen mit denen aus der Geschichte ab und lernen so unter anderem vollkommen neue Dinge und Aspekte kennen. Auch wenn wir erst einmal nur gedanklich diese Erfahrungen machen.

Dieser Vorgang wurde sogar schon neurowissenschaftlich untersucht und hat ergeben, dass bestimmte Bereiche in unserem Gehirn aktiviert werden, wenn wir emotional mit der Geschichte verbunden sind. Wie bereits weiter oben erwähnt, haben wir stets unser eigenes Holodeck an Bord, das sich genau in solchen Momenten einschaltet, wenn der Held zum Beispiel an einer Blume riecht. In dem Moment wird der Bereich der Wahrnehmung aktiviert, der für den Geruch zuständig ist. Unser gesamtes Gehirn erlebt die olfaktorischen Informationen und speichert sie dauerhaft ab. Auch schüttet unser Körper während des Zuhörens bestimmte Hormone und Botenstoffe aus. Gerade so, als ob wir selbst vor Ort wären und die Situation wirklich erlebten.

Falls du mehr dazu erfahren willst, empfehle ich dir, dich einmal mit der Studie des Neurowissenschaftlers Paul Zak auseinanderzusetzen. Er zeigte einigen Probanden einen kleinen Film über einen krebskranken Jungen in der Hauptrolle.

Das Forscherteam um Zak hatte seinen Versuchspersonen vor und nach dem Film Blut entnommen, es analysiert und dabei Erstaunliches festgestellt. Das Blut aller sprach eine eindeutige Sprache. Nach dem Ansehen des Films hatten sämtliche Probanden erhöhte Werte von *Cortisol* (ein Stresshormon) und *Oxytocin* (im Volksmund auch Kuschelhormon genannt). Der Versuch zeigte, dass die Geschichte des krebskranken Jungen die Zuschauer nicht nur stresste, sondern auch emotional berührte. Das Gehirn hat sich, während die Geschichte erzählt wurde, mit der Handlung synchronisiert.

Abbildung 3.25 »Future of Storytelling: Paul Zak« (Quelle: www.youtube.com/watch?v=DHeq-QAKHh3M)

Sogar Bedenken oder Kritik lassen sich mithilfe dieses Phänomens geschickt überwinden oder umgehen. Je rationaler die Ansprache unsere Zuhörer und Zuhörerinnen ist, desto rationaler werden sie auch Feedback geben und beispielsweise Kritik und Bedenken mit Daten und Fakten untermauern. Auch werden logische Fehler schneller enttarnt. Geschichten dagegen wirken anders. Sie sind emotional und führen über Umwege dazu, dass die Zuhörer die Argumente annehmen, ohne sie möglicherweise infrage zu stellen.

In Geschichten werden zunächst keine logischen Daten und Fakten geliefert, sondern in erster Linie Unterhaltung, in die die wichtigen Informationen eingebettet sind und so nebenbei vermittelt werden, eben auf eine spielerische Art und Weise. Ein unbewusstes Informieren, wenn man so will. Exemplarisches und narratives Erzählen hilft dir am Ende des Tages dabei, Informationen effizienter zu vermitteln.

Dir sollte an dieser Stelle klar sein, dass deine Hauptfigur, also dein Held oder deine Heldin, nicht das Unternehmen, die Marke oder dein Konzept selbst ist. Such dir eine Person aus, mit der sich dein Publikum identifizieren kann, und präsentiere nicht anhand von abstrakten Gebilden.

3.5.3 Rollenspektrum

Welche Rollen stehen dir nun konkret zur Verfügung? Dieser Frage gehe ich im nachfolgenden Abschnitt auf den Grund. Zunächst einmal unterscheidest du zwischen den Haupt- und den Nebenfiguren und unterteilst diese noch weiter, je nachdem, welche

Bedeutung sie im Verlauf der Geschichte einnehmen. Dem Hauptdarsteller oder der *Protagonistin* steht die Antiheldin oder der *Antagonist* gegenüber. Klassische Beispiele dafür sind Dagobert Duck und Gundel Gaukeley, Schneewittchen und die böse Königin oder Arielle und die böse Meerhexe Ursula. Ich rate dir an dieser Stelle, die Konkurrenz nicht als den fiesen Antagonisten zu sehen. Dieser Schuss kann schnell nach hinten losgehen, wenn erst einmal von Verleumdung oder Ähnlichem die Rede ist.

Die Rolle des Helden bleibt klassischerweise einem Kunden, einer Mitarbeiterin oder einem Studenten, der ein wissenschaftliches Problem lösen muss, überlassen. Das Unternehmen, die Marke oder das Produkt agieren hier in der Rolle des Freundes oder Begleiters, des Samweis Gamdschie deiner Geschichte. Es gibt aber auch noch die Rolle des *Mentors*. Er steht dem Helden oder der Heldin als weiser Berater zur Seite und hilft ihm, seine Bürde zu tragen, wie beispielsweise der Zauberer Gandalf für Frodo.

Doch jetzt wird es interessant: Der Antagonist bzw. die Gegenspielerin deines Helden muss noch nicht einmal eine körperliche Person sein. Der Antagonist kann sich auch in Form des inneren Schweinehundes oder durch Ängste des Helden oder der Heldin zeigen.

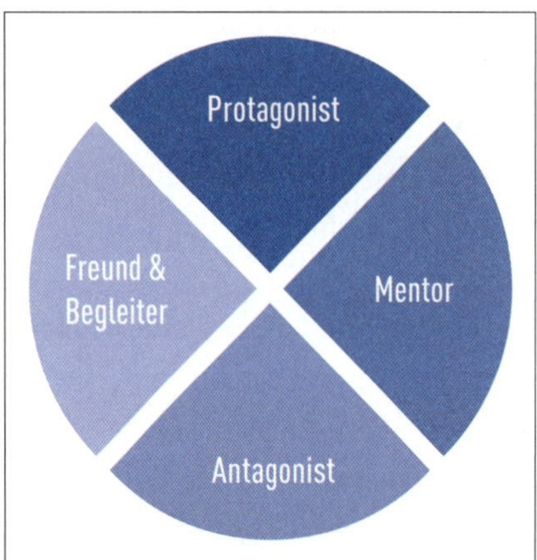

Abbildung 3.26 Die klassischen Rollen einer Geschichte

Zum Abschluss dieses Abschnitts habe ich noch eine kleine Übung für dich.

> **Zeit zum Üben**
>
> Versuch mal, die Handlung (Plot) deiner Geschichte aus den verschiedenen Blickwinkeln, der eben genannten Rollen zu beschreiben.

Diese kleine Übung kann dir sogar dabei helfen, Logikfehler aufzudecken und auszumerzen. Außerdem hilft sie dir dabei, den spannendsten und emotionalsten Blickwinkel für deine Präsentationsgeschichte zu finden.

3.5.4 Die Kraft der Archetypen

Neben den klassischen Rollen gibt es weitere Möglichkeiten, um den Helden deiner Geschichte zum Leben zu erwecken. Ich spreche hier von den sogenannten *Archetypen*. Diese stehen für bestimmte Symbole. Oder lass es mich anders ausdrücken, sie stehen für Urbilder, die Gefühle beinhalten. Erstmals wurden die Archetypen von C. G. Jung klassifiziert, seines Zeichens Psychoanalytiker und ehemaliger Schüler von Sigmund Freud. Im Unterschied zu Freud legte Jung allerdings Wert auf die Individualität eines jeden Einzelnen. Die Archetypen spielten dabei eine zentrale Rolle. Sie entspringen einer fundamentalen psychologischen Wahrheit, die als gemeinsames kollektives Gut in der Menschheit und unserer DNA verankert sind. Sie sind unser aller kollektives Unterbewusstsein. Daraus ergibt sich, dass jeder Mensch und damit auch jede Marke einem Archetyp entspricht. Anders gesagt fühlt sich jeder Mensch zu einem Archetyp hingezogen.

Archetypen erzählen Geschichten und stehen für besondere Eigenschaften, die jeder kennt und zuordnen kann. Jeder von uns hat sofort ein bestimmtes Bild vor Augen, ganz egal, wo auf der Welt wir uns befinden. Sie haben nicht nur eine universelle Gültigkeit, sondern emotionalisieren ebenfalls. Aus jedem Archetyp ergeben sich Stärken und Schwächen, die du dir für dein Storytelling zunutze machen kannst. Dabei unterscheiden wir zwischen den folgenden zwölf Archetypen:

- Unschuldige/r
- Weise/r
- Entdecker/in
- Rebell/in
- Magier/in
- Held/Heldin
- Liebende
- Narr/Närrin
- jedermann
- Beschützer/in
- Herrscher/in
- Schöpfer/in

Ich bin mir ziemlich sicher, dass du zu jedem Archetyp ein bestimmtes Bild im Kopf hast. Habe ich recht? Jeder dieser Archetypen versucht, eine von vier Grundmotivationen in seinem Leben zu verwirklichen. Und diese sind:

1. Suche nach Freiheit: Sehnsucht nach dem Paradies
2. Streben nach Ordnung: der Welt Struktur geben
3. Wirken im Sozialen: sich mit anderen verbinden
4. Verwirklichung des Egos: in der Welt Spuren hinterlassen

Abbildung 3.27 Die Archetypen nach C. G. Jung

Viele Marken, und dazu zähle ich auch bekannte Institutionen und Persönlichkeiten, haben bereits in der Vergangenheit erkannt, wie sie mithilfe von Archetypen die Menschen emotional erreichen können, und bauen ihre komplette Kommunikation nach innen, aber vor allem nach außen darauf auf. Hierzu ein paar Beispiele:

- FedEx: Held
- Steven Spielberg: Magier
- Unicef: Beschützerin
- Steve Jobs: Rebell
- Leonardo da Vinci: Schöpfer
- Rolex: Herrscher

- Dove: Unschuldige
- Google: Weiser
- IKEA: jedermann
- Red Bull: Entdecker
- M&M: Narr
- Victorias Secret: Liebende

Fallen dir noch weitere ein? Versuch ruhig einmal, deine Lieblingsmarken einem Archetyp zuzuordnen. Wie bereits erwähnt, hat jeder Archetyp seine eigenen Stärken und Schwächen. Lass mich dies kurz anhand des Beispiels des Schöpfers zeigen.

Der Schöpfer oder die Schöpferin

Bekannt als Künstler, Träumerin, Musiker, Autorin, Erschaffer

Werte: kreativ, erfinderisch, proaktiv

Der Schöpfer/die Schöpferin ist innovativ, voller Tatendrang und einzigartig in seiner/ihrer Art und Weise. Er/sie möchte ihr Umfeld dazu inspirieren, selbst kreativ tätig zu werden. Er/sie hat eine Vision, die er/sie zum Leben erwecken will. Der Schöpfer/die Schöpferin möchte Dinge von nachhaltigem Wert erschaffen. Er/Sie erschafft und verbessert Dinge und möchte, dass kreative Prozesse entfacht und gelebt werden. Er/sie besitzt eine ausgeprägte künstlerische Fähigkeit. Das Credo lautet stets: »Wenn du es dir vorstellen kannst, kannst du es auch machen.«

Stärken: Kreativität und Fantasie, Visionen zum Leben erwecken

Schwächen: Perfektionismus, schlechte Lösungen, Selbstzweifel, Angst davor, mittelmäßig zu sein

Aus diesem Wissen lassen sich wunderbare Heldengeschichten spinnen, die du für deine Präsentation nutzen kannst. Finde also den Archetyp für deine Präsentation und lass ihn als Helden oder Heldin in Aktion treten und Konflikte bewältigen.

3.6 Baustein 3: Jede Geschichte beginnt mit einem Konflikt

Bergfest – wir haben den dritten Baustein für spannende Geschichten erreicht, und hier dreht sich alles um Konflikte. Jede gute Geschichte startet mit einem Konflikt. Diese sind es, die Geschichten erst so richtig spannend machen und die dafür sorgen, dass wir bis zur letzten Minute bei der Stange bleiben.

Wenn wir uns beispielsweise einen Katastrophenfilm ansehen, überlegen wir instinktiv, wie der Film wohl enden mag. Manch einer denkt wohlmöglich auch über eine Lösung nach, um dann in den letzten 5 Minuten des Films ein Ende präsentiert zu bekommen, mit dem wir niemals gerechnet hätten. Ein Film, in dem man 90 Minuten lang irgendwelche Lösungen präsentiert bekommt, ist nicht nur langweilig, wir schalten auch gedanklich ab.

Leider ist genau das häufig der Fall, wenn Präsentationen gehalten werden oder auch wenn Unternehmen nach außen kommunizieren. Wer sich auf das Abenteuer Storytelling einlassen will, muss bereit sein, Konflikte und Probleme offen zu zeigen. Der Kampf der Heldin und das Hadern mit ihrem Schicksal muss deutlich werden. Mit welchen Problemen wird der Held konfrontiert und wie schlägt er sich damit? Im Mittelpunkt dieser Geschichten stehen die unerfüllten Sehnsüchte, Wünsche und Herausforderungen, vor denen die Hauptperson steht. American Express liefert hierzu viele schöne Beispiele.

Abbildung 3.28 »American Express – Aretha Franklin commercial – ›Journey Never Stops‹« (Quelle: www.youtube.com/watch?v=RGHAosgN38c)

In den kurzen Werbespots kommen verschiedene Personen zu Wort, die von ihren Problemen berichten. Und obwohl die Clips keine konkrete Lösung zeigen, reicht uns schon der dezente Hinweis, dass der Konflikt bewältigt wurde und man es geschafft hat. American Express zeigt sich hier als der Finanzpartner, der alles möglich macht.

Alle Geschichten haben an dieser Stelle gemein, dass sie einem bestimmten Storytelling-Archetyp entsprechen. Ja, richtig gelesen, nicht nur der Held kann ein Archetyp sein, sondern die Geschichte selbst ebenfalls. Schauen wir uns das einmal genauer an.

3.6.1 Basic Plots

Der britische Journalist Christopher Booker veröffentlichte 2004 sein Buch »The Seven Basic Plots«, in dem er Hunderte Geschichten und Filme analysierte und jede Geschichte einem der sieben *Basic Plots* zuordnete. Als Grundlage dienten ihm die auf C. G. Jung zurückzuführenden zwölf Archetypen.
Folgende Basisgeschichten identifizierte er dabei:

- David gegen Goliath
- Das Rätsel oder die Mission
- Komödie
- Phönix aus der Asche
- Vom Tellerwäscher zum Millionär
- Reise und Rückkehr
- Tragödie

Basic-Plot-Beispiele

- **David gegen Goliath**: Der Protagonist versucht ein Monster oder einen weit überlegenen Gegner zu stoppen und zu besiegen, der nicht nur den Protagonisten bedroht, sondern auch die Welt, in der er lebt. Beispiel: Star Wars (Luke Skywalker)
- **Vom Tellerwäscher zum Millionär**: Der arme und mittellose Protagonist erlangt Macht, Reichtum oder einen Partner, um dann alles wieder zu verlieren. Doch am Ende bekommt er alles, was er zuvor verloren hatte, wieder zurück. Beispiel: Aladin
- **Das Rätsel oder die Mission**: Der Protagonist und seine Helferin begeben sich auf eine gefährliche Reise, um ein begehrtes Objekt zu erlangen. Dabei sind sie verschiedenen Versuchungen ausgeliefert. Beispiel: Indiana Jones
- **Reise und Rückkehr**: Der Protagonist verlässt seine vertraute Welt, geht in ein fremdes Land und kehrt, nachdem er etliche Bedrohungen überwunden hat, als neuer Mensch zurück. Beispiel: Der Herr der Ringe (Frodo)
- **Komödie**: Eine humorvolle Protagonistin schlittert von einem Fettnäpfchen ins nächste, um am Ende ihr großes Glück zu finden. Beispiel: Bridget Jones
- **Tragödie**: Ein Fehler des Protagonisten wird zu seinem Verderben. Das unglückliche Ende von Tragödien ruft Mitleid hervor. Sie geht oft einher mit einer Dummheit oder dem Sturz eines grundsätzlich guten Charakters. Beispiel: Romeo und Julia
- **Phönix aus der Asche**: Ein bestimmtes und einschneidendes Ereignis zwingt die Protagonistin dazu, ihren bisherigen Weg zu ändern und als eine neue und bessere Version ihrer selbst wieder aufzuerstehen. Beispiel: Die Schöne und das Biest (die Schöne)

3.6.2 Gegensätze

Auf der Suche nach Konflikten können Gegensätze extrem behilflich sein, zum Beispiel dann, wenn der Kopf, also die Vernunft, etwas anderes möchte als das Herz, das Gefühl. Auch Zukünftiges vs. Vergangenes hält Konfliktpotenzial für eine Geschichte bereit. Immer dann, wenn Gegensätze aufeinandertreffen, bietet sich ein interessanter Startpunkt für gute und spannende Geschichten. Wenn du also über deine Präsentationsgeschichte nachdenkst, überleg einmal, welche Gegensätze hier eventuell auftreten und wie du sie nutzen kannst, um daraus eine Geschichte zu spinnen, die deine Zuhörer fesseln und am Ende von deiner Idee, deinem Konzept oder deinem Produkt überzeugen wird.

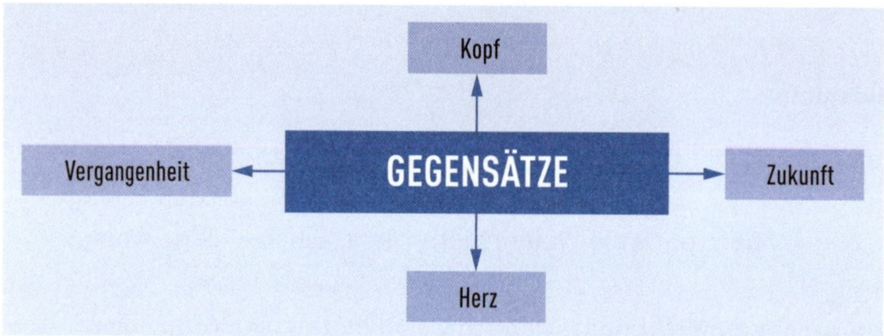

Abbildung 3.29 Gegensätze ziehen sich an. Mach sie dir für deinen Storytelling-Konflikt zunutze.

3.6.3 Aristotelischer Aufbau und Strukturen einer guten Geschichte

Erinnerst du dich noch? Am Ende seiner Reise sollte unser Held oder unsere Heldin als eine veränderte Person in seine/ihre vertraute Welt zurückkehren, die dadurch selbst einen Wandel erfährt. Der Konflikt löst sich auf, und alles ist wieder gut.

Diese einfache Struktur spiegelt sich ebenfalls in dem Aufbau einer Geschichte wider. Als einer der Ersten kategorisierte niemand Geringeres als Aristoteles eine klare Struktur aus drei Teilen: Anfang – Mitte – Ende.

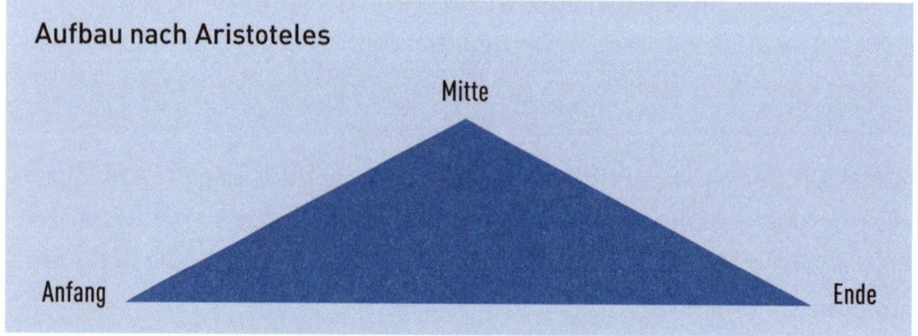

Abbildung 3.30 Der klassische Aufbau von Aristoteles besteht aus drei Akten.

Erst Mitte des 19. Jahrhunderts wurden diese drei Akte von Gustav Freytag um zwei weitere ergänzt, nämlich die aufsteigende und die absteigende Handlung.

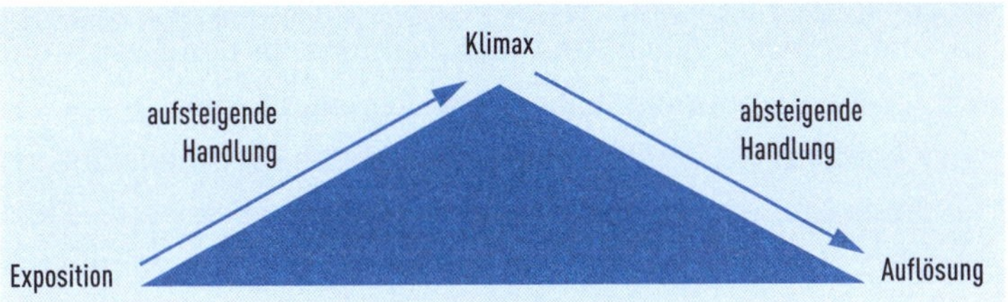

Abbildung 3.31 Die fünf Akte nach Gustav Freytag

Viele Romane und Filme arbeiten heute noch mit dieser Storystruktur. Allerdings weisen moderne Geschichten nicht nur einen Höhepunkt auf, sondern mehrere aufeinanderfolgende mit einer kurzen abfallenden Handlung.

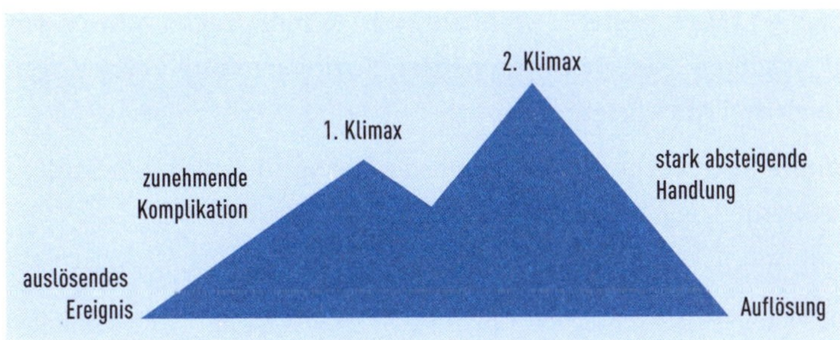

Abbildung 3.32 Moderne Geschichten haben oft mehr als einen Höhepunkt.

Es ist eher wie eine emotionale Achterbahnfahrt der Gefühle mit einer überraschenden Wendung als Auflösung. Viele erfolgreiche YouTube-Videos arbeiten nach diesem Prinzip. Nach einem Hot-Start folgt eine emotionale Achterbahnfahrt, bis die Geschichte überraschend endet.

Abbildung 3.33 Gute Geschichten werden zu einer Achterbahnfahrt der Gefühle.

3.7 Baustein 4: Jede Geschichte weckt Emotionen

Wenn wir über Storytelling sprechen, ist eine gewisse Gefühlsduselei durchaus erwünscht. Emotionen sind weltweit gleich, und man kann sie an den Gesichtern ablesen. Über die verschiedenen Emotionen habe ich dir bereits in Abschnitt 3.1.5, »Das Plutchik-Rad – der Kompass zu deiner emotionalen Geschichte«, ausführlich berichtet, sodass ich an dieser Stelle nicht noch einmal darauf eingehen werde. Falls noch etwas unklar sein sollte, lies dir am besten den entsprechenden Abschnitt noch einmal durch. Auf das Thema Mimik werde ich später in Abschnitt 8.4.2, »Nonverbale Kommunikation«, noch näher eingehen. Nun soll es zunächst darum gehen, zu verstehen, warum wir überhaupt etwas fühlen oder auch mitfühlend sind.

3.7.1 Warum fühlen wir mit anderen?

Eigentlich ist die Frage so falsch gestellt. Vielmehr müsste man fragen, warum wir eigentlich emotional reagieren. Neurowissenschaftler, Soziologen und Psychologen geben uns hierauf gleich drei Antworten:

1. Wir haben sogenannte *angeborene Verhaltensmuster*, die von bestimmten Schlüsselreizen ausgelöst werden, wie beispielsweise der Beschützerinstinkt.
2. *Spiegelneuronen* erlauben es uns, uns in unser Gegenüber hineinzuversetzen, was Mitgefühl und Empathie auslöst. Wenn wir jemanden weinen sehen, kann uns das traurig machen und uns ebenfalls Tränen in die Augen steigen lassen.
3. Wir verfügen über einen *Erfahrungsspeicher*, aus dem wir verschiedene Emotionen abrufen können. Wenn wir gewisse Situationen erleben, laufen in unserem Kopf bestimmte Skripte oder Ablaufmuster ab, die wir aus unserer Erfahrung heraus kennen. Zum Beispiel wissen wir, wenn jemand eine rote Schleife durchschneidet, dass etwas eröffnet wurde. In diesem Speicher stecken sowohl eigene gemachte Erfahrungen als auch der Erfahrungsschatz aus den erzählten Geschichten, die wir in unserem Leben gehört haben.

3.7.2 Emotionale Trigger

Du denkst dir vielleicht gerade, ist ja alles schön und gut, aber wie kann ich nun auf Knopfdruck Gefühle auslösen? Lass dir eines gesagt sein, es gibt sogenannte *emotionale Trigger*, die du dir zunutze machen kannst. Wenn du zum Beispiel ein Video in deiner Präsentation nutzt, stehen dir sogar drei dieser Knöpfe zur Verfügung: Sprache, Bild und Ton.

Auch wenn du kein Video verwendest, bietet dir die Sprache einen enorm mächtigen emotionalen Trigger. In unserem normalen beruflichen Alltag haben wir es uns zur Angewohnheit gemacht, in einer gewissen Fachsprache zu sprechen. Im Vergleich dazu ist die Sprache der Geschichten bunt, und sie beschreibt detailliert, plakativ und einfach. Sie ist bildhaft und leicht verständlich.

In der professionellen Kommunikation, zu der eine Präsentation gehört, scheuen wie uns oft davor, zu dieser Art der Sprache zu greifen. Schließlich wollen wir uns nicht blamieren oder gar ungebildet wirken. Kurz, wir wollen nicht als Laie rüberkommen. Doch gute und spannende Geschichten leben genau von dieser lebendigen Sprache. Versuch beim nächsten Mal, eine einfache und plakative Sprache zu verwenden, um deine Präsentation mit einer spannenden Geschichte zu untermauern.

Doch nicht nur Sprache löst Emotionen aus, sondern auch Töne und Musik. Wenn wir das Pochen eins Herzes hören oder Sirenengeheul, versetzt uns das im letzteren Fall sogar in Alarmbereitschaft. Ein bestimmtes Musikstück kann uns an besondere Situationen erinnern, die wir erlebt haben. Im Übrigen liegt die Wahrnehmung von Tönen und Musik in der gleichen Hirnregion, mit der wir auch Emotionen wahrnehmen. Sie sind sozusagen Nachbarn.

Musik ist außerdem ein wichtiges Element, um den Zuschauern oder Zuhörerinnen das Eintauchen in die Geschichte zu erleichtern. Sie blendet Umgebungsgeräusche aus und hilft dabei, sich zu konzentrieren. Das ist mit einer der Gründe, warum viele Menschen Musik im Hintergrund laufen haben, wenn sie konzentriert arbeiten. Dabei handelt es sich um einen unbewussten Prozess, der uns allerdings ein Leben lang begleitet.

Wenn wir nun übers Hören reden, müssen wir an dieser Stelle eine gewisse Unterscheidung machen. Denn nicht immer hören wir aktiv zu. Man unterscheidet zwischen dem *diffusen und emotionalen Hören*. Ersteres ist die bereits beschriebene Hintergrundberieselung, die wir nicht allzu bewusst wahrnehmen. Daneben gibt es das emotionale Hören, das bestimmte Situationen mit einem entsprechend passenden Klangteppich untermalt.

Und dann haben wir noch die Bilder. Erinnere dich hierzu an das Beispiel des Welpenbildes (Abbildung 2.13) aus Abschnitt 2.2, »Warum brauchen wir Bilder und visuelle Inhalte?«. Bilder können so viel mehr aussagen, als es tausend Worte je könnten. Visuelle Geschichten bieten dir unglaublich viele Möglichkeiten und Techniken, um Emotionen gezielt zu setzen und zu triggern. In den letzten Jahren vollzog sich zudem der sogenannte *Visual Turn*, das heißt, das Hinwenden weg vom geschriebenen Wort hin zum visuellen Bild. Aktuell stecken wir mittendrin, zukünftig werden Bilder immer stärker dominieren und in unseren Kommunikationsmitteln vertreten sein. Höchste Zeit also, dich ebenfalls mit diesem Thema zu befassen, um deine Präsentationen in Zukunft so visuell wie möglich zu gestalten.

In Bezug auf Bilder spielen natürlich auch Farben eine zentrale Rolle, denn Farben können Emotionen auslösen. Außerdem kannst du sie perfekt nutzen, um Emotionen oder bestimmte Gemütszustände zu unterstreichen oder für dein Publikum sichtbar werden zu lassen.

Nun habe ich ausführlich über den Sinn der Geschichte, den Helden oder die Heldin, den Konflikt und schließlich auch über die Emotionen gesprochen, aber all das funktioniert nur dann, wenn du bereit bist, das Publikum nicht nur mit Spannung, sondern auch emotional zu unterhalten, anstatt ausschließlich nüchtern zu informieren.

3.8 Baustein 5: Jede Geschichte ist viral

Du hast es fast geschafft. Der letzte Baustein ist allerdings für deine Präsentationsgeschichte nicht so relevant wie die anderen vier. Doch der Vollständigkeit halber möchte ich ihn dir dennoch kurz vorstellen, denn du kannst ihn später für viele weitere Projekte nutzen, die über eine reine Präsentation hinausgehen. Schauen wir uns deshalb einmal an, was es mit dem fünften Baustein, »Jede Geschichte ist viral«, auf sich hat.

Gute und spannende Geschichten sind de facto viral. Wobei Viralität keine neue Erfindung des Internets ist. Seit Anbeginn der Menschheit werden Geschichten schon weitererzählt und von einer Generation zur nächsten weitergereicht. In der heutigen Zeit profitiert besonders das Social Web von dieser Art der Geschichten. Es eröffnen sich dadurch immer wieder neue Möglichkeiten und Wege, deine Geschichte zu erzählen und etwas von Wert und Nachhaltigkeit zu schaffen. Gute Geschichten sind nun nicht mehr nur *multimedial*, vielmehr sind sie *transmedial* geworden. Dies kannst du bezogen auf deine Präsentation dahingehend nutzen, dass du deinem Publikum schmackhaft machst, welche Möglichkeiten sich ihm durch deine Idee, dein Konzept oder dein Produkt ergeben und was zu erwarten wäre. Hier kannst du mit gut recherchierten und fundierten Vorteilen noch einmal zusätzliche Pluspunkte während deines Vortrages sammeln, vor allem wenn er sich an Kunden richtet.

3.8.1 Transmediales Storytelling

Für den Erfolg von Storytelling ist letztendlich entscheidend, welche Strategie ihr zugrunde liegt und wie diese nach außen hin kommuniziert wird. Und diese ist in vielen Fällen nicht direkt offensichtlich. Doch der Erfolg deiner Präsentation bzw. deiner Geschichte hängt entscheidend von der *Core Story* ab, also dem Herzstück deiner ganzen Idee. Dementsprechend will sie auch gut überlegt aufgebaut sein. Auch die Wahl des Storyformats spielt eine wichtige Rolle, um deine Zuhörer und Zuhörerinnen zu erreichen. Ziel sollte sein, dass deine Geschichte nach dem *Pull-over-Push-Prinzip* funktioniert. Im herkömmlichen Marketing werden Informationen einfach »hinausgeschoben«. Gute und spannende Geschichten ziehen dagegen die Menschen an. Sie besitzen einen Magneteffekt. Die richtige Geschichte zieht die richtigen Zuhörer an. Doch wenn du allein darauf vertraust und dir sagst, dass die richtigen Zuhörer schon von allein kommen, verschenkst du ein gewaltiges Potenzial, aus dem neue Synergien entstehen könnten. Dies ist der Punkt, an dem du deinem Kunden oder deiner Chefin die weiteren Punkte und Vorteile schmackhaft machen kannst. Biete deinen Zuhörer*innen die Möglichkeit, Geschichten *crossmedial*, also in verschiedenen Formaten, zu erleben (dazu gleich noch mehr). Zusätzliche Formate bieten neue Reize.

Daraus ergibt sich am Ende das *transmediale Storytelling*. Die ursprüngliche Geschichte wird aus einer neuen Perspektive erzählt. So entstehen immer neue Geschichten rund um die Core Story, und das Storyuniversum wächst stetig weiter an. Und aus der einst linear und traditionell erzählten Geschichte wird ein facettenreiches Gesamtkunstwerk.

Transmediales Storytelling bietet dir die Möglichkeit, deine Zuhörerschaft auf unterschiedliche Aspekte deiner Geschichte aufmerksam zu machen und ihr, wie bereits erwähnt, neue Anreize zu geben, die sie dazu verleiten, sich immer weiter mit deiner Geschichte zu befassen.

Das Ganze ist eine Ausweitung, die weit über die eigentliche Core Story hinausgehen kann. Es entstehen für die Zuhörer neben einem Mehrwert an Informationen neue Blickwinkel. Sie haben Spaß am Entdecken der neuen Geschichten und bekommen so ganz nebenbei weitere Nebenaspekte geliefert.

3.8.2 Dynamisches Storytelling

Vom transmedialen Storytelling ist es nun nur noch ein kleiner Schritt hin zum *dynamischen Storytelling*, sozusagen dem Selbstläufer. Doch was kann man genau darunter verstehen? Nun, es ist der Gedanke, dass Zuhörer*innen die Geschichte nicht nur passiv konsumieren möchten, vielmehr wollen sie aktiv ein Teil der Geschichte werden.

Lass mich das kurz an einem Beispiel erklären. Um 2008 auf die Filmveröffentlichung des neuen Batman-Films »The dark Knight« aufmerksam zu machen, startete 42nd Entertainment mit Batman-Fans ein Spiel, das sowohl online als auch in der Realität veranstaltet wurde.

Abbildung 3.34 Die neue Art des Geschichtenerzählens. Die Fans werden selbst zum Teil der Geschichte. (Quelle: 42entertainment.com/work/whysoserious)

Du kannst dir das Ganze als eine weltweite Schnitzeljagd vorstellen, an dessen Ende rund 11 Millionen Fans aus 75 Ländern mitgemacht hatten. Es war eine unglaubliche Bewegung, die damals entstand, und sie gab den Verantwortlichen recht mit ihrem Ansatz des dynamischen Storytellings. Die Firma hatte überall Hinweise und Botschaften hinterlassen, die den Spieler oder die Spielerin immer ein Stück weiterbrachte. Man musste Aufgaben und Rätsel lösen, um dafür Punkte zu bekommen. Das Ganze dauerte unglaubliche 15 Monate. Wie du dir sicher denken kannst, waren die Batman-Fans alle restlos begeistert. Sie wurden Teil ihrer Lieblingsgeschichte und waren hautnah dabei.

Natürlich ist diese Art des Geschichtenerzählens, auch *Alternate Reality Games* genannt, die aufwendigste Form, um diese Art des Storytellings zu betreiben, aber ich wollte dir dieses Beispiel zeigen, damit du erkennst, welche Kraft und welche Dynamik dahinterstecken.

Dynamisches Storytelling ist die modernste Form des Geschichtenerzählens. Dabei werden viele Techniken aus der Gaming-Szene übernommen oder sie wurden von ihr inspiriert, wie du am Batman-Beispiel sehen kannst.

3.8.3 Traditionelles Storytelling vs. dynamisches Storytelling

Fassen wir also noch einmal kurz zusammen, welche Arten von Storytelling vorliegen. Da gibt es das *traditionelle Storytelling*, das linear und immer wieder auf die gleiche Art und Weise erzählt wird. Es ist so ähnlich wie James Frage: »*The same procedure as every year?*«

Crossmediales Storytelling setzt da schon mehr auf Varianz der Formate. Die Geschichte bleibt gleich, aber sie wird in unterschiedlichen Formaten erzählt und wird dadurch facettenreicher. Das *Transmediale Storytelling* erzählt die Core Story weiter und fügt ihr zusätzliche und bis dato unbekannte Nebenaspekte hinzu. Das Publikum erlebt die Geschichte aus verschiedenen Perspektiven. Und last but not least sorgt das *dynamische Storytelling* dafür, dass bisherige Strukturen aufgebrochen werden und neue Erzählstrukturen Einzug halten. Die Zuhörer werden zum Teil der Geschichte und bestimmen diese aktiv mit. Dadurch verändern sich die Geschichten nicht nur, sie entwickeln sich auch weiter. Es gibt schier unendliche Möglichkeiten für weitere Erzählungen. Dem dynamischen Storytelling gehört die Zukunft. Auch narrative Kunstformen (Theater, Literatur, Film) werden in Zukunft verstärkt diese Art des Storytellings nutzen, um ihre Zuhörer und Zuhörerinnen in eine neue Welt eintauchen zu lassen.

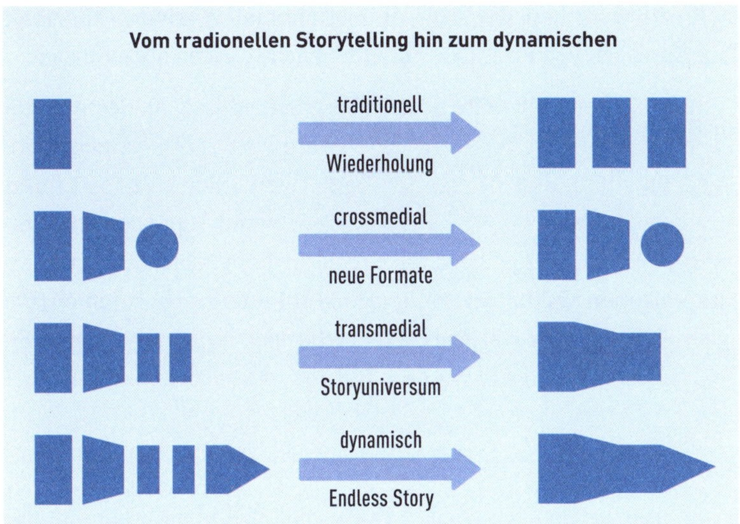

Abbildung 3.35 Welches Format willst du für deine Geschichte nutzen?

Das ist unter anderem ein Grund, warum in den letzten Jahren die Escape-Room-Spiele und die Krimi-Dinners so populär geworden sind. Die Geschichten laden zum Mitmachen ein.

Zum Schluss lässt sich festhalten: Obwohl Geschichten so vielseitig sein können, hat ihr klassischer Aufbau (Anfang – Mitte – Ende) weiterhin Bestand. Es ist nun aber nicht mehr die einzige Form, wie wir in Zukunft Geschichten erzählen werden.

3.9 Story-Workshop: So entwickelst du Geschichten

Da wären wir also, am Ende dieses Storytelling-Kapitels. Ich hoffe, du hast verstanden, auf was es bei einer guten Geschichte ankommt und wie du in Zukunft deine Geschichten spannend aufbauen kannst. Dieses Wissen wird dir nicht nur bei deinen Präsentationen behilflich sein, sondern auch bei der restlichen Kommunikation innerhalb und außerhalb deines Unternehmens.

Bevor wir uns aber dem nächsten Kapitel widmen, möchte ich dir in diesem Abschnitt noch vier Kreativtechniken vorstellen, mit deren Hilfe du eine Geschichte aufbauen kannst. Zum Schluss gibt es dann noch eine kleine Checkliste mit den wesentlichen Punkten, die eine gute Geschichte ausmachen. Wähle die für dich passendste Methode, um als Storyteller*in in Zukunft erfolgreich zu sein.

3.9.1 Zwei Formeln für gute Geschichten

Als Erstes möchte ich dir gerne die einfachste von allen Formeln vorstellen. Diese wird zum Beispiel auch in Kreativworkshops der Pixar-Animationsstudios genutzt. Mit dieser Formel kann man laut Aussagen von Pixar jede nur erdenkliche Geschichte aufbauen.

Erfolgsformel für Geschichten als Lückentext ...

Es war einmal ...

Jeden Tag ...

Aber eines Tages ...

Daraufhin ...

Und dann ...

Schlussendlich ...

So einfach kann es sein. Hättest du das gedacht? Wahrscheinlich nicht. Aber mit dieser Art von Blaupause kommt man erstaunlich weit. Stell es dir einfach als eine Art Lückentext vor. Schauen wir uns das einmal genauer an.

... und mit Anleitung

Es war einmal ...	Hier trägst du den Helden ein, mit dem sich dein Publikum identifizieren kann. Das kann zum Beispiel ein Kunde oder eine Mitarbeiterin sein.
Jeden Tag ...	Hier beschreibst du die gewohnte Welt deiner Heldin.

Aber eines Tages ...	Jetzt nimmt die Geschichte Fahrt auf und legt an Dramatik zu. Hier schilderst du den auslösenden Konflikt, das Dilemma des Helden wird sichtbar.
Daraufhin ...	Die Heldin beginnt, sich mit dem Konflikt auseinanderzusetzen, und merkt, dass die Schwierigkeiten größer sind, als gedacht.
Und dann ...	Der Held merkt, dass sich seine Welt verändert. Hier kannst du den Mentor oder die Weggefährten ins Spiel bringen, die bei der Lösung helfen. Wichtig ist, dass nach wie vor der Held im Mittelpunkt der Geschichte steht.
Schlussendlich ...	Das Finale bringt die Auflösung und die Erlösung der Heldin.

Zugegeben, die Formel ist recht simpel, aber für den Anfang kann man sich garantiert darauf verlassen, um überhaupt in den Flow zu kommen. Wie der Titel dieses Abschnitts vermuten lässt, gibt es aber noch eine weitere Formel. Diese stammt von Suzanne Merritt, einer Kreativtrainerin und Storytellerin aus den USA. Ihre Formel zeigt den Unterschied zwischen den *Storycatchern* und den *Storytellern*, also zwischen dem Stadium, in dem man noch Material für die Geschichte sammelt, und dem eigentlichen Geschichtenerzählen. Mit ihren Ausführungen macht Merritt deutlich, was ein paar sprachliche Tricks ausmachen, um von der Rohfassung zur Endfassung zu kommen.

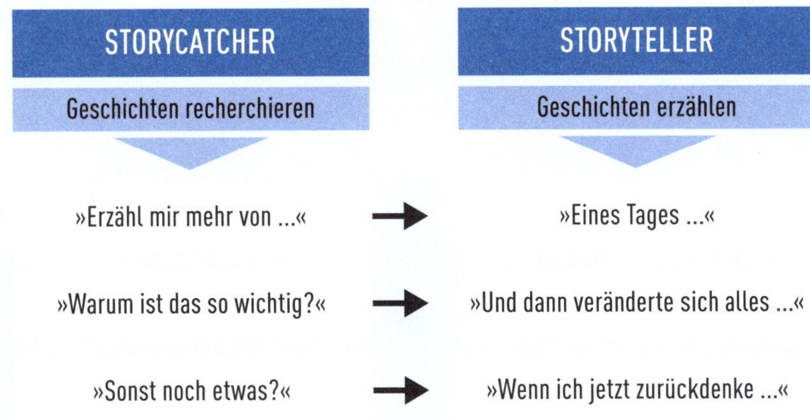

Abbildung 3.36 Die verwendete Sprache macht den Unterschied zwischen Storycatcher und Storyteller.

Und noch einmal, das Rohmaterial für eine gute Geschichte bekommst du nur durch eine gründliche Recherche, die du durch aktives Zuhören und Zusehen und durch interessiertes Nachfragen bereichern kannst.

3.9.2 Inside-out oder Outside-in

Mit dieser kleinen Technik soll es dir leichter fallen, zunächst einmal festzulegen, welche Art von Geschichte du erzählen möchtest. Dabei spielen zwei Perspektiven eine besondere Rolle, nämlich Geschichten aus der Innensicht (zum Beispiel geprägt durch die Marke und das Unternehmen selbst oder den eigenen Gedankengängen beim Lösen eines Problems) und Geschichten aus der Außensicht (zum Beispiel Öffentlichkeit, Zulieferer, Kunden, Investoren etc.).

Man unterscheidet also Geschichten, die von innen nach außen erzählt werden (*Inside-out*), und Geschichten, die von der Außenwelt beeinflusst wurden (*Outside-in*). Für Erstere stehen verschiedene Storytypen zur Auswahl. Hier hätten wir zum einen etwa den Gründermythos oder die Historie des Unternehmens. Aber auch die Identität und Kultur des Unternehmens oder der Marke können die Basis für eine spannende Geschichte darstellen. Outside-in-Geschichten sind vor allem durch den Blickwinkel der Außenwelt geprägt. Darunter fallen Erfolgsgeschichten oder Anwenderbeispiele (Best Practice etc.).

Denk immer daran, Storytelling ist exemplarisches Erzählen. Es ist enorm wichtig, hierfür auch die geeigneten und richtigen Beispiele zu finden. Halte die Augen offen und hör aufmerksam zu, wenn dir jemand eine Geschichte aus dem Unternehmen erzählt oder wenn jemand über seine Erfahrungen mit der Marke berichtet. Gerade die Themen und Hintergründe können für deine Zuhörer und deine Zuhörerinnen später von Relevanz sein. Wende hierzu auch gerne die *sechs W-Fragen* an.

Die sechs W-Fragen

- Was? – Frage nach dem Geschehen
- Wer? – Frage nach den Personen
- Wo? – Frage nach dem Ort
- Wann? –Frage nach dem Zeitpunkt
- Wie? – Frage nach der Art und Weise
- Warum? – Frage nach dem Grund

3.9.3 Storytelling-Blaupause

Im ersten Abschnitt dieses Kapitels sprach ich schon über eine Blaupause. Nun möchte ich dir noch konkret eine an die Hand geben. Schau dir dazu einmal die Grafik in Abbildung 3.37 genau an.

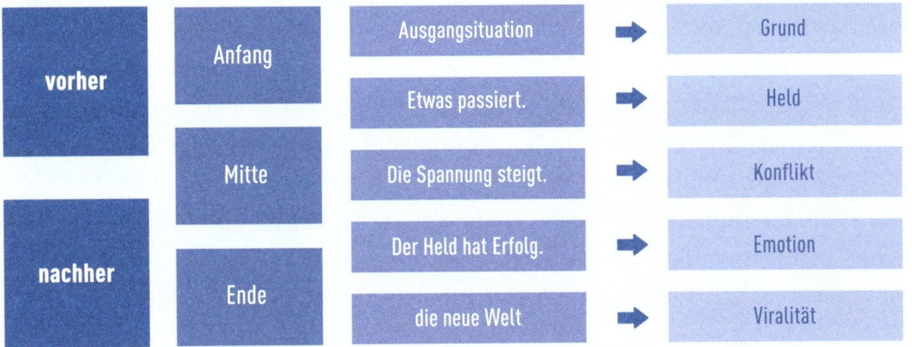

Abbildung 3.37 Der Storytelling-Bauplan – fünf Bausteine für eine spannende Geschichte

Für erfolgreiches und spannendes Storytelling benötigst du zwei Dinge: erstens eine ausführliche Recherche und zweitens einen ausgeklügelten Plan. Zunächst einmal solltest du die Grundstruktur deiner Geschichte in groben Zügen skizzieren. Was ist am Anfang? Und was soll am Ende anders sein? Wie soll die Veränderung aussehen?

Im nächsten Schritt überlegst du dir die Eckpunkte zu den Teilen Anfang, Mitte und Ende. Mithilfe deines recherchierten Materials sollte das kein Problem für dich darstellen. Versuch daraus eine narrative Struktur abzuleiten, indem du die Kerndaten für die fünf Bausteine, die ich dir in diesem Kapitel erklärt habe, zu notieren. Was ist der Sinn der Geschichte, wer ist der Held, welchen Konflikt und welche Emotionen gibt es? Und zum Schluss noch, wie möchtest du deine Geschichte erzählen.

Definiere ebenfalls die Tonalität deiner Geschichte. Hierbei liefert dir deine Grundemotion bereits eine solide Basis. Spiel mit den einzelnen Bausteinen, bis du zum Schluss eine schlüssige und spannende Geschichte zu erzählen hast, die dein Publikum am Ende überzeugt.

3.9.4 Story Framework (self – us – now)

Das Story Framework von Marshall Ganz soll dir dabei helfen, Argumente für deine Geschichte zu entwickeln, die funktionieren und die zu erwarteten Ergebnissen führen. Mit seiner einfachen Formel *self – us – now* möchte Ganz eine einfache narrative Erzählweise konstruieren, die inspiriert und zum Handeln einlädt.

Gerade im öffentlichen Bereich des Erzählens bietet sich so die Möglichkeit, deine gelebten Werte auszudrücken und mit deinen Zuhörern und Zuhörerinnen zu teilen. Mithilfe der ausgelösten Emotionen bewegst du deine Zuhörer dazu, gewisse Verhaltensänderungen an den Tag zu legen. Es geht darum, negative Emotionen wie Angst, Selbstzweifel oder Trägheit zu überwinden.

Diese Methode des Geschichtenerzählens ist eine Kombination aus einer Geschichte über dich selbst und einer Geschichte aus dem Hier und Jetzt. Die Geschichte aus dem Bereich Self erzählt, wie du dorthin gekommen bist, wo du jetzt stehst. Us bezieht die Community mit ein und welche Ziele sie erreichen muss. Zum Abschluss zeigt die Now-Erzählung, wie dringend die Herausforderung ist, der man sich gemeinsam stellen muss. Sie ruft final zum Handeln auf.

Mit dem Baustein **Self** fängt alles an. Im Grunde ist es eine Art Reflexion. Du stellst deine Geschichte in den Kontext und erzählst, was dich persönlich genau an diesen Punkt gebracht hat. Du wirst also selbst zum Helden deiner Geschichte.

Self-Fragen

Folgende Fragen können dir dabei helfen, den passenden Einstieg zu finden:

- Was war der Auslöser deiner Heldenreise?
- Welche Entscheidungen hast du getroffen?
- Welche Herausforderungen hast du gemeistert, und warum war es herausfordernd für dich?
- Welche negativen Gefühle hast du zugelassen?
- Welche Erfahrungen haben dich persönlich wachsen lassen?
- Was ist deine Vision oder Mission?
- Was ist am Ende dabei herausgekommen?

Beim zweiten Baustein **Us** geht es in erster Linie darum, ein starkes Gemeinschaftsgefühl zu entwickeln, ganz nach dem Motto: »Wenn ich das kann, kannst du das auch.« Dieser Teil der Geschichte kommuniziert zudem die Werte und Erfahrungen, die die Gemeinschaft hat und welche Ressourcen sie besitzt, um gemeinsame Ziele zu erreichen.

Us-Fragen

Folgende Fragen können dir bei der Entwicklung dieses Teils der Geschichte helfen:

- Welche gemeinsamen Erfahrungen haben wir gemacht?
- Vor welchen Herausforderungen haben wir gestanden oder stehen wir noch?
- Welche Werte und Erfahrungen teilen wir?

Zuvor hast du darüber berichtet, wie du dahin gekommen bist, wo du jetzt stehst, und welchen Herausforderungen du dich auf deinem Weg dahin stellen musstest. Auch kennst du das Ergebnis all deiner Entscheidungen. Du hast klar definiert, wer du bist und wer sich dir angeschlossen hat. Jetzt geht es darum, sich den zukünftigen Herausforderungen gemeinsam zu stellen, um das große Ziel zu erreichen. Genau darum geht es im letzten Baustein **Now**.

Now-Fragen

Folgende Fragen können dir bei der Definition dieses Abschnitts helfen:

- Was ist das übergeordnete motivierende Ziel?
- Welche Ergebnisse erhoffen wir uns?
- Wie können wir unser Ziel gemeinsam erreichen?
- Wie sehen die Maßnahmen aus, die wir ergreifen können?
- Wie sieht der erste Schritt aus?

Besonders für Start-ups ist diese Art des Storytelling-Aufbaus interessant. Die Erzählung basiert auf einer Reihe von Entscheidungen, die du getroffen hast, um an den Punkt zu kommen, an dem du jetzt stehst und den du mit der Community teilen möchtest, um sie letztendlich auch miteinzubeziehen und teilhaben zu lassen.

3.9.5 Checkliste

Diese Checkliste soll dir bei der letzten Überprüfung deiner Geschichte behilflich sein.

Der schnelle Storycheck

Überprüfe deine Geschichte auf die nachfolgenden Punkte hin:

- Die Geschichte sollte simpel sein.
- Die Geschichte sollte leicht zu erfassen sein, um weitererzählt zu werden.
- Die Geschichte sollte nicht vorhersehbar sein.
- Gibt es unerwartete Wendungen in der Geschichte? Wenn nicht, bau welche ein.
- Die Geschichte sollte so konkret wie möglich sein.
- Die Hauptfigur sollte nachvollziehbar und detailliert dargestellt sein.
- Die Geschichte muss glaubwürdig sein (auch fiktive Geschichten wie Fantasy und Science-Fiction folgen bestimmten und stringenten Regeln).
- Die Geschichte sollte Relevanz besitzen. Das bezieht sich sowohl auf die öffentliche, die unternehmensinterne und die persönliche und individuelle Relevanz. Nur so findet sie Anklang in der Außenwelt.

Kapitel 4
Erwecke deine Präsentation zum Leben

Mit dem visuellen Teil deiner Präsentation steht und fällt der Erfolg. In diesem Kapitel geht es um die Herausforderung, ein ansprechendes Foliendesign zu erstellen, das es deinem Publikum erleichtert, dir aufmerksam zu folgen.

Nach so viel Theorie wird es langsam Zeit, sich näher mit der Praxis zu beschäftigen. Für mich persönlich folgt nun der schönste Teil einer Präsentation, nämlich die grafische Umsetzung. Als gelernte Mediengestalterin bin ich von Haus aus sehr stark visuell geprägt und immer danach bestrebt, die bestmögliche Gestaltung für ein Projekt zu erzielen und zu erstellen. Nach einem kleinen theoretischen Einstieg zum Thema Farbe, Typografie und Layout geht es direkt los, und du kannst deine Präsentationsvorlage parallel mitgestalten.

Ich nutze für die Erstellung meiner Präsentation das Programm *Adobe InDesign*, weil ich mich hier allein berufsbedingt sicherer im Umgang mit dem Programm fühle und ich kreativ besser arbeiten kann. Doch keine Sorge, das, was ich dir auf den folgenden Seiten zeigen und erklären werde, ist universell einsetzbar und auf jedes Programm übertragbar, mit dem du deine Präsentation erstellen möchtest. Fühl dich also völlig frei, das Programm deiner Wahl zu verwenden. Im späteren Verlauf des Kapitels stelle ich dir unterschiedliche Programme vor und welche Vor- und Nachteile die jeweilen Dienste mit sich bringen. Von kostenlosen bis kostenpflichtigen Alternativen ist hoffentlich für dich das Passende dabei.

Ich weiß ja nicht, wie es dir jetzt geht, aber mir kribbelt es schon langsam in den Fingern. Lass uns also damit anfangen, eine professionelle Präsentationsvorlage zu erstellen. Doch vorab beschäftigen wir uns mit ein paar grundlegenden Designprinzipien, damit du bestens gerüstet bist, um deiner Kreativität später freien Lauf zu lassen. Auch möchte ich schon auf das ein oder andere Tool hinweisen, das dir an manchen Stellen die Arbeit erleichtern wird. Fangen wir also an!

4.1 Die Basics kennen – Designprinzipien

Bevor du mit deiner Gestaltung loslegst, solltest du vorab den Stil deiner Präsentation definieren. Soll sie klar und minimalistisch sein oder doch lieber üppig und verspielt? Dazu zählen auch Punkte wie Farbwahl, Typografie, Bildstil usw.

Wenn du in der glücklichen Lage bist, über ein *Brandbook* oder *Corporate-Identity-Handbuch* deines Kunden zu verfügen, dann Glückwunsch, der erste Schritt ist getan. Denn hier wurden bereits alle wichtigen Parameter festgelegt, die du für deine Präsentation nutzen kannst. Auch wenn du für firmeninterne Zwecke eine Präsentation erstellen musst, sollte dir die hauseigene Corporate Identity (kurz CI) bekannt sein. Ansonsten empfehle ich dir, dich damit einmal genauer zu befassen.

Corporate-Identity-Handbuch

Das Corporate-Identity-Handbuch definiert die Grundelemente des Corporate Designs und der Corporate Communications einer Marke oder einer Firma für die interne und externe Kommunikation.

Liegt kein Brandbook vor, was leider viel zu oft der Fall ist, empfehle ich dir, mit einem Moodboard zu arbeiten und alles von Grund auf neu zu erstellen. Auf das Moodboard komme ich im weiteren Verlauf des Kapitels gezielt zurück und erkläre, was es damit auf sich hat.

Lass mich dir an dieser Stelle nur kurz erklären, was ein Brandbook ist und welche Funktionen es erfüllt. Bei einem Brandbook handelt es sich um ein Dokument, in dem sämtliche Parameter einer Marke, wie die Verwendung des Logos, der Schriftarten (Typografie), Farben und Bildsprache, festgelegt sind. Im Grunde definiert es gewisse Regeln, wie die Marke deines Kunden funktioniert. Meistens bekommt man so ein Dokument von dem Designer, der oder die das Design des Unternehmens erstellt hat. In Abbildung 4.1 siehst du einen Auszug aus so einem Brandbook. Das Brandbook enthält natürlich noch viele weitere Angaben, die aber alle hier aufzuführen den Rahmen sprengen würde. Doch im Idealfall befolgst du die Markenrichtlinien des Unternehmens und baust daraus deine Präsentation auf. Oder du schaust, ob es bereits anderweitige Materialien zu deiner Institution, beispielsweise Flyer oder Broschüren gibt, um dich an dessen Stil zu orientieren. Auch ein Blick auf die entsprechenden Webseiten kann hilfreich sein.

Tipp: Corporate Identity Portal

Wenn du die Möglichkeit hast, schau dir verschiedene Markenhandbücher von großen, aber auch kleineren Firmen an, um ein Gefühl für die Benutzung solcher Markenhandbücher zu bekommen. Die Website des Corporate Identity Portals ist eine sehr gute erste Anlaufstelle für deine Recherchen.

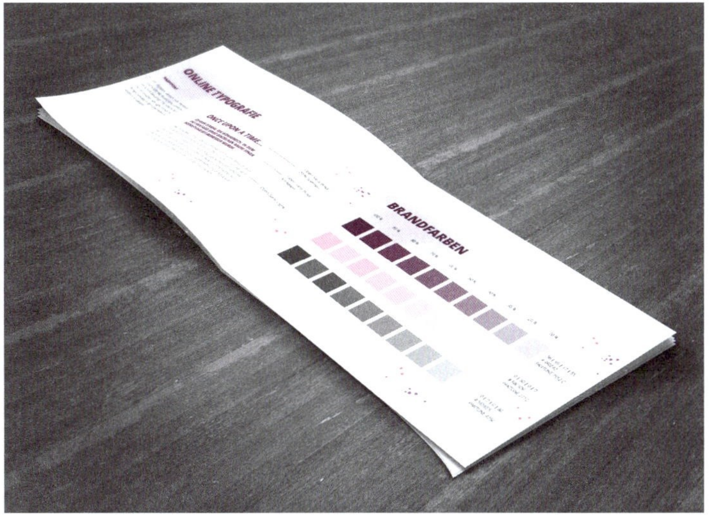

Abbildung 4.1 Ein Brandbook erleichtert dir am Anfang die Arbeit, da gewisse Parameter bereits festgelegt wurden.

Abbildung 4.2 Eine gute Anlaufquelle, um Brandbooks zu studieren, ist die Website von Corporate Identity Portal. (Quelle: www.ci-portal.de/styleguides/)

Es kann sogar vorkommen, dass du selbst einmal ein Brandbook als eine Art Präsentation erstellen musst. Wenn du zum Beispiel eine Präsentation für ein Start-up erstellen sollst, liegt in der Regel noch kein solches Brandbook vor und du musst zunächst mit deinem Kunden ein gewisses *Look-and-feel* entwickeln. Hier kommt wieder das Moodboard ins Spiel. Doch wie bereits erwähnt, folgt dazu später Genaueres, wenn wir dazu übergehen, eine Präsentation zu erstellen (siehe Abschnitt 4.4.2, »Visualisiere deine Idee mit einem Moodboard«).

4.1.1 Farbtheorie

Farbe gehört neben der Schrift und dem Layout zu den wichtigsten Teilen einer kreativen Gestaltung. Wichtig zu wissen ist für dich an dieser Stelle, dass sich Farbe aus drei Teilen zusammensetzt: *Hue* (Farbton), *Saturation* (Sättigung der Farbe) und *Value* (Helligkeitswert der Farbe).

Abbildung 4.3 Der Zusammenhang von Farbe, Sättigung und Helligkeitswert.

Mit dem Farbton bezeichnet man im Grunde die Ursprungsfarbe, die wir sehen und die noch nicht durch die beiden anderen Parameter verfälscht wurde. Mit Saturation wird die Sättigung der Farbe benannt, also ob eine Farbe zu 100 % deckend ist oder ob nur 20 % von ihr verwendet werden. Zwischen 0 % und 100 % sind jegliche Abstufungen denkbar.

Als Letztes gibt es noch Value. Dieser Wert bezieht sich auf die Helligkeit der Farbe. Ist es also ein helles oder eher ein dunkleres Blau. Du kannst dir das Ganze auch so vorstellen, dass du einer Wasserfarbe Schwarz oder Weiß beimischst, um die Farbe heller oder dunkler werden zu lassen. Um harmonische Farbkombinationen für deine Präsentation zu bestimmen, empfehle ich dir die Arbeit mit einem sogenannten *Color Wheel*.

Abbildung 4.4 Das Color Wheel als Hilfsmittel für das Finden harmonischer Farbkombinationen

Das Farbrad ist eine visuelle Darstellung des Verhältnisses der verschiedenen Farbtöne zueinander, auf dessen Grundlage die komplette Farbtheorie beruht.

Nachfolgend möchte ich dir die gängigsten Farbharmonien vorstellen, damit es dir später leichter fällt, die passenden Farben für deine Präsentation auszuwählen.

Farbkombinationen

- *Monochrom*: Hierbei handelt es sich um eine Kombination von Farbtönen in verschiedenen Abstufungen. In den helleren Farbbereichen wirkt die Gestaltung ruhig und entspannend. Die dunklen Bereiche sorgen an dieser Stelle für etwas mehr Spannung.
- *Komplementär*: Als komplementär werden die Farben bezeichnet, die sich im Farbkreis gegenüberliegen. Durch den hohen Kontrast der Farben erzeugt dies im Vergleich zum monochromen Kontrast ein lebendiges und dynamisches Aussehen, insbesondere dann, wenn du mit hohen Sättigungen arbeitest. Wenn du dich für diesen Kontrast entscheidest, nutz eine Farbe als die dominantere und die zweite als Akzent. In der Regel funktioniert hier 90 % zu 10 % ganz gut.
- *Analog*: Hier werden Farben verwendet, die im Farbrad nebeneinanderliegen. Sie harmonieren in der Regel sehr gut miteinander und schaffen ein ruhiges und ansprechendes Design. Allerdings solltest du auf einen ausreichenden Kontrast achten. Auch hier sollte eine Farbe die dominierende sein und die anderen lediglich als Akzente eingesetzt werden. Diesen Farbkontrast findet man oft in der Natur wieder. Ein Sonnenauf- bzw. Sonnenuntergang ist ein sehr gutes Beispiel dafür.
- *Triade*: Mit diesem Farbkontrast bezeichnet man drei Farben auf dem Farbrad, die gleichmäßig voneinander entfernt sind. Selbst bei einer geringen Farbsättigung wirkt dieser Farbkontrast noch lebendig. Achte allerdings auf eine gute Farbbalance zwischen den Farben. Auch hier gilt, eine Farbe ist die dominante und die anderen beiden sind die Akzente.
- *Quadrat*: Der quadratische Kontrast ist im Grunde derselbe wie bei der Triade, nur das hier vier statt drei Farben verwendet werden. Auch diese haben alle einen gleichmäßigen Abstand zueinander.
- *Split-Kontrast*: Für diesen Kontrast wählst du vorab eine Farbe als Hauptfarbe aus, aber anstatt die direkten komplementären Farbe zu wählen, wählst du die Farben, die links und rechts davon liegen. Diesen Kontrast empfindet das Auge als sehr angenehm.

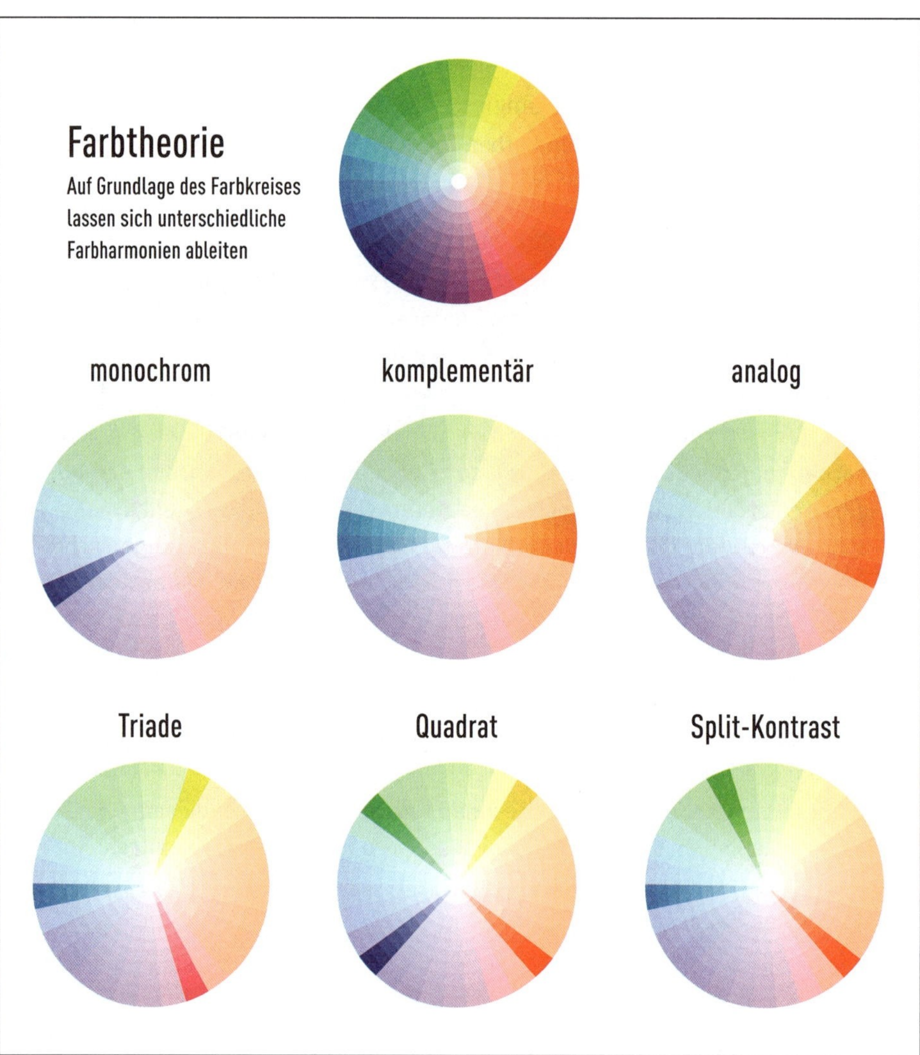

Abbildung 4.5 Die am häufigsten verwendeten Farbkontraste auf einen Blick

Allgemein gilt, je mehr Farben du in deine Farbpalette aufnimmst, desto schwieriger wird es für dich, diese richtig auszubalancieren.

> **Tipp: Weniger ist mehr**
>
> Benutze gerade am Anfang weniger Farben. Nutz am besten erst nur den monochromen oder komplementären Farbkontrast.

Ich persönlich nutze am liebsten die ersten drei Kontraste, um meine Präsentationen zu erstellen.

Tooltipp für die Farbwahl

Um dir den Einstieg in das Thema Farbauswahl zu erleichtern, möchte ich dir kurz zwei Tools vorstellen:

- **Adobe Color** ist eine kostenlose Web-App, mit der du mit wenigen Mausklicks eine ansprechende Farbharmonie erstellen kannst. Du kannst auch verschiedene Farbharmonien erkunden. Um Farbschemata zu speichern, benötigst du allerdings eine kostenlose Adobe-ID. In den meisten Fällen wird dies aber nicht nötig sein, da du die Farbwerte auch direkt ablesen und bei dir speichern kannst.

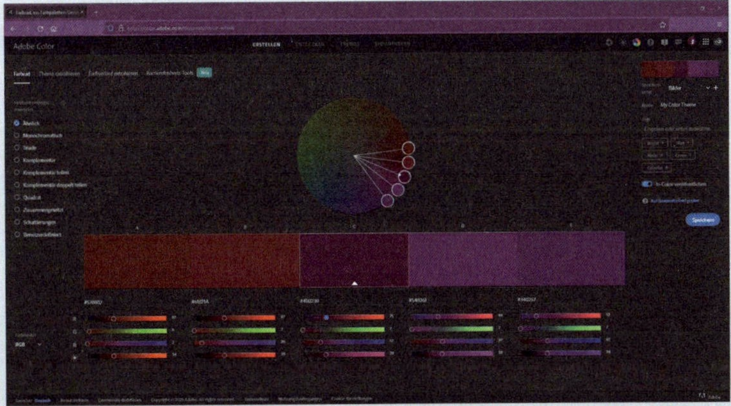

Abbildung 4.6 Adobe Color (Quelle: color.adobe.com/de/create/color-wheel)

- **Color Hunt** ist eine kostenlose und offene Plattform für die unterschiedlichsten Farbinspirationen mit jeder Menge Farbpaletten zu unterschiedlichen Themen. Auch hier hast du die Möglichkeit, die entsprechenden Farbwerte direkt abzulesen.

Abbildung 4.7 Color Hunt (Quelle: colorhunt.co/)

4.1.2 Grundlagen der Typografie

Nachdem wir uns im vorigen Abschnitt genauer mit dem Thema Farben beschäftigt haben, widmen wir uns nun intensiver dem Thema Schrift bzw. *Typografie*. Die Bedeutung der Typografie wird gerade im Präsentationsdesign oft unterschätzt. Dabei trägt sie entscheidend dazu bei, dass die Informationen, die du kommunizieren willst, leicht zu erfassen und angenehm zu lesen sind. Keine Sorge, du brauchst dafür kein Typografieprofi zu sein. Vielmehr möchte ich dir in diesem Abschnitt ein paar Grundbegriffe näherbringen und dir zeigen, worauf es ankommt, wenn du Schriften miteinander kombinieren willst. Legen wir also los.

Fangen wir mit dem Unterschied zwischen *Typeface* und *Font* an. Als Typeface bezeichnet man das Design der Schrift. Große Unternehmen wie Mercedes Benz oder IBM lassen sogar ihre eigenen Markenschriften designen. Mit Font bezeichnet man die eigentliche Schriftart. Sie ist die Datei, in der alle Parameter wie Schriftstärke oder Schnitte der Schrift enthalten sind.

Schriften lassen sich gemäß ihrem Aussehen in verschiedene Klassen einordnen. Die beiden Klassen, die für deine Präsentation relevant sind, sind die *serifenlosen* und die *Serifenschriften*.

Schriftklassifizierung

Zusätzlich gibt es noch folgende Schriftklassen:

- *Slab Serif*: Diese Schriften werden häufig im Bereich der Beschilderung und Werbetechnik genutzt.
- *Skriptschriften*: Diese ähneln handgeschriebenen Schriften.
- *Monospace-Schriften*: Hier haben alle Buchstaben die gleiche Breite.
- *Dekorative Schriften*: Diese Schriften lassen sich nicht eindeutig einer der anderen Klassen zuordnen und sind in der Regel etwas kreativer in ihrer Anmutung als die übrigen Schriften.

Abbildung 4.8 Die Schriftklassen auf einen Blick

Neben der reinen Klassifizierung der Schrift gibt es weitere Begrifflichkeiten, die dir später beim Arbeiten unterkommen können. Die wichtigsten möchte ich dir kurz erklären.

Typografische Grundbegriffe

- *Kerning*: Kerning bezeichnet den Vorgang, wenn man die Abstände zwischen den einzelnen Buchstaben eines Wortes verändert. Die meisten Programme bieten hierzu eine separate Funktion.

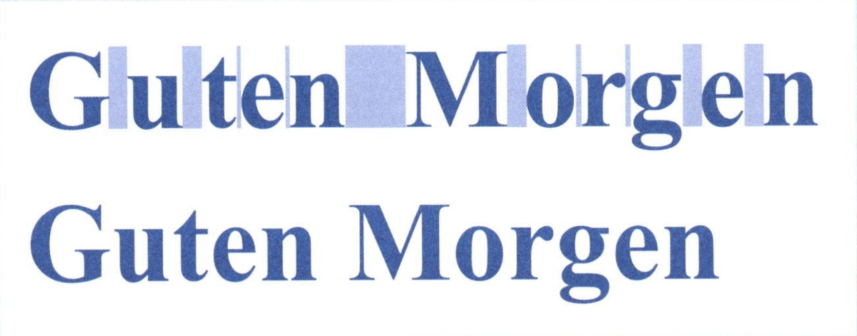

Guten Morgen

Guten Morgen

Abbildung 4.9 Kerning

- *Tracking*: Als Tracking bezeichnet man die Anpassung der Laufweite der Wörter in einem Absatz.

Ohne Tracking
Text mit normaler Laufweite

Weit hinten, hinter den Wortbergen, fern der Länder Vokalien und Konsonantien leben die Blindtexte. Abgeschieden wohnen sie in Buchstabhausen an der Küste des Semantik, eines großen Sprachozeans. Ein kleines Bächlein namens Duden fließt durch ihren Ort und versorgt sie mit den nötigen Regelialien. Es ist ein paradiesmatisches Land, in dem einem gebratene Satzteile in den Mund fliegen.

Mit Tracking
Text mit angepasster Laufweite

Weit hinten, hinter den Wortbergen, fern der Länder Vokalien und Konsonantien leben die Blindtexte. Abgeschieden wohnen sie in Buchstabhausen an der Küste des Semantik, eines großen Sprachozeans. Ein kleines Bächlein namens Duden fließt durch ihren Ort und versorgt sie mit den nötigen Regelialien. Es ist ein paradiesmatisches Land, in dem einem gebratene Satzteile in den Mund fliegen.

Abbildung 4.10 Tracking oder Laufweite

- *Zeilenabstand*: Der Zeilenabstand, auch ZAB abgekürzt, ist der Abstand zwischen den Grundlinien aufeinanderfolgender Zeilen in einer mehrzeiligen Textspalte.

Abbildung 4.11 Zeilenabstand

- *Hierarchie*: Hierunter versteht man die Verwendung mehrerer Stile, Schriftgrößen und Schriftfarben, um ein Gefühl von Ordnung in einem Text zu schaffen. Es ist eine Priorisierung der einzelnen Textteile.

Abbildung 4.12 Das Prinzip der Hierarchie

Dieses grundlegende Verständnis von Schrift hilft dir dabei, deine Präsentationstexte gut leserlich darzustellen und den Leser oder die Leserin somit durch den Text zu führen. Gerade mit der Hierarchie kannst du bewusst die Leserichtung deiner Zuschauer lenken.

Natürlich gibt es noch weitere Begriffe aus der großen, weiten Welt der Typografie. Aus diesem Grund habe ich dir nachfolgend eine kleine Grafik erstellt, die weitere Begrifflichkeiten rund um das Thema Typografie erklärt.

In der Regel bilden zwei Schriften das Erscheinungsbild einer Präsentation. Es gibt eine Schrift für die *Headlines* (Überschriften) und eine Schrift für die *Copy* (Fließtexte). Natürlich kannst du auch noch weitere Schriften verwenden, doch solltest du dir vorher überlegen, ob das deine Zuschauer nicht verwirren könnte.

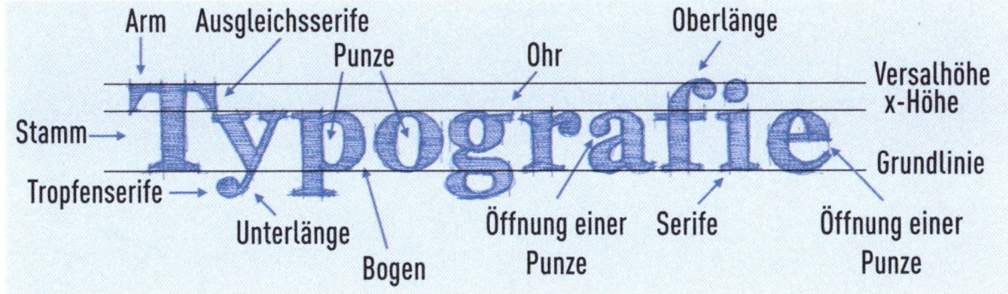

Abbildung 4.13 Die typografischen Grundbegriffe

Nur wenn du Kontraste schaffen oder Elemente voneinander trennen möchtest, empfiehlt es sich, eine dritte Schrift hinzuzunehmen. Allerdings ist es schwer, hier die richtige Kombination zu finden, die sich stimmig ins Gesamtbild einfügt. Ich empfehle dir, dich auf zwei Schriften zu beschränken. Deine Präsentation wirkt dadurch klarer und aufgeräumter.

Wenn du dir bei dem Einsatz deiner zu verwendeten Schriftarten nicht sicher bist, nutz am besten eine serifenlose Schrift mit verschiedenen Schriftschnitten, so zum Beispiel fette Schriften für Headlines, normale Schriften für die Copy und kursive Schriften für Auszeichnungen im Text. Schau dir hierzu Abbildung 4.14 einmal genauer an.

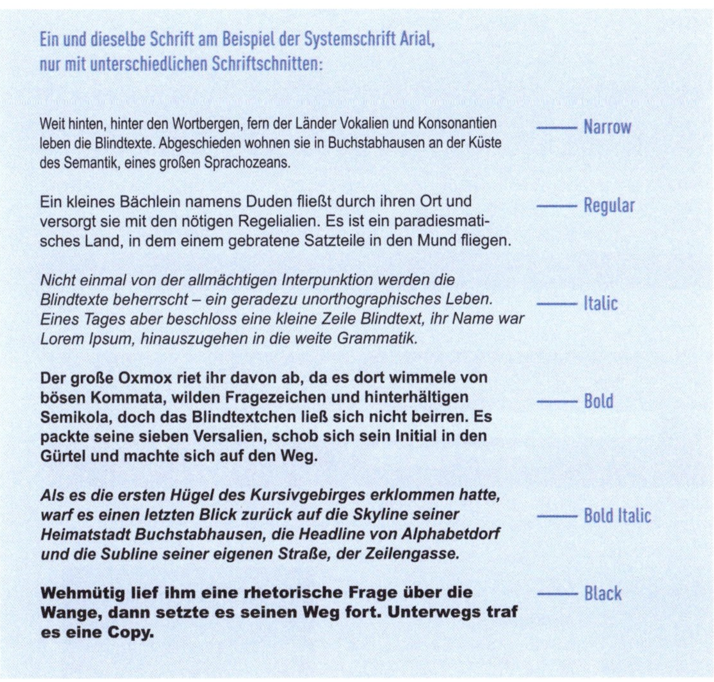

Abbildung 4.14 Beispiel für die verschiedenen Schriftschnitte einer Schrift

Ziel deiner Textdarstellung sollte es sein, Kontraste zu schaffen, dabei aber immer auf die Lesbarkeit des Textes zu achten. Diese sollte immer im Vordergrund stehen.

Tooltipp Fonts

Da Systemschriften oft begrenzt sind, kannst du mit folgenden Tools für mehr Abwechslung in deiner Präsentation sorgen:

- **Google Fonts** stellt dir jede Menge schöner und ansprechender Schriften kostenlos zur Verfügung.

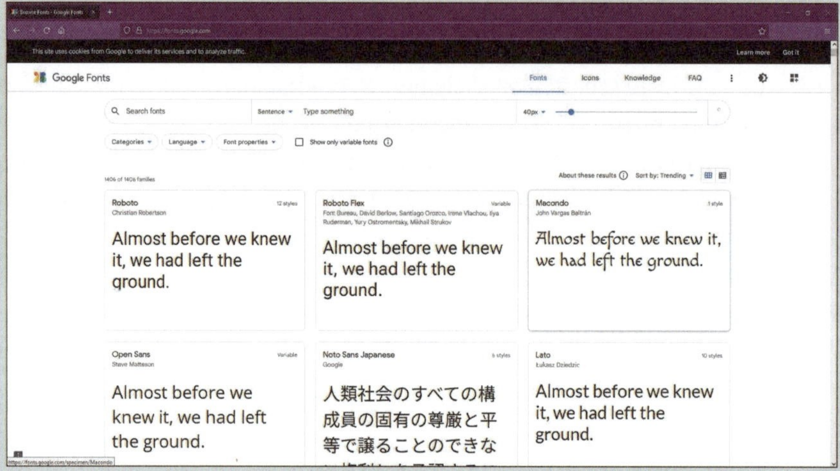

Abbildung 4.15 Google Webfonts (Quelle: https://fonts.google.com)

- **Adobe Font** (kostenpflichtig) ist ein Onlinedienst, der seinen Abonnenten im Rahmen einer einzigen Lizenzvereinbarung Zugriff auf seine Schriftartenbibliothek bietet.

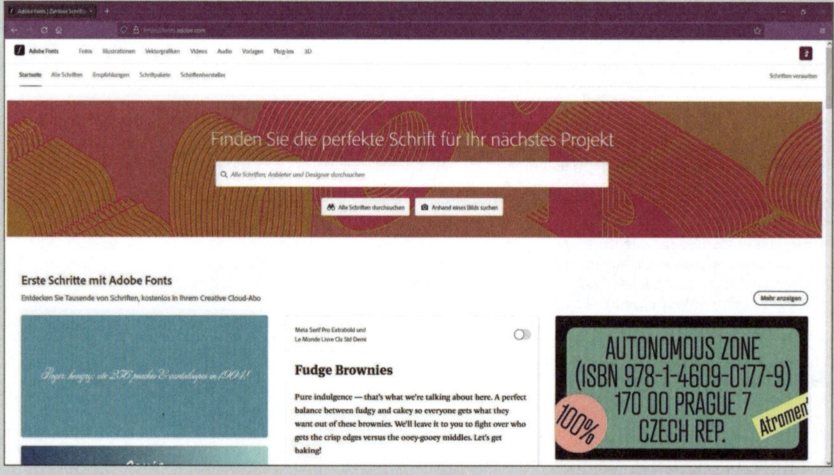

Abbildung 4.16 Adobe Font (Quelle: fonts.adobe.com)

- **Font Face** bietet ebenfalls viele unterschiedliche Schriftarten kostenlos zum Download an. Aber Achtung, einige Schriften stehen nur für den persönlichen Gebrauch zur Verfügung. Möchtest du die Schriften für kommerzielle Zwecke verwenden, bietet die Plattform hierfür separate Schriften unter dem Menüpunkt COMMERCIAL USE an. Allerdinge empfehle ich dir, die Lizenzbedingungen genau durchzulesen. So weißt du, welche Schriften du wie nutzen darfst.

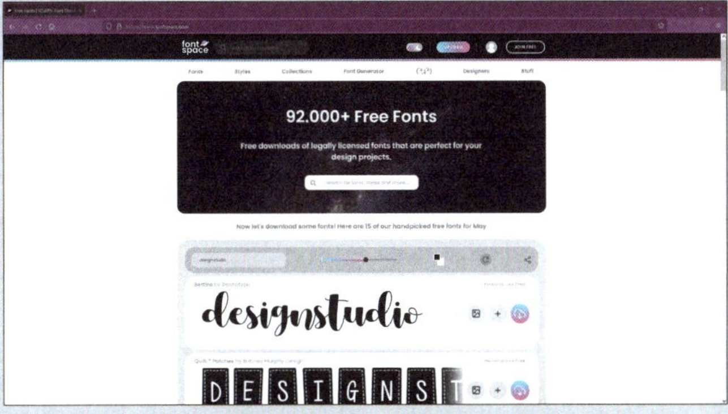

Abbildung 4.17 Fontspace (Quelle: www.fontspace.com)

Natürlich gibt es auch jede Menge weitere Seiten, auf denen du dir Schriftarten kaufen kannst, allerdings bist du mit den drei oben genannten Seiten für den Anfang gut aufgestellt.

Profitipp calligraphr

Möchtest du deiner Präsentation einen komplett persönlichen Touch verleihen? Dann bietet sich das Onlinetool *calligraphr* an. Mit diesem Tool kannst du aus deiner Handschrift oder einem selbst entwickelten Buchstabenbild einen eigenen Font generieren. Beachte auch hier, dass die Lesbarkeit der Schrift bei Präsentationen stets im Vordergrund stehen sollte.

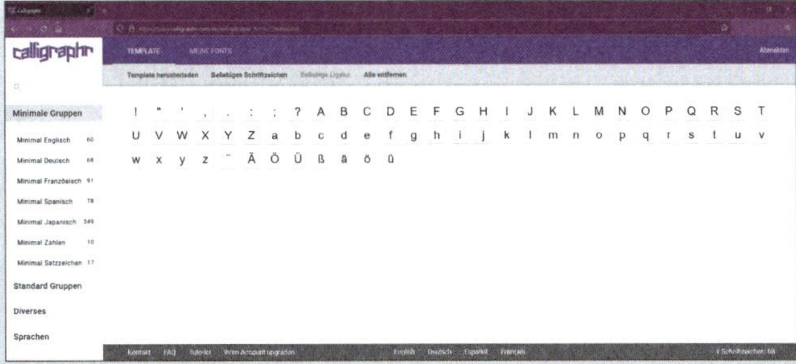

Abbildung 4.18 Dank calligraphr kannst deiner Präsentation im wahrsten Sinne des Wortes eine eigene Handschrift verleihen. (Quelle: www.calligraphr.com/de/)

4.1.3 Grundlagen für ein ausdrucksstarkes Layout

Bevor du gleich deine womöglich erste Präsentation gestaltest, folgen hier noch ein paar Grundkenntnisse zum Thema Layout. Zusammen mit den Themen Farbe und Typografie bist du somit bestens mit den Grundlagen vertraut, um kreativ durchzustarten.

Soll ich dir als Erstes das Geheimnis für gutes Design verraten? Es liegt an der Art und Weise, wie du deine visuellen Elemente bzw. Inhalte in deinem Layout anordnest und strukturierst. Das Layout verleiht dem Design seine Bedeutung und lässt deine Inhalte optisch ansprechend aussehen. Mit ein paar Grundregeln kannst du die Balance von Folie zu Folie konstant halten und sie geschickt miteinander kombinieren.

Oft wird gesagt, dass Raster und Regeln den Designer oder die Grafikerin in ihrer Kreativität einschränken, doch ich bin da anderer Meinung. Weißt du, was viel erschreckender ist? Es ist eine leere Seite, von der man nicht weiß, wie man sie mit Leben füllen soll.

Alles, was du brauchst, um loslegen zu können, ist eine gute Struktur bzw. ein ausgeklügeltes Raster. Auch wenn dich das Raster zunächst einschränken mag, so eröffnen sich dir innerhalb dieses Rasters unzählige Möglichkeiten, die einzelnen Elemente harmonisch anzuordnen.

Schon seit Beginn des Buchdrucks wurden Raster verwendet und weiterentwickelt. Schau dir als kleine Übung einmal alte Bücher oder Zeitungen an und analysiere ihren Aufbau. So bekommst du mit der Zeit ein gutes Gefühl dafür, wie Raster funktionieren. Mittlerweile gibt es so viele verschiedene Arten von Rastern, dass für jeden und jede das passende Layout dabei ist, um damit zu arbeiten. Ich persönlich nutze für meine Layouts sehr gerne Spalten. Auch für den Aufbau der Präsentationsfolien werden wir im Folgenden mit *Spalten* und *Zeilen* arbeiten. Das Arbeiten mit Spalten bietet sich besonders für *Querformate* an.

Schauen wir uns nun den Aufbau eines Rasters etwas genauer an. Zuerst einmal basiert jedes Raster auf einem *Format*, also auf der gesamten Fläche, die du für dein Design nutzen kannst. Da du aber die Inhalte nicht direkt am Rand der Seite bzw. der Folie platzieren solltest, definierst du in deinem Layout einen Rand (siehe Abbildung 4.19).

Ränder sind leere Räume zwischen dem Folienrand und deinem Inhalt. Mit ihrer Definition gibst du deinem Layout schon eine allgemeine Form vor, in der du dich später bewegen kannst. Wie breit du deinen Rand am Ende definierst, liegt ganz allein bei dir und deinen persönlichen Präferenzen (siehe Abbildung 4.20).

Wie der Name es schon vermuten lässt, sind *Module* die einzelnen Bausteine, mit denen du dein Raster füllen kannst (siehe Abbildung 4.21).

Abbildung 4.19 Das Format deiner Folie ist der gesamte Bereich, der dir für deine Gestaltung zur Verfügung steht.

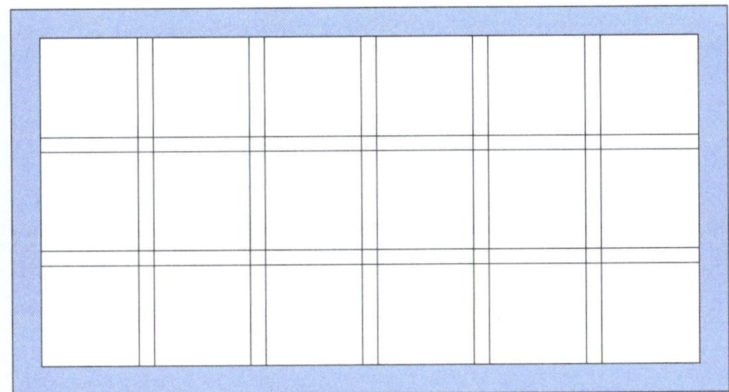

Abbildung 4.20 Ränder als Leerraum zwischen Folienrändern und Inhalt

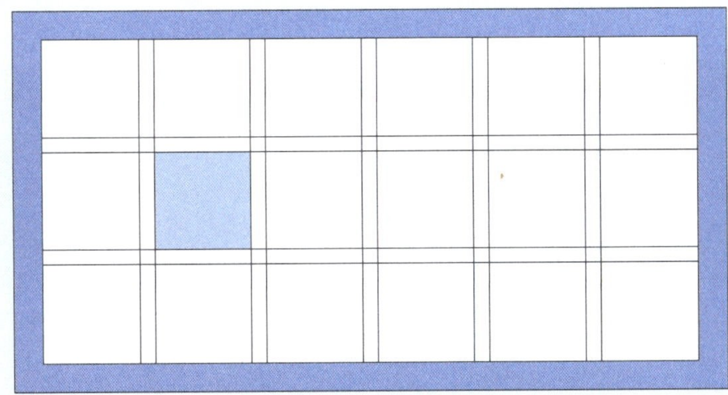

Abbildung 4.21 Module als Bausteine für dein Layout

Wenn du diese einzelnen Module vertikal miteinander kombinierst, erhältst du *Spalten*, und wenn du sie horizontal miteinander kombinierst, *Zeilen*.

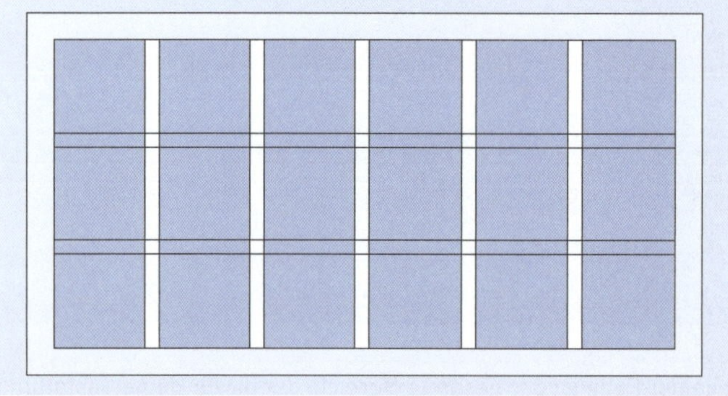

Abbildung 4.22 Spalten

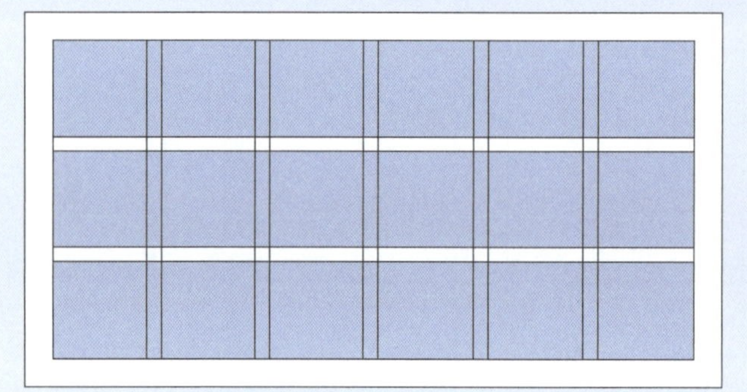

Abbildung 4.23 Zeilen

Zwischen den einzelnen Spalten oder auch Zeilen solltest du immer einen gleichmäßigen *Abstand* haben. Damit erzielst du ein visuelles Gleichgewicht.

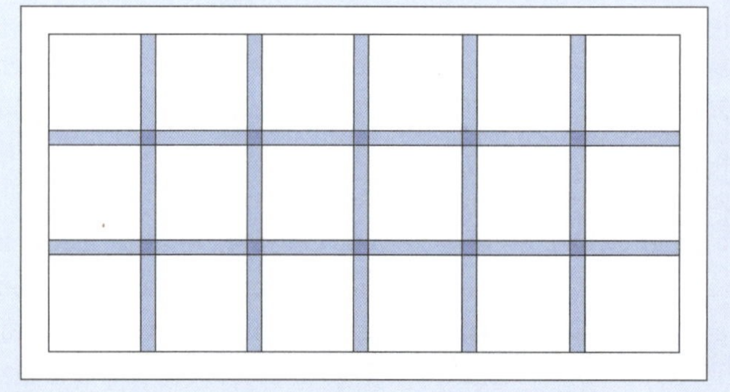

Abbildung 4.24 Abstände zwischen Spalten und Zeilen

Kombinierst du mehrere Spalten oder Zeilen miteinander, ergeben sich daraus *visuelle Zonen*, in denen du Bilder, Grafiken oder andere größere Elemente platzieren kannst. Für ein verspielteres Layout kannst du verschiedene Zonen überlappen lassen.

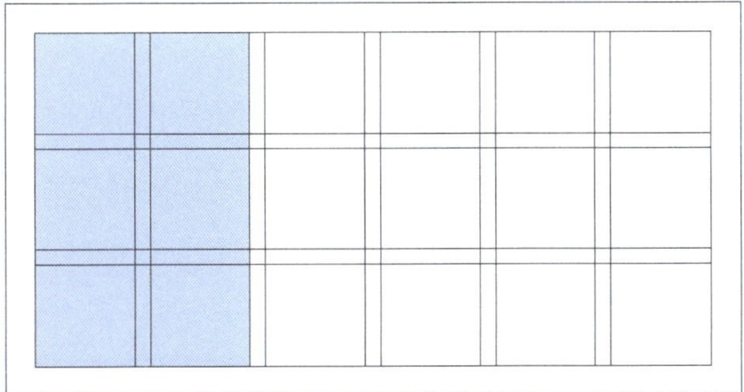

Abbildung 4.25 Gestalterische Zonen mittels Kombination aus Spalten und Zeilen

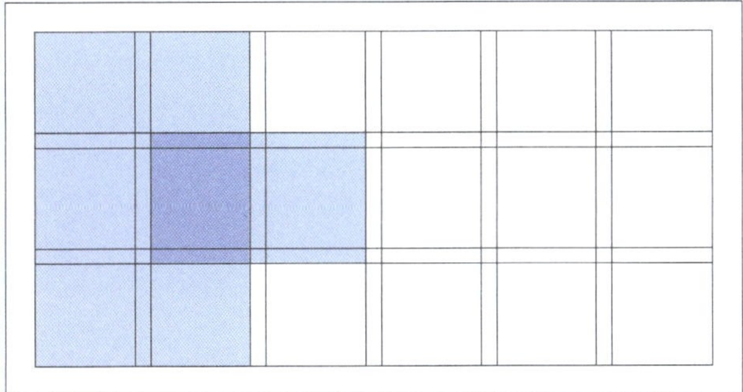

Abbildung 4.26 Überlappende Bereiche als gestalterisches Mittel

Selbst wenn du für deine Präsentation zunächst nur einfache Raster benutzen solltest, so wirst du feststellen können, dass dein Layout dadurch bereits viel aufgeräumter und organisierter aussieht.

Ich möchte dir noch zwei weitere Regeln vorstellen, die du bei der Verwendung und Platzierung von Bildern nutzen solltest. Ich spreche hier von der *Drittelregel* und dem *Goldenen Schnitt*.

Bei der Drittelregel werden alle Bildbereiche in neun gleichmäßig große Teile geteilt. Daraus ergeben sich vier Schnittlinien. Wenn du dein Hauptmotiv oder dein Designelement, genau an einem der Schnittpunkte platzierst, an dem sich die Linien kreuzen, wird die Aufnahme dadurch harmonischer und zudem auch etwas lebendiger. Genau in der Bildmitte platzierte Objekt wirken dagegen oft langweilig und statisch. Die Anwendung der Drittelregel schafft ein ansprechendes Gesamtbild.

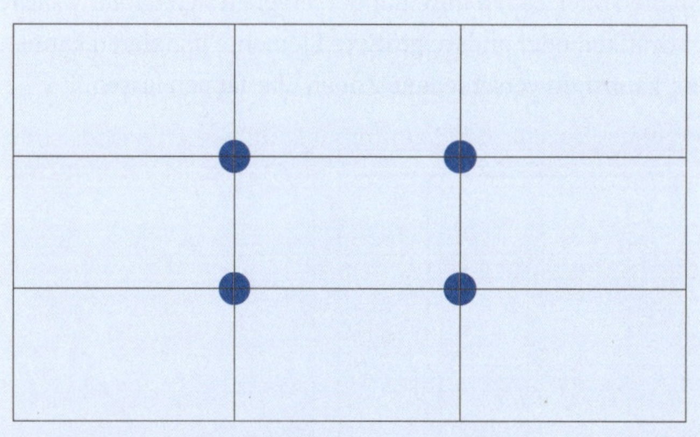

Abbildung 4.27 Die Drittelregel

Die zweite Regel ist der Goldene Schnitt. Die Proportionen des Goldenen Schnitts finden sich oft in der Natur wieder. Schau dir hierzu einmal Leonardo da Vincis Zeichnung des vitruvianischen Menschen an. Hier hat der Künstler ebenfalls den Goldenen Schnitt genutzt. Man spricht auch von der »Darstellung des Menschen im Goldenen Schnitt«.

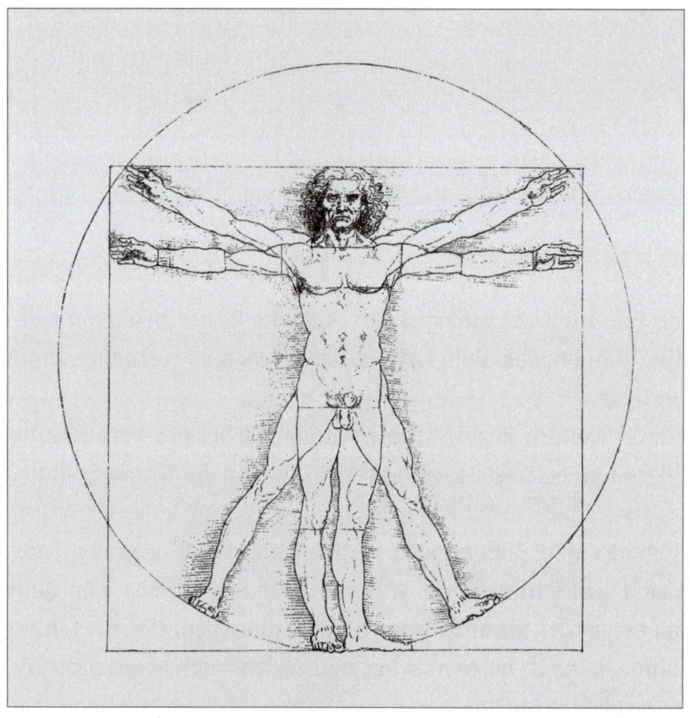

Abbildung 4.28 Leonardo da Vincis Zeichnung des vitruvianischen Menschen

Allgemein lässt sich sagen, dass Elemente, die im Goldenen Schnitt angeordnet sind, besonders harmonisch wirken, da sie dem Sehempfinden des Menschen entspricht. Die Goldene Spirale ist eine Art Erweiterung des Goldenen Schnitts und gibt eine Reihe aufsteigender Zahlen eine sehr gut merkbare und erkennbare grafische Form. Besonders in der Natur finden sich diese Art von Form häufig wieder. Beispielsweise bei einer Muschel.

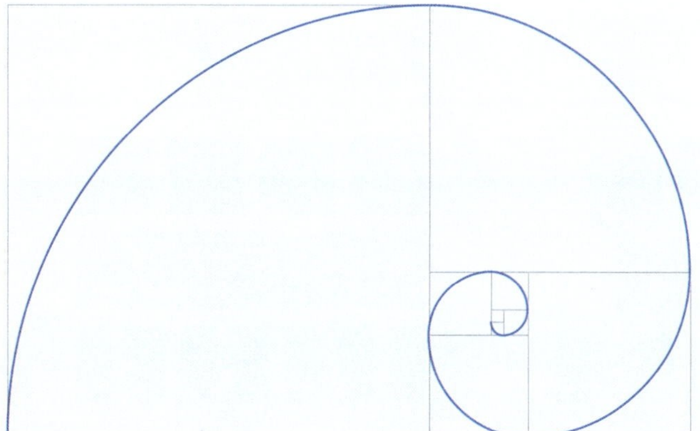

Abbildung 4.29 Der Goldene Schnitt oder die Goldene Spirale werden als besonders harmonisch empfunden.

Abbildung 4.30 Das Prinzip der goldenen Spirale in der Natur

Probiere einmal aus, welche Aufteilung und welche Proportionen du selbst als ansprechend in der Gestaltung empfindest.

Ein weiteres wichtiges Element für deine Gestaltung ist die *Ausrichtung* der einzelnen Elemente zueinander. Achte bei der Ausrichtung darauf, dass du gewisse optische Achsen einhältst, um Ordnung und Struktur zu schaffen. Schau dir hierzu auch Abbildung 4.31 an. Die linke Seite wirkt unaufgeräumt und unstrukturiert, wohingegen die rechte sauber und geordnet ist.

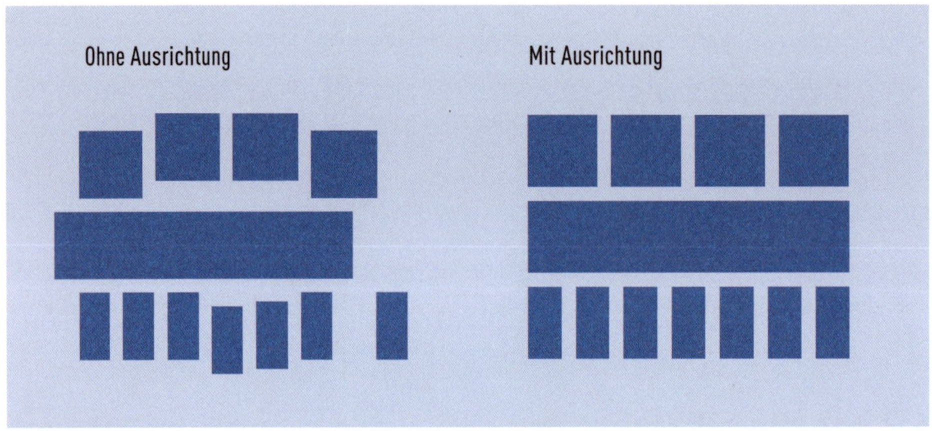

Abbildung 4.31 Elemente links ohne Ausrichtung und rechts mit Ausrichtung

Wenn es zu deinem Präsentationsthema passen sollte, kann natürlich auch eine bewusste Brechung mit der Ausrichtung für Spannung und einen Eyecatcher sorgen. Aber bitte alles in Maßen. Auf *einer* Folie ist das okay, um Aufmerksamkeit zu erzielen. Alles darüber hinaus wirkt unsortiert und ein wenig »schlampig«. Die Betrachter könnten dadurch den Eindruck gewinnen, du hättest keine Lust gehabt, dich anständig um die Präsentation zu kümmern.

Als letztes grafisches Element ist noch der *Weißraum* zu nennen. Möglicherweise hast du schon einmal den Satz »Mut zum Weißraum« gehört. Mit Weißraum bezeichnet man die Stellen auf deiner Folie, die weder mit Text noch mit Bildern gefüllt sind.

Oftmals neigt man dazu, zu viel Text auf einer Seite oder Folie zu platzieren, aber gutes Design lebt davon, auch Weißraum zu nutzen. Er schafft ein angenehmes visuelles Gleichgewicht und kann gezielt die Aufmerksamkeit auf Bereiche deiner Foliengestaltung lenken. Nicht nur auffällige Farben oder ausdrucksstarke Typografie können auf Texte aufmerksam machen, auch der Weißraum vermag dies zu tun.

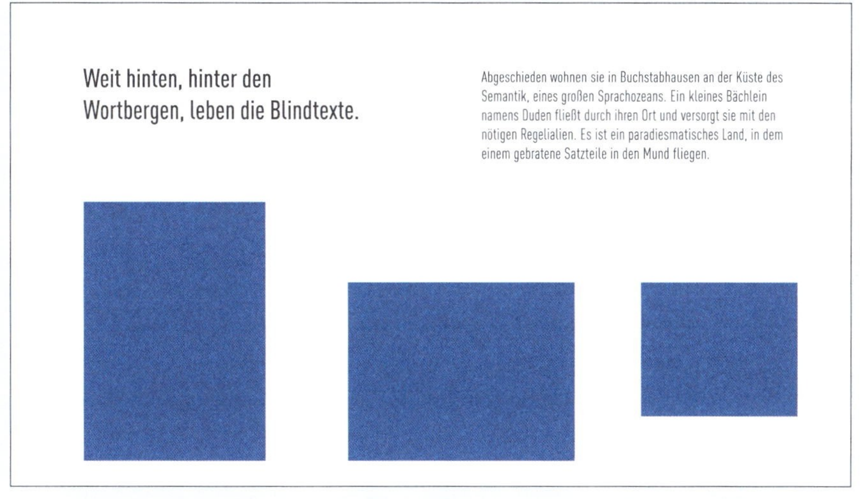

Abbildung 4.32 Die aktive Nutzung von Weißraum, um auf Textteile aufmerksam zu machen

4.2 Inhalt und Erzählung

So langsam nähern wir uns der Umsetzung deiner Präsentation. Du hast nun hoffentlich die Farbwahl im Griff, weißt, welche Typografie du am besten benutzen solltest, und hast ein Verständnis dafür entwickelt, was ein gutes Layout ausmacht bzw. aus welchen Bereichen sich dieses zusammensetzt. Doch bevor du nun an die finale Umsetzung der Folien gehst, solltest du dir im Klaren darüber sein, was für eine Art von Präsentation du halten möchtest.

4.2.1 Auswahl der Präsentation

Wie bereits in Abschnitt 1.3, »Die Präsentationsarten«, erwähnt, hast du die Wahl zwischen drei verschiedenen Arten von Präsentationen:

- überzeugende Präsentation
- narrative Präsentation
- erklärende Präsentation

Je nach Ziel, solltest du dich für eine dieser Strukturen entscheiden. Sie wird dir dabei helfen, dein Skript zu erstellen, um deine zuvor definierte Geschichte zu erzählen. Überleg dir, in welchem Format du deine Geschichte präsentieren möchtest. Dabei können dir die nachfolgenden Fragen eine kleine Hilfestellung sein.

Checkliste: Die richtige Form finden

- Was ist das primäre Ziel deiner Präsentation? Möchtest du ein Produkt oder eine Idee verkaufen? Geht es um eine Geschichte oder nur um eine reine Wissensvermittlung?
- Wie lautet die Kernbotschaft deines Vortrags?
- Wer ist dein Publikum? Diese Frage definiert die Sprache deiner Präsentation.
- Welches Format soll deine Präsentation haben? Wird sie per E-Mail verschickt oder direkt vor Publikum gehalten?
- Welche Herausforderungen können auf dich zukommen?
- Mit welchen Hindernissen ist zu rechnen?

Die Beantwortung dieser Fragen gibt dir schon einmal einen guten Überblick über die Art deiner Präsentation. So brauchen zum Beispiel E-Mail-Präsentationen mehr Informationen als gesprochene vor Publikum, da hier direkt, wenn etwas unklar ist, Fragen gestellt werden können. Das ist bei einer E-Mail etwas komplizierter, da die Wissensübermittlung indirekt erfolgt. Auch solltest du bedenken, dass manche Menschen in Zahlen denken, andere wiederum in Bildern, die Emotionen auslösen. Auch die technischen Aspekte spielen eine Rolle. All die eben genannten Punkte und Fragen beeinflussen nämlich die Art der Sprache in deiner Präsentation – denn jede Art spricht eine eigene Sprache. Wie bereits erwähnt, weist jeder Typ eine eigene Erzählstruktur und einen eigenen Spannungsbogen auf, die ich nachfolgend erklären werde.

4.2.2 Inhaltsstruktur – Planen und Schreiben eines Skripts

Fangen wir mit der *überzeugenden Präsentation* an. Du nutzt diese Art, wenn du, wie der Name schon sagt, jemanden überzeugen willst. Dabei gehst du wie folgt vor:

1. **Set the Stage**: Du bereitest sozusagen die Bühne für deine Präsentation vor. Das kann in Form einer kurzen Vorstellung passieren, oder du startest mit einer kleinen Geschichte. Auch die aktuelle Situation, Tendenzen und Trends können als Opener dienen.
2. **Das Problem zeigen**: Hier benennst du die Pain Points (Schwachstellen bzw. Probleme) oder die Bedürfnisse deines Publikums. Auch ein Was-wäre-wenn-Szenario ist denkbar.
3. **Lösungen enthüllen**: Hierbei handelt es sich um den größten Teil der Präsentation. Hier zeigst du dein Konzept, dein Produkt oder deine Dienstleistung. Auch Demos und Mock-ups (Vorführmodell) können zum Einsatz kommen. Auch besteht hier die Möglichkeit, Prozesse zu zeigen und Vorteile aufzuzählen, die deine Lösung zu bieten hat. Im Grunde beschreibst du hier die *Customer Journey*.

4. **Das Publikum überzeugen**: Hier geht es darum, deinem Publikum zu zeigen, wie die nächsten Schritte aussehen, wie der Zeitplan ist und was für ein Budget benötigt wird, um beispielsweise eine neue Forschungsarbeit oder um neue Anschaffungen für Schuleinrichtungen zu finanzieren. Beim Zeitplan ist es wichtig, so präzise Angaben wie möglich zu machen, damit dein potenzieller Investor mögliche Risiken für sich abwägen kann, die eventuell durch Projektverzögerungen entstehen können. Bringe an dieser Stelle konkrete und belegbare Fakten, um zu überzeugen. In diesem Abschnitt stellst du auch dein Team vor, falls mehrere Personen am Projekt beteiligt sind.
5. **Finale Fragen stellen**: Hier musst du ganz klar kommunizieren, was du von deinem Publikum brauchst. Auch darf ein *Call to Action* (Handlungsaufforderung) nicht fehlen. Und ganz wichtig, führe deine Kontaktdaten auf.

Ein sehr gutes Beispiel für eine überzeugende Präsentation ist Steve Jobs' Präsentation von 2010, als er das iPad vorstellte.

Abbildung 4.33 »Steve Jobs introduces the iPad – 2010« (Quelle: www.youtube.com/watch?v=zZtWlSDvb_k)

Kommen wir zu der zweiten Form, der *narrativen Präsentation*. Ich werde dir an dieser Stelle die Struktur nur oberflächlich vorstellen, da sich bereits in Kapitel 3 alles um das Thema Storytelling gedreht hat. Diese Form der Präsentation benutzt du, wenn du inspirieren, motivieren oder zum Nachdenken anregen möchtest. Kurz gesagt, du möchtest deine Geschichte teilen.

1. **Kontext**: Hier werden die Hintergründe erklärt. Wer ist der Held oder die Heldin und welche Aspekte der Persönlichkeit gibt es?

2. **Konflikt**: Was ist das Problem, welchen Antagonisten gibt es möglicherweise? Was bringt unsere Heldin ins Straucheln und was könnte die gewohnte Welt ins Wanken gebracht haben?
3. **Reise**: Hier werden Höhen und Tiefen beschrieben und welche Hindernisse sich dem Helden in den Weg stellen.
4. **Klimax oder Höhepunkt**: Etwas Wichtiges passiert und es kommt zur Konfliktlösung. Die Heldin überwindet das Tief und kehrt als jemand Neues zurück. Es ist der Moment der Wahrheit (*Moment of Truth*).
5. **Auflösung**: Was hat der Held während seiner Reise gelernt und was kommt als Nächstes? Wie sieht die Zukunft aus? All das lässt du noch einmal in einer Zusammenfassung Revue passieren.

Ein wunderschönes Beispiel für eine narrative Präsentation ist der TED-Talk von Brene Brown zum Thema Verletzlichkeit.

Abbildung 4.34 »Brene Brown: Die Macht der Verletzlichkeit« (Quelle: www.youtube.com/watch?v=iCvmsMzlF7o)

Wie bereits erwähnt, handelt es sich bei der *erklärenden Präsentation* um die einfachste Form. Dementsprechend simpel ist auch ihr Aufbau:

1. **Kontext erstellen**: Dieser Schritt ist vergleichbar mit dem ersten Schritt der überzeugenden Präsentation. Du bereitest die Bühne vor (Set the Stage). Du definierst das Thema und weckst beim Publikum damit gewisse Erwartungen.
2. **Bereich 1, 2, 3 ...**: Hier führst du sämtliche Informationen auf, die notwendig sind, um die Erwartungen zu erfüllen. Die einzelnen Bereiche folgen einer logischen

Konsequenz. Dieser Abschnitt ist gekennzeichnet durch seine Klarheit, die keinen Interpretationsspielraum zulässt.

3. **Schlussfolgerung**: Hierbei handelt es sich um eine Zusammenfassung des Themas. Außerdem erläuterst du die Auswirkungen deiner Idee oder deines Themas. Hinterlasse wieder einen klaren Call to Action und deine Kontaktdaten.

Justine Leconte liefert ein tolles Beispiel für eine erklärende Präsentation.

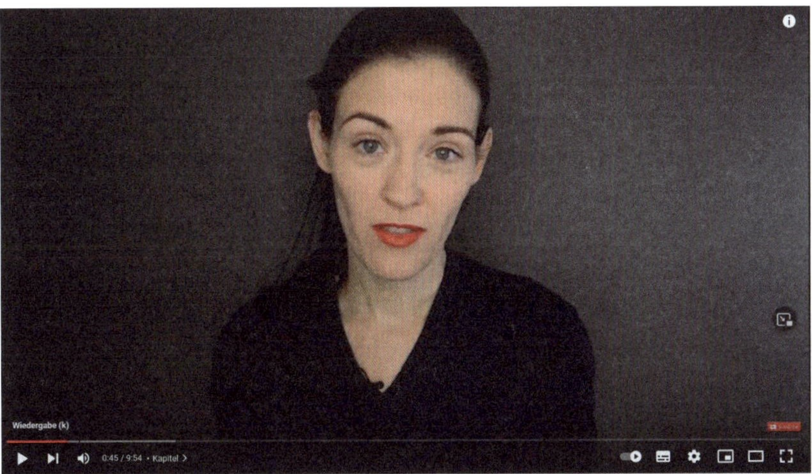

Abbildung 4.35 »Wie erkennt man schlechte und gute Qualtität bei Kleidung (in 5 Punkten) | Justine Leconte« (Quelle: www.youtube.com/watch?v=6a5lHAHf0Zk)

Tipp

Schau dir einmal alle drei Vorträge genau an und analysiere im Anschluss ihre Art der Darstellung und Präsentation, um ein Gefühl für die drei Vortragsarten zu bekommen. Mit diesem Wissen im Hinterkopf sollte es dir in Zukunft deutlich leichter fallen, die richtige Form für deine Präsentation zu finden bzw. zu wählen.

Good to know – Beispiel für den Präsentationsentwurf

Um die nachfolgenden Schritte im Bereich Storyboarding und Foliendesign realistischer und an einem konkreten Beispiel nachvollziehbarer zu machen, habe ich mir hierfür ein kleines Beispiel-Briefing ausgedacht. Es ist weder neu noch besonders innovativ. Es geht hier rein um das Prinzip und dem Ablauf beim Gestalten der visuellen Präsentation. Das Beispiel beschränkt sich rein auf die in den kommenden Abschnitten erklärten Prinzipien. Es geht um einen fiktiven Gartenbauer namens *green feelgood*.

Die Gartenbaumeister von green feelgood sind zwar seit Jahren erfolgreich am Markt aktiv, haben in den letzten zwei Jahren aber einen stärkeren Rückgang der Nachfrage nach schönen Gärten festgestellt und dementsprechend weniger Aufträge generiert. Immer mehr Menschen geben ihr Geld lieber für Reisen in ferne Länder aus, als es in den heimischen Garten zu stecken. Um nun eine neue Zielgruppe zu erschließen, vor allem auch, um die jüngere Generation besser erreichen zu können, hat man sich dazu entschlossen, eine eigene App entwickeln zu lassen. Mit kleinen und leichten Tipps und Tricks zum Nachmachen soll die Begeisterung für den eigenen Garten geweckt werden. Mit einem integrierten und intuitiv zu bedienenden Gartenplaner sollen die User ihren Traumgarten selbst gestalten können, der dann mit nur wenigen Klicks aus der App heraus vom Profi professionell verfeinert und in direkter Absprache mit den Kunden umgesetzt werden kann. Dadurch sparen die Kunden Kosten, da ein Teil der Arbeit indirekt vom ihnen selbst übernommen wurde und der Arbeitsprozess insofern verschlankt wird.

Die Gartenbauer brauchen jedoch Investoren und Geldgeber für die Entwicklung der App. Die Präsentation richtet sich nun an genau diese potenziellen Geldgeber und soll sie überzeugen, dass sich eine Investition in die App lohnt. Die Kernbotschaft der Präsentation soll lauten: Wir wollen die Menschen ermutigen, die App zu benutzen und sich mit dem eigenen Garten intensiver zu beschäftigen. Die Begeisterung für einen schönen Garten, in dem man sich wohlfühlen kann, soll geweckt werden.

Da wir uns an Investoren und Geldgeber richten, ist es wichtig, schnell die Aufmerksamkeit zu gewinnen und dabei alle relevanten Informationen zu liefern, die sie über das Projekt wissen müssen. Unsere Aufgabe ist es nun, auf Grundlage dessen eine Präsentation zu erstellen. Hierzu starten wir direkt mit dem Storyboarding.

Was ist ein Briefing?

Ziel eines Briefings ist es, die Vorstellungen und Wünsche zu Beginn eines Projekts klar zu definieren und festzuhalten. Das englische Wort *brief* bedeutet sowohl kurz als auch informieren oder einweisen. Ein Briefing ist also eine kurze Zusammenfassung der wichtigsten projektbezogenen Informationen und Parameter.

4.2.3 Storyboarding

Wenn du nun deine Inhaltsstruktur klar definiert hast, kommen wir so langsam zum praktischen Teil. Gerade am Anfang, wenn du selbst noch nicht so viele Präsentationen erstellt hast, hilft dir ein *Storyboard* ungemein weiter. Nicht nur die Film- und Fernsehindustrie nutzt diese Technik, sondern du jetzt auch. In dem Zusammenhang wird aber nicht nur der Begriff des Storyboards (dieser Begriff wird dir im späteren Verlauf des Buches noch einmal begegnen) verwendet, sondern du wirst auch öfter den Begriff *Scribble* lesen. Beides meint in diesem Fall das Gleiche. Das Storyboard liefert dir im Wesentlichen einen ersten visuellen Überblick über deine Präsentation und schafft Klarheit über die benötigten Folien.

Um ein Storyboard oder Scribble zu erstellen, benötigst du noch nicht einmal eine spezielle Software, hier reicht in der Regel schon ein großes Platt Papier. Wenn du möchtest, kannst du noch ein paar farbige Stifte verwenden, und schon kann es losgehen. Ich arbeite heutzutage immer noch gerne mit Scribbles und Storyboards, da ich die Kombination aus analoger Kunst und digitaler Umsetzung schätze. Mein klarer Favorit hierbei: Karteikarten in verschiedenen Größen. Dabei steht jede Karte für eine Folie. So bin ich flexibel und kann noch während des Prozesses des Storyboardings Karten hin und her schieben und schon einmal eine erste grobe Struktur der Folien festlegen. Mithilfe von Post-its kann ich zusätzliche Informationen notieren und an die entsprechende Stelle heften.

Abbildung 4.36 Hilfsmittel zur Erstellung eines analogen Storyboards

Im Layoutbereich gibt es hierfür spezielle Zeichnungen, die man für solche Scribbles oder Storyboards nutzen kann. Ein paar wichtige zeige ich dir in Abbildung 4.37.

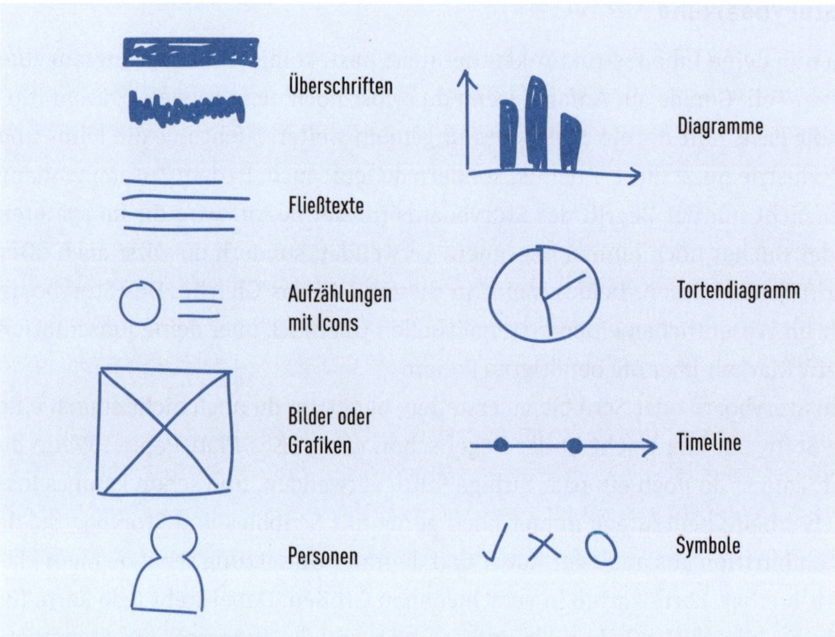

Abbildung 4.37 Darstellungsformen für ein Storyboard

> **Tipp: Scribbeln**
>
> Übe die Zeichnungen für die Scribbles ein paar Mal und präge sie dir gut ein. Dies erleichtert dir später das Scribbeln, und du kannst dich direkt im kreativen Flow verlieren. Weißt du, was das Beste an dieser Methode ist? Man fängt bereits an, sich visuell mit der Präsentation auseinanderzusetzen und hat den ersten wichtigen Schritt bereits getan. Die Angst vor der weißen Seite ist gebannt.

Du solltest dein Storyboard immer mit einer Titelfolie beginnen, die die Aufmerksamkeit deiner Zuschauer weckt. Dies erreichst du mit einem großen Bild und einer kurzen, knackigen Headline, die ein Versprechen suggeriert, das du am Ende der Präsentation selbstverständlich einhalten solltest. Wichtig ist, dass du an dieser Stelle noch nicht die Lösung zeigst. Konkret auf unser Beispiel bezogen bedeutet das, dass wir noch nicht die App zeigen.

Du brauchst zum jetzigen Zeitpunkt die finalen Texte deiner Präsentation noch nicht vorliegen zu haben, um dein Storyboard zu erstellen. In erster Linie geht es darum, die Inhaltsfülle der einzelnen Folien grob zu definieren. Die finalen Proportionen sollten dabei allerdings schon erkennbar sein.

Schauen wir uns nun an, wie du deinen Vortrag auf Basis einer überzeugenden Präsentation strukturierst und aufbaust.

4.2.4 Präsentation strukturieren

Der erste Schritt ist getan, und du hast bereits das erste Bild deines Storyboards erstellt. Schauen wir uns nun die weiteren benötigten Folien an und bauen darauf die Struktur auf. Da wir uns im Vorfeld für die überzeugende Präsentation entschieden haben, ist es an der Zeit, die Bühne vorzubereiten (*Set the stage*). In diesem Abschnitt werden die grundlegenden Dinge vorgestellt. Wir wissen, dass sich die App an junge und hippe Menschen richtet, die einen gewissen Lifestyle verfolgen und leben, in dem der eigene Garten eher eine untergeordnete Rolle einnimmt. Aber der eigene Garten soll zukünftig ebenfalls ein Place to be sein, in dem sich junge Generationen wohlfühlen und sich vom stressigen Arbeitsalltag erholen können – Urlaub im eigenen Garten sozusagen.

All diese Informationen auf einzelne Folien zu setzen, wäre zu viel. Vielmehr sollten wir hier versuchen, uns auf zwei oder drei Folien zu beschränken. Denk daran, dies ist nur der visuelle Teil, der deine sprachliche Präsentation unterstützt. Mit diesem ersten Abschnitt bauen wir eine kleine Geschichte auf, die unsere Zuhörerschaft emotionalisiert und mit der sie sich identifizieren kann.

Auf der ersten Folie aus dieser Gruppe können wir auf das aktuelle Lebensgefühl eingehen und ebenfalls mit einem großen Bild arbeiten. Eine kurze Headline fasst dabei die Emotionen zusammen. Auf der zweiten Folie gehen wir darauf ein, vor welchen Herausforderungen junge Menschen stehen, unter welchem Druck sie tagtäglich arbeiten müssen und dass sie sich jeden Tag eine Auszeit gönnen dürfen, ohne viel dafür investieren zu müssen. Auf der dritten Folie gehen wir darauf ein, wie man dieses Gefühl der Auszeit auf den eigenen Garten übertragen kann. Auch hier kommt wieder ein Bild zum Einsatz. Allerdings können wir an dieser Stelle bereits anfangen, die Platzierung der Bilder zu variieren. Das Ganze können wir um Stichpunkte, die *Benefits* (Vorteile), ergänzen.

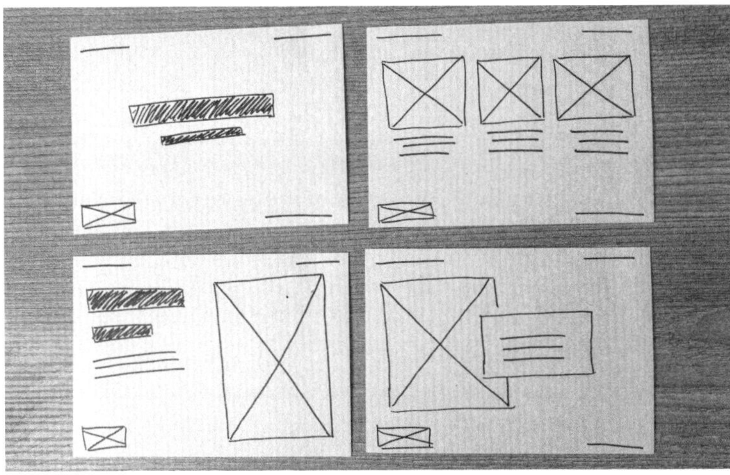

Abbildung 4.38 Einleitung des Storyboards

Damit haben wir die Bühne vorbereitet. Im zweiten Abschnitt der Präsentation geht es nun darum, ein Problembewusstsein beim Publikum zu schaffen. Wir können verschiedene Ansatzpunkte zeigen, die junge Menschen davon abhalten, ihren Garten als einen Ort der Ruhe zu sehen:

1. Der Garten ist zu klein oder zu ungepflegt.
2. Den Garten richtig anzulegen ist zu teuer.
3. Die Pflege des Gartens ist zu zeitintensiv.

Abbildung 4.39 Storyboard Problembewusstsein

Damit haben wir im Prinzip schon die nächsten drei Folien definiert. Dabei wurde bewusst als erstes Argument das schwächste gewählt. Die zwei stärksten kommen erst danach, damit sie für den nachfolgenden Abschnitt noch im Kopf unserer Zuhörer präsent sind. Denn nun folgt der Übergang zur Lösung. Und diese kommt in Form der App daher. Hier können wir folgende Folien definieren:

1. den Bildschirm der App zeigen
2. die Funktionsweise
3. die Vorteile der App

Abbildung 4.40 Storyboard Lösung

Nun kommen wir schon zu dem entscheidenden Teil der Präsentation. Nun muss es darum gehen, unsere potenziellen Investoren oder Geldgeber zu überzeugen. Dies geschieht mit reellen Zahlen, Daten und Fakten. Dabei helfen uns folgende Folien:

1. Marktgröße
2. Businessplan und Wachstumschancen der nächsten fünf Jahre
3. Zeitablauf

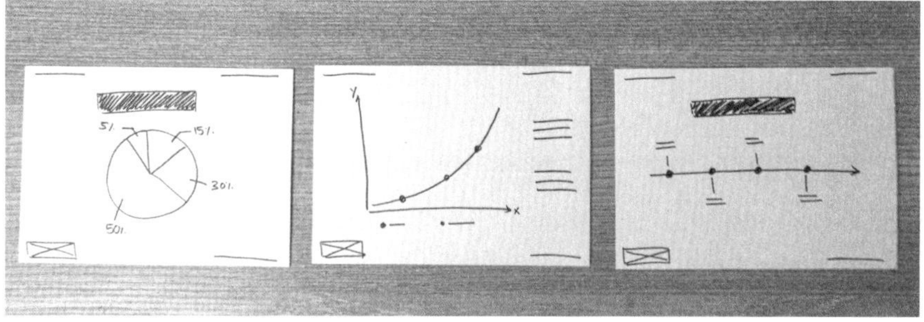

Abbildung 4.41 Storyboard Überzeugung

In diesem Abschnitt bietet sich uns die Möglichkeit, mit sogenannten *Visuals* zu arbeiten. Was Visuals genau sind und wie man sie erstellt, erfährst du in Kapitel 5, »Vereinfache komplexe Geschichten mithilfe von Visuals«. Wie du gesehen hast, habe ich bei meinem Storyboard nicht immer links- oder rechtsbündig gearbeitet, sondern gerade im letzten Abschnitt Elemente auch zentriert angeordnet. Dies lockert die spätere Präsentation auf und sorgt für Abwechslung. Im letzten Teil zeigen wir noch einmal, was wir konkret benötigen, das heißt, hier werden wieder konkrete Zahlen gezeigt:

1. Wie hoch ist das Investment, und was wird damit gemacht?
2. Call to Action
3. Kontaktdaten

Abbildung 4.42 Storyboard Abschluss

Für den Call to Action und die Kontaktdaten musst du nicht zwingend jeweils eine eigene Folie definieren. Das ist an dieser Stelle persönlicher Geschmack.

Wie du gesehen hast, besteht jeder Abschnitt aus jeweils drei Folien. Somit haben wir eine Inhaltsstruktur von 15 Folien plus unsere Begrüßungsfolie. Das ist natürlich keine fest vorgeschriebene Anzahl an Folien. Je nachdem, welches Thema du wie präsentieren musst, kann die Anzahl an Folien variieren. Und noch einmal, pack die Folien nie zu voll mit Informationen. Verwende lieber eine Folie mehr als eine zu wenig. Dadurch bleibt deine Präsentation strukturiert und aufgeräumt und macht es deinem Publikum leichter, dir während des Vortrags zu folgen.

4.2.5 Präsentation abschließen

Du hast nun alle Folien skizziert. Doch bevor es an die finale grafische Umsetzung der Präsentation geht, solltest du noch einmal dein Präsentations-Storyboard überprüfen. Am besten funktioniert das, wenn du sämtliche Scribbles vor dir auf dem Tisch oder an einer Pinnwand in der zuvor festgelegten Reihenfolge ausbreitest und die Karten noch einmal im Ganzen betrachtest.

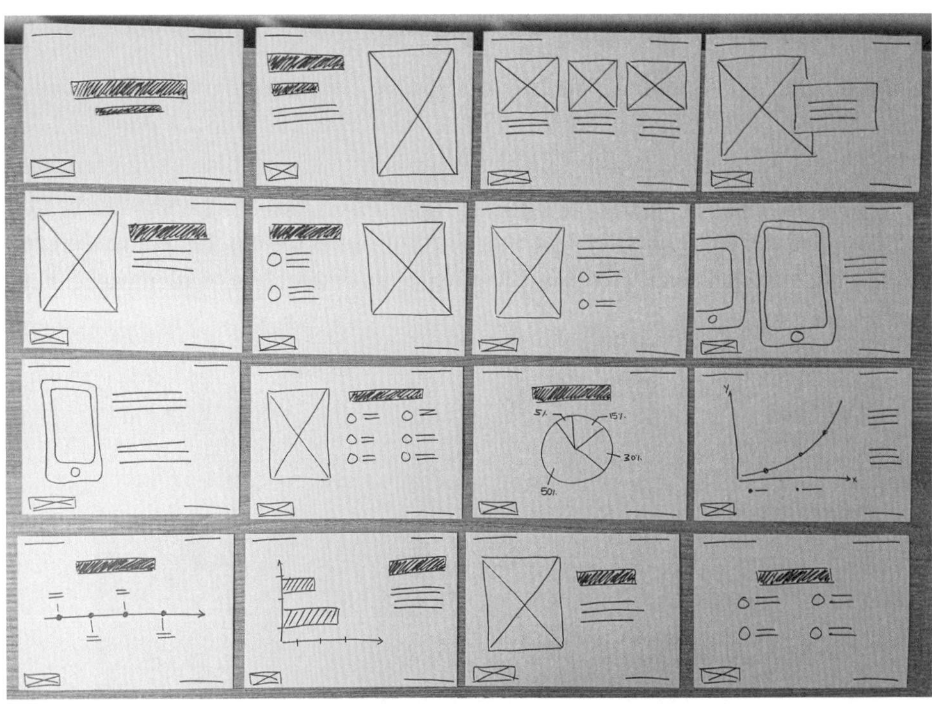

Abbildung 4.43 Das komplette Storyboard der Präsentation

Auf Basis des zuvor definierten Konzepts sollten dir so leichter Logikfehler auffallen, die du in diesem Stadium der Präsentationserstellung schnell beheben kannst. Wenn du merkst, dass ein Folienthema nicht ganz stimmig ist oder an einer anderen Stelle besser passen würde, kannst du hier ganz einfach kleinere Korrekturen vornehmen. Füg außerdem weitere Folien hinzu, falls dies nötig sein sollte. Nichts ist an dieser Stelle in Stein gemeißelt. Du bist hier absolut flexibel. Ich empfehle dir, den finalen Stand zu digitalisieren (zum Beispiel in Form eines Fotos) und dieses zu deinen Arbeitsmaterialen zu legen. So hast du immer alles an einem Ort griffbereit. Das hat auch den Vorteil, dass du von unterwegs aus arbeiten kannst.

4.2.6 Checkliste: Arten von Folien

Im vorangegangenen Beispiel hast du bereits einige Formen von Foliendesigns gesehen. Es gibt noch viele weitere Arten von Designs. Im Folgenden gebe ich dir eine kleine Checkliste an die Hand, in der die gängigsten Folienarten aufgeführt sind. Diese kannst du für sämtliche Präsentationen nutzen und miteinander kombinieren. Es besteht dabei immer die Möglichkeit, verschiedene Folien zu wiederholen.

Typische Folienarten

- Titelfolie
- Übergangsfolie zum Beispiel mit einem Zitat
- nur Text (Zitat)
- Bild + Überschrift
- Bild + Überschrift + Fließtext
- Bild + Überschrift + Fließtext + Hervorhebung
- Bild + Überschrift + Liste
- Bild + Liste
- Überschrift + Fließtext
- Überschrift + Fließtext + Hervorhebung
- Überschrift + Fließtext + Grafik
- Überschrift + Liste
- Überschrift + Grafik
- Überschrift + Tabelle
- mehrere Bilder
- mehrere Bilder + Überschrift
- mehrere Bilder + Überschrift + Text
- mehrere Bilder + Highlight
- Teamraster
- Kontakt
- Verabschiedung

4.3 Das richtige Programm nutzen

Vor einigen Jahren war die Auswahl an geeigneter Präsentationssoftware noch sehr beschränkt. Das hat sich besonders in den letzten Jahren drastisch verändert. Nun stehen dir neben kostenpflichtigen Programmen wie *Adobe InDesign* oder *Microsoft PowerPoint* ebenfalls kostenlose Programme wie *Apple Keynote* oder Webapplikationen wie *Google Slides* oder *Canva* zur Verfügung. In diesem Abschnitt möchte ich dir diese Tools zur Erstellung deiner Präsentation näher vorstellen, damit du selbst entscheiden kannst, mit welchem Programm du zukünftig arbeiten willst.

Alle Tools bieten mittlerweile an, bereits fertig designte Präsentationsvorlagen zu kaufen bzw. gewähren teilweise bereits von Haus aus sogenannte *Templates* (Dokumentenvorlagen). Allerdings sind diese Vorlagen zumeist alles andere als visuell ansprechend. Diese Vorlagen wurden irgendwann einmal erstellt und beruhen aus meiner Sicht auf einer falschen Annahme von Design. Deswegen lass es uns an dieser Stelle richtig machen und ein eigenes Design erstellen. Ich persönlich bin ein Freund des individuellen Erstellens. Das hat nicht nur den Vorteil, dass kein anderer dieses Präsentationsdesign nutzt, zudem wirkt es auf deine Zuschauer und Zuschauerinnen professioneller, wenn du deine Folien selbst designst und erstellst. Hier bildet Canva allerdings eine kleine Ausnahme, doch dazu im weiteren Verlauf mehr.

4.3.1 Adobe InDesign

Starten wir mit Adobe InDesign. Ich selbst arbeite fast ausschließlich mit der Software, da sie mir voll umfänglich kreative Freiheit erlaubt und gewisse Arbeitsabläufe durch Tastenkürzel und vordefinierte Schriftformate erheblich vereinfacht. Allerdings ist InDesign im Gegensatz zu den nachfolgenden Programmen nicht die klassische Lösung, um Präsentationen zu erstellen, obwohl auch InDesign hier gewisse Hilfsmittel zur Verfügung stellt. Doch in puncto Designmöglichkeiten hast du fast komplett freie Hand.

Die nachfolgende Präsentation des Abschnitt 4.4 wurde in Gänze mit Bordmitteln von Adobe InDesign erstellt, sodass du die Funktionsweise gleich näher kennenlernst und ich an dieser Stelle nicht weiter darauf eingehen werde.

Fazit: Für mich persönlich ist Adobe InDesign die Nummer eins, wenn es um die Erstellung grafischer Layouts geht. Allerdings braucht die Einarbeitung eine gewisse Zeit. Außerdem gibt es Adobe InDesign seit der Cloud-Version nur noch im Abo für 23,79 € (Stand Februar 2023) im Monat, wenn du dich für die Einzelanwendung entscheidest.

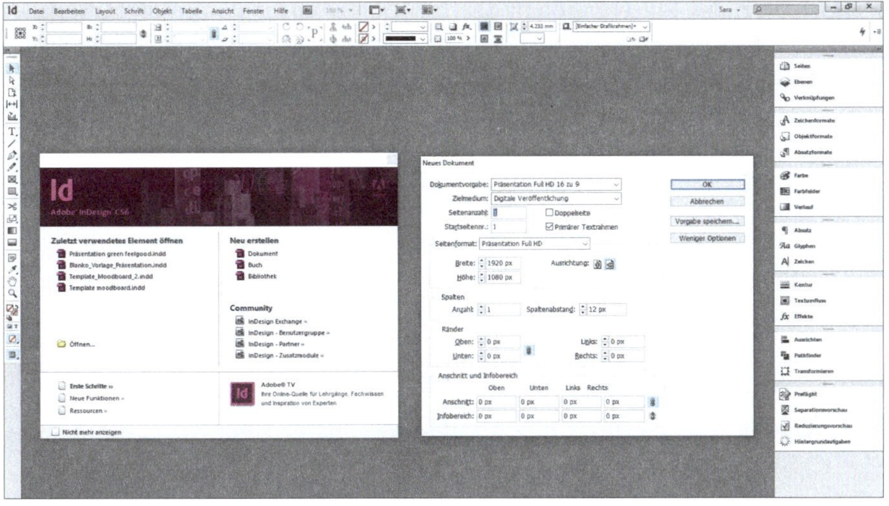

Abbildung 4.44 Startoberfläche in Adobe InDesign

4.3.2 Microsoft PowerPoint

PowerPoint aus dem Hause Microsoft war gerade in seiner Anfangszeit die unangefochtene Nummer eins in Sachen Präsentationssoftware. Es ist ein sogenanntes seitenorientiertes Programm. Für die einzelnen Folien stehen dir umfangreiche Gestaltungsmöglichkeiten zur Verfügung. Sie reichen von der einfachen Textfolie über Folien mit Grafiken, Tabellen und Diagrammen bis hin zu Folien mit multimedialen Inhalten wie Film und Sound.

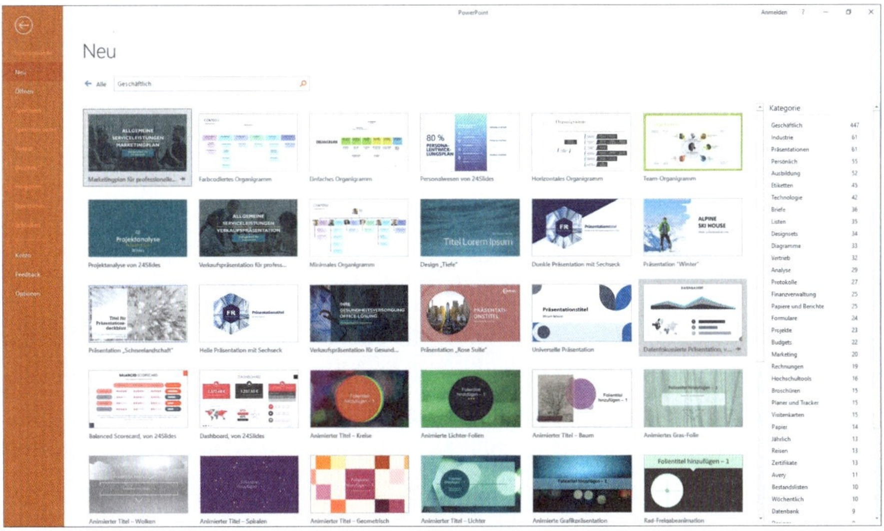

Abbildung 4.45 Startbildschirm in Microsoft PowerPoint

Bei der nachfolgenden Präsentation in Abschnitt 4.4 zeige ich dir gewisse Arbeitsbereiche in PowerPoint, sodass du ein Gefühl für die Software bekommst. Im Gegensatz zu Apple Keynote ist PowerPoint ein kostenpflichtiges Programm. Die Kosten variieren hier ein wenig von Anbieter zu Anbieter. Solltest du dich für dieses Programm entscheiden, lohnt sich auf jeden Fall eine kleine Preisrecherche.

In PowerPoint hast du über den Menüpunkt ANSICHT die Möglichkeit, dir sämtliche Folien gleichzeitig anzeigen zu lassen und gegebenenfalls die Sortierung zu ändern – eine praktische Funktion, die es in InDesign so direkt nicht gibt. Hier kannst du dir lediglich über das Seitenpanel die Miniaturansichten deiner Folien ansehen.

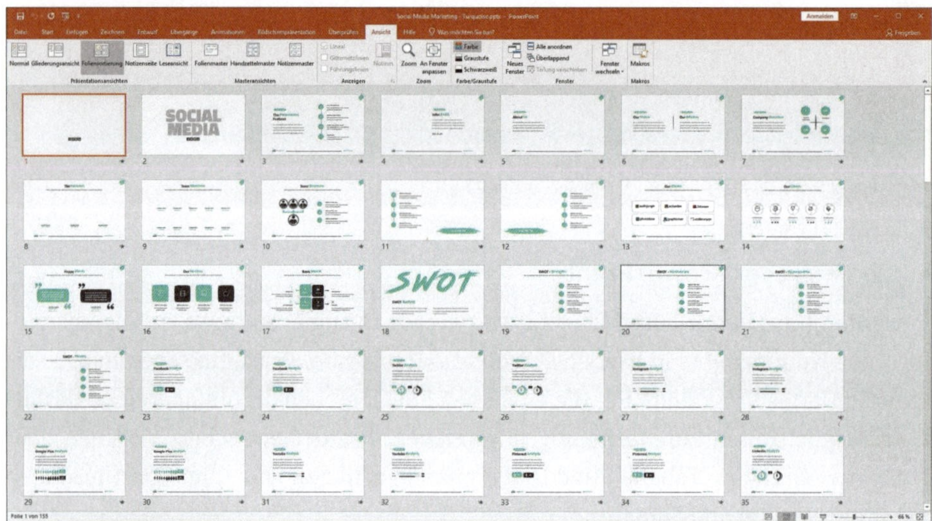

Abbildung 4.46 Die »Foliensortierung« in Microsoft PowerPoint

Fazit: Mit Microsoft PowerPoint kannst du sowohl auf Windows als auch auf Apple-Geräten arbeiten. Mit 69 € pro Jahr (Microsoft 365 Single) für eine Lizenz kannst du nicht viel verkehrt machen und bekommst ein leistungsstarkes Programm, um eine professionelle Präsentation zu erstellen.

4.3.3 Apple Keynote

Genauso wie Microsoft PowerPoint handelt es sich bei Keynote um ein reines Präsentationsprogramm aus dem Hause Apple. Die App ist im Gegensatz zu PowerPoint kostenlos und über den App Store downloadbar. Eine entsprechende Version für Windows-Rechner gibt es leider nicht. Der Name des Programms geht auf den Begriff Keynote zurück, der für einen Eröffnungsvortrag auf einer Veranstaltung steht.

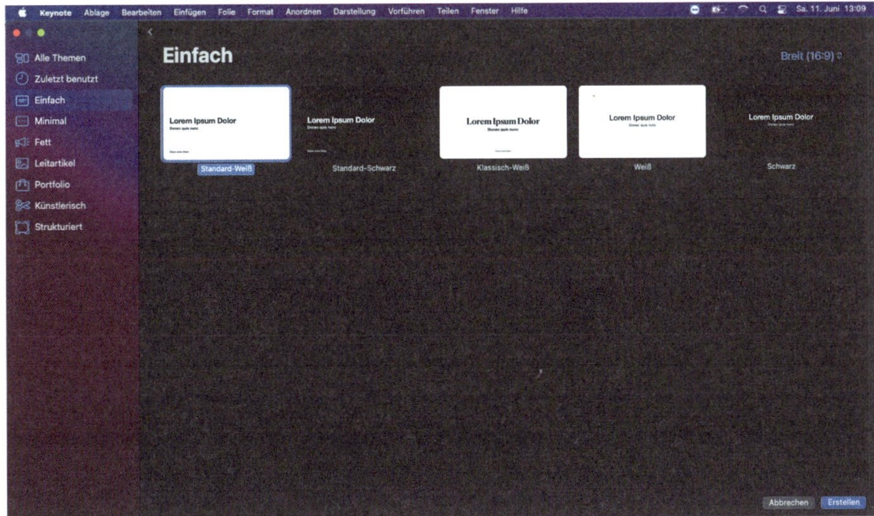

Abbildung 4.47 Der Startbereich von Apple Keynote: Von hier aus startest du das Layout deiner Präsentation.

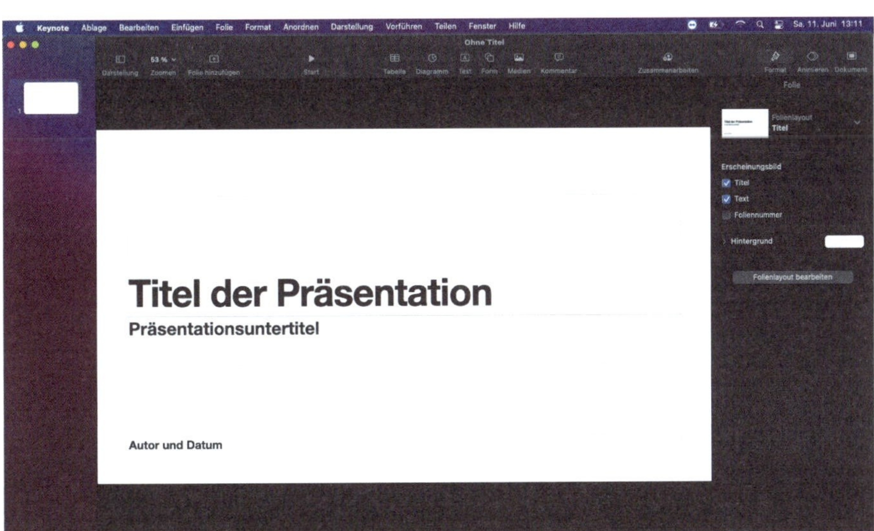

Abbildung 4.48 Starte am besten mit einer einfachen Vorlage und pass sie deinen Bedürfnissen an.

Die Bedienung von Apple Keynote ist denkbar einfach. Beispielsweise werden Hilfslinien automatisch eingeblendet, wenn du verschiedene Objekte über die Arbeitsfläche ziehst. So wird dir beim Arbeiten das exakte Platzieren der Elemente enorm erleichtert. Du hast außerdem die Möglichkeit, die Symbolleiste deinen Ansprüchen anzupassen, um deinen Arbeitsprozess zu beschleunigen. Hier kannst du ebenfalls auf Formats-, Animations- und Dokumenteneinstellungen zurückgreifen. Ich empfehle dir, deinen Arbeitsbereich so einzurichten, dass du schnell und flüssig arbeiten kannst. Auch hier solltest du genau wie in Adobe InDesign mit Gruppen arbeiten.

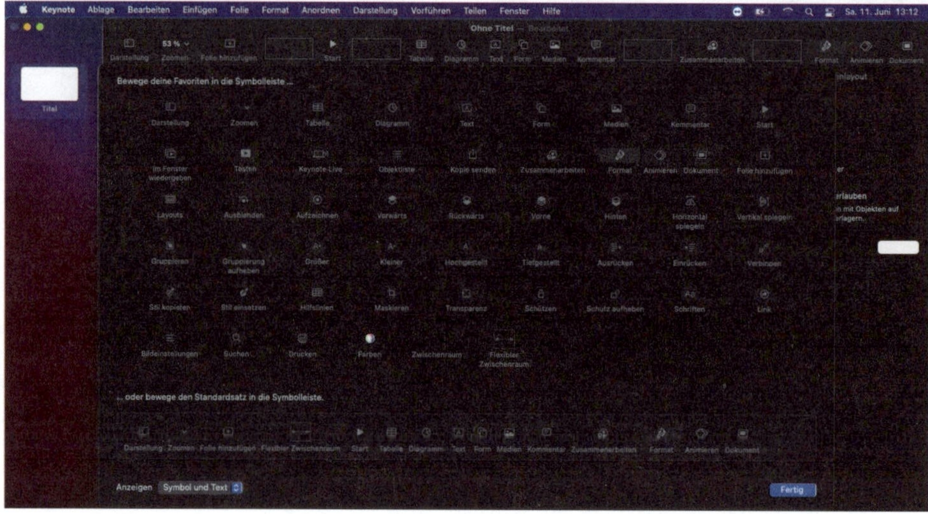

Abbildung 4.49 Pass deinen Arbeitsbereich an, damit du flüssig arbeiten kannst.

Inzwischen bietet Keynote eine neue Funktion an, die sich LEUCHTTISCH nennt und die es dir erlaubt, die Folien im Ganzen zu betrachten und entsprechend anzuordnen, ähnlich der Funktion FOLIENSORTIERUNG in Microsoft PowerPoint.

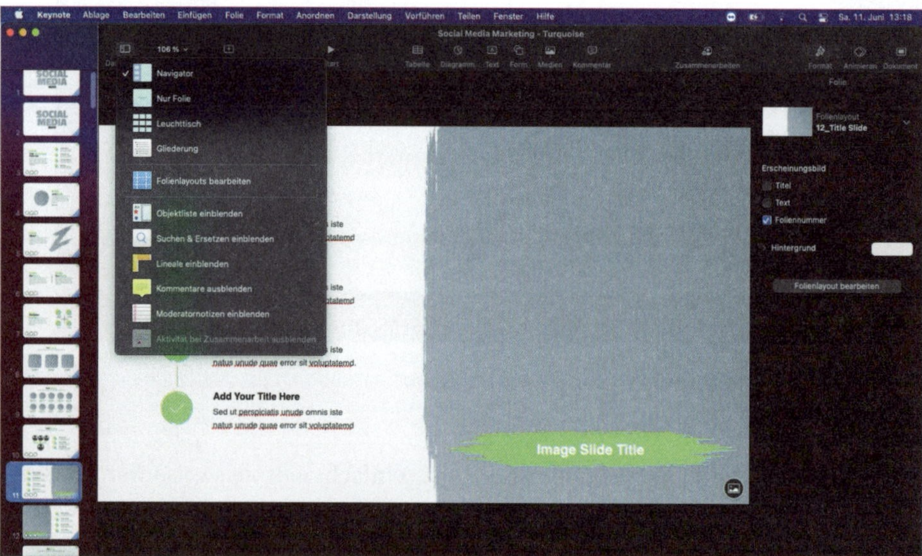

Abbildung 4.50 Über das Menü »Darstellung« kannst du aus verschiedenen Ansichten wählen, ...

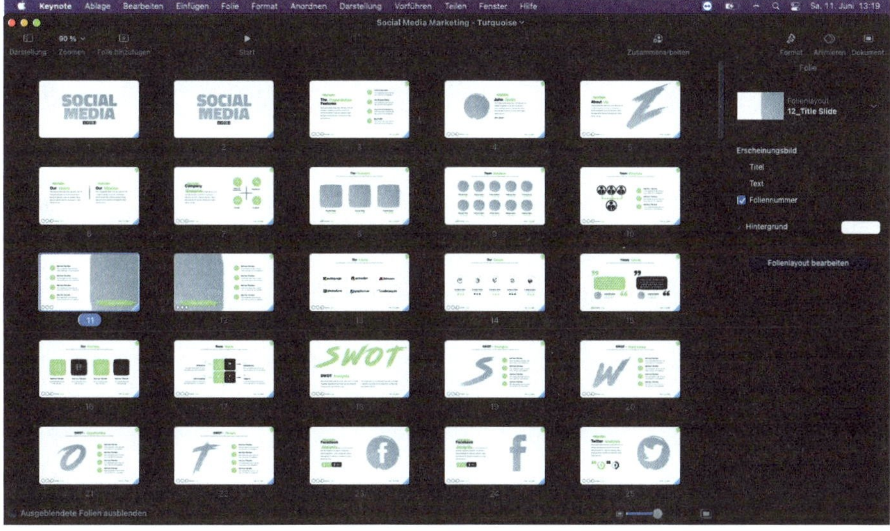

Abbildung 4.51 ... wie beispielsweise den »Leuchttisch«, um alle Folien auf einen Blick zu sehen.

Du hast ebenfalls die Möglichkeit, deine Präsentation mit Kommentaren zu versehen, die nur du während deines Vortrags siehst. Eine eingebaute Timer-Funktion verrät dir zusätzlich, wie viel Redezeit dir noch für eine Folie bleibt.

Keynote ist in der Lage, Microsoft-PowerPoint-Dateien zu importieren. Eine Keynote-Präsentation mit der Endung *.key* kann man dagegen so leider nicht in Microsoft PowerPoint öffnen. Die Datei muss zuvor in einem entsprechenden Format exportiert werden.

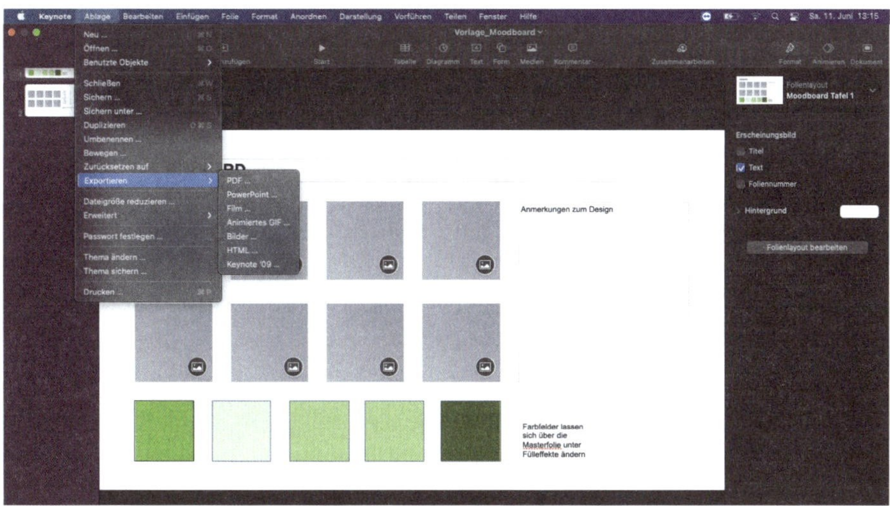

Abbildung 4.52 Im Exportdialogfeld stehen dir verschiedene Dateiformate zur Verfügung.

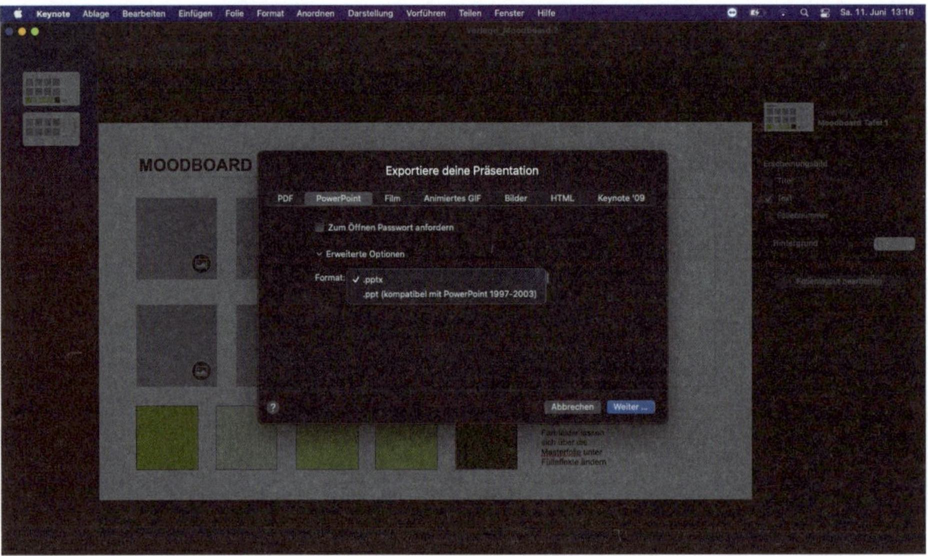

Abbildung 4.53 Jedes Format kann noch durch zusätzliche Einstellungen beeinflusst werden.

Fazit: Wenn du mit Apple-Geräten arbeitest, brauchst du im Grunde nichts anderes, um deine Präsentationen zu erstellen. Noch dazu ist es kostenlos. Die Einarbeitungsphase dauert zwar einen Moment, aber dann läuft der Prozess zur Erstellung einer Präsentation recht intuitiv ab.

4.3.4 Google Slides

Google Slides ist ein Präsentationsprogramm, das Teil der kostenlosen, webbasierten *Google-Docs-Editors-Suite* ist. Es ist als Webanwendung, mobile App für Android und iOS, aber auch als Desktop-Anwendung in Google Chrome OS verfügbar. Google Slides ist außerdem mit den Microsoft-PowerPoint-Dateiformaten kompatibel.

Mit Google Slides bist du in der Lage, Dateien online zu erstellen, zu bearbeiten und dich gleichzeitig mit weiteren Benutzer*innen in Echtzeit auszutauschen bzw. mit ihnen zusammenzuarbeiten. Deine Änderungen werden in einem sogenannten Versionsverlauf verfolgt, der die Bearbeitungsschritte chronologisch darstellt. Die Position eines Bearbeiters oder einer Bearbeiterin wird über ein Rechtesystem geregelt und definiert, wer was im Dokument tun darf.

Die Features ZUSAMMENARBEIT und VERSIONSVERLAUF erlauben dir ein in Echtzeit ablaufendes gemeinsames Bearbeiten. Zusätzlich kannst du jederzeit von verschiedenen Rechnern oder mobilen Geräten aus auf deine Präsentation zugreifen. Voraussetzung ist ein kostenloses Google-Konto. Zusätzlich zum Onlineangebot kannst du deine Präsentation mithilfe der Google-Chrome-Erweiterung *Google Docs Offline* auch offline bearbeiten und anzeigen lassen.

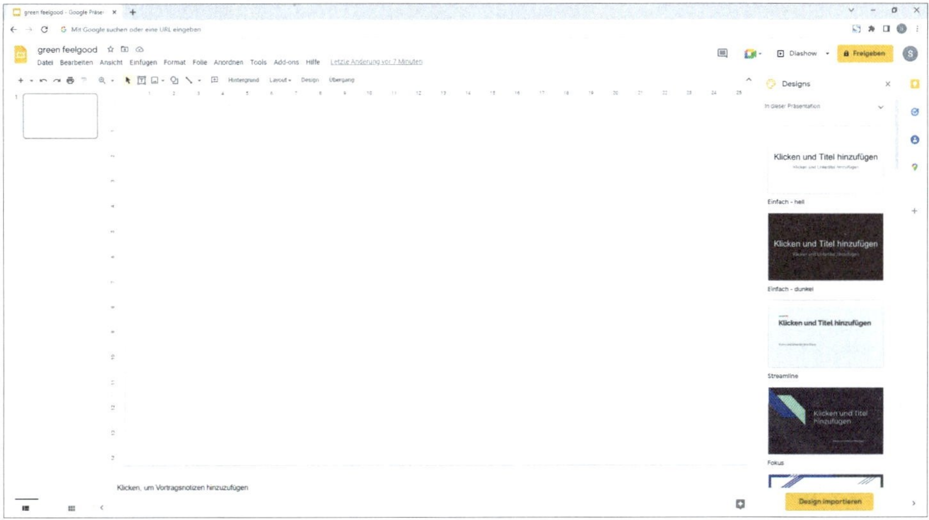

Abbildung 4.54 Ausgangspunkt für die Erstellung deiner Präsentation mit Google Slides

Neben dem eigenen Dateiformat GSLIDES unterstützt Google Slides unter anderem folgende Formate: JPEG, PDF, PNG, POTX, PPSX, SVG und TXT.

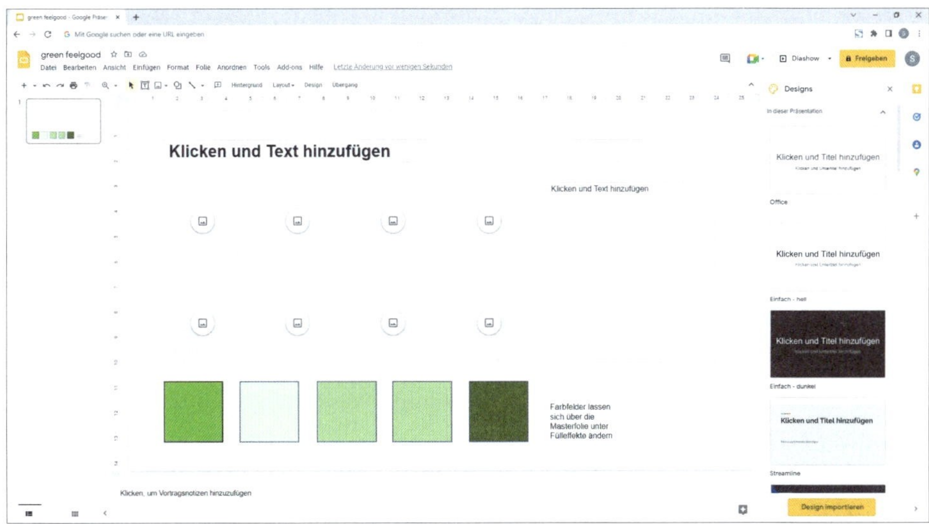

Abbildung 4.55 Der Import von PowerPoint-Vorlagen funktioniert problemlos. Google Slides übernimmt ebenfalls die zuvor definierten Stile.

Auch der Export in verschiedene Dateiformate bereitet Google Slides keine Schwierigkeiten.

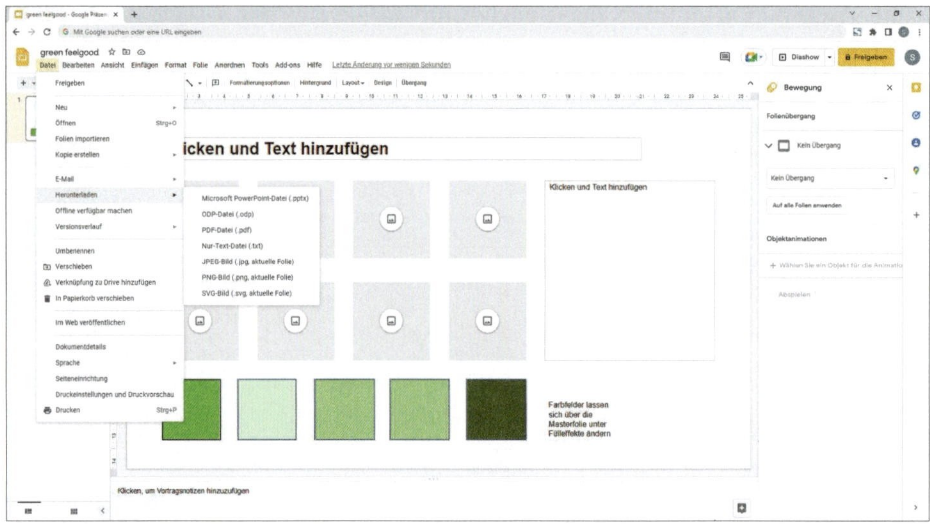

Abbildung 4.56 Google Slides ermöglicht es, beim Herunterladen der Datei, auf verschiedene Formate zurückzugreifen.

Durch die intuitive Bedienung findest du dich schnell zurecht. Unter FOLIE • DESIGN BEARBEITEN findest du den *Folienmaster*. Die eingebaute Hilfefunktion erleichtert dir die Suche nach Themen und bietet dir eine gute Anlaufstelle, um eventuell aufkommende Fragen mit dem Umgang der App zu klären.

Fazit: Eine schöne und kostenlose Alternative zu den kostenpflichten Programmen wie Adobe InDesign und Microsoft PowerPoint. Da es sich aber um einen Google-Dienst handelt, werden natürlich im Hintergrund Informationen getrackt. Die App bietet dir jedoch viele Möglichkeiten, um eine ansprechende Präsentation zu erstellen. Auch der Import von PowerPoint-Vorlagen funktioniert problemlos.

4.3.5 Canva

Mit Canva hast du ein leistungsstarkes Onlinegestaltungstool zur Hand, das es dir erlaubt, einfache oder komplexe Grafiken oder – wie in unserem Fall – Präsentationen zu erstellen. Canva bietet dir bereits einige vorgefertigte Vorlagen an (siehe Abbildung 4.57).

Die fertigen Folien kannst du einfach als PNG-, JPEG- oder PDF-Datei auf deiner Festplatte abspeichern. Alles, was du dafür benötigst, ist ein kostenloser Account. Für gehobene Ansprüche und mehr individuelle Gestaltungsmöglichkeiten kannst du in der Pro-Version, die jährlich 109,99 € (Stand Februar 2023) kostet, sogar deine eigenen Branding-Unterlagen hochladen. Dazu zählen Logos, Farben, Schriften etc.

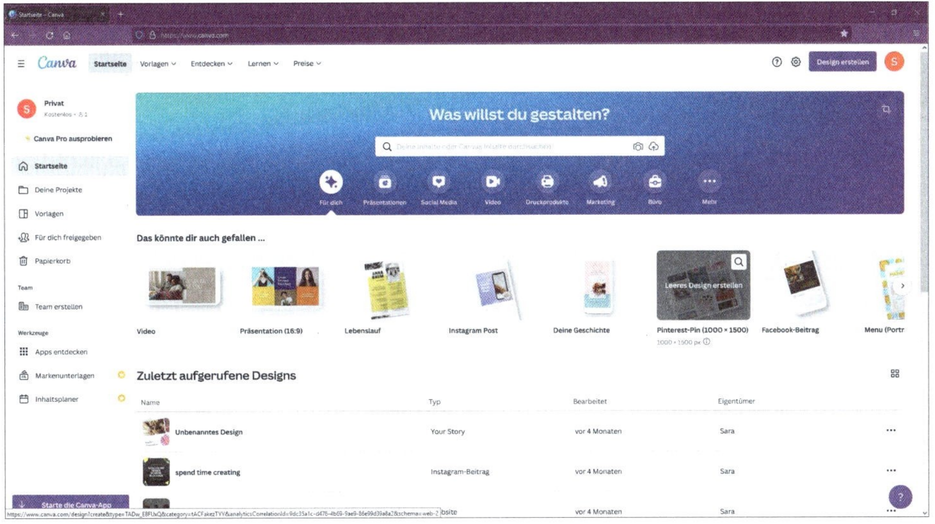

Abbildung 4.57 Startseite in Canva

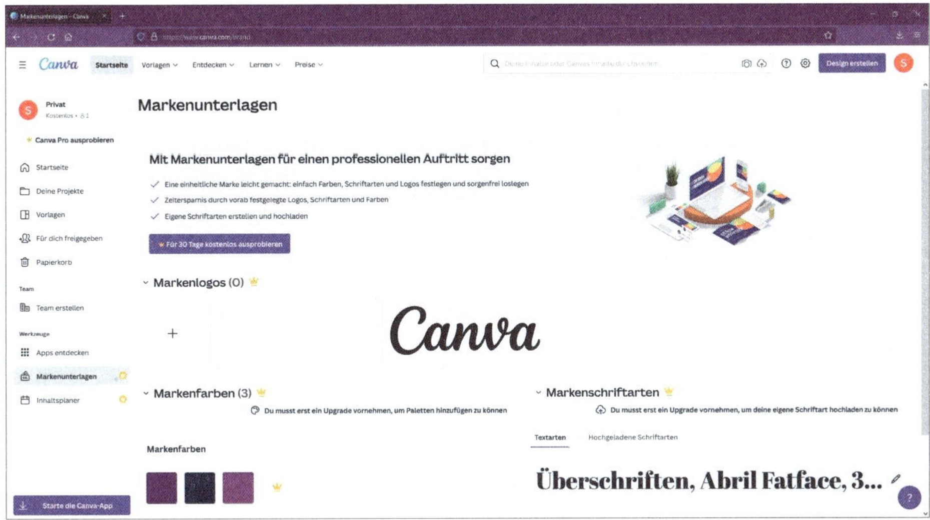

Abbildung 4.58 In der Pro-Version hast du die Möglichkeit, gezielt dein Brand-Design zu hinterlegen.

Sobald dein Account freigeschaltet ist, kannst du direkt loslegen. Die Benutzung ist intuitiv und selbsterklärend aufgebaut.

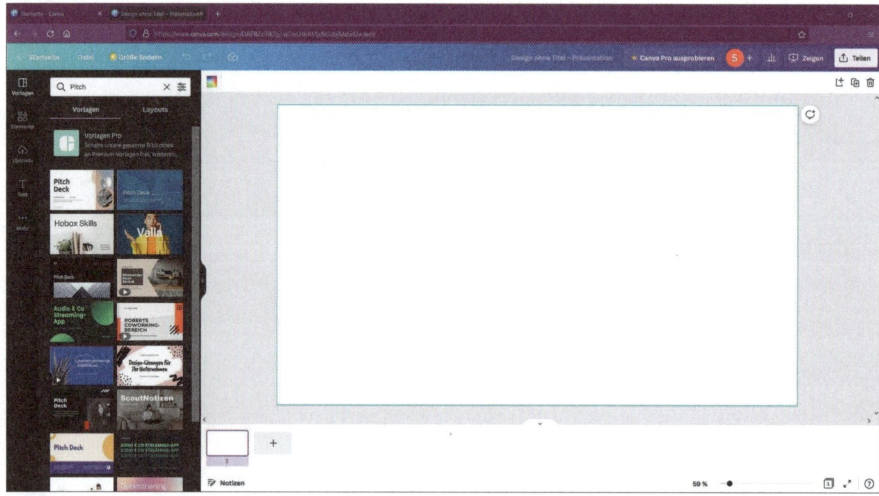

Abbildung 4.59 Blanko-Vorlage in Canva

Von Canva aus kannst du auf viele kostenlose Bilder zugreifen, die von den Bilderplattformen *Unsplash* oder *Pixabay* kommen. Ich empfehle dir allerdings, eigene Bilder hochzuladen und einzufügen. An dem Krönchensymbol an einzelnen Elementen oder Bildern kannst du erkennen, dass es sich dabei um ein Pro-Produkt handelt. Auch Texte und Elemente lassen sich über die entsprechenden Registerkarten einfach in deine Gestaltung einfügen. Ebenfalls lassen sich Diagramme und Grafiken erstellen, die du individualisieren kannst. Im Grunde läuft hier alles nach dem Motto »What you see, is what yo get« (Was du siehst, bekommst du) ab.

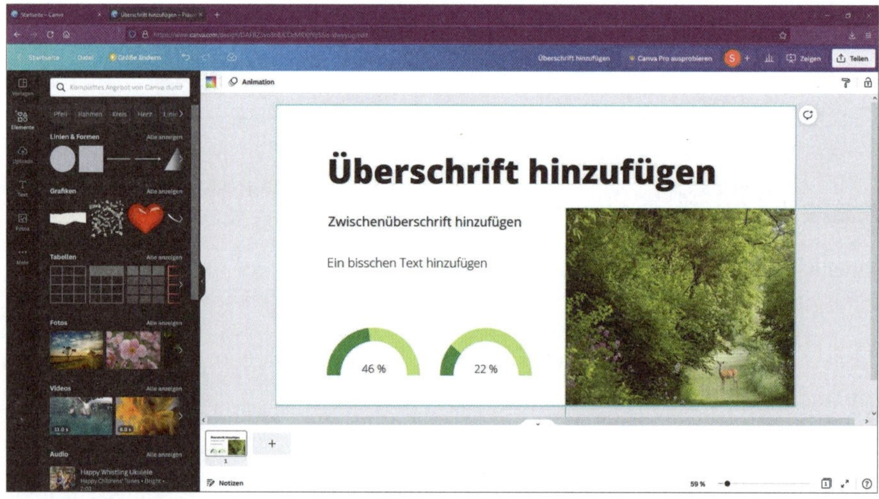

Abbildung 4.60 Die einzelnen Elemente lassen sich per Drag & Drop einfach auf die Folie ziehen, positionieren und bearbeiten.

Mittlerweile gibt es viele Anbieter, die ansprechende Vorlagen zum Kauf anbieten, allerdings hat das den Nachteil, dass du nie weißt, wie viele andere Käufer und Käuferinnen ebenfalls auf diese Vorlage zugreifen. Eine Präsentation damit ist also nie zu 100 % einzigartig.

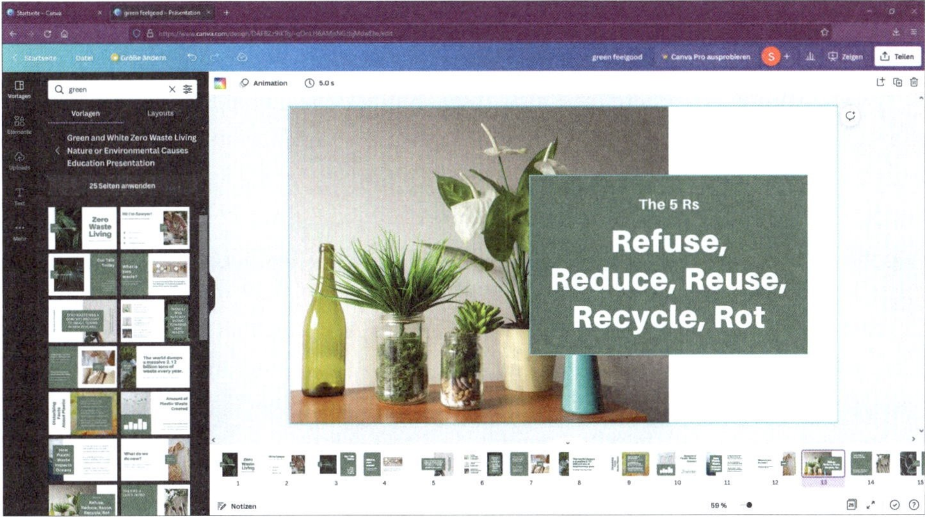

Abbildung 4.61 Nicht nur Canva offeriert bereits viele vorgefertigte Vorlagen, zahlreiche Anbieter bieten welche zum Kauf an.

Tipp: Kontextmenü nutzen

Alle Objekte, egal ob Texte, Grafiken oder Fotos, kannst du mit der rechten Maustaste anklicken. Über das aufpoppende Kontextmenü kannst du die einzelnen Elemente eine Ebene nach oben oder nach unten verschieben. Auch findest du hier die Menüpunkte KOPIEREN, EINFÜGEN und DUPLIZIEREN.

Fazit: Ein sehr einfach zu bedienendes Tool, das dir durchaus einen gewissen gestalterischen Spielraum in der kostenlosen Version zur Verfügung stellt. Wenn du auf vorgefertigte Vorlagen zurückgreifst, musst du immer damit rechnen, dass andere diese Vorlage ebenfalls nutzen. Mit der kostenlosen Variante kommt man schon extrem weit, und es ist an dieser Stelle dir überlassen, ob du die rund 110 € bezahlst, um alle Inhalte freizuschalten. Canva bietet einen 30-tägigen kostenlosen Zugang zum Pro-Account an. Du kannst es also erst einmal ohne Probleme testen und für dich selbst entscheiden, ob du die Pro-Version benötigst.

4.4 Die Präsentation erstellen

Du hast nun alles zusammen, um deine Präsentation zu erstellen. Nachfolgend hast du die Möglichkeit, die einzelnen Schritte anhand des Beispielprojekts nachzuvollziehen oder du nutzt es, um parallel deine eigene Präsentation zu erstellen. Die Prinzipien, die ich nachfolgend vorstellen werde, sind nicht nur für unser Beispiel gedacht, sie sind universell einsetzbar.

Wichtig ist nur, dass du in die Umsetzung kommst und dich mit dem Aufbau einer Präsentation vertraut machst. Wenn dies die erste Präsentation sein sollte, die du erstellst, wird dir das ein oder andere womöglich noch etwas schwerfallen, doch keine Sorge, Übung macht den Meister. In dem Fall kannst du unser Beispiel als eine wunderbare erste Übung ansehen, um dich mit dem Thema vertraut zu machen. Um die einzelnen Schritte noch besser nachvollziehen zu können, habe ich dir in den zusätzlichen Materialien zu diesem Buch einen Teil der Ausgangsmaterialien (Texte und Linkliste zu den Bildern) zu dieser Präsentation zur Verfügung gestellt. Besuche *www.rheinwerk-verlag.de/5625* und klicke auf MATERIALIEN. Die Visuals habe ich außen vorgelassen, da du, wie bereits erwähnt, in Kapitel 5 erfährst, wie du diese selbst erstellen kannst.

Dann lass uns jetzt nicht länger warten. Starte nun das Programm, mit dem du deine Präsentation erstellen möchtest. Ich werde meine Präsentation mithilfe von Adobe InDesign erstellen, da ich die intuitive Bedienung am einfachsten finde.

4.4.1 Passende Einstellungen wählen

Beginnen wir damit, die Weichen für deine Präsentation zu stellen. Bevor du mit der Gestaltung starten kannst, musst du zunächst einmal das Format deiner Folien festlegen. Die meisten Präsentationssoftwares bieten dir dazu bereits zwei grundsätzliche Einstellungen bzw. Vorgaben:

- *Standardauflösung* im Format 4 : 3 (1.024 × 768 Pixel)
- *Wide Screen in Full HD* im Format 16 : 9 (1.920 × 1.080 Pixel)

Solltest du wie ich ein Programm nutzen, in dem man nicht zwischen diesen beiden Optionen wählen kann, musst du bei der Formatangabe folgende Werte eingeben:

- Für 4 : 3 sollte das Layout in 240 × 180 mm angelegt sein.
- Für 16 : 9 sollte das Layout in 320 × 180 mm angelegt sein.

Wenn man es genau nimmt, wären die eigentlichen Werte wie folgt:

- 4 : 3 = 254 × 190 mm
- 16 : 9 = 254 × 143 mm

Ich würde dir aber empfehlen, die oberen glatten Werte zu verwenden. Das hat den Vorteil, dass dir diese Formate eine Anpassung der Templates erleichtert, sollte dies notwendig und beide Formate gewünscht sein. Du müsstest in diesem Fall nur die Breiten anpassen, die definierten Schriftgrößen und Zeilenabstände könnten dabei beibehalten werden.

Das Format 4 : 3 ist ein veraltetes Format, da die meisten Bildschirme heutzutage hochauflösend sind und das Format 16 : 9 nutzen. Dieses ist angenehmer und leichter zu konsumieren.

Egal, für welches Programm du dich am Anfang entschieden hast, empfehle ich dir, mit einer komplett weißen Fläche zu starten. Auch solltest du dir deinen Arbeitsbereich so einrichten, dass du schnell und flüssig arbeiten kannst und später nur wenige Klicks benötigst, um deine Präsentation zu formatieren und zu gestalten.

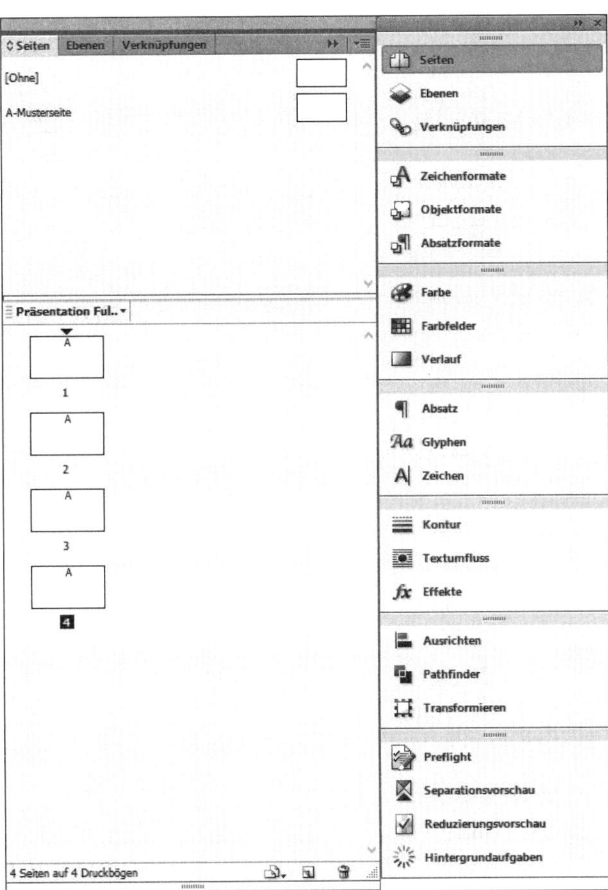

Abbildung 4.62 Mein Arbeitsbereich – in verschiedenen Gruppen zusammengefasst

Du hast in den einzelnen Programmen die Möglichkeit, die Arbeitsbereiche in verschiedenen Gruppen zusammenzufassen. Wenn du in Zukunft immer wieder Präsentationen erstellst, macht es durchaus Sinn, dir direkt gewisse Vorgaben als Vorlage zu speichern.

Neues Dokument
Dokumentvorgabe: Präsentation Full HD 16 zu 9
Zielmedium: Digitale Veröffentlichung
Seitenanzahl: 1
Startseitennr.: 1
Doppelseite
Primärer Textrahmen
OK
Abbrechen
Vorgabe speichern...
Weniger Optionen
Seitenformat: Präsentation Full HD
Breite: 1920 px
Höhe: 1080 px
Ausrichtung:
Spalten
Anzahl: 1
Spaltenabstand: 12 px
Ränder
Oben: 0 px
Unten: 0 px
Links: 0 px
Rechts: 0 px
Anschnitt und Infobereich

	Oben	Unten	Links	Rechts
Anschnitt:	0 px	0 px	0 px	0 px
Infobereich:	0 px	0 px	0 px	0 px

Abbildung 4.63 Präsentationsvorgaben speichern

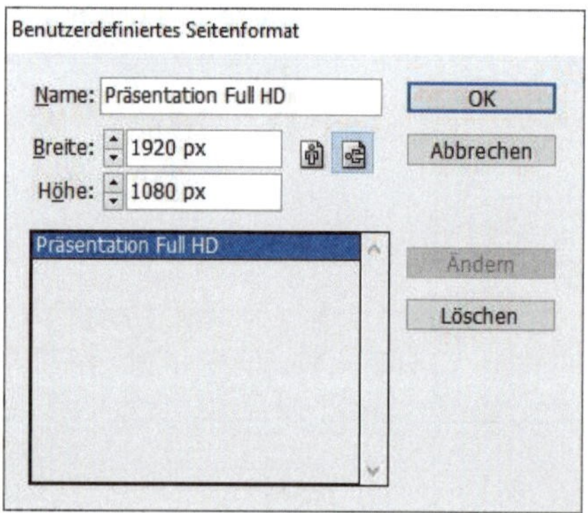

Abbildung 4.64 Formatvorgaben speichern

Wenn du mit Microsoft PowerPoint, Apple Keynote oder Google Slides arbeiten solltest, brauchst du die letzten beiden Bereiche nicht als Vorgabe zu speichern, da diese als Standard im Programm vordefiniert sind. Auch ist der Aufbau der Programme ähnlich, sodass du dich schnell zurechtfindest.

Ob du nun mit einer *Masterfolie* arbeiten möchtest oder nicht, bleibt dir überlassen. Der Nachteil ist allerdings, dass du deine eigene Kreativität einschränkst und dich limitierst. Der Vorteil dagegen ist, dass die Erstellung der Präsentation schneller geht. Allerdings zeige ich dir zum Ende dieses Abschnitts, wie du selbst eine Mastervorlage erstellst, die du zukünftig für deine Präsentationen nutzen kannst. Deswegen starten wir zunächst auch mit einer weißen Fläche und bauen uns alles von Grund auf selbst auf. Lösche also erst einmal gegebenenfalls vorhandene Masterfolien aus der Vorlage.

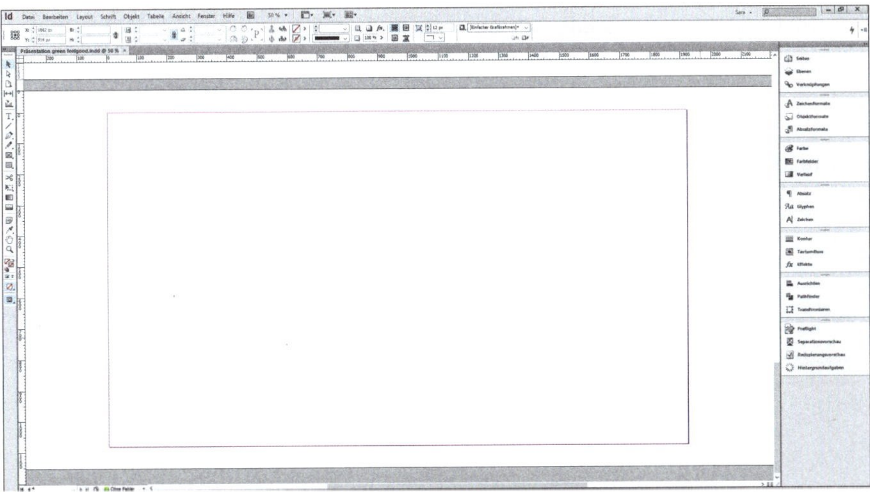

Abbildung 4.65 Eine weiße Leinwand als Ausgangsbasis für deine Präsentation in Adobe InDesign

Abbildung 4.66 bis Abbildung 4.68 zeigen dir exemplarisch am Beispiel von Microsoft PowerPoint, wie du den Folienmaster findest und wie du ihn bearbeiten kannst.

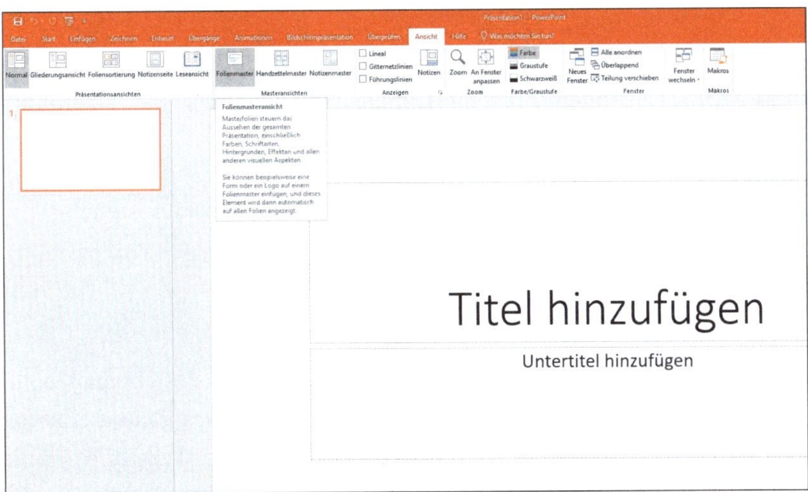

Abbildung 4.66 Den Folienmaster erreichst du über »Ansicht • Folienmaster«.

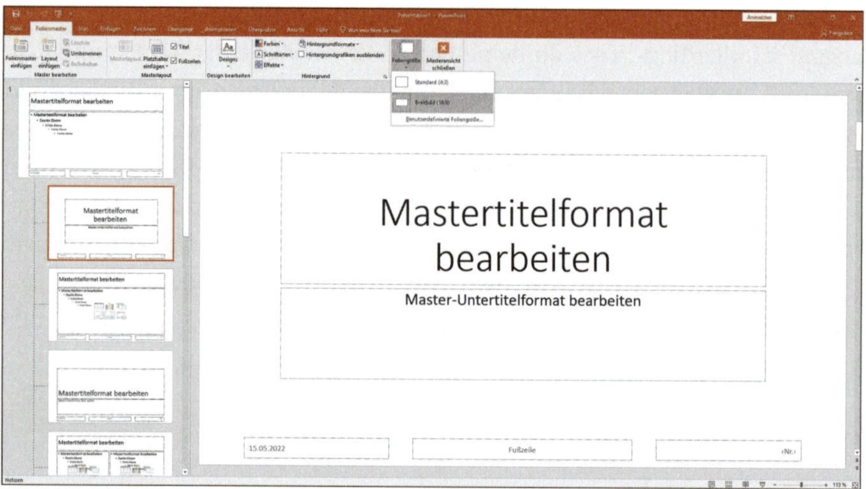

Abbildung 4.67 Auf der linken Seite findest du am besten die vordefinierten Felder in der Mastervorlage. Außerdem hast du hier über den Menüpunkt »Foliengröße« die Möglichkeit, nachträglich die Größe zu ändern.

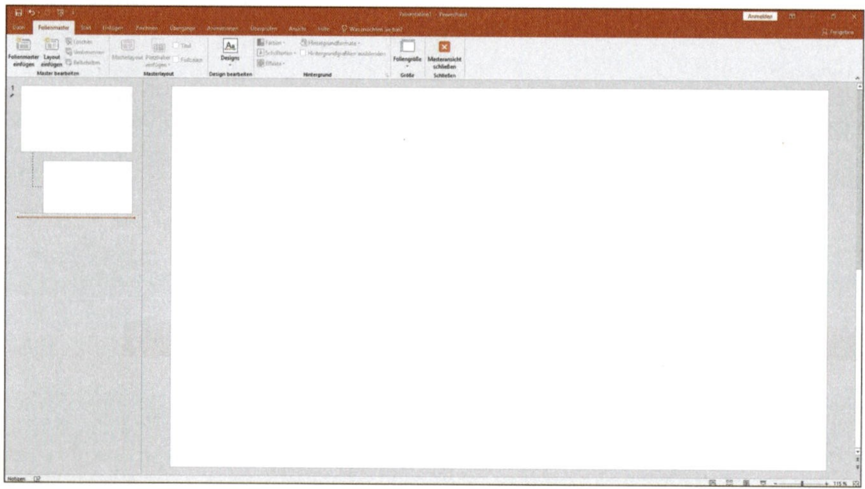

Abbildung 4.68 Im Folienmaster löschst du nun alle vordefinierten Stile heraus, sodass du wirklich eine Blanko-Vorlage erhältst.

4.4.2 Visualisiere deine Idee mit einem Moodboard

In Abschnitt 4.1, »Die Basics kennen – Designprinzipien«, habe ich das Thema Moodboard bereits kurz angesprochen. Nun möchte ich aber noch etwas genauer darauf eingehen und dir somit eine Möglichkeit vorstellen, wie du vorgehen kannst, wenn du von deinem Kunden oder deiner Institution keine allgemeingültigen Richtlinien für einen Außenauftritt bekommst.

In der Regel erhältst du, wenn du für einen Kunden eine Präsentation erstellst, die zuvor intern aufgestellten Richtlinien zu den Themen Logo, Farbe, Typografie etc. Auch Forschungsinstitute, Vereine oder allgemein Unternehmen haben meist ihr eigenes Corporate Design, das du als Vertreter*in nach außen nutzen solltest. Doch es wird immer wieder vorkommen, dass es solche Richtlinien nicht gibt und du bei null anfangen musst. In diesem Fall kann dir ein *Moodboard* weiterhelfen. Es stellt den Ausgangspunkt für deine zukünftigen grafischen Arbeiten an der Präsentation dar und kann später sogar dem Kunden als allgemeingültige Richtlinie dienen. Es kann dir außerdem bei der Entscheidung helfen, welche Farben, Schriften, Bilder, Grafiken, Icons usw. verwendet werden sollen.

Abbildung 4.69 Eine zusammengestellte Sammlung als Inspiration zum Thema green feelgood

Du legst für dich selbst Richtlinien fest. Natürlich läuft dieser Prozess noch vor der eigentlichen Präsentationserstellung ab. Und da wir für unser Beispielprojekt keine vorgegebenen Richtlinien haben, ist dies der ideale Zeitpunkt für dich, ebenfalls ein Moodboard dafür zu erstellen. Falls es dir schwerfallen sollte, einen Anfang zu finden, empfehle ich dir, Orte der Inspiration aufzusuchen. Das kann sowohl online als auch offline sein. Plattformen wie *Behance* (*www.behance.net*), *Dribble* (*www.dribbble.com*), *Google* oder *Pinterest* (*www.pinterest.de*) sind perfekte Beispiele für Onlineressourcen. Ich persönlich nutze gerne Pinterest. Das hat den Vorteil, dass ich von überall aus auf meine Inspirationen zugreifen kann und auch jederzeit etwas zu meinen Moodboard hinzufügen kann. Bildbände, Fotobücher oder ein kleiner Spaziergang in der Natur können für analoge Inspiration sorgen.

Für dein Moodboard kannst du dir auf deinem Rechner einen speziellen Ordner anlegen, in dem du alles sammelst und zusammenstellst. In Pinterest lege ich mir jeweils eigene Projektordner dafür an und sammle dort zunächst einmal sämtliche Bilder, die mich auf Anhieb auf irgendeine Art und Weise ansprechen. Ich nehme zu diesem Zeitpunkt noch keine Sortierung oder Selektion vor, da es um den reinen Prozess der Ideenfindung und Inspiration geht. Erst im nächsten Schritt fange ich an, mein Moodboard zusammenzustellen.

Mit den nun gesammelten Inspirationen kannst du dein Moodboard aufbauen. Ich empfehle dir, hierfür nicht mehr als zwölf Bilder zu verwenden. Achte auch gerade bei den Bildern darauf, auf was du deinen Fokus setzen möchtest. Wenn du mit deiner Zusammenstellung zufrieden bist, solltest du dir dein fertiges Moodboard ausdrucken und als Referenz an deinen Arbeitsplatz legen.

Manchmal macht es Sinn, das Moodboard zunächst mit deinem Kunden oder deiner Kundin zu besprechen. So bekommt er oder sie schon einmal ein Gefühl für die spätere visuelle Optik. Ich persönlich arbeite mit zwei verschiedenen Arten von Moodboards, die du dir nachfolgend ansehen kannst.

Tooltipp Adobe Stock

Manchmal hat man in seinem eigenen Bildfundus nicht das passende Bild und ist gezwungen, auf andere Bildquellen zurückzugreifen. Hier empfehle ich dir Adobe Stock. Neben vielen kostenpflichtigen Bildern bietet Adobe Stock ebenfalls eine sehr gute Auswahl an kostenlosen Bildern, die man lizenzieren lassen kann. Alles, was du dazu benötigst, ist eine kostenlose *Adobe-ID*.

Trotzdem rate ich dir, auch einen Blick in die Lizenzvereinbarungen zu werfen. Damit bist du immer auf der sicheren Seite und weißt, was mit der Lizenz erlaubt ist und was nicht.

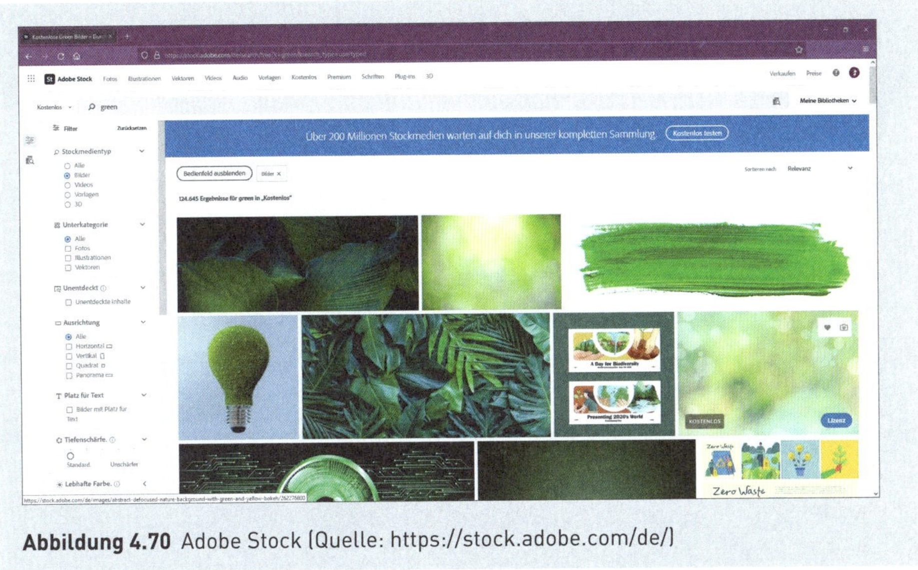

Abbildung 4.70 Adobe Stock (Quelle: https://stock.adobe.com/de/)

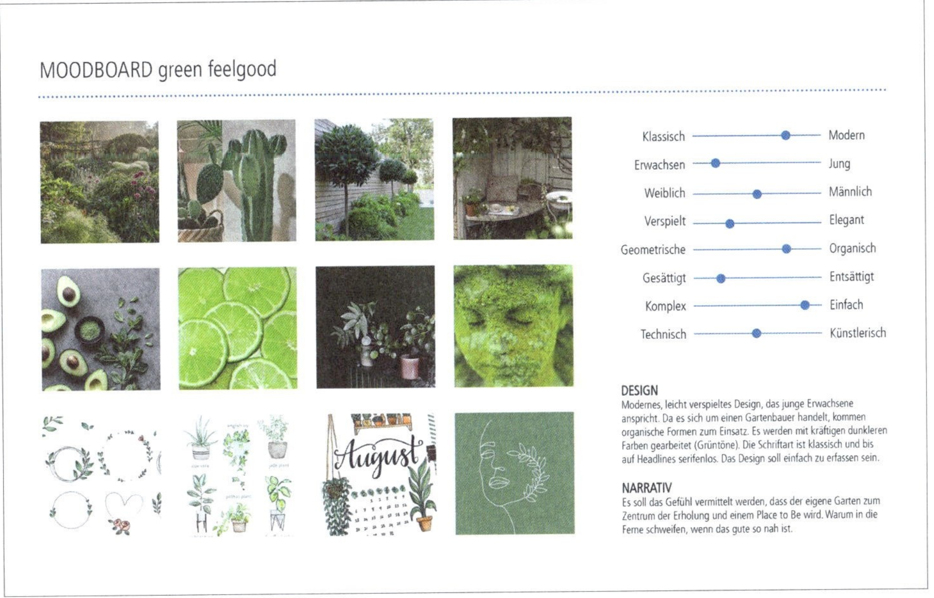

Abbildung 4.71 Version 1, die vorab mit dem Kunden besprochen wird. Er erhält so einen ungefähren Eindruck von dem Stil, und auch die Darstellung auf der rechten Seite hilft dabei, den grafischen Stil einzuordnen.

Abbildung 4.72 Version 2, die ich mir erstelle, um einen grafischen Leitfaden während der Arbeit zur Hand zu haben. Hier gehe ich gezielt auf festgelegte Farben und Schriften ein.

Checkliste Moodboard

Folgende Elemente sollte dein Moodboard beinhalten:

- Bildsprache
- Farbwahl
- Schriftwahl
- grafische Elemente
- visuelle Ressourcen
- Gestaltungsstil

In den zusätzlichen Materialien zum Buch findest du ebenfalls die Template-Vorlagen, die du für zukünftige Projekte nutzen kannst.

4.4.3 Foliendesign – der Aufbau deiner Folien

Mit dem fertigen Moodboard kannst du nun mit der finalen Gestaltung starten. Bevor du die Folien gestaltest, solltest du sämtliches Material griffbereit zusammen haben. Dazu zählen das Storyboard, das Moodboard, Logos, Schriften, Texte, Bilder und Illustrationen. Wenn du Grafiken, Bilder, Icons oder Symbole verwendest, behalte dabei stets die Dateigröße im Auge. Da wir uns hier im digitalen Bereich bewegen, ist ein hochaufgelöstes Bild eher schädlich als nützlich. Du solltest von daher deine Bilder immer ordentlich und komprimiert abspeichern, ohne einen sichtbaren Qualitätsverlust wahrzunehmen. In Abschnitt 4.4.7, »Mit Bildern und Symbolen arbeiten«, gehe ich genauer darauf ein. Ich empfehle dir, immer mit Hilfslinien zu arbeiten. Mit ihnen kannst du auf der Masterseite dein gewünschtes Raster anlegen. Ich arbeite an dieser Stelle gerne mit einem sogenannten *6-auf-4-Raster*. Das heißt, ich habe sechs Spalten und vier Zeilen.

InDesign bietet aus meiner Sicht hier einen enormen Vorteil. Ich kann bereits über die Grundeinstellungen RÄNDER UND SPALTEN definieren und spare mir bereits die Platzierung der Hilfslinien. Du musst noch die Zeilen mittels Hilfslinien anlegen. Dies machst du am besten auf einer separaten Ebene, die du später nach Belieben ein- und ausblenden kannst. Ich lege in meinen Präsentationen in der Regel einen Rand von 100 Pixeln an.

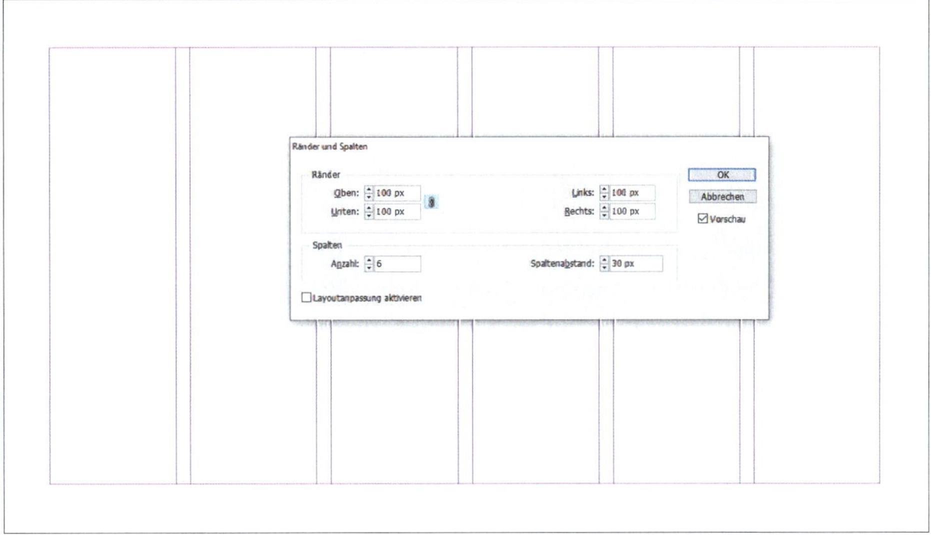

Abbildung 4.73 Über das Menü »Layout • Ränder und Spalten« lassen sich bequem die ersten Werte eingeben.

Die Angaben für die Zeilen sind nun einfach zu berechnen. Wir haben die Gesamthöhe, abzüglich der Ränder und Abstände, geteilt durch die Anzahl an Zeilen.

Folienaufbau

Das Ganze sieht dann wie folgt aus:

1.080 mm Höhe – 100 mm Rand oben – 100 mm Rand unten = 880 mm

880 mm – 90 mm Abstände (3 × 30 mm) = 790 mm

790 mm / 4 Zeilen = 197,5 mm

Mit diesem Wissen kannst du nun exakt deine horizontalen Hilfslinien ziehen. Diese musst du dafür nur aus dem Lineal oben herausziehen und platzieren.

Abbildung 4.74 Fertiges Gestaltungsraster in Adobe InDesign

In Microsoft PowerPoint werden Hilfslinien auch als *Führungslinien* bezeichnet. Standardmäßig markieren zwei Linien die Mitte deiner Folie. Auf dem Folienmaster legst du ebenfalls die Hilfslinien an. Auf der Registerkarte ANSICHT findest du die Einstellung FÜHRUNGSLINIEN. Hier setzt du ein entsprechendes Häkchen.

Abbildung 4.75 Führungslinien einblenden

Nun kannst du mit gedrückter [Strg]-Taste die vorhandenen Führungslinien kopieren und an ihre gewünschte Position ziehen. Du kannst hier einen kleinen Zähler sehen, der die Positionierung vereinfacht.

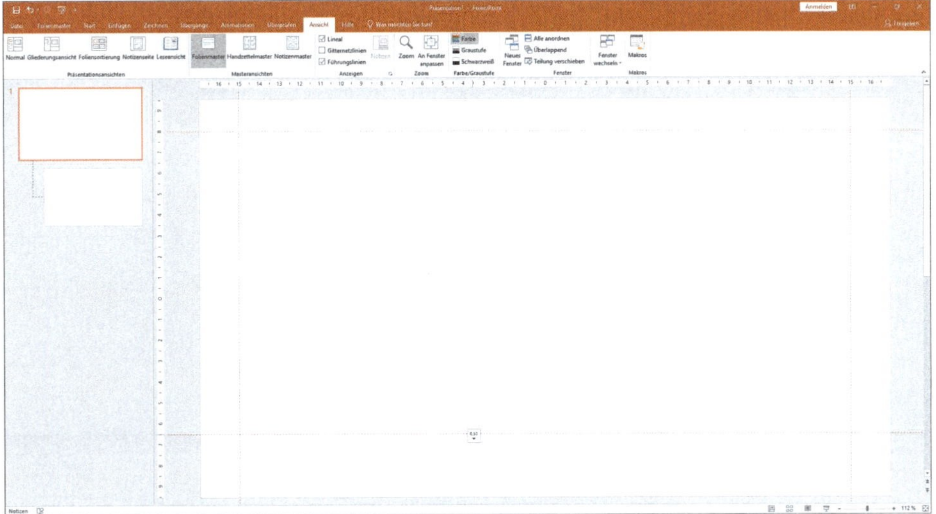

Abbildung 4.76 Führungslinien in PowerPoint einfügen

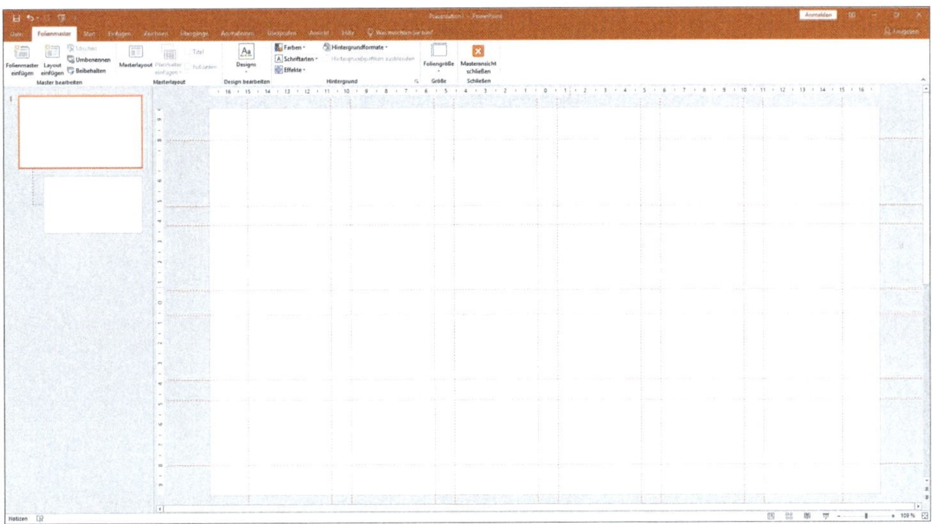

Abbildung 4.77 Fertiges Raster in Microsoft PowerPoint

So wie du eben die Seitenränder definiert hast, kannst du ebenfalls die Spalten und Zeilen erstellen, die dein Gestaltungsraster darstellen. Diese Vorlage kannst du am besten als ein echtes Blanko-Template abspeichern.

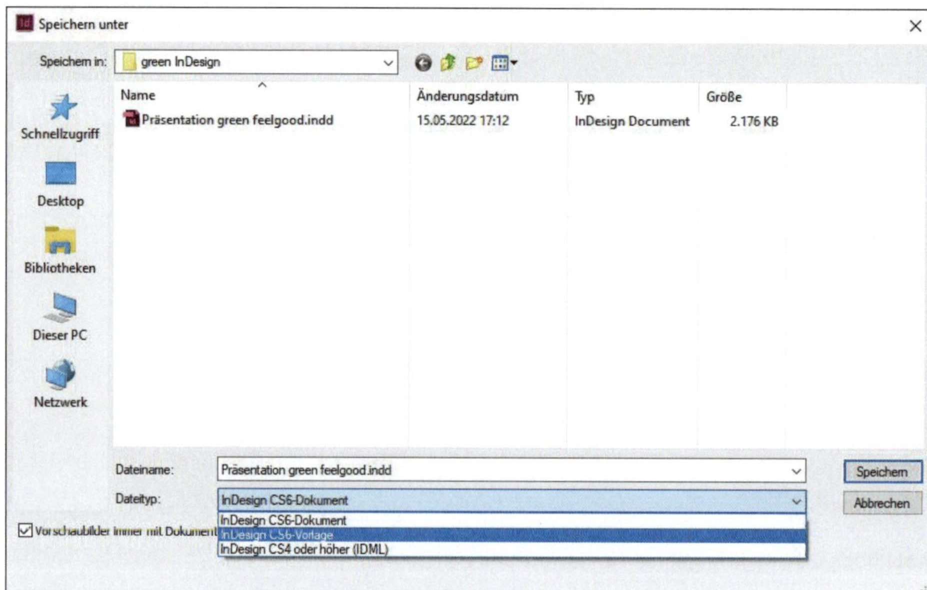

Abbildung 4.78 Über den Menüpfad »Datei • Speichern unter« kannst du die eben erstellte Datei als Vorlage speichern.

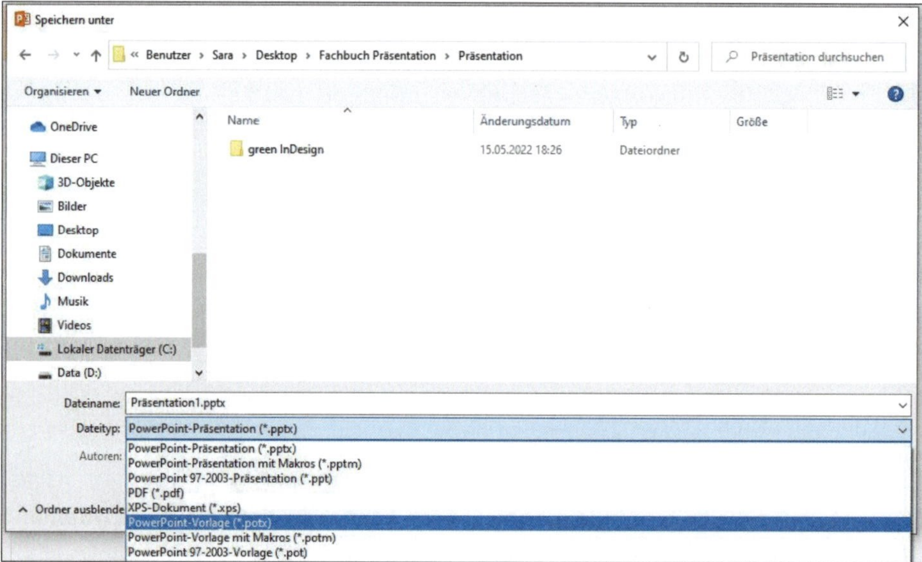

Abbildung 4.79 Über den Menüpfad »Datei • Speichern unter« kannst du ebenfalls eine PowerPoint-Vorlage speichern.

In einer Präsentation macht es Sinn, mit *Kopf- und Fußzeilen* zu arbeiten. Diese definierst du als festes Element auf deiner Masterfolie. Achte auf eine saubere Ausrichtung der einzelnen Elemente zueinander. Die Kopf- und Fußzeile positioniere ich gern außerhalb meines Inhaltsbereichs. Im Layout spricht man von einem *Kolumnentitel*.

Abbildung 4.80 In der Kopf- und Fußzeile kannst du den Firmen- oder Institutionsnamen und die Kontaktdaten unterbringen.

Mit diesen grundlegenden Einstellungen bist du nun bestens gerüstet. Bauen wir nun die weitere Präsentation auf. Eines noch vorab, du solltest auch mit Hintergrundfolien arbeiten, um für eine gewisse Abwechslung zu sorgen. Es ist wichtig, dass nicht alle Folien identisch aussehen. Bau gezielt Folien ein, die für ein Überraschungsmoment sorgen. Das kannst du zum Beispiel durch einen kleinen Stilbruch erreichen, indem du statt eines Bildes eine Grafik oder eine Illustration verwendest.

Spiel einfach ein wenig mit den Elementen, um ein Gefühl für das Layout zu bekommen. Alles einfach statisch zu übernehmen würde nichts bringen, außer dass du die Aufmerksamkeit deines Publikums verlierst. Wenn alles gut vorbereitet ist, nimmt der eigentliche Designprozess kaum Zeit in Anspruch, und du kannst eine Präsentation schon innerhalb von 1 bis 2 Stunden erstellen.

Tipp: Zeit für den Entwurf

Nimm dir für die Planung der Struktur und des Stils genügend Zeit. In der Entwurfsphase legst du den Grundstein für deine spätere Präsentation. Das Designen ist dann nur noch das Zusammenfügen der einzelnen, zuvor festgelegten Elemente.

4.4.4 Mit Texten arbeiten

Nachdem wir den grundlegenden Designbereich festgelegt haben, wollen wir uns als Nächstes den Schriften widmen. Dazu zählen Headlines, Sublines, Copys, Aufzählungen, Zitate und Erläuterungen. Adobe InDesign bietet aus meiner Sicht an dieser Stelle einen großen Vorteil. Über die ABSATZFORMATE kannst du für jedes Element ein eigenes *Schrift-* bzw. *Zeichenformat* erstellen und mit einem Tastenkürzel belegen. So brauchst du später deinem Text nur noch die entsprechenden Formate zuzuweisen und im Dokument anzuordnen.

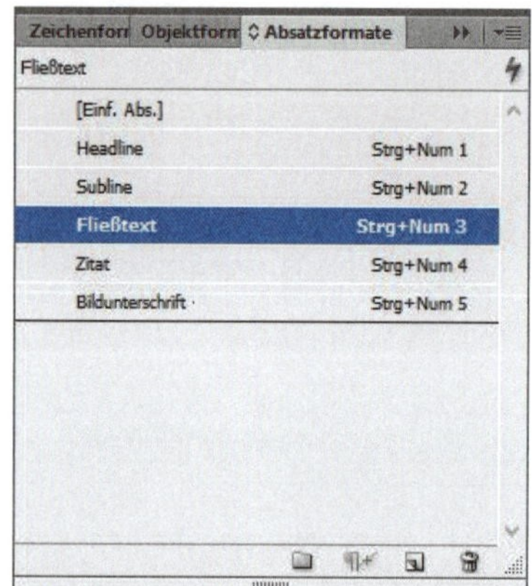

Abbildung 4.81 Definierte Absatzformate mit Tastenkürzeln

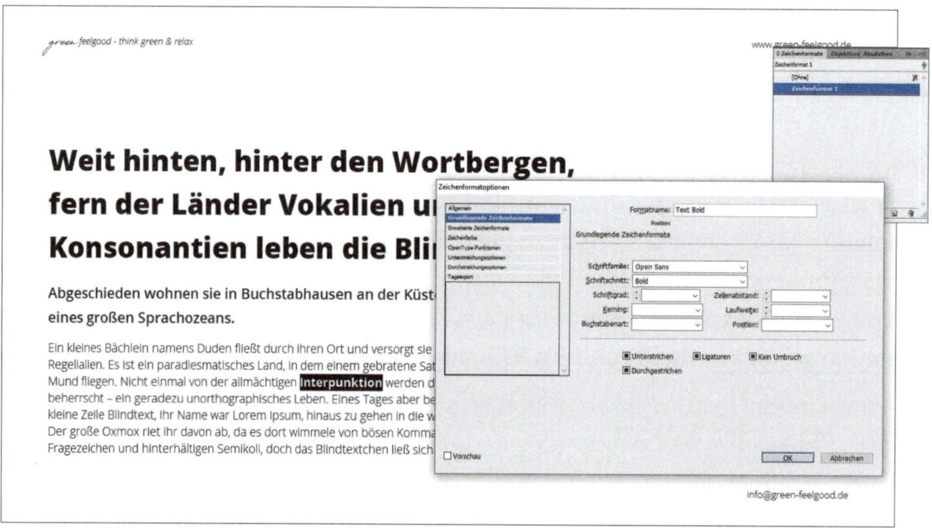

Abbildung 4.82 Dazu passend Zeichenformate für einzelne Auszeichnungen innerhalb des Textes

In Microsoft PowerPoint kannst du ebenfalls über den Folienmaster deine Schriftarten anpassen. Wechsle wieder zu deinem Folienmaster. Über den Menüpunkt SCHRIFTARTEN kannst du die Schriftart für Überschriften und Textkörperschriften definieren (siehe Abbildung 4.83). Eine gezieltere Abstimmung oder einzelne Zeichenformate lassen sich leider nicht weiter einstellen. Wenn du hier mit weiteren Schriften arbeiten willst, musst du diese gegebenenfalls händisch anpassen.

Abbildung 4.83 Schriftdefinition in PowerPoint

Diese Vorabeinstellungen erlauben es dir, deine Präsentation kohärent aufzubauen. Wie bereits erwähnt, solltest du, sofern dir ein Styleguide vorliegt, auf jeden Fall auf die darin definierten Angaben zurückgreifen und diese für dein Dokument verwenden.

Wenn du die verschiedenen Schriften für deine Präsentation definierst, achte auf ein stimmiges Gesamtbild. Deswegen rate ich dir, die Folien immer im Ganzen zu betrachten. Am besten probierst du die Schriften in Kombination erst einmal vorab aus, bevor du sie festlegst, sofern kein Styleguide vorliegt. Dieses lässt sich wunderbar mit dem sogenannten *Lorem-Ipsum*-Text realisieren. Adobe InDesign bietet dir eine Inhouse-Lösung in Form von Platzhaltertext an, sodass du dir keinen Text aus dem Internet herauskopieren musst. Falls du doch welchen brauchst, empfehle ich dir den Blindtextgenerator. Neben Lorem Ipsum stehen weitere Blindtexte zur Verfügung, die mitunter sehr unterhaltsam sind (siehe Abbildung 4.84).

Anhand des Blindtextes lässt sich überprüfen, wie es um die Lesbarkeit deines Textes bestellt ist. Diese steht immer an erster Stelle und sollte stets in deinem Fokus stehen.

Schau dir einmal meine Beispielfolie in Abbildung 4.85 an. Hier habe ich die zuvor definierten Schriftstile einmal im Zusammenspiel überprüft. Dabei lag mein Augenmerk auf folgenden Parametern:

- Wie läuft die Schrift?
- Wie ist der Zeilenabstand?
- Wie ist die Schriftgröße?

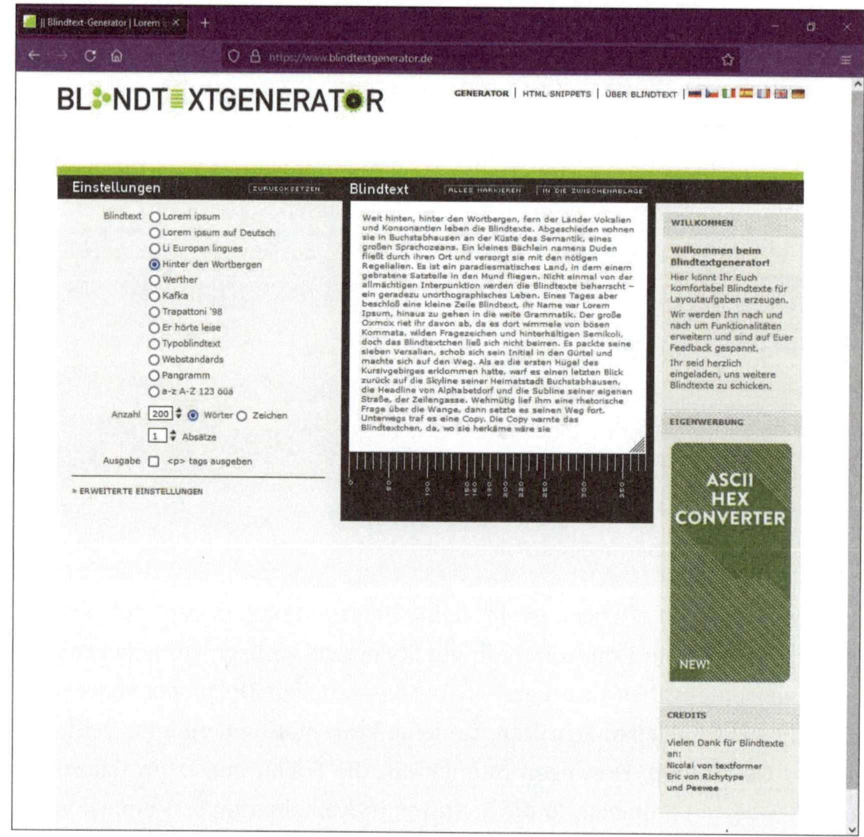

Abbildung 4.84 Der Blindtextgenerator für schnelle Platzhaltertexte (Quelle: www.blindtextgenerator.de)

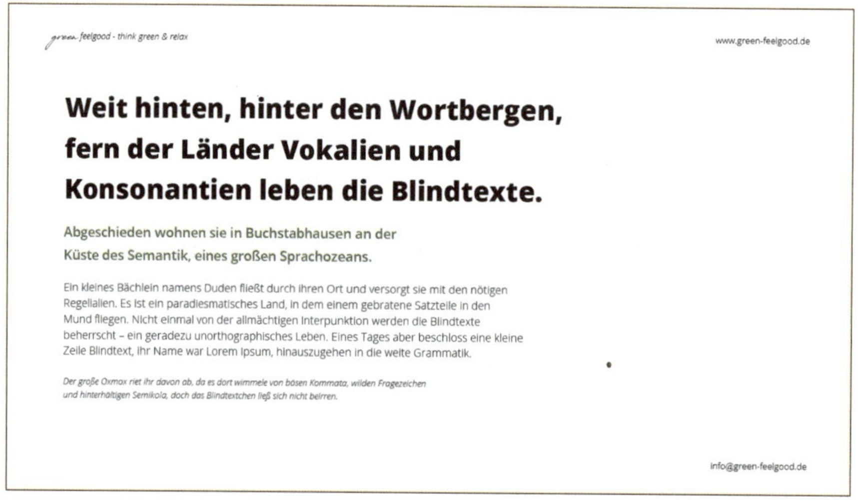

Abbildung 4.85 Die Wirkung der Schrift im Gesamtbild prüfen

Die Laufweite spielt bei deinen Texten eine wesentliche Rolle, da sie für einen angenehmen Lesefluss sorgt. Sie sollte nicht zu eng laufen, das wird für deine Zuschauer und Zuschauerinnen auf Dauer zu anstrengend. Wenn du das Gefühl hast, die Schrift läuft etwas eng, dann erhöhe ruhig ein wenig die Laufweite. Im gleichen Atemzug empfehle ich dir, ebenfalls den Zeilenabstand etwas zu erhöhen.

Wenn du so nun mit deinen Einstellungen zufrieden bist, musst du dich im Grunde nur noch um die Textausrichtung kümmern. Wenn du dir nicht sicher sein solltest, wie du deinen Text ausrichten sollst, rate ich dir, auf einen linksbündigen Satz zurückzugreifen. Damit machst du in der Regel nicht viel falsch. Zudem entspricht das unserem gewohnten Leseempfinden. Wenn du beispielsweise ein großes Bild auf der rechten Seite platzierst, sollte dein Text auf jeden Fall linksbündig sein, um ein optisches Gleichgewicht zu schaffen.

Wenn du Zitate darstellen möchtest, bietet es sich an, mit mittig zentrierten Texten zu arbeiten. Allerdings sollte das Zitat nicht zu lang sein. Wenn du dich an die Faustregel fünf bis sechs Wörter pro Zeile hältst, erhältst du ein harmonisches Gesamtbild. Bei dieser Art der Ausrichtung sollte dein Text in der Mitte der Folie sitzen. Am besten orientierst du dich an der *optischen Mitte*, die etwas oberhalb der gemessenen Mitte liegt. Ansonsten wirkt die Folie leicht chaotisch.

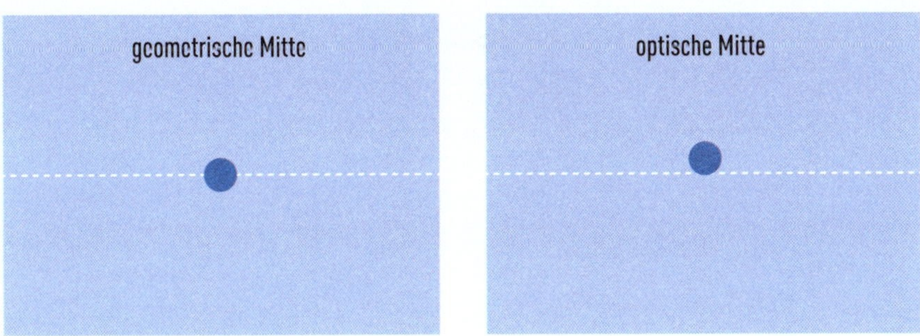

Abbildung 4.86 Prinzip der optischen Mitte – diese liegt immer etwas oberhalb der geometrischen Mitte und ist für das Auge angenehmer zu betrachten.

Eine weitere Ausnahme für zentrierten Text sind Überschriften, die in Kombination mit einem großen Bild benutzt werden (siehe Abbildung 4.87). Wenn du mit Timelines arbeiten musst, wie es in unserem Beispiel der Fall ist, sollte der Text immer an der Linie ausgerichtet werden (siehe Abbildung 4.88).

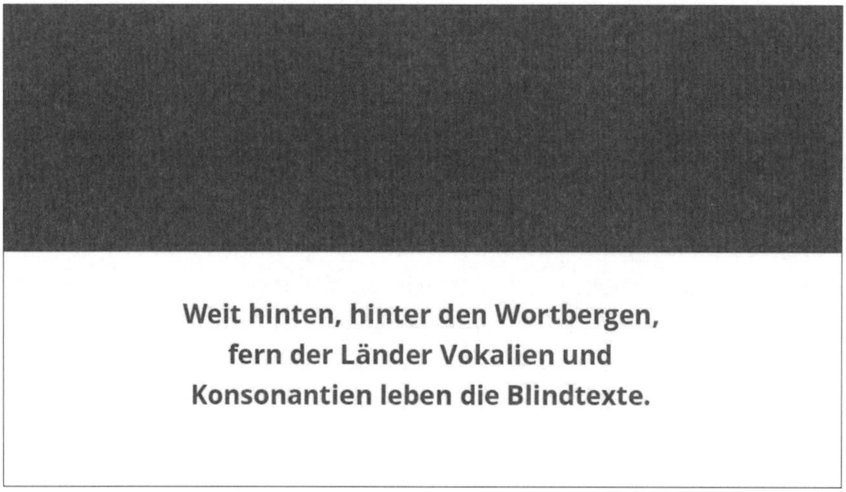

Weit hinten, hinter den Wortbergen,
fern der Länder Vokalien und
Konsonantien leben die Blindtexte.

Abbildung 4.87 Eine zentrierte Überschrift in Kombination mit einem Bild – diese Art wird gerne für Titelfolien verwendet.

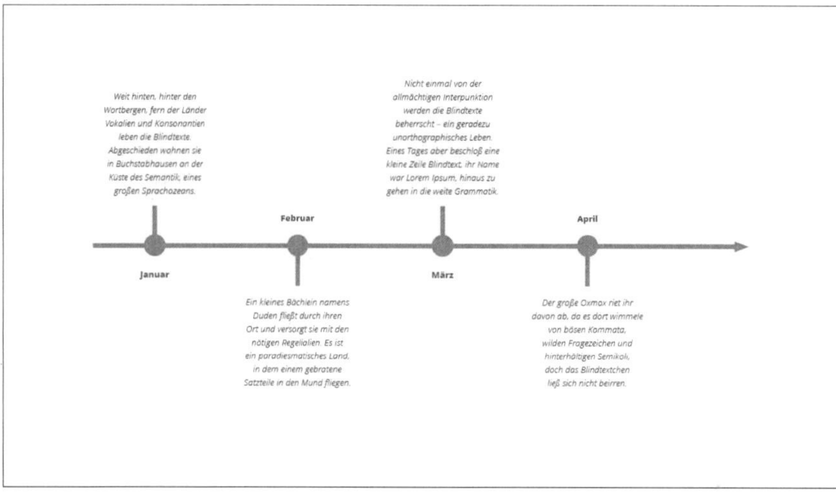

Abbildung 4.88 Der Text der Timeline wurde zentriert ausgerichtet, um ein stimmiges Gesamtbild zu erhalten.

Manchmal lässt es sich nicht vermeiden und man muss mit größeren Textmengen auf einer Folie arbeiten. Dann macht es Sinn, auf jeden Fall mit Textspalten zu arbeiten, damit dein Text nicht zu lang läuft. Arbeite in so einem Fall am besten mit einem sogenannten *Blocksatz* (geschlossener Zeilenfall, um einen Text so zu setzen, dass die Zeilen auf gleiche Breite gebracht werden), um ein ruhigeres Textbild zu erzielen. Bei wenig Text solltest du auf *Flattersatz* zurückgreifen, eine Satzform, bei der die Zeilen ungleichmäßig auslaufen.

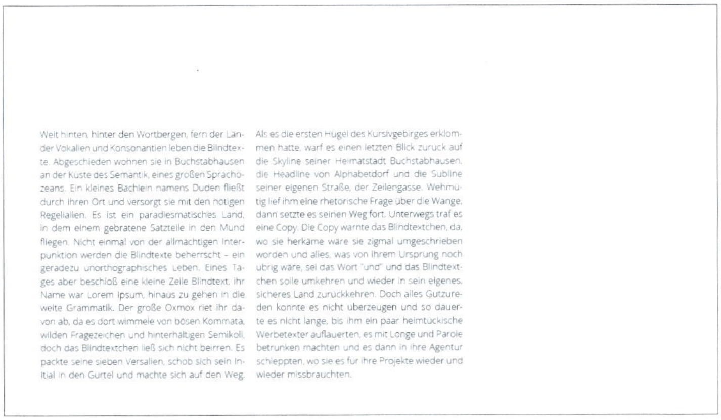

Weit hinten, hinter den Wortbergen, fern der Länder Vokalien und Konsonantien leben die Blindtexte. Abgeschieden wohnen sie in Buchstabhausen an der Küste des Semantik, eines großen Sprachozeans. Ein kleines Bächlein namens Duden fließt durch ihren Ort und versorgt sie mit den nötigen Regelialien. Es ist ein paradiesmatisches Land, in dem einem gebratene Satzteile in den Mund fliegen. Nicht einmal von der allmächtigen Interpunktion werden die Blindtexte beherrscht – ein geradezu unorthographisches Leben. Eines Tages aber beschloß eine kleine Zeile Blindtext, ihr Name war Lorem Ipsum, hinaus zu gehen in die weite Grammatik. Der große Oxmox riet ihr davon ab, da es dort wimmele von bösen Kommata, wilden Fragezeichen und hinterhältigen Semikoli, doch das Blindtextchen ließ sich nicht beirren. Es packte seine sieben Versalien, schob sich sein Initial in den Gürtel und machte sich auf den Weg.
Als es die ersten Hügel des Kursivgebirges erklommen hatte, warf es einen letzten Blick zurück auf die Skyline seiner Heimatstadt Buchstabhausen, die Headline von Alphabetdorf und die Subline seiner eigenen Straße, der Zeilengasse. Wehmütig lief ihm eine rhetorische Frage über die Wange, dann setzte es seinen Weg fort. Unterwegs traf es eine Copy. Die Copy warnte das Blindtextchen, da, wo sie herkäme wäre sie zigmal umgeschrieben worden und alles, was von ihrem Ursprung noch übrig wäre, sei das Wort "und" und das Blindtextchen solle umkehren und wieder in sein eigenes, sicheres Land zurückkehren. Doch alles Gutzureden konnte es nicht überzeugen und so dauerte es nicht lange, bis ihm ein paar heimtückische Werbetexter auflauerten, es mit Longe und Parole betrunken machten und es dann in ihre Agentur schleppten, wo sie es für ihre Projekte wieder und wieder missbrauchten.

Abbildung 4.89 Wenn man Textspalten verwendet, sollte man sich auf zwei Spalten beschränken. Durch eine dritte wirkt die Folie zu voll.

Nichtsdestotrotz macht es immer wieder Sinn, verschiedene Möglichkeiten durchzuspielen und zu schauen, ob nicht doch eine andere Ausrichtung oder eine andere Anordnung stimmiger aussieht. Wichtig ist nur, dass deine Folien am Ende nicht alle gleich aussehen.

Als Letztes möchte ich noch einmal kurz auf das Thema Bullet Points eingehen. Wie ich bereits in Kapitel 1 erwähnt habe, wirken einfache Aufzählungspunkte mittlerweile etwas altbacken und langweilig. Versuch für deine Aufzählungen passende Icons oder Symbole zu finden, die deinen Text grafisch aufwerten. Du schaffst so zusätzlichen einen kleinen Eyecatcher auf deinen Folien. Schau dir hierzu die Folie in Abbildung 4.90 an, bei der ich mit entsprechenden Icons gearbeitet habe. Im Vergleich dazu siehst du in Abbildung 4.91 eine Folie, auf der ich normale Aufzählungspunkte verwendet habe.

www.green-feelgood.de
Deine Vorteile
im Überblick
Intuitive Bedienung
Tipps und Tricks zum Nachmachen
Werde dein eigener Gartenplaner mit
professioneller Unterstützung
Von Low bis High Budget die
passende und kreative Lösung
ANFRAGE SENDEN
info@green-feelgood.de

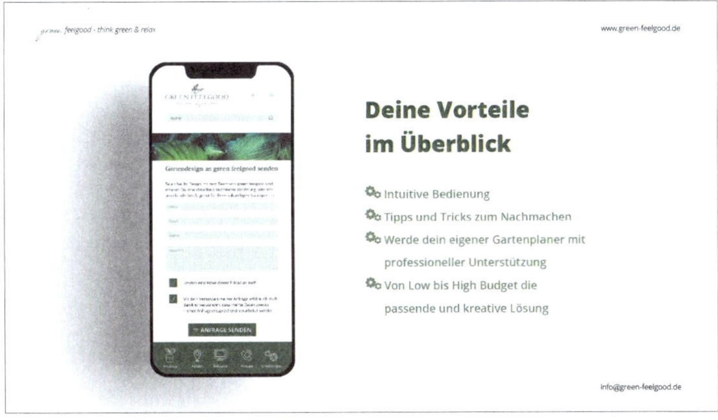

Abbildung 4.90 Statt einfacher Aufzählungspunkte wurden Symbole benutzt, die zum Charakter der App passen.

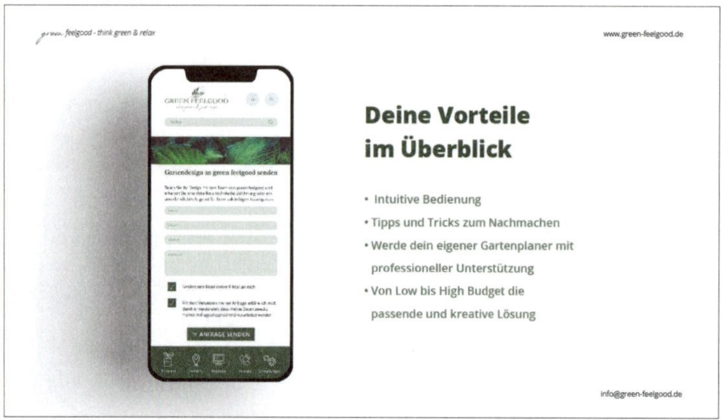

Abbildung 4.91 Im Vergleich dazu einfache Aufzählungspunkte

Tipp: Schriftstile

Gewöhn dir von Anfang an an, deine Schriftstile eindeutig zu benennen. Dafür bietet sich folgende Struktur an:

- Überschrift der ersten Ordnung: H1 oder Headline
- Überschrift der zweiten Ordnung: H2 oder Subline
- Überschrift der dritten Ordnung: H3
- Fließtexte oder Copy
- Zitate
- Aufzählungen
- Blocksatz
- Erläuterungen
- Bildunterschriften

Wenn du diese noch mit Tastenkürzeln belegst, ist dein Text in Nullkommanichts richtig formatiert.

4.4.5 Mit Farben und Formen arbeiten

Auf dieselbe Art und Weise, wie du gerade deine Schriften definiert hast, lassen sich die Farben festlegen. Auch hier hat Adobe InDesign, was das Handling betrifft, aus meiner Sicht klar die Nase vorn. Im Bereich der Farbfelder definierst du einfach deine benötigten Farben, und die restlichen Farbfelder kannst du im Anschluss löschen. Über den Regler DECKKRAFT lässt sich die Intensität der Farbe anpassen.

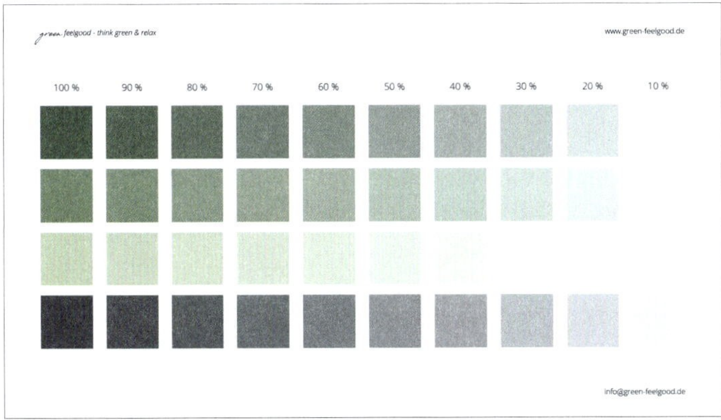

Abbildung 4.92 Farbdefinitionen in unterschiedlich starker Deckkraft

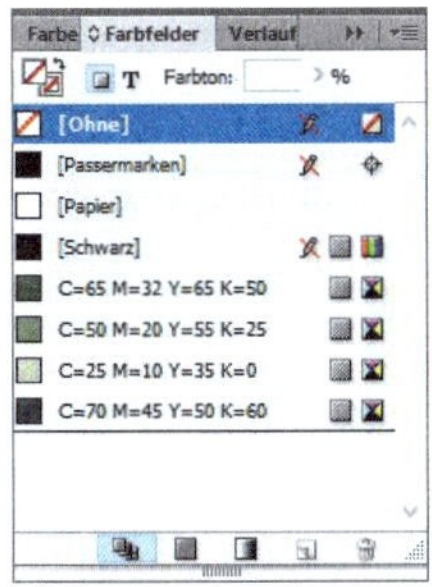

Abbildung 4.93 Festgelegte Farbfelder

Die hier festgelegten Farben kannst du ebenfalls den einzelnen Schriftformaten zuweisen.

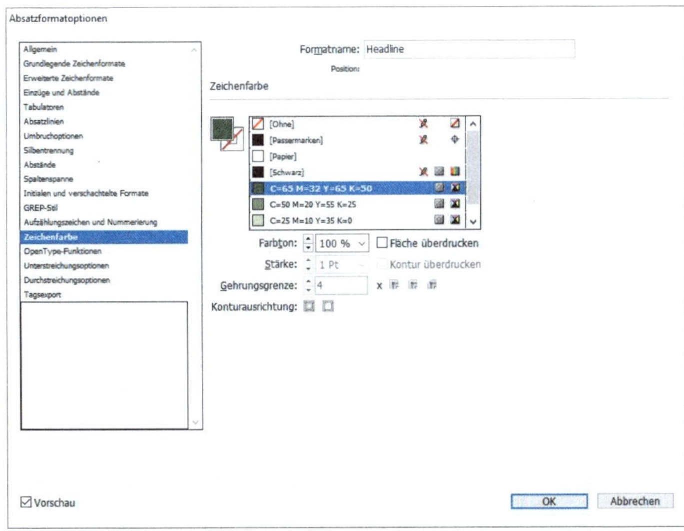

Abbildung 4.94 Zuweisen einer Farbe über die Absatzformate

In Microsoft PowerPoint hast du über das Menü FARBEN im Bereich des Folienmasters die Möglichkeit, diese individuell anzupassen. Im Vergleich zu der Schriftdefinition kannst du zwölf Farben den einzelnen Anwendungen zuweisen.

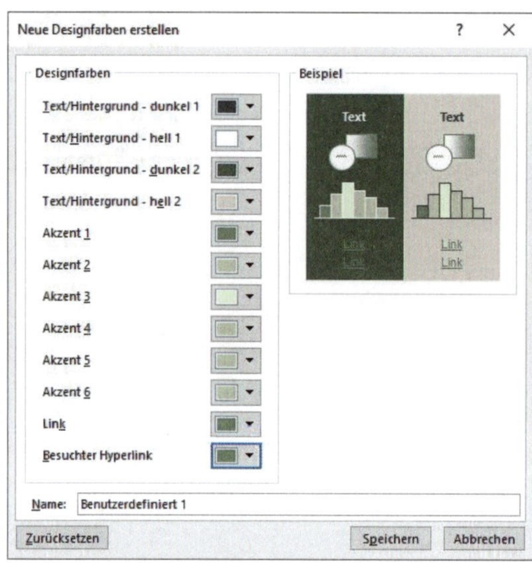

Abbildung 4.95 Farben in PowerPoint zuweisen

Falls du gerne mit Farbverläufen arbeitest, lassen sich diese ebenfalls in Adobe InDesign festlegen und als separates Verlaufsfarbfeld abspeichern. Ich persönlich arbeite nicht so häufig mit Verläufen, da sie mitunter ein wenig altbacken wirken und heutzutage nicht mehr State of the Art sind. Aber auch das ist persönlicher Geschmack. Und falls dein Kunde Farbverläufe nutzt, solltest du diese natürlich in deiner Präsentation ebenfalls mit einbauen.

Abbildung 4.96 Auch Verläufe lassen sich als separates Verlaufsfeld abspeichern und später nutzen.

Ferner gibt es die Möglichkeit, mit Schatten zu arbeiten. Allerdings ist Vorsicht geboten. Solltest du dich dazu entschließen Schlagschatten zu nutzen, halte die Deckkraft gering, damit du nicht unbeabsichtigt einen negativen Eyecatcher schaffst.

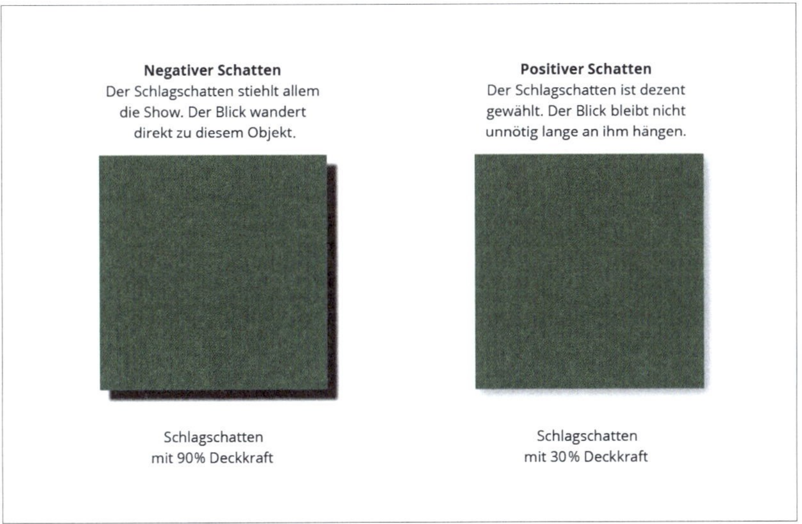

Abbildung 4.97 Bei der Verwendung von Schatten sollte man immer seine Wirkung beachten. Arbeite am besten mit dezenten Farbwerten, um einen Schatten zu erzeugen.

Bei Grafiken und Diagrammen gilt ebenfalls, die Farben zuvor zu definieren. In diesem Fall geht der Punkt klar an Microsoft PowerPoint, da du Diagramme, anders als in InDesign, direkt im Programm erstellen kannst, wobei deine zuvor definierte Farbpalette automatisch darauf angewendet wird.

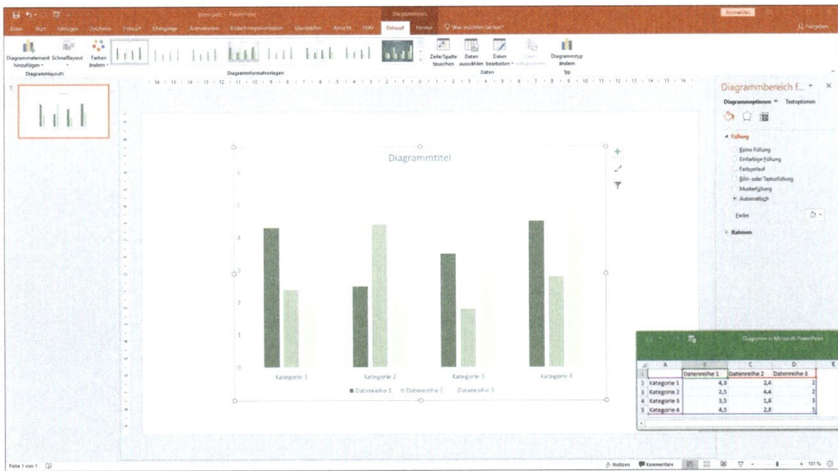

Abbildung 4.98 PowerPoint übernimmt für Diagramme und Grafiken direkt deine zuvor definierten Farben.

Tipp: So wenige Farben wie möglich

Versuch bei Grafiken und Diagrammen so wenige Farben wie möglich zu verwenden. Falls machbar, beschränke dich auf zwei Farben. Bedenke, auch mit nur zwei Farben lassen sich verschiedene Farbabstufungen darstellen, und du erhältst so ein stimmiges Gesamtbild.

Wenn du so nun diese drei großen Bereiche festgelegt hast, kannst du jeweils für das Raster, für die Schriften und die Farben eine eigene *Musterseite* anlegen, um bei Bedarf darauf zurückgreifen zu können. Der Vorteil: Wenn du etwas an der Schrift oder den Farben änderst, kannst du die Änderungen direkt auf den Musterseiten überprüfen und eventuell nachbessern. Für deine Präsentation arbeitest du in der Regel mit Musterseite A. Auf diese Art kannst du aber weitere verschiedene Musterseiten für die unterschiedlichen Gestaltungen anlegen und anwenden.

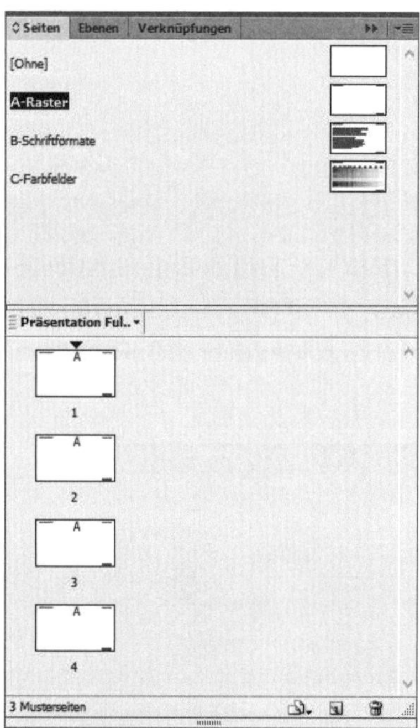

Abbildung 4.99 Musterseiten in der Anwendung

4.4.6 Die Zusammensetzung deines Layouts

Jetzt kommt aus meiner Sicht der schönste Teil: Du setzt dein finales Layout zusammen. Du hast sämtliche Voreinstellungen getroffen und kannst nun die Folien erstellen, die du für deine Präsentation benötigst.

Hinweis zu gekauften Vorlagen

Für den Fall, dass du von Anfang an lieber auf eine gekaufte Vorlage zurückgreifen möchtest, solltest du dabei im Hinterkopf haben, dass die Vorschaubilder, die du zuvor im Layout gesehen hast, nicht in der gekauften Datei mit inbegriffen sind. Meistens sind graue Platzhalter oder Ähnliches platziert. Das wird zum einen aus lizenzrechtlichen Gründen so gemacht, aber auch, um die Dateigröße so klein wie möglich zu halten.

Deswegen empfehle ich dir, von Anfang an immer auf eigene und selbst erstellte Präsentationen zurückzugreifen.

Während der Konzeptionsphase ist es noch in Ordnung, mit Platzhaltern zu arbeiten. So kann man sich auf den Entwurf fokussieren und muss sich zunächst keine Gedanken um die Bilder machen.

Abbildung 4.100 Konzentriere dich zunächst auf den Aufbau der Folien und nutze Platzhalter für die spätere Positionierung der Bilder.

Blende dir nun das Raster ein, um die benötigten Folien zu erstellen. Als Erstes kümmern wir uns um eine ansprechende Titelfolie. Ich arbeite gerne mit großen Bildern und zentriertem Text. Natürlich kannst du auch mit anderen Hintergründen und Formen arbeiten.

Abbildung 4.101 Die Titelfolie als Kombination aus Text, Bild und Form

Im Grunde baust du nun alle Folien nach einem ähnlichen Prinzip auf. Dank deines Storyboards hast du bereits im Vorfeld definiert, welche Folien benötigt werden. Schauen wir uns hierzu noch einmal die benötigten Folien an:

1. Lebensgefühl
2. Herausforderungen
3. Gefühl der Auszeit
4. Der Garten ist zu klein oder zu ungepflegt.
5. Den Garten richtig anzulegen ist zu teuer.
6. Die Pflege des Gartens ist zu zeitintensiv.
7. den Bildschirm der App zeigen
8. die Funktionsweise
9. die Vorteile der App benennen
10. Marktgröße
11. Businessplan und Wachstumschancen der nächsten fünf Jahre
12. Zeitablauf
13. Wie hoch ist das Investment, und was wird damit gemacht?
14. Call to Action
15. Kontaktdaten

Bei der Gestaltung orientierst du dich an dem zuvor eingestellten 6-auf-4-Raster. Um es deinem Publikum leichter zu machen, dir später bei deinem Vortrag zu folgen, nutz sogenannte *Sektionsnamen* als Orientierungshilfe. Diese kannst du oben am Kopf oder am Fuß der Folie innerhalb deines Rasters einfügen.

Hinweis: Keine Sektionsnamen im Beispiel

Ich habe die Sektionsnamen in meiner Beispielpräsentation weggelassen, da bei insgesamt 16 Folien die Inhalte noch überschaubar bleiben. Ab einer Folienzahl von 25 empfehle ich dir den Einsatz von Sektionsnamen, um deinem Publikum ein Leitsystem zu bieten.

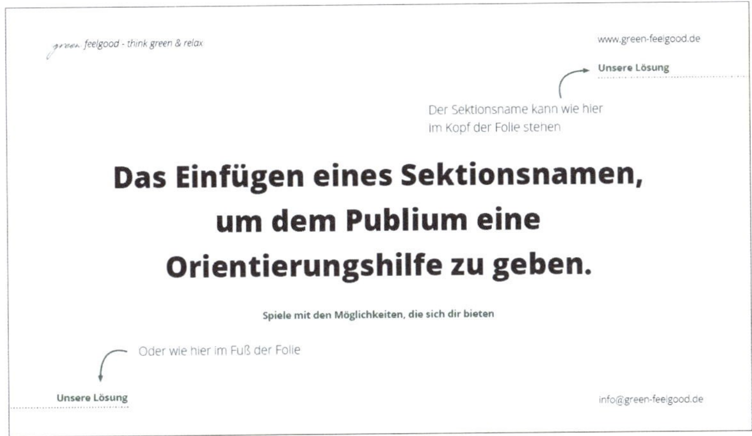

Abbildung 4.102 Sektionsnamen als Orientierungshilfe

Das ist kein Muss, aber ein nettes Nice-to-have. Spiel verschiedene Möglichkeiten durch und entscheide dich für die Option, die du als optisch ansprechend empfindest. Auch die Verwendung von kreativen Folien helfen dir dabei, dein Design aufzulockern. Du kannst später immer noch entscheiden, ob du diese Folien so beibehältst oder ob du sie doch lieber wieder herausnimmst.

Abbildung 4.103 Beispiel einer kreativen Folie – hier wurde mit dem Hintergrund und dem Wort Green gespielt.

Egal, welches Element du in deinem Raster platzierst, es sollte Luft zum Atmen haben und nicht direkt am nächsten Element andocken. Erinnere dich, hab Mut zum Weißraum. Das gilt vor allem für Textblöcke. Wenn du mehrere Textblöcke auf einer Folie verwendest, sollten diese sich klar voneinander trennen, um ihre volle optische Wirkung zu entfalten.

Abbildung 4.104 Obwohl viel auf der Folie dargestellt wird, hat jedes Element genug Raum zum Atmen, dank des genutzten Weißraumes.

Eine weitere schöne Möglichkeit, deinen Text optisch etwas aufzuwerten, ist die Verwendung von Icons, Linien oder Symbolen. Um weitere Designmöglichkeiten zu erhalten, bietet es sich an, das Design einer Folie zu spiegeln.

Abbildung 4.105 Linien, Symbole oder Icons können dein Design aufwerten.

Nutz Highlight-Blöcke, um dein Raster etwas aufzubrechen und damit gleichzeitig für ein gewisses Gleichgewicht zu sorgen. Das mag zunächst etwas paradox klingen, aber wenn du alle Folien streng nach Raster erstellst, wirken diese schnell langweilig und gleich. Etwas, das aus dem Raster fällt, sorgt für Spannung und Gleichgewicht.

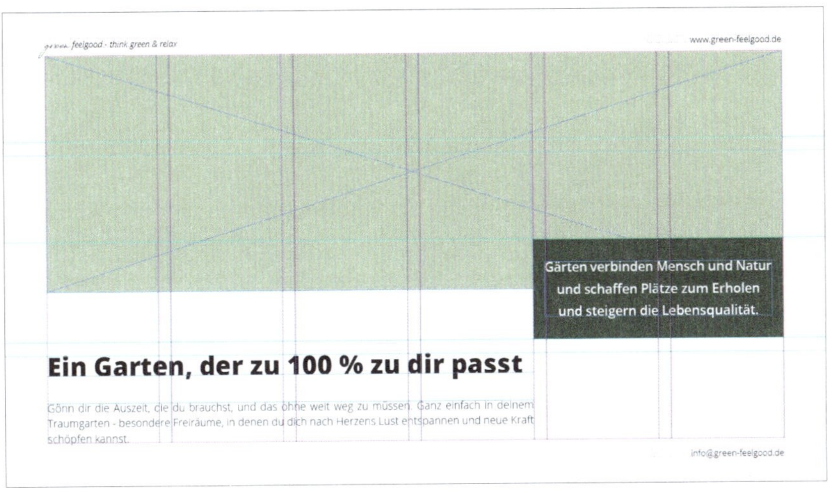

Abbildung 4.106 Einzelne Folien sollten nicht immer exakt am Raster ausgerichtet sein, um ein optisches Gleichgewicht innerhalb des Foliensatzes zu schaffen.

Wenn du mit *Fotofolien* arbeitest, das können zum Beispiel Folien sein, auf denen das Team vorgestellt wird oder man verschiedene Imagebilder zeigen möchte, achte unbedingt auf einen gleichmäßigen Abstand zwischen den Bildern. Such optische Achsen und richte deine Bilder an diesen aus.

Abbildung 4.107 Beim Arbeiten mit Fotofolien ist ein gleichmäßiger Abstand zu den Bildern wichtig, um ein optisches Gleichgewicht zu erzeugen.

Bei Bildern kannst du auch gerne *randabfallend* arbeiten. Das bedeutet, dass deine Bilder über deine frei gestaltbare Fläche hinauslaufen und bis zum Rand gehen. Besonders schön sieht das aus, wenn du mit Panoramabildern arbeitest.

Abbildung 4.108 Gerade bei Panoramabildern bietet es sich an, mit randabfallenden Objekten zu arbeiten.

Nachdem du nun alle notwendigen Folien für deine Präsentation zusammengestellt hast, darf eine Abschlussfolie mit dem Call to Action und den Kontaktdaten natürlich nicht fehlen. Wenn du diese Art Folie vergisst, lässt du dein Publikum etwas im Regen stehen. Beende von daher deine Präsentationen immer mit einer entsprechenden Folie.

4.4.7 Mit Bildern und Symbolen arbeiten

Als letzten grafischen Schritt kannst du das Arbeiten mit Bildern ansehen. Hier geht es um die Auswahl, das Anpassen und das Optimieren von Bildern für deine Präsentation. Es ist erschreckend, wie oft gar kein Wert auf ansprechende Bilder in einer Präsentation gelegt wird. Dabei ist es essenziell wichtig für eine Präsentation, auf die Qualität der Bilder zu achten. Mit ihr steht und fällt der Erfolg. Deswegen bitte ab heute keine verpixelten oder verzerrten Bilder mehr. Nimm dir die Zeit für eine durchdachte Bildrecherche, sofern du kein eigenes Bildmaterial verwendest.

Für unser Beispielprojekt habe ich auf Stockbilder und eigene Bilder zurückgegriffen. Meine Quelle an dieser Stelle ist die bereits vorgestellte Seite Adobe Stock. In den zusätzlichen Materialien zum Buch findest du eine entsprechende Linkliste zu den verwendeten Bildern.

Wann immer es funktioniert und passt, greife ich auf eigene Bilder zurück oder erstelle extra welche für die Präsentation. Wenn du Bilder für deine Präsentation zusammensuchst, solltest du unbedingt auf einen einheitlichen Bildlook achten. Dein zuvor erstelltes Moodboard gibt dir hier bereits die Richtung vor. Ich persönlich bearbeite immer jedes Bild, bevor ich es in irgendeiner Form nutze. Dafür nutze ich primär *Adobe Lightroom*. Dieser Arbeitsschritt erlaubt es mir, für jedes Projekt einen eigenen Bildlook zu kreieren, der nur bei dem aktuellen Projekt zum Einsatz kommt.

Abbildung 4.109 Bildbearbeitung mittels Lightroom

Wenn du an dieser Stelle nicht unbedingt ein Abo mit Adobe eingehen möchtest, kann ich dir die Programme *Luminar 4* oder *Luminar AI* empfehlen. Neben Adobe Lightroom bieten diese beiden Programme aus dem Hause Skylum jede Menge Bearbeitungsmöglichkeiten, um deinen Bildern den letzten Schliff zu verleihen.

Abbildung 4.110 Für rund 47 € bekommst du mit Luminar 4 einen kleinen Allrounder, um deine Bilder zu bearbeiten und zu verwalten. (Quelle: https://skylum.com/de/luminar-4)

Abbildung 4.111 Bildbearbeitung mittels Luminar 4

Abbildung 4.112 Alternativ bietet Luminar AI mit seiner integrierten künstlichen Intelligenz zahlreiche weitere Bearbeitungsmöglichkeiten.

Ich rate davon ab, die Inhouse-Bildbearbeitungsmöglichkeiten in Microsoft PowerPoint zu nutzen, da die vorgegebenen Effekte zu extrem sind und eine feine Abstimmung fast nicht machbar ist. Und wenn wir mal ehrlich sind, ist Microsoft PowerPoint dafür auch nicht vorgesehen. Seine Stärken liegen nun einmal nicht im Bereich der Bildbearbeitung.

Wenn du Bilder in deiner Präsentation platzierst, solltest du auf eine *proportionale Skalierung* achten, da die Bilder sonst unschön verzerrt aussehen.

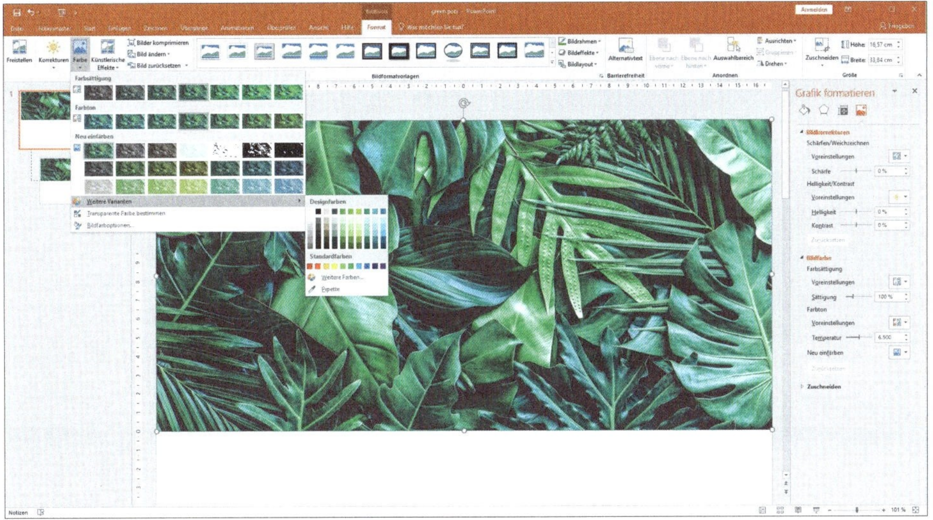

Abbildung 4.113 Bildbearbeitungsmöglichkeiten in PowerPoint

Ein nächster Stolperstein bei Bildern ist die Bildgröße. Eigene, aber auch Stockbilder sind mitunter sehr groß und müssen vorab heruntergerechnet werden, um die Größe der Präsentation nicht unnötig aufzublasen. Wenn du mit Programmen wie Lightroom oder Luminar arbeitest, kannst du aus dem Exportdialog direkt die Dateigröße beeinflussen, ohne größere Qualitätsverluste hinnehmen zu müssen. Bei der Qualität gehe ich hier allerdings nie unter 75 %. Doch auch im Internet findest du zahlreiche Onlinetools, die dir dabei helfen, deine Bilder zu verkleinern. Am besten suchst du dir das Tool heraus, mit dem du am einfachsten arbeiten kannst.

Für den Fall, dass du Folien erstellen möchtest, bei denen Texte über Bilder laufen, musst du besonders auf die Lesbarkeit der Texte achten. Falls es nicht anders zu machen ist, kannst du mit Farbflächen hinter dem Text dieses Problem umgehen. Auch ein Absoften des Bildes ist eine legitime Möglichkeit, um die Lesbarkeit des Textes zu gewährleisten.

Abbildung 4.114
Hier wurde Text vor einem unruhigen Hintergrund platziert. Das Resultat: der Text ist kaum zu lesen.

Abbildung 4.115
Um den Fehler zu beheben, wurde hinter dem Text eine transparente Fläche gesetzt.

Neben Bildern und Grafiken bzw. Visuals, auf die ich im nächsten Kapitel ausführlich zu sprechen komme, kannst du deine Präsentation ebenfalls mit Symbolen optisch aufwerten. Wenn du in Zukunft immer wieder Präsentationen erstellen musst, empfehle ich dir, dir mit der Zeit eine eigene Bibliothek mit Symbolen und Icons anzulegen. Achte dabei aber auf einen einheitlichen Stil. Ich persönlich versuche immer, eigene Symbole oder Icons zu erstellen. Wenn du dir diese Arbeit nicht machen möchtest oder dir ein wenig das grafische Know-how dazu fehlt, schau dir die nachfolgenden zwei Plattformen an. Bei beiden gibt es entweder eine kostenlose Variante oder zumindest eine 30-tägige Testversion. Probiere beide einmal aus, und nutze die, die sich für dich richtig anfühlt und mit der du gut arbeiten kannst.

Tooltipp Streamline

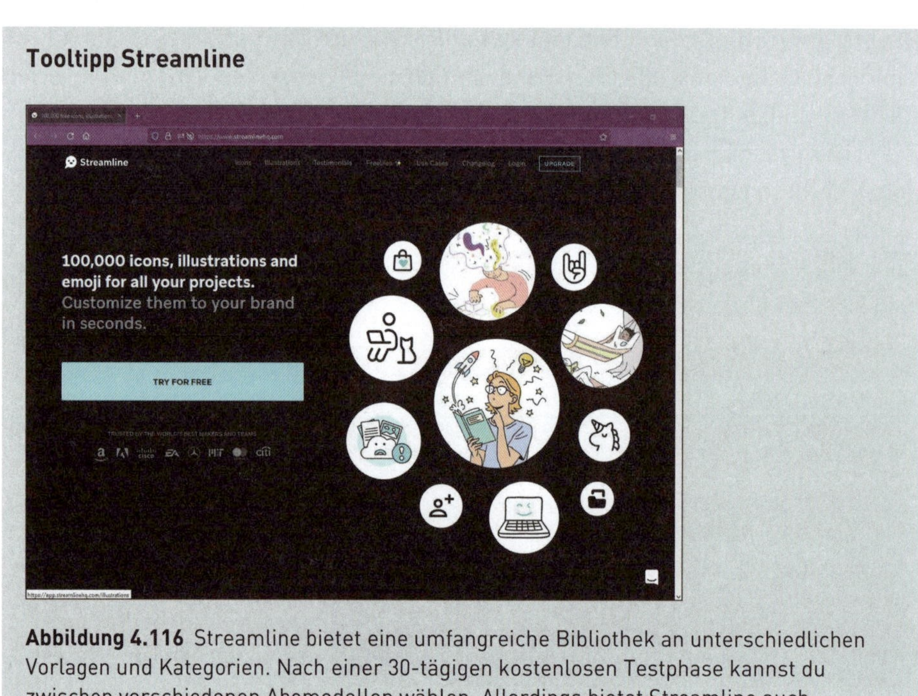

Abbildung 4.116 Streamline bietet eine umfangreiche Bibliothek an unterschiedlichen Vorlagen und Kategorien. Nach einer 30-tägigen kostenlosen Testphase kannst du zwischen verschiedenen Abomodellen wählen. Allerdings bietet Streamline auch kostenlose Formate an. (Quelle: www.streamlinehq.com)

Tooltipp Icon8

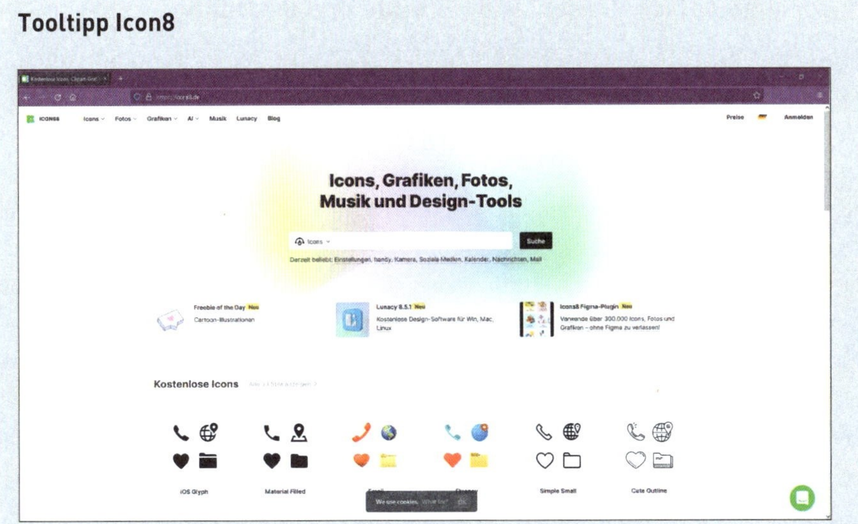

Abbildung 4.117 Icon8 bietet ebenfalls unterschiedliche Abomodelle an. Allerdings besteht die Möglichkeit eines kostenlosen Accounts mit eingeschränktem Funktionsumfang. (Quelle: https://icons8.de/pricing)

In der Regel reichen für die Darstellung in deiner Präsentation die Formate PNG oder SVG aus. Die Farben der Icons und Symbole sollten dabei zum Rest der Präsentation passen. Mit rund 30 bis 50 Icons solltest du die meisten Bereiche, die für eine Präsentation in Betracht kommen, ausreichend abdecken können.

Abbildung 4.118 Für das Beispiel von green feelgood wurden 38 verschiedene Icons herausgesucht und in ihrem Stil angepasst. (Quelle: Adobe Stock)

4.4.8 Verleihe deiner Präsentation Effekte und Übergänge

Alle Folien sind gestaltet und die Bilder platziert. Zeit also, die Präsentation mit ein paar Effekten zu versehen. Ich gehe hier gerne nach dem Motto »Weniger ist mehr« vor. Wenn du dich für die Verwendung von Effekten entscheidest, wähle diese stets mit Bedacht. Es ist davon abzuraten, die Effekte wild wechseln zu lassen und jeden nur erdenklichen Effekt zu nutzen, nur weil es möglich ist. Das A und O sind sanfte Übergänge, um dein Publikum nicht zu überfordern oder zu verwirren. Elemente sollten nacheinander eingeblendet werden. Dabei gilt, wenn du dich für eine Form von Effekt oder Übergang entschieden hast, bleib dabei und wechsle nicht mittendrin. Wenn ich Präsentationen erstelle, verzichte ich oft bewusst auf vorgefertigte Effekte und erstelle lieber mehrere Folien und baue die Übergänge sozusagen manuell damit auf. Für mich persönlich ist dies eine schönere Art, Übergänge zu erzeugen.

Abbildung 4.119 Selbst erstellte Übergänge durch mehrere identischen Folien, die sich nach und nach aufbauen – hier Folie eins mit dem ersten Teil der Darstellung

Abbildung 4.120 Durch den Übergang zur zweiten Folie mit dem zweiten Teil des Inhalts entsteht der Eindruck eines Effekts.

4.4.9 Prüfe dein Design

Nachdem du nun so viel Zeit in die Erstellung deiner Präsentation gesteckt hast, wird es Zeit, diese ein letztes Mal auf Herz und Nieren zu prüfen. Nichts ist peinlicher, als ein übersehener Schreibfehler, ein falsch platziertes Bild oder Randbemerkungen, die du noch nicht aus dem Dokument gelöscht hast. Am besten lässt du, sofern dein Zeitmanagement es zulässt, deine Präsentation einen Tag ruhen, um am nächsten Tag mit frischem Blick noch einmal sämtliche Inhalte durchzugehen.

Checkliste: Überprüfung der Präsentation

Dazu gehören folgende Punkte:

- Rechtschreibung prüfen
- Bilder prüfen (werden sie richtig dargestellt und sind an den richtigen Stellen platziert worden?)
- Abstände der einzelnen Elemente zueinander auf den Folien prüfen
- Ausrichtungen durchgehen
- auf Logikfehler prüfen
- gestellte Inhalte gegenprüfen, ob auch nichts vergessen wurde
- sofern Zahlen, Daten und Fakten vorkommen, diese auf Richtigkeit prüfen
- Grafiken und Diagramme durchgehen
- Ist der festgelegte Stil von Anfang bis Ende gleich?

Natürlich gibt es weitere Punkte, die man prüfen könnte. Es steht dir selbstverständlich frei, die Checkliste um eigene Parameter zu ergänzen, aber irgendwann muss alles einmal ein Ende finden, auch deine Präsentation. Du wirst mit der Zeit merken, dass es immer etwas geben wird, das man besser machen kann. Doch wenn du die oben genannten Punkte nach der grafischen Erstellung deiner Präsentation durchgehst, hast du die wesentlichen Stolperfallen aufgedeckt, sollte es noch welche geben.

Manchmal hilft es auch, einen Kollegen oder eine Kollegin einen Blick auf die Präsentation werfen zu lassen. Diese sehen in der Regel noch einmal ganz andere Dinge und können dir gegebenenfalls sogar logische Fehler oder fehlende Informationen aufzeigen, die du selbst nicht wahrgenommen hast, weil dir die Sache klar erschien. Das hat etwas damit zu tun, dass wir, wenn wir zu lange an einem Projekt arbeiten, betriebsblind werden. Und da wir durch unsere Vorabrecherche mehr Wissen besitzen als in der Regel unsere Zuhörer und Zuhörerinnen, kann es nicht schaden, einmal Außenstehende (Chefin oder Kollegen) nach ihrer Meinung zu fragen. Wenn du mit deiner letzten finalen Prüfung zufrieden bist, wird es höchste Zeit, die Präsentation zu exportieren.

4.4.10 Zum Schluss: Der Export deiner Präsentation

Bevor du deine Präsentation exportierst, stell klar, wie sie verwendet werden soll, also ob sie live vorgetragen wird, per E-Mail versendet oder als eine Art Handbuch hinterlegt werden soll.

Jeder Verwendungszweck hat seine eigenen Exportmöglichkeiten mit unterschiedlichen Optionen. So hast du beispielsweise aus Apple Keynote heraus die Möglichkeit, eine Präsentation im Microsoft-PowerPoint-Format abzuspeichern, weil derjenige, der die Präsentation bekommt, nicht mit einem Mac oder mit Keynote arbeitet. Allerdings können der Export von einer Plattform und der Import in eine andere dazu führen, dass deine Präsentation nicht mehr 1 : 1 identisch aussieht. Prüfe nach dem Export auf jeden Fall noch einmal das neue Datenformat und bessere gegebenenfalls nach. Auch wenn die Programme zur Erstellung von Präsentationen in der Regel alle recht ähnlich aufgebaut sind, so sind sie dennoch nicht identisch, und jedes System hat seine eigenen Spezifikationen.

Um sicherzugehen, dass deine Präsentation wirklich so aussieht, wie du sie erstellt hast, solltest du die Präsentation als PDF exportieren. Das PDF arbeitet ebenfalls nach dem Prinzip »What you see is what you get«. Wenn du dieses Dateiformat wählst, hast du immer die Möglichkeit, mit verschiedenen Bildqualitäten zu arbeiten. Ich empfehle dir, vom hohen Standard als Einstellung auszugehen. Wenn die Präsentation nicht gerade per E-Mail versendet werden muss, kannst du sogar das Maximum wählen.

Aus Adobe InDesign heraus kannst du sogar ein interaktives PDF erzeugen. So werden die Effekte, die du zuvor eingefügt hast, mit übernommen und während der Präsentation ausgespielt. Aus Microsoft PowerPoint oder Apple Keynote kannst du deine Präsentation sogar als Film exportieren lassen.

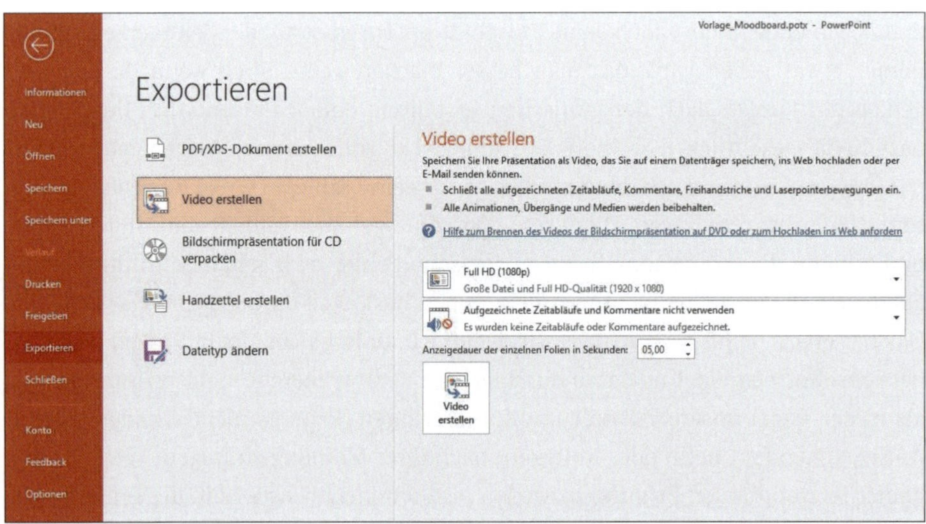

Abbildung 4.121 Exportdialog in PowerPoint für die Videoausgabe

Manchmal kann es vorkommen, dass du eine offene Präsentationsdatei verschicken musst. Dies kann allerdings ein paar Probleme hervorrufen, zum Beispiel dann, wenn du Schriften verwendest, die der Empfänger oder die Empfängerin der Präsentation nicht auf ihrem System installiert haben.

Um dieses Problem zu umgehen, kannst du entweder in deiner Präsentation eine *Systemschrift* verwenden (dabei handelt es sich um vorinstallierte Schriften, die auf allen Rechnern identisch sind, wie zum Beispiel die Arial oder die Times New Roman) oder aber du schickst einen Hinweis zur Schrift mit. Wenn du eine Schrift aus dem Internet verwendest, reicht in der Regel eine Verlinkung zur Schrift, sodass sich die Empfänger diese nachträglich installieren können. Wenn du zuvor aber bereits weißt, dass diejenigen Probleme damit haben könnten, würde ich immer den Weg über die Systemschriften gehen, schon allein, um niemanden zu verärgern.

4.4.11 Erstelle eine Masterdatei

Wie du sicherlich gemerkt hast, ist die Erstellung einer Präsentation doch recht zeitaufwendig, besonders, wenn man immer wieder am Anfang alle Stile, Farben und Formate definieren muss. An dieser Stelle wird dir allerdings in Zukunft eine sogenannte *Masterdatei* helfen. Feststehende Elemente eines Templates werden dabei definiert und auf Grundlage des Rasters abgespeichert. Dadurch hast du die volle Kontrolle und musst in Zukunft nur noch Schriftarten und Farben anpassen.

Du kannst deine fertige Präsentation als *Theme* abspeichern und sie immer wieder nutzen. Dabei definierst du im Folienmaster wichtige Folien, die du später nur noch auf deine Präsentation übertragen musst.

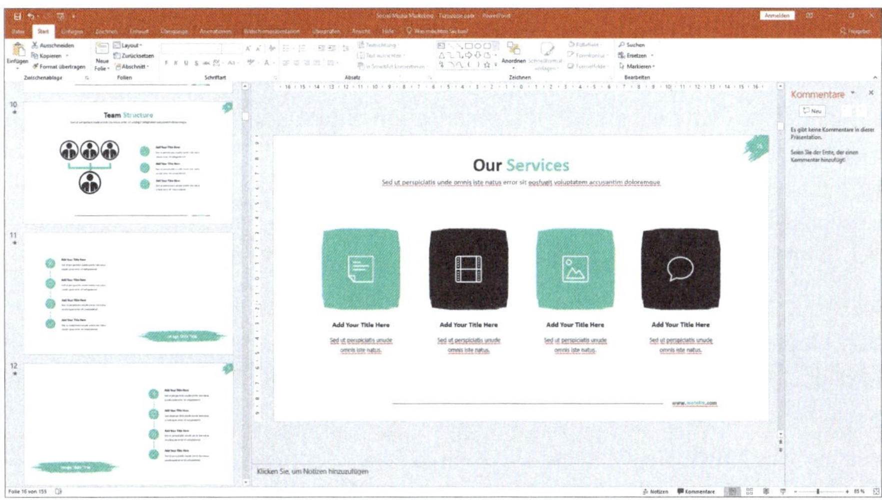

Abbildung 4.122 Beispiel eines PowerPoint-Themes. Farben und Schriften lassen sich nachträglich über den Folienmaster individualisieren. So brauchst du nur noch Inhalte und Bilder auszutauschen bzw. zu platzieren.

Aus Adobe InDesign heraus erstellst du dafür eine *INDT-Datei* und aus Microsoft PowerPoint beispielsweis eine *POTX-Datei*. Du wirst sehen, dass es großen Spaß macht, verschiedene Themes zu entwickeln und diese später gezielt zu nutzen.

4.4.12 Zusätzliches Material ausarbeiten

Sicherlich hast du es auch schon einmal erlebt, dass es nach einer Präsentation ein sogenanntes *Handout* gab, eine Zusammenfassung von dem, was du gerade gehört hast. Dieses Handout gehört zu den zusätzlichen Materialen, die du ausarbeiten kannst. Es ist keine Pflicht, aber ein Nice-to-have. Richtig eingesetzt, bietest du deinem Publikum einen zusätzlichen Mehrwert. Dabei sollte es sich bei dem Handout um keine 1:1-Umsetzung der Präsentation handeln. Vielmehr kannst du die Folien der Präsentation zusätzlich anbieten und zur Verfügung stellen.

Auf deinem Handout sollten sich zusätzliche Informationen finden, die du so nicht in der Präsentation genannt oder nur rudimentär erwähnt hast. Sollte dies der Fall sein, kannst du während deiner Präsentation schon anmerken, dass du in einem späteren Handout genauer auf das entsprechende Thema eingehst. Begründe kurz, warum es im Handout zu finden ist, zum Beispiel aus Zeitgründen oder Ähnliches.

Und da du dir nun so eine Mühe gegeben hast, um deine Präsentation optisch aus der Masse hervorstechen zu lassen, sollte dein Handout nun kein einfaches weißes DIN-A4-Blatt mit bloßem Text sein. Damit zerstörst du innerhalb von Sekunden den Eindruck, den du während der Präsentation aufgebaut hast. Nutz die Richtlinien, die du zuvor erstellt hast, um deinem Handout ebenfalls eine professionelle Optik zu verleihen. Damit wirkt der ganze Auftritt wie aus einem Guss und zeugt von Professionalität und Ernsthaftigkeit. Plane dafür etwas zusätzliche Zeit ein, um dein Handout oder sonstiges Material wie *Mock-ups* oder *Modelle* gestalterisch umzusetzen. Ein Beispiel-Handout zu der hier erstellten Präsentation findest du als Download in den zusätzlichen Materialien zum Buch.

4.4.13 Checkliste: Der schnelle Weg zu deiner Präsentation

Geschafft! Du hast deine Präsentation erstellt. Dafür kannst du dir erst einmal auf die Schulter klopfen. Nachfolgend habe ich dir noch einmal alle notwenigen Schritte, die es braucht, um eine Präsentation gestalterisch umzusetzen, als Checkliste zusammengestellt. Du findest diese Liste ebenfalls zum Download in den zusätzlichen Materialien zum Buch.

Der schnelle Weg zu deiner Präsentation

1. Entscheide dich für die passende Präsentationsart (überzeugend, narrativ oder erklärend).
2. Erstelle ein Storyboard für deine Präsentation. Orientiere dich dabei an der Struktur deiner Präsentationsart.
3. Überprüfe dein Storyboard.
4. Nutz ein Moodboard, um den Stil deiner Präsentation festzulegen.
5. Leg ein Raster an, mit dem du arbeiten möchtest. Dazu zählen, Ränder, Spalten und Zeilen.
6. Definiere die verschiedenen Schriftstile für Überschriften, Fließtexte, Auszeichnung, Aufzählungen und Zitate.
7. Leg die Brand-Farben deiner Präsentation fest.
8. Gestalte deine Folien. Achte dabei auf Kohärenz und vermeide, dass alle Folien gleich aussehen. Sorge mit einer gezielten kreativen Folie für Aufmerksamkeit.
9. Triff eine Bildauswahl und bearbeite deine Bilder. Verleihe ihnen einen eigenen Look.
10. Platziere deine fertigen Bilder im Layout an den richtigen Stellen der Folie.
11. Nutz Symbole oder Icons bei Aufzählungen für mehr Abwechslung.
12. Versehe deine Präsentation mit Effekten und Übergängen. Wichtig, wähle diese mit Bedacht. Es gilt: Weniger ist mehr.
13. Überprüfe deine Präsentation auf Herz und Nieren.
14. Exportiere deine Präsentation gemäß ihrem Anwendungsgebiet.
15. Arbeite gegebenenfalls zusätzliches Material aus. Dieses sollte im Look-and-feel zu deiner restlichen Präsentation passen.
16. Optional: Erstelle aus deiner Präsentation ein Theme, um es für spätere Präsentationen zu nutzen.

Kapitel 5
Vereinfache komplexe Geschichten mithilfe von Visuals

In diesem Kapitel dreht sich alles um die grundlegenden Design- und Hierarchieprinzipien von Grafiken, Diagrammen und Co. sowie um deren Erstellung. Du lernst visuelle Werkzeuge kennen, mit denen du Ideen, Konzepte oder Produkte visuell verständlich darstellen kannst.

Die Bedeutung von visuellen Inhalten ist nicht zu unterschätzen und gewinnt immer mehr an Bedeutung, Tendenz steigend. Mit dem gezielten Einsatz von *Infografiken*, wie *Visuals* auch gerne genannt werden, ist es möglich, sich aus der breiten Masse an Informationen abzuheben und mit seinem Content herauszustechen. Immer mehr Unternehmen erkennen den Trend und investieren viel Zeit und Geld, um ansprechende Visuals zu erstellen bzw. erstellen zu lassen. Infografiker sind mittlerweile gefragte Menschen.

Der Vorteil von Visuals ist, dass wir durch den permanenten Kontakt mit der visuellen Sprache in der Lage sind, Informationen innerhalb kürzester Zeit wahrzunehmen, zu verarbeiten und zu interpretieren.

5.1 Was sind Visuals?

Bei Visuals handelt es sich, wie der Name es bereits vermuten lässt, um visuelle Inhalte, die auf eine gewisse spielerische Art Informationen vermitteln. Wenn man so will, sind Visuals visuelle Repräsentationen von Kausalitäten in einer Abbildung. Neben klassischen Formen wie Text und Bild haben sich Infografiken mittlerweile als ein eigenständiger Bereich etabliert.

Kausalität

Mit dem Begriff *Kausalität*, vom lateinischen *causa* für »Ursache«, bezeichnet man die Beziehung zwischen Ursache und Wirkung oder Aktion und Reaktion. Sie bezieht sich auf die Abfolge aufeinander bezogener Ereignisse und Zustände. Das eine versursacht das andere und umgekehrt.

Sie kommen ausschließlich in visuellen Medien zum Einsatz. Dazu gehören Printmedien jeglicher Art, Webgrafiken, aber auch Präsentationen. Sie werden seit jeher in Lehr- und Schulbüchern gezielt zur Wissensvermittlung genutzt.

Abbildung 5.1 Der klassische Einsatzbereich von Visuals und Infografiken sind Schulbücher.

Infografiken sollen Fakten effizient vermitteln und legen dabei Wert auf Klarheit, Genauigkeit und Anschaulichkeit. Die visuelle Wahrnehmung steht beim Menschen, wie bereits erwähnt, an erster Stelle der Informationsaufnahme. Texte müssen erst erfasst und in ihren Kontext eingeordnet werden. Mit einem Visual kannst du an dieser Stelle allerdings auftrumpfen, denn es bietet die *Sachinformation* in einer verständlich aufbereiteten Form an.

Wenn du nachfolgend Visuals erstellst, gilt dabei Folgendes: Bewertungen, Meinungen oder Gefühle gehören nicht in eine Infografik. Sie sind Teil von erklärenden Texten.

5.1.1 Qualitative und quantitative Visuals

Wenn du Visuals für deine Präsentation nutzen möchtest, solltest zuerst einmal den Unterschied zwischen *qualitativen* und *quantitativen Visuals* kennen, um sie gezielt für deine Zwecke einsetzen zu können.

Quantitative Visuals sind solche, die mit reellen Daten und Zahlen arbeiten. Nachfolgend zeige ich dir die wichtigsten Formen davon:

- **Säulen- und Balkendiagramme**: In einem Säulen- bzw. einem Balkendiagramm werden repräsentativ bestimmte Werte oder ein Wachstum gezeigt. Sind sie vertikal angeordnet, stehen sie in der Regel für Mengen und Werte. Horizontal dagegen stehen sie für die Zeit und Intensität. Gestapelte Diagramme stellen immer eine Art Vergleich dar.

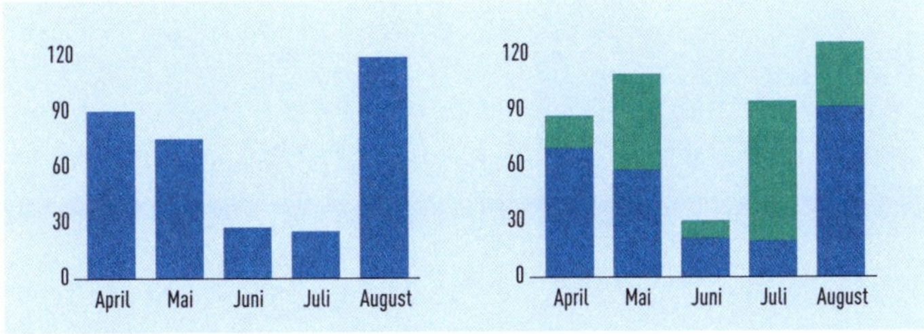

Abbildung 5.2 Säulendiagramm

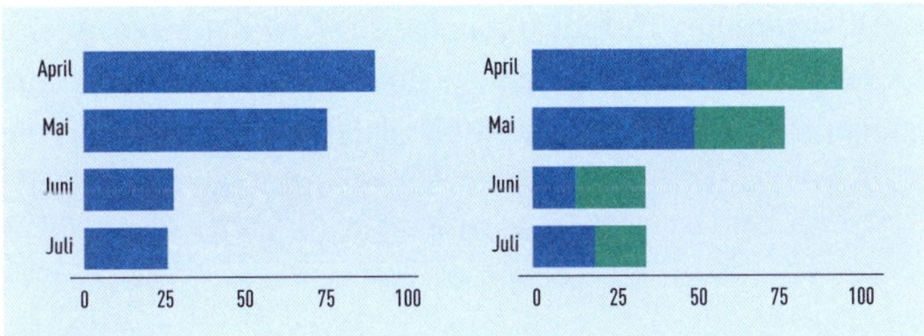

Abbildung 5.3 Balkendiagramm

- **Liniendiagramme**: Mit Liniendiagrammen werden zeitliche Trends dargestellt. Sie werden gerne mit anderen Darstellungen kombiniert, wie zum Beispiel mit einem Säulendiagramm. Im Bereich von Fitnesstrackern oder Finanzentwicklungen ist diese Form gern gesehen. Sie eignet sich besonders dann, wenn man relativ wenige Informationen visuell darstellen muss, da sie leicht verständlich sind.

Abbildung 5.4 Liniendiagramm

- **Flächendiagramme**: Flächendiagramme sind Liniendiagrammen sehr ähnlich. Im Grunde kommunizieren sie beide dieselben Informationen. Die Farbfläche unterstreicht hierbei allerdings die Intensität und zeigt somit nicht nur einen Trend.

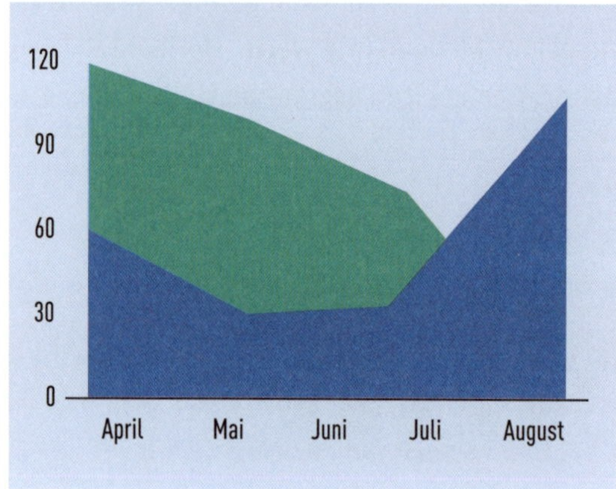

Abbildung 5.5 Flächendiagramm

- **Torten- und Donutdiagramme**: Tortendiagramme sind die Klassiker unter den Diagrammen und werden bevorzugt verwendet, um Verteilungen oder Anteile innerhalb einer Kategorie darzustellen. Jedes Stück der Torte repräsentiert einen Teil des Ganzen.

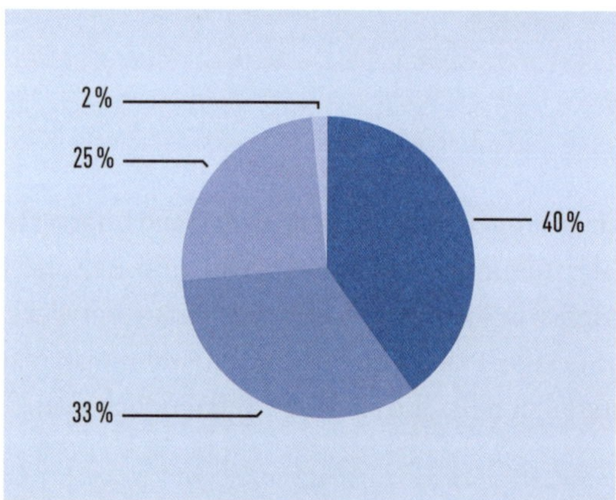

Abbildung 5.6 Tortendiagramm

Ein Donutdiagramm ist nichts anderes als ein Tortendiagramm. Es wirkt allerdings gegenüber seinem wuchtigen Bruder, aufgeräumter und der Platz in der Mitte lässt sich nutzen, um weitere Textinformationen zu ergänzen.

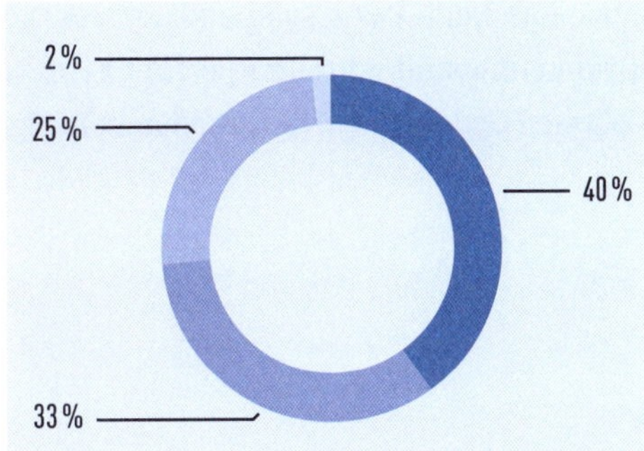

Abbildung 5.7 Der kleine Bruder des Tortendiagramms: das Donutdiagramm

- **Netz- oder Spinnendiagramme**: Diese Art der Diagrammdarstellung wird verwendet, wenn man entgegengesetzte Werte in Relation zueinander setzen möchte. Dabei kann es durchaus abstrakte Formen annehmen. Auch eine geradlinige Darstellung ist möglich, um eine gewisse Positionierung zu zeigen.

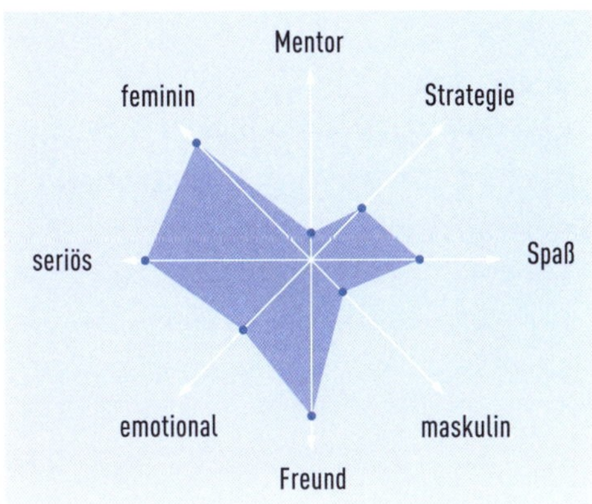

Abbildung 5.8 Spinnennetzdiagramm

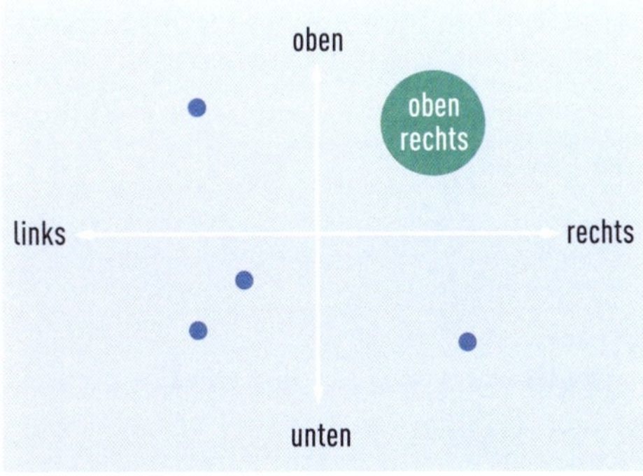

Abbildung 5.9 Darstellung einer Positionierung

- **Streu- und Blasendiagramme**: Genau wie das Netz- oder Spinnendiagramm zeigt das Streu- und Blasendiagramm eine Positionierung und Verteilung auf der x- und der y-Achse an. Du kannst mit seiner Hilfe Volumen und Beziehungen zueinander zeigen.

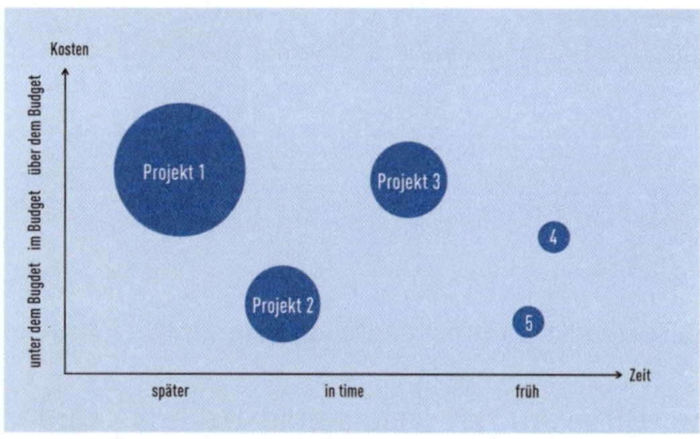

Abbildung 5.10 Blasendiagramm

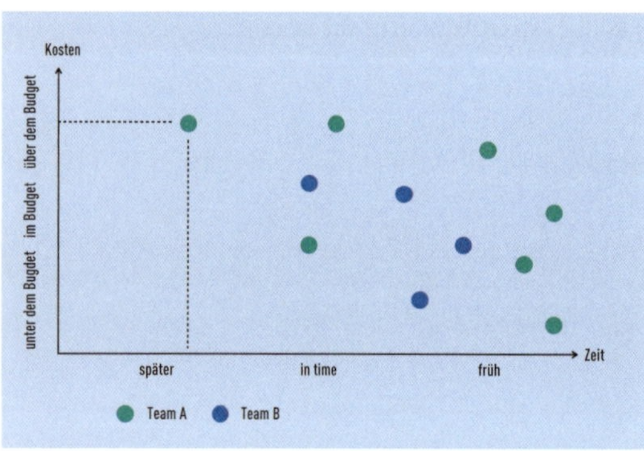

Abbildung 5.11 Streudiagramm

- **Tabellen**: Als Letztes gehören noch die Tabellen zur Kategorie der quantitativen Visuals. Diese können nicht nur Zahlen enthalten, sondern auch Text. Der Vorteil von Tabellen ist, dass sie klar in ihrer Kommunikation sind. Sie werden gern bei (Produkt-)Vergleichen eingesetzt und zum Teil um Symbole und Icons ergänzt.

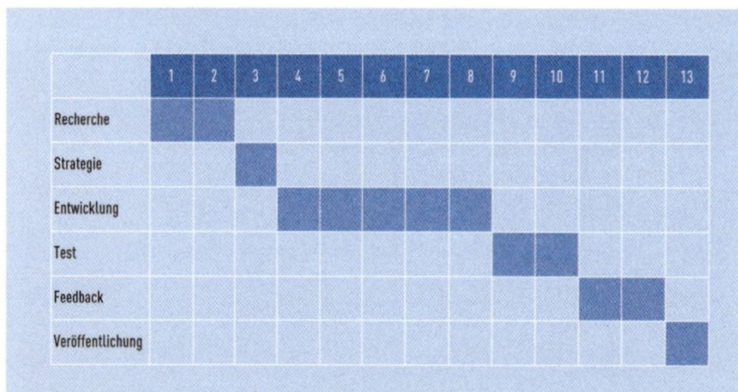

	1	2	3	4	5	6	7	8	9	10	11	12	13
Recherche													
Strategie													
Entwicklung													
Test													
Feedback													
Veröffentlichung													

Abbildung 5.12 Tabellarische Darstellung von Informationen

Egal, welche Art von quantitativen Visuals du auswählst, die meisten Menschen sind mit ihnen vertraut und in der Lage, ihre Informationen zu interpretieren, ohne dass große Erklärungen notwendig wären. Zudem sind sie leicht zu erstellen. Die meisten Präsentationssoftwares bieten dir eine integrierte Lösung an. Durch die folgenden drei kleinen Tricks kannst du sogar ihre Wirkung verbessern:

1. Entferne unnötige Elemente aus dem Diagramm.
2. Nutz Farben, um Bereiche hervorzuheben.
3. Gruppiere Elemente, die zusammengehören, und richte sie zueinander passend aus.

Wenn du dir allerdings Sorgen machen solltest, dass die Darstellung womöglich langweilig wirken könnte, dann lass dir gesagt sein, dass du hier genügend Spielraum zur Verfügung hast, um die Visuals kreativ umzusetzen. Googel einfach mal nach kreativen Diagrammformen und lass dich davon inspirieren.

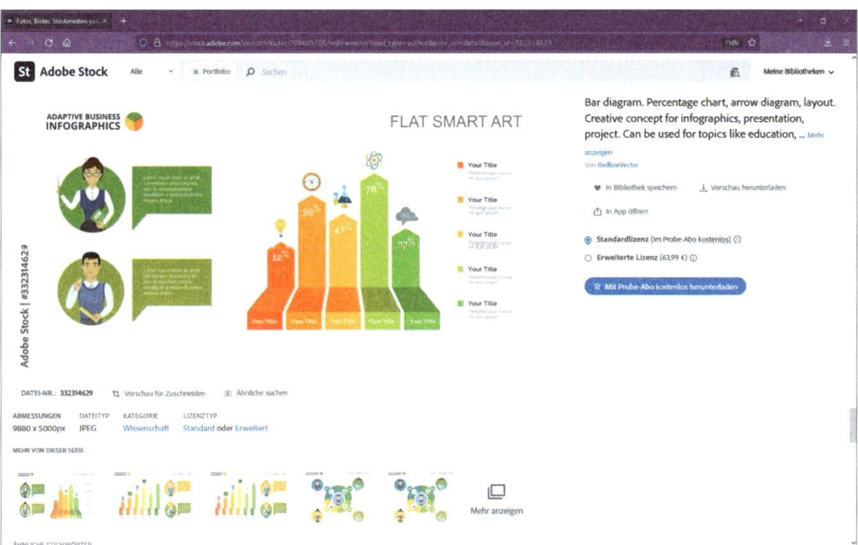

Abbildung 5.13 Ein Beispiel für eine kreative Darstellungsform, gefunden auf Adobe Stock

So viel zu den quantitativen Visuals. Kommen wir nun zu den qualitativen. Mit dieser Art von Visuals werden keine reellen Zahlen oder Daten dargestellt, vielmehr geht es hier um die Darstellung von Organisationen, Ordnungen, Informationen und Ideen. Nachfolgend die wichtigsten Vertreter dieser Kategorie:

- **Kreisdiagramme**: Hierbei handelt es sich um die häufigste Form. Der Golden Circle von Simon Sinek ist ein Paradebeispiel für diese Art der Darstellung. Aber auch die sogenannten *Venn-Diagramme* werden gerne genutzt, um Schnittmengen zu bilden. Mit ihnen werden auch Ähnlichkeiten und Unterschiede zwischen zwei oder mehr Konzepten gezeigt.

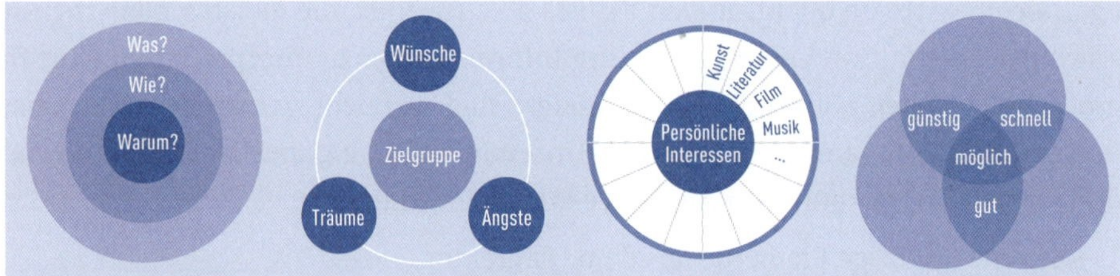

Abbildung 5.14 Verschiedene Formen von Kreisdiagrammen

- **Pyramiden- und Trichterdiagramme**: Die *Maslow'sche Bedürfnispyramide* ist die bekannteste Form der Pyramidendarstellung. Das Trichterdiagramm ist als sogenannter *Sales Funnel* aus dem Marketing bekannt und visualisiert den Kaufprozess.

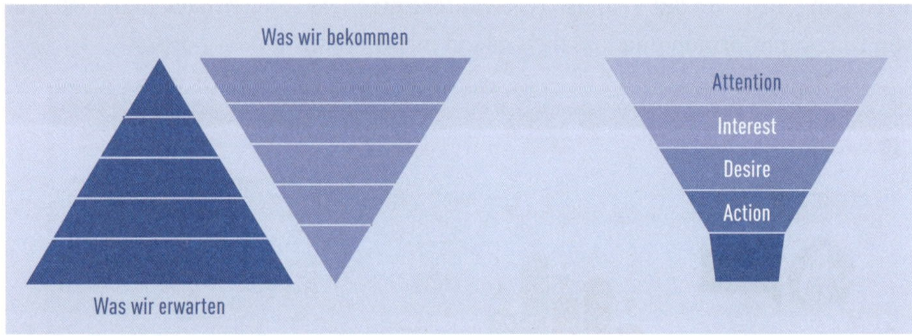

Abbildung 5.15 Pyramiden- und Trichterdiagramm

- **Prozessdiagramme**: Prozessdiagramme werden genutzt, um Prozesse zu visualisieren. Die Customer Journey, Schritt-für-Schritt-Anleitungen und Anweisungen sind klassische Beispiele für diese Form der Darstellung. Die Darstellungsformen reichen dabei von einfach bis komplex. Dabei werden sie um Icons oder Symbole ergänzt. Man unterscheidet dabei ebenfalls verschiedene Formen. Eine davon ist das Pfeildiagramm, das gerne als Timeline genutzt wird und die Phasen eines Projekts beschreibt.

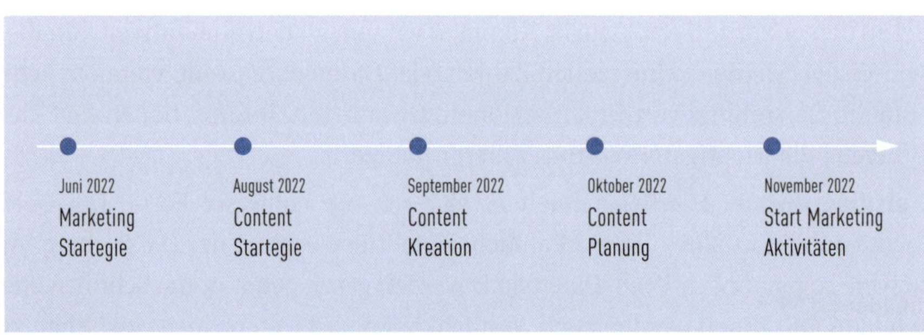

Abbildung 5.16 Einfache Darstellung einer Timeline

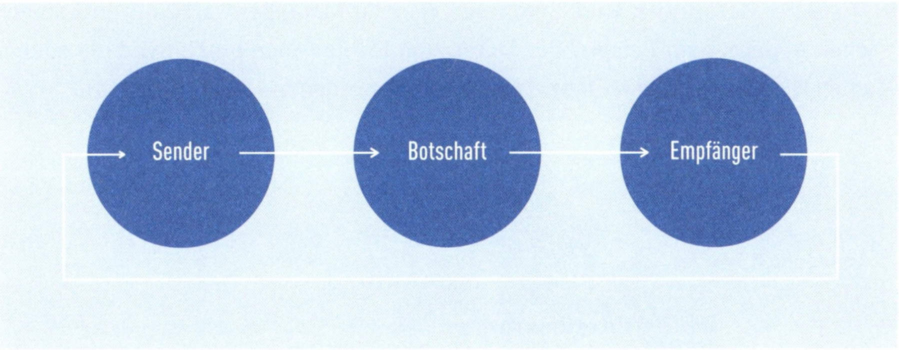

Abbildung 5.17 Beispiel eines einfachen Prozesses

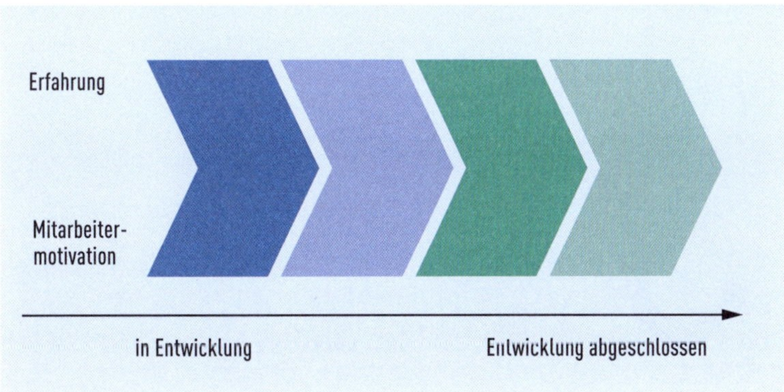

Abbildung 5.18 Erweiterte Prozessdarstellung

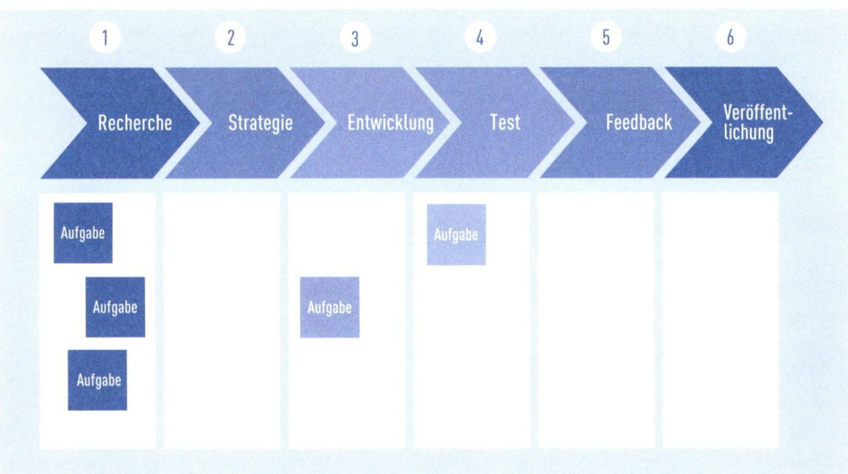

Abbildung 5.19 Komplexe Darstellung eines Prozesses in Form eines Listendiagramms, inklusive Aufgabenzuteilungen

- **Visuelle Metaphern und Symbole**: Visuelle Metaphern arbeiten mit sprachlichen Bildern, zum Beispiel der Leiter zum Erfolg. Auch durch Symbole oder Zeichen können visuelle Metaphern dargestellt werden.

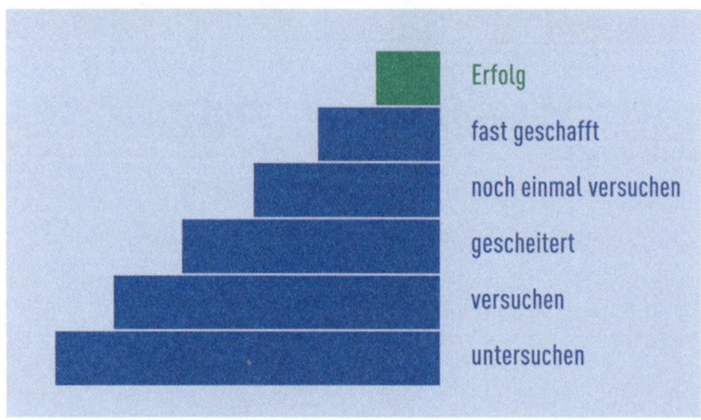

Abbildung 5.20 Schritte zum Erfolg

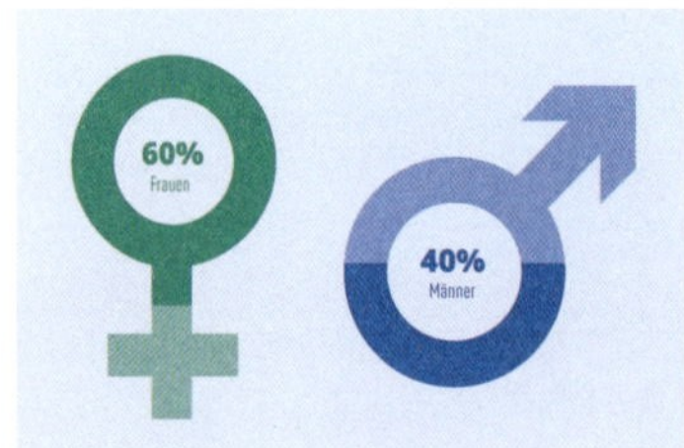

Abbildung 5.21 Das symbolische Zeichen für Mann und Frau, um eine Verteilung darzustellen

- **Parameter**: Mit Parametern kannst du zwei entgegengesetzte Werte darstellen und sie somit direkt vergleichen. Diese Darstellung eignet sich perfekt dazu, um abstrakte Werte zu vermitteln und in eine greifbarere und visuellere Sprache zu übersetzen.

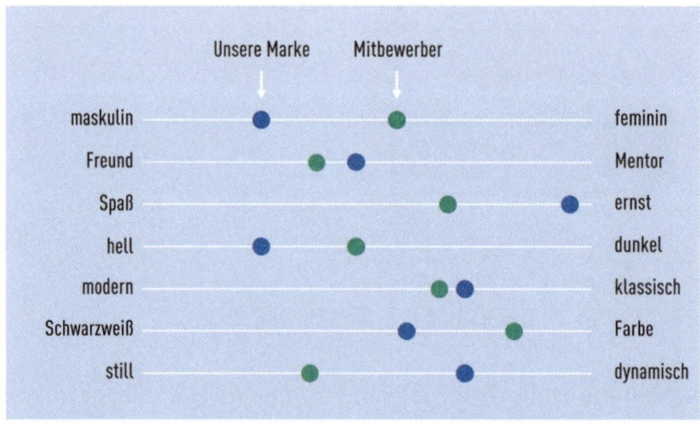

Abbildung 5.22 Gegenüberstellung abstrakter Werte mithilfe von Parametern

Diese Form der Darstellung nutze ich in meinen Moodboards, um das Look-and-feel der Präsentation festzulegen.

- **Organigramme und Mind Maps**: Organigramme sind klassische Darstellungsformen im Bereich von Stammbäumen oder Unternehmensstrukturen. Dazu gehören ebenfalls Flussdiagramme, die eine Verbindung zwischen einzelnen Elementen zeigen, ohne eine spezielle Hierarchie aufzuweisen. Dann gibt es noch die *Binärdiagramme* (Ja/Nein-Diagramme). Diese sind wie Flussdiagramme, allerdings setzen sie sich aus Fragen zusammen, die zu einer Entscheidung führen sollen. Eine Mind Map kannst du hervorragend nutzen, um Assoziationen darzustellen.

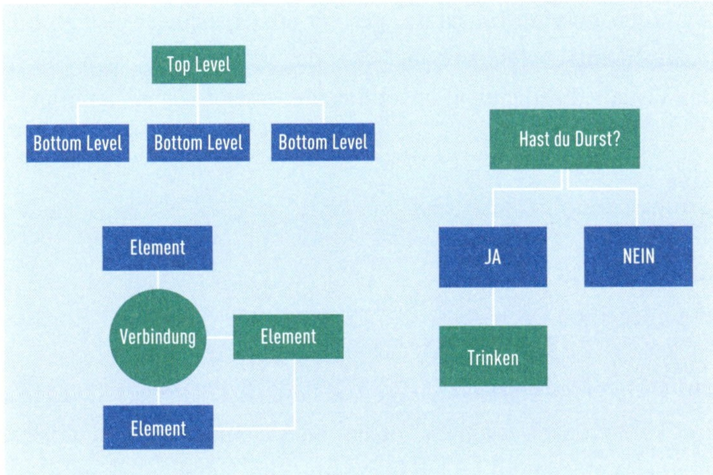

Abbildung 5.23 Organigramm, Flussidagram und Binärdiagramm

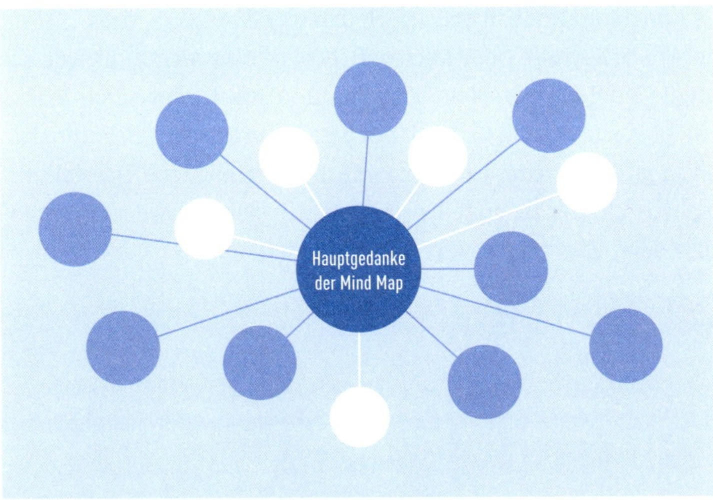

Abbildung 5.24 Die klassische Mind Map

Alle genannten Diagramme und Grafiken sind hervorragende Werkzeuge, um Ideen, Konzepte oder Prozesse darzustellen. Bei komplexen Themen musst du allerdings verschiedene Arten miteinander kombinieren, um eine benutzerdefinierte Lösung zu finden, die es dir ermöglicht, die gewünschte Information zu vermitteln.

5.1.2 Welche Arten von Visuals brauchst du für deine Präsentation?

Natürlich stellt sich bei der zur Verfügung stehenden Anzahl an Visuals die Frage, welche du am besten für deine Zwecke einsetzen solltest. Um diese Frage zu beantworten, gilt es grundlegend zu klären, was du mit deinem Visual vermitteln oder visualisieren willst. Willst du eine Umsatzsteigerung oder beispielsweise eine Entwicklung zeigen? Danach entscheidet sich die Wahl des Visuals. Frag dich also nach der Kernaussage des Visuals. Bezogen auf unser Beispiel *green feelgood* benötigen wir vier Visuals:

- aktuelle Marktlage
- Businessplan der nächsten fünf Jahre
- eine Timeline für den Ablauf
- der Einsatz des Investments

Jedes dieser vier Visuals hat eine eigene Aussage und Funktion. Die aktuelle Lage und Verteilung am Markt können wir mit einem Torten- oder Donutdiagramm umsetzen. Für den Businessplan eignet sich ein Liniendiagramm. Die Timeline ist selbsterklärend. Hier geht es schließlich um einen Prozess, der dargestellt werden soll. Für das Investment bietet sich das horizontale Balkendiagram an, um die verschiedenen Investitionskosten und deren Höhe übersichtlich darzustellen.

Programme wie Apple Keynote oder Microsoft PowerPoint bieten dir, wie schon mehrfach erwähnt, die Möglichkeit, solche Visuals automatisch generieren zu lassen. Doch aus meiner Sicht verschenkt man damit ein ungeheures kreatives Potenzial. Du solltest lieber den kreativen Prozess nutzen, um die bestmögliche Darstellung zu bekommen. Um solche Visuals zu erstellen, bieten sich beispielsweise Programme wie *Adobe Illustrator* oder *Adobe Fresco* (Freemium-Modell) an.

Adobe Illustrator

Genau wie Adobe InDesign gehört Illustrator zu den Tools der Adobe Creative Cloud, die es im Abo zu erwerben gibt. Ebenso wie InDesign kostet das Abo für die Einzelanwendung 23,79 €/Monat (Stand Februar 2023).

Abbildung 5.25 Benutzeroberfläche in Adobe Illustrator (CS6-Version)

Adobe Fresco

Adobe Fresco ist ein Vektor- und Rastergrafik-Editor, der von Adobe hauptsächlich für die digitale Malerei entwickelt wurde, mit dem sich aber auch weitere grafische Elemente erstellen lassen.

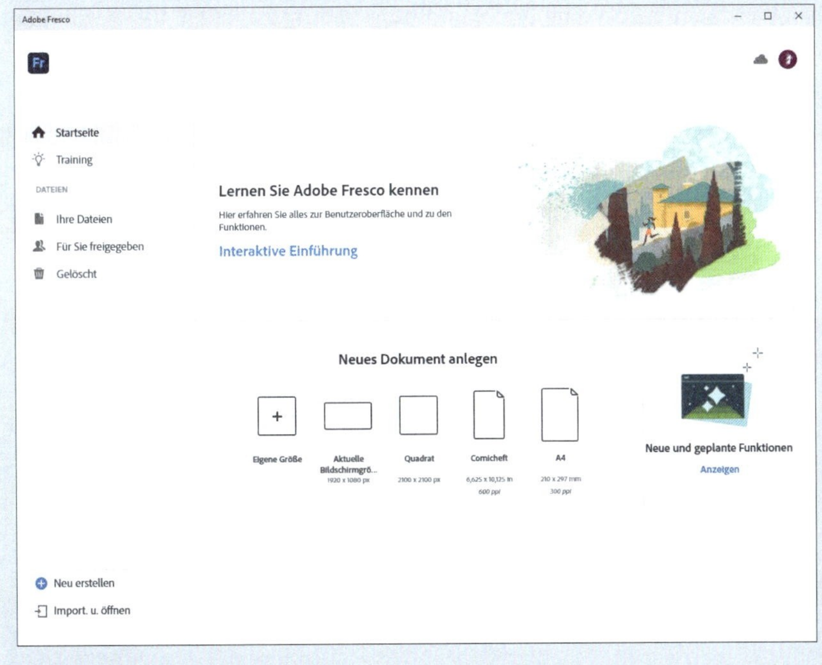

Abbildung 5.26 Adobe Fresco

Du kannst natürlich auch andere Programme nutzen, um deine Visuals zu erstellen. Da bist du völlig frei. Ich persönlich arbeite gerne mit diesen beiden Programmen. Im Großen und Ganzen besteht der Prozess, um deine Visuals zu erstellen, aus drei Schritten: Skizzieren – einen Prototyp erstellen – Visual verfeinern. Im nachfolgenden Abschnitt schauen wir uns diese Schritte genauer an.

5.2 Der kreative Prozess – entwickle deine eigenen Visuals

Genau wie die Erstellung einer Präsentation unterliegt die Erstellung eines Visuals einem gewissen kreativen Prozess. Stell dir während des gesamten Prozesses immer wieder die folgende Frage: Was versuche ich zu kommunizieren und warum? Das Warum dient dir wie gewohnt als roter Leitfaden.

5.2.1 Skizziere deine Idee

Im Bereich der quantitativen Visuals solltest du deine Vorgaben gründlich durchgehen und dir die wichtigsten Kennzahlen markieren. Am besten startest du, wie zuvor schon bei der Präsentation, analog mit einem Storyboard. Beim Skizzieren der Visuals solltest du bereits auf die Proportionen achten. Frag dich, was du wirklich an Informationen benötigst, um das Visual zu verstehen und die Botschaft zu kommunizieren.

Erstelle zunächst einmal eine Art Mind Map mit sämtlichen Ideen für deine Visuals. Arbeite an dieser Stelle am besten mit einfachen Formen, da diese mit jedem Programm umsetzbar sind.

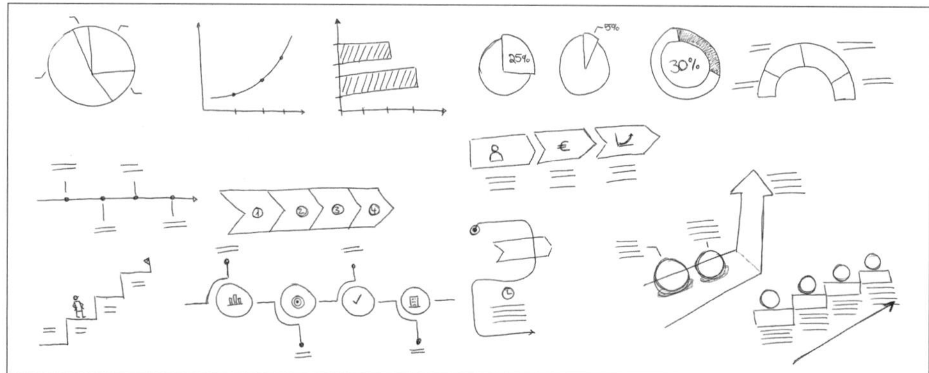

Abbildung 5.27 Verschiedene Scribbles, um Möglichkeiten zu evaluieren

In diesem ersten Schritt geht es darum, Ideen darzustellen, Formen zu schaffen und Verbindungen herzustellen. Du kannst deine Präsentation jederzeit um ein qualitatives Visual ergänzen, um abstrakte Konzepte oder um Zitate bildlich darzustellen.

Wenn du mit Zitaten arbeiten möchtest, solltest du zunächst einmal die Keywords definieren und dafür gezielt Icons oder Symbole festlegen. Bei deinen verwendeten Keywords geht es darum, dass sie deine Kernbotschaft wiedergeben. Manchmal findet man nicht auf Anhieb ein passendes Bild, Symbol oder Icon. Dann gilt es, verschiedene Möglichkeiten durchzuspielen. Du bewegst dich immer noch im Bereich der Ideenfindung und Skizzierung. Es handelt sich um einen kreativen Prozess, in dem zunächst alles erlaubt ist. Es gilt Quantität vor Qualität.

5.2.2 Probiere verschiedene Designs aus

Wenn du genug Skizzen erstellt hast, kannst du zum *Prototyping* übergehen (eine Vorgehensweise, um Möglichkeiten auszutesten, um deren Wirkung besser zu beurteilen). Am besten eignen sich hierfür Visualisierungssoftwares. Wie oben bereits erwähnt, arbeite ich persönlich mit Adobe Illustrator oder Fresco, um meine Visuals zu erstellen. Nachfolgend stelle ich dir weitere Onlinetools vor, mit denen du innerhalb kürzester Zeit verschiedene Arten von Visuals erstellen kannst.

Tooltipps

- **Miro**: Bei Miro handelt es sich um ein kostenloses Onlinetool, das man nach einer kurzen Registrierung auch innerhalb von Teams nutzen kann. Du kannst aus unterschiedlichen Vorlagen auswählen und deine Visuals erstellen.

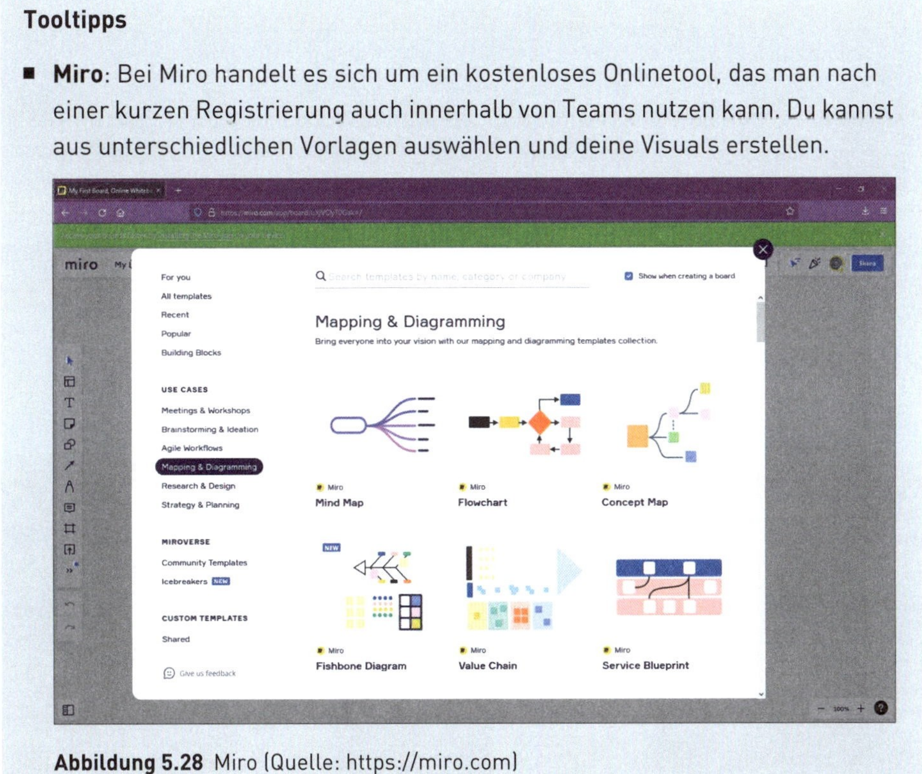

Abbildung 5.28 Miro (Quelle: https://miro.com)

- **Canva Graph maker**: Canva Graph maker gehört mit zu Canva. Auch hier ist eine kostenlose Registrierung notwendig, um Visuals umzusetzen.

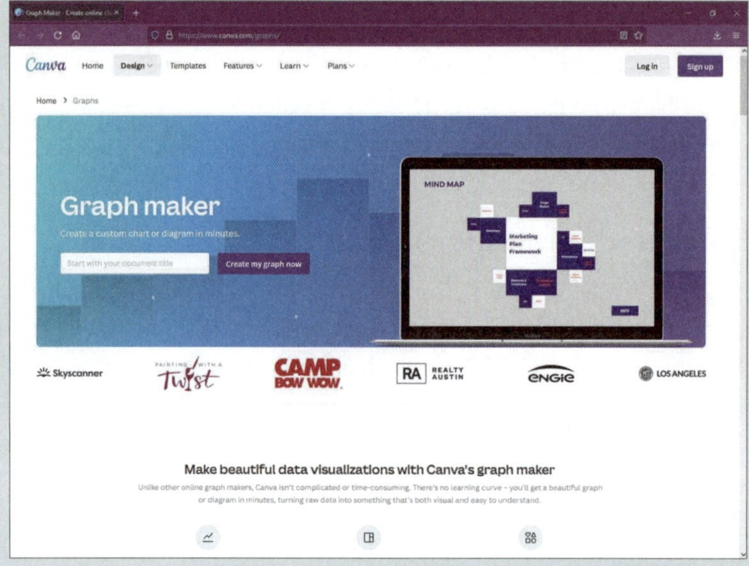

Abbildung 5.29 Canca Graph maker (Quelle: www.canva.com/graphs/)

- **Visme**: Visme ist ähnlich aufgebaut wie Canva. Wie bei den zuvor genannten Tools benötigst du einen kostenlosen Account, um eigene Infografiken zu erstellen. Wenn du mehr Bearbeitungsmöglichkeiten wünschst, kannst du auf einen kostenpflichtigen Account upgraden.

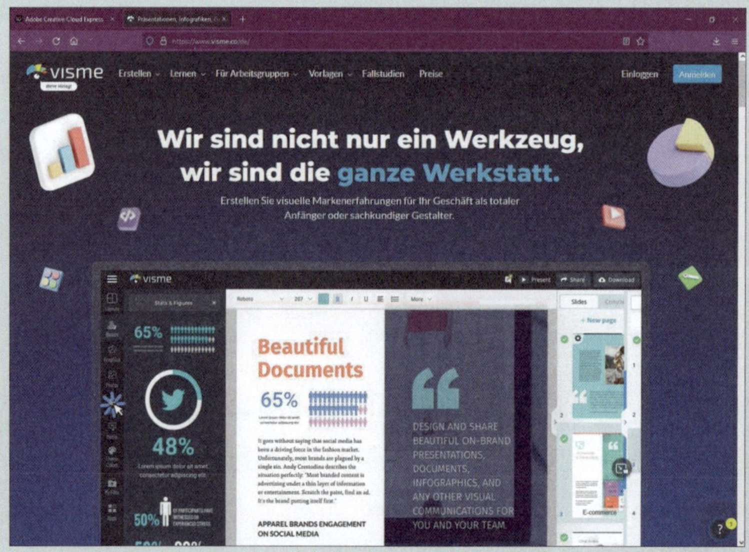

Abbildung 5.30 Visme (Quelle: www.visme.co/de/)

- **Adobe Express**: Adobe Express ist ebenfalls ein kostenloses Onlinetool aus dem Hause Adobe, um ansprechende Visuals zu erstellen. Vielleicht kennst du es noch unter seinem alten Namen *Adobe Spark*. Es bietet Tausende von Vorlagen, Adobe-Stockfotos, Adobe Fonts, Design-Assets sowie diverse Schnellzugriffe. Über ein Premium-Abo kannst du weitere Inhalte freischalten.

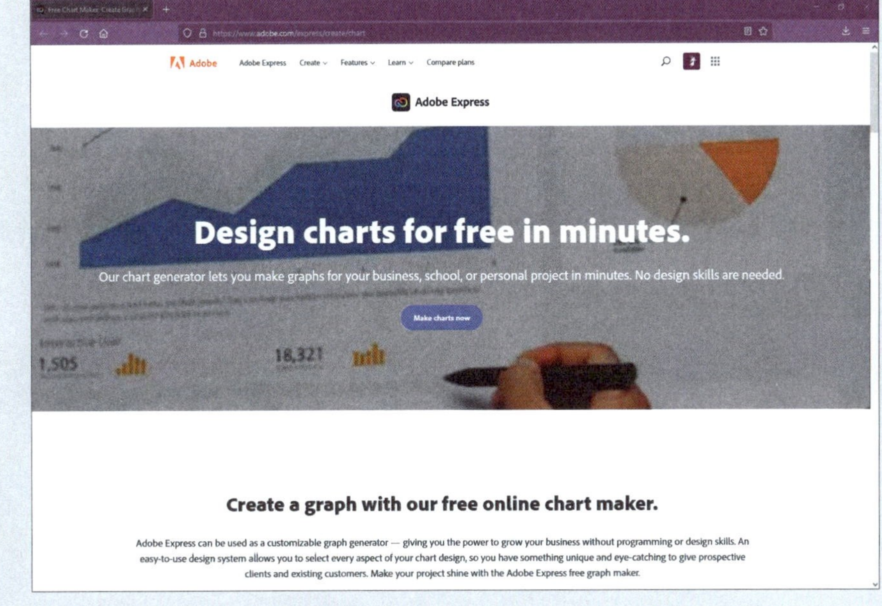

Abbildung 5.31 Adobe Express (Quelle: www.adobe.com/express/)

Für exakte quantitative Visuals bieten sich natürlich Programme wie Microsoft PowerPoint, Apple Keynote oder Google Slides an, da sie die eingegebenen Daten präzise verarbeiten können. Dadurch geht allerdings ein gewisser kreativer Spielraum verloren. Besonders am Anfang, wenn du noch nicht so geübt im Erstellen von Visuals bist, ist das Arbeiten mit diesen Programmen eine sehr gute Alternative, um dich nicht im Datendschungel zu verirren. Du wirst merken, dass mit der Zeit dein eigener Anspruch immer weiter wachsen wird und du irgendwann gern deine eigenen Visuals selbst erstellen möchtest.

Wenn du mit dem Prototyping beginnst, solltest du dir direkt angewöhnen, mit Überschriften zu arbeiten. Wichtige Daten brauchen immer eine Überschrift, um sie in den richtigen Kontext einordnen zu können. Auch bei diesem Schritt möchte ich dich dazu ermutigen, verschiedene Designs auszuprobieren und auch einmal auf ungewöhnliche Formen zurückzugreifen. Gerade das kann am Schluss die Würze deiner Visuals ausmachen. Am besten ist es, wenn du bei der Umsetzung zunächst mit Schwarzweißdarstellungen arbeitest, um dich voll und ganz auf die Daten zu konzentrieren, die du vermitteln möchtest. Erst wenn du mit einem Visual zufrieden bist, kommen beim Feinschliff die Farbe und der Stil mit ins Spiel.

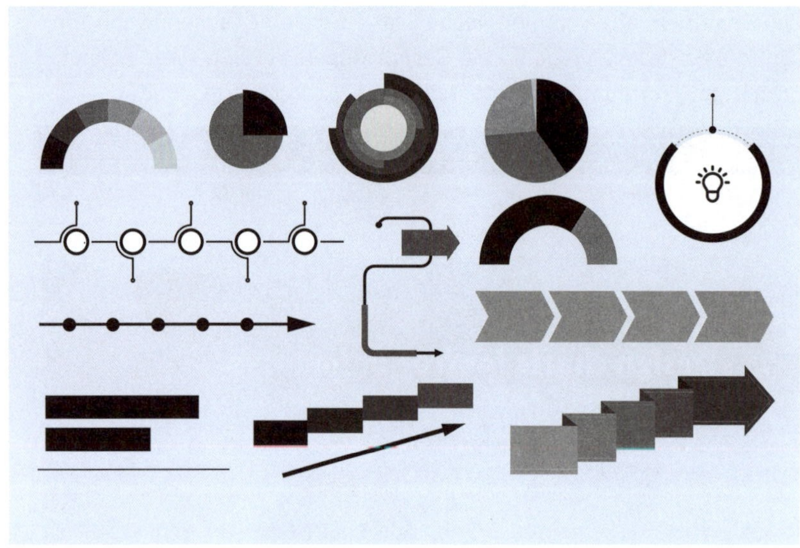

Abbildung 5.32 Erste Formgebungen der benötigten Visuals in Schwarzweiß

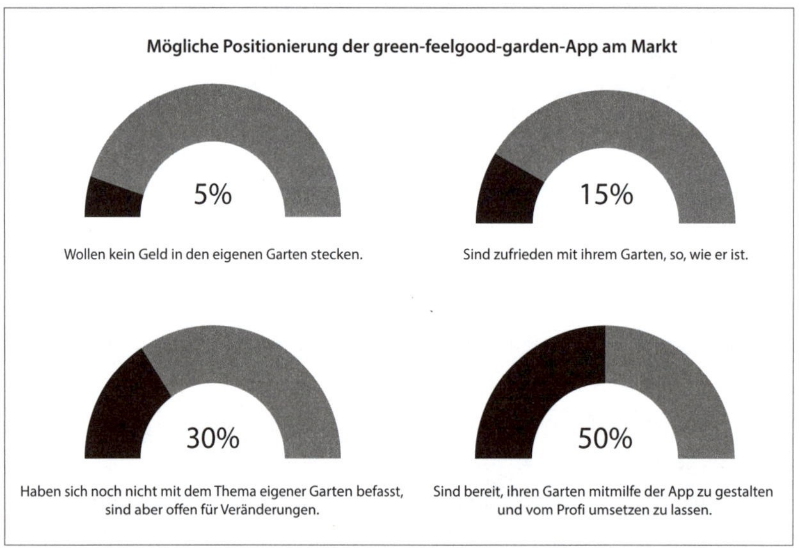

Abbildung 5.33 Schwarzweißumsetzung des Visuals

5.2.3 Der Feinschliff – die Visuals im Einsatz

Erst ganz am Ende und wenn du wirklich zufrieden mit deinem Prototyp bist, geht es an den Feinschliff. Das bedeutet, dass du dein Visual dahingehend anpasst, dass du

Farben, Schriften und Stile gemäß deiner Präsentation übernimmst. Arbeite ebenfalls mit Kontrasten und Farbintensitäten, um ein homogenes Gesamtbild zu schaffen.

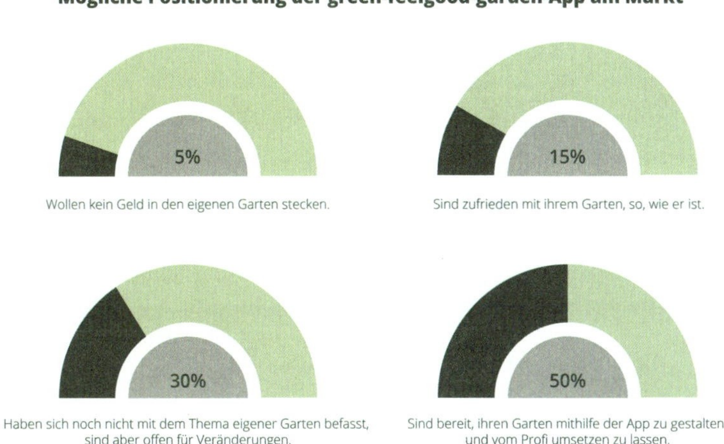

Abbildung 5.34 Das fertige Visual nach der Übertragung des gewünschten Stils

An dieser Stelle greifst du ruhig wieder auf dein Moodboard zurück, um das richtige Look-and-feel zu erzeugen. Es ist wichtig, dass sich die Visuals optisch betrachtet harmonisch ins Gesamtbild deiner Präsentation einfügen. Sollten sie vom Stil, der Schrift und Farbe her nicht mit dem Rest übereinstimmen, wirken sie wie ein Fremdkörper in deiner Präsentation und ziehen im negativen Sinne die Aufmerksamkeit auf sich.

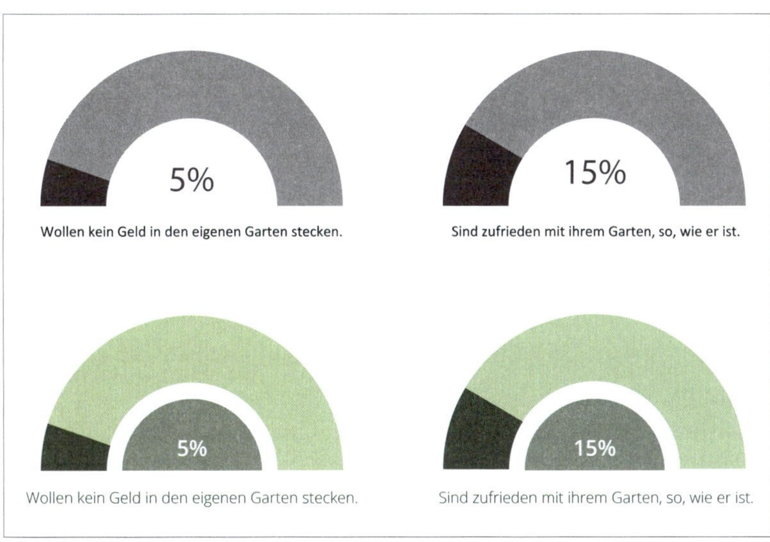

Abbildung 5.35 Direkter Vergleich des Prototyps mit der finalen Version

5.2.4 Die Verwendung deiner Visuals

Visuals sind nicht nur in Präsentationen ein nützliches visuelles Mittel, um Informationen zu vermitteln, auch in anderen Bereichen kannst du von ihnen profitieren, beispielsweise um Berichte mit ihnen anzureichern. Im Bereich von Unternehmens- oder Projektpräsentationen helfen grafische Visuals dabei, zu zeigen, wie etwas funktioniert. Wenn du mehrere Visuals zusammenfasst, erhältst du eine umfangreiche Infografik, die Informationen, Daten und Wissen in einer leicht zu konsumierenden Form präsentiert. Enorm textlastige Geschäftsreporte kannst du mithilfe von Visuals auflockern.

Wie du gesehen hast, helfen Visuals nicht nur in Präsentationen. Daher rate ich dir, dich mit dieser Thematik auseinanderzusetzen und deine Berichte, Präsentationen oder Handreichungen in Zukunft mit ansprechenden visuellen Grafiken aufzuwerten.

5.2.5 Checkliste: Der schnelle Weg zu eigenen Visuals

Am Ende dieses Abschnitts gebe ich dir erneut eine kleine Checkliste mit auf den Weg, damit du in Zukunft deine Visuals schnell und einfach erstellen kannst.

Checkliste: Visuals erstellen

- Mach dich mit qualitativen und quantitativen Visuals vertraut, damit du weißt, welche du für deine Zwecke einsetzen kannst.
- Lies aufmerksam dein Briefing durch, und entscheide dich für die Art der Visuals. Frag nach dem Warum und welche Kernbotschaft du vermitteln möchtest.
- Sammle und markiere dir die wichtigsten Kennzahlen, die du mit deinem Visual zeigen willst, und skizziere mögliche Formen von Visuals. Probiere verschiedene Designs aus, um am Ende das bestmögliche Ergebnis zu erzielen.
- Mit dem Programm deiner Wahl beginnst du die digitale Umsetzung. Fokussiere dich zunächst auf eine rein schwarzweiße Umsetzung.
- Nach Abschluss des Prototypings versiehst du dein Visual mit Farben, Schriften und dem zuvor festgelegten Stil. Greif dafür auf dein erstelltes Moodboard zurück.
- Überprüfe zum Schluss dein Visual auf logische Fehler und geh noch einmal die Zahlen durch. Gerade quantitative Visuals beruhen auf reelle Daten und Fakten.

5.3 Grundlagen des visuellen Denkens

Im vorangegangenen Abschnitt habe ich dir verschiedene Arten von Visuals gezeigt und dir den Prozess ihrer Erstellung erklärt. Es gibt allerdings noch eine weitere Art der visuellen Darstellung. In diesem Abschnitt geht es genau darum, nämlich um die Entwicklung einer visuellen Sprache, die Konzepte auf fesselnde Weise vermittelt. Visuelles Denken hilft uns dabei, komplexe Probleme vereinfacht darzustellen und schneller eine Lösung für sie zu finden. Mit ihm ist es dir ebenfalls möglich, Ideen schnell und unkompliziert zu präsentieren, ohne zuvor eine eigentliche Präsentation erstellt zu haben. Gerade in sich spontan ergebenden Situationen kannst du seine Stärken gekonnt ausspielen.

5.3.1 Einführung in das visuelle Denken

Design wird oft als das Schaffen von etwas Neuem angesehen. Es ist formgebend und gestaltend. Mittlerweile haben sich daraus viele verschiedene Teilbereiche entwickelt und etabliert. Dazu zählen unter anderem Grafikdesign, Kommunikationsdesign oder Produktdesign. Design ist aber so viel mehr. Es kann auch die Art sein, wie man einen Prozess gestaltet. *Design Thinking* und *Visual Thinking* sind zwei der Schlagwörter, die in diesem Zusammenhang gern genannt werden. Unter Ersterem versteht man eine Methode, um Probleme zu lösen. Visual Thinking dagegen ist Teil des Design Thinkings. Es meint, Ideen mithilfe von Visualisierungen nachvollziehbar zu machen. Ideen werden so visuell greifbar und somit reproduktiv und kooperativ. Visual Thinking macht es also möglich, mit anderen besser zu kommunizieren.

Und genau dieses visuelle Denken kannst du dir ebenfalls in einer Präsentation zunutze machen, besonders dann, wenn du nicht mit einer im eigentlichen Sinne gestalteten Präsentation aufwartest, sondern die »Folien« erst während des Vortrags entstehen lässt. Im Fachjargon wird gern der Begriff der sogenannten *Sketchnotes* verwendet.

Beim visuellen Denken steht der Prozess der Ideenvisualisierung im Mittelpunkt. Mit einfachen Hilfsmitteln wie Papier und Stift geht es darum, Ideen zu organisieren und zu visualisieren. Die Vorstellungskraft jedes und jeder Einzelnen ist dabei gefragt. Doch keine Sorge, es geht nicht darum, irgendeine Art von Kunst zu schaffen. Im Kern geht es darum, komplexe Ideen klar zu kommunizieren und die Reinheit im Design durch Reduktion der Elemente zu erreichen. Mithilfe von funktionellen Zeichnungen lässt sich dieses Ziel erreichen.

Dank der Sketchnotes können Ideen erforscht, validiert (das heißt, den Wert von etwas feststellen oder bestimmen) und kommuniziert werden. Darum ist visuelles Denken auch so enorm wichtig. 50 % unseres Gehirns sind mit der Verarbeitung von visuellen Inhalten beschäftigt. Es befähigt uns außerdem dazu, Platz im Gehirn für

Denkprozesse freizugeben. Wir können zudem von einem bestimmten Phänomen Gebrauch machen, um Worte und Bilder besser im Gehirn zu verarbeiten, als es bei reinen Worten der Fall wäre. Dieses Phänomen nennt sich *Bildüberlagerungseffekt*. Hierbei werden beide Gehirnhälften angesprochen bzw. aktiviert, wodurch wir uns später besser erinnern können.

Worte sind nicht immer objektiv, ihre Bedeutung kann falsch verstanden werden. In der Psychologie und Sprachwissenschaft spricht man von der konnotativen und der denotativen Bedeutung. Sie sind unter anderem abhängig von den Erfahrungen oder der Kultur unserer Zuhörer.

Denotation und Konnotation

Die *Denotation* und die *Konnotation* sind Konzepte, die sich auf die Bedeutung von einzelnen Wörtern beziehen. Die Denotation steht dem Konzept der Konnotation gegenüber. Die Denotation bezeichnet die Grundbedeutung des Wortes, wohin gegen die Konnotation die Nebenbedeutung bezeichnet, die auf den selbst gemachten Erfahrungen beruhen. Oftmals haben sie eine zusätzliche emotionale Bedeutung.

Beispiel: Herz

Denotativ: ein lebenswichtiges Organ im menschlichen Körper

Konnotativ: Liebe und Gefühle

Visuals sorgen in diesem Fall für eine eindeutige Bedeutung. Außerdem ist der Prozess des Visual Thinkings ein zutiefst menschlicher Prozess, der von allen Menschen gleichermaßen vollzogen wird. Nachfolgend möchte ich dir ein paar Grundlagen und Übungen an die Hand geben, damit du zukünftig auch auf die Schnelle eine Idee mit kleinen Visuals präsentieren kannst, ohne dass du zuvor Zeit hattest, eine ausgefeilte Präsentation zu erstellen. Alles, was du dafür nachfolgend benötigst, sind Stifte, Papier und Post-its.

5.3.2 Das visuelle Gehirn aufwärmen

In diesem Abschnitt geht es nicht darum, bestimmte Techniken zu verwenden oder sich zu sehr auf solche zu konzentrieren. Vielmehr geht es darum, sich mit dem Zeichnen vertraut zu machen. Der Fokus liegt, wie auch schon bei den Visuals, auf dem Warum und dem Was.

Der Mensch ist ein Meister im Erkennen von Mustern, insbesondere von Gesichtern. Und weißt du, was das Schöne daran ist? Wir müssen keine Meister im Zeichnen sein oder gar Künstler. Menschen sind so konditioniert, Formen und Muster zu erkennen und ihnen einen bestimmten Sinn zu geben. Oftmals braucht es keine ausgefeilte Zeichnung, um eine Idee zu vermitteln. Unser Verstand erledigt in der Regel den Rest. Ein kleines Beispiel gefällig? Schau dir einmal auf Instagram die Seite *@seefaces* an.

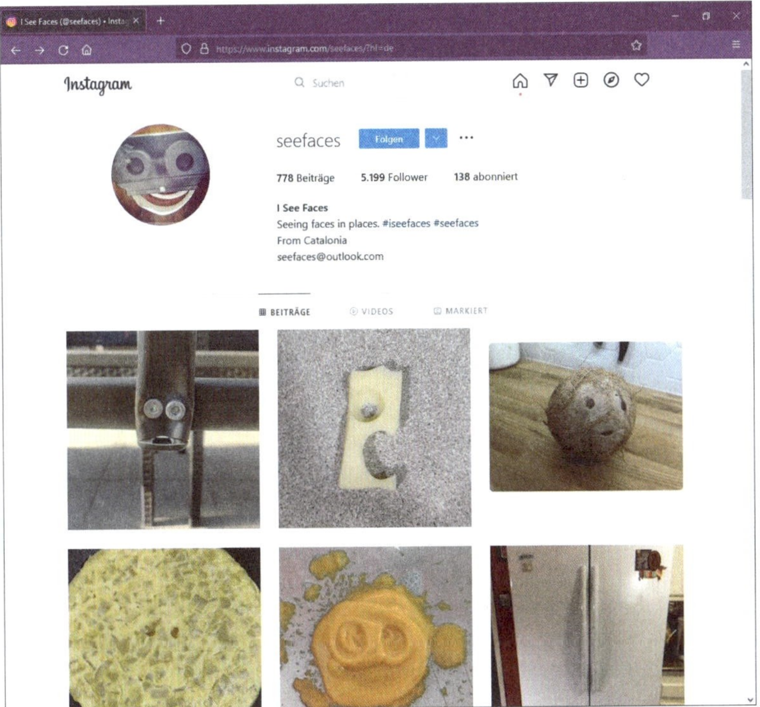

Abbildung 5.36 Obwohl sie in Wirklichkeit nicht da sind, erkennt unser Verstand Gesichter in einfachen Gegenständen. (Quelle: www.instagram.com/seefaces/)

Das ist einer der Gründe, warum Emojis so beliebt und aus unserer Kommunikation kaum mehr wegzudenken sind. Die kleinen runden gelben Punkte vermitteln unseren Kommunikationspartnern eine klare Emotion.

Abbildung 5.37 In jedem Emoji erkennen wir eine andere Emotion. Dabei sind die einzelnen Darstellungen keine aufwendigen und detaillierten Zeichnungen, sondern auf das Wesentliche reduzierte Darstellungen.

Begib dich einmal bei dir zu Hause auf die Suche nach solchen Gesichtern und halte sie fotografisch fest. Diese kleine Übung ist nur eine von vielen, um dein visuelles Gehirn zu schulen und zu trainieren.

Eine weitere Übung, die ich dir nun zeige, nennt sich *Squiggle Birds*. Hierbei handelt es um eine kleine kreative Übung nach Dave Gray und Chris Glynn, um den »Visual-Thinking-Muskel« zu trainieren, den jeder von uns besitzt. Dafür zeichnest du zunächst eine ganze Reihe von unterschiedlichen Schnörkeln auf, ohne groß darüber nachzudenken. Im Anschluss fügst du ihnen einen kleinen Schnabel, Augen, Füße und einen Schwanz hinzu. Dadurch entstehen abstrakte Zeichnungen, die unser Gehirn als vermeintliche Vögel erkennt. Das Schöne an dieser Übung ist, dass du sie überall und zu jeder Zeit ausführen kannst.

Abbildung 5.38 Squiggle Birds – aus einfachen Schnörkeln werden durch Hinzufügen weiterer einfacher Formen kleine Vögel.

Nun gehen wir noch einen kleinen Schritt weiter. Mit dieser letzten Übung bitte ich dich, einmal den Prozess aufzuzeichnen, der zeigt, wie du Kaffee kochst.

Abbildung 5.39 Sketchnote, die den Prozess des Kaffeekochens zeigt

Vergleiche nun einmal deine Skizze mit meiner. Du wirst mit Sicherheit Unterschiede feststellen. Wenn das so ist, hast du im Grunde das Prinzip dieser Übung verstanden. Die Übung zeigt dir, wie unterschiedlich Prozesse sein können. Für jeden sieht der scheinbar einfache Prozess des Kaffeekochens anders aus. Worte allein können hier den Prozess nicht in seiner Gänze erfassen. Doch das Visuelle hilft uns dabei, genau diesen Prozess auf einfache Art und Weise zu verstehen und den Prozess zu erkennen, der dahintersteckt.

5.3.3 Einführung in das Zeichnen

Wie du oben an meiner Sketchnote gesehen hast, muss man kein Picasso sein, um etwas verständlich zu kommunizieren. Alles fängt mit grundlegenden Formen an, um Objekte zu erstellen.

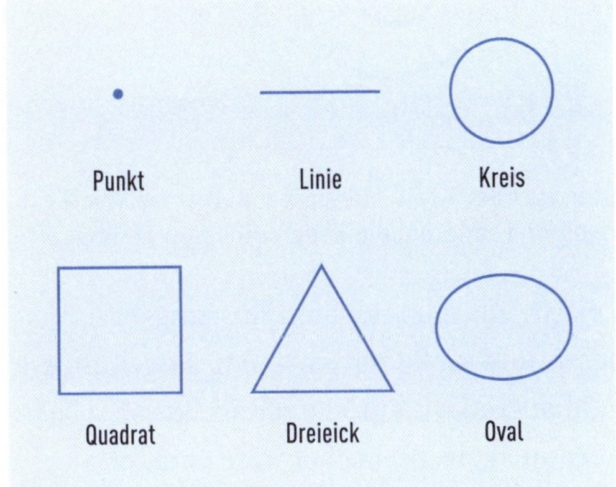

Abbildung 5.40 Mit diesen sechs Grundformen kann man fast alles erstellen.

Schau dir einmal die kleinen Zeichnungen in Abbildung 5.41 an. An ihnen kannst du wunderbar ablesen, wie sich Gegenstände aus einfachen Formen zusammensetzen.

Abbildung 5.41 Gegenstände, die sich aus einfachen Grundformen zusammensetzen

Auch die nächste Übung dürfte dir nicht schwerfallen. Zeichne dafür auf ein Blatt Papier sechs Kreise und erweitere diese mithilfe einfacher Formen zu neuen Objekten.

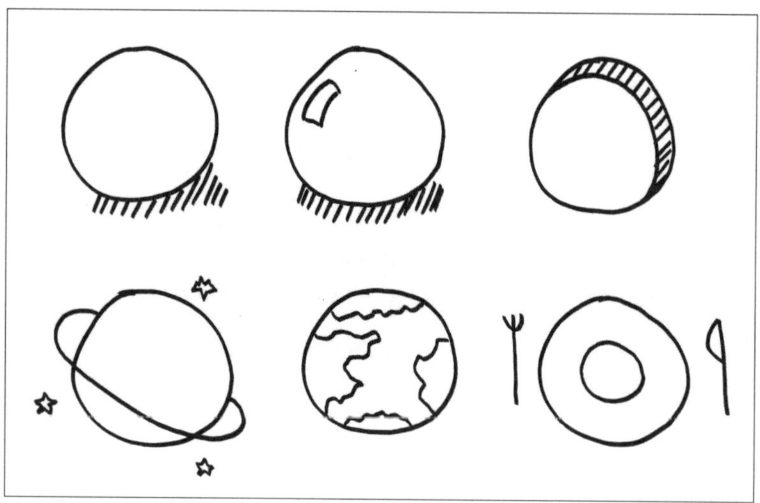

Abbildung 5.42 Verschiedene Möglichkeiten, für was der Kreis stehen kann: hier beispielsweise für einen Ball, eine Kugel, einen Button, einen Planeten, die Erde und einen Teller.

Diese Übung soll dir zeigen, wie einfach es ist, aus einer kleinen Ausgangsbasis verschiedene Objekte oder Ideen zu generieren und zu kommunizieren. Erweitern wir diese Übung noch ein wenig. Nur dieses Mal nutzen wir ein Viereck als Basis. Als Erstes fällt mir dazu ein Kaffeebecher ein. Aber auch ein Teebecher wäre denkbar.

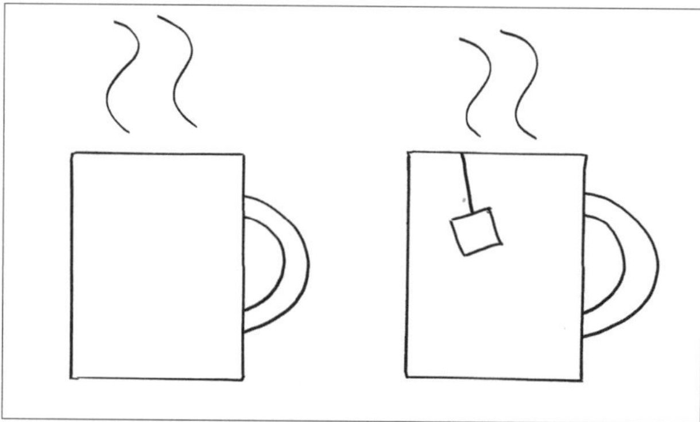

Abbildung 5.43 Das Hinzufügen eines kleinen Details ändert augenblicklich die Wirkung und die Aussage des Visuals.

Wie du gemerkt hast, hat das Hinzufügen eines kleinen Details die Bedeutung des Visuals verändert. Du solltest diese Übung immer mal wiederholen, um dein Abstraktionsvermögen, aber auch dein visuelles Gedächtnis zu trainieren.

In der Einfachheit liegt der Schlüssel zum Erfolg. Durch die Reduzierung auf Grundelemente verbesserst du das Verständnis deiner Botschaft für dein Publikum.

Albert Einstein hat dies im Übrigen sehr schön auf den Punkt gebracht: *»Mache alles so einfach wie möglich, aber nicht einfacher.«* Soll heißen: Wenn du dich zu sehr auf die Ästhetik konzentrierst, wird man dich anhand deiner künstlerischen Fähigkeit beurteilen und nicht wegen der Idee, die du vermitteln oder präsentieren willst. Das Ziel besteht darin, etwas zu erschaffen, das dein Publikum leicht erkennen und verstehen kann.

5.3.4 Grundlegende Zeichenfähigkeiten beherrschen

Wie du schon gemerkt hast, bedarf es gar nicht viel, um Informationen zu vermitteln. Mit der nachfolgenden Übung trainierst du deine grundlegenden Zeichenfähigkeiten.

Zeichne dafür einmal neun Kreise auf ein Blatt Papier. Diese Kreise stehen nachfolgend für Menschen und Emotionen. Als Erstes fügst du in jedem Kreis zwei Punkte als Augen hinzu.

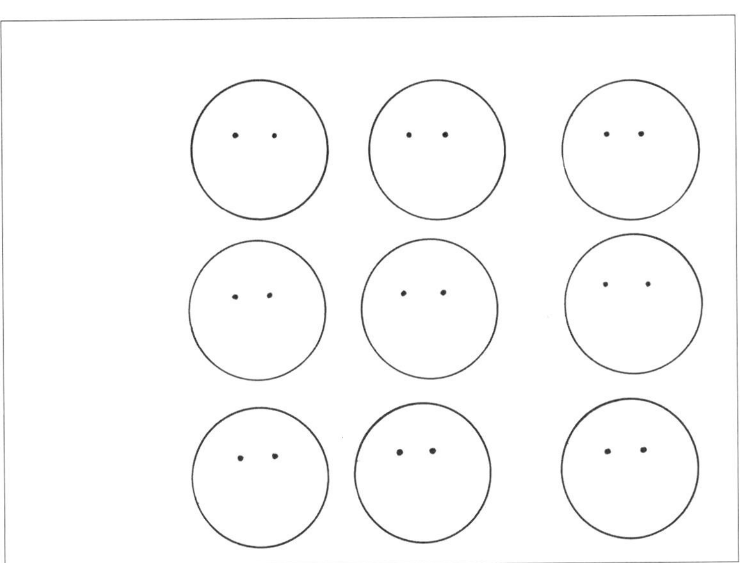

Abbildung 5.44 Im ersten Schritt fügst du zwei Punkte als Augen hinzu.

Es folgen die Augenbrauen (zusammengezogen, neutral und hochgezogen).

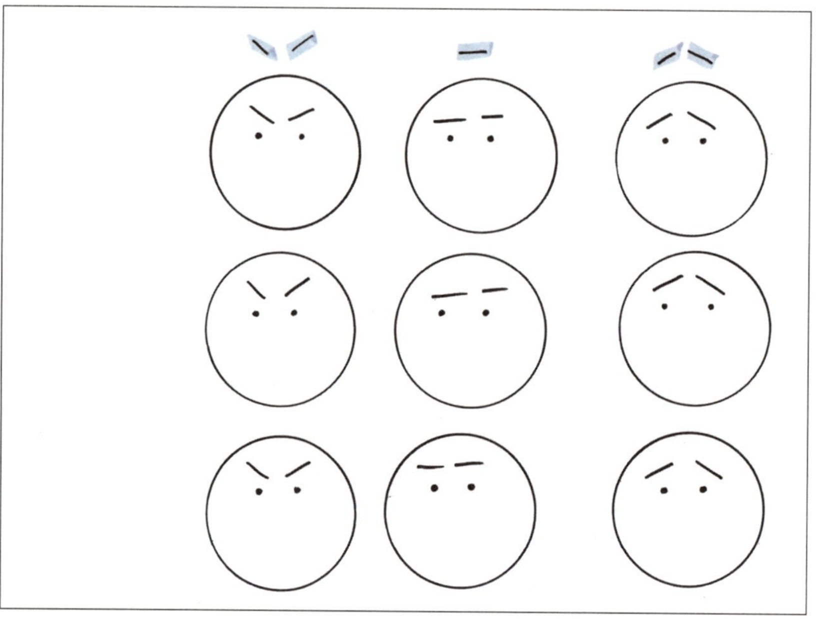

Abbildung 5.45 Bereits jetzt sind verschiedene Emotionen erkennbar.

Im letzten Schritt fügst du noch den Mund hinzu. Hierbei erhalten jeweils drei Köpfe einen glücklichen, drei einen neutralen und die letzten drei einen unglücklichen Mund.

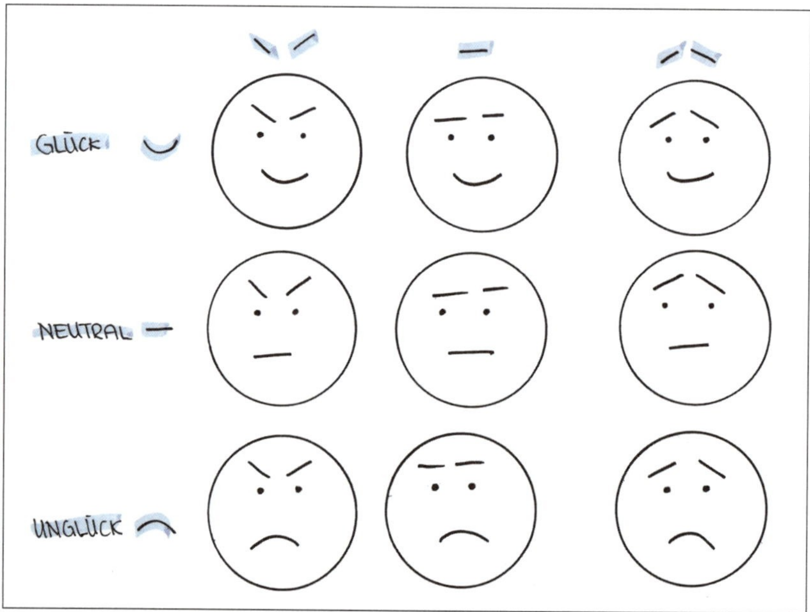

Abbildung 5.46 Das Ergebnis sind neun verschiedene Emotionen.

Durch das Hinzufügen von zwei simplen Details wie Mund und Augenbrauen hast du neun verschiedene Emotionen erhalten, mit denen wir uns identifizieren können. Selbstverständlich besteht die Möglichkeit, mit weiteren Formen für Mund, Augen und Augenbrauen zu spielen, um weitere Emotionen zu erhalten.

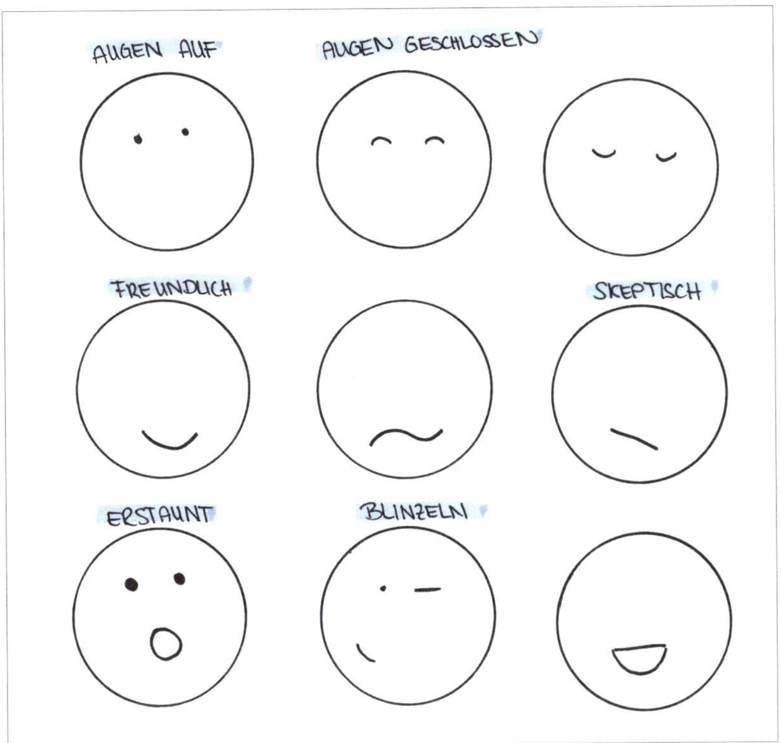

Abbildung 5.47 Das Ausprobieren unterschiedlicher Formen bietet dir unzählige Möglichkeiten und Kombinationen für Emotionen.

Und noch einmal, es geht nicht darum, künstlerische Meisterwerke zu schaffen. Wir wollen etwas visualisieren, mit dem wir uns identifizieren können. Und genauso, wie du nun verschiedene Gesichtsausdrücke erstellt hast, lassen sich auch einfache Personen zeichnen. Vom Prinzip her startet alles mit einem Rechteckt, das um Linien für Arme und Beine und einen Kreis als Kopf ergänzt wird (siehe Abbildung 5.47). Wenn du so nun eine Person zeichnest, gilt es, an drei Dinge zu denken:

1. Welche Emotion willst du zeigen?
2. In welche Richtung blickt das Gesicht?
3. Wie ist die Körperhaltung?

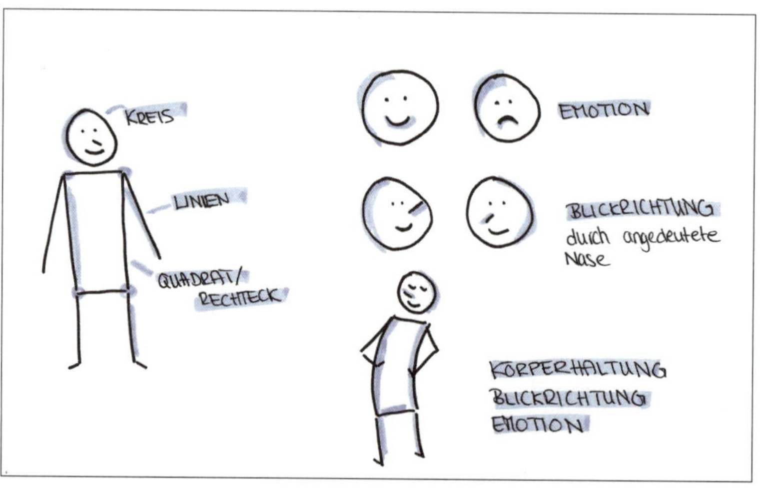

Abbildung 5.48 Der Aufbau deiner Figuren

> **Tipp**
>
> Wenn du Menschen zeichnest, dann halt es so einfach wie möglich.

Wie du Emotionen zeichnest, hast du bereits mit der Übung der neun Gesichter gesehen. Die Blickrichtung kannst du durch die Nase andeuten. Lass die Nase nach oben zeigen, wenn deine Figur nach oben schauen soll, oder nach unten, wenn sie zu Boden blickt. Für die Körperhaltung bzw. Pose kannst du mit den Rechtecken ein wenig spielen. Sie müssen nicht immer statisch nach oben und exakt gerade sein. Ein geschwungenes Rechteck kann eine gebeugte Haltung darstellen. So kannst du relativ schnell viele verschiedene Männchen kreieren, aus denen du später deine Visuals aufbauen kannst.

Abbildung 5.49 Verschiedene Posen, die deine Figur einnehmen kann

Wenn du vor Ort live Visuals erstellst, rate ich dir dringend, vorher fleißig zu üben, damit dir später die Zeichnungen leicht von der Hand gehen. Auch empfiehlt es sich, eine Art Bibliothek mit festen Visuals oder Sketchnotes zu erstellen und diese regelmäßig zu üben. So wird es dir später leichter fallen, auf bereits bekannte Elemente zurückzugreifen und sie zu zeichnen.

5.3.5 Zeichenfähigkeiten verbessern

Durch das Spielen mit Rollen oder das Hinzufügen von Details kannst du deinen Figuren mehr Tiefe verleihen. Sie erhalten dadurch eine weitere Bedeutungsebene.

Abbildung 5.50 Durch das Hinzufügen von Details ist erkennbar, dass die Figur ganz rechts eine Frau ist.

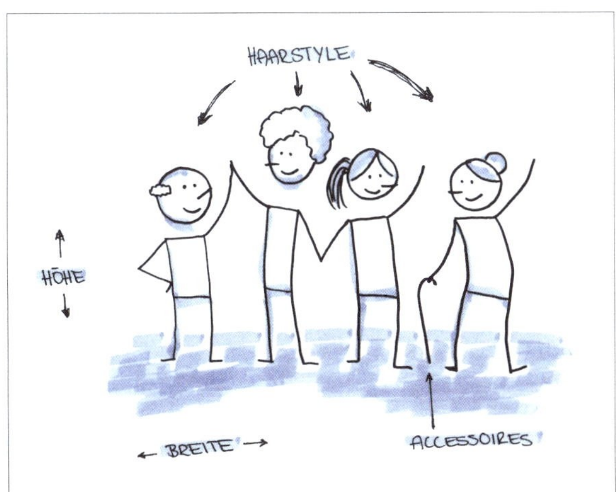

Abbildung 5.51 Auch andere Merkmale wie Breite, Höhe, Haare oder Accessoires erweitern das Repertoire an möglichen Zeichnungen.

Wenn du auf verschiedene Stereotype zurückgreifst, bist du sogar in der Lage, unterschiedliche Berufe darzustellen. Überleg dir einfach, welche Objekte typisch für den jeweiligen Beruf sind oder welche spezifischen Situationen es gibt.

Abbildung 5.52 Verschiedene Berufe können durch typische Objekte dargestellt werden.

Aber auch Interaktionen zwischen zwei Menschen lassen sich mittels eines Handschlags, Sprechblasen, Gesten, Lärm oder Symbolen andeuten. Die Blickrichtung nimmt an dieser Stelle eine wichtige Rolle ein. Zeichne die Nase immer in Richtung deines Interaktionspartners.

Abbildung 5.53 Interaktionssituationen

Wenn du mit Metaphern arbeiten möchtest, macht es Sinn, an bereits vorhandene Symbole anzuknüpfen.

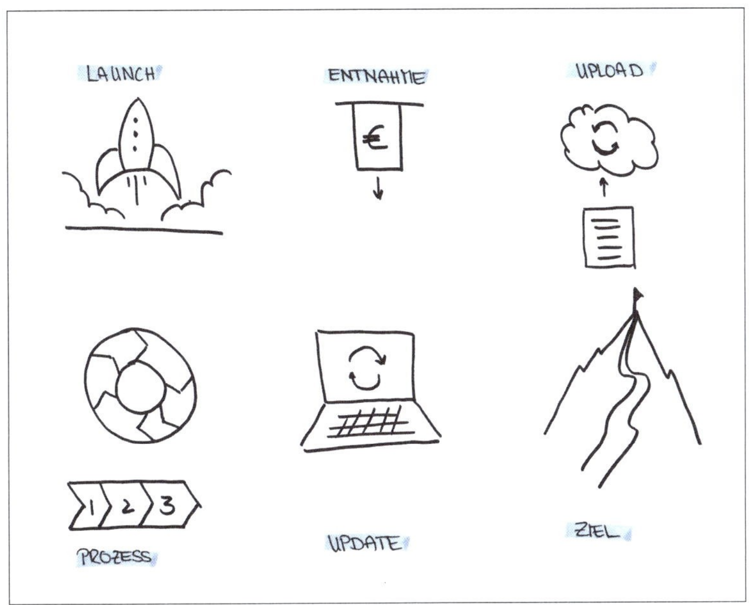

Abbildung 5.54 Mit vorhandenen Symbolen arbeiten

5.3.6 Storystrukturen

Wenn du dich dazu entschließen solltest, Sketchnotes in deine Präsentation einzubauen, stehen dir drei grundlegende Strukturen zur Verfügung, um Infos zu visualisieren:

1. **Was**, um zu erklären, was etwas ist
2. **Warum**, um zu erklären, warum etwas benötigt wird
3. Wenn das Was und das Warum klar sind, nutzt man das **Wie**, um zu erklären, wie man an das gewünschte Ziel kommt.

Was: Hier kannst du Systeme nutzen, um zu zeigen und zu erklären, wie Elemente zusammenhängen und in welcher Beziehung sie zueinander stehen oder wie sie organisiert sind. Das Was nutzt du ebenfalls, um deinem Publikum zu erklären, was etwas ist. Hierzu zählen Elemente eines Produkts, Visionen oder Organigramme.

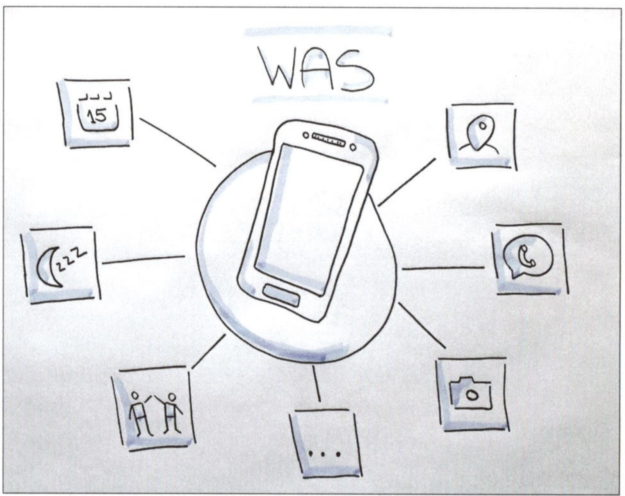

Abbildung 5.55 Was ist ein Smartphone? Mithilfe der Sketchnote wird dargestellt, was man alles mit dem Smartphone machen kann.

Warum: Hier bietet es sich an, mit Vergleichen zu arbeiten. Dafür nutzt du die Unterschiede sowie Gemeinsamkeiten zwischen Ideen und Konzepten. Der aktuelle Stand wird dem zukünftigen Zustand gegenübergestellt. Ziel des Vergleichs ist es, dein Publikum von der Notwendigkeit einer Änderung zu überzeugen.

Abbildung 5.56 Das Warum gezeigt an einem Vorher-Nachher-Vergleich am Beispiel des Zähneputzens

Wie: Das Wie nutzt du, um Abfolgen zu zeigen oder Schritt-für-Schritt-Erklärungen. Mein Beispiel zu Beginn dieses Kapitels mit dem Kaffeekochen gehört in diese Kategorie. In dieser Phase ist das Publikum daran interessiert, wie etwas funktioniert, da sowohl das Was als auch das Warum klar sind.

Ich möchte dieses Kapitel mit einem Zitat des deutschen Illustrators Christoph Niemann beenden, der mit seiner Aussage den Kern der Visuals auf wunderbare Art und Weise zusammenfasst hat. Es verdeutlicht, warum du Visuals in deinen Präsentationen einsetzen solltest: *»Ohne es zu wissen, beherrschen wir die Bildsprache fließend.«* (*https://deutschepodcasts.de/podcast/tedtalks-kunst/sie-beherrschen-diese-sprache-fliessend-und-wissen* – Aus dem TED Podcast vom 10.11.2021)

Kapitel 6
Vor Publikum sprechen – finde deinen Flow

Dieses Kapitel geht der Frage nach, was es braucht, um eine gute Rednerin oder ein guter Redner zu sein, um zu begeistern. Die Zeiten, in denen die Präsentationsfolien voll mit Text und Diagrammen waren, sind vorbei. Es kommt heutzutage auf die perfekte Mischung an.

Bevor wir uns nun der Frage widmen, was eine überzeugende Rede ist und wie du sie aufbaust, sollten wir uns zunächst einmal genauer anschauen, was überhaupt einen guten Redner, eine gute Rednerin ausmacht. Dafür habe ich dir zum Vergleich zwei TED-Talks herausgesucht. Der erste ist von Paul Kelly. Er tritt souverän auf, strahlt Zuversicht aus und weiß, wie er sich seinem Publikum präsentieren muss. Er ist unterhaltsam und bringt sein Publikum zum Lachen.

Abbildung 6.1 »›Thought Leader‹ gives talk that will inspire your thoughts | CBC Radio (Comedy/Satire Skit)« (Quelle: www.youtube.com/watch?v=_ZBKX-6Gz6A)

Und das zweite Beispiel ist der Auftritt des zum Zeitpunkt des TED-Talks gerade einmal 13-jährigen Logan LaPlante. Man merkt ihm seine Nervosität an. Man hört es auch daran, wie er spricht. Manchmal bleibt ihm sogar ein wenig die Luft weg. Doch er verfügt über etwas Entscheidendes, über das Paul Kelly in seiner Rede nicht verfügte.

Abbildung 6.2 »Hackschooling makes me happy | Logan LaPlante | TEDxUniversityofNevada« (Quelle: www.youtube.com/watch?v=h11u3vtcpaY)

Ist es dir aufgefallen? Es ist die Leidenschaft. Sie ist es auch, die uns dazu befähigt, ihn länger in Erinnerung zu behalten. Denn, und das ist der entscheidende Punkt, wie kannst du erwarten, dass sich dein Publikum für etwas begeistert, das dir selbst völlig egal ist?

Wenn man Menschen danach fragt, was einen guten Redner ausmacht, antworten 99 % der Befragten mit Vertrauen auf die Frage. Weniger als 1 % nennt Leidenschaft als Kernkompetenz. An dieser Stelle können wir allerdings viel von Logan LaPlante oder generell von Kindern lernen. Wenn sie über ein Thema sprechen, das ihnen am Herzen liegt, dann sind sie emotional mit ihm verbunden. Dieser Fakt ist es, der erfolgreiche Redner von weniger erfolgreichen unterscheidet. Sie sind emotional mit dem Thema verbunden und haben keine Angst davor, ein gewisses Maß an Verletzlichkeit zu zeigen. Im Idealfall können sie mit einer persönlichen Geschichte ihre Botschaft unterstreichen.

Als Erwachsene haben wir verlernt, uns frei und entspannt zu bewegen, etwas, das Kindern, ohne groß darüber nachzudenken, gelingt. Großartige Redner müssen in der Lage sein, sich von ihren Komplexen zu befreien, um wieder dieses Unbeschwerte zu repräsentieren. Du solltest stets neugierig bleiben und dich auf neue Perspektiven einlassen können. Um das zu erreichen, lerne, nach dem Warum zu fragen. Wie du siehst, zieht sich dieses Thema wie ein roter Faden durch unsere gesamte Kommunikation. Vielleicht hast du dich schon einmal gefragt, warum Kinder so oft nach dem

Warum fragen. Im Grunde versuchen sie dadurch, den Kern einer Sache zu erfassen und in ihr Weltbild einzuordnen – eine Eigenschaft, die uns dabei hilft, ein besserer Redner oder eine bessere Rednerin zu werden.

6.1 Die richtigen Worte finden

Noch ehe du nun die richtigen Worte für deine Rede findest, solltest du verstehen, wie deine Stimme überhaupt funktioniert und wie du sie gezielt als Instrument einsetzen kannst. Drei Körperbereiche entscheiden darüber, wie die Stimme geformt und wie Sprache gebildet wird. Es sind die Lunge, die Stimmbänder sowie Mund und Zunge.

Die Stimmtheorie besagt, dass der Atem der Stimme Kraft verleiht und ihre Emotion trägt. Richtiges Atmen schützt gleichzeitig die Stimmbänder. So sind wir beispielsweise in der Lage, über mehrere Stunden hinweg zu sprechen, ohne die Stimme zu verlieren. Richtiges Atmen hilft uns sogar dabei, unsere Nerven im Zaum zu halten. In Abschnitt 7.4, »Die letzten Minuten vor der Präsentation: Wie du deine Nerven im Zaum hältst«, gehe ich gezielt auf dieses Thema ein und gebe dir wertvolle Tipps und Tricks an die Hand.

Wenn wir einatmen, steigt Luft die Luftröhre hoch und trifft auf die Stimmbänder. Wollen wir nun sprechen, ziehen sich die Stimmbänder zusammen und erzeugen eine Art Brummen. Das ist vergleichbar mit dem Anschlagen einer Gitarrensaite. Die Stimmbänder kontrollieren hier die Tonhöhe der Stimme, also ob sie hoch ist oder tief. Erst der Mund und die Zunge formen die Laute, die zusammen die Sprache ergeben.

Abbildung 6.3 »Yoga Atemübung für deine volle Lungenkapazität! – Tägliche 10 Minuten Routine für den Alltag!« (Quelle: www.youtube.com/watch?v=aH6JImgFvSg)

Atmen wir unbewusst ein, nehmen wir gerade einmal einen halben Liter Luft auf. Ausgebildete Schauspielerinnen oder Sänger sind in der Lage, bis zu 5 Liter Luft aufzunehmen. Das ermöglicht ihnen, mit ihrer Stimme, ganze Hallen zu erfüllen. Dafür machen sie sich die sogenannte *Zwerchfellatmung* zunutze. Solltest du bereits Yoga oder Ähnliches ausüben, wirst du die Bedeutung von tiefem Atmen bereits kennen. Falls nicht, bietet das Internet wie so oft hilfreiche Ansätze. Ich empfehle dir, dich einmal mit dem Thema bewusstes Atmen auseinanderzusetzen, um das größtmöglich Stimmvolumen zu erzielen.

Probiere ihre Wirkung aus. Du wirst merken, dass sich mit der Zeit deine Art zu sprechen verändert. Deine Stimme wird voller und kräftiger wirken, ein Umstand, der dir bei deinen Präsentationen zugutekommt.

6.1.1 Aufwärmübungen für Gesicht, Zunge und Körper

Vielleicht hast du schon einmal den Begriff *Diktion* gehört. Er bezeichnet die Ausdrucksweise eines Menschen. Besonders in den letzten Jahren ist diese immer wichtiger geworden. Dazu gehört auch, laut und deutlich zu sprechen, um richtig verstanden zu werden.

Es gibt eine Reihe von Übungen, um die Muskeln im Gesicht zu dehnen und zu stärken. Diese Übungen sind wirklich einfach, und jeder kann sie ausführen. In Schauspielschulen gehören solche Übungen zur Tagesordnung, und es ist das Erste, was einem jungen Schauspielschüler oder einer ambitionierten Jungschauspielerin beigebracht wird. Schau dir dazu einmal die »STIMM- UND SPRECHÜBUNGEN | STIMME wirksam einsetzen« von Marina Juli an (siehe Abbildung 6.4).

Abbildung 6.4 Für eine deutliche und klare Aussprache bedarf es nur ein wenig Übung. Marina Juli erklärt auf einfache Art und Weise, wie es funktioniert. (Quelle: www.youtube.com/watch?v=tfZYxaNNwWs)

Doch damit ist noch nicht genug getan. Wenn wir präsentieren, neigen wir dazu, zu verkopft zu sein und unseren Körper zu vergessen. Dieser fängt in solchen Momenten automatisch an, verrückte Dinge zu tun, ohne dass uns das bewusst ist. Ein Beispiel dafür ist, wenn wir die Füße kreuzen und so unseren sicheren Stand einbüßen. Wir fangen an zu wackeln und wirken alles andere als selbstsicher. Es ist aber essenziell wichtig, die Kontrolle über den eigenen Körper zu behalten.

Beim öffentlichen Reden sind wir angespannt, und es meldet sich unser Kampf- oder Fluchtinstinkt zu Wort. Oft empfinden wir das Reden im öffentlichen Rahmen als Bedrohung, was zur Folge hat, dass sich unsere Muskeln anspannen und uns auf Kampf oder Flucht vorbereiten. Außerdem steigt unser Adrenalin-Spiegel an und unsere Atmung wird flacher. Das Ganze ist evolutionär begründet. Unsere Vorfahren konnten nur so überleben. Charles Darwin begründete es in seiner These mit *»Survival of the fittest«* (Überleben der Stärkeren). Das Ganze ist heutzutage natürlich nicht mehr zeitgemäß. Rational betrachtet wissen wir das, aber die Evolution ist da etwas träge, was das angeht. In so einer angespannten Lage ist unser Körper oft nach vorn gebeugt, wodurch wir keinen vollen Zugriff auf unsere Lungenkapazität haben. Ruf dir also immer wieder ins Gedächtnis, eine aufrechte Haltung einzunehmen, die Schulter nach unten zu nehmen und einen festen Stand zu haben.

Oftmals helfen kleinere Dehnübungen vor einer Rede, um dich wieder mit deinem Körper zu verbinden. Außerdem lindert das auch die Nervosität vor deinem Auftritt. Versuch ein kleines Aufwärmritual vor deinen Präsentationen zu etablieren, um zur Ruhe zu kommen und um deine Präsentation mit der nötigen Stärke vorzutragen.

Schau dir hierzu auch einmal den Kanal der *Royal Shakespeare Company* an. Von ihnen kannst du dir einiges im Bereich der Körperhaltung und Artikulation abschauen. Beobachte, wie sich die Schauspieler*innen auf der Bühne bewegen und mit ihrem Körper kommunizieren.

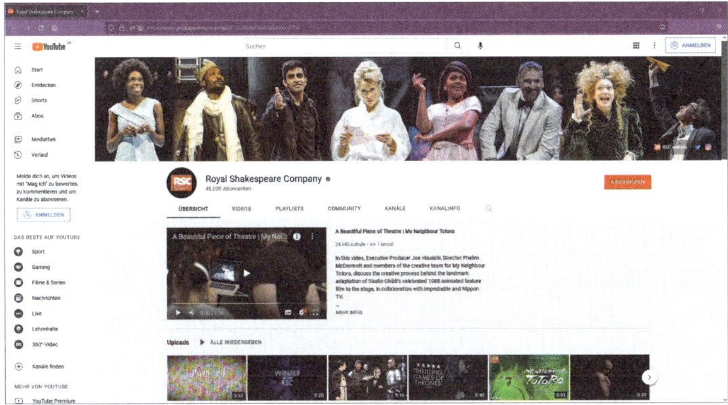

Abbildung 6.5 Nutz die Royal Shakespeare Company als Vorbild, um zu lernen, wie man sich auf der Bühne bewegt und mit dem Körper kommuniziert. (Quelle: www.youtube.com/channel/UCGUb9Ha2Au6Q0xRtIvolT7w)

6.1.2 Was ist eine überzeugende Rede?

Bevor du überhaupt die erste Zeile deiner Rede geschrieben hast, solltest du dir im Klaren darüber sein, was effektive Kommunikation überhaupt ist. Ziel der Präsentation ist es, dass du deine Idee, dein Konzept oder dein Produkt dem Publikum vermittelst. Dafür ist es enorm wichtig, dass die Idee in den Köpfen der Menschen haften bleibt. Das Problem allerdings ist, dass der Mensch über den Tag verteilt mit Tausenden von Informationen überschüttet wird. Und unser Gehirn ist sehr wählerisch, was das Thema Informationsaufnahme betrifft.

Ein Beispiel dazu: Im Wahlkampf um den Posten des amerikanischen Präsidenten 2016 traten Hillary Clinton und Donald Trump mit jeweils einem eigenen Wahlkampfslogan gegeneinander an. Unabhängig davon, welche politische Meinung man vertritt oder ob man es gut fand, wie die beiden ihren Wahlkampf betrieben haben, so zeigen die beiden Slogans deutlich, was es heißt, in Erinnerung zu bleiben. Ich beschränke mich an dieser Stelle wirklich nur auf die Slogans und betrachte sie objektiv und ohne Emotion.

Da hätten wir zum einen »Make America great again« und zum anderen »Stronger together«. Während ersterer konkret sowie spezifisch ist und eine klare Handlungsaufforderung aufweist, bleibt der zweite sehr vage und weit gefasst. Wenn man den Slogan googelt, findet man sogar Firmen, die diese zwei Wörter als Slogan nutzen. Im Grunde ist er beliebig und austauschbar. Der erste Satz richtet sich an eine klare Zielgruppe und spricht den Patriotismus an. Er erreicht die Menschen emotional. Bei »Stronger together« wird keine spezifische Emotion angesprochen. Hier wurde klar auf die Masse abgezielt, doch unterm Strich betrachtet hat sich niemand wirklich davon angesprochen gefühlt. Wenn du aus heutiger Sicht daran zurückdenkst, welcher Slogan aus dem Wahlkampf ist bei dir eher im Gedächtnis geblieben?

Allgemein findet man in der Politik jede Menge solcher Beispiele. Auch der Brexit lieferte damals viele Schlagzeilen. Auffallend war, dass gerade die Schlagzeilen, die pro Brexit waren, immer konkret und spezifisch geäußert wurden. Die Schlagzeilen, die gegen den Austritt waren, waren genau wie »Stronger togehter« sehr vage formuliert, wodurch sie beliebig austauschbar wurden.

Aus diesem Umstand heraus können wir fünf Fakten ableiten, die eine nachhaltige Kommunikation ausmachen:

1. **Einfachheit**: Die einfachste Kommunikation ist die beste. Wenn du selbst ein Thema nicht erklären kannst, dann wahrscheinlich deswegen, weil du das Thema selbst in seiner Komplexität nicht komplett erfasst hast.
2. **Unerwartet**: Unerwartete Wendungen erzeugen Aufmerksamkeit.
3. **Konkret**: Unser Gehirn ist darauf ausgelegt, konkrete Kommunikation zu empfangen. Ein Beispiel dafür sind Sprichwörter, die einen abstrakten Sachverhalt einfach

erklären. Ein Beispiel hierzu: »Ein Spatz in der Hand ist besser als die Taube auf dem Dach.« Dieses Sprichwort umschreibt, dass man sich mit dem zufrieden geben soll, was man hat, selbst wenn es so aussieht, als wäre dies nicht sehr viel wert. Den Spatz hat man sicher in der Hand, die Taube auf dem Dach kann aber jederzeit davonfliegen.

4. **Emotionen**: Menschen wollen sich emotional miteinander verbinden. Dazu gehört auch, die eigenen Emotionen wahrzunehmen und mit anderen zu teilen.
5. **Geschichten**: Seit jeher ist das Gehirn darauf getrimmt, Informationen in Form von Geschichten zu verarbeiten. Je mehr Geschichten du in deiner Kommunikation verwendest, desto besser bleibt deine Botschaft in Erinnerung.

6.1.3 Präsentationsziele erreichen

Stellen wir uns zunächst einmal die Frage, warum ist das Ziel überhaupt so wichtig? Ich weiß, die Frage mag zunächst einmal banal klingen, aber hast du wirklich schon einmal darüber nachgedacht? Das Ziel hilft uns dabei, fokussiert zu sein und Inhalte zu vereinfachen.

Tipp: Ziel formulieren

Versuch, das Ziel deiner Präsentation in einem einzigen Satz zusammenzufassen, um Klarheit darüber zu erhalten. Dadurch erreichst du mehr Fokus auf die Inhalte deiner Präsentation.

Halten wir also fest: Das Ziel sollte simpel, direkt und aktiv sein, damit du es in eine spannende und emotionale Geschichte packen kannst. So reißt du das Publikum während des Vortrages mit.

Aus der Praxis

Schauen wir uns das Ganze an einem kleinen Beispiel an:

Ziel: Ich möchte Menschen dazu inspirieren und ermutigen, eine überzeugende und visuell ansprechende Präsentation zu erstellen und zu halten.

Warum? Weil viele entweder Angst davor haben, eine Präsentation zu halten, oder nicht über die grundlegenden Designprinzipien und Kommunikationsmethoden verfügen.

Warum? Jeder kommt einmal in die Situation, in der er oder sie eine Präsentation halten muss, und weiß möglicherweise nicht, wie vorzugehen ist, damit dies auch gelingt.

Warum? Es gibt weder in der Schule noch an der Uni ein verpflichtendes Fach, das richtiges Präsentieren unterrichtet. Dabei muss man nur die Grundlagen beherrschen, um erfolgreich zu präsentieren.

Warum? Damit man merkt, dass Präsentationsdesign und das Halten von Präsentationen Spaß machen kann und dass es gar nicht so beängstigend ist, wie wir uns das immer vorstellen.

Die Warum-Frage ist an dieser Stelle ein wunderbarer Türöffner, um neue Wege und Perspektiven zu finden. Wenn du so deine erste Frage beantwortet hast, formulierst du daraus erneut eine Warum-Frage, um den wirklichen Fokus der Präsentation und somit das Ziel zu erreichen. Auf diese Art machst du weiter, bis du das Gefühl hast, den Kern der Sache gefunden zu haben. Schau dir auch einmal die Wörter an, die du für die Beantwortung deiner Fragen verwendet hast. Sie können dir einen Hinweis auf den Grundgedanken geben.

Diese Übung kann den Fokus deiner Inhalte verschieben oder die Perspektive ändern. Das hat allerdings den Vorteil, dass der Schwerpunkt deiner Präsentation ein stärkerer wird. Diese Übung solltest du noch vor dem eigentlichen Start der Zusammenstellung der Inhalte machen und noch bevor du deine Rede dafür schreibst.

Um dein Ziel zu erreichen, musst du vor allem eines tun: Pass die Inhalte deiner Zielgruppe an. An diesem Punkt bei der Erstellung einer Präsentation wird häufig derselbe Fehler gemacht: Wenn wir die Präsentation zusammenstellen, vergessen wir oft unser Publikum, weil wir zu sehr auf uns selbst fokussiert sind. Wir machen uns über alles Mögliche Gedanken:

- Was muss ich sagen?
- Wie muss ich etwas sagen?
- Muss ich an der Stelle noch etwas ergänzen?
- usw.

Dein Publikum ist aber das entscheidende Kriterium, wenn es darum geht, Inhalte zusammenzustellen. Es entscheidet darüber, welche Art an Inhalten du benötigst.

Nehmen wir hierzu das Märchen von *Hänsel und Gretel* als Beispiel. Die beiden vergehen sich an dem Pfefferkuchenhaus der Hexe und werden von der Hexe dafür bestraft. Nun kann man natürlich sagen, die Kinder hatten Hunger und die Hexe hatte genug zu Essen. Und natürlich sperrt man keine Kinder ein und will sie dann auch noch essen. Aber stell dir einmal vor, du würdest das Märchen vor lauter Hexen erzählen. Diese würden die Sicht der Hexe verstehen und ihr auch noch vollkommen recht geben. Aus Sicht der anderen Hexen hat die Hexe nur ihr Hab und Gut verteidigt. Aus heutiger Sicht haben Hänsel und Gretel nämlich den Tatbestand der Sachbeschädigung erfüllt. Aus der Schurkensicht ist es schon fast eine Tragödie.

An diesem kleinen Beispiel ist hoffentlich deutlich geworden, dass das Publikum den kompletten Inhalt ändern kann. Schauen wir uns nachfolgend an, wie du Inhalte dahingehend anpassen kannst, dass dein Zielpublikum an erster Stelle steht.

6.1.4 Wie passt man Inhalte dem Zielpublikum an?

Um die Inhalte zielgruppengerecht zu erstellen, kannst du wie folgt vorgehen:

1. Du erstellst eine Mind Map mit allen relevanten Inhalten, die du gerne präsentieren möchtest. Das können sowohl Fakten, Daten als auch Fragen sein.

Abbildung 6.6 Im ersten Schritt geht es um Mind Dumping. Schreib alles auf, was dir zu einem Thema einfällt.

2. Wenn du so alle Gedanken fixiert hast, versetzt du dich im Anschluss in die Lage deines Publikums. Markiere mit einem farbigen Stift alle für das Publikum relevanten Themen. Frag dich dabei, was dein Publikum wirklich interessiert.
3. Geh so noch einmal deine markierten Punkte durch. Brauchst du wirklich alle davon? Wenn du eine Präsentation vorbereitest, leidest du unter dem *Fluch des Wissens*. Du weißt alles über dein Thema und denkst womöglich, dass du dieses ganze Wissen vermitteln musst, um verstanden zu werden. Das überfordert allerdings in der Regel das Publikum.

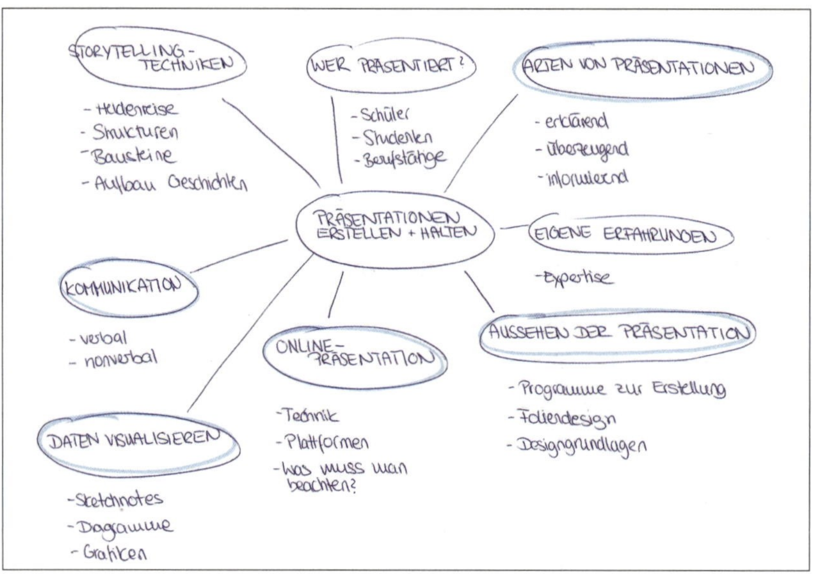

Abbildung 6.7 Versetz dich in die Lage deines Publikums: Welche Informationen sind relevant?

4. Nimm nun eine weitere Farbe zur Hand und kreise nur noch die Gedanken ein, von denen du glaubst, dass dein Publikum diese Informationen wissen muss, um deine Idee zu verstehen. Versuch dabei möglichst objektiv vorzugehen. Du darfst ruhig rücksichtslos gegenüber deinen Inhalten sein und gnadenlos streichen.

Abbildung 6.8 Schränke deine Auswahl weiter ein, um zum Kern deiner Inhalte zu kommen.

Von all deinen Gedanken und Inhalten, die du zu Beginn in der Mind Map erfasst hast, bleiben am Ende in der Regel nur noch rund 30 % übrig. Wenn du nun deine Mind Map einmal genauer betrachtest, werden einige Gedanken mit ziemlicher Sicherheit mit beiden Farben markiert sein. Dann herzlichen Glückwunsch, du hast den Aufhänger (*Hook*) gefunden, mit dem du Aufmerksamkeit erzeugst und mit dem du in Erinnerung bleibst.

6.1.5 Monroes motivierte Sequenz

Irgendwann im Laufe der Schulzeit haben wir gelernt, Inhalten eine Struktur zu geben. Dabei haben wir uns an dem klassischen Aufbau von Anfang – Hauptteil – Schluss orientiert, was wohl einer der Gründe dafür ist, dass wir diese Struktur ebenfalls oft bei Präsentationen anwenden. Andere gehen ihre Präsentation in einer sogenannten *Tell-me-Struktur* an. Dabei geht es darum, den Hörern schon im Vorfeld zu verraten, was man sagen wird. Diese Strukturform ist aber alles andere als spannend. Schlimmer noch, sie ist extrem ermüdend und führt dazu, dass das Publikum schnell anfängt, sich zu langweilen, da es dazu verdammt ist, passiv zu bleiben und nicht den Ausgang der Geschichte erraten oder das vorgestellte Konzept nachvollziehend mit entwickeln darf.

Deswegen ist es wichtig, nicht nur die Geschichte im Blick zu behalten, sondern die komplette Präsentation und wie sie auf das Publikum wirkt. Wie du bereits in Kapitel 3, »Storytelling – die Würze deiner Präsentation«, gelernt hast, gibt es fünf Bausteine, die eine gute Geschichte ausmachen. Und diese fünf Bausteine sind es auch, die großartige Geschichten miteinander verbinden.

Wie kannst du dies nun auf deine Präsentation übertragen? Mitte der 1930er Jahre entwickelte der amerikanische Professor für überzeugende Psychologie Alan H. Monroe eine Struktur, die es ermöglicht, Inhalten leicht zu folgen. Dafür hat er viele Geschichten und Erzählungen analysiert und fünf Punkte ausgemacht, die jede von ihm analysierte Geschichte enthielt. Richtig angewendet, kann man ohne größere Schwierigkeiten gute Erzählungen aufbauen, ohne sich an den klassischen Stil nach Aristoteles halten zu müssen.

Der 5-Punkte-Plan nach Monroe

1. **Get Attention**: Dieser Punkt eröffnet die Präsentation, indem du zum Beispiel mit etwas Unerwartetem aufwartest oder eine kleine Geschichte oder Anekdote erzählst.
2. **Create a Need**: Im Mittelpunkt steht die Verbindung zwischen dir selbst, dem Thema und dem Publikum. Es geht darum, wie man Bedürfnisse daraus ableitet.

3. **Satisfy the Need**: Hier werden Lösungen präsentiert, um die Bedürfnisse zu erreichen.
4. **Visualize the Future**: Zeig deinem Publikum, wie die Zukunft aussehen könnte, wenn die Bedürfnisse befriedigt sind (»Und sie lebten glücklich bis ans Ende ihrer Tage ...«).
5. **Action**: Fordere zum Handeln auf. Dabei sollte die Hemmschwelle möglichst niedrig gehalten werden, damit es deinem Publikum leichter fällt, ins Tun zu kommen.

Vielleicht ist es dir nicht aufgefallen, aber ich habe mein Vorwort zu diesem Buch genau nach diesem Muster aufgebaut. Ich bin mit einer kleinen Geschichte gestartet und habe damit versucht, ein Gefühl zu erzeugen, das jede und jeder nachvollziehen kann. Mit den Kapitelbeschreibungen habe ich dir erklärt, wie sich deine Skills verbessern können und welches Handwerkszeug du danach besitzt, um authentische und überzeugende Präsentationen zu erstellen. Und schließlich habe ich dich dazu aufgefordert, mir in die aufregende Welt der Präsentationen zu folgen. Du siehst, man kann diese Struktur nicht nur für Reden anwenden, sondern auch für Texte.

Abbildung 6.9 Arbeitsvorlage für Monroes motivierte Sequenz

In Abbildung 6.9 erkennst du ein Worksheet für Monroes motivierte Sequenz. Dieses habe ich dir als Download bei den zusätzlichen Materialien zum Buch (*www.rheinwerk-verlag.de/5625*) zur Verfügung gestellt. Übe dich ein wenig in dieser Technik, und du wirst schon bald merken, dass deine Reden und deine Texte davon profitieren werden.

6.2 Erzähle deine Geschichte

Ich habe bereits an verschiedenen Stellen dieses Buches versucht, dir die Bedeutung von guten Geschichten klarzumachen. Nun musst du aber auch diese Geschichten in den jeweiligen Kontext deiner Präsentationen setzen und den Inhalten eine Struktur verleihen. Schauen wir uns hierzu verschiedene Techniken an.

6.2.1 Techniken des Geschichtenerzählens

Für Präsentationen gibt es im Großen und Ganzen acht Storytelling-Techniken, die du nutzen kannst. Allerdings werde ich dir an dieser Stelle nur drei davon vorstellen, da sie für eine Präsentation die stärksten Formen darstellen.

Fangen wir mit dem *Monomythos* an. Darunter versteht man die klassische Heldenreise, an deren Ende eine Entwicklung stattgefunden hat. Es ist auch die klassischste Form, die wir kennen. Man folgt dem Helden oder der Heldin chronologisch auf ihrer Reise und erlebt ihre Abenteuer stellvertretend mit. Ein wunderbares Beispiel eines Monomythos ist Disneys »Herkules«.

Abbildung 6.10 Der klassische Monomythos (Quelle: www.youtube.com/watch?v=S7R_cWcw7ro)

Wir verfolgen gespannt die Entwicklung des jungen Herkules, der sich in seiner vertrauten Welt wie ein Fremdkörper fühlt und nicht dazugehörig. Er bricht zu einer Reise auf, um herauszufinden, wer er wirklich ist, und kehrt am Ende als gefeierter Held in seine alte Welt zurück.

Die zweite Form nennt sich *in medias res*. Der Begriff kommt ursprünglich aus dem Lateinischen und bedeutet so viel wie »mittenrein« in die Geschichte oder zum Kernkonflikt (wörtlich »mitten in die Dinge«). Die Geschichte beginnt mittendrin an einem spannenden Punkt, just bevor die eigentliche Wende käme. Doch anstatt zu erzählen, wie es weitergeht, kehrt die Geschichte zum Anfang zurück. Mit dem Wissen, das man zu diesem Zeitpunkt hat, erklärt man im Anschluss, wie man an diesen Punkt gelangt ist. Das Staffelfinale der sechsten Staffel der US-amerikanischen Serie »Hawaii Five-O« ist ein sehr gutes Beispiel für den Einsatz der In-medias-res-Technik.

Abbildung 6.11 In medias res (Quelle: www.youtube.com/watch?v=n-ICdxHSV_8)

Zu Beginn wird eine spannende Szene gewählt, dann folgt der Cut zum Anfang und baut sich von da Szenen für Szene auf. Diese Technik eignet sich hervorragend dafür, wenn du gezielt mit der Spannung deines Publikums spielen willst.

Die dritte und letzte Technik, die für uns relevant ist, ist der *Twist* oder auch *Fehlstart*. Am Anfang legst du eine gewisse Erwartung fest, sodass dein Publikum zu wissen glaubt, auf was deine Präsentation hinauslaufen wird. Der Weg der Reise scheint klar vorgegeben zu sein. Doch anstatt diese Erwartungen zu erfüllen, unterwanderst du diese und lässt etwas Unerwartetes passieren. Bei Filmen erkennt man diese Art des Geschichtenerzählens daran, dass sich beispielsweise am Ende des Films, der Schurke als ein völlig anderer herausstellt. Der Bollywood-Film »Don« aus dem Jahr 2006 ist so ein Beispiel.

Abbildung 6.12 Der klassische Twist – wer ist der Held und wer der Schurke? (Quelle: www.youtube.com/watch?v=ccJF7bWOLyY)

Übung

Alle drei Techniken lassen sich hervorragend mithilfe von Kurzgeschichten üben. Such dir dafür ein Märchen aus und erzähle alle drei Geschichten jeweils aus der Sicht des Monomythos, der In-medias-res-Technik und als Twist. Das Ganze kann dann wie folgt aussehen:

In medias res: Rotkäppchen

Da war ich also und blickte in den Schlund des Monsters, das ich erst für meine Großmutter hielt. Ich hätte wissen müssen, dass da etwas nicht stimmte. Aber wie konnte es bloß so weit kommen? Alles, was ich wollte, war doch, meiner Großmutter eine Freude zu bereiten. Doch der Reihe nach ...

Heute Morgen drückte meine Mutter mir Kuchen und Wein in die Hand, weil ich meiner Großmutter eine Freude machen wollte. Sie war krank und sollte sich daran stärken. Meine Mutter hielt mir eine kurze Predigt, was ich dürfe und was nicht, aber irgendwie hörte ich nicht genau zu. Lieber wollte ich so schnell wie möglich raus. Auf dem Weg zur Großmutter bin ich einem ziemlich haarigen Kerl begegnet, der recht nett zu sein schien. Die Worte meiner Mutter, ich solle mich vor Fremden in Acht nehmen, hatte ich schon längst wieder vergessen und erzählte fröhlich drauflos, was ich vorhatte. Den plötzlichen Glanz in seinen Augen habe ich erst gar nicht wahrgenommen. Ich fand ihn furchtbar nett, da er mir den Tipp mit den Blumen gab. [...]

Egal, für welche Technik du dich entscheidest, ich rate dir, jede Technik zu üben, damit sie dir in Fleisch und Blut übergeht und du im Ernstfall bestens gewappnet bist

6.2.2 Der Schlüssel zu großartigem Geschichtenerzählen

Alles dreht sich um Geschichten, auch während deiner Präsentation. Du selbst wirst zum Geschichtenerzähler respektive -erzählerin, um dein Projekt darzustellen. Darin liegt der Schlüssel zum Erfolg. Du hast es in der Hand, ob dein Publikum im übertragenden Sinne an deinen Lippen hängt oder nicht. Deshalb solltest du ohne große Umschweife anfangen, indem du dein Publikum direkt zu Beginn mit etwas Unerwartetem überraschst. Stell das Problem dar und zeig im Anschluss, wie man es am besten löst. Daten helfen dir dabei, deine Argumente zu untermauern. Sie geben deiner Geschichte Tiefe und bieten außerdem Verlässlichkeit.

Das Allerwichtigste jedoch ist, dass du derjenige oder diejenige bist, die das Geschehen führt. Soll heißen: Du führst dein Publikum durch die Geschichte und somit durch die Präsentation. Versuche mit der Geschichte zu interagieren, um sie lebhafter zu gestalten. In Kapitel 9, »Aufmerksamkeit erzeugen«, zeige ich dir mehrere Möglichkeiten, wie dir das gelingen kann. Dich erwarten dazu einige Best-Practice-Beispiele.

Am Ende deines Vortrags sollten sowohl dein Publikum als auch du selbst zu dem gleichen Schluss gelangen. Wie du bereits erfahren hast, setzt sich eine Präsentation aus verschiedenen Teilen zusammen, und jeder Teil verfolgt dabei sein eigenes Ziel. Heb dir für den Schluss eine kleine Überraschung auf, um noch einmal die volle Aufmerksamkeit deines Publikums zu bekommen. Erst danach schließt du deinen Vortrag mit einem kleinen Resümee und – was ganz wichtig ist – einem Call to Action. Lass dein Publikum hier nicht einfach im Regen stehen. Aus psychologischer Sicht braucht das Gehirn einen vernünftigen Abschluss.

Quick-Check: Präsentationsstruktur

Die einfachste Form einer Präsentationsstruktur setzt sich wie folgt zusammen:

- Wer bin ich?
- Warum?
- mein Vorschlag
- Was wird benötigt?
- Call to Action

Ein letzter wichtiger Tipp an dieser Stelle: Erkundige dich, was für ein Zeitfenster dir ungefähr zur Verfügung steht. Zeit ist heutzutage eine der wichtigsten Ressourcen und sollte nicht unnötig in die Länge gezogen werden. Wenn deine Präsentation zu ausschweifend wird und du einfach nicht zum Ende kommst, kann sich das negativ auf deinen kompletten Vortrag auswirken und am Ende dafür sorgen, dass deine Idee nicht angenommen wird. Halt dich also an die Weisheit: In der Kürze liegt die Würze.

6.2.3 Schreibtechniken (für die Erstellung der Skripte)

Es gibt Menschen, die benötigen kein Manuskript, das sie sicher durch die Präsentation bringt. Ich gehöre leider wie viele andere auch nicht zu dieser Sorte Mensch. Ich setze sehr gern auf ein sogenanntes *Präsentationsmanuskript*.

Es hilft dabei, sich hinsichtlich der Inhalte sicher zu fühlen und den roten Faden der Präsentation nicht zu verlieren. Außerdem kann man sich durch einen kurzen Blick ins Manuskript die notwendigen Informationen erneut ins Gedächtnis rufen.

Ich persönlich arbeite mit Stichworten. Das hat direkt einen unschlagbaren Vorteil. So bin ich gezwungen, freier zu sprechen, und kann in direkten Kontakt mit meinem Publikum treten. Da ich so Augenkontakt halten kann und nicht ständig auf meine Notizen starren muss, wird die Präsentation lebendiger und wirkt zudem souverän und ungezwungen. Die Stichworte liefern nur Hinweise auf die Informationen, die als Nächstes kommen und die ich dann mit eigenen Worten umschreiben muss.

Falls du dich gerade am Anfang nicht sicher genug fühlen solltest, nur mit Stichpunkten zu arbeiten, so kann es hilfreich sein, wenn du nur die Einleitung und den Schluss in kurzen Sätzen formulierst. Besonders zu Beginn einer Präsentation, wenn die Nervosität am höchsten ist, kann das dafür sorgen, dass du ruhiger wirst und in der Hektik nichts vergisst.

Zum Ende hin neigt man dazu, schnell fertig werden zu wollen, wodurch man wichtige und abschließende Informationen vergessen kann. Die schriftlichen Ausformulierungen sollten natürlich so gestaltet sein, dass du sie leicht erfassen kannst. Viele Präsentationssoftwares bieten die Möglichkeit, mit einer Kommentarfunktion Stichpunkte zu hinterlegen. Ich persönlich nutze die Funktion eher selten, da ich mich beim Präsentieren gerne bewege oder auch schon mal etwas zeigen möchte. Für solche Fälle nutze ich Moderationskarten mit Stichpunkten, die nach einem bestimmten Prinzip aufgebaut sind.

6.2.4 Aufbau Moderationskarten

Als Karten nutze ich in der Regel Blanko-DIN-A6-Karten. Die postkartengroßen Karten liegen gut in der Hand und sind optisch betrachtet kein allzu großer Störenfried. Diese beschrifte ich jeweils nur einseitig und nummeriere sie durch. So ist sichergestellt, dass ich mich nicht verzettele, falls die Karten herunterfallen sollten. Für die einzelnen Stichpunkte benutze ich verschiedene Farben, denen ich jeweils eine Bedeutung gebe. Dabei gehe ich wie folgt vor:

- Rot: Überschriften, Hervorhebungen oder Kernaussagen
- Blau: rhetorische Mittel einfügen, wie zum Beispiel lauter sprechen, Sprechpause einlegen etc.
- Grün: Regieanweisung (zum Beispiel nächste Folie zeigen, eine bestimmte Geste machen usw.)

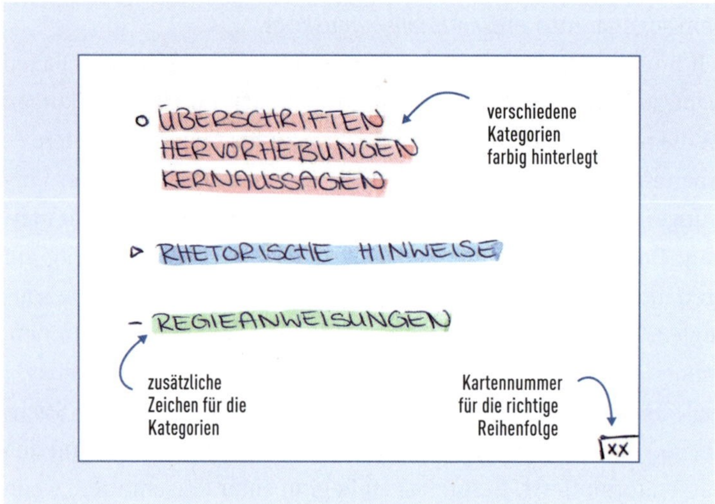

Abbildung 6.13 Der Aufbau einer einfachen Moderationskarte

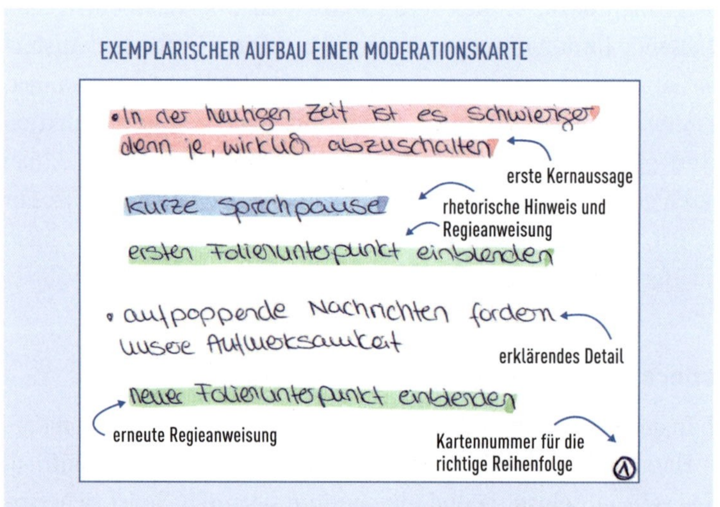

Abbildung 6.14 Exemplarische Moderationskarte für die green-feelgood-Präsentation

In deinen Karten kannst du im Grunde alle Informationen aufnehmen, die du benötigst, um dich sicher zu fühlen. Dazu zählen auch Grafiken oder Diagramme, die du integrierst. Außerdem hat es noch einen kleinen positiven Nebeneffekt. Du gibst deinen Händen etwas zu tun, was unschöne Gesten vermeidet. Auch leicht zitternde Hände treten nicht so deutlich hervor.

Profitipp: Logodruck auf der Kartenrückseite

Möchtest du richtig Eindruck hinterlassen? Dann lass dir für deine Präsentation gezielt Moderationskarten drucken, auf deren Rückseite zum Beispiel das Logo deines Kunden oder deiner Kundin, deines Unternehmens oder deiner Uni abgebildet ist. So erhält das Ganze noch einmal zusätzlich einen professionelleren Eindruck. Es sind gerade solche Kleinigkeiten, die unbewusst beim Publikum hängen bleiben und sich positiv für dich auswirken werden.

Du solltest so oder so keine Mühen scheuen, genügend Zeit in dein Manuskript investieren und es sorgfältig ausarbeiten. Es enthält alles, was du vorbereitet hast. Neben den Moderationskarten gibt es noch weitere Möglichkeiten, ein Präsentationsmanuskript zu erstellen. Dabei unterscheiden wir noch die zwei folgenden Optionen:

- *Volltextmanuskript*: Hierbei handelt es sich um einen vollständig, wortwörtlich ausformulierten Text. Er bietet dir die Sicherheit, immer mit allem, was du sagen willst, auch ans Ziel zu kommen. Besonders bei komplexen und komplizierten Sachverhalten bietet sich diese Form an. Dein Manuskript sollte mit dem PC in einer leicht leserlichen Schrift erfasst sein. Auch hier kannst du mit verschiedenen Farben arbeiten, um Regieanweisungen oder rhetorische Mittel einzubauen. Ich rate dir dazu, dein Manuskript so zu schreiben, wie du sprichst. Die geschriebene Sprache hört sich ab und an etwas hölzern an, wenn wir sie 1 : 1 vortragen. Sie ist häufig offizieller und nicht so »salopp« wie die gesprochene Sprache.
- *Stichwortmanuskript*: Diese Form ist der Moderationskarte sehr ähnlich. Allerdings werden einzelne Sätze noch komplett ausformuliert. Bei leichten Unsicherheiten hast du hier immer die Sicherheit, das Richtige an kritischen Stellen zu sagen. Es ist eine *hybride Form* aus Volltext und Moderationskarte.

Nutz immer die Form, die sich für dich richtig anfühlt und mit der du dich am sichersten fühlst. Solange du dich während deines Vortrags sicher fühlst, kannst du dein Publikum auch überzeugen.

6.2.5 Storyboarding

Du hast das Thema Storyboarding bereits in Kapitel 4, »Erwecke deine Präsentation zum Leben«, kennengelernt. Da ging es darum, mithilfe des Storyboards deine Folien zusammenzustellen. Das Storyboard kann dir aber auch an dieser Stelle sehr nützliche Dienste erweisen. Mit ihm kannst du deinen Vortrag vorab visualisieren. Filmstudios arbeiten ebenfalls mit Storyboards, um den Ablauf eines Films grob darzustellen oder um ihn vor den Geldgebern zu präsentieren.

Abbildung 6.15 Viele Filmschaffende entwickeln vorab ein Storyboard, um den Film ihren Geldgebern vorzustellen.

Diese Technik machst du dir nun zunutze, um den Ablauf deiner Präsentation zu planen und festzuhalten. Dabei gehst du sozusagen von Szene zu Szene. Dein Storyboard muss dabei keinen künstlerischen Ansprüchen genügen. Du kannst es gerne einfach halten und nur mit Strichmännchen arbeiten, allerdings solltest du weitestgehend auf Text verzichten. Benutze – wenn überhaupt – nur Stichpunkte unterhalb deines Bildes, um einen Gedanken damit festzuhalten.

Abbildung 6.16 Dies ist ein Beispiel für einen extrem simplen Ablauf. Nach einer Begrüßung erfolgt die Präsentation, die in eine Fragerunde übergeht. Zum Schluss folgt die Verabschiedung.

Mithilfe des Storyboards denkst du über die visuellen Inhalte der Präsentation nach. Anhand dessen kannst du auch für dich feststellen, an welchen Stellen, welche Medien zum Einsatz kommen. Dieses Vorgehen hilft dir dabei, drei typischen Fehler im Umgang mit Folien zu vermeiden. Dazu gehören:

- Die Folien werden nur um der Folien willen benutzt.
- Die Folien geben 1 : 1 das Gesagte wieder.
- Die Folien sind überfrachtet mit Inhalt.

Folien sind dazu da, deine erzählte Geschichte zu verbessern und sie nicht einfach nur zu wiederholen. Die Folien sollen deinem Publikum einen Mehrwert bieten.

Hinweis: Storyboard-Vorlage zum Download

Ich habe dir in den zusätzlichen Materialien zum Buch (*www.rheinwerk-verlag.de/5625*) eine kleine Vorlage für ein Storyboard zur Verfügung gestellt.

Abbildung 6.17 Storyboard-Vorlage zum Planen deiner Präsentation

Genauso wie dein Präsentationsmanuskript kann dir das Storyboard eine gewisse Sicherheit geben, da es dich wie ein roter Faden durch deine Präsentation führt.

6.2.6 Deine Präsentation proben

Es gibt Menschen, die proben gerne, andere wiederum nicht. Doch egal, zu welcher Sorte du dich zählst, ist es in der Regel so, dass wir den Ernstfall nicht genug proben.

Viele drücken sich sogar davor, weil sie sich nicht auf die Präsentation freuen und sogar ein wenig Angst davor haben. Das Paradoxe an der Sache ist, anstatt uns Sicherheit zu geben, lässt die Probe die Situation real werden.

Aber, je mehr du probst, desto besser kennst du deine Inhalte und Abläufe und desto leichter wird es dir fallen, deine Präsentation zu halten. Vor meiner letzten großen Präsentation bin ich rund zwei Wochen vorher immer wieder meinen Vortrag durchgegangen und habe versucht, sämtliche Eventualitäten mitzuberücksichtigen. Viele raten einem dazu, sämtliche Inhalte auswendig zu lernen. Das empfinde ich persönlich als nur bedingt hilfreich. Auswendig Gelerntes klingt schnell monoton und man neigt dazu, es so schnell wie möglich herunterzubeten.

Wenn du vorab wissen möchtest, wie du während deines Vortrags auf andere wirkst, kannst du das ganz einfach herausfinden. Nimm dich dazu einfach mit deinem Smartphone oder mit einer Kamera auf und analysiere die Aufnahme im Anschluss. Ich rate dir, nur gewisse Eckpunkte wirklich auswendig zu lernen, um dich von ihnen tragen zu lassen. Denn das ist etwas, das du kontrollieren kannst. Es macht dir außerdem den Kopf frei für Dinge, auf die du keinen Einfluss hast. Nachfolgend stelle ich dir drei Techniken vor, die es dir erleichtern sollen, dir Inhalte zu merken.

Die erste Möglichkeit ist die, die ich persönlich bevorzuge und die bei mir sehr gut funktioniert. Sie hat keinen speziellen Namen so wie die anderen beiden Methoden, aber sie ist durchaus effektiv, und so funktioniert sie: Nachdem du deine Präsentationsrede geschrieben oder dir die Stichpunkte notiert hast, trägst du dir diese selbst laut vor. Das hat den Vorteil, dass du bereits damit anfängst, dir die Rede einzuprägen. Auch lassen sich so vorab unschöne Sprechunarten aufdecken, zum Beispiel zu leises Sprechen, zu hohe Stimme, häufige Ähms oder andere unnötige Füllwörter. Anderen Macken wie bestimmten Lieblings- oder Modewörtern kommst du so ebenfalls auf die Spur und kannst gezielt gegensteuern. Ein weiterer Vorteil ist, dass du direkt bemerkst, wenn eine Formulierung ungünstig klingt oder zu sperrig zum Sprechen ist. Wenn man sich zusätzlich dazu im Raum bewegt, prägt sich die Rede sogar noch ein bisschen besser ein, da dabei die Erinnerungsfunktion in unserem Gedächtnis getriggert wird. Wie bereits gesagt, funktioniert diese akustische Technik nicht bei allen gleich gut. Für alle, die eher visuell geprägt sind, sind die nachfolgenden beiden Techniken etwas.

Fangen wir an mit der *Cicero-Gedächtnistechnik*. Hierbei handelt es sich um eine antike *Mnemo-Methode*, um das Gedächtnis zu trainieren, damit es sich Informationen besser merken kann. Diese Technik bietet dir eine Möglichkeit, deine Notizen zu organisieren und als eine Art Mind Map zu strukturieren. Alles, was du dafür benötigst, sind ein Blatt Papier und ein Stift. Zeichne zunächst drei Spalten auf. Jede Spalte wird nun einer Funktion zugeordnet. Die erste Spalte benennst du mit Headline. Hier werden sämtliche Hauptgedanken oder Kernthesen deines Vortrags erfasst. In der zweiten Spalte, Subheadline, fängst du an, deine Hauptgedanken aufzuschlüsseln. Und in der dritten und letzten Spalte, den Details, werden, wie es der Name vermuten lässt, weitere wichtige Details notiert, die bei der Aufschlüsselung deines Hauptgedankens wichtig sind.

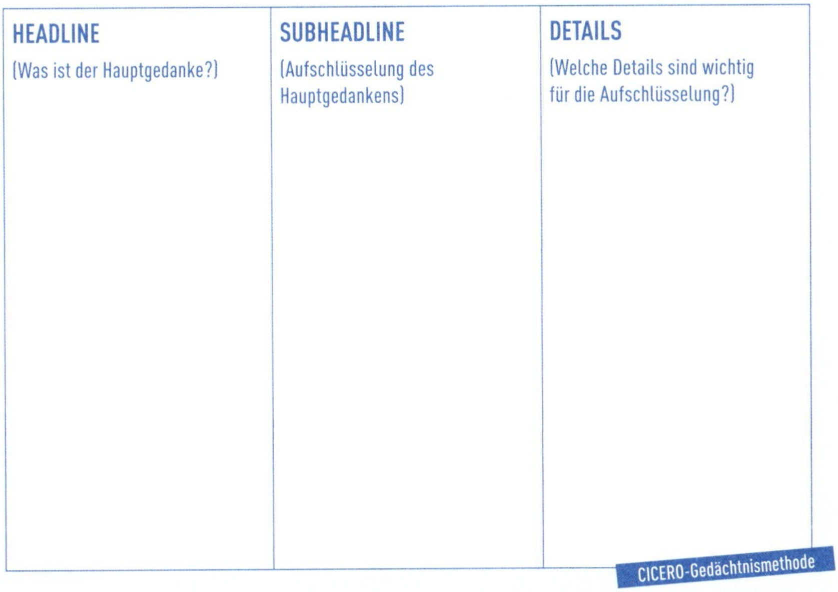

HEADLINE (Was ist der Hauptgedanke?)	SUBHEADLINE (Aufschlüsselung des Hauptgedankens)	DETAILS (Welche Details sind wichtig für die Aufschlüsselung?)

CICERO-Gedächtnismethode

Abbildung 6.18 Cicero-Gedächtnistechnik

Auf diese Weise kannst du sehr schnell und einfach deine Notizen aufbauen. Hierzu findest du ebenfalls eine Vorlage in den Materialien zum Buch.

Vielleicht kennst du ja die englische BBC-Serie »Sherlock« mit Benedikt Cumberbatch in der Hauptrolle des berühmten Detektivs Sherlock Holmes? Falls ja, wird dir möglicherweise auch aufgefallen sein, dass Sherlock in der Lage ist, auf sämtliche Informationen, die er je bekommen hat, zurückzugreifen. Dafür zieht er sich jedes Mal in seinen Gedächtnispalast zurück. Dabei bedient er sich der dritten und letzten Technik, die ich dir vorstellen will. Sie nennt sich die *Loci-Methode* und stammt ebenfalls aus der Antike. Bei dieser Technik werden Informationen mit vertrauten Gegenständen oder Umgebungen verknüpft. Das kann zum Beispiel der Grundriss deiner Wohnung sein. Mithilfe des Grundrisses planst du die Reise deines Vortrags. Die Tour durchs Haus ist an verschiedene Stationen und Informationen gekoppelt. So startest du beispielsweise deinen Vortrag im Flur mit der Begrüßung und gehst von dort aus ins Wohnzimmer und eröffnest mit dem ersten Hauptgedanken deiner Präsentation und so weiter und so fort.

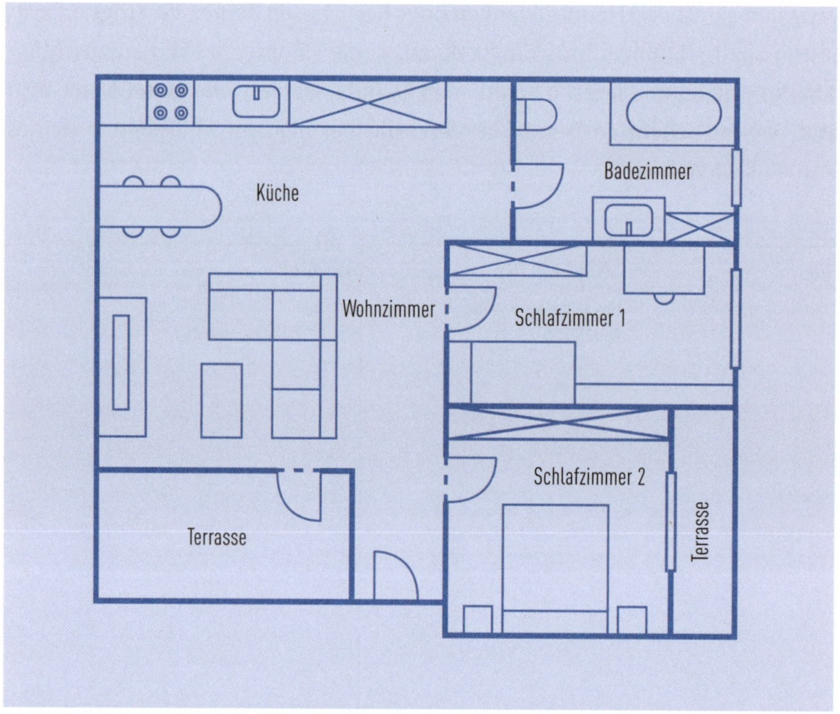

Abbildung 6.19 Informationen werden an bekannte Gegenstände oder Umgebungen gekoppelt.

Tipp: Alles mal ausprobieren

Probiere ruhig einmal alle Techniken aus, und wähle die aus, die am besten zu dir passt. Vielleicht ist es auch ein Mix aus zwei Techniken. Denk daran, es ist kein Muss, alles kann. Der Kern der Sache sollte immer sein, dass du dich während deiner Präsentation sicher fühlst. Auch zu der letzten Technik, Loci-Methode, findest du eine entsprechende Vorlage im Downloadbereich bei den zusätzlichen Materialien zum Buch.

6.2.7 Exkurs: Sprech- und Meetingtypen

Zum Abschluss dieses Kapitels gibt es einen kurzen Überblick über die verschiedenen Sprech- und Meetingtypen, damit du in jeder Situation souverän und authentisch auftreten kannst. Fangen wir mit den Sprechtypen an. Der ein oder andere Typ ist dir sicherlich schon einmal begegnet. Besonders nach einer Präsentation, wenn es zur Fragen- und Diskussionsrunde übergeht, solltest du wissen, mit welchen Typen du es zu tun bekommen kannst.

Die unterschiedlichen Sprechtypen

Der Blender: Man könnte ihn (oder sie) als eine Art Streber ansehen, der sich durch sämtliche Rhetorikseminare dieser Welt bemüht hat. Er ist stets darauf bedacht, sich klar und deutlich auszudrücken. Dabei ist sein Ziel aber keineswegs, verstanden zu werden, sondern sich einfach nur perfekt in Szene zu setzen um seiner selbst willen. Man erkennt ihn oft daran, dass gewissen Gesten während des Sprechens wie einstudiert wirken. Auch beim Sprechen selbst werden unnatürlich lange Pausen eingelegt, während sich der Sprachrhythmus nie ändert. Auch die Art, wie er Sätze betont, wirkt unnatürlich und gestellt. In der Regel hat man von dieser Art Typ nicht viel zu befürchten.

Die Unbewusste: Sie (oder ihn) könnte man als das Gegenteil des Blenders ansehen. Die Unbewusste weiß sehr viel und möchte deswegen auch verstanden werden, allerdings gibt sie sich nicht unbedingt die Mühe, deutlich zu sprechen. Sie geht davon aus, dass das, was sie sagt, logisch ist und von allen verstanden wird. Ihr fehlt eine wenig die Empathie anderen gegenüber. Man erkennt sie leicht daran, dass es oft so wirkt, als sei sie in Gedanken versunken. Sie spricht meistens schnell und neigt zum Nuscheln. Allerdings kannst du viel von diesem Typ lernen, wenn es dir gelingt, ihr beim Sprechen zu folgen und sie zu verstehen.

Der Aufrechte: Für mich persönlich der angenehmste Sprechtyp. Es ist ein aufrichtiger Gesprächspartner, der (oder die) nicht nur verstanden werden will, sondern es auch ehrlich mit dir meint und seine Meinung klar und deutlich kommuniziert. Seine Gesprächskultur ist durch eine gewisse Ernsthaftigkeit und Schlichtheit geprägt. Er hält sich auch an das, was er sagt. Du erkennst ihn daran, dass er beim Sprechen zu dir gewandt ist und den Augenkontakt sucht. Er ist ein aufmerksamer Zuhörer. Er drängt sich, anders als der Blender, nicht in den Vordergrund, ist aber zur Stelle, wenn du ihn brauchst.

Weiter geht es mit den Meetingtypen. Zu den vier häufigsten Meetingtypen gehören die folgenden Formen.

Die unterschiedlichen Meetingtypen

One to one: Hier spielt die Atmosphäre eine wichtige Rolle. Das Schöne daran ist: 50 % der Atmosphäre kannst du selbst steuern. Dadurch dass du dich deinem Gegenüber auf Augenhöhe präsentierst und dich nicht klein machst, schaffst du eine solide Grundatmosphäre, um in einem angenehmen Klima zu präsentieren.

Im Sitzungssaal: In der Regel sind bei dieser Art von Meetings gleich mehrere Personen anwesend. Auch wenn eine Person nicht direkt involviert ist, so solltest du ihr dennoch Beachtung schenken. Schließlich nehmen auch diese Personen während deiner Präsention Informationen auf. Versuch auch mit diesen Personen immer wieder Blickkontakt zu halten.

Auf der Bühne/vor Publikum: Besonders vor großem Publikum ist das eingesetzte Storytelling enorm wichtig. Es ist ratsam, eine gewisse Demut an den Tag zu legen und es nicht als Selbstverständlichkeit hinzunehmen, auf der großen Bühne zu sprechen. Dies gelingt dir zum Beispiel mit einer kleinen, aber sehr wirkungsvollen Geste. Leg einfach deine Hand aufs Herz.

Virtuelles Meeting: Pünktlichkeit ist das A und O bei einem virtuellen Meeting. Zudem solltest du dich vorab mit der gewählten Plattform und der Technik vertraut machen. Diese Form der Präsentation hat seine ganz eigenen Spielregeln, auf die ich in Kapitel 10, »Der große Onlineauftritt – überzeuge im digitalen Show-down«, noch ausführlich zu sprechen komme.

Kapitel 7
Vor der Präsentation

Kurz vor der Präsentation sollte alles perfekt vorbereitet sein. In diesem Kapitel werden wir die Weichen für eine technisch einwandfreie Präsentation stellen, die mit Bild und Ton überzeugt. Wir betreten mit diesem Kapitel die Bühne deiner Präsentation.

Auf deinem langen Präsentationsweg hast du dich bereits den unterschiedlichsten Disziplinen gestellt und sie gemeistert. Nur noch ein kleiner Schritt, der dir fehlt und der dich auf die große Bühne bringt. Doch auch unmittelbar vor einer Präsentation gilt es noch, den ein oder anderen Stolperstein aus dem Weg zu räumen. In den folgenden Abschnitten möchte ich ein paar grundsätzliche Gedanken und ein wenig Basiswissen mit dir teilen, damit an deinem großen Tag nichts mehr schiefgehen kann. Schauen wir uns also an, was du kurz vor der Präsentation persönlich noch beeinflussen kannst, damit dein Vortrag ein Erfolg wird.

7.1 Die richtige Einstellung macht's

Egal, vor welchem Publikum du eine Präsentation halten musst, es ist immer eine Chance für dich, andere zu informieren, zu inspirieren, zu motivieren oder zu unterhalten und zu überzeugen. Die Präsentation ist ein wichtiges und mächtiges Marketinginstrument, das du nicht auf die leichte Schulter nehmen solltest. Du hast bis hierhin schon jede Menge Zeit in die Vorbereitung deiner Präsentation gesteckt, und der große Moment steht unmittelbar bevor. Bevor wir uns aber der Technik und der Bühne widmen, gibt es noch einen wichtigen Faktor zu beachten, mit dem deine Präsentation steht und fällt. Dieser Faktor ist deine eigene Einstellung, und zwar nicht nur zur Präsentation selbst, sondern vor allem zum Publikum und zum präsentierten Thema.

Fangen wir einmal mit der grundlegenden Einstellung zum Thema Präsentationen an. Frag dich einmal, wie du zum Thema Präsentieren stehst, wenn man dich auffordert, eine solche zu erstellen und zu halten. Sagst du dir dann: »Warum ausgerechnet ich?« Oder freust du dich und sagst: »Super, dann kann ich zeigen, was ich kann.« Wenn du dich freust, dann herzlichen Glückwunsch, du bist einer der wenigen Menschen, die diese Sätze sagen. Allen, die Variante eins wählen, kann ich sagen: Ihr seid in bester Gesellschaft.

Tipp

Überdenk einmal dein persönliches Mindset was das Thema Präsentation angeht. Wenn du es nicht mehr als stressig empfindest, sondern dich darauf freust, wirst du merken, wie schnell sich verschiedene Möglichkeiten und Chancen auf großartige Projekte ergeben. Also, sag ab heute bitte Ja zu jedem Auftritt! Denn jeder Auftritt ist eine neue Chance zu glänzen und zu überzeugen. Deine Reputation wird es dir ebenfalls danken.

Der nächste Punkt auf der Liste ist die Einstellung, die du gegenüber deinem Publikum einnimmst. Wenn du vorab denkst: »Na toll, Frau Schmidt oder Herr Müller ist auch dabei«, dann strahlst du das auch aus. Es ist ganz normal, solche Gedanken zu haben, nur sind sie in dieser Situation eher hinderlich. Überdenk also deine Einstellung zum Publikum. Wenn du dein Publikum so akzeptierst, wie es ist, bedeutet das, dass du dir im Klaren darüber bist, wer dir zuhört. In kleiner Runde kann es auch nicht schaden, die Namen der Beteiligten zu kennen. Möglicherweise findest du vorab sogar ein paar Details über die Personen heraus, an die du anknüpfen kannst, zum Beispiel gemeinsame Interessen. Das kann mitunter ein guter Eisbrecher sein, um anregende und produktive Gespräche zu führen. Menschen mögen es einfach, wenn man sich für sie interessiert. Vor einem großen Publikum ist das leider nicht möglich, aber auch hier gilt es, eine Sache besonders zu beachten: Wenn du auf der großen Bühne stehst und deine Präsentation hältst, dann verhalte dich bitte nicht von oben herab. Achte auf deine Haltung. Die meisten Menschen werden auf so ein herablassendes Verhalten entsprechend reagieren und eine ablehnende Haltung einnehmen.

Doch in der Regel ist dir dein Publikum wohlgesonnen und verzeiht kleinere Unsicherheiten, die deiner Nervosität geschuldet sind. Mit der richtigen Vorbereitung sollte das für dich in Zukunft allerdings kein Problem mehr darstellen.

Zur Einstellung zum Präsentationsthema gibt es im Grunde nicht viel zu sagen. Im Idealfall hast du dich bereits lange und ausführlich damit befasst, und es ist hoffentlich etwas, in dem dein ganzes Herzblut steckt. Deswegen nur zwei Fragen, um noch einmal sicherzugehen, dass du voll und ganz hinter deinem Thema stehst:

1. Ist dir das Thema zu 100 % klar, oder gibt es irgendwo noch Unsicherheiten?
2. Bist du wirklich Expert*in auf dem Gebiet und kannst du souverän auf Fragen antworten, ohne dir den Kopf zerbrechen zu müssen?

Wenn du beide Fragen mit Ja beantworten kannst, dann steht einer erfolgreichen Präsentation nicht mehr viel im Weg, außer vielleicht eine nicht funktionierende Technik. Doch wie du auch hier den bestmöglichsten Start erwischst, schauen wir uns im nächsten Abschnitt genauer an.

7.2 Ton und Technik prüfen

Das A und O bei einer Präsentation ist eine funktionierende Technik. Leider kommt es selbst in der modernen Welt, in der wir leben, immer wieder vor, dass du eben nicht die beste Technik zur Verfügung hast. Deshalb ist es umso wichtiger, dass du dich im Vorfeld mit der Technik befasst. Stell dir vor, du bemerkst erst kurz vor der Präsentation, dass die Technik nicht funktioniert – eine Katastrophe, die dich im schlimmsten Fall völlig aus der Bahn wirft und deinen gesamten Vortrag scheitern lässt, ein Horrorszenario, das wir uns gar nicht erst vorstellen wollen.

Deswegen solltest du vorab immer einen Toncheck durchführen, falls du die Begebenheiten vor Ort nicht kennst, insbesondere dann, wenn du in einem größeren Saal präsentieren musst. Prüfe, ob du ein Mikrofon, ein Headset oder doch nur die eigene Stimme zur Verfügung hast. Teste auf jeden Fall vorher die Akustik im Raum. Nichts ist schlimmer für das Publikum, als wenn es dich zwar sehen, aber nicht hören kann. Dann ist das geistige Abschalten deiner Zuschauer und Zuschauerinnen vorprogrammiert.

Wenn du auf größeren Veranstaltungen präsentieren musst, bist du in den meisten Fällen auf der sicheren Seite, da hier in der Regel eine entsprechende Eventfirma für die richtige Technik und einen reibungslosen technischen Ablauf sorgt. Allerdings ist auch das keine hundertprozentige Garantie für eine fehlerfrei laufende Technik. Hab also immer im Hinterkopf, dass etwas mit der Technik schiefgehen kann. Wenn du dir das bewusst machst, nimmst du diesen Situationen etwas den Schrecken und kannst im Worst Case souveräner agieren. Pannen können immer passieren, es liegt an dir, wie du mit ihnen umgehst.

Ein weiterer wichtiger Punkt, den du auf jeden Fall vor Beginn der Veranstaltung abhaken solltest, ist ein Präsentationstechnikcheck. Mir ist es einmal bei einer Präsentation passiert, dass Teile einiger Folien nicht dargestellt werden konnten, da die verwendete Hardware vor Ort das System nicht unterstützt hatte. Auch für solche

Eventualitäten solltest du immer einen Plan B aus dem Ärmel schütteln können. Soll heißen, es kann immer wieder zu Problemen mit verschiedenen Dateiformaten, unterschiedlichen Programmversionen oder schlicht und ergreifend mit der Hardware kommen.

Profitipp: PDF als Backup

Hab deine Folien immer als PDF auf einem separaten USB-Stick dabei. Dieses Dateiformat ist auf den meisten Geräten abspielbar. So hast du immer eine Art Backup dabei und kannst zur Not darauf zurückgreifen.

Für den Fall, dass du deine eigene Hardware für deine Präsentation nutzt, solltest du sicherstellen, dass du sämtliche notwendigen Kabel und Adapter dabeihast. Das hat den Vorteil, dass du weniger von der Veranstaltungstechnik vor Ort abhängig bist. Und du kannst sicher sein, dass deine Präsentation auf deinen Geräten fehlerfrei läuft.

Bei sehr großen Veranstaltungen wirst du in der Regel darum gebeten, deine Präsentation in einem bestimmten Format vorab an den Veranstalter zu schicken. Wenn dies der Fall ist, findet zudem eine Art Generalprobe statt. Sollte dies nicht so sein, dann kann ich dir nur raten, um eine kurze Technikprobe zu bitten. Schließlich geht es um deinen Vortrag, und der sollte so perfekt wie möglich gehalten werden. Das Gute an diesem Vorgehen ist, dass du bereits ein Gefühl für die Bühne und den Zuschauerraum bekommst. Du kannst dabei direkt prüfen, ob die Geräte auf der Bühne, wie beispielsweise ein Laserpointer oder Ähnliches, funktionieren und ob sie, wie im Fall des Monitors, gut sichtbar sind. Wenn du mit Ton und Video arbeitest, überprüfe zuvor, ob die Medien ohne Probleme abgespielt werden können.

Auf der Bühne solltest du dich mit der Beleuchtung auseinandersetzen. Bühnenlicht kann manchmal blenden, was den unschönen Nebeneffekt hat, dass du anfängst zu blinzeln oder die Augen unschön zusammenkneifst. Eine kurze und freundliche Unterhaltung mit den Lichttechnikern kann hier Abhilfe schaffen.

Für den Fall, dass du in den Räumlichkeiten deiner Firma präsentieren musst, gelten dieselben Kriterien zur Überprüfung der Technik wie woanders auch. Ton, Licht und Präsentationsbühne sollten auch hier vorab geprüft und gegebenenfalls angepasst werden.

Sei dir bewusst, dass du die Verantwortung für den gesamten Vortrag trägst. Dazu gehört nun einmal neben der eigentlichen Präsentation, dass du dich auch mit der Technik drumherum beschäftigst und für die bestmöglichen Voraussetzungen sorgst. Nur mit einer sehr gut funktionierenden Technik im Hintergrund kannst du mit deiner Präsentation überzeugen und dein gewünschtes Ziel erreichen.

7.3 Bekomme ein Gefühl für deine Bühne

Nicht immer wird man eine Präsentation in der gewohnten Umgebung halten können. Wenn du also an einem für dich unbekannten Veranstaltungsort präsentieren musst, solltest du darauf achten, dass du dich auf der Bühne oder in dem Vortragsraum wohlfühlst. Mir ist bewusst, dass man die Gegebenheiten vor Ort nicht immer ändern kann, aber schon Kleinigkeiten können einen großen Unterschied machen. Solltest du die Möglichkeit haben, kleine Details vor Ort ändern zu können, nutz diese Gelegenheit auf jeden Fall. Stell dir dazu folgende Fragen:

- Wie ist die Vortragsfläche gestaltet?
- Welcher Platz steht mir zur Verfügung?
- Gibt es irgendwo Stolperfallen in Form von Stufen oder Teppichen?
- Welche Gegenstände befinden sich auf der Bühne (Flipchart, Rednerpult, Pflanzen etc.)?
- Gibt es Sitzgelegenheiten oder Stehtische?
- Wo ist die Ausleuchtung am besten?
- Wo kann ich stehen, um meine Präsentation nicht zu verdecken?
- Wie sieht der Hintergrund aus?

Dies sind nur einige Fragen, aber aus meiner Sicht die wichtigsten. Wenn du diese für dich beantworten kannst, ist das schon einmal die halbe Miete. Wenn es ein Rednerpult auf der Bühne geben sollte, führe eine kurze Stellprobe aus. Es würde komisch aussehen, wenn man von dir nur wenig zu sehen bekäme, weil dich das Pult verdeckt. Auch das Gegenteil wäre wenig schmeichelhaft, wenn das Pult zu niedrig ist. Sollte es keine Möglichkeit geben, das Pult in der Höhe zu verstellen, dann stell dich lieber davor. Im Allgemeinen macht dies sowieso einen besseren Eindruck auf dein Publikum. Alles andere könnte als eine Art Verstecken ausgelegt werden.

Schau dir an, wo der Präsentationsmonitor steht. Er sollte gut sichtbar vor dir auf Augenhöhe stehen, damit du deine Folien und gegebenenfalls deine Kommentare gut im Blick hast. Ein permanentes Umdrehen, um zu schauen, was als Nächstes kommt, ist ein absolutes No-Go beim Präsentieren.

Bei meiner ersten Präsentation vor großem Publikum war ich so nervös, dass ich auf dem Weg zur Bühne fast gestolpert wäre. Schau dir also vorher genau an, wie du die Bühne betreten wirst. Gibt es Stufen oder trittst du durch einen Vorhang? Übe den Auftritt ruhig vorher, denn ein Stolperer ist alles andere als ein guter Start für deine Präsentation. Sollte es Objekte auf der Bühne geben, die den Vortrag stören würden oder die nicht passend sind, dann bitte im Vorfeld darum, sie von der Bühne zu entfernen. In der Regel wird man deiner freundlichen Bitte nachkommen.

All das gilt selbstverständlich auch für eine Präsentation im kleinen Kreis. Wenn beispielsweise eine Vase mit Blumen auf dem Tisch steht, prüfe, ob die Vase die Sicht auf jemanden verdeckt, und stell sie in dem Fall beiseite. Ich rate dir auch, keine Bedingungen zu akzeptieren, die deine Präsentation in irgendeiner Form herabsetzen würden. Beispielsweise wenn man dir zuvor zugesagt hat, dass dir zwanzig Minuten für deine Präsentation zur Verfügung stehen und es dann auf einmal heißt, wir haben nicht mehr als zehn Minuten Zeit. Vereinbare dann lieber einen neuen Termin, um deine Präsentation in einem ruhigen Rahmen zu präsentieren. Da darf man ruhig ein wenig anspruchsvoll sein. Und noch einmal, all das sind Dinge, die dafür sorgen sollen, dass deine Präsentation unter den besten Voraussetzungen startet.

7.4 Die letzten Minuten vor der Präsentation: Wie du deine Nerven im Zaum hältst

Die letzten Minuten unmittelbar vor einer Präsentation können mitunter die schlimmsten und wahrscheinlich längsten Minuten überhaupt werden, wenn die Anspannung steigt und die Nervosität fast ihren Zenit erreicht. Die schlechte Nachricht zuerst: Die Nervosität wird nie wirklich weggehen. Auch ich bin heutzutage vor einer Präsentation stellenweise nach wie vor nervös und mach mir so meine Gedanken. Das Gute daran ist, dass die Nervosität hilft, wachsam und aufmerksam zu bleiben.

Mit verschiedenen Techniken kannst du lernen, sie zu kontrollieren, damit sie nicht wie eine Welle über dich hinwegschwappt. Gleichzeitig kannst du diese Energie nutzen und sie in deinen Vortrag stecken. Ist das nicht wunderbar?

Lass mich zunächst einmal kurz erklären, warum wir in Präsentationssituationen so angespannt sind und uns am liebsten irgendwo verkriechen wollen. Wie bereits erwähnt, kann eine Situation, in der du präsentieren musst, auf dich bedrohlich wirken. In deinem Körper spielen sich innerhalb weniger Sekunden verschiedene Prozesse ab, die dich in den *Kampf- oder Fluchtmodus* versetzen. Das hat etwas mit den beiden Nervensystemen in uns zu tun, dem *Sympathikus* und dem *Parasympathikus*.

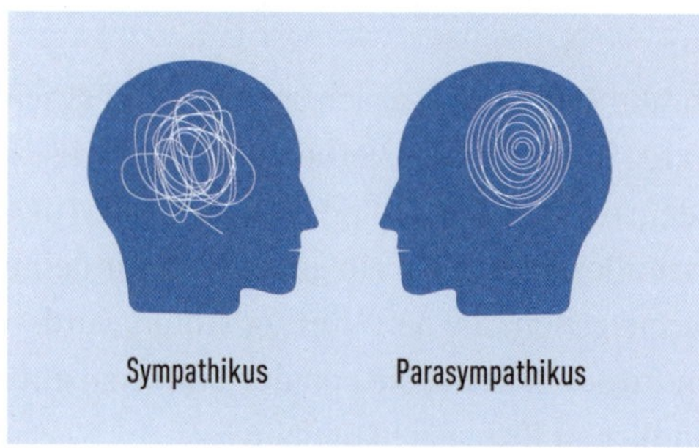

Abbildung 7.1 Parasympathikus und Sympathikus – je nach Situation übernimmt ein System die Führung und steuert unser Handeln.

Keine Sorge, hinter diesen wohlklingenden Namen verstecken sich zwei einfache Prinzipien. Der Parasympathikus übernimmt die Führung, wenn wir entspannt sind oder routinierte Aufgaben erledigen. Unsere Herzfrequenz und unsere Atmung sind dabei normal. Der Sympathikus übernimmt das Ruder, wenn wir uns bedroht fühlen. Er leitet alle notwendigen Schritte in unserem Körper ein, um uns auf Kampf oder Flucht vorzubereiten. Das bedeutet, unsere Muskeln spannen sich an, unser Adrenalinspiegel schießt durch die Decke und unsere Herzfrequenz steigt, während die Atmung flacher wird. Und das Schlimmste ist, dass unsere kognitiven Prozesse dann einfach ausgeschaltet werden. Das mag in Situationen, in denen wir wirklich bedroht sind, seine Berechtigung haben, aber vor und während einer Präsentation ist das alles andere als hilfreich. Wir sind darauf angewiesen, rational zu handeln und zu entscheiden. Manchmal fühlen wir uns scheinbar machtlos dieser Situation ausgeliefert, doch lass dir eins gesagt sein, du hast immer noch die Kontrolle, nämlich über deine Atmung. Diese kannst du zu jeder Zeit kontrollieren. Ich hab dir bereits in Kapitel 6, »Vor Publikum sprechen – finde deinen Flow«, nahegelegt, wie wichtig eine richtige Atmung ist und wie sie dir in Situationen, in denen du aufgeregt und nervös bist, helfen kann.

Versuch einfach, ruhig und tief zu atmen. Damit sendest du deinem Körper das Signal, dass alles in Ordnung ist und er sich wieder entspannen kann. Es ist hilfreich, 5 Minuten vor der Präsentation kleinere Atemübungen zu machen, um in einen ruhigen Zustand zu gelangen.

Doch auch während der Präsentation kann es passieren, dass deine Nervosität zurückkehrt. Auch das ist völlig normal. Sei dir stets bewusst, dass diese Situation eintreten kann. Versuch nicht, mit aller Gewalt dagegen anzukämpfen, sondern wappne dich mental dagegen. In einem kleinen Moment der Stille (im Japanischen gibt es dafür den schönen Begriff Ma) kannst du wiederholt ein oder zwei tiefe Atemzüge machen, um dich erneut zu erden. Dabei solltest du einen sicheren Stand einnehmen. Betrachte deine Atmung als einen Anker oder einen Felsen in der Brandung, der dich an Ort und Stelle hält, während die Welle aus Panik und Angst einfach über dich hinwegschwappt.

Diese Übung hilft dir aber nicht nur bei Präsentationen, sondern auch in anderen Situationen, in denen du angespannt bist. Probiere es beim nächsten Mal aus, wenn du vor Nervosität wie gelähmt bist. Im vorangegangenen Kapitel habe ich dir bereits eine Reihe von Techniken und Methoden gezeigt, um dich bestmöglich auf deinen Vortrag vorzubereiten und das Lampenfieber damit im Zaum zu halten. Eine Technik davon ist die des Visualisierens.

Tipp: Visualisierung

Kennst du eigentlich die Kraft der *Visualisierung*? Dabei stellst du dir Dinge oder Situationen vor, die du erreichen möchtest bzw. wie du dich dabei fühlst, wenn du dein Ziel erreicht hast. Wenn du das regelmäßig machst, zum Beispiel jeden Tag, bevor du an deiner Präsentation weiterarbeitest, sorgt das für eine positive Grundeinstellung und entsprechende Gedanken. Dieses starke von dir projizierte Bild setzt sich außerdem in deinem Unterbewusstsein fest, was wiederum dazu führt, dass du unbewusst kreative Wege findest, um dieses Ziel zu erreichen. Du sorgst so für eine positive sich selbst erfüllende Prophezeiung und dafür, dass du motiviert bleibst und in für dich stressigen Situationen die Ruhe leichter bewahren kannst.

Stell dir also am besten zwei Wochen lang vor der Präsentation vor, wie alle begeistert am Ende deines Vortrags applaudieren und dir zu dem hervorragenden Beitrag gratulieren und dir die Idee geradezu aus den Händen reißen wollen.

Kapitel 8
Kommunikationstechniken für eine kreative Präsentation

Grundlagenwissen über Kommunikationswissenschaften sowie psychologische Grundkenntnisse können dir dabei helfen, Ideen und Emotionen erfolgreich zu kommunizieren und dein Gegenüber emotional zu erreichen. Kommunikation ist gewollt und verfolgt eine klare Botschaft, die du mit deiner Präsentation rüberbringen willst.

In den vorangegangenen Kapiteln hast du unter anderem gelernt, wie du deine Präsentation gestalterisch am Puls der Zeit erstellst und wie du komplexe Sachverhalte in verständliche und nachvollziehbare Visuals packst. Auch die Struktur deiner Präsentation hast du dank Monroes motivierter Sequenz fest im Griff. Doch nun kommt der große Moment: Du betrittst die (große) Bühne, um deine Idee bzw. deine Botschaft oder dein Produkt zu vermitteln und im besten Fall auch zu verkaufen.

Abbildung 8.1 Überall begegnen uns Situationen, in denen wir miteinander kommunizieren und präsentieren müssen.

Der Einfachheit halber werde ich im Folgenden immer von deiner Idee sprechen, aber gemeint ist natürlich auch eine Botschaft, die du vermitteln willst, oder ein Produkt, das du präsentieren möchtest. Wie du das mithilfe verschiedener Kommunikationstechniken schaffen kannst, ist Ziel dieses Kapitels. Doch zunächst einmal möchte ich dem Begriff der Kommunikation und ihrer Wirkungsweise näher auf den Grund gehen und sie auch einmal aus psychologischer Sicht näher betrachten. Denn das Wissen um unsere Kommunikation und wie wir sie uns zunutze machen können, macht den Unterschied und entscheidet unter anderem mit über den Erfolg einer Präsentation.

8.1 Kommunikationspsychologie und -wissenschaft

In den letzten Jahren ist das Interesse an den psychologischen Prozessen innerhalb der Kommunikation signifikant gestiegen. Daraus entwickelte sich der Wunsch, Prozesse zu etablieren, die die kommunikationspsychologischen Aspekte nicht nur erklären, sondern auch in so einer Form darstellen, die uns dazu befähigt, sie in unserem alltäglichen Leben zu nutzen. Egal, ob in Beruf, Alltag oder in unseren Beziehungen, wir Menschen treten ständig in Interaktion mit anderen. Daraus ergeben sich allerdings immer wieder Probleme, die auf Interferenzen innerhalb der Kommunikation zurückzuführen sind. Um dich bei deiner Präsentation klar auszudrücken, sodass deine Zuhörerschaft deine Absichten nicht nur versteht, sondern auch interpretieren kann, solltest du verstehen, wie Kommunikation richtig funktioniert. Die Kommunikationspsychologie bietet dir nicht nur persönlich, sondern auch sachlich die Möglichkeit, dich besser auszudrücken, sodass ein ungehindertes Miteinander möglich wird.

Kurz gesagt: Wenn dir die Grundzüge der Kommunikation klar sind, befähigt dich das, Gespräche und auch mögliche Auseinandersetzungen in ihrem ganzheitlichen Wechselspiel zu begreifen und die Störfaktoren darin zu identifizieren, um gegebenenfalls mittels zusätzlicher Metakommunikation nachzubessern.

Wenn wir heutzutage über Präsentationen reden, wird auch oft der Begriff Sprechen im Sinne von Small Talk verwendet. Doch an dieser Stelle sei direkt klargestellt: Sprechen ist nicht gleich Kommunikation. Der entscheidende Unterschied ist der, dass Kommunikation immer gewollt ist. Sie besitzt eine Leitidee, die vermittelt werden will. Kommunikation ist ein mächtiges Werkzeug, wenn es darum geht, bestimmte Ziele zu erreichen. Oder lass es mich etwas dramatischer ausdrücken: Kommunikation ist in Verbindung mit der genutzten Sprache deine Verbündete im komplexen Spiel darum, deine Idee unter die Menschen zu bringen. Du solltest also sehr sorgsam mit ihr umgehen und lernen, sie zu pflegen.

Wörter erschaffen ganze Welten, nicht nur in Romanen und Erzählungen, sondern auch in unserer Kommunikation. Jede Werbetexterin, jeder PR-Berater und jede Journalistin weiß um die Macht des geschriebenen und gesprochenen Wortes. Sie können

Menschen emotionalisieren und zu einer bestimmten Handlung bewegen, weil sie Ideen vermitteln und überzeugen. Mithilfe der Kommunikation kannst du also deine Idee perfekt und kraftvoll in Szene setzen. Sie dient dir als roter Faden, wenn du mit anderen kommunizierst. Man könnte auch sagen, sie ist wie ein Theaterstück, das geplant, geprobt und aufgeführt werden soll. Sie ist essenziell für das menschliche Miteinander und das soziale Leben.

Das mag an dieser Stelle noch etwas abstrakt und schwer greifbar klingen, deswegen lass uns noch einmal an den Anfang zurückkehren und zunächst den Begriff klären. Kommunikation ist im weitesten Sinne eine Art Sammelbegriff für sämtliche Formen von Informationsübertragungen zwischen uns Menschen. Man versteht darunter auch im weiteren Sinne die Beeinflussung einer anderen Person durch ihre Umgebung. Wenn man über Kommunikation spricht, fallen auch immer wieder Begriffe wie Interaktion, Dialog, Gespräch, Diskussion, Austausch usw. Sie alle beschreiben einen Zustand innerhalb der Kommunikation.

Ergänzend möchte ich hier noch erwähnen, dass es auch eine intrapersonale Kommunikation gibt. Sie umfasst die Kommunikation, die sich innerhalb einer Person vollzieht, also Gedanken oder Selbstgespräche, die aber für uns an dieser Stelle nur eine untergeordnete Rolle einnimmt. Vielmehr geht es hier um die soziale Kommunikation, die wir uns genauer ansehen wollen.

Unterschiedliche Kommunikationssituationen

Man unterscheidet grundsätzlich drei verschiedene Kommunikationssituationen:

1. die Zweierkommunikation
2. die Gruppensituation
3. die gesellschaftliche Situation

Abbildung 8.2 Ein Beispiel für eine Gruppen- bzw. gesellschaftliche Situation

Alle drei Situationen können dir bei einer Präsentation begegnen. Daraus ergeben sich nun zwei weitere wichtige Begriffe, nämlich Information und Interaktion. Für deine Präsentation bedeutet dies, dass deine Zuhörer und Zuhörerinnen zuerst passiv agieren und deine Informationen zunächst einmal nur konsumieren. Erst im Anschluss werden sie aktiv und gehen eine Interaktion mit dir über dein Thema ein, das heißt, sie treten in den Austausch.

Interaktion umfasst hier alles, was die Aufgabe hat, Informationen zu vermitteln, die deine Leitidee unterstützen, um deinen Zuhörern genügend Input und Sachinformationen zur Verfügung zu stellen, damit sie sich ein genaues Bild von deinen Ausführungen machen können. Die Interaktion im Anschluss ist im Grunde ein »Hin und Her an Informationen«, ähnlich dem Ping Pong. Aus verhaltenspsychologischer Sicht ist diese Art der Kommunikation eine sich wiederholende Abfolge von Stimulus (Reiz) und Response (Reaktion). Der Reiz von Person A löst bei Person B eine Reaktion aus, worauf ein weiterer Reiz für Person A erfolgt, die ihrerseits reagiert und so weiter und so fort.

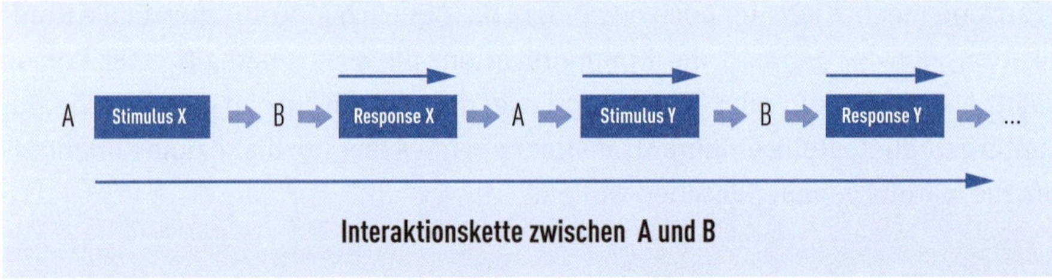

Abbildung 8.3 Eine funktionierende Interaktionskette ist eine Abfolge von Stimulus und Response.

Diese zusammenhängende und geordnete Abfolge von Stimulus und Response wird auch als *Interaktionskette* bezeichnet.

8.1.1 Kommunikation der Wissensstruktur

Das ganze Wissen über Kommunikation nützt dir aber nicht viel, wenn dein Gegenüber nicht versteht, wovon du redest. Das ist etwas, das dir in einer Präsentationssituation das Genick brechen kann, weil im schlimmsten Fall deine Idee nicht ankommt oder missverstanden wird. Und noch einmal, dein Ziel ist es ja, dein Publikum von dir, aber vor allem von deiner Idee zu überzeugen, sodass es am Ende die Idee kauft (auch im übertragenen Sinn) oder sich eine gewisse Verhaltensänderung einstellt.

In diesem Zusammenhang spricht man von der *Kommunikation der Wissensstruktur*. Was zunächst ein wenig befremdlich klingt, ist nichts weiter als der Umstand, dass der Sprecher oder die Sprecherin, um verstanden zu werden, von der Wissensstruktur der Zuhörer ausgehen muss. Das bedeutet für dich, dass du im besten Fall die Sprache deiner Zuhörer nicht nur verstehst, sondern sie auch sprichst. So nimmst du zumindest schon einmal die erste Hürde auf dem langen Weg hin zur Überzeugung oder zum Verkaufsabschluss.

Ich denke, dass der Grundgedanke der Kommunikation deutlich geworden ist. Doch bevor wir klären, wie du das nun konkret für deine Präsentation nutzen kannst, sollten wir uns zunächst eine ganz andere Frage stellen: Warum entscheidet man sich für eine bestimmte Sache? Viele werden hier eine scheinbar vernunftsbetonte und rationale Antwort geben, aber ist das wirklich so?

Du ahnst es vielleicht schon, dass die Sache natürlich etwas komplexer ist, als es zunächst den Anschein hat. Wir Menschen sind stolz darauf, rationale Entscheidungen aufgrund der Auswertung aller uns zur Verfügung stehender Informationen zu treffen. Doch der Schein trügt. Denn unser Unterbewusstsein hat einen viel größeren Einfluss auf unsere Entscheidungen, als uns lieb ist. Sigmund Freud hat das Ganze mit einem Eisberg verglichen, dessen größter Teil unter Wasser verborgen bleibt. Nur etwa 20 % unserer Entscheidungen werden bewusst getroffen. Die restlichen 80 % werden im Unterbewusstsein verarbeitet. Und genau das kannst du dir während deiner Präsentation zunutze machen. Wie das funktioniert, möchte ich dir nun erklären.

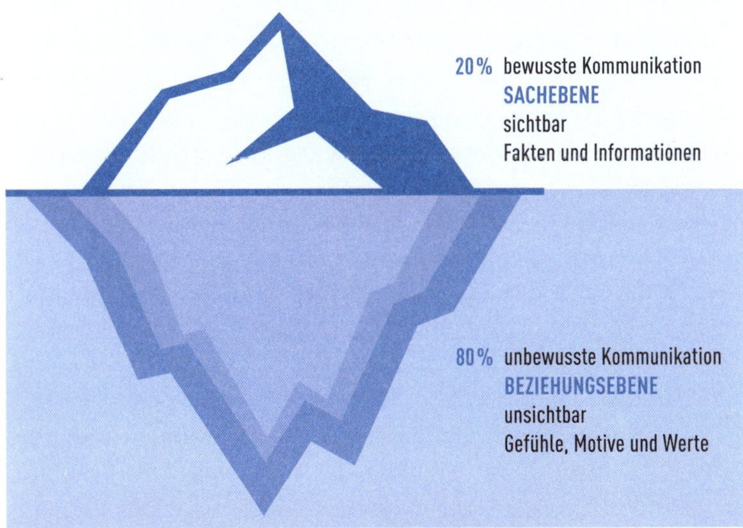

Abbildung 8.4 Die menschliche Wahrnehmung ist vergleichbar mit einem Eisberg. Nur 20 % von dem, was wir wahrnehmen, geschieht bewusst.

Die führenden Kognitionspsychologen unserer heutigen Gesellschaft gehen davon aus, dass unser Gehirn in zwei systematischen Zuständen arbeitet. Man spricht auch von zwei *kognitiven Systemen*. System eins ist intuitiv und assoziativ. Es ist sozusagen unser Autopilot. Wir sind entspannt, und wir fühlen uns frei und kreativ. Das zweite System dagegen erfordert ein beherztes Greifen nach dem Steuer. Hier agieren wir weitestgehend bewusst, analytisch und rational. Wenn das zweite System die Oberhand hat, sind wir in der Lage, komplexe Aufgaben zu lösen, aber auch Dinge kritisch zu hinterfragen. Dieser Vorgang ist für unser Gehirn anstrengender und energieraubender und deswegen überlassen wir auch die meiste Zeit unserem Autopiloten das Steuer. Man kann auch sagen, das emotionale Gehirn steht dem rationalen Gehirn gegenüber (siehe auch Abschnitt 3.1, »Warum nutzen wir Storytelling?«).

Dein Präsentationsverbündeter ist, wie du dir sicher schon denken kannst, System eins (das emotionale Gehirn). Wenn du es schaffst, mit deiner Kommunikation, gepaart mit deiner visuellen Darstellung, das erste System deiner Zuhörerinnen und Zuhörer anzusprechen, hast du schon fast die Hälfte des Weges zum Erfolg zurückgelegt.

Bedenke, wir Menschen sind keine rein rationalen Wesen, obwohl wir uns das gerne selbst auf die Fahne schreiben. Wir sind, ob wir es wollen oder nicht, mehrdimensional, und dementsprechend ist auch unsere Kommunikation angelegt. Sie ist perzeptiv, kognitiv, rational und emotional. Was das konkret bedeutet, zeigt dir der nachfolgende Kasten.

Quickinfo

- *Perzeption* ist der primäre unbewusste und individuelle Prozess, wenn wir Informationen und Wahrnehmungen verarbeiten (*https://de.wikipedia.org/wiki/Perzeption*).
- *Kognition* ist eine vom Verhalten gesteuerte Umgestaltung von Informationen. Es kommt vom Lateinischen *cognoscere* und bedeutet erkennen, erfahren oder kennenlernen. Oft ist mit Kognition das Denken im weiteren Sinne gemeint (*https://de.wikipedia.org/wiki/Kognition*).
- *Rationalität* beschreibt ein vernunftgeleitetes Denken und Handeln und ist an Zwecken und Zielen ausgerichtet. Gründe, die wir als vernünftig ansehen, werden absichtlich ausgewählt bzw. herbeigeführt (*https://de.wikipedia.org/wiki/Rationalität*).

Abbildung 8.5 Die Ebenen der Wahrnehmung

- *Emotion* oder Gefühl bezeichnet eine psychophysische Bewegtheit, die durch bewusste oder unbewusste Wahrnehmung eines Ereignisses oder einer Situation ausgelöst wird (*https://de.wikipedia.org/wiki/Emotion*).

Diese Ebenen überlagern sich, sodass du nicht nur mit reinen Sachargumenten punkten kannst. Um nun deinem Ziel, zu überzeugen, näherzukommen, ist es wichtig, vor allem die perzeptive und emotionale Ebene deines Publikums zu erreichen. Über letztere verkaufst du letztendlich deine Idee. Sehnsüchte spielen hier ebenfalls eine große Rolle. Schließlich soll die Idee, die du präsentierst, im weitesten Sinne eine Lösung für ein aktuelles Problem deiner Zuhörer darstellen. Gelingt es dir also, eine Verbindung zwischen dieser Sehnsucht und deiner Kommunikation herzustellen, entsteht vor allem ein emotionaler Mehrwert, der deiner Idee eine emotionale Aura verleiht, die dein Publikum auf der Ebene der Emotion erreicht und im Idealfall zu einer Handlung bewegt.

Du siehst also, gerade Emotionen sind in unserer Kommunikation ein nicht zu unterschätzender Faktor. Das ist zum Beispiel auch ein Grund dafür, warum *Storytelling* so enorm gut im Marketing, Ansprachen oder der Wissensvermittlung funktioniert. Dadurch können wir uns die Idee auch besser merken. Wenn Emotionen im Spiel sind, wird automatisch eine gewisse Verbindung eingegangen, die du dir zunutze machen kannst.

Wir leben in einer Gesellschaft, in der wir ständig miteinander kommunizieren. Kommunikation hat aber auch etwas mit Motivation zu tun. Wir sind motiviert, unsere Idee zu verkaufen. Oder anders: Wir leisten Überzeugungsarbeit (= kommunizieren), weil wir uns für unsere Idee begeistern. Kurz gesagt: Kommunikation ist einfach alles. Und weil das so ist, kann dabei natürlich auch einiges schiefgehen. Denn wie fast überall kann es auch innerhalb der Kommunikation zu Problemen kommen, auf die ich an dieser Stelle kurz eingehen möchte.

Du kennst sicherlich den Spruch: Man kann nicht nicht kommunizieren. Er stammt von dem bekannten Psychologen Paul Watzlawick. Im Kern wollte er damit ausdrücken, dass selbst unser Schweigen eine Art von Kommunikation ist. So kann beispielsweise eine dramatische Pause während deiner Präsentation dafür sorgen, dass die Aufmerksamkeit deiner Zuhörer steigt, da sie das Ende oder die Pointe deiner Idee nicht verpassen wollen. Sie sind gespannt darauf, was das Ergebnis ist.

Doch was passiert, wenn die Kommunikation plötzlich mehrdeutig wird, das aber von den Zuhörern nicht wahrgenommen wird? Hier spricht man von einer sogenannten *Double-bind-Situation*. Schwierig kann so etwas werden, wenn Ironie während der Präsentation ins Spiel kommt, deine Zuhörerschaft diesen aber nicht als solchen erkennt. Das kann dazu führen, dass deine Idee, die du gerade vermitteln willst, nicht verstanden wird. Du solltest also mit solchen doppeldeutigen Aussagen vorsichtig sein und sie nur dann einsetzen, wenn deine Zielgruppe diese auch sicher versteht. Ansonsten kann deine Präsentation noch so gut sein, die Wahrscheinlichkeit, dass du überzeugst, hast du dir dann im Grunde selbst vermasselt.

Ebenfalls schwierig wird es, wenn zwischen deiner verbalen und deiner nonverbalen Kommunikation eine Diskrepanz herrscht (auf beide Themen gehe ich in Abschnitt 8.4, »Kenne die Macht deiner Kommunikation«, noch genauer ein). Ein einfaches Beispiel dafür wäre, jemand sagt zu einer Person: »Ich liebe dich«, schaut dabei aber desinteressiert in eine andere Richtung. Die Botschaft, die dabei rüberkommt, ist nicht eindeutig. Es stellt sich die Frage, welcher Information man glauben schenken darf. Du solltest also darauf achten, dass deine Körpersprache auch dem entspricht, was du verbal kommunizierst. Dies ist besonders bei Face-to-Face-Präsentationen wichtig.

8.1.2 Der Sache auf den Grund gehen

»Das also ist des Pudels Kern«, das wusste schon Faust in Goethes gleichnamigem Werk zu sagen. Doch was ist der Kern deiner Präsentation? Es ist doch so, keiner lehrt uns, in der Öffentlichkeit zu sprechen oder zu präsentieren. Es gibt leider kein allgemeingültiges und verpflichtendes Fach in der Schule oder an der Uni, um zu lernen, wie man richtig und vor allem überzeugend präsentiert. In der Regel werden einzelne Stunden oder Seminare genutzt, um ein paar grundlegende Techniken zu vermitteln.

Hand aufs Herz, wenn wir eine Präsentation erstellen und uns auf den Vortrag vorbereiten, ist es doch eher ein reines Auswendiglernen der Fakten, die wir im Augenblick der Präsentation herunterrasseln – emotionslos und völlig sachlich. Da stellt sich doch die Frage, wie soll ich so jemanden von etwas überzeugen, wenn ich selbst nicht die Leidenschaft für meine Idee rüberbringe, die ich im Inneren verspüre? Du siehst, das ganze Thema ist sehr schwammig und steckt aus meiner Sicht noch in den Kinderschuhen. Natürlich gibt es viele hervorragende Redner, die ganze Massen von ihren Ideen und Produkten überzeugen konnten. Denk nur einmal an Steve Jobs oder Barack Obama. Gerade Steve Jobs war aus meiner Sicht einer der besten Vortragsredner der Welt.

Ich empfehle dir, zumindest einmal eine Präsentation von ihm anzusehen. Seine Präsentationen wirken leicht und erwecken den Eindruck einer gewissen Spontaneität, doch dahinter steckt eine minutiös geplante Präsentation. In seinen Vorträgen emotionalisierte er und verkaufte im Grunde mit seinen Produkten ein Lebensgefühl. Und das ist es auch, was ihn auf lange Sicht über seinen Tod hinaus berühmt gemacht hat.

Abbildung 8.6 »Steve Jobs iPhone 2007 Presentation« (Quelle: www.youtube.com/watch?v=vN4U5FqrOdQ)

Oder sieh dir seine eindrucksvolle Rede an der Stanford University an, die bis heute legendär ist. Sie ist inspirierend und nimmt das Publikum mit auf eine emotionale Reise.

Abbildung 8.7 »Steve Jobs' 2005 Stanford Commencement« (Quelle: www.youtube.com/watch?v=UF8uR6Z6KLc)

Doch leider gibt es von solchen Redekünstlern viel zu wenig auf der Welt. Frag dich einfach mal selbst, wann du das letzte Mal eine Präsentation erlebt hast, die dich absolut begeistert und überzeugt hat. Ich denke, da wird es dir wie mir gehen, das ist schon eine ganze Weile her. Mein Fazit an dieser Stelle lautet also: Du solltest lernen zu kommunizieren, um deine Zuhörer nachhaltig von deiner Idee, von deinem Projekt, Produkt oder deiner Botschaft zu überzeugen!

Lass es mich mal ein wenig überspitzt und provokativ formulieren: Im Grunde geht es bei einer Präsentation um »friss oder stirb«. Natürlich hängt von deiner Präsentation nicht dein Leben ab, aber sie kann darüber entscheiden, ob du einen Auftrag mit einem hohen Etat bekommst oder eben nicht, wie deine Abschlussnote an der Uni oder deine Schulpräsentation ausfällt, ob du Sponsoren davon überzeugen kannst, beim nächsten Vereinsevent zu investieren oder eben nicht. Der heutige Markt ist extrem umkämpft. Und hier lautet die Devise, wer besser präsentiert bzw. kommuniziert, gewinnt. »Survival of the fittest«, würde wohl Charles Darwin dazu sagen. Wer deutlich kommuniziert, wird verstanden. Und das sollte immer dein Ziel sein!

Auch Kreative müssen mittlerweile perfekt kommunizieren können, was sich in ihrem Hinterstübchen so alles abspielt. Es ist sinnlos, ein gutes Produkt, eine gute Idee oder ein perfektes Konzept zu haben, wenn man nicht weiß, wie man es anderen vermitteln soll. Doch lass uns nun im nächsten Abschnitt, erst einmal hinter die Fassade der Zuhörer blicken.

8.2 Die Psychologie der Zuhörer – verstehe die Perspektive der anderen

Es mag paradox klingen, aber wir machen oft den Fehler, dass wir nur mit uns selbst kommunizieren. Wir gehen von unserem Wissen aus und bauen daraus unsere persönliche Präsentation auf. Aber, und das ist das Wichtigste, Kommunikation besteht aus mindestens zwei Parteien. Was für dich im ersten Moment interessant und spannend erscheint, kann für dein Gegenüber unverständlich und – was noch viele schlimmer wäre – sterbenslangweilig sein. Du siehst also, dass es von enormer Bedeutung ist, deinen Zuhörer, deine Zuhörerin zu verstehen.

Die Frage, ob jedes Publikum gleich ist, sollte man sich erst gar nicht stellen. Denn die Antwort lautet definitiv Nein. Dementsprechend wäre es also ein fataler Fehler, immer auf die gleiche Art zu kommunizieren und zu präsentieren. Jeder Zuhörer, sei es deine Chefin, ein Kollege oder dein Kunde, entstammen einer anderen Welt bzw. einer anderen Umgebung. Ihren Background zu kennen, erleichtert dir später deine Präsentation, da du weißt, auf was deine Zuhörer Wert legen. So liebt die eine möglicherweise jede Menge Charts und Statistiken und kann gar nicht genug von Zahlen und Daten bekommen, ein anderer wiederum reagiert emotional auf deine verwendete Bildsprache. So jemanden wirst du nie mit Statistiken überzeugen können. Umgekehrt ist es genauso.

Du solltest also immer im Auge behalten, in welchem Kontext du präsentierst. Wer ist deine Zielgruppe, und wen willst du ansprechen? Eine Recherche vorab hilft dir dabei, herauszufinden, was deine Zielgruppe möglicherweise schon zu dem Thema weiß und was völlig neu für sie wäre. Ein mögliches kurzes Vorabgespräch mit dem Veranstalter der Präsentation oder deiner Kundin kann dir hier bereits sehr viel Input liefern, wenn du aufmerksam zuhörst. Oder wirf noch einmal einen kritischen Blick auf das Briefing. Auch hier können bereits nützliche Hinweise versteckt sein.

Abbildung 8.8 Sofern dir ein Briefing vorliegt, nutz dieses und arbeite es aufmerksam durch. Auch hier verstecken sich Hinweise, die du für deine Kommunikation nutzen kannst.

Es gibt aber noch eine weitere wichtige Variable, die du bei deiner Präsentationsvorbereitung mit einbeziehen solltest – nämlich die Persönlichkeit deiner jeweiligen Zuhörer.

8.2.1 Die Chefperspektive

Wie du dir sicherlich vorstellen kannst, begegnen dir Präsentationen überall im Leben. In der Schule, an der Uni, während der Ausbildung, aber vor allem im Job. Und hier wirst du garantiert auch einmal in den Genuss kommen, eine Idee vor deinem Chef oder deiner Vorgesetzten präsentieren zu müssen. Denn nicht nur Kunden sind potenzielle Zuhörer, sondern auch die eigene Chefetage. Wer jetzt aber denkt, das kann ja nicht so schwer sein, vor den eigenen Chefs zu präsentieren, schließlich weißt du ja wie er oder sie »tickt«, geht das Risiko ein, vieles falsch zu machen.

Auch wenn du glaubst, das Mindset deines Chefs oder deiner Chefin zu kennen, und davon ausgehst, dass er oder sie genauso begeistert von deiner Idee sein wird, lässt dich in einer scheinbaren Sicherheit wiegen. Doch auch das Präsentieren vor der Führungsriege birgt so manche Tücken, und es gilt ebenso, einige Hürden zu nehmen. Genau darum soll es nun in diesem Abschnitt gehen.

Wahrscheinlich ist es so, du bist motiviert und voller Ideen, vielleicht möchtest du auch einfach nur mehr Verantwortung in deinem Job übernehmen. Doch um das zu erreichen, deine Idee umzusetzen oder mehr Verantwortung zu tragen, bedarf es vor allem der Unterstützung deines Chefs. Der Gedanke mag zunächst einmal etwas befremdlich und möglicherweise auch etwas angsteinflößend sein. Je nachdem, wie das Betriebsklima in deinem Unternehmen ist, kann es da große Unterschiede geben. Denn in der Regel reicht es nicht aus, zu deiner Chefin zu gehen und zu sagen: »Hallo Frau Müller, ich hätte da mal eine Idee, mit der wir die private Nutzung unserer Smartphones effektiver im Arbeitsalltag integrieren können.«

Ob man nun mit dem Smartphone effektiver arbeiten kann, sei an dieser Stelle einmal dahingestellt. Sollte die Führungsebene den zarten Hauch von Interesse zeigen, wirst du wahrscheinlich dazu aufgefordert, dies anhand einer Präsentation kurz zu verdeutlichen. Was bedeutet, dass du ein Konzept deiner Idee erstellen und diese in einem entsprechenden Rahmen vor deinen Chefs oder gar vor großer Runde im Kollegium präsentieren musst. Das heißt für dich im Umkehrschluss, dass du dich nicht nur mit den reinen Unternehmensinteressen befassen musst, sondern auch den Interessen deines Chefs oder deiner Chefin.

Doch wie präsentierst du deine Idee souverän und gewinnst so am Ende das Vertrauen deiner Vorgesetzten und somit auch ihre Unterstützung? Mit den nachfolgenden Tipps möchte ich dir hierfür einen Wegweiser mit an die Hand geben:

1. **Kenne die Unternehmensstrategie**
   Das Management hat eigene Ziele, die es innerhalb der aktuellen Unternehmensstrategie umsetzen muss. Vergewissere dich also, ob deine Idee zu dieser Strategie passt. Sollte sie den Zielen der Unternehmensstrategie widersprechen, wird sie höchstwahrscheinlich abgelehnt. Da kann die Idee noch so gut sein. Auf der anderen Seite können das aber auch Chancen bedeuten. Hier gilt es, während deiner Präsentation die Vorteile hervorzuheben und darauf aufmerksam zu machen, welcher Nutzen und welche Potenziale in deiner Idee stecken. Diese Sicht der Dinge wird deinen Chef empfänglicher für deine neue Idee machen.

2. **Präsentiere Fakten und keine Meinungen**
   Wenn deine Idee in der Umsetzung Geld kostet, wird sich deine Chefin eher auf Fakten verlassen, als auf wohlwollende Meinungen. Egal, für wie sinnvoll du deine Idee hältst oder wie begeistert du von ihr bist, all das spielt keine Rolle. Vielmehr solltest du vorab recherchieren, wie der Markt aktuell aufgestellt ist, was die Konkurrenz macht und was für einen Gewinn du mit deiner Idee erzielen kannst. Auch Daten aus Umfragen, Erkenntnisse oder Zitate, die du von potenziellen Kunden erhalten hast, solltest du in deiner Präsentation berücksichtigen. Zahlen aus Studien können ebenfalls als überzeugendes Argument verwendet werden. Je besser

du die Fakten kennst und deinem Chef auf dem Silbertablett präsentierst, desto größer wird die Wahrscheinlichkeit werden, dass du ihn von deiner Idee überzeugen kannst.

3. **Schweif nicht ab**
   Sicherlich hast du dich gewissenhaft vorbereitet und kennst jedes Detail deiner Idee und schmückst damit deine Präsentation aus. Doch so hart das jetzt auch klingen mag, das interessiert das Management nicht. Du musst dir deutlich machen, dass deine Chefin wenig Zeit hat, schließlich hat sie ein Unternehmen zuführen. Du solltest dich deshalb fragen: Was ist wirklich wichtig für deinen Chef, und welche Details darfst du getrost erst einmal außen vor lassen? Beschränk dich auf die Kernpunkte deiner Idee und lass den Rest ruhigen Gewissens weg. Das soll jetzt allerdings nicht heißen, dass du keine Details brauchst. Diese bereitest du vor, doch diese präsentierst du ausschließlich auf Nachfrage hin. Die Erfahrung hat gezeigt, dass eine Präsentation von 5 Minuten, die kurz und knackig auf den Punkt gebracht wird, wesentlich wirkungsvoller ist, als eine komplett ausgeschmückte Präsentation von 15 Minuten und länger. Deine Chefin wird dir die kürzere Präsentation definitiv danken.
4. **Kenne die wichtigen Zahlen**
   Da dein Chef für den finanziellen Erfolg des Unternehmens verantwortlich ist, werden ihn hauptsächlich verlässliche Zahlen interessieren, mit denen er planen und kalkulieren kann. Deswegen ist es essenziell, die wichtigen Zahlen zu deiner Idee parat zu haben. Das betrifft zum Beispiel Verkaufszahlen, Entwicklungs- und Produktionskosten. Deswegen darf eine übersichtliche Darstellung dieser Kennzahlen nicht in deiner Präsentation fehlen.
5. **Tritt souverän auf**
   Es mag banal klingen, aber übe ein souveränes Auftreten. Gute Vorbereitung ist das A und O. Schließlich willst du überzeugen und nicht zum blamablen Gesprächsthema mutieren. Das heißt, übe deine Präsentation vorher gründlich. Versuch, möglichst frei zu sprechen und Blickkontakt zu halten. Ein ständiger Blick auf deine Gesprächsnotizen oder Folien lässt dich unsicher wirken. Das hat zur Folge, dass deine Idee und deine Präsentation an Ausdruckskraft verlieren. Überleg dir auch im Vorfeld, welche Fragen nach der Präsentation aufkommen könnten, und leg dir bereits Antworten darauf zurecht. Und selbst wenn du in die Situation kommen solltest, etwas nicht zu wissen, ist das noch kein Grund zur Panik. Kommuniziere einfach offen und ehrlich, dass du es zu diesem Zeitpunkt noch nicht weißt, es aber recherchieren und nachreichen wirst. Auch eine aufrechte und selbstbewusste Haltung tragen dazu bei, dass du ernst genommen wirst.

6. **Dein Chef ist nicht der Feind**
   Es klingt banal, aber vergiss nie, dass deine Chefin auch nur ein Mensch ist. Vorverurteilungen, dass deine Idee ja sowieso nicht genommen wird, bringen dich nicht weiter. Falls dein Chef im Vorfeld schon einmal eine Idee von dir abgelehnt hat, lag das vielleicht nicht an deiner Idee, sondern einfach nur daran, dass sie nicht zu der besagten Unternehmensstrategie passte. Wie schon weiter oben erwähnt, verfolgt deine Chefin eigene unternehmerische Ziele, die sie im Blick behalten muss. Anstatt dich darüber aufzuregen, solltest du viel eher einmal die Dinge aus der Unternehmensperspektive betrachten und dich fragen, was wäre, wenn ich Chef wäre? Was würde dich selbst von deiner Idee überzeugen? Was bräuchtest du, um dein Okay zu geben? Wenn du die Sprache deiner Vorgesetzten verstehst und sie im besten Fall sogar sprichst, wirst du es viel leichter haben, dir deinen Chef zum »Freund« zu machen. Und am Ende des Tages wollt ihr doch beide, dass der Unternehmenserfolg weitergeht und ihr gemeinsam wachsen könnt.

8.2.2 Die Kundenperspektive

Nachdem wir uns im letzten Abschnitt mit der Chefperspektive befasst haben, fehlt nun natürlich noch die Sicht des Kunden bzw. die Sicht auf die Kundenmarke und damit verbunden das Verständnis für sie. Wie bereits erwähnt, bewegen wir uns hier in unterschiedlichen Welten. Die Welt deiner eigenen Vorgesetzten ist dir vermutlich, durch deine eigene Arbeit für sie, geläufiger als es vielleicht beim Kunden der Fall ist. Ein tiefes Verständnis für den Kunden und seine Marke hilft dir dabei, deine Kommunikation gezielt darauf auszurichten. Allerdings erfordert dies ein gewisses Maß an Vorbereitung, aber vor allem Recherche. Doch du wirst sehen, dass sich die Arbeit am Ende auszahlen wird, wenn du erst einmal den Köder ausgeworfen hast und der Kunde an deinem Haken hängt. Doch fangen wir vorne an.

Die Welt deines Kunden bzw. seine Umgebung kann sich fundamental von der unterscheiden, in der du dich bewegst. Aber das ist aus meiner Sicht kein Nachteil. Sieh es als eine Art Herausforderung an. Im Grunde profitierst du von all den verschiedenen Erfahrungen, die du gemacht hast. Und diese kannst du durchaus auch in deine Präsentation einfließen lassen. Dadurch gewinnt sie an Tiefe. Du solltest also lernen, über den Tellerrand hinauszublicken.

Zu Beginn solltest du dich einmal mit der Welt des Kunden vertraut machen. Versuch einmal, die Dinge aus Sicht deines Kunden zu sehen. Ist das, was du ihm präsentieren willst, verständlich, oder verwendest du Analogien, Begriffe oder Vergleiche, die aus deiner Welt stammen und vom Kunden möglicherweise nicht richtig verstanden werden? Erinnere dich an Abschnitt 8.1.1, »Kommunikation der Wissensstruktur«, in dem es unter anderem um Kommunikationsprobleme ging. Wenn du zu viel oder sogar Falsches voraussetzt, bewegt ihr euch auf völlig verschiedenen Ebenen. Denk daran, du bist der Sender einer Botschaft mit einer Absicht dahinter. Du solltest darauf achten, dass du nicht versehentlich durch Unwissenheit deine Absicht geradezu verbirgst, weil du eine falsche Sprache benutzt, und den Empfänger auf eine falsche Spur bringst. In der modernen Kommunikationspsychologie geht man davon aus, dass jede Botschaft über vier Seiten verfügt (dazu mehr im nächsten Abschnitt). Das bedeutet für dich, dass auch der Empfänger die Botschaft auf viere Arten verstehen und interpretieren kann. Wenn du beispielsweise auf der Sachebene kommunizierst, dein Gegenüber aber die Botschaft auf der Beziehungseben interpretiert, sind Konflikte in der Regel vorprogrammiert. Daraus ergibt sich für uns, dass Kommunikation manchmal zu einer komplizierten, aber vor allem komplexen Sache wird. Bedenke, der Empfänger deiner Botschaft, also dein Kunde, wird das Gehörte auf seine eigene Art und Weise auffassen und verarbeiten.

8.2.3 Das Vierohrenmodell

Der Grundvorgang unserer menschlichen Kommunikation ist relativ schnell und einfach beschrieben. Da ist der Sender, der etwas mitteilt, und auf der anderen Seite ist der Empfänger der Nachricht, der diese entschlüsseln und interpretieren muss. In der Regel stimmten die gesendeten und empfangenen Inhalte dahingehend überein, dass eine störungsfreie Kommunikation möglich ist. Durch eine entsprechende Rückmeldung, auch Feedback genannt, soll sichergestellt werden, dass die beabsichtigte Nachricht vom Empfänger richtig verstanden wurde.

Sender und Empfänger – vielleicht denkst du gerade, das habe ich doch irgendwann einmal früher in der Schule im Deutschunterricht gehört? Und ja, das nachfolgende Modell ist ein gern gesehener Lernstoff im Deutschunterricht. Ich spreche vom sogenannten *Vierohrenmodell* nach Friedemann Schulz von Thun. Schulz von Thun geht davon aus, dass eine Botschaft, die du kommunizierst, stets vier Seiten beinhalten kann. Das heißt, eine Nachricht kann aus vier verschiedenen Perspektiven verstanden und interpretiert werden. Deswegen ist es auch so wichtig, dass du im Vorfeld deine Hausaufgaben gemacht hast und deinen Kunden kennst, um ihn auf der richtigen Ebene abzuholen.

Das Modell eignet sich nach eigenen Aussagen von Schulz von Thun nicht nur zur Analyse konkreter Mitteilungen, sondern auch, um die Vielzahl an möglichen Kommunikationsstörungen aufzudecken. Schauen wir uns also die Anatomie einer Nachricht einmal etwas genauer an. Den Anfang macht die Sachebene:

- **Die Sachebene oder der Sachinhalt** (Worüber informiere ich?)
  Die erste Ebene, auf der man kommunizieren kann, ist die Sachebene. Auf ihr werden reine Informationen, Daten und Fakten, eben der Sachinhalt, vermittelt. Der

Empfänger entscheidet im Prinzip nur noch darüber, ob die Informationen wahr oder falsch sind. Immer, wenn es um eine Sache geht, steht diese Seite im Vordergrund. Allerdings ist dies nur ein Teil, der sich im Augenblick der Kommunikation zwischen Sender und Empfänger abspielt. Was uns zum zweiten Aspekt einer Nachricht führt.

- **Der Appell** (Wozu möchte ich jemanden veranlassen?)
  Die zweite Ebene drückt aus, wozu der Sender den Empfänger veranlassen möchte. Er möchte ihm sozusagen einen Schubs in die richtige Richtung geben, ohne ihm die freie Entscheidung abzunehmen. In Fachkreisen spricht man hier auch von *Nudging* (siehe dazu auch Abschnitt 14.5.2, »Nur ein kleiner Schubs«). Allerdings ist zu beachten, dass etwas niemals einfach nur so gesagt wird. In der Regel steckt eine Absicht hinter einer Aussage.

  Dieser Vorgang der Einflussnahme kann mehr oder weniger offensichtlich oder versteckt sein. Manche Sender scheuen bei dieser Art der Manipulation nicht davor zurück, die anderen drei Ebenen einer Nachricht in den Dienst des Appells zu stellen. Die Beziehungsebene verdeutlicht in einem weiteren Schritt, wie auf den Appell reagiert wird.

- **Die Beziehungsebene oder der Beziehungshinweis** (Was halte ich von dir, und wie stehen wir zueinander?)
  Die dritte Ebene drückt aus, wie der Sender zum Empfänger steht. Dieser Aspekt kann deutlich kommuniziert werden, aber auch versteckt sein. Hier spielen Emotionen eine wichtige Rolle.

  Die Art der Beziehung zeigt sich vor allem durch die gewählten Worte, den Tonfall und die nonverbalen Signale, die während der Kommunikation gesendet werden. Die meisten Empfänger sind besonders empfindlich, was diesen Teil der Nachricht angeht, denn sie drückt aus, wie der Empfänger sich behandelt fühlt.

- **Die Selbstoffenbarung** (Was gebe ich von mir preis?)
  Die letzte Ebene ist die Selbstoffenbarung. Hier gibt der Sender etwas von sich preis, beispielsweise Gefühle oder Werte. Diese Selbstoffenbarung kann gewollt oder ungewollt sein. Aus psychologischer Sicht ist gerade dieser Aspekt einer Nachricht hochbrisant.

  Aus dieser Seite der Nachricht können sich einige Probleme in der zwischenmenschlichen Kommunikation ergeben, da der Sender immer versucht, sich von seiner besten Seite zu zeigen und mögliche Schwächen tunlichst nicht preiszugeben. Er greift in solchen Fällen auf verschiedene Techniken der Selbsterhöhung zurück.

Abbildung 8.9 Das Vierohrenmodell nach Friedemann Schulz von Thun

Aus der Praxis

Schauen wir uns das Ganze an einem kleinen Alltagsbeispiel nach Schulz von Thun an, um zu verstehen, wie eine Nachricht gesendet und empfangen werden kann. Stell dir einmal folgende Situation vor: Eine Mutter sieht, wie ihre Tochter nur mit einem dünnen T-Shirt bekleidet das Haus verlassen will, obwohl es kalt, nämlich unter 10 Grad Celsius, ist. Sie rät ihr also, eine Jacke mitzunehmen. Daraufhin reagiert die Tochter patzig und entgegnet, dass die Temperatur über 10 Grad liege.

Wie sahen nun die vier gesendeten Nachrichten der Mutter aus?

- Sachebene: Es ist kalt draußen.
- Appellebene: Zieh dir bitte eine Jacke an.
- Beziehungsebene: Allein kannst du keine richtigen Entscheidungen treffen.
- Selbstoffenbarung: Ich bin um deine Gesundheit besorgt.

Die Tochter muss diese gesendeten Nachrichten erst einmal verdauen. Der entscheidende Punkt in dieser Situation ist der, dass die Tochter auf der Beziehungsebene reagiert und sich in diesem Fall bevormundet fühlt. Die eigentliche Ablehnung der Tochter richtet sich hier gar nicht gegen den Sachinhalt der Nachricht, sondern gegen die Botschaft der Beziehungsebene. Auch der Appell spielt hier nur eine untergeordnete Rolle. Möglicherweise wäre die Tochter auch von allein darauf gekommen, eine Jacke mitzunehmen. Offiziell reagiert die Tochter aber auf den Sachinhalt und kontert, dass es sehr wohl über 10 Grad sei. Der Konflikt der beiden wird auf der Sachebene ausgetragen, obwohl er ganz klar auf der Beziehungsebene zu verorten wäre.

Aus den oben ausgeführten Informationen ergeben sich nun folgende drei Aspekte, die beim Betrachten des Vierohrenmodells in Abbildung 8.9 ersichtlich sind:

1. Klarheit ist bei einer Nachricht vierdimensional zu verstehen. Wenn eine Nachricht nicht klar und deutlich genug ist, ist der Empfänger versucht, etwas in die Nachricht hineinzuhören, das nicht der Realität entspricht. Man spricht an dieser Stelle auch von dem *Schatz der Fantasie*, der die Nachricht um eigene Ängste, Befürchtungen und Meinungen ergänzt.
2. Ein und dieselbe Nachricht kann gleichzeitig viele Botschaften enthalten, die sich um die vier Seiten des Modells herum ergeben. Die Konsequenz, die sich daraus ableitet, ist für den Empfänger folgenschwer, denn er fühlt sich verpflichtet, auf alle gleichermaßen zu reagieren, was ihn wiederum in einen Gewissens- und Interessenkonflikt stürzen kann (*kongruente* und *inkongruente Nachrichten*).
3. Alle Seiten des Modells sind gleich lang, was suggeriert, dass alle Botschaften einer Nachricht von gleich großer Bedeutung sind, auch wenn je nach Situation eine Ebene im Vordergrund steht.

Kongruente und inkongruente Nachrichten

Eine Nachricht ist kongruent, wenn alle Signale (verbale und nonverbale), die der Sender mit seiner Botschaft sendet, in die gleiche Richtung weisen und in sich stimmig sind. Auch der Tonfall in der Stimme spielt dabei eine Rolle. Eine inkongruente Nachricht ist das genaue Gegenteil. Dabei handelt es sich um eine Nachricht, deren sprachlicher Teil im Widerspruch zum nonverbalen Teil der Nachricht steht.

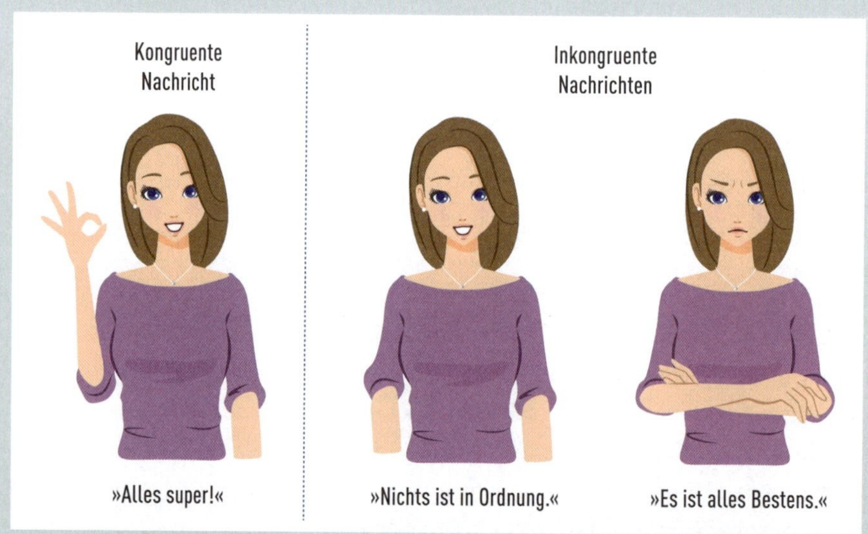

Abbildung 8.10 Beispiele für kongruente und inkongruente Nachrichten

Wie du gesehen hast, musst du seine Worte mit Bedacht wählen und dir im Vorfeld darüber im Klaren sein, über welche Ebene du deine Zuhörer oder deinen Kunden erreichen möchtest. Hier hilft dir zum Beispiel auch das DISG-Modell, auf das ich in Abschnitt 8.3 zu sprechen komme. Dir sollte nur klar sein, dass deine Worte jeweils eine *denotative* und eine *konnotative Bedeutung* haben. Unter der denotativen Bedeutung versteht man die sachliche und objektive Bedeutung, wohingegen die konnotative Bedeutung die subjektive Interpretation des Empfängers ist.

Ich hoffe du hast verstanden, warum es so wichtig ist, die Sprache des Kunden oder allgemein des Publikums zu kennen und zu sprechen. Doch wie sieht es mit der eigentlichen Kundenmarke aus? Was müssen wir über sie wissen, um unsere Idee oder unser Produkt entsprechend zielorientiert zu präsentieren.

8.2.4 Die Kundenmarke verstehen

Um mit deiner Präsentation genau ins Schwarze zu treffen, ist es essenziell wichtig zu wissen, wie überhaupt die Markenziele deines Kunden lauten. Was sind die Hauptunterscheidungsmerkmale zu seiner Konkurrenz, und welcher USP (*Unique Selling Point* oder Alleinstellungsmerkmal) liegt ihm zugrunde? Was ist der Zielmarkt? Erinnere dich, der Markt ist heiß umkämpft, und es gibt immer ein Angebot, das günstiger ist.

Deine erste wichtige Anlaufstelle für diese Fragen ist das Kundenbriefing, das du in der Regel vor Projektstart bekommst. Es legt die genauen Ziele, Wünsche und Auftragsparameter fest. Es enthält aber auch Angaben über die aktuelle Situation und eine Kurzinfo zum Unternehmen. Doch mit dem aufmerksamen Studium des Briefings ist die Sache nicht getan. Jetzt heißt es, die Initiative zu ergreifen und erst einmal ordentlich zu recherchieren und alles zu dokumentieren, was dir zu deinem Kunden und seiner Marke über den Weg läuft. Auch solltest du bei deiner Recherche die Konkurrenz ein wenig im Auge behalten. Schließlich möchtest du nicht am Ende eine Kopie von einem bereits erfolgreich genutzten Konzept der Konkurrenz präsentieren. Das ist nicht nur unschön, es kann auch teuer für dich werden oder sogar rechtliche Folgen nach sich ziehen.

Es stellt sich also folgende Frage: Welche Informationen benötigst du zusätzlich für deine Präsentation, um eine konzeptionelle Arbeit zu erstellen, die noch dazu mit dem Kundenstandpunkt übereinstimmt? Denn – und das ist das Wichtigste – in all der Euphorie und Begeisterung für ein Projekt darfst du das Ziel des Kunden nie aus den Augen verlieren. Und noch einmal, Kommunikation ist keine Einbahnstraße. Du musst dir also überlegen, wie die Botschaft am Zielmarkt weitergegeben werden soll. Dafür brauchst du wiederum die Daten deines Kunden. Aus ihnen kannst du ablesen, wo die Idee angesiedelt werden soll und wo sie bei deinem Kunden ansetzt. Befass dich mit den Details deines Publikums, um den Grundton der Markenstimme zu erfassen. Das ist ein wichtiger Grundstein für deine Präsentation und der darauf aufbauenden Kommunikation.

»Wer, wie, was, wieso, weshalb, warum? Wer nicht fragt bleibt dumm.« Das wusste schon die Sesamstraße zu lehren. Und genau daran kannst du dir ein Beispiel nehmen, wenn es um deine Präsentationsvorbereitung geht. Schließlich willst du die Essenz der Marke erfassen und deine Idee klar kommunizieren. Wenn du für dich die berühmten W-Fragen beantworten kannst, hast du auch für später eine solide Basis, um auftretende Kundenfragen zu beantworten. Je souveräner und sicherer du hier auftrittst, desto größer ist natürlich deine Chance, dein zuvor definiertes Präsentationsziel zu erreichen.

Wenn du nun alle Informationen rund um die Marke deines Kunden zusammen hast, fehlt aber noch ein wichtiger Punkt, um deinen Kunden zu überzeugen: Frag dich einmal, welche Position dein Zuhörer oder deine Zuhörerin einnimmt. Auch die Art und Weise, wie sich dein Gegenüber kleidet, verrät dir etwas über seinen Charakter bzw. ihren Lebensstil. Und an genau diesem Punkt kannst du mit deiner Präsentation ansetzen und deine Zuhörer genau dort abholen, wo sie sich im übertragenen Sinne zu Hause fühlen.

Ebenso spielen die Werte, für die dein Kunde steht, eine wichtige Rolle. Wenn du diese geschickt in deine Präsentation einbaust, schaffst du eine Brücke zu deinem Kunden, und das ermöglicht dir, Emotionen bei ihm auszulösen. Ich denke, dir ist mittlerweile die Bedeutung von Emotionen klar geworden.

Es gibt aber noch weitere Fragen, mit denen du dich vorab beschäftigen solltest, um die Präsentation auf Augenhöhe deines Kunden anzusiedeln:

- Wo will der Kunde überhaupt mit seiner Marke platziert werden?
- Wie ist seine bisherige Markenkommunikation, welche Art von Sprache, welches Wording wird verwendet (so gelingt ein schnellerer Zugang zum Zuhörer)?
- Was ist der Unterschied zur Konkurrenz?
- Wie ist das Wertversprechen?

8.2.5 Die Sache mit der Motivation

Eine Sache habe ich bisher noch nicht erwähnt, die aber ein nicht zu unterschätzender Faktor in deiner Präsentationskommunikation ist. Ich spreche von der Motivation. Ich empfehle dir, den gemeinsamen Nenner, der dich und deinen Kunden antreibt, zu nennen und in deiner Präsentation einzubauen. Und der schnöde Mammon sollte hier nicht als einziger gemeinsamer Nenner der *extrinsischen Motivation* genannt werden. Versuch herauszufinden, was die *intrinsische Motivation* deines Kunden und seiner Marke ist, und versuch darauf aufbauend, den gemeinsamen Nenner zu finden und als Startpunkt für deine Präsentation zu nutzen.

Extrinsische und intrinsische Motivation

Unter der extrinsischen Motivation versteht man die Form von Motivation, die durch äußere Einflussfaktoren hervorgerufen wird und dich dazu bringt, eine Aufgabe zu erfüllen. Extrinsische Motive sind:

- der Wunsch nach einer Belohnung
- der Wunsch nach Anerkennung
- das Vermeiden einer Bestrafung

So bringt dich zum Beispiel dein Gehalt dazu, täglich zur Arbeit zu gehen.

Die intrinsische Motivation dagegen bedeutet, dass der Antrieb, eine Tätigkeit auszuführen, aus deinem Inneren kommt. Sie wird um ihrer selbst willen ausgeführt. Für das angestrebte Verhalten braucht es keine Belohnung von außen.

Intrinsisch motiviert bist du, wenn du etwas aus folgenden Gründen tust:

- aus persönlichem Interesse oder aus Spaß
- weil es deiner Wertevorstellung entspricht und du es für sinnvoll erachtest
- weil du dich einer Herausforderung stellen möchtest

Hobbys übst du beispielsweise aus einer intrinsischen Motivation heraus aus. Du machst es, weil es dir Spaß und Freude bereitet.

Wichtig zu wissen ist allerdings, dass du in der Regel durch beide Motivativationsarten motiviert wirst. Sie sind nur je nach Tätigkeit unterschiedlich stark ausgeprägt.

Visionboard als Motivationshelfer

Um deiner Motivation aufzuhelfen oder sie konstant hochzuhalten, kannst du mit einem Mood- oder Visionboard arbeiten. Es dient vor allem der Visualisierung von Zielen über einen längeren Zeitraum hinweg oder beim Planen eines Projekts. Dabei gestaltest du deine Ziele oder Wünsche für den von dir festgelegten Rahmen in Form von Bildern, Texten oder Zeichnungen. Ein so erstelltes Visionboard solltest du am besten dort platzieren, wo du es immer wieder siehst, und dir somit stetig in Erinnerung rufen, worauf du hinarbeitest und worauf sich deine Motivation richtet.

Abbildung 8.11 Das Arbeiten mit Mood- oder Visionboards als Motivationsgeber

Je mehr du nun über dein Publikum oder deinen Kunden und seine Marke weißt, desto besser lässt sich ein tiefes Verständnis dafür entwickeln, wodurch du deine Präsentation gezielt darauf abstimmen kannst.

Im folgenden Abschnitt möchte ich dir ein weiteres Tool vorstellen, mit dessen Hilfe es dir leichter fallen sollte, das Publikum, vor dem du deine Präsentation halten wirst, in eine Grundrichtung einzuordnen. Ich spreche hier von Typologien, die ihren Ursprung im Fachbereich der Psychologie haben. Und was das Ganze mit Superhelden zu tun hat, das erfährst du auf den kommenden Seiten.

8.3 Dominanz, Initiative, Stetigkeit und Gewissenhaftigkeit – lerne das DISG-Modell kennen

Früher wurden Menschen nicht nach Persönlichkeitsmerkmalen oder Charaktereigenschaften beschrieben, sondern sie wurden aufgrund zuvor definierter Merkmale verschiedenen Typen zugeordnet. In der Psychologie spricht man von sogenannten Typologien. So gab es beispielsweise die Typologie nach Hippokrates, nach Kretschmer und viele weitere mehr. Mittlerweile gilt die Einteilung in Typologien zwar als veraltet, weil man einen Menschen nicht in seiner Gesamtheit mit ihnen erfassen kann, sondern nur aufgrund einer einzigen Gemeinsamkeit gruppiert. Doch genau diesen Umstand kannst du dir in Grundzügen für deine Präsentation zunutze machen. Um genauer zu sein, nutzt du dabei die Grundprinzipien des sogenannten DISG-Modells, um deine Präsentation passend auf deine Zielgruppe zuzuschneiden.

Mithilfe des DISG-Modells ist es nicht nur möglich, deine eigenen Stärken neu zu entdecken und freier zu entfalten, es befähigt dich auch, zu verstehen, warum es manchmal schwierig werden kann mit einigen Menschen zu kommunizieren, wo es mit anderen überhaupt keine Probleme gibt, man sogar auf derselben Wellenlänge liegt. Das Schöne an diesem Modell ist, dass du, wenn du dich einmal näher damit befasst, deine Menschenkenntnis trainieren und mit der Zeit weiter verfeinern kannst. Du lernst außerdem, wie sich Menschen über verschiedene Trigger motivieren lassen, um sie in die Richtung zu bringen, auf der du auf Augenhöhe mit ihnen kommunizieren kannst. Du schaffst sozusagen individuelle Anreize, um gezielt auf Bedürfnisse deines Publikums einzugehen. Im Grunde ist es aus psychologischer Sicht eine interessante Entdeckungsreise, die in ihren Grundzügen an Joseph Campbells Heldenreise erinnert.

In unserer Kommunikation reicht Fachkompetenz oftmals allein nicht aus, um zu überzeugen. Das liegt zum einen an der raschen und dynamischen Entwicklung der Gesellschaft und zum anderen daran, dass Wissen schnell veraltet. Das DISG-Modell versucht, dem Vortragenden Kernkompetenzen mit auf den Weg zu geben, um diesem Trend der Wandlung gerecht zu werden. Zu diesen Kompetenzen zählen unter anderem Team- und Führungsfähigkeiten, Flexibilität, aber vor allem, und das ist bezogen auf die eigene Präsentation der entscheidende Punkt, den Umgang mit Konflikten und Analysefähigkeit.

Das Modell liefert das nötige Metawissen, um zum einen das eigene Verhalten in konkreten Situationen zu analysieren und zu reflektieren und zum anderen die daraus gewonnenen Kenntnisse zu nutzen, um auf neue Situationen flexibel zu reagieren. Schauen wir uns das nachfolgend im Detail an.

Bei dem DISG-Modell, im Englischen DISC, handelt es sich um ein psychologisches Werkzeug, das seinen Ursprung in den 1930er Jahren hat. Das Akronym DISG beruht auf einer Selbstbeschreibung im Persönlichkeitstest mit den vier Grundtypen:

- Dominanz
- Initiative
- Stetigkeit
- Gewissenhaftigkeit

Der geistige Vater des DISG-Modells ist im Übrigen der Psychologe William Moulton Marston, der mit seiner Typologie den Grundstein für den späteren Erfolg dieses Modells legte. Nach seinem Dafürhalten zeigt sich die Persönlichkeit eines Menschen insbesondere daran, wie er in bestimmten Situationen Dinge wahrnimmt bzw. wie er darauf reagiert. Marston vergleicht es mit einer Funktion, die man beeinflussen kann. Dabei unterscheidet das Modell verschieden starke Ausprägungen der oben genannten Grundtendenzen. Aus den unterschiedlichen Kombinationsmöglichkeiten ergeben sich rund 20 verschiedenen Mischformen.

Mit dem Modell sollen eigene Stärken erkannt werden, es soll aber auch ein besseres Verständnis für die Mitmenschen vermitteln. Neben den konkreten Tipps zu Zeit- und Selbstmanagement liefert dieses Modell aber auch wertvolle Informationen zur zwischenmenschlichen Kommunikation. Und diese Informationen kannst du dir während deiner Präsentation zunutze machen. Mit anderen Worten hilft dir das Modell, die Unterschiede in der Kommunikation von Menschen anhand der vier Grundtypen zu erkennen und zu nutzen. Mit der Auswertung der eigenen Persönlichkeit und dem Erkennen der Persönlichkeit deines Zuhörers bzw. deiner Zuhörerin kannst du entscheidende Kommunikationsvorteile erzielen und somit erreichen, dass du mit deinem Kunden, deinen Kollegen oder deiner Chefin in eine positive Interaktion trittst.

8.3.1 Wie Superhelden uns helfen können

Anhand von vier Persönlichkeiten, die dir sicherlich bekannt sind, möchte ich dir nun die einzelnen Grundtypen einmal näher vorstellen. Und bei diesen vier Persönlichkeiten handelt es sich um niemand geringeren als Superman, Flash, Wonder Woman und Batman. Lass mich dir jetzt also zeigen, wie die Justice League dir dabei helfen kann, deine Zuhörer in eine der Grundrichtungen einzuordnen, sodass du deine Präsentation entsprechend darauf aufbauen kannst.

Dominant wie Superman

Der dominante Typ ist direkt und bestimmend. Man könnte auch sagen, er ist der geborene Anführer und verfügt über eine starke Persönlichkeit. Er mag Herausforderungen und schnelle Ergebnisse. Er ist selbstbewusst und entscheidungsfreudig. Seine Prioritäten liegen klar bei:

- Ergebnissen
- Herausforderungen
- Aktionen

Für deine Präsentation bedeutet das, dass du ziemlich schnell auf den Punkt kommen solltest, da es dir sonst passieren kann, dass dein Gegenüber etwas ungeduldig wird. Zuhörer dieser Gruppe wollen direkt den Kern der Idee, der Botschaft oder des Produkts erfassen. Sie sind aktiv und unternehmenslustig und bevorzugen eine klare und schlichte Präsentation. Logik und Rationalität gehen über Emotionen. Ihr Credo lautet: »Verschwende nicht meine Zeit.«

Timotheus Höttges, Vorstandsmitglied der deutschen Telekom, kann man durchaus als Superman-Vertreter in Sachen Reden sehen. Anstatt sich mit umständlichen Erklärungen abzugeben und ellenlang um den heißen Brei herumzureden, kommt er direkt auf den Punkt. Auch verzichtet er auf passive Formulierungen und holt seine Zuhörer aktiv ab. Verständlichkeit ist seine Devise, ganz nach dem Motto: Zeit ist Geld.

Agil wie Flash

Der initiative Typ ist optimistisch und neuen Dingen gegenüber aufgeschlossen. Er arbeitet gern in Teams und teilt auch gern seine eigenen Ideen mit anderen. Neue Situationen oder Menschen werden direkt mit einbezogen. Wie Flash sind solche Menschen offen und charmant. Seine Prioritäten sind:

- Begeisterung
- Aktion
- Zusammenarbeit

Die Flashs von heute sind überwiegend in der *Generation Z* oder unter den sogenannten *Millennials* zu finden. Es sind vor allem junge Menschen, vor denen du präsentierst. Sie sind aufgeschlossen, begeisterungsfähig und lieben Emotionen. Anders als Superman kannst du sie prima über ein Gefühl erreichen. Sie brauchen keine technischen Details, vielmehr überzeugen sie Testimonials von bereits zufriedenen Kunden oder über Erfahrungsberichte von anderen Teilnehmern eines Symposium. Wenn du beispielsweise auf die Arbeit eines Vereins aufmerksam machen möchtest und deshalb auf der Suche nach einem Fotomodell bist, um mit ihr oder ihm ein besonderes Fotoshooting durchzuführen, beschreib den Ablauf des Shootings und die Gefühle, die dabei entstehen. Hier darfst du ruhig ein wenig das Herz sprechen lassen.

Zu dieser Gruppe von Rednern gehört zum Beispiel *Elon Musk*. Wenn man es genau nimmt, sind seine Reden eigentlich alles andere als gut aufgebaut. Viel zu oft rutscht ihm ein »ähm« heraus, sodass man es schon gar nicht mehr zählen kann. Dennoch wird er oft als guter Redner eingestuft, und das hat einen Grund, einen ziemlich simplen sogar: Er brennt für sein Thema, und diese Begeisterung überträgt er auf seine Zuhörer. Seine Vorträge wirken natürlich und nicht einstudiert, und das ist es schließlich, was ihn zum überzeugenden Redner macht.

Gelassen wie Wonder Woman

Menschen diesen Typs sind einfühlsam und kooperativ. Sie sind in der Regel sehr hilfsbereit und wirken gerne im Hintergrund. Auch das Arbeiten im Team macht ihnen großen Spaß. Und genau wie Wonder Woman haben sie ihr Umfeld immer fest im Blick und gehen achtsam mit den Menschen um. Sie stehen für lange, aber vor allem loyale Geschäftsbeziehungen. Man erkennt sie oft an ihrer ruhigen und geduldigen Art. Ihre Prioritäten sind:

- Unterstützung
- Zusammenarbeit
- Stabilität

Das bedeutet für dich, dass du es eher mit passiven Zuhörern zu tun hast, die geduldig zuhören und aufmerksam deinem Vortrag lauschen. Das heißt, du leitest mehr als bei den anderen Typen die Präsentation und die anschließende Kommunikation. In der Regel musst du sie direkt ansprechen und Fragen stellen. Eine zurückhaltende Kommunikation seitens deiner Zuhörer ist nicht gleichbedeutend damit, dass deine Präsentation schlecht war. Vielmehr lautet das Credo einer Wonder Woman: »Gib mir Zeit und frag mich nach meiner Meinung.«

Barak Obama gehört beispielsweise in diese Kategorie. Wenn er spricht, setzt er sehr gezielt seine Stimme ein und weiß sie als Werkzeug zu nutzen. Seine tiefe Stimme weckt zudem Vertrauen bei seinen Zuhörern. Er spricht langsam, klar und sehr betont. Auch den Einsatz von dramatischen Pausen weiß er gekonnt zu nutzen. Wenn er über wichtige Themen spricht, wird seine Stimme etwas lauter, und er nutzt die Kunst der Wiederholung, um seine Botschaft zu unterstreichen.

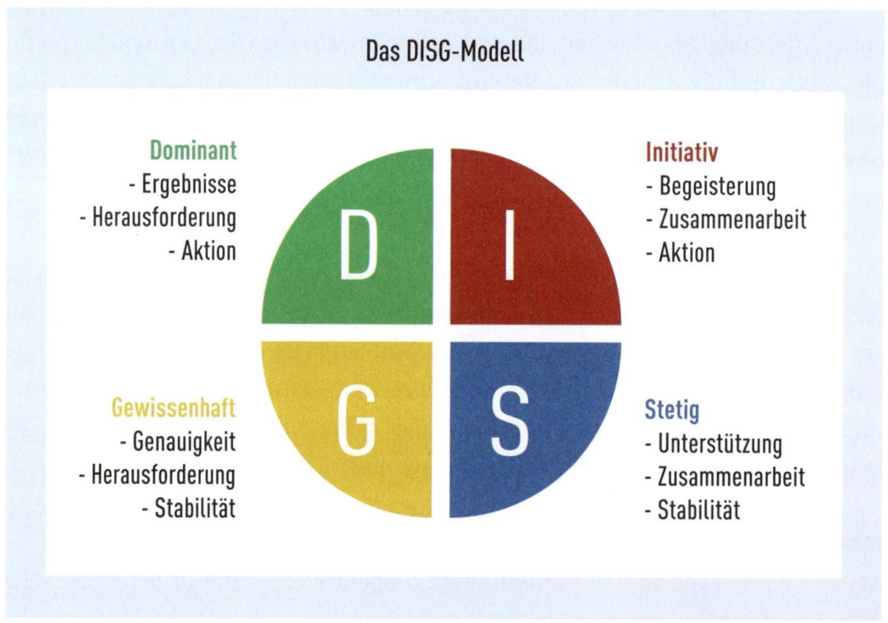

Abbildung 8.12 Die Ansprache der Zielgruppe mittels des DISG-Modells ermitteln

Leistungsstark wie Batman

Kommen wir nun zum letzten der vier Helden – Batman. Er ist ein Leistungsträger, der bedacht und korrekt handeln möchte. Zahlen, Daten und Fakten sind seine Welt. Er arbeitet gerne mit vorgegebenen Prozessen und Normen. Sein Handeln ist vorausschauend und systematisch. Er prüft die Dinge gerne bis ins Detail. Seine diplomatische Art und sein unstillbarer Hunger nach Wissen sind kennzeichnend für ihn. Aber vor allem zählen folgende Prioritäten für ihn:

- Genauigkeit
- Herausforderung
- Stabilität

Genau wie Batman wirkt der gewissenhafte Mensch etwas kalt und introvertiert. Das bedeutet für dich, dass du neben deiner Präsentation mit jeder Menge Hintergrundwissen aufwarten musst. Ein Kunde oder eine Zuhörerin mit dieser Verhaltenstendenz wird dich aller Wahrscheinlichkeit nach mit Fragen löchern. Wenn du da mit Nichtwissen glänzt, werden er oder sie nicht nur genervt sein, sie werden deine Idee auch in Grund und Boden stampfen. Wenn du allerdings deine Präsentation gewissenhaft vorbereitest (was du immer tun solltest) und sie zudem mit jeder Menge Daten, technischen Details, Grafiken und Statistiken anreicherst, hast du vieles schon einmal richtig gemacht. Hier punktest du klar mit einem logischen und rationalen Ansatz. Das Credo dieses Typs lautet: »Je mehr Daten ich bekomme, desto besser.«

Ein klassischer Vertreter des Batman-Redners, allerdings mit einem kleinen Touch Flash, war *Steve Jobs*. Fast jeder kennt seinen Satz »One more thing …«. Diese Einleitung signalisierte seinen Zuhörern, dass nun etwas Neues und Innovatives folgen würde. Er hat seine Kernbotschaft und seinen Appell an seine Zuhörer mehrmals wiederholt und klar kommuniziert.

Wie du sicher bemerkt hast, überschneiden sich gewisse Prioritäten miteinander oder ihr Denkansatz ist ähnlich. Bedenke, kein Mensch gehört zu 100 % einer Grundtendenz an. Die meisten sind vielmehr eine der rund 20 Mischformen. So bin ich beispielsweise ein agiler Flash mit einem Hauch von Wonder Woman, ein Wonder Flash oder eine Flash Woman, wenn du so willst. Ich kann dir an dieser Stelle nur empfehlen, selbst einmal einen derartigen Persönlichkeitstest zu machen. Wenn du ernsthaft deine Präsentationsskills verbessern willst, und davon gehe ich einmal stark aus, wird dir dieser Test ein gutes Verständnis für gewisse Abläufe geben, die du für deine späteren Präsentationen nutzen kannst. Googel hier einfach einmal nach dem persolog® Persönlichkeitsprofil. Es wurde 1990 von Friedbert Gay in Deutschland salonfähig gemacht.

Konkret bedeutet das für dich, wenn du im Vorfeld eine Ahnung von der Grundstimmung deines Publikums hast, wird es dir leichter fallen, den richtigen Ton deiner Präsentation zu treffen. Einen ersten Anhaltspunkt findest du im Übrigen an der Art der Kleidung und in der Art wie dein Kunde auftritt. Sei am Besten bei eurer ersten Begegnung wie ein Schwamm und saug sämtliche Details auf, die dir dabei helfen, die Ansprache deines Kunden effizient und punktgenau zu treffen.

Du fragst dich vielleicht gerade, ist ja alles schön und gut, wenn ich vor ein paar Leuten nur spreche, aber was mache ich, wenn ich vor Massen präsentieren muss. Hier kann ich dir nur raten, dass es der Mix macht. Wenn du von allen etwas in deine Präsentation einfließen lässt, holst du in der Regel die meisten deiner Zuhörer ab. Ein Fehler, den ich bei meiner ersten Präsentation gemacht habe. Ich habe das ganze aus meiner Flash-Perspektive gesehen und nicht aus der Sicht der Supermans, die vor mir saßen.

Erinnerst du dich noch an das Vierohrenmodell von Schulz von Thun? In dem Zusammenhang habe ich dir erzählt, dass eine Nachricht immer vier Seiten aufweist. Und genau diese vier Seiten kannst du auch auf unsere Superhelden anwenden. Vielmehr ist es so, dass jede Ebene einer der vier Grundtypen zuzuordnen ist. So entspricht die Sachebene unserem Superman. Bei Wonder Woman bewegst du dich auf der Appellebene und Flash ist ganz klar die Beziehungsebene. Und Batman? Der entspricht der Selbstoffenbarung. Auch diese Grundidee kannst du für deinen Präsentationsaufbau nutzen, um deine Zuhörer und Zuhörerinnen zu packen und nicht mehr vom Haken zu lassen. Ich empfehle dir, die Art, wie du für die vier unterschiedlichen Grundtypen kommunizierst, einmal in kleiner Runde zu üben, damit du ein Gefühl für die verschiedenen Ansprüche bekommst und sie im Ernstfall gekonnt in Szene setzen kannst.

Alles in allem lässt sich sagen, wenn du das Kundenprofil richtig einsetzt, erzeugst du Aufmerksamkeit, wodurch die Bereitschaft, deine Idee anzunehmen oder zu »kaufen«, deutlich ansteigt.

8.4 Kenne die Macht deiner Kommunikation

Sicherlich hast du schon mal etwas von der verbalen und der nonverbalen Kommunikation gehört. Und genau darum soll es in diesem Abschnitt gehen. Unter der verbalen Kommunikation versteht man im Grunde alles, was man während der Präsentation sagt. Wie startest du in die Präsentation, wie stellt du dich vor und wie entwickelt sich während der Kommunikation deine Idee oder Botschaft. Kurz gesagt: Die verbale Kommunikation ist das Was der Präsentation.

Die nonverbale Kommunikation ist, wenn du so willst, die Würze der Präsentation. Sie umfasst die komplette Körpersprache. Denn auch wenn du gerade einmal eine kleine Sprechpause einlegst, so sendet dein Körper doch gewisse Signale bzw. Informationen. Auch deine gewählte Kleidung spricht eine eigene Sprache oder deine Bewegung im Raum. Sie kann zum Beispiel einen Hinweis auf deine Selbstsicherheit geben. Bei meiner ersten Präsentation stand ich wie festgewurzelt am Rednerpult und habe mich mit aller Kraft daran festgehalten. Welches Signal ich damit gesendet habe, dürfte klar sein. Es war alles andere als selbstbewusst, obwohl ich mich schon damals als selbstbewusste Person wahrgenommen habe.

Wie du gerade gelesen hast, handelt es sich bei der verbalen Kommunikation um das Was der Präsentation. Die nonverbale Kommunikation dagegen ist das Wie der Präsentation.

Das sind im Übrigen zwei Bausteine des *Golden Circles* nach Simon Sinek. Den Golden Circle habe ich dir bereits in Abschnitt 3.4, »Baustein 1: Jede Geschichte hat einen Grund, erzählt zu werden«, näher vorgestellt. Bevor ich nun aber genauer auf die beiden Kommunikationsarten eingehe, möchte ich noch einmal kurz zusammenfassen, wobei es sich bei dem Golden Circle handelt. Falls du dir bisher das Video von Simon Sinek noch nicht angesehen hast, wäre spätestens jetzt der richtige Moment dafür. Glaub mir, die knapp 20 Minuten werden sich lohnen.

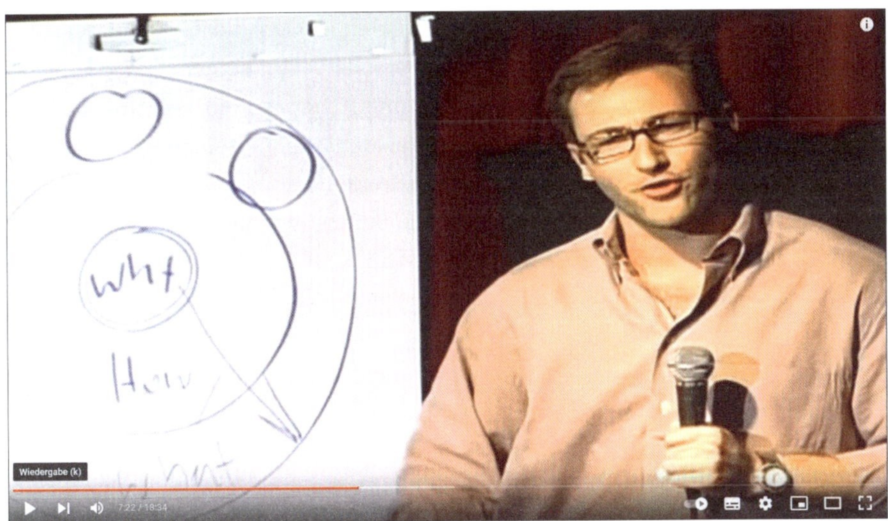

Abbildung 8.13 »Start with why – how great leaders inspire action. Simon Sinek, TEDxPugetSound« (Quelle: www.youtube.com/watch?v=u4ZoJKF_VuA)

In seiner Rede geht Sinek auf die Bedeutung des Warums ein. Das Warum ist der Kern deiner Botschaft. Sineks Aufforderung lautet: »Start with why« – frag immer zuerst warum! Bevor du nun an die Erstellung deine Präsentation gehst, solltest du dich neben dem Warum deiner Geschichte auch einmal nach dem Warum deiner Präsentation beschäftigen. Wenn du ein klares Bild von deiner Idee, deiner Botschaft oder deinem Produkt hast, wird es dir deutlich leichter fallen, das Was und das Wie zu definieren.

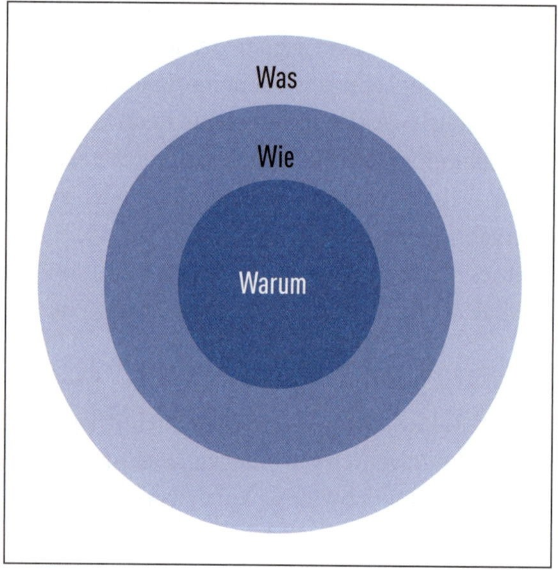

Abbildung 8.14 Der Golden Circle nach Simon Sinek

Ich möchte dir an dieser Stelle gerne noch einen kleinen Gedanken mit auf den Weg geben: Das Warum hinter deiner Idee, deiner Botschaft oder deinem Produkt inspiriert, weckt die Fantasie und lässt Storys bei deinen Zuhörern entstehen. Es macht den Unterschied und verbindet am Ende fühlende Menschen miteinander.

Doch zurück zur verbalen und nonverbalen Kommunikation. Seit Jahren hält sich hartnäckig der Mythos, 93 % der Kommunikation liefe nonverbal ab. Dies ist auf eine Studie aus dem Jahr 1967 von Albert Mehrabian zurückzuführen. Er selbst war an zwei Studien beteiligt, die ihn zu seiner sehr bekannten Schlussfolgerung führten. Man spricht in diesem Zusammenhang auch vom *Mehrabian Mythos*. Leider hat sich im Laufe der Jahre daraus eine falsche Interpretation abgeleitet, die zum Teil sogar noch in Führungskräfteseminaren so weitergegeben wird. Allerdings gilt: Beide Arten der Kommunikation sind gleichbedeutend und sollten passend aufeinander abgestimmt sein. Am Ende soll es schließlich nicht heißen: »Was war noch einmal die Botschaft der Präsentation?« Nehmen wir Steve Jobs noch mal als Beispiel. Dieser hat mithilfe der nonverbalen Kommunikation seinen Reden und Präsentationen eine gewisse Leidenschaft verliehen, die begeistert und mitgerissen hat. Höchste Zeit also, sich diese beiden Arten der Kommunikation einmal näher anzuschauen.

Zusätzliche TED-Talks

Mit der nachfolgenden Liste möchte ich dir gerne weitere herausragende Reden ans Herz legen, damit du ein Gespür für sehr gute Kommunikation bekommst:

- Michelle Obama, Rede auf dem Parteitag der Demokraten 2012 (*www.youtube.com/watch?v=zw8qOj3whLA*)
- Shakira-Rede in Oxford 2009 (*www.youtube.com/watch?v=2yRm3GCZ2U4*)
- John F. Kennedy, Rede zur Mondreise 1962 (*www.youtube.com/watch?v=TuW4oGKzVKc*)
- Severn Cullis-Suzukis Rede auf dem Rio-Gipfel 1992 (*https://www.youtube.com/watch?v=oJJGuIZVfLM*)
- Melissa Marshall: Sprich einfach mit mir (*www.youtube.com/watch?v=y66YK-Wz_sf0*)
- James Geary, metaphorisch gesprochen (*www.youtube.com/watch?v=2cU56SWXHFw*)

Jede Rede ist anders, und doch kannst du viel von ihnen lernen, wenn du dir ein wenig Zeit nimmst und sie auf die Grundlagen der jeweiligen Kommunikation hin analysierst. Dazu bietet dir dieses Kapitel die nötigen Hilfsmittel.

8.4.1 Verbale Kommunikation

Mit der verbalen Kommunikation ist im Grunde jede Form von Interaktion oder Information gemeint, die mit Worten gesprochen oder auch aufgeschrieben wird. Die verbale Kommunikation ermöglicht es uns, mittels Sprache Wünsche, Ängste, Kritik, Träume usw. in sprachliche Bilder zu packen und auszudrücken. Sie bildet die Basis für das zwischenmenschliche Zusammenleben und die zwischenmenschliche Interaktion.

Elemente der verbalen Kommunikation

Wie du dir denken kannst, ist die verbale Kommunikation, wie »öffentliches Reden«, ein wichtiger Teil unseres heutigen beruflichen Alltags geworden. Von daher ist es wichtig, die kreative Idee oder das Konzept, das du im Kopf hast, zu externalisieren (nach außen zu verlagern) und für deine Präsentation zu nutzen. Denn es gibt nur eine Chance bzw. eine Gelegenheit, deine Idee oder dein Konzept vorzustellen. Du solltest also aus dem, was sich als kreatives Wirrwarr in deinem Kopf befindet, eine kraftvolle Botschaft generieren und diese auf bestmögliche Weise ausdrücken. Das bedeutet, du solltest auf Improvisationen verzichten und nichts dem Zufall überlassen. Bereite den Text deiner Präsentation als Rede vor und lerne diese. Natürlich darf die Rede nicht als auswendig gelerntes Referat heruntergerasselt werden, aber das Üben gibt dir die nötige Sicherheit, um an den richtigen Stellen für Spannung und Aufmerksamkeit zu sorgen.

Du solltest für dich vorab drei wichtige Fragen beantworten:

1. Zu wem spreche ich, wer ist mein Publikum? (Nutz hier die Kundentypologien.)
2. Welche Leitidee will ich vermitteln?
3. Was soll mein Publikum am Ende tun? Was will ich erreichen? (Wie sieht der Call to Action aus?)

Abbildung 8.15 Kenne die Punkte deiner verbalen Kommunikation.

Um diese drei Fragen für dich zu beantworten, kannst du eine Technik aus dem Vertrieb nutzen. Ich spreche hier von dem sogenannten *Elevator Pitch*. Ein Elevator Pitch ist eine Methode für eine kurze Zusammenfassung einer Idee. Der Fokus liegt auf den positiven Aspekten der Idee. Der Kerngedanke eines Elevator Pitches basiert auf dem Szenario, einer wichtigen Person in einem Aufzug zu begegnen und diese dann während der Dauer einer Aufzugfahrt von einer Idee zu überzeugen. Ziel ist es, positiv im Gedächtnis zu bleiben und das Gespräch zu verlängern. Im letzten Kapitel dieses Buches gehe ich noch einmal genauer darauf ein und zeig dir auch die Bausteine eines erfolgreichen Pitches.

Nur so viel vorab, er ist ein mächtiges Werkzeug, um die Kraft deiner kreativen Idee zu testen. Versuch einmal, innerhalb von 3 Minuten den Kern deiner Idee zu beschreiben. Darauf aufbauend kannst du deine Präsentationsrede vorbereiten. Doch was macht eine gute Rede aus? Im Grunde sind es drei Merkmale, an denen du erkennen kannst, ob eine Rede gut ist oder nicht:

1. Die Rede sollte verständlich und leicht zu merken sein.
2. Die Rede sollte korrekt und direkt sein.
3. Die Rede sollte nützlich und relevant sein.

Abbildung 8.16 Merkmale einer guten Rede

Wenn du einmal genau darauf achtest, wirst du beim nächsten Mal sofort merken, wenn eines dieser drei Merkmale fehlt. Denn dadurch kann es wiederum zu Problemen innerhalb deiner Kommunikation kommen.

Wenn du dich beispielsweise nur auf das erste und zweite Merkmal konzentrierst, wirkt deine Rede leblos. Es fehlt die Relevanz für deine Zuhörer. Wenn du dich nur um Punkt eins und drei kümmerst, wird dein Publikum wahrscheinlich Schwierigkeiten damit haben, deine Rede oder Präsentation überhaupt richtig einzuordnen. Ähnlich ist es, wenn dein Fokus auf Punkt zwei und drei liegt. Wenn du mit lauter Fachbegriffen um dich wirfst, die zwar inhaltlich korrekt, aber dem Publikum nicht vertraut sind, wird es für sie zu kompliziert, und die Präsentation wird im schlimmsten Fall nicht mehr verstanden. Auch hier macht die richtige Mischung das gewisse Etwas. Nur durch Üben und lautes Vorsagen kannst du im Vorfeld solche Fehler aufdecken und korrigieren. Mach also unbedingt davon Gebrauch.

Parasprache

Zum Abschluss der verbalen Kommunikation, möchte ich noch auf das Thema *Parasprache* eingehen. Mit ihr werden sämtliche, die Sprache begleitenden Mittel bezeichnet, die für die Kommunikation von Bedeutung sind. Um genauer zu sein, geht es um die Stimme und wie du von ihr Gebrauch machst. Hierzu zählen die Intonation, die Sprechgeschwindigkeit, das Timbre und der Tonfall deiner Stimme. Ich bin mir sicher, auch du wurdest schon einmal Opfer eines monotonen Vortrags, und sei es auch nur damals in der Schule. Ich erinnere mich noch an meinen alten Geschichtslehrer, der die hohe Kunst des monotonen Sprechens geradezu kultiviert hatte. Wie du dir denken kannst, waren wir alles andere als aufmerksam in diesen Stunden.

Eine monotone Stimme hat in einer Präsentation nichts zu suchen und ist ein absolutes No-Go. Genau wie wir damals im Geschichtsunterricht gedanklich ganz woanders waren, wird deine Präsentation als langweilig wahrgenommen. Deine Zuhörer schalten ab und widmen sich aller Wahrscheinlichkeit nach den nächsten süßen Katzen- oder Hundevideos auf Instagram. Denn die sind in dem Moment deutlich unterhaltsamer als deine Präsentation auf der Bühne. Stell dir einmal vor, Steve Jobs hätte seine Vorträge in monotoner Stimmlage gehalten. Ich bezweifle, dass er dann genauso viele Fans für sich gewonnen hätte.

Dein Stimmvolumen und die Intensität, mit der du sprichst, macht den kleinen, aber feinen Unterschied. Wenn du energisch auftrittst und dementsprechend deine Stimme anpasst, vermittelst du deinem Publikum eine gewisse Leidenschaft, die begeistert.

Du solltest dir vor Augen führen, dass deine Stimme dem Publikum deinen emotionalen und psychischen Zustand während der Präsentation vermittelt. Mithilfe deiner Stimme wird es dir gelingen, an den richtigen Stellen Spannung oder Aufmerksamkeit zu erzeugen, so zum Beispiel, wenn du anfängst, leiser zu sprechen. Auch die Tonhöhe spielt eine entscheidende Rolle. Sie sollte nicht zu hoch und nicht zu tief sein. Stell dir mal vor, du müsstest dir einen Vortrag anhören und der Sprecher würde die ganze Zeit über in einer sehr hohen und piepsigen Tonlage reden wie Laverne Hooks aus den Police-Academy-Filmen. Auch das würde dich über kurz oder lang ermüden, und du würdest zumindest gedanklich abschalten.

Neben der Tonlage spielt auch die Sprechgeschwingkeit eine große Rolle. Du solltest ein moderates Tempo an den Tag legen, also weder zu schnell noch zu langsam. Auch gut gesetzte Sprechpausen erzeugen Aufmerksamkeit und steigern die Dramatik. Was wären die ganzen Castingshows im Fernsehen nur ohne die dramatischen Pausen vor der Verkündung des Gewinners? Aber bitte, übertreib es nicht damit. Zu viel des Guten ist nicht automatisch besser.

Stell dir deine Stimme als eine Art Schweizer Taschenmesser vor, mit der du dein Publikum überzeugen kannst. Sie ist deine Allzweckwaffe im Präsentationsalltag. Sieh die verbale Kommunikation als Brücke an, mit der du Menschen miteinander verbinden kannst. So, nachdem du nun deine verbale Kommunikation in den Griff bekommen hast, wird es höchste Zeit, sich mit dem zweiten Teil der Kommunikation zu befassen, nämlich der nonverbalen.

8.4.2 Nonverbale Kommunikation

Kommen wir nun zur Zwillingsschwester der verbalen Kommunikation – der nonverbalen. Die nonverbale oder nicht sprachliche Kommunikation betrifft sämtliche Formen von Interaktionen oder Informationen, die nicht ausgesprochen oder aufgeschrieben werden, um eine Botschaft zu vermitteln. Es ist also eine Kommunikation mittels Gebärden, Abbildungen, Gestik, Mimik, Körpersprache, Klängen, Handlungen usw.

Unter die nonverbale Kommunikation fallen zum Beispiel auch Verkehrsschilder. Sie enthalten Informationen, die nach einem kurzen Lernprozess von allen verstanden werden, ohne dass eine weitere verbale Erklärung notwendig ist. Es gibt aber auch eine nonverbale Interaktion, zum Beispiel den Händedruck eines Menschen. Dieser kann eine Menge über dein Gegenüber aussagen.

An dieser Stelle möchte ich aber schon einmal festhalten, dass eine verbale Kommunikation in der Regel immer mit einer Form der nonverbalen Kommunikation kombiniert ist. Umso wichtiger ist es, dass deine Präsentation aus dieser unglaublichen Masse hervorsticht. Die folgenden nonverbalen Mittel sollen dir dabei weiterhelfen.

Mimik

Die Mimik fasst im Prinzip alles zusammen, was sich in deinem Gesicht abspielt. Anhand der Mimik werden wir schon vorab bewertet, noch bevor wir einen einzigen Ton von uns gegeben haben. Du hast bestimmt auch schon mal etwas vom ersten Eindruck gehört. Die Mimik spielt hier eine zentrale Rolle. Unser Gehirn braucht in etwa eine Zehntelsekunde Zeit, um sich einen ersten Eindruck zu machen. Oder um es drastischer zu sagen, es gibt keine zweite Chance für den ersten Eindruck. Daher ist es so wichtig, dass dieser positiv ist. Denn das Problem bei der Sache ist, dass der erste Eindruck oft schwierig zu revidieren ist. Das hat etwas mit der sogenannten Personenkonstante zu tun. Dank unseres Gehirns und seiner Zehntelsekundeneinteilung urteilen wir meist zu schnell über andere. Wenn sich eine Person später dann ganz anders verhält, ist es sehr schwierig für uns, dieses zuvor gefällte Urteil zu verändern. Der Mensch hat das Bedürfnis nach einem konstanten Bild einer Person. Wenn wir jemanden bei unserer ersten Begegnung als freundlich wahrnehmen und sich diese Person später beispielsweise unfreundlich verhält, versuchen wir das unschöne Verhalten zu erklären und zu beschönigen. Wir finden Ausreden für das vielleicht in Wahrheit normale Verhalten der Person.

Der amerikanische Psychologe *Solomon Asch* führte hierzu ein interessantes Experiment durch, um den Effekt des ersten Eindrucks zu bestätigen. Er gab zwei Versuchsgruppen jeweils die Beschreibung einer Person. Dabei handelte es sich um ein und dieselbe Beschreibung. Bei Gruppe A wurden zuerst die positiven Aspekte der Person genannt und erst danach die negativen. Bei Gruppe B war es genau umgekehrt. Die Beschreibung lautete dabei wie folgt:

- Gruppe A: klug, eifrig, durchgreifend, starrköpfig, unfreundlich, unzufrieden
- Gruppe B: unzufrieden, unfreundlich, starrköpfig, durchgreifend, eifrig, klug

Beide Gruppen sollten danach eine eigene Beschreibung der Person abgeben. Bei Gruppe A fiel auf, dass die Person deutlich positiver beschrieben wurde, als es bei Gruppe B der Fall war. Asch erklärte das damit, dass die erstgenannten Merkmale bestimmend seien für die Art, wie die letztgenannten Merkmale interpretiert würden.

Einfacher ausgedrückt: Sind die ersten Merkmale positiv, neigen wir dazu, die nachteiligen zu bagatellisieren. Und bei zuerst negativen Merkmalen fassen wir die positiven Merkmale auch eher negativ auf. Damit dir das bei deiner Präsentation nicht passiert, empfehle ich dir, immer mit einem Lächeln zu starten. So konditionierst du dein Gegenüber nämlich auf positive Aspekte. Das Lächeln wirkt ansteckend und freundlich. Aber vor allem ist es weltweit eine anerkannte nonverbale Kommunikation. Aber auch andere Mimiken werden weltweit gleich erkannt. Probiere es einmal selbst aus und schau dir die Gesichtsausdrücke in Abbildung 8.17 an. Ich wette, dass du die Emotion dahinter erkennst.

Abbildung 8.17 Verschiedenen Emotionen werden auf den ersten Blick erkannt und interpretiert.

Neben deiner Mimik spielt auch der Augenkontakt eine zentrale Rolle während deiner Präsentation. Dieser wird leider viel zu oft vernachlässigt, dabei kann er deinem Gegenüber ein Gefühl von Respekt und Aufmerksamkeit geben. Deine Zuhörer schenken dir ihre Aufmerksamkeit während deiner Präsentation, deshalb solltest du es ihnen gleichtun und ihnen ebenfalls deine Aufmerksamkeit schenken. Und das kannst du im Grunde ganz einfach über Augenkontakt machen.

Gestik

Gesten nehmen bei unserer unbewussten Wahrnehmung einen wichtigen Stellenwert ein. Sie sind wie ein Barometer für unsere Emotionen. Wer mit Gesten arbeitet und sie gezielt einsetzt, wirkt automatisch selbstsicherer auf andere, fast sogar aufrichtiger und kompetenter. Schau dir nur mal viele Politiker heutzutage an, die ein ganzes Repertoire an Gesten während ihrer Reden abrufen. Diese sind in der Regel nicht zufällig, sondern gewollt und geplant.

Wenn du Gesten verwendest, betonst du damit auch, dass du magst, was du erzählst. Ein netter Nebeneffekt ist ebenfalls, dass sie uns helfen, uns an Dinge zu erinnern. Beobachte dich beim nächsten Mal selbst. Wenn wir unsere Präsentation üben, nutzen wir schon automatisch Gesten dabei, und das wiederum triggert unser Gehirn, wenn es darum geht, die Präsentation auf den Punkt zu bringen. Ein klassisches Beispiel dafür ist, wenn du etwas aufzählst. Deine Hände führen fast wie von selbst eine Bewegung aus und zählen mit.

Drei Arten von Gesten

Zum Abschluss dieses Abschnitts möchte ich dir gern noch die drei Arten von Gesten mit auf den Weg geben. Dabei handelt es sich um:

1. illustrative Gesten
2. emblematische Gesten
3. manipulative bzw. adaptive Gesten

Keine Sorge, das klingt viel komplizierter, als es ist. Mit der ersten Art von Geste hebst du eine Botschaft deiner Präsentation besonders hervor. Sie umfasst alle Gesten, die wir während des Sprechens machen. Emblemische Gesten sind Gesten, die ein klare verbale Übersetzung haben. Der Daumen hoch ist hierfür ein klassisches Beispiel. Alles ist in Ordnung. Die Gesten deuten etwas Bestimmtes an und werden von jedem verstanden.

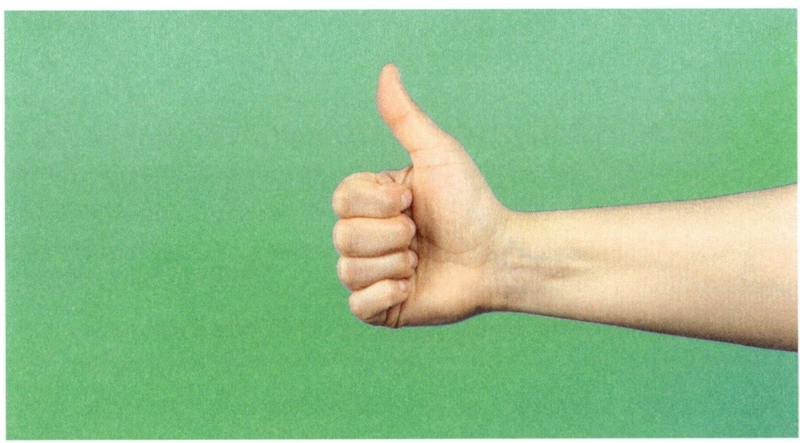

Abbildung 8.18 Universell eingesetzt und überall erkannt: Alles ist in Ordnung.

Die letztgenannten Gesten werden oft unbewusst benutzt, allerdings dienen sie nicht dazu, deine Zuhörer von dir zu überzeugen. Nein, das genaue Gegenteil ist hier der Fall, und deshalb solltest du versuchen, sie tunlichst zu unterlassen. Darunter fallen Gesten wie sich ständig die Haare aus dem Gesicht zu streifen, sich am Kinn zu kratzen oder Flusen von der Jacke zu zupfen. All das sind Gesten, die ein Unwohlsein vermitteln. Sie drücken eine gewisse Nervosität und Unsicherheit aus. Mit diesen Gesten versucht unser Körper, die negativen Emotionen in uns zu kompensieren. Sie sind oft eine Folge von Lampenfieber. Manche Experten raten, einen Stift in die Hand zu nehmen, um den Händen etwas zu tun zu geben. Aber ein Stift ist zum Schreiben da und nicht zum Sprechen. Im schlimmsten Fall könnte man denken, du versuchst deine Zuhörer zu verzaubern, weil du mit dem Stift wie mit einem Zauberstab herumwedelst. Konzentriere dich stattdessen auf die Dinge, die du bewusst beeinflussen kannst. Wie deine Gesten, aber auch deine Körpersprache.

Körpersprache

Körpersprache oder auch die Macht der wortlosen Sprache – genau wie die Mimik und die Gestik vermittelt sie unserem Gegenüber ein gewisses Bild von uns. Auch die Körpersprache trägt dazu bei, wie wir im ersten Moment von anderen wahrgenommen werden. Und auch hier sollte dein Ziel immer sein, einen positiven Eindruck zu hinterlassen.

Mach dir bewusst, dass deine Körperhaltung den Grad deines Selbstvertrauens widerspiegelt, aber auch das Maß an Vertrauen und Sympathie anderen gegenüber. Für dich bedeutet das, dass du einen festen Stand einnehmen und den Oberkörper aufrecht halten solltest. Allerdings ist auch hier ein wenig Vorsicht geboten. Deine Haltung sollte »realistisch« sein. Das heißt, sie sollte als solche nicht aufgesetzt und von oben herab wirken. Wenn wir nervös oder aufgeregt sind, neigen wir leicht dazu, uns ein wenig größer zu machen, als wir sind. Du kannst es dir wie eine Art eingebaute Schutzfunktion vorstellen, die potenzielle Gefahren abwehren soll. Aber das ist ja nicht das Ziel deiner Präsentation. Schließlich willst du dein Publikum nicht verschrecken, sondern für dich gewinnen. Versuch also, entspannt zu bleiben. Ich habe schon einige Präsentationen erlebt, in denen der Referent seine Schulter nach vorne gebeugt hatte. Diese gebeugte Haltung wirkte schon fast ein wenig unterwürfig und demütig. Dabei wollte er uns seine Idee verkaufen. Du kannst dir denken, wie sein Vortrag bei den Anwesenden angekommen ist.

Eine selbstbewusste Haltung wirkt überzeugend, schließlich bis du da, um etwas zu erklären, von dem du selbst überzeugt bist, nicht wahr? Deine nonverbale Kommunikation sollte immer ein Gewinner sein und dich auf deinem Weg zum Erfolg unterstützen. Wenn uns etwas wichtig ist, sind wir auch emotional involviert, wodurch sich eine gewisse Grundnervosität nicht verhindern lässt. Ich möchte dir einen kleinen

Trick verraten, der dir hilft, in die richte Körperhaltung zu finden. Und wieder einmal ist es ein Superheld, der uns aus der Patsche hilft. Nimm kurz vor einer Präsentation einmal die Superman-Pose ein. Sicherlich kennst du dieses ikonische Bild von Superman, wie er mit aufrechter Haltung und mit in die Hüften gestemmten Armen vor einem steht.

Abbildung 8.19 »Selbstbewusste Körpersprache – Power Poses« (Quelle: www.youtube.com/watch?v=3lF8zZtzvM0)

Die amerikanische Sozialpsychologin Amy Cuddy hatte dieses Phänomen untersucht. In ihrem Vortrag geht sie darauf ein, dass sich viele Menschen oft kleiner machen, als sie in Wirklichkeit sind. Eine sogenannte Machtpose oder wie in unserem Fall die Superman-Pose kann dabei helfen, uns Selbstvertrauen und Sicherheit zu geben. Wir beeinflussen also, wer wir sind. Wir geben mit dieser Pose unserem Gehirn im Prinzip das Signal: »Hey, ich schaffe das. Ich bin hier, um das jetzt zu machen.«

Dieser Trick bewirkt nicht nur einen kleinen mentalen Kick, auch sonst passiert so einiges in unserem Körper. So produziert unser Körper mehr Testosteron, das Hormon für Dominanz und Kraft, und auf der anderen Seite reduziert es den Cortisolspiegel, das Hormon, das bei Stress ausgeschüttet wird. Wenn du es so willst, tricksen wir unser Gehirn mit diesem kleinen Kniff aus. Weitere der sogenannten Machtpositionen sind aber auch verschränkte Arme vor der Brust. Auch diese Haltung wird oft von Superman eingenommen, wenn er zum Beispiel mit einem der bösen Jungs spricht, bevor sie weggesperrt werden.

Wenn du nun aber nicht so der Superheldfan bist und dir komisch vorkommst bei diesen Posen, dann versuch einmal folgende Machtpose: Stell dich vor einen Tisch und leg beide Hände vor dir auf. Das Ganze hat dann ein wenig die Optik von »guter Bulle – böser Bulle«. Aber auch das signalisiert deinem Gehirn Entschlossenheit und den Willen, alles zu schaffen. Und denk daran, mach die Pose vor der Präsentation und nicht während du auf der Bühne stehst. Du könntest sonst womöglich ein wenig arrogant rüberkommen.

8.4.3 Die richtige Kleidung finden

Kleider machen Leute – das wusste schon der berühmt-berüchtigte Kaiser in Hans Christian Andersens Märchen »Des Kaisers neue Kleider«. Okay, du solltest dir bei deiner Kleiderwahl nicht unbedingt ein Beispiel an ihm nehmen, denn das könnte definitiv nach hinten losgehen. Vielmehr geht es hier um den Grundgedanken, was die Wahl deiner Kleidung über dich aussagt. Auch sie gehört zu der nonverbalen Kommunikation, die deinem Gegenüber eine gewisse Botschaft sendet.

Man kann auch sagen, Kleider machen Redner! Studien im Bereich der persuasiven (lat. *persuadere* = überreden) Kommunikation haben gezeigt, dass attraktive Redner und Rednerinnen glaubwürdiger erscheinen.

Deine Kleidung ist nun einmal mit das Erste, was dein Gegenüber von dir wahrnimmt. Es bildet zusammen mit deiner Körpersprache und deiner Mimik einen ersten Eindruck. Erinnere dich, für diesen bedarf es nur einer Zehntelsekunde, und er haftet danach wie Kleister an dir. Es wird eine Schublade geöffnet, in die du gepresst wirst. Dir sollte also im Vorfeld klar sein, wie deine Persönlichkeit durch deine Kleidung wirkt. Ganz klar im Fokus steht hier die Authentizität. Es versteht sich von selbst, dass du dich in deiner Haut und deiner Kleidung wohlfühlen solltest. Wenn dies der Fall ist, strahlst du das auch nach außen aus. Du solltest dich also nicht für deine Präsentation »verkleiden«, denn dann fängt dein Körper unbewusst an, darauf zu reagieren. Das kann von einem nervösen und ständigen Zupfen an der Bluse bis hin zu einem unruhigen Auf-und-ab-Gehen führen. All das sind Zeichen, die wir nicht senden wollen.

Wie du dir sicher denken kannst, gehören der Schlabberlook, die zerrissene Jeans oder das kleine Sommerkleidchen nicht zu der bevorzugten Businesskleidung. Auch Abendgarderobe und Smoking sind ein wenig übers Ziel hinausgeschossen. Wie sagt man so schön? Das wäre ein wenig overdressed, außer der Anlass erfordert es und du hältst eine Laudatio bei der Oscarverleihung. Dann ist das natürlich völlig okay.

Wonach sollte man nun seinen Kleidungsstil auswählen? Ganz wichtig ist, dass deine Kleidung zu deiner Persönlichkeit passt, aber auch zum Publikum und dem Ziel deiner Präsentation – etwas, das ich bei meiner ersten Präsentation intuitiv einmal richtig gemacht habe.

Wie oben bereits erwähnt, darfst du dich nicht verkleiden. Dennoch solltest du dich ein wenig darauf einstellen, was dein Publikum gewohnt ist und was es möglicherweise auch erwartet. Stell dir selbst einmal die Frage, was du mit deiner Kleidung vermitteln willst. Das können zum Beispiel auch Werte sein, die in Kombination mit Farben eingesetzt werden. Beispielsweise wäre für eine eher ruhige und zurückhaltende Person die Farbe Knallrot eher ungeeignet, wohingegen die *Femme fatale* ihre helle Freude daran hat, in einem roten Kleid aufzufallen.

Was Frauen beachten sollten

Sind wir doch mal ehrlich, Frauen haben im Gegensatz zu Männern viel mehr Möglichkeiten, sich durch die Wahl ihrer Kleidung während ihrer Präsentation auszudrücken. Das führt aber auch zu viel mehr Fettnäpfchen, in die sie treten können. Hier kann ich nur eines raten: Soweit es dein Kleiderschrank zulässt, solltest du auf einen klassischen Stil zurückgreifen, aber mit einem Hauch Persönlichkeit. Die Farbwahl ist dabei in der Regel ein wenig branchenabhängig.

Ganz wichtig bei Frauen ist es, sofern du dich für einen Rock entscheidest, dass dieser nicht zu kurz ist. Auch Blusen sollten so geschnitten sein, dass nicht zu viel Dekolleté gezeigt wird. Denn das lenkt im schlimmsten Fall nur von deinem Vortrag ab.

Die richtige Farbe und Passform

Wenn du als Frau vor einem vorwiegend männlichen Publikum sprichst, solltest du die typischen Mädchenfarben vermeiden, du willst schließlich nicht als Barbie-Abklatsch gelten. Du würdest also nur Minuspunkte sammeln. Auch Zitronengelb ist eher ungeeignet. Es wirkt zwar heiter, aber die Farbe wird auch mit Eifersucht und Falschheit in Verbindung gebracht.

Seidenblusen solltest du am Tag der Präsentation im Schrank lassen, da es passieren kann, dass der Kragen der Bluse nicht richtig sitzt, was wiederum ein schlampiges Bild auf dich wirft. Bei Männerhemden ist der Kragen in der Regel gestärkt, sodass dieser von Haus aus perfekt sitzt. Wichtig ist auch die Passform. Wenn deine Kleidung gut sitzt, wird deine Präsentation direkt wohlwollender aufgenommen. Klingt zwar komisch, hat aber etwas mit den unbewussten Prozessen in uns zu tun.

In der Regel fahren Männer mit einem dunklen Anzug besser als mit einem hellen. Diese verleihen einem auf der Bühne oft zu wenig Gewicht, und man wirkt etwas verloren. Auch sollte das Sakko zu Beginn der Präsentation geschlossen sein. Wenn du dich allerdings viel bewegst, ist es in Ordnung, das Sakko zu öffnen, damit du dich besser und natürlicher bewegen kannst. Also, betritt die Bühne mit einem geschlossenen Sakko und öffne es erst bei Bedarf.

Grundsätzlich gilt aber, dass deine Kleidung nicht vom eigentlichen Inhalt der Präsentation ablenken oder gar irritieren sollte. Du sollst mit ihr das Thema, aber vor allem deine Persönlichkeit unterstreichen. Auch offene Hemden, Goldkettchen und farblich unpassende Socken gehören nicht in den Businessbereich.

Zum Abschluss dieses Abschnitts möchte ich dir noch ein paar Quicktipps mit auf den Weg geben, damit die Wahl deiner Kleidung nicht deinen großen Moment vermasselt.

Alles für den perfekten Look

- Tipp 1: Orientiere dich bei deiner Kleiderwahl an der Kleidung deines Publikums. Allerdings darf es klein bisschen eleganter sein. Mit einer ähnlichen Wahl erzeugst du unbewusst Sympathie, und dein Vortrag wird ernster genommen.
- Tipp 2: Achte auf gut sitzende Kleidung, die dir eine gewisse Bequemlichkeit, aber auch genug Bewegungsfreiheit bietet.
- Tipp 3: Vermeide klirrenden Schmuck, und wähle lieber etwas Dezenteres, wie kleine Ohrstecker oder eine schlichte Halskette. Klirrende Armbänder können während des Vortrags störend wirken und vom eigentlichen Thema ablenken.
- Tipp 4: Dunklere Farbtöne heben dein Gesicht und deine Hände hervor, die eine wesentliche Rolle während deiner Präsentation spielen.
- Tipp 5: Achte auf ein freies Gesicht. Gerade Frauen sollten nicht nur aus modischen Aspekten ihre Haare zurückbinden, sondern auch um ungewollte Gesten wie ständiges Zurückstreichen der Haare zu vermeiden.
- Tipp 6: Vermeide zu viele Details bei der Auswahl deiner Asseccoires. So kann eine fein verzierte Brosche schnell den Blick auf sich ziehen, und die Aufmerksamkeit deiner Zuhörer schwindet von Sekunde zu Sekunde mehr.
- Tipp 7: Lass deine Handgelenke frei. Das heißt vermeide es, Uhren und Armbänder zu tragen. Glaub es oder nicht, wir wirken dadurch oft souveräner auf unsere Zuhörer. Der Ehering zählt hier allerdings zu den sogenannten erlaubten Schmuckstücken.
- Tipp 8: Trag Kleidung, die du bereits getragen hast. In ihnen fühlst du dich sicherer und musst dir keine Gedanken über nicht passende Schuhe, einen ungewohnten Rock oder eine schlecht sitzende Hose machen. Je wohler du dich fühlst, desto überzeugender wirkst du.
- Tipp 9: Eigentlich sollte das selbstverständlich sein, dennoch möchte ich es an dieser Stelle kurz erwähnen. Tritt gepflegt auf! Sprich, achte darauf, dass du ein dezentes Deo benutzt und deine Haare ordentlich liegen. Als Frau solltest du ein dezentes Make-up auflegen. Außerdem empfehle ich dir, wenn du planst, dein Sakko oder den Blazer auszuziehen, im Drogeriemarkt in diese kleinen Aufkleber zu investieren, die du in Höhe der Achseln aufbringen kannst. Nichts ist peinlicher, als Schweißflecken auf der Bluse oder dem Hemd.

Proxemik

Proxemik – klingt erst einmal fürchterlich kompliziert, und vielleicht stöhnst du gerade innerlich auch ein wenig auf, weil du dir denkst: Was muss ich denn noch alles beachten? Doch keine Sorge, hinter diesem komplizierten Wort steckt nichts weiter als die Raumnutzung. Sie ist ebenfalls ein Bestandteil der nonverbalen Kommunikation. Mit ihr drücken wir im Grunde die soziale und emotionale Beziehung zu unserem Gegenüber aus.

Kennst du noch den Spruch »Das ist dein Tanzbereich und das ist mein Tanzbereich« aus dem Film »Dirty Dancing«? Dort hatte Johnny direkt die Grenzen gesetzt, und man wusste, wie die beiden zu diesem Zeitpunkt der Unterhaltung zueinanderstanden. Du siehst also, dass selbst der Abstand zu einer Person etwas über dich aussagt. Grundsätzlich lässt sich aber sagen, dass wir uns von Dingen entfernen, die uns nicht gefallen, und wir uns Dingen nähern, die uns gefallen. Klingt ziemlich einleuchtend, wenn du mich fragst.

Doch wie kannst du dir nun die Proxemik für deine Präsentation zunutze machen? Zunächst einmal gibt es verschiedene Arten von Proxemik. Man unterscheidet im Wesentlichen zwischen vier verschiedenen sogenannten Distanzzonen, die von dem US-Anthropologen Edward T. Hall 1963 entdeckt und vermessen wurden:

- Die öffentliche Zone hat einen Umkreis von mehr als 3,60 Metern. Diese Distanz ist für die meisten Menschen unproblematisch.
- Die soziale Zone liegt im Bereich von 1,20 bis 3,60 Meter. Man bezeichnet diese Zone auch als gesellschaftliche Zone.
- Die persönliche Zone liegt im Bereich von 60 Zentimetern bis 1,20 Meter.
- Und zu guter Letzt folgt die intime Zone mit einer Distanz von bis zu 60 Zentimetern.

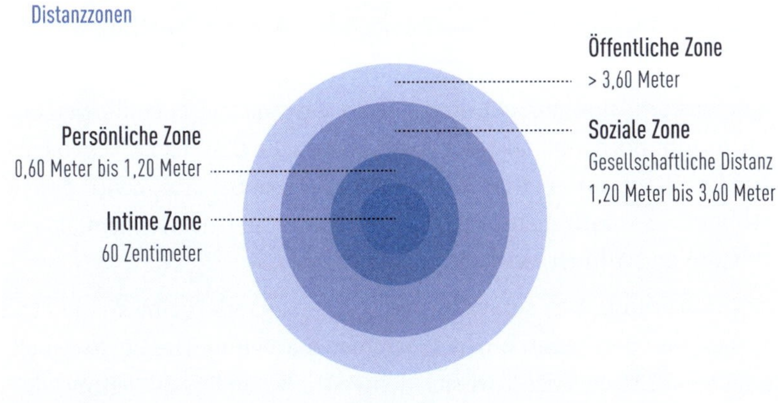

Abbildung 8.20 Distanzzonen des Menschen

Proxemik kannst du dir im Grunde wie eine Blase vorstellen. Sie begrenzt die Entfernungen, in denen wir uns wohlfühlen oder auch nicht. Wenn wir jemanden in unsere Distanzzone lassen, beschränken wir immer ein Stück weit unseren eigenen Raum.

Doch schauen wir uns die Zonen mal etwas genauer an. Die intime Zone ist das, was wir im Grunde mit Freunden und Familie einnehmen. Die persönliche Zone ist die Zone, in der wir mit anderen Menschen ruhig reden, also bei einem Kaffee, in einem Meeting, während der Arbeit oder in einer anderen sozialen Interaktion.

Die soziale Zone ist die Zone, die wir gegenüber Fremden einnehmen, wenn wir beispielsweise auf der Straße entlanglaufen. Die Menschen, denen man begegnet, sind uns unbekannt. Und die letzte Zone, die öffentliche Zone, nehmen wir ein, wenn wir vor einem großen Publikum sprechen. Gemessen wird dies an der letzten Person im Raum, die den größten Abstand zu uns hat. Für deine Präsentation ist es daher enorm wichtig, auf den richtigen Abstand während deines Vortrags zu achten. Ein zu großer Abstand zwischen dir und deinen Zuhörern kann bedeuten, dass du introvertiert bist. Es könnte so wirken, als ob du nicht präsentieren möchtest und am liebsten so schnell wie möglich wieder verschwinden willst.

Eine kurze Distanz dagegen signalisiert unsere Leidenschaft für die Idee, die Botschaft oder das Thema, denn uns gefällt das, worüber wir reden (wir nähern uns den Dingen, die wir mögen). Aber auch andersherum erkennst du an dem Abstand, den dein Zuhörer oder deine Zuhörerin dir gegenüber einnimmt, wie er oder sie zu deiner Präsentation steht. Lehnt er sich beispielsweise zurück, ist er möglicherweise nicht ganz so angetan von deiner Idee wie du selbst. Wenn er dann noch die Arme vor der Brust verschränkt, konntest du ihn unterm Strich nicht überzeugen. Lehnt sie sich allerdings nach vorne, um die Distanz zu verringern, hast du vieles richtig gemacht und zumindest schon einmal das Interesse auf deiner Seite. Lerne also, ein guter Beobachter zu werden.

Auch wenn du mit allen an einem Tisch sitzen und deine Idee präsentieren sollst, spielt die Position der Sitze eine Rolle. Man unterscheidet hier drei wichtige Positionen:

1. **Sich gegenübersitzen**: Hier herrscht eine gewisse Distanz zwischen dir und deiner Zuhörerin. Es gibt noch einen kleinen Kniff, wie du die Distanz zwischen euch verringern kannst. Wenn ihr euch an einem Tisch gegenübersitzt, achte darauf, dass keine »Hindernisse« zwischen euch stehen. Räume sie beiseite, denn das signalisiert Interesse und Aufmerksamkeit.
2. **Kooperative Sitzordnung**: Wie der Name schon sagt, suggeriert eine kooperative Sitzposition, dass man den Wunsch hat, zusammenzuarbeiten. Die Personen sitzen über Eck an einem Tisch. Hier lässt sich deine Idee besonders gut vermitteln.
3. **Nebeneinandersitzen**: Bei dieser Sitzordnung befinden wir uns schon in der intimen Zone. Diese Form eignet sich hervorragend dafür, wenn wir unseren Zuhörer

schon etwas besser kennen und unsere Präsentation perfekt kommunizieren wollen. Diese Sitzposition erfordert allerdings eine gesunde Portion Selbstvertrauen, da wir ein Stück weit etwas von unserem Raum abgeben.

Abbildung 8.21 Nutz die verschiedenen Sitzpositionen geschickt, um deinen Gesprächspartner zu überzeugen.

Wie du nun gesehen hast, kommuniziert die Position, die du im Raum einnimmst, gewisse Signale, beispielsweise ob du auf Konfrontation aus bist oder ob du im Team zusammenarbeiten möchtest. Mit diesem Wissen im Hinterkopf kannst du bei deiner nächsten Präsentation einmal selbst überprüfen, ob das, was du verbal erzählst, auch nonverbal zu den Signalen passt, die du unbewusst sendest.

Spiegeltechnik

Zum Abschluss dieses Kommunikationskapitels möchte ich dir nun noch ein letztes Tool vorstellen, das dir dabei helfen kann, die Sympathie deines Gegenübers zu gewinnen. Ich spreche von der Spiegeltechnik. Genau wie alle anderen Techniken auch hat diese ihren Ursprung ebenfalls in der Psychologie.

Doch wie genau funktioniert die Technik? Schon Schneewittchens Stiefmutter pflegte zu sagen: »Spieglein, Spieglein an der Wand ...« Nein, ganz so märchenhaft ist es dann doch nicht. Die Spiegeltechnik wird auch Chamäleoneffekt genannt und ist dann sichtbar, wenn man die Gestik und Mimik seines Gegenübers imitiert. Dies ist in der Regel ein unbewusster Prozess. Doch allein das Wissen darum, dass es diese Technik gibt, erlaubt es dir, sie bewusst einzusetzen.

Die Idee dahinter ist ziemlich simpel. Wenn du die Körpersprache deines Gegenübers nachahmst, führt das in der Regel zu Harmonie und gegenseitigem Verständnis. Dahinter steckt der Wunsch, zu kooperieren, aber auch deinem Gegenüber ein Gefühl von Sicherheit zu geben. In der Psychologie unterscheidet man dabei drei Verhaltensweisen:

1. **Matching**: Die Körpersprache des Partners wird analysiert und zunächst nur zu maximal 50 % durch die eigene reflektiert.

2. **Pacing**: Körpersprache, Gestik, Mimik und Sprache werden zunehmend synchronisiert.
3. **Rapport**: Hierbei handelt es sich um eine fast vollständige Symmetrie. Alle Beteiligten nehmen jedes Mal durch ihr Verhalten aufeinander Bezug.

Dieses Phänomen lässt sich auch im normalen Alltag beobachten. Beste Freunde oder Pärchen tun es, um eine Verbindung zueinander zu zeigen. Im beruflichen Kontext schafft sie eine Basis für eine gute Zusammenarbeit.

Die Spiegeltechnik lässt sich auch hervorragend anwenden, wenn du einmal in den Genuss einer Teampräsentation kommen solltest. Wenn ihr in eurem Vortrag eure Körpersprache einander angleicht, zeigt das eurem Publikum, dass ihr ein eingespieltes Team seid. Ihr werdet infolgedessen automatisch als eine stärkere, in sich geschlossene und überzeugende Einheit wahrgenommen.

Auch wenn du nur vor einer Person präsentierst, hilft dir die Spiegeltechnik dabei, die anschließende Diskussion subtil zu lenken. Wenn sich dein Gegenüber dir plötzlich angleicht, ist das ein sicheres Zeichen dafür, dass deine Präsentation gut gelaufen ist.

Aber du solltest natürlich nicht nonstop die Spiegeltechnik anwenden, denn sonst könnte der Eindruck entstehen, dass du dich über deinen Gegenüber lustig machst. Auch hier gilt wieder einmal: Die Dosis macht das Gift. Die Nachahmung sollte langsam und synchron erfolgen, denn bei der Spiegeltechnik geht es darum, Empathie zu zeigen, Vertrauen aufzubauen und eine gemeinsame Basis für eine Kooperation oder Zusammenarbeit zu schaffen.

Checkliste für deinen kommunikativen Erfolg

In diesem Kapitel hast du nun jede Menge über kommunikative Vorgänge und psychologische Aspekte kennengelernt. Du kennst dich nun mit verbaler und nonverbaler Kommunikation aus und wirst in Zukunft die Signale, die dein Zuhörer sendet, besser verstehen können. Zum Abschluss gibt es noch eine Checkliste, mit den wesentlichen Aspekten deiner Präsentationskommunikation.

Checkliste: Erfolgreiche Präsentationskommunikation

- Mach dir bewusst, dass Sprechen und Kommunikation zwei verschiedene Dinge sind. Hinter der Kommunikation liegt eine klare Botschaft, die du vermitteln willst.
- Mach dich mit der Präsentationssituation vertraut. Vor wie vielen Personen musst du präsentieren?

- Mach nicht den Fehler, nur für dich selbst zu kommunizieren. Bei einer Kommunikation sind mindestens zwei Parteien notwendig.
- Recherche ist das A und O in der Vorbereitung. Kenne dein Gegenüber, seine Marke, seine Werte, seine Ziele.
- Versetz dich einmal in die Lage deiner Zuhörer. Nicht alles, was du spannend und interessant findest, wird deine Zuhörer interessieren.
- Zeit ist Geld: Präsentiere das Nötigste, habe aber die zusätzlichen Details im Hinterkopf, um auf Nachfragen richtig reagieren zu können.
- Nutze das DISG-Modell, um die richtige Ansprache deiner Zielgruppe zu finden. Superman und Co. helfen dir dabei.
- Kenne die Macht deiner Kommunikation, und setz deine verbalen und nonverbalen Mittel gekonnt in Szene.
- Zu den verbalen Mitteln zählen deine Sprache und das geschriebene Wort.
- Die nonverbale Kommunikation umfasst unter anderem Gestik, Mimik, Körperhaltung und die Körpersprache.
- Kleidung macht Redner: Achte auf die Wahl der richtigen Kleidung, um deine Persönlichkeit und deine Botschaft zu unterstreichen.
- Nutze den Raum, der dir zur Verfügung steht, und bestimme, welche Distanzzone du im Gespräch nutzen möchtest.
- Nutz die Spiegeltechnik, um die Sympathie deines Gegenübers zu gewinnen. Aber Achtung, alles in Maßen.

Kapitel 9
Aufmerksamkeit erzeugen

Heutzutage ist es schwieriger denn je, die Aufmerksamkeit des Publikums zu gewinnen und – was noch wichtiger ist – zu fesseln. Nachfolgend erläutere ich dir einige Mittel und Wege, um gezielt Spannung aufzubauen und sprachliche Mittel zu nutzen, damit du dein Publikum begeisterst.

Zeit ist heutzutage das kostbarste Gut, das der Menschen besitzt. Umso wichtiger ist es, dass du dein Publikum keine einzige Minute langweilst und ihm damit wertvolle Lebenszeit stiehlst. Natürlich kann das keiner zu 100 % garantieren, aber es gibt Mittel und Wege, um dies verhindern. Dein Antrieb sollte es sein, dass dein Publikum während deines gesamten Vortrags Spaß hat und wie gebannt an deinen Lippen hängt. Selbst ein scheinbar langweiliges Thema kann spannend sein, wenn es mit voller Hingabe präsentiert wird. Mir selbst ist es schon passiert, als ich mit einem Steuerberater über seine Arbeit gesprochen habe (was er voller Leidenschaft und Hingabe tat), dass ich mich wirklich für einen Moment gefragt habe, ob ich mir nicht den falschen Beruf ausgesucht habe. Sein Vortrag hatte mich von der ersten Sekunde an in den Bann gezogen, obwohl es nicht mein bevorzugtes Thema ist und aus meiner Sicht doch eher ein trockenes. Doch die Art und Weise, wie er sich und seinen Beruf präsentiert hatte, weckte meine Aufmerksamkeit und ließ keine Minute Langeweile aufkommen.

Neben den altbekannten Formeln, um Aufmerksamkeit zu erzielen, stehen dir drei große Bereiche zur Verfügung, mittels derer du dein Publikum fesseln kannst:

- Sprache
- Schauspiel
- Emotionen

Ich persönlich finde besonders den Bereich der Emotionen am stärksten und nutze ihn dementsprechend oft, aber das ist von Mensch zu Mensch verschieden. Jemanden, der seine Emotionen nicht gerne in der Öffentlichkeit zeigt, wirst du in den seltensten Fällen damit überzeugen. Genauso verhält es sich mit den sprachlichen Mitteln und den Mitteln, die uns das Schauspiel zur Verfügung stellt. Schauen wir uns also einmal diese drei Bereiche genauer an, bevor ich zum Abschluss dieses Kapitel auf drei Formeln zu sprechen komme, die ihren Ursprung im Marketing haben. Sollte sich dir jedoch die Möglichkeit bieten, einen der drei oben genannten Bereiche zu nutzen, dann gehe das Risiko ein. In ihnen steckt ein ungeheures Potenzial, um Aufmerksamkeit zu erzeugen.

9.1 Aufmerksamkeit mittels Sprache

Die menschliche Sprache ist wohl das mächtigste Instrument, wenn es darum geht, andere auf uns aufmerksam zu machen und sie von etwas zu überzeugen. Uns stehen etliche *rhetorische Stilmittel* zur Verfügung, doch oft nutzen wir sie nicht richtig oder – was schlimmer ist – gar nicht. Wenn wir Reden oder Präsentationen halten, neigen wir dazu, zögerliche Verben zu verwenden oder uns in der Vergangenheit oder in der Zukunft zu verlieren. Doch hier sollte der Fokus klar auf der Gegenwart liegen. Sie ist real und existiert genau in dem Augenblick, in dem wir uns befinden. Sie ist frei von Spekulationen oder Urteilen und bezieht sich nicht auf bereits Geschehenes oder Ereignetes. Auch der Gebrauch von sogenannten zögerlichen Verben dient nicht deiner Sache, da sie bei deinem Publikum Zweifel an deiner Idee aufkommen lassen. Schau dir hierzu einmal die drei folgenden Sätze an:

- »Wir werden versuchen es zu tun.«
- »Wir werden es tun.«
- »Wir tun es!«

Erkennst du den Unterschied? Je nachdem, wie die Verben eingesetzt werden, haben sie eine ganz andere Wirkung. Du solltest von daher immer darauf achten, dass du Verben verwendest, die zum aktiven Handeln auffordern. Um das Ganze noch zu steigern, empfehle ich dir, die Wörter du und wir zu verwenden. Mit ihnen gelingt es dir, ein Zugehörigkeitsgefühl zu entwickeln.

9.1.1 Diktion und Stil

Unter *Diktion* versteht man die Wahl der Wörter und des Stils, die ein Redner oder eine Rednerin verwendet. Dabei ist die Diktion das Hauptmerkmal bei Entscheidungen über die Qualität der Rede. Für die richtige Wahl der Wörter gilt es aber, die drei folgenden Faktoren zu berücksichtigen:

1. Die verwendeten Worte müssen genau und richtig sein.
2. Die Wörter müssen zum Kontext passen.
3. Die Wörter sollten von den Zuhörern verstanden werden.

Die Wortwahl unterscheidet sich je nach Situation und Einstellung. Wir unterscheiden hier zwischen formaler und informeller Diktion. Die *formale Diktion* wird gerne bei Konferenzen und Präsentationen verwendet, wohingegen die *informelle Diktion* insbesondere in unserem täglichen Sprachgebrauch genutzt wird. Hierunter fällt vor allem die Alltagssprache. Es gibt allerdings noch weitere Gliederungen der Diktion, die ich dir nachfolgend vorstelle:

- *Formale Diktion*: Die formale Diktion kennzeichnet vor allem die Sprache, die für offizielle Anlässe verwendet wird. Die Syntax ist meistens komplex, und es werden anspruchsvolle Wörter und Sätze verwendet. Die formale Form enthält in der Regel keine umgangssprachlichen Ausdrücke, Dialekte oder Slangs.

Syntax

Mit Syntax bezeichnet man das allgemeine Regelsystem zur Kombination von verschiedenen Zeichen in natürlichen oder künstlichen Zeichensystemen.

- *Informelle Diktion*: Diese Form ist das Gegenteil der formalen Diktion. Es ist der Sprachstil, den wir im Alltag verwenden. Die Syntax ist eher einfach gehalten und es treten unter anderem Kolloquialismen und Kontraktionen auf.

Kolloquialismen und Kontraktionen

Kolloquialismen bezeichnen einen umgangssprachlichen Ausdruck, der in einem geschriebenen Text verwendet wird, obwohl er normalerweise nur in der mündlichen Kommunikation verwendet wird.

Beispiel: Wie geil ist das denn!

Als *Kontraktionen* bezeichnet man das Zusammenziehen zweier Wörter zu einem neuen Wort ohne eine Veränderung der Bedeutung. Man spricht auch von einem Schmelzwort.

Beispiel: Das hat sie *fürs* Plätzchenbacken gebraucht.

- *Umgangssprache*: Als Umgangssprache bezeichnet man Ausdrücke, die nicht standardisiert sind und oft nur regional vorkommen. Besonders im informellen Bereich kommt sie zum Einsatz.

- *Slang*: Auch beim Slang handelt es sich um eine informelle Form. Sie ist gekennzeichnet durch neu zusammengestellte und sich schnell ändernde Wörter und Ausdrücke.
- *Dialekte*: Dialekte kommen in bestimmten geografischen Gebieten vor oder werden einer bestimmten Gruppe von Personen zugeordnet. Der Dialekt kann sich durch Vokabeln, Syntax und Aussprache von der Standardsprache unterscheiden.
- *Jargon*: Der Jargon kommt vor allem im Kontext verschiedener beruflicher Fachkreise vor. Dabei kann es sich sowohl um nur ein einzelnes Wort als auch eine komplette Phrase handeln. Zuhörer außerhalb des Kontextes haben möglicherweise Schwierigkeiten damit, die Wörter oder Phrasen richtig zu verstehen.
- *Abstrakte Diktion*: Mit der abstrakten Diktion bezeichnet man Wörter und Ausdrücke, die Ideen, Konzepte, Emotionen und Bedingungen bezeichnen. Meistens sind die Ausdrücke nicht direkt greifbar. Die Bedeutung der Wörter kann ebenfalls von Person zu Person verschieden sein. Beispiele hierfür sind die Begriffe Liebe, Hass, Ärger, Frieden oder Freiheit.
- *Konkrete Diktion*: Die konkrete Diktion bezieht sich, wie der Name es vermuten lässt, auf bestimmte Wörter, die physische Merkmale oder Bedingungen beschreiben. Der Zuhörer hat mental direkt ein Bild vor Augen. So kann beispielsweise eine alte Truhe wie folgt beschrieben werden: die große alte viktorianische Truhe mit den goldenen Lettern.
- *Fußgänger- und pedantische Diktion*: Als Fußgängerdiktion bezeichnet man die Sprache der einfachen Leute. Ihr Gegenstück ist die pedantische Diktion. Dabei handelt es sich um eine gehobene Sprache, um zum Beispiel seine eigene Bedeutung anzuzeigen. Jane Austins Bücher sind hierfür Paradebeispiele:

»Sie schmeicheln mir, mein Lieber. Natürlich habe ich auch einmal mein Quentchen Schönheit besessen, aber ich bilde mir nicht ein, heute noch etwas Besonderes zu sein. Wenn eine Frau fünf erwachsene Töchter hat, sollte sie aufhören, an ihre eigene Schönheit zu denken.«

Auszug aus Jane Austens »Stolz und Vorurteil«

9.1.2 Anapher und Epistrophe

Ein weiterer kleiner Trick, den sich vor allem Politiker sehr oft zunutze machen, um die Aufmerksamkeit ihrer Zuhörer zu erzielen, ist der Gebrauch der rhetorischen Stilmittel Anapher und Epistrophe.

Die *Anapher* ist dabei das gebräuchlichste rhetorische Stilmittel. Sie basiert vor allem auf Wortwiederholungen. Dies kann entweder nur ein Wort, es können aber auch mehrere Wörter sein, die zu Beginn von aufeinanderfolgenden Sätzen oder Satzteilen wiederholt werden. Diese rhetorische Figur wird oft eingesetzt, um ganze Texte oder einzelne Passagen zu strukturieren und zu rhythmisieren. Durch die Wiederholung wird der Eindruck erweckt, dass etwas extrem bedeutsam ist.

Beispiel Anapher

»Es gibt nur vier Wege, Geld auszugeben: Gib dein Geld für dich selbst aus. Gib dein Geld für andere Leute aus. Gib anderer Leute Geld für dich aus. Gib anderer Leute Geld für andere aus.«

Nobelpreisträger Milton Friedman

Die *Epipher* ist das Gegenstück zur Anapher und wird auch als *Epiphora* bezeichnet. Hier werden die Wortwiederholungen am Ende der aufeinanderfolgenden Sätze oder Satzteilen gesetzt.

Beispiel Epipher

»... that this nation, under God, shall have a new birth of freedom – and that government of the people,

by the people,

for the people,

shall not perish from the earth.«

Aus Abraham Lincolns Gettysburg-Rede vom 19. November 1863

9.1.3 Lachen als Eisbrecher

Ich bin mir sicher, du hast bereits eine Situation erlebt, in der die Beteiligten durch eine gewisse Anspannung gehemmt waren und das Gespräch nur schleppend vorankam. Jeder ist bedacht darauf, das Richtige zu sagen oder zu tun. Und dann passiert es: Eine kleine Unachtsamkeit, es folgt ein Lacher und das Eis ist gebrochen. Die Stimmung lockert sich schlagartig, das Gespräch nimmt endlich Fahrt auf, und die Anspannung, die zuvor greifbar in der Luft lag, löst sich wie eine Gewitterwolke auf. Alles, was zurückbleibt, ist das gute Gefühl, etwas erreicht zu haben.

Lachen wirkt wie ein Eisbrecher und erzeugt eine starke emotionale Wirkung auf dein Publikum. Es stellt zwischen Menschen im Handumdrehen eine Verbindung her. Insbesondere, wenn man in der Lage ist, über sich selbst zu lachen. Allerdings muss man auch der Typ dafür sein. Es kommt außerdem auch auf deine Zuhörer und Zuhörerinnen an und darauf, nur wohldosiert angewendet zu werden. Sonst besteht schnell die Gefahr, dass du dich lächerlich machst und nicht mehr ernst genommen wirst.

In der Regel hilft eine kleine lustige Anekdote, die du möglicherweise in einer ähnlichen Situation erlebt hast. Wenn du diese geschickt in deine Rede einbaust, sorgst du für eine lockere Stimmung, und man ist dir im Ganzen freundlicher gesonnen. Das hat ebenfalls den Vorteil, dass dein Publikum eher gewillt ist, dir zuzustimmen, und du am Ende mit deiner Präsentation überzeugen kannst.

Abbildung 9.1 Lachen ist nicht nur gesund, sondern lockert auch die Stimmung während deiner Präsentation auf. Nutz lustige Geschichten aus der Vergangenheit, um dein Publikum für dich zu gewinnen.

9.2 Aufmerksamkeit mittels Schauspiel

Wir leben in einer Welt des Entertainments. Ständig und überall werden wir unterhalten, sei es mit einem lustigen Video auf YouTube oder mit einer spannenden Serie im Fernsehen. Fast überall gelingt es den verschiedenen Formaten, unsere Aufmerksamkeit auf sie zu lenken und mit den Gedanken völlig bei einer Sache zu sein. Doch Präsentationen scheinen hier die rühmliche Ausnahme zu sein. Eine Studie hat ergeben, dass fast 97 % aller Präsentationen verbesserungswürdig sind. Ein Grund mehr, dass du deine Präsentationen in Zukunft spannend aufbauen solltest, um deine Zuhörer nicht nur zu begeistern, sondern auch zu überzeugen. Mittels Schauspiel steht dir neben der Sprache und der Emotion ein weiteres Mittel zur Verfügung, das einer genaueren Betrachtung Wert ist.

9.2.1 Show don't tell

Die Bedeutung von Storytelling für deine Präsentation ist dir hoffentlich im Verlauf dieses Buches in Fleisch und Blut übergegangen. Wenn es aber um die Gewinnung der Aufmerksamkeit geht, möchte ich an dieser Stelle sogar einen Schritt weitergehen und aus dem Storytelling ein Storydoing machen. Um Aufmerksamkeit zu erzeugen kannst du dir das Prinzip »Show don't tell« (zeigen, anstatt zu erklären) zunutze machen. Werde von einem Geschichtenerzähler zu jemandem, der oder die Geschichte lebt und sich nicht davor scheut, etwas zu zeigen.

Besonders im Bereich der Produktpräsentation ist das wirksamste Mittel, um zu überzeugen, das Produkt zu zeigen. Eine Erklärung kann an dieser Stelle nicht das leisten, was eine kurze Demonstration vermag. Mittels Schauspiel lieferst du direkt die Beweise dafür, die es benötigt, um dein Publikum zu überzeugen. Auch im übertragenen Sinne hilft dir Schauspiel dabei, Dinge in ein richtiges Licht zu rücken. Gerade dann, wenn es darum geht, Zahlen und Fakten zu präsentieren, hilft dir das Prinzip »Show don't tell« dabei, deinem Publikum die Zusammenhänge besser zu verdeutlichen. Nutz dafür Analogien, um Vergleiche zu ziehen, oder Zitate, um Empathie zu wecken. Hier ist fast alles erlaubt, um deine Idee, dein Konzept oder Produkt bestmöglich zu präsentieren. Es hat sich im Übrigen gezeigt, dass Filmzitate besonders gut beim Publikum ankommen. Wenn du also ein passendes Zitat zur Hand hast, dann nutz es, um deine Präsentation damit anzureichern.

Mach wenn möglich von Requisiten für deine Präsentation gebrauch. Sie wirken aktiv und haben einen unbewusst positiven Einfluss auf deine Zuschauer und Zuschauerinnen, da sie sich gut unterhalten fühlen und deine Präsentation als lebhaften Vortrag in Erinnerung behalten.

9.2.2 Tension

Ich bin mir ziemlich sicher, dass du in deinem Leben zumindest schon einmal eine Casting-Show gesehen hast. Ist dir mal aufgefallen, wie die Verkündung des Gewinners dabei immer vonstattengeht? Richtig, die Gewinnerin wird nicht einfach mit den Worten »und die Gewinnerin ist ...« verkündet. Das wäre zu banal, ganz zu schweigen von den Einschaltquoten. Der Zuschauer wird bis zum geht nicht mehr hingehalten, um dann endlich erlöst zu werden und zu hören, wer gewonnen hat. Und obwohl wir genau wissen, wie das abläuft, tun wir es uns immer wieder an und fiebern regelrecht mit unseren Favoriten mit. Unsere Aufmerksamkeit ist komplett fokussiert, und wir wollen unbedingt wissen, wie es ausgeht.

Soll ich dir mal etwas verraten? Bei einer Präsentation tun wir genau das Gegenteil davon. Dort verraten wir direkt am Anfang, um was es geht. Der Rest ist nur noch eine Erklärung dessen, was das Publikum bereits weiß. Wir küren also direkt zu Beginn der Veranstaltung unseren Gewinner und begründen dann nur noch unsere Entscheidung. Dabei ist doch der Gewinner das eigentliche Highlight und gehört ans Ende einer Veranstaltung, nicht wahr? Im Fernsehen werden die Zuschauer vor der Verkündung zuerst einmal in eine scheinbar nicht enden wollende Werbepause geschickt. Wenn wir dann glauben, jetzt gleich fällt der Name, haben wir uns wieder geirrt. Denn dann legt die Moderatorin noch einmal eine dramatische Pause ein, um den Moment weitere endlose Sekunden hinauszuzögern. Die Anspannung steigt immer weiter an und ist kaum noch auszuhalten, sie tut schon fast körperlich weh. Und dann, ein paar Minuten vor Sendeschluss, fällt endlich der Name und mit ihm die Anspannung.

Die Fernsehleute stellen das schon sehr geschickt an, und genau das ist es, von dem wir während unserer Präsentation ebenfalls Gebrauch machen sollten. Die steigende Anspannung ist es, die uns emotional am Ball bleiben lässt. In Fachkreisen spricht man von *Tension*. Nicht nur bei Castingshows ist dieses Phänomen bekannt, auch Serien, Bücher oder Filme spielen damit. Wir alle kennen den berühmten Satz »Fortsetzung folgt …«, was nichts anderes als ein *Cliffhanger* ist, um uns dazu zu bringen, beim nächsten Mal wieder einzuschalten oder das neue Buch von XY zu kaufen. Wir wollen schließlich wissen, wie es weitergeht und endet. Einer, der das wie kein Zweiter verstand, war Alfred Hitchcock.

Cliffhanger

Unter einen Cliffhanger versteht man eine in der Literatur sehr häufig benutzte Technik zur Steigerung der Spannung. Dabei wird das Ende zunächst offen gelassen. Der Cliffhanger erfolgt am Ende einer Szene, eines Kapitels oder bei Fernsehserien am Ende der Folge. Gleiches gilt für Kinofilme. Übersetzt bedeutet das Wort Klippenhänger.

Wie nutzt du das nun für deine Präsentation? Ganz einfach, lass dein Publikum ein wenig zappeln, bis es endlich die Lösung erfährt. Jede Verzögerung erzeugt Spannung, und an den richtigen Stellen eingesetzt, betont sie nicht nur die Wichtigkeit deiner Aussage, sondern versetzt dein Publikum auch in die richtige Emotion. Es darf also ruhig ein wenig wehtun, nur übertreiben solltest du es nicht. Auch hier gilt wie so oft, die Dosis macht das Gift.

Ein weiteres Mittel, um Tension in deiner Präsentation einzubauen, ist es, *Haken zu schlagen*. Auch hier dient uns Apple einmal mehr als Vorbild. Der Präsentierende kündigt ein neues Produkt an. Was passiert? Das Publikum möchte das Produkt natürlich sehen. Aber wie du dir vorstellen kannst, zeigt Apple das Gerät jetzt noch nicht. Es folgt erst einmal ein wenig Hintergrundwissen. Dies ist der erste Haken, dann folgt immerhin der Name. Und ja, auch hier will das Publikum endlich das Produkt sehen. Die Apple-Leute tun einem aber immer noch nicht den Gefallen. Zunächst müssen noch ein paar Produkteigenschaften genannt werden, der zweite Haken. Jetzt wird angekündigt, dass Produkt endlich zu zeigen, aber warum erzählt man das, wenn man es doch einfach tun könnte? Richtig, zunächst wird noch etwas anderes hervorgeholt und wieder fallen ein paar plattitüdenhafte Sätze. Hallo, dritter Haken. Und dann, nach drei Tensions, wird endlich das Produkt gezeigt. Jubel bricht aus, und der Apple-Mensch lacht still und heimlich in sich hinein, weil er uns an der Nase herumgeführt hat und wir das bereitwillig haben über uns ergehen lassen. Achte einmal bei der nächsten großen Apple-Präsentation darauf.

Ein ziemlich einfaches Prinzip, findest du nicht? Erst das Publikum etwas anfüttern und zappeln lassen und dann mit einem Paukenschlag das Produkt präsentieren. Wenn du dieses Prinzip auf deine Präsentation anwenden möchtest, ist es wichtig, dass du immer wieder Andeutungen machst, ohne zu viel zu verraten. Das Publikum muss neugierig bleiben, damit sich die gewünschte Anspannung aufbaut. Bau also ruhig zwei bis drei Haken ein, ehe du die Katze aus dem Sack lässt. Eine Ausnahme sind allerdings negative Neuigkeiten oder Informationen. Hier solltest du am besten direkt mit der Tür ins Haus fallen. Die Steigerung der Anspannung bei negativen Angelegenheiten führt nur dazu, dass dein Publikum für den Rest der Präsentation in einer negativen Grundstimmung verharrt.

Doch nicht nur mit kleinen Haken kannst du Tension aufbauen. Auch gekonnt eingesetzte Sprechpausen erzeugen Spannung. Allerdings sollte dein Publikum nicht schon wissen, wie dein Satz weitergeht. Diese Technik funktioniert hervorragend, wenn jedem sofort klar ist, dass der Satz weitergehen muss: »Entscheidend ist, ... dass du eine dramatische Pause machst.« Du kannst auch etwas ankündigen und im Anschluss eine längere Pause machen, um zum Beispiel kurz etwas zu trinken. Dabei musst du dich nicht unbedingt beeilen. Du willst ja die Spannung nicht zerstören. Du kannst sogar Requisiten nutzen. Du fängst einen Satz an, machst mittendrin eine Pause und nutzt ein Flipchart, um das entscheidende Wort zu notieren. Dabei verdeckst du es mit deinem Körper so lange wie möglich. Erst beim Weggehen zeigst du das Wort und sprichst es zeitgleich aus.

Doch es geht noch spannender. Die Zauberformel lautet: *Suspense*.

9.2.3 Die höchste Form der Spannung – Suspense

Man kann mit Fug und Recht behaupten, dass Alfred Hitchcock ein wahrer Meister des Suspense war. Mit Suspense bezeichnet man die höchste Form der Spannung. Vielleicht kennst du das Bild der tickenden Bombe unter dem Sofa. Ein ahnungsloser

Jemand setzt sich auf das Sofa und fängt an seine Zeitung zu lesen. Währenddessen siehst du, wie der Countdown der Bombe langsam herunterzählt. Und noch immer reagiert die Person nicht. Die Szene fesselt uns, wenn es sein muss sogar für Minuten. Wir wollen wissen, wie es ausgeht und ob dieser Jemand bald Geschichte ist oder doch noch aufsteht und rechtzeitig verschwindet. Hitchcock selbst sagte dazu:

»Suspense lebt davon, dass der Zuschauer dem Helden gerne eine Warnung zurufen will.«

Du willst die Wirkung von Suspense einmal selbst erleben? Dann empfehle ich dir, Hitchcocks Film »Die Vögel« anzusehen. Achte dabei besonders auf die Szene, in der Tippi Hedren draußen sitzt und auf die Pause wartet. Das ist Suspense at its best.

Abbildung 9.2 Master of Suspense (Quelle: www.youtube.com/watch?v=BYHLMyy679A).

Wie kannst du Suspense für deine Präsentation nutzen? Mach immer wieder Andeutungen und lass dein Publikum in dem Glauben, dass es erahnen kann, auf was deine Rede hinausläuft. Du darfst dein Publikum auch gerne ein wenig in die Irre führen und falsche Fährten legen. Sie dürfen sich nicht zu sicher sein, denn dann wäre die Spannung weg. Du kannst auch den Eindruck erwecken, dass es gar nicht deine Absicht war, dieses eine besondere Detail zu nennen und es dir einfach herausgerutscht ist. Die Andeutungen solltest du dabei aber immer ganz bewusst einbauen. Reg die Fantasie deines Publikums an. Zeig noch nicht die Katze im Sack, mach aber deutlich, dass eine drinsteckt.

9.2.4 Der rosa Elefant

Du darfst jetzt auf keinen Fall an einen rosa Elefanten denken. Das ist ganz wichtig für diesen Abschnitt …

Hand aufs Herz, du hattest gerade ein Bild von einem rosa Elefanten vor Augen, nicht wahr? Keine Sorge, wenn du an einen rosa Elefanten gedacht hast, bist du in bester Gesellschaft. Um nicht an einen rosa Elefanten zu denken, müssen wir uns zunächst einmal ein Bild von ihm machen, um es dann im Anschluss aus unseren Gedanken zu streichen. Ziemlich paradox, aber ein Prinzip, das du ebenfalls nutzen kannst, um Aufmerksamkeit zu erzielen.

Wir gebrauchen an dieser Stelle die Vorstellungskraft und die Fantasie unseres Publikums, um Bilder zu erzeugen, die weitaus stärker sind, als einfach nur ein Bild von einem rosa Elefanten zu zeigen. Dieses würde nur registriert werden und dann genauso schnell wieder in Vergessenheit geraten. Ich hätte am Anfang genauso gut nach deinem absoluten Lieblingsort fragen können. Es hätte dieselbe Wirkung gehabt. Wir als Präsentierende können nicht wissen, welche Bilder in den Köpfen unserer Zuhörer und Zuhörerinnen entstehen. Wir können nur raten und entweder damit richtig liegen oder eben auch nicht. Wenn du allerdings konkret nach einem bestimmten Bild fragst, entsteht so ein kreatives Feuerwerk in den Köpfen deines Publikums und lässt es gebannt deinem Vortrag lauschen.

Also, nutz die Fantasie deiner Zuhörer und reg durch gezielte Fragen und Aussagen ihre Vorstellungskraft an. Ein arabisches Sprichwort besagt sogar:

Ein guter Redner ist jemand, der bewirkt, dass die Menschen mit den Ohren zu sehen vermögen.

Wenn du diese Technik nutzen willst, solltest du allerdings das Wort *müssen* vermeiden. Es ist eher negativ behaftet, niemand will etwas müssen. Anstatt zu sagen: »Sie müssen sich das so vorstellen …«, wäre es besser, dich wie folgt auszudrücken: »Wie wäre es, wenn wir jetzt an einem sonnenbeschienenen Steg säßen und unsere Füße ins Wasser baumeln ließen?«

Was glaubst du, löst eine stärkere Reaktion aus? Die Vorstellungskraft wird zu deinem Verbündeten, wenn es darum geht, Aufmerksamkeit zu wecken und zu überzeugen. Das Beste daran ist, dass du die verschiedenen inneren Bilder nicht erst erzeugen musst, denn sie sind bereits vorhanden. Dadurch schaffst du es, dass die Motivation steigt, das Ziel dieses inneren Bildes erreichen zu wollen. Der Wunsch folgt aus einer intrinsischen Motivation heraus (siehe auch Abschnitt 8.2.4, »Die Kundenmarke verstehen«).

Das alles funktioniert natürlich nicht nur mit positiven Bildern. So kannst du ebenfalls negative Bilder erzeugen, mit denen du erreichen willst, dass etwas Bestimmtes in Zukunft vermieden werden soll. Besonders im Bereich der Sicherheit ist das negative Bild ein stärkeres Motiv als das positive.

Dank der Vorstellungskraft und der Fantasie deiner Zuhörer und Zuhörerinnen kannst du mit ihnen auf einer emotionalen Ebene spielen. Insbesondere, wenn du befürchtest, dass deine Argumente möglicherweise nicht so stark sind, rücken diese mithilfe dieser Technik in den Hintergrund. Du kannst gezielt die Emotion erzeugen, die du benötigst, um dein Präsentationsziel zu erreichen. In diesem Sinne immer schön an den rosa Elefanten denken!

9.2.5 Best Practice: Wie eine Abi-Prüfung Eindruck hinterließ

Ich möchte dir an dieser Stelle gerne von einer Präsentation erzählen, die ich selbst erlebt habe und die sich bis heute bei vielen der Anwesenden ins Gedächtnis gebrannt hat. Der Abi-Jahrgang von 2006 war der erste Jahrgang, der ein fünftes Prüfungsfach ablegen musste. Zur Auswahl stand eine zweite mündliche Prüfung oder eine Präsentation zu einem vorgegebenen Thema. Zu dieser Zeit entschieden sich die meisten aus dem Jahrgang für die mündliche Prüfung, schien es doch die sichere Alternative zu sein, da bis zu diesem Zeitpunkt wenig zum Thema und zur Bewertung der Präsentation bekannt war. Doch es gab ein paar Mutige, die sich der Herausforderung stellten und eine Präsentation vorbereitet hatten.

Die Prüfung wurde damals im Fach Ethik abgehalten und bestand daraus, zu erläutern, ob es ethisch vertretbar sei, einen Menschen im Reagenzglas zu optimieren und zu manipulieren. Die Schülerin die sich dieser Aufgabe stellte, fand eine ganz eigene Art, diesen Vortrag unvergesslich zu machen. Ihr kam zugute, dass sie jahrelang in der Theater-AG unserer Schule aktiv war. Statt einer langweiligen PowerPoint-Präsentation, die wir alle erwartet hatten, hat sie aus dem Ganzen ein Ein-Frau-Theaterstück gemacht.

Ab der ersten Sekunde, in der sie mit einem weißen Kittel, einer dicken Hornbrille und einem Reagenzglas unterm Arm den Raum betrat, klebten wir förmlich an ihren Lippen und folgten ihr dabei, wie sie die Vor- und Nachteile eines künstlich optimierten Menschen darbot. Im Verlauf der Präsentation, die immerhin 20 Minuten dauerte, machte sie in ihrem Schauspiel eine Wandlung durch von einer Befürworterin der künstlichen Optimierung über eine kritische Betrachterin bis hin zur Gegnerin dieser lebensgebenden Form. Am Ende war sie eine einfache Frau, die ihr Kind so lieben würde, wie es auf natürlichem Wege sein sollte. Egal, ob das Kind gesund oder krank war. Nachdem sie ihren Vortrag abgeschlossen hatte, herrschte für einen kurzen Moment absolute Stille im Raum. Wir alle waren Zeugen von einem besonderen Moment geworden, den man fast als magisch bezeichnen könnte, der sich über uns legte und sich in einem tosenden Beifall entlud.

Mit ihrem Monolog und dem fantastischen Schauspiel gelang es ihr nicht nur, uns zu fesseln und unsere volle Aufmerksamkeit zu bekommen, sondern auch die Prüfungskommission von sich zu überzeugen und die beste Präsentationsprüfung des Jahrgangs abzuschließen. Ihr Mut hat sich am Ende ausgezahlt. Sie zeigte uns auf eine außergewöhnliche Weise, wie man auch schwierige Themen mit Hingabe und Leidenschaft präsentieren kann. Im abschließenden Gespräch mit ihr zeigte sich ebenfalls, dass sie keine Angst davor hatte, diesen Weg gewählt zu haben, da es sich für sie richtig angefühlt hatte und es ihr auf andere Art nicht gelungen wäre, dieses Thema zu präsentieren, ohne das Publikum zu langweilen.

Abbildung 9.3 Eine ungewöhnliche Form der Präsentation mittels Schauspiel

Mit ihrer Darbietung hatte sie natürlich die Messlatte für alle nachkommenden Jahrgänge enorm hochgelegt, aber bis heute wurde sie oft als herausragendes Beispiel einer Präsentation an meiner alten Schule genannt. Sie hat sich ihr schauspielerisches Talent zunutze gemacht, um etwas Unvergessliches zu kreieren. Das ist es auch, was einen hervorragenden Redner oder eine exzellente Rednerin ausmacht: jemand, der das Thema verinnerlicht hat und es mit voller Hingabe präsentiert. Solltest du also über ein gewisses schauspielerisches Talent verfügen, nutz es für deine Präsentation. Wenn du wirklich mit Leidenschaft dabei bist, kann es ein absoluter Gewinn für deine Präsentation sein. Kann es ein schöneres Kompliment und eine bessere Anerkennung geben, als dass dein Publikum wie gebannt an deinen Lippen hängt und gar nicht erst möchte, dass dein Vortrag zu Ende geht?

9.2.6 Best Practice: Wie Sebastian Fitzek zum Postboten wurde

Das eben aufgeführte Beispiel ist selbstverständlich eine extreme Form der Präsentation. Es geht natürlich auch eine Spur dezenter, aber nicht minder wirkungsvoll. In seinem Meet-your-Master-Kurs erzählt Sebastian Fitzek, seines Zeichens einer der erfolgreichsten Thriller-Autoren, die Deutschland zu bieten hat, wie er die Coveridee für sein Buch »Das Paket« vor der versammelten Verlagskonferenz pitchte. Auch er griff zu einem eher ungewöhnlichen Mittel und verkleidetet sich kurzerhand als Paketbote.

Abbildung 9.4 In seinem Meet-your-Master-Kurs appelliert Fitzek an seine Schüler, jede Chance zu nutzen, um eine Geschichte zu erzählen. (www.meetyourmaster.de/de/kurse/sebastian-fitzek-lehrt-schreiben)

In seiner Abhandlung beschreibt er, wie er der Meinung war, dass das Cover wie ein Paket gestaltet sein sollte. Mehr noch: Das Buch selbst sollte ein Paket sein, das der Leser zu Hause auspacken kann. Seine Begründung: Jeder Mensch erhält gern Pakete und packt sie gleich aus.

Als klassischer Geschichtenerzähler war es sein Ansinnen, genau dieses Gefühl den Verlagsleuten näherzubringen. Bewaffnet mit zehn Dummy-Büchern, die richtig verpackt waren, und in einer geliehenen DHL-Uniform, machte er sich auf den Weg, um seine Idee zu pitchen. Wer das Buch kennt, wird wissen, dass er mit seiner Idee voll ins Schwarze getroffen hat. Er berichtete, dass sämtliche Meetingteilnehmer restlos begeistert waren, vor allem von dem Gefühl, ein Paket auszupacken. Mittlerweile wurde diese Ausgabe zu einem begehrten Sammlerstück unter Fans. Im Übrigen ist dies auch ein hervorragendes Beispiel dafür, wie Inhalt und Form gemeinsam eine Geschichte erzählen. Wenn Sebastian Fitzek versucht hätte, seine Idee nur mit sprachlichen Mitteln zu kommunizieren, wäre der Funke nicht übergesprungen. Er hat nicht nur den schauspielerischen Teil genutzt, sondern sich auch die Emotion der Menschen zunutze gemacht, die Neugier. Und damit wären wir schon beim dritten Punkt, um die Aufmerksamkeit unserer Zuhörer zu gewinnen, nämlich mittels Emotionen.

9.3 Aufmerksamkeit mittels Emotionen

Um Aufmerksamkeit zu erzeugen, steht dir für deine Präsentation die komplette Welt der Emotionen zur Verfügung. Wenn du theoretische Informationen und Daten an

Emotionen koppelst, wird es für dein Publikum so sein, als würden sie zum Leben erwachen, was wiederum dazu führt, dass deine Kernbotschaft im Gedächtnis bleibt.

Teste dich selbst

Hierzu eine kleine Aufgabe zur Veranschaulichung, die aus dem Bereich der psychologischen Wahrnehmung kommt: Was behältst du in der Regel am längsten im Gedächtnis?

1. die Telefonnummer deines Hausarztes
2. die Hochzeit deiner besten Freundin
3. den Preis deiner ersten Waschmaschine

Lösung 2 ist hier dir richtige Antwort. Erinnerungen, die emotional geprägt wurden, bleiben in der Regel am längsten im Gedächtnis.

Wenn du in der Lage bist, Emotionen zu erzeugen, die der Persönlichkeit deines Gegenübers entsprechen, hast du vieles richtig gemacht. Erzähle deinem Publikum, was sie durch deine Idee, dein Konzept oder dein Produkt erreichen können. Wenn wir noch einmal auf unsere Helden aus Kapitel 8, »Kommunikationstechniken für eine kreative Präsentation«, zu sprechen kommen, könnte das wie folgt aussehen.

Zählt deine Zuhörerin zu der Kategorie der Flashs und du möchtest ein Konzept für einen neuen und innovativen Fotokurs präsentieren, dann eröffne ihr die Aussicht, dass sie mit diesem Kurs zu einer Influencerin werden kann. Erzeuge eine Emotion, mit der sie sich identifizieren kann. Wie du das erreichen kannst, schauen wir uns nun genauer an.

9.3.1 Überraschung, Empathie und Gegenseitigkeit

Emotionen sind keine Sentimentalität, vielmehr erzeugen sie – geschickt eingesetzt – eine Wirkung auf unsere Zuhörer. Eine Möglichkeit, dies zu erreichen, ist das Überraschungsmoment. Das bedeutet für dich, dass du es vermeiden solltest, dich zu wiederholen oder zu durchschaubar zu wirken. Wenn dein Publikum schon im Voraus ahnt, was als Nächstes kommt, wird es garantiert gedanklich abschalten. Versuch also mit deinem Vortrag zu überraschen.

Überraschung ist eine Emotion, die Leute verspüren, wenn ein neuer Reiz auf sie einwirkt. Wie kann so etwas aussehen? Nehmen wir an, du präsentierst auf einer großen Bühne. Du läufst hin und her und sprichst über das Thema menschliche Ressourcen am Arbeitsplatz. Dann bleibst du unvermittelt stehen und sagst so etwas wie: »Alle, die hier sitzen, werden in zwei Jahren arbeitslos sein.« Boom, sofort ist dir die Aufmerksamkeit garantiert. Natürlich lässt du deine Zuhörer nicht in dieser Schockstarre verweilen und löst sie nach einer kurzen dramatischen Pause auf, indem du deine Lösung präsentierst, damit das eben Angekündigte nicht eintritt.

Mit *Empathie* wird die Fähigkeit umschrieben, sich in andere Menschen hineinzuversetzen. Wenn du die Situation deiner Zuhörerinnen und Zuhörer nachvollziehen kannst, wird es dir gelingen, sie wirklich zu verstehen. So bist du in der Lage, gezielt auf ihre Ängste und Wünsche einzugehen und mit deiner Lösung zu überzeugen und ihnen besagte Ängste oder Bedenken zu nehmen. Denk daran, deine Zuhörer und Zuhörerinnen stehen an erster Stelle. Es geht um den Verkauf deiner Idee an andere und nicht an dich selbst.

Zuhören ist eine wichtige Eigenschaft, wenn es darum geht, Empathie zu zeigen. Hör dir also die Sorgen, Ängste oder Bedenken deines Publikums genau an und reagiere entsprechend darauf mit Einfühlungsvermögen. Gib zu erkennen, dass du die Einwände verstehst und sie nachvollziehen kannst und dass du dir ebenfalls darüber Gedanken gemacht hast. Zeig, dass du die Sorgen ernst nimmst und nicht einfach als Unsinn abtust. Und erst dann legst du deine Gründe dar, warum die Bedenken unnötig sind und leitest so zu deiner Lösung über.

Und schließlich gibt es noch die *Gegenseitigkeit*. Doch was genau hat es damit auf sich? Dieses Prinzip beruht darauf, dass wir ein Gefühl von Vertrautheit bei unserem Gegenüber erzeugen wollen. Dazu musst du während deiner Präsentation deinem Publikum vermitteln, dass du im Grunde einer von ihnen bist. In Fachkreisen wird dafür öfter der Begriff *Humanisierung* verwendet. Anders ausgedrückt: Vermenschliche deine Rede. Benutz dazu dieselbe Sprache wie dein Publikum und begegne ihnen auf Augenhöhe. Auch gemeinsame Interessen können die Aufmerksamkeit auf dich lenken und als anschließende Gesprächsgrundlage dienen. Wenn dein Zuhörer oder deine Zuhörerin merkt, dass ihr scheinbar auf derselben Wellenlänge funkt, wird er oder sie eher dazu neigen, dir aufmerksam zuzuhören.

Wenn du dich nun für eine bestimmte Emotion entscheidest, um auf dich und deine Präsentation aufmerksam zu machen, dann empfehle ich dir, deine Texte so zu schreiben, dass sie gut fürs Ohr klingen. Erstelle dir eine Art Drehbuch, um deine Rede vorzubereiten. Wie du das genau machst, kannst du in Kapitel 6, »Vor Publikum sprechen – finde deinen Flow«, noch einmal genauer nachlesen.

Dein Ziel, wenn du Empathie, Gegenseitigkeit oder Überraschung zeigst, sollte sein, dass dein Publikum hinterher sagt:

Das interessiert mich. Das ist etwas für mich und ich möchte mehr darüber erfahren. Er oder sie spricht über mich.

9.3.2 Authentisch bleiben

Ich weiß nicht, wie es dir geht, aber in den letzten Jahren wurde vermehrt darüber gesprochen, dass man echt und authentisch sein soll. Aber wissen wir wirklich, was das bedeutet? In einer Welt, in der wir uns ständig von der besten Seite zeigen wollen, sollen wir echt sein und uns auch einmal Fehler erlauben, sie sogar öffentlich zugeben?

Ja und Nein. Ich persönlich bin ein großer Freund davon, authentisch zu sein. Viele Menschen machen sich oftmals etwas vor und glauben, dass ihr Gegenüber es nicht bemerkt, wenn man sich verstellt. Aber glaub mir, früher oder später zeigt sich der wahre Charakter einer Person. Blöd nur, wenn sich dieser nicht mit dem zuvor gemachten Bild deckt.

Authentisch auftreten bedeutet im Grunde nichts anderes, als dass man auf andere nach außen stimmig wirkt, und zwar mit dem, was man sagt und was man tut. Sobald an dieser Stelle irgendwelche Diskrepanzen oder Unstimmigkeiten auftreten, wird dich niemand mehr als authentisch wahrnehmen, da das, was du kommunizierts, nicht im Einklang mit dem steht, was du tust (siehe hierzu auch Abschnitt 11.1.4, »Achte auf deine Körpersprache«). Es gibt da diesen schönen und sehr passenden Spruch: mit sich im Reinen sein. Und das ist letztendlich der Schlüssel zur Authentizität. Doch wie schaffen wir das?

Um authentisch auftreten zu können, musst du deine eigenen Werte und Ziele genau kennen und dir dieser bewusst sein. Es bedeutet nicht, dass du unvorbereitet in deine Präsentation gehst und abwartest, was passiert. Es geht darum, die innere Überzeugung nach außen zu zeigen und den Funken auf dein Publikum überspringen zu lassen.

Quickcheck: Authentisch sein

Die folgenden Eigenschaften können dir dabei helfen:

- ein gesundes Selbstwertgefühl
- die Fähigkeit zur Selbstreflexion
- die eigenen Werte und Ziele kennen
- Verlässlichkeit und Aufrichtigkeit

Authentisch sein und sich zeigen ist eng verbunden nicht nur mit den eigenen Emotionen, sondern auch mit denen deines Publikums. Zeig dich so, wie du bist, und verstell dich nicht. Wenn du mit einer persönlichen Anekdote deinen Vortrag bereichern kannst, dann tu das. Menschen mögen Menschen und schenken ihnen ihre Aufmerksamkeit. Berühre sie mit deinen Emotionen und deiner Art, wie du etwas angehst.

Emotionen sind die Suppe und nicht das Salz

Möglicherweise denkst du dir gerade, dass du ein Thema präsentieren musst, dass mit Sicherheit, Performance oder Fakten zu tun hat und Emotionen an dieser Stelle nicht angebracht sind. Doch das ist falsch. Im Grunde geht es immer um Emotionen und Gefühle. Nehmen wir den Begriff der Sicherheit. Dieser ist an sich bereits ein Gefühl, per se treffen wir Entscheidungen auch aus einem Gefühl heraus, auch wenn wir glauben, wir entscheiden rational.

Man kann auch sagen, dass Fakten dazu beitragen, bei uns ein Gefühl auszulösen. Mach dir als Präsentierende(r) Gedanken darüber, welche Emotion du bei deinem Publikum auslösen willst und wie du diese Emotionen erzeugen kannst. Eine Möglichkeit besteht darin, dass man deine eigenen Emotionen spürt, die dich mit dem Thema verbinden.

Am besten nimmst du dir hier das Zitat von Augustinus Aurelius von Hippo (354–430 v. Chr., Kirchenvater) zu Herzen, der gesagt hat: *»In dir muss brennen, was du in anderen entzünden willst [...] Nur wer selbst brennt, kann Feuer in anderen entfachen.«*

Genau wie beim Film arbeiten wir hier mit einfachen Mitteln, die uns zur Verfügung stehen: Dramaturgie, Neugierde, Spannung, Überraschung und Bildsprache. Mit diesen Bausteinen gelingt es dir, dein Publikum zu fesseln und die richtigen Emotionen zu erzeugen.

9.3.3 Best Practice: Die eigenen Emotionen nutzen

Zum Abschluss dieses Abschnitts möchte ich dir gern anhand eines persönlichen Beispiels erzählen, wie man mit Emotionen überzeugen kann. Um es nachvollziehen zu können, muss ich allerdings ein wenig ausholen. Ende 2020 brach für mich meine kleine kreative Welt zusammen, auch wenn ich mir das nach außen hin versucht hatte, nicht anmerken zu lassen. Ich glaubte, meine Kreativität verloren zu haben. Ich fühlte mich schlecht, war völlig demotiviert und hatte zu keiner kreativen Leistung mehr Lust. Das Kreieren neuer Dinge war zu einer Last geworden.

Zusätzlich zeigte mein Körper mir ebenfalls, dass etwas nicht stimmte. Wenn man mit Mitte dreißig abends mit Herzrasen auf dem Sofa sitzt und das Gefühl hat, ein Elefant hätte es sich auf der Brust gemütlich gemacht, und sich das Gedankenkarussell unaufhörlich immer und immer weiterdreht, ist das alles andere als lustig. Im Gegenteil, es ist sehr beängstigend.

Erst eine selbst verordnete Pause half mir dabei, meine Kreativität und die Lust am Gestalten schließlich wiederzufinden und freudig in die Arme zu schließen. In dieser Zeit hatte ich mich intensiv mit meiner Kreativität, mit Dingen, die mich inspirieren und motivieren, beschäftigt, und schon bald sprudelten die Ideen wieder aus mir heraus. Und aus all dem Negativen ist etwas Positives geworden. Es entstand ein kleines Kreativprojekt, mit dem ich Menschen helfen wollte, die selber in einem kreativen

Tief feststeckten. Gemeinsam wollte ich mit ihnen auf eine Reise gehen und ihre Kreativität neu entdecken. Mein Antrieb waren meine drei Werte, für die ich stehen wollte: Kreativität – Motivation – Inspiration.

Immer, wenn ich über das Projekt sprach, um Menschen von der Idee zu überzeugen, selbst ein kleiner Teil dieses Projekts und somit zum *Ideenhelden* zu werden, habe ich meine Geschichte erzählt und beschrieben, wie ich mich gefühlt habe. Mir gelang es so immer wieder, die Menschen auf einer anderen Ebene zu erreichen und für mein Projekt zu begeistern.

Dabei startete ich immer mit diesem Gefühl der Leere und wie es immer größer in mir wurde und mich daran hinderte, kreativ zu sein. Ich ersann eine Heldenreise um all das herum und wurde zur Geschichtenerzählerin, die nicht nur mit ihrer Idee überzeugen, sondern auch die Menschen mitreißen konnte, weil sie sich zum Teil in meiner Geschichte selbst wiedererkannten. Seitdem habe ich immer wieder positives Feedback bekommen, und es haben sich weitere Projekte daraus ergeben. Auch neue Freund- und Bekanntschaften sind daraus entstanden, weil ich den Mut fand, meine Geschichte und meine Gefühle mit anderen zu teilen.

Am Anfang war das natürlich befremdlich, und ich habe mich oft gefragt, ob ich das wirklich so machen sollte. Doch mein Gefühl sagte mir, dass es der richtige Weg sei. Auch das Feedback gab mir recht, dass die Art und Weise, wie ich mein Projekt präsentierte, genau die richtige Art war. Mein Erfolgsgeheimnis: Ich habe mich so gezeigt, wie ich bin, unverstellt und ehrlich. Wenn du selbst für ein Thema deart brennst, wie ich es für mein Kreativprojekt tue, wirst du mit deinen Emotionen stets überzeugen können, da man deine Leidenschaft und dein Herzblut dafür spüren wird.

Falls du mehr über meine Geschichte erfahren möchtest, findest du einen Teil davon unter folgendem Link: *https://bit.ly/3E8K6xj*

9.4 AIDA, KISS und PAS

Sicherlich hast du im Laufe deines beruflichen Schaffens schon einmal etwas von sogenannten Marketingformeln gehört. Mit ihnen versucht man, das Kaufverhalten der Menschen zu erklären und einzuordnen. Drei davon lassen sich gut auf Präsentationen anwenden, weshalb ich sie dir im Folgenden vorstelle.

9.4.1 AIDA-Formel

Eine dieser Formeln ist die *AIDA-Formel*. Dabei handelt es sich um ein Stufenmodell, das 1898 von Elmo Lewis entwickelt wurde. Der Konsument durchläuft nach dieser

Formel vier Phasen, um sich am Ende für den Kauf eines Produkts oder die Inanspruchnahme einer Dienstleistung zu entscheiden. Das Akronym AIDA steht dabei für Attention, Interest, Desire und Action.

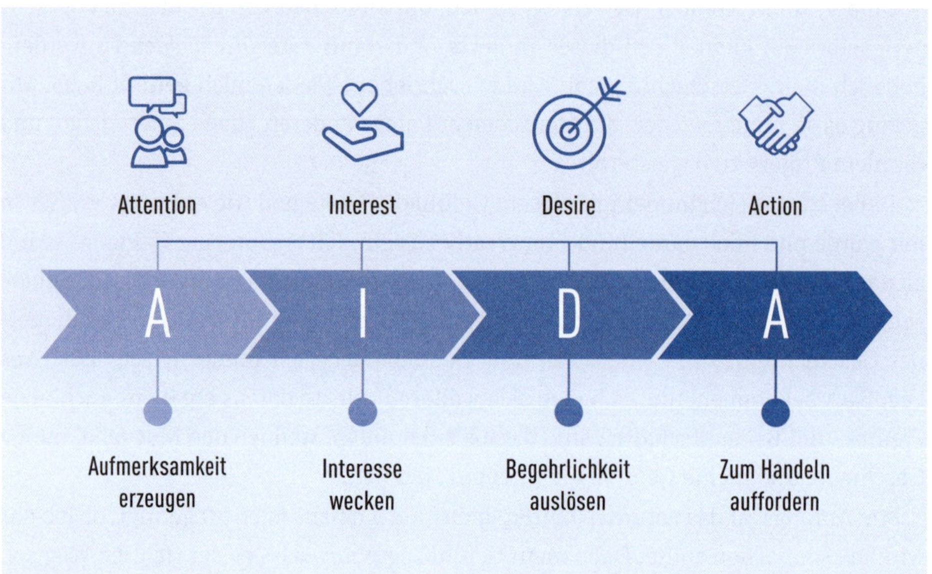

Abbildung 9.5 Die ursprüngliche Idee des AIDA-Modells ist es, die Werbewirkung im Marketing zu beschreiben.

In der ersten Stufe *Attention* geht es darum, die Aufmerksamkeit, der gewünschten Zielgruppe zu gewinnen, indem man mit seiner Kernbotschaft aus der Masse an Reizüberflutungen heraussticht. Dies kannst du beispielsweise durch einen Knall am Anfang deines Vortrags erreichen oder durch einen flotten Spruch auf den Lippen. Wenn du mit Folien arbeitest, kannst du ebenfalls mit einem ungewöhnlichen Bild starten. Ist dir das gelungen, gehst du in die zweite Phase, das *Interest*, über.

Nutz die in Stufe eins gewonnene Aufmerksamkeit gezielt dafür, um ein tiefer gehendes Interesse deiner Zuhörer zu wecken, beispielsweise dadurch, dass du mit einer Geschichte dafür sorgst, dass deine Idee, dein Konzept oder dein Produkt nachhaltig im Gedächtnis deiner Zuhörer verankert wird.

Nun gehst du in die dritte und vorletzte Stufe über, das *Desire*. In dieser Phase des Verlangens geht es primär darum, das geweckte Interesse in einen Wunsch nach dem Produkt, der Idee oder dem Konzept umzuwandeln. Dir stehen dafür grundsätzlich zwei Möglichkeiten zur Verfügung, entweder das Verlangen durch eine emotionale oder durch eine kognitive Botschaft zu schüren. Auf emotionaler Ebene wird dafür das Verlangen nach sozialer Anerkennung oder soziale Sicherheit genutzt. Suggeriere deinem Publikum, dass sie nur mit deiner Idee, deinem Konzept oder deinem Produkt genau diese sozialen Freuden erreichen. Auf kognitiver Ebene stellst du ganz klar die Vorteile deiner Idee, deines Konzepts oder deines Produkts in den Vordergrund. Hier kommen besonders Argumente, die sich auf Qualität, Preisvorteil und Langlebigkeit beziehen, zur Geltung. Du sprichst hier gezielt den rationalen Verstand an.

Wenn du es in den ersten drei Stufen geschafft hast, die Spreu vom Weizen zu trennen, wird es höchste Zeit, dein Publikum zum Handeln (*Action*) aufzufordern. Wenn du zuvor eine schlüssige Argumentationskette aufgebaut hast und diese geschickt in eine Geschichte eingebaut hast, erfolgt zum Schluss nur noch ein knackiger und klarer Call to Action. Erst wenn dieser erfolgreich abgeschlossen wurde, spricht man davon, dass das Stufenmodell erfolgreich abgeschlossen wurde.

Im Laufe der Jahre wurde das AIDA-Modell erweitert:

1. *AIDAS* – hier wurde das Modell noch um die Stufe *Satisfaction* erweitert, also wie zufrieden deine Zuhörer nach Abschluss der Handlung waren.
2. *AIDCAS* – in dieser Form gibt es noch die Phase der Überzeugung (*Convictions*).

Das AIDA-Modell ist immer wieder in die Kritik geraten, da man die oftmals komplexen Zusammenhänge, die dazu führen, dass jemand eine bestimmte Handlung ausübt, mit diesem einfachen und linear gehaltenen Modell nicht richtig darstellen könne. Die Kritik mag gerechtfertigt sein, insbesondere im Hinblick auf das digitale Zeitalter. Dennoch können dir die Grundzüge dieses Modells helfen, die Aufmerksamkeit deiner Zuhörer und Zuhörerinnen zu gewinnen.

9.4.2 KISS-Formel

Die zweite Formel, die ich dir nun vorstelle, ist die *KISS-Formel*. Das Akronym steht für »Keep it simple and stupid«. Frei übersetzt also: Halte es so einfach wie möglich.

Der Ursprung dieser Formel liegt in den Werbebriefen dieser Welt. Mit der Formel sollte gewährleistet werden, dass Werbebriefe so empfängerfreundlich wie möglich sind. Dies hatte zur Folge, dass die Leser und Leserinnen das beworbene Angebot innerhalb weniger Sekunden erfassen und verstehen konnten. Die Hemmschwelle zum Weiterlesen war somit sehr gering.

Wenn du die Formel nutzen willst, gehst du dabei wie folgt vor:

1. Sprich zu Beginn das Wichtigste an.
2. Reduziere deine Informationen auf das Nötigste.
3. Verwende einfache und kurze Sätze, und vermeide komplizierte Verschachtelungen.
4. Vermeide unnötige Fremdwörter.
5. Reagiere auf Fragen deiner Zuhörer.

Abbildung 9.6 Keep it simple and stupid – überzeuge deine Zuhörer mit kurzen und knackigen Informationen. Halte die Hemmschwelle für das Handeln gering.

Heutzutage gilt die KISS-Formel als Grundlage für erfolgreiches Marketing. Mit seiner Leitidee erleichterst du dir nicht nur die eigene Kommunikation, auch deine Zuhörer können dir ohne Probleme folgen. Im Kern soll es darum gehen, deine Präsentation nicht von komplizierten und komplexen Konzepten abhängig zu machen. Vielmehr ist die Wirksamkeit von der Einfachheit und der Verständlichkeit geprägt, was dazu führt, dass sich deine Botschaft besser ins Gedächtnis einprägt.

9.4.3 PAS-Formel

Die letzte Formel führt aktuell im deutschsprachigen Raum eher ein kleineres Nischendasein. Wie bei den anderen beiden Formeln handelt es sich erneut um ein Akronym, das für folgende Vorgänge steht:

- *Pain* (Schmerz oder Problem)
- *Agitation* (Erregung)
- *Solution* (Lösung)

Der Ablauf ist denkbar einfach und erfolgt immer nach dem gleichen Schema:

1. Erkenne und benenne das Problem der Zielgruppe.
2. Reite auf dem Problem so lange wie möglich herum, bis es richtig wehtut.
3. Biete schließlich die befreiende Lösung an.

Dabei gilt, je stärker die Emotion ist, desto stärker ist der Wunsch zu handeln und etwas zu verändern. Darin besteht das Grundprinzip der PAS-Formel. Zuerst werden die Zuhörer mit dem Schmerz konfrontiert, auf dem du noch ordentlich herumreitest. Die Emotionen werden dadurch geschürt, und der Wunsch nach Veränderung nimmt zu. Zum Schluss präsentierst du die Lösung und den Ausweg aus diesem Schmerz bzw. Dilemma.

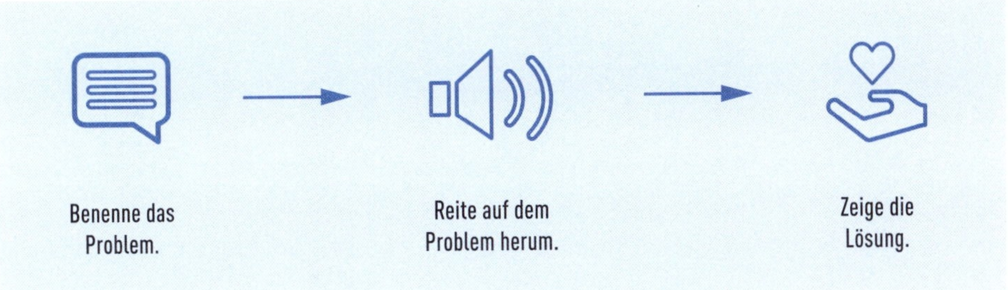

Abbildung 9.7 Nutz die Emotionen deiner Zuhörer, um den Wunsch nach Veränderung zu wecken.

Aus der Praxis

Nehmen wir an, du musst eine Präsentation für ein neues Diätkonzept halten. Dann kann das Ganze wie folgt aufgebaut sein:

- **Pain**: »Du bist unglücklich mit deinem Gewicht und deiner aktuellen Figur?«
- **Agitation**: »Deine Lieblingshose passt dir schon lange nicht mehr und zwickt überall und ist kurz vorm Reißen? Auch der Gang zum Kühlschrank endet immer mit einem schlechten Gewissen? Und auch deine Freunde fangen bereits an, hinter deinem Rücken über deine Figur zu lachen? Das muss doch nun wirklich nicht sein.«
- **Solution**: »Dann ist unser neues Diätkonzept genau das richtige für dich.«

Egal, wie du die Aufmerksamkeit deiner Zuhörer und Zuhörerinnen auf dich lenken willst, hab dabei stets das Ziel deiner Präsentation vor Augen. Deine Zielgruppe spielt bei der Auswahl der Methode eine wichtige Rolle. Wenn du vor einem emotional empfänglicheren Publikum präsentieren musst, helfen dir die PAS-Formel und die eigenen Emotionen weiter. Hast du es dagegen eher mit konservativen Firmenchefs zu tun, empfehle ich dir, dich eher an den Grundprinzipien der AIDA- oder KISS-Formel zu orientieren und gezielt deine Sprache einzusetzen.

Und wenn du vor kreativen Menschen präsentieren musst, die offen für ungewöhnliche und neue Wege sind, dann probiere es einmal mit ein wenig Schauspielerei. Die Bühne zum Präsentieren gehört dir. Es liegt allein an dir, wie du sie mit Leben füllst, um die Aufmerksamkeit aller zu fesseln.

Kapitel 10

Der große Onlineauftritt – überzeuge im digitalen Show-down

Die Corona-Pandemie hat die Art und Weise, wie wir interagieren und miteinander kommunizieren, nachhaltig verändert. Aus Präsenzpräsentationen wurden Onlinemeetings, und die Regeln des Spiels haben sich geändert.

In den letzten Jahren ist das Thema Onlinepräsentation immer wichtiger geworden. Nicht zuletzt auch wegen der Corona-Pandemie. Und obwohl das Thema so wichtig ist, ist es erschreckend, wie viele schlechte Präsentationen es heutzutage online noch gibt.

Lass mich hier mit einem kleinen Beispiel starten, das ich so selbst erlebt habe. Vor einiger Zeit habe ich an einem Onlineevent teilgenommen, bei dem es um neue Produkteinführungen gehen sollte. Das Webinar war für 10 Uhr angekündigt und sollte ungefähr 1 Stunde dauern. Mein erster Gedanke war, 1 Stunde ist etwas, das ich ohne Probleme von meiner Arbeitszeit abzwacken könnte. Doch anstatt pünktlich zu starten, vergingen 10 Minuten, in denen ich nur auf einen schwarzen Bildschirm mit weißer Schrift starrte, auf dem zu lesen war, die Sitzung würde bald beginnen.

Die ersten Teilnehmer machten im Chat bereits ihrem Unmut Luft. Kein besonders glücklicher Start, wenn du mich fragst. Mit inzwischen 10-minütiger Verspätung startete das Webinar recht verhalten und schleppend. Rund 15 Minuten erzählte uns der Moderator etwas über sich selbst und sein Unternehmen. Wobei er immer wieder störende »*Ähms*« einschob. Hätte ich eine Strichliste geführt, wäre das Blatt schnell voll gewesen.

Vom Produkt war noch längst nicht die Rede. Nach über der Hälfte der Zeit wurde endlich einmal das Produkt zumindest erwähnt. Meine Erwartung, das Produkt auch einmal live zu sehen, wurde herbe enttäuscht. Stattdessen wurden nur Bilder gezeigt.

Zum Schluss wurde noch schnell ein Rabattcode eingeblendet. Anschließend wurden zwei oder drei Fragen aus dem Chat oberflächlich beantwortet, gefolgt von einem erneuten schwarzen Bildschirm, der darauf hinwies, dass der Moderator die Sitzung geschlossen hatte. Ich denke, wir sind uns an dieser Stelle einig, dass das alles andere als überzeugend war. Schon während des Vortrags konnte man beobachten, wie immer mehr Teilnehmer und Teilnehmerinnen das Webinar verließen. Um Punkt 11 Uhr wurde die Sitzung beendet, und ich fühlte mich ehrlich gesagt ein wenig um meine Zeit betrogen.

So weit zum Inhalt. Doch wenn du glaubst, dass man es nicht mehr hätte schlimmer machen können, dann irrst du dich. Auch technisch war die Präsentation alles andere als vorbildlich. Das Erste, das auffiel, war, dass der Moderator einen künstlich generierten Hintergrund nutzte. Es zeigte eine Art Büro, in das die Sonne schien. Das wäre an sich gar nicht schlimm gewesen, wenn nicht die echte Lichtrichtung entgegensetzt der generierten Lichtrichtung gewesen wäre. Man hatte also immer den Eindruck, dass da optisch etwas nicht passte und es irgendwie zwei Sonnen gab. Das mag nicht jedem aufgefallen sein, aber es wird immer wieder Teilnehmer und Teilnehmerinnen geben, die so etwas unbewusst wahrnehmen und darüber nachdenken.

Der Ton war mäßig und stellenweise blechern. Der Moderator hatte auf ein zusätzliches Mikrofon verzichtet und das in seinem Notebook eingebaute benutzt. Auch die gezeigten Bilder wirkten zum Teil verpixelt oder unscharf. Und die Folien, die zum Einsatz kamen, waren überfüllt mit irrelevanten Informationen. Selbst wenn man gewollt hätte, hätte man sie nicht alle lesen können, da die Folien ziemlich schnell hintereinander wechselten.

Abbildung 10.1 Online präsentieren will gelernt sein, doch wenn man die Basics erst einmal beherrscht, steht dem Erfolgt nichts mehr im Weg.

Alles in allem war es keine gelungene Präsentation, und ich bezweifle, dass sich viele im Nachhinein für das neue Produkt interessiert haben. Damit du bei deiner nächsten Onlinepräsentation nicht solche Fehler machst wie der Moderator in meinem Beispiel, gehe ich im Folgenden alle wichtigen Parameter mit dir durch, auf dass dein Onlineauftritt ein voller Erfolg wird.

10.1 Die richtige Vorbereitung

Im ersten Teil dieses Kapitels geht es darum, die Weichen so zu stellen, dass du zumindest technisch gesehen auf dem bestmöglichen Stand bist. Hast du die Technik erst einmal im Griff, ist der Kopf frei, um dich um den eigentlichen Vortrag zu kümmern und dich darauf zu konzentrieren. Fangen wir also mit den entscheidenden Basics an.

10.1.1 Die Basics kennen

Mit deiner Onlinepräsentation möchtest du im Idealfall einen vertrauenerweckenden Eindruck bei deinem Publikum hinterlassen, damit du das, was du präsentierst, auch verkaufen oder damit du überzeugen kannst. Dafür solltest du die Basics vor der Webcam beherrschen. Wie schon in der Fotografie spielt das Licht (am besten eignet sich Tageslicht) eine entscheidende Rolle. Alternativ zum Tageslicht kannst du eine Tageslichtlampe als Ausleuchtungshilfe nutzen. Dabei sollte das Licht von vorne, besser noch von schräg vorne kommen. Deine Kamera positionierst du auf Augenhöhe, alles andere wirkt so, als ob du auf deine Zuhörer und Zuhörerinnen herabblickst oder unterwürfig zu ihnen hinaufschaust. Sorge für einen klaren und sauberen Ton, der weder hallt noch blechern klingt. Dies ist nämlich der Fall, wenn du auf das eingebaute Mikrofon in deinem Notebook zurückgreifst. In ein externes Mikrofon solltest du also schon investieren.

Auch wenn man dich nur in einem kleinen, begrenzten Bildausschnitt sieht, solltest du auf eine aufrechte Körperhaltung achten. Der Bildausschnitt sollte dazu passend gewählt sein.

Tipp: Aufrechte Haltung garantieren

Leg dir ein Kissen in den Rücken. Es sorgt dafür, dass du während deines Vortrags in einer aufrechten Haltung bleibst. Wir neigen alle leider viel zu oft dazu, langsam in uns zusammenzusacken, wenn wir länger in einer sitzenden Position verharren. Dein Rücken wird es dir auf Dauer danken, wenn du eine aufrechte Position beibehältst. Auch kommt es vorteilhafter rüber und lässt dich souveräner wirken.

Beim Blickkontakt gilt die *Regel 80/20*. 80 % des Blickkontakts sollte in die Kamera gerichtet sein, außer der Fokus liegt auf den Folien. In den verbleibenden 20 % darfst du den Blick abwenden, um zum Beispiel einmal kurz in deine Notizen zu blicken oder um eine neue Folie aufzurufen.

Meine Empfehlung

Schau dir andere Videokonferenzen, Webinare oder Aufzeichnungen aufmerksam an und analysiere für dich, was dich stört und was du gut findest. Versuch das für dich und deine Onlinepräsentation zu adaptieren.

10.1.2 In der Ruhe liegt die Kraft

Mit Sicherheit kennst du auch gewisse Szenen aus dem Fernsehen, wenn sich irgendein Politiker oder eine Wirtschaftsspezialistin aus dem Home-Office meldet und plötzlich taucht im Hintergrund eine weitere Person auf, die von ihrem großen Auftritt gar nichts ahnt, wie zuletzt in der schon fast legendären BBC-Panne vom 10.03.2017.

Abbildung 10.2 Wenn plötzlich unerwarteter Besuch auftaucht ... (Quelle: www.youtube.com/watch?v=Mh4f9AYRCZY)

Das Kurioseste, was ich einmal live miterlebt habe, war der Moment, als jemand aus dem Hintergrund rief: »Essen ist fertig.« Was für einen Lacher auf der einen Seite gesorgt hat, ist für einen selbst wohl das Peinlichste, was während der Präsentation passieren kann. Was aber noch schlimmer ist, durch solche unfreiwilligen Aktionen

Dritter sinkt die Vertrauenswürdigkeit, die unser Publikum in uns setzt. Auch wenn es schön ist, immer wieder neue Menschen kennenzulernen, solche Aktionen sind ein absolutes Tabu bei Onlinepräsentationen.

Achte also auf eine ruhige Umgebung, in der du ungestört deine Präsentation halten kannst, ohne dass unerwartet jemand hereinplatzt oder durchs Bild läuft. Es mag einen gewissen Charme haben, wenn der eigene Hund oder die eigene Katze mal durchs Bild laufen, aber das wahrscheinlich auch nur für die Tierliebhaber. Also gilt auch hier, lass bitte den geliebten Vierbeiner für die Zeit der Präsentation vor der Zimmertür.

Richte dein Präsentationssetup so ein, dass du völlig ungestört bist. Ich kenne ein paar Präsentatoren aus meinem Umfeld, die sich eine kleine Ecke in ihrem Schlafzimmer zurechtgemacht haben, um ihre Ruhe zu haben. Wichtig ist nur, dass der Raum nicht als solcher erkannt wird. Mit etwas Einrichtungsgeschick kannst du im Grunde jedes Zimmer so aussehen lassen, als säßest du in deinem Büro. Dafür bedarf es nur einer kleinen Ecke zum Halten der Präsentation. Wenn du einmal diesen Platz gefunden hast, dann pass ihn nach deinen Bedürfnissen so an, dass du dich nur noch vor dem Bildschirm zu setzen brauchst, um direkt loslegen zu können.

Tipp: Bitte nicht stören!

Nutz ein optisches Zeichen, um zu zeigen, dass du gerade in einer wichtigen Präsentation bist. Dass können beispielsweise Schilder in unterschiedlichen Farben sein. Rot steht dann dafür, dass du nicht gestört werden willst. Grün dagegen signalisiert, dass jemand eintreten darf. Entscheidend ist, dass du klar nach außen kommunizierst, was die Farben bedeuten, und jeder die Bedeutung akzeptiert.

Du kannst aber auch eine Art Türcode einführen. Diesen benutze ich persönlich. In der Regel stehen bei uns die Türen offen. Ist eine Tür dagegen geschlossen, signalisiert das, man möchte nicht gestört werden und erbittet sich Ruhe. Etabliere für dich eine Kultur der Ruhe, wenn du deine Präsentationen halten willst, um nicht für einen peinlichen und unfreiwillig komischen Moment auf deine Kosten zu sorgen.

10.1.3 Die richtige Plattform wählen – das Publikum entscheidet

Die erste Frage, die sich stellt, wenn du eine Onlinepräsentation halten musst, ist die nach der richtigen Plattform. Die schlechte Nachricht vorweg: Nicht du entscheidest über die Plattform, sondern dein Zuhörer und deine Zuhörerin. Das hat selbstverständlich auch einen taktischen Grund. Deine Zuhörer und Zuhörerinnen werden immer die Plattform auswählen, mit der sie sich am besten auskennen und mir der sie sich sicher fühlen.

Nichts ist stressiger und nerviger für dein Publikum, als sich erst ewig durch die Plattform klicken zu müssen, um sie überhaupt bedienen zu können. Was das für ein Bild auf dich wirft, sollte dir einstweilen klar sein. Die meisten haben mittlerweile ein bevorzugtes Tool, das sie immer wieder nutzen. Zu deinem Glück beschränkt sich hier die Wahl auf die fünf gängigsten Plattformen, auf die ich gleich noch genauer eingehen werde. Du solltest dich also mit diesen Plattformen ein wenig vertraut machen, um später die wichtigsten Funktionen wie Einwahl, Ton, Video einschalten, Bildschirm teilen und die Chatfunktion zu beherrschen.

Möglicherweise fragst du dich, wofür man überhaupt eine Chatfunktion benötigt, schließlich könnte man ja auch alles über den Videochat direkt klären. Doch es wird immer wieder Situationen geben, die man nicht verbal lösen kann, beispielsweise dann, wenn es Probleme mit dem Ton gibt.

Du solltest auch bedenken, dass die dargestellten Bildausschnitte von Tool zu Tool unterschiedlich sind. Ich empfehle dir, dich vorher ein wenig mit den unterschiedlichen Bildausschnitten zu befassen und falls möglich mit einem Kollegen oder einer Kollegin zu testen. Damit stellst du sicher, dass du weißt, wie der Bildausschnitt auf dem Desktop, aber auch auf dem Tablet aussieht. Bereits hier zeigen sich deutliche Unterschiede auf ein und derselben Plattform. Schauen wir uns nun die gängigsten Plattformen ein wenig genauer an. Der Platzhirsch an dieser Stelle ist der Onlineservice Zoom

10.1.4 Zoom

Mit *Zoom* steht dir eine Plattform zur Verfügung, mit der du einfache Videokonferenzen und Nachrichtenübermittlungen auf allen gängigen Geräten durchführen kannst.

Die maximale Teilnehmerzahl in der kostenpflichtigen Version kann mittels Addon auf 1.000 Teilnehmer erweitert werden. In der kostenlosen Variante können bis zu 100 Teilnehmer an einem Zoom Call teilnehmen (Stand Februar 2023). Die Dauer der Calls ist in der kostenlosen Version auf 40 Minuten beschränkt. Allerdings reicht in der Regel ein kostenloser Account für die meisten Anwendungen aus. Sofern du ein kostenpflichtiges Abo besitzt, kannst du deine Zoom-Version um weitere kostenpflichtige Add-ons erweitern.

Ein weiterer Vorteil von Zoom ist, dass die Bedienung recht intuitiv gestaltet ist. Nach einem kurzen Ausprobieren hat man die Grundfunktionen bereits verinnerlicht und kann seine erste Videokonferenz ruhigen Gewissens starten.

Fazit: Zoom ist eine einfache und vielseitig zu bedienende Plattform mit vielen Gratisfunktionen, die ihre steigende Beliebtheit wohl der Corona-Pandemie zu verdanken hat. Allerdings gab es in der Vergangenheit immer wieder Sicherheitslücken, die zu Datenschutzproblemen bzw. Bedenken geführt haben.

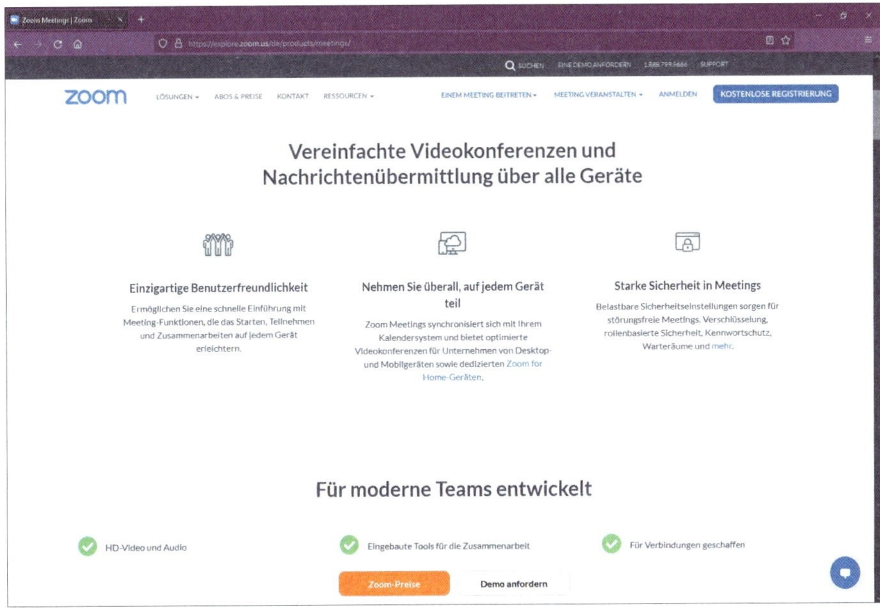

Abbildung 10.3 Die meistgenutzte Plattform für Videokonferenzen: Zoom (Quelle: explore.zoom.us/de/products/meetings/)

10.1.5 Skype

Lange Zeit war *Skype* die Nummer eins in puncto Videokonferenztool. Seit 2011 steht es unter der Schirmherrschaft von Microsoft.

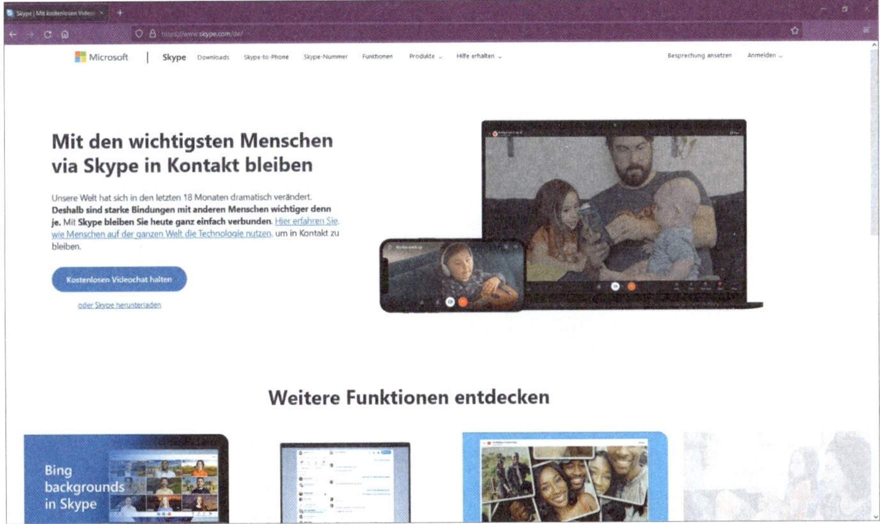

Abbildung 10.4 Skype ist ein internetbasierter Instant-Messaging-Dienst, der 2003 erstmals veröffentlicht wurde. (Quelle: www.skype.com/de/)

Die Plattform bietet unter anderem Bildtelefonie, Videokonferenzen, IP-Telefonie, Instant Messaging, Dateiübertragung und Screen Sharing an. Sie kann entweder mit einem separaten Programm oder aber im Browser von Skype genutzt werden. Die maximale Teilnehmerzahl ist auf 100 begrenzt (Stand Februar 2023). Zu den klaren Vorteilen von Skype gehört die ausgereifte Technik bei der Sprach- und Bildübertragung. Allerdings ist die Bedienung zunächst einmal ein wenig gewöhnungsbedürftig.

Fazit: Auch bei Skype handelt es sich um eine einfach zu bedienende Plattform, die ihre Stärken im Bereich der Ton- und Bildübertragung ausspielt und über eine gute Telefoniefunktion verfügt. Allerdings weist sie in dem ein oder anderen Bereich ein paar Bedienungsschwächen auf und stand schon des Öfteren wegen Sicherheitsbedenken in der Kritik.

10.1.6 Microsoft Teams

Microsoft Teams ist vor allem im Businessbereich ein beliebtes und viel genutztes Tool. Besonders in den letzten Monaten ist seine Bekanntheit enorm gestiegen, und es wird mittlerweile sogar von Privatpersonen genutzt.

Abbildung 10.5 Laut einer Studie aus dem März 2020 stieg die Nutzerzahl in nur einer Woche von 12 Millionen auf weltweit insgesamt 44 Millionen tägliche User. (Quelle: www.microsoft.com/de-de/microsoft-teams/group-chat-software)

In der kostenlosen Version sind aktuell bis zu 100 Teilnehmer möglich, begrenzt auf 60 Minuten Besprechungszeit (Stand Februar 2023). Das Programm erfordert allerdings eine kleine Einarbeitungsphase.

Fazit: Microsoft Teams bietet viele Gratisfunktionen an. Im Bereich der Produktivität macht man Teams so schnell nichts vor. Es eignet sich besonders für größere Unternehmen, um schnell und unkompliziert miteinander zu agieren. Wie schon bei den beiden zuvor genannten Plattformen ist auch hier immer mal wieder mit Sicherheitslücken zu rechnen.

10.1.7 GoToMeeting

Eine noch relativ unbekannte Plattform ist *GoToMeeting*. Ich persönlich habe bis jetzt erst einmal an einer Videokonferenz über diese Plattform teilgenommen.

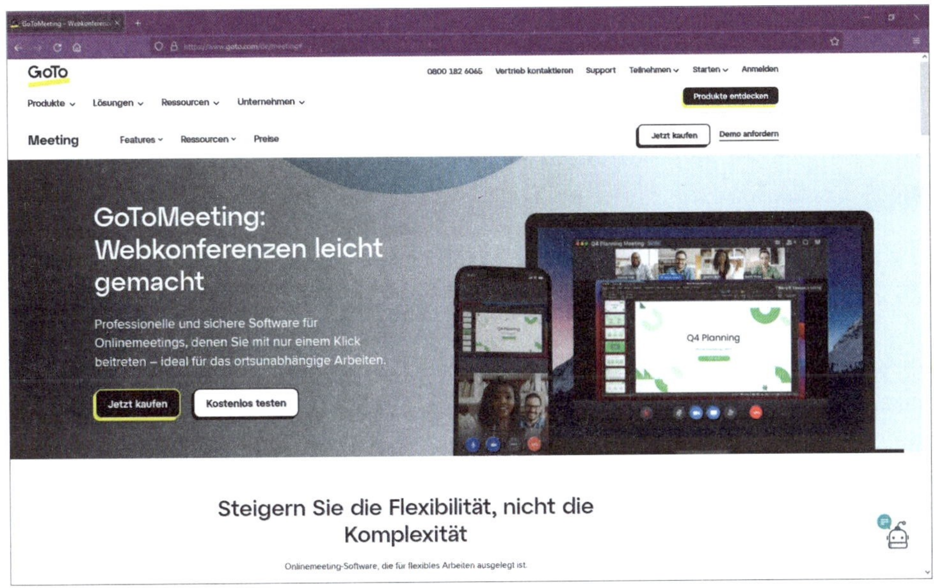

Abbildung 10.6 Mit GoToMeeting hat man eine professionelle und sichere Software für Onlinemeetings zur Verfügung. (Quelle: www.goto.com/de/meeting#)

Dabei spielt die Plattform gerade im Bereich der Gerätekompatibilität ihre Stärken aus. Allerdings gibt es hier nur eine 14-tägige kostenlose Testversion. Danach muss man sich für ein Abo entscheiden, um sie zu nutzen. In der Professional-Version sind bis zu 150 Teilnehmer möglich und in der Businessversion bis zu 250 Teilnehmer (Stand Februar 2023). Das Handling der Anwendung ist nach einer kurzen Eingewöhnungsphase recht intuitiv und bedienungsfreundlich.

Fazit: GoToMeeting eignet sich besonders für kleinere Videokonferenzen auf verschiedenen Endgeräten und Plattformen. Es stehen einem viele weitere, zum Teil kostenpflichtige Add-ons zur Verfügung.

10.1.8 IONOS Video Chat

Als Letztes in der Runde möchte ich dir noch den Service von IONOS vorstellen – den *IONOS Video Chat*.

Abbildung 10.7 Mit dieser Zoom-Alternative kann man sehr schnell und unkompliziert kleinere Onlinemeetings organisieren und halten. (Quelle: www.ionos.de/office-loesungen/video-chat)

Der größte Vorteil, der sich den Usern bei IONOS bietet, ist die Möglichkeit, ohne Registrierung eine kostenlose Videokonferenz zu starten. Allerdings ist die Teilnehmerzahl dann auf nur fünf beschränkt (Stand Februar 2023). IONOS punktet mit einer hohen DSGVO-konformen Sicherheitslösung, da es sich um einen deutschen Service handelt, der dementsprechend über deutsche Server abgewickelt wird.

DSGVO

Die Datenschutz-Grundverordnung, kurz DSGVO, ist eine Verordnung der Europäischen Union, die seit dem 25. Mai 2018 für alle verpflichtend in Kraft getreten ist und die Regeln zur Verarbeitung personenbezogener Daten durch die meisten Verantwortlichen, sowohl private als auch öffentliche, regelt. Mit ihr soll erreicht werden, dass diese Regelungen EU-weit vereinheitlicht werden.

Auch die Bedienung ist denkbar einfach und erfordert noch nicht einmal die Installation einer bestimmten Anwendung.

Fazit: Wenn du weißt, dass nicht mehr als fünf Teilnehmer an deiner Präsentation teilnehmen werden, ist IONOS eine echte Alternative zu den bisher genannten Plattformen. Sie ist sehr einfach zu bedienen, und das ohne zusätzliche Kosten oder einer Registrierung. Noch dazu bietet der Service einen hohen Datenschutz an.

Egal, auf welcher Plattform deine Präsentation stattfinden soll, rate ich dir, mach dich auf jeden Fall mit jeder einzelnen im Vorfeld vertraut. So kannst du die Wahl der Plattform ganz entspannt deinem Kunden oder deinem Publikum überlassen. Selbst für den Fall, dass deine Kundin eine andere Plattform auswählen sollte, bleib ruhig und mach dich mit den Grundfunktionen vertraut. In der Regel funktionieren die einzelnen Plattformen vom Prinzip her alle ähnlich.

TABELLARISCHER VERGLEICH DER VIDEOKONFERENZTOOLS

ANBIETER	MAX. TEILNEHMERZAHL	BEDIENUNG	PRODUKTIVITÄT	SICHERHEIT	BESONDERHEITEN
Zoom	1.000 (in der Gratis-version bis zu 100)	+++	++	+	Datenschutzbedenken führten zum Teil zu Nutzungsverboten.
Skype	100	++	+	+	leichte schwächen in der Bedienung
Microsoft Teams	100	+	+++	+	Erfordert eine gewisse Einarbeitungszeit.
Go ToMeeting	Professional 150 Business 250	++	+	+	ideal für kleinere Videokonferenzen auf verschiedenen Endgeräten und Plattformen
IONOS Video Chat	5	+++	++	++	sehr einfach zu bedienen und DSGVO-konform

Legende: +++ sehr gut | ++ gut | + befriedigend

Abbildung 10.8 Vergleich von Zoom mit seinen gängigsten Alternativen (Stand Februar 2023)

10.1.9 Was tun, wenn alles zusammenbricht?

Auch wenn wir das gern hätten, wir können nicht immer alles zu 100 % kontrollieren. Gerade die Technik macht manchmal, was sie will. Plötzlich ist das Bild weg oder es hängt, der Ton fällt aus oder die Leitung bricht im schlimmsten Fall komplett zusammen und nichts funktioniert mehr.

Besonders wenn es darauf ankommt und du mit einem souveränen Auftritt überzeugen willst, kann einen eine nicht funktionierende Technik in Panik versetzen. Dagegen kannst du dich nur mit einem Gedanken wirklich wappnen: Fehler können und werden von Zeit zu Zeit passieren. Nachfolgend möchte ich dir ein paar Tipps mit auf den Weg geben, damit du bei deiner nächsten Onlinepräsentation gelassen auf technische Probleme reagieren kannst und keine Sorge haben musst, dadurch wertvolle Teilnehmer und Teilnehmerinnen zu verlieren:

1. Kündige vor Beginn der Präsentation an, dass sich keiner Sorgen machen muss, falls er aus technischen Gründen aus dem Meetingraum fliegt. Versichere deinen Zuhörern, dass sie über denselben Link wie zuvor jederzeit wieder in den Raum eintreten können.
2. Im Idealfall hast du eine weitere Person vor Ort, die als deine Co-Moderatorin oder deine Backup-Person fungiert, für den Fall, dass du selbst einmal aus dem Meetingraum fliegst. Ganz wichtig hierbei: Ruhe bewahren. In der Zeit, in der du dich wieder einloggst, kann der Co-Moderator beispielsweise Fragen sammeln oder schon Fragen beantworten, wenn zu diesem Zeitpunkt schon welche vorhanden sein sollten. Mit etwas Geschick wird man dein Fehlen gar nicht so bemerken.
3. Sag dir selbst, das kann passieren, und versuch, das Beste aus der Situation zu machen. Auch wenn es schwerfällt, versuch, souverän zu bleiben, und hab immer ein Lächeln auf den Lippen.
4. Für den Fall, dass du derjenige oder diejenige warst, der oder die aus dem Meetingraum geflogen ist, versuch, die Thematik nicht unnötig aufzublasen, indem du dich minutenlang entschuldigst. Ein kurzes »So, da bin ich wieder, wir können weitermachen« ist hier die bessere und passendere Lösung.
5. Wenn eine technische Panne passiert, versuch, sie galant zu überspielen, und tue so, als ob es das Normalste von der Welt wäre. Denk einfach: »Die Leitung bricht zusammen, kein Ding, ich bin nicht die erste Person, der das passiert.«

10.1.10 Wenn das Publikum nicht will

Vielen von uns fällt es schwer, sich vor der Kamera zu zeigen. In einer Onlinekonferenz ist das nicht anders. Oft bekommt man Aussagen zu hören wie »Ich würde lieber meine Kamera auslassen« oder »Meine Kamera funktioniert nicht«. Um Ausreden sind wir nicht verlegen. Früher habe ich selbst von ihnen Gebrauch gemacht und kann von daher die Problematik durchaus nachvollziehen, warum man seine Kamera nicht einschalten möchte. Dabei ist der Bad Hair Day nur die geringste Sorge. Die eine möchte aus Scheu vor der Kamera die Webcam nicht einschalten und der andere möchte seine Privatsphäre nicht preisgeben. Die eigenen vier Wände gehen die anderen schließlich nichts an. Aber versetz dich auch einmal in die Lage deines Gegenübers. Frag dich, wie er oder sie sich dabei fühlen könnte.

Egal, welche Ausrede dein Zuhörer oder deine Zuhörerin vorbringt, versuch ihn oder sie zumindest für einen kurzen Moment dazu zu bringen, die Kamera einzuschalten. Zum Beispiel kannst du vorab am Telefon, wenn du alles für den Termin vorbereitest, kurz darauf hinweisen, dass dein Gesprächspartner gerne während des Vortrags die Kamera ausmachen darf, du dich aber über ein kurzes Face-to-Face zur Begrüßung freuen würdest. Danach darf er oder sie sich entspannt zurücklehnen und dem Vortrag lauschen, ohne sich beobachtet zu fühlen.

Es gibt einen weiteren einfachen Trick, wie man die meisten Menschen vor die Webcam bekommt. Sag deinem Gegenüber, dass sich jeder jetzt erst einmal einen Kaffee oder einen Tee holt und man diesen gemeinsam trinkt, bevor der Vortrag losgeht. Das lockert nicht nur die Stimmung auf, heiße Getränke entspannen uns auch nachweislich. Du schaffst damit eine Atmosphäre, in der sich jeder wohlfühlt in seiner Haut.

Abbildung 10.9 Ein heißes Getränk wirkt nicht nur entspannend, sondern lockert auch die Stimmung auf.

10.1.11 Die richtige Dosierung finden – deine Zuhörer nicht überfordern

Wie weiter oben bereits erwähnt, gelten bei einer Onlinepräsentation andere Spielregeln als bei einem Präsenzvortrag. Für dich bedeutet das, dass du die sogenannten *Stressoren* kennen solltest, die deinen Vortrag negativ beeinflussen könnten. Allen voran gehören hierzu viel zu lange Präsentationen. Vielleicht ist es dir auch schon passiert, dass du bei einem Onlinevortrag nach einer gewissen Zeit mit den Gedanken bereits ganz woanders warst und beispielsweise die Liste für den nächsten Einkauf zusammengestellt hast.

Bei zu langen Präsentationen neigt dein Zuhörer oder deine Zuhörerin dazu, in Gedanken spazieren zu gehen. Im schlimmsten Fall beschränkt sich das nicht nur auf die Gedanken, sondern auch auf seinen oder ihren Mauszeiger. Da werden mal eben kurz E-Mails gecheckt, der Instagram-Feed aufgerufen oder sonstige Statusmeldungen überprüft. In dem Fall hast du wirklich schlechte Karten, die Aufmerksamkeit wieder zurückzugewinnen.

Deshalb gilt besonders im Onlinebereich: In der Kürze liegt die Würze. Vertrau nicht zu sehr darauf, dass dein Gegenüber so gefesselt sein wird, dass er nach der Präsentation sagen wird, es hätte ruhig noch Stunden so weitergehen können. Im richtigen Leben passiert so etwas durchaus, aber sobald wir vor einem Computer sitzen und präsentieren, müssen wir gegen sämtliche potenziellen Ablenkungen ankämpfen, um die Aufmerksamkeit unserer Zuhörer und Zuhörerinnen nicht zu verlieren.

In vielen Ratgebern ist von maximal 1 Stunde Präsentationszeit die Rede. Ich persönlich finde das schon extrem viel. Wie gesagt lauern Ablenkungen an jeder Ecke. Ich orientiere mich da lieber an der Faustregel: 30 Minuten knackig präsentieren und dann noch eine Fragerunde.

Voraussetzung hierfür ist eine ausgezeichnete Vorbereitung deinerseits mit einem klaren Ziel vor Augen. Perfekt wäre es, wenn du eine Art Zeitplan hast, an dem du dich orientieren kannst, um zu wissen, wann du an welcher Stelle deiner Präsentation sein willst oder sein musst. Anhand dieses Plans weißt du, ob du etwas Gas geben musst oder ob du noch Zeit hast, einen Punkt etwas ausführlicher zu erklären oder ein kleines Späßchen zu machen, um die Stimmung aufzulockern.

Ein zweiter wichtiger Stressfaktor für dein Publikum sind überladene Folien, wie sie leider immer noch anzutreffen sind, am besten noch mit vielen Zahlen, Daten und Tabellen. Oftmals werden sich deine Zuhörer etwas verloren vorkommen, wenn sie keine klare Linie erkennen können. Das Ergebnis ist dann, dass sich ihre Gedanken verabschieden und sich stattdessen eine spannendere Beschäftigung suchen.

Der dritte und letzte Faktor ist leider etwas, das du nicht direkt beeinflussen kannst. Hierzu zählen vor allem technische Probleme seitens der Zuschauer oder Ablenkungen aus ihrer unmittelbaren Umgebung. Mir ist es selbst schon oft passiert, dass ich an einem Meeting teilgenommen habe, ein Kollege um die Ecke kam und kurz um Hilfe bat. Ende vom Lied: Ich habe den Faden des Vortrags verloren und fand auch für den Rest der Zeit nicht mehr richtig hinein. Ich hätte also genauso gut den Vortrag abschalten können. Wenn es sich hier um eine Einzelpräsentation handelt, hast du größere Chancen, die Aufmerksamkeit deiner Zuhörerin oder deines Zuhörers zurückzugewinnen. Du hast hier nämlich die Möglichkeit, gemeinsam mit deinem Zuhörer oder deiner Zuhörerin das Problem zu lösen.

Bei mehreren Teilnehmern kommt es in der Regel immer wieder vor, dass technische Probleme die Aufmerksamkeit stören. Am besten ist es in diesem Fall, der betreffenden Person ein Einzelgespräch im Nachhinein anzubieten, falls technisch gesehen gar nichts mehr funktioniert. Wichtig ist, dass du das Problem nicht unnötig aufbauschst. Das kann zum einen der Person unangenehm sein und zum anderen die übrigen Teilnehmer und Teilnehmerinnen unnötig ablenken.

10.1.12 Wähle deinen Hintergrund mit Bedacht

Hand aufs Herz, auf einer Skala von eins bis zehn, wobei zehn am neugierigsten ist, wie sehr interessiert dich der Hintergrund deines Präsentators? Ich habe bereits Onlinemeetings erlebt, da war das, was im Hintergrund zu sehen war, deutlich interessanter als das, wofür man eigentlich eingeschaltet hatte. Ich würde mich dementsprechend auf der Skala bei einer fünf bis sechs einordnen.

Doch warum frage ich das? Zum einen, um dir zu zeigen, dass du mit deiner Neugierde in bester Gesellschaft bist, und zum anderen vor allem, um dein Bewusstsein für den richtigen Hintergrund zu schärfen. Hintergründe liefern uns nämlich zusätzliches Wissen über unseren Gesprächspartner. Diese sind besonders nützlich, wenn wir unser jeweiliges Gegenüber einschätzen wollen.

Abbildung 10.10 Ein nettes Hintergrundbild wie dieses mag im Printbereich oder auf einer Webseite funktionieren, in einem Onlinemeeting hat es allerdings nichts zu suchen.

Allerdings solltest du es vermeiden, den Hintergrund deines Gegenübers zu kommentieren, Die einzige Ausnahme an dieser Stelle ist, wenn es sich spontan aus der Situation heraus ergibt und es möglicherweise zum Kontext der Präsentation passt. So erging es mir einmal, als ich mit einer Kreativ-Coachin sprach und dabei ein Gemälde im Hintergrund bei ihr entdeckte. Da es thematisch zu unserem Thema passte, konnte ich das Gespräch für einen kurzen Moment darauf lenken und eine engere Bindung zu meinem Gesprächspartner aufbauen.

Wie solltest du nun deinen Hintergrund nutzen? An dieser Stelle will ich direkt mit einem absoluten No-Go starten: Finger weg von virtuellen Hintergründen! Von der falschen Perspektive, der falschen Lichtsetzung bis hin zu unrealistischen Szenen mit Palmen und Hochhäusern aus Dubai ist fast alles dabei. Lass in Zukunft bitte die Finger davon. Du tust der Optik deiner Präsentation damit keinen Gefallen. Auch deine Authentizität wird darunter leiden.

Verzichte wenn möglich auf Bücherregale im Hintergrund. Zu einen wirken sie in der Regel zu wuchtig, so als wollten sie einen erschlagen, und zum anderen animierst du dein Publikum damit, die Buchtitel entziffern zu wollen. Ähnlich verhält es sich mit Türen im Hintergrund. Der Blick eines manchen Zuschauers wird immer wieder zur Tür wandern. Es wäre ja möglich, dass irgendjemand hereinkommt. Oder man fragt sich, wohin die Tür wohl führen mag.

Richte deinen Hintergrund also bewusst ein. Ich persönlich bevorzuge neutrale Hintergründe und nur vereinzelt dezent gesetzte Accessoires, die etwas mit meiner Arbeit zu tun haben. Eine schöne Alternative bieten *Roll-up-Display-Systeme*. Die haben den Vorteil, dass du im Grunde überall präsentieren kannst.

Profi-Tipp: Firmenlogo auf dem Roll-up

Drucke auf dem Roll-up dein Logo oder das des Unternehmens, in dem du arbeitest, mit ab. Unterbewusst sendest du damit das Signal, dass du mit deiner Firma verwurzelt bist.

To-do: Setting testen

Probiere am besten ein paar Settings aus und frag deine Kollegen nach ihrer Meinung. Schau dir auch andere Onlinevorträge genau an und analysiere für dich, was dich im Hintergrund stört und was nicht, und adaptiere das entsprechend für deinen Onlineauftritt.

10.1.13 Den richtigen Ton finden

Im Gegensatz zu einer Präsenzveranstaltung fehlt bei einem Onlinemeeting ein Großteil der Körpersprache und zu gewissen Teilen auch die Mimik. Umso wichtiger ist es, mit einem ausgezeichneten Ton zu arbeiten, damit deine Stimme richtig zur Geltung kommt und du sie gekonnt einsetzen kannst.

Am besten machst du vor deiner Onlinepräsentation einen kleinen Toncheck. Hole dir hierzu wieder die Hilfe eines Kollegen oder einer Kollegin. Frag sie danach, wie sie deine Stimme wahrnehmen und wie sie am anderen Ende der Leitung klingt. Man selbst nimmt seine Stimme immer etwas anders wahr. Von den integrierten Mikrofonen an Tablet oder Computern rate ich dir dringend ab. Sie klingen oft viel zu blechern und hallig, so, als ob du in irgendeiner großen Halle stehen würdest.

Auch beim Einsatz von Headsets wäre ich vorsichtig. Optisch wird das dein Gegenüber vermutlich an irgendeinen Callcenter-Mitarbeiter erinnern. Zudem ist das Mikrofon sehr nah am Mund, wodurch jedes Schmatzgeräusch und jeder Atemzug hörbar wird und auf Dauer unangenehm auffällt.

Ich persönlich nutze gern ein separates Tischmikrofon. Aber auch ein Ansteckmikrofon leistet sehr gute Dienste. Das ist natürlich alles eine Frage der eingesetzten Technik. Es braucht nicht direkt das teuerste Gerät zu sein, aber zu den günstigsten Angeboten würde ich ebenfalls nicht greifen. Wer billig kauft, kauft in der Regel doppelt. Am besten testest du verschiedene Modelle und wählst für dich das Mikrofon aus, das deinen Ansprüchen am ehesten entspricht. Vergleiche auch unbedingt die Tonqualität, wenn du zwischen verschiedenen Mikrofonen hin- und herwechselst.

Abbildung 10.11 Mein persönlicher Favorit, das Tischmikrofon

Im Idealfall benutzt du ein Mikrofon, das so klingt, als würdest du direkt neben deinem Zuhörer oder deiner Zuhörerin sitzen. Falls du Ansteckmikrophone nutzen möchtest, achte darauf, dass es nicht zu eng am Kragen anliegt. Ansonsten kann das ein unangenehmes Rascheln verursachen.

Hab immer im Hinterkopf, dass die Qualität des Tons deinen Vortrag maßgeblich beeinflusst. Das kann sowohl in eine positive als auch in eine negative Richtung gehen. Investiere also vorab lieber etwas mehr Zeit in die Suche nach einem geeigneten Mikrofon, damit dein Publikum dir gebannt lauschen kann.

10.1.14 Die eigene Stimme akzeptieren

Wie weiter oben erwähnt, nehmen wir unsere eigene Stimme immer anders wahr als Außenstehende. Oft hört man Aussagen wie »meine Stimme klingt so schrecklich«. Dabei kannst du mit ihr so viel gewinnen, wenn du sie in einem Onlinemeeting richtig einsetzt. Das gesprochene Wort wiegt in einer Onlinepräsentation schwerer als alles andere.

Beschäftige dich von daher intensiver mit deiner eigenen Stimme und deiner Sprechweise. Am besten nimmst du dazu deine Stimme auf und analysierst sie im Anschluss. Dazu machst du dir entsprechende Notizen mit Dingen, die dir auffallen. Danach kannst du darangehen, diese Dinge zu ändern oder zu modifizieren. Sprich dazu einen einfachen Satz mit verschiedenen *Intonationen* (Tonhöhen) und Emotionen wiederholt aus. Dir sollte dabei ein deutlicher Unterschied zwischen den verschiedenen Varianten aufgefallen sein. Du kannst die Emotion in deiner Stimme durch Modulation und Pausen maßgeblich verändern. Und das Schöne ist, du kannst deine Stimme dahingehend trainieren. Probiere und übe es immer wieder und sprich dabei wiederholt den gleichen Satz in verschiedenen Ausprägungen aus. Lerne so, deine Stimme zu lieben.

10.2 Showdown: Präsentiere dich deinem Publikum

Nachdem du nun die idealen Voraussetzungen für deine Onlinepräsentation geschaffen hast, wird es höchste Zeit, deinen Zuhörer oder deine Zuhörerin von dir und deiner Idee zu überzeugen. Doch auch vor der Kamera kann noch die ein oder andere Stolperfalle auf dich warten. In den folgenden Abschnitten habe ich dir einmal die wichtigsten Punkte zusammengefasst, um nicht nur hinter der Kamera alles im Griff zu haben, sondern auch vor der Kamera zu glänzen und zu überzeugen.

10.2.1 Vorhang auf

Wir unterliegen oft dem Irrglauben, dass eine Onlinepräsentation lockerer abläuft als eine Präsenzpräsentation. Das ist aber nicht der Fall. Du hast in die Vorbereitung genauso viel Zeit investiert wie in jede andere Präsentation auch. Dieser Irrglaube rührt daher, dass wir uns in unseren eigenen vier Wänden natürlich am wohlsten fühlen und wir das ebenfalls nach außen ausstrahlen. Doch hier schlummert bereits die erste Gefahrenquelle.

Dadurch, dass wir uns entspannt fühlen, besteht die Gefahr, dass wir vergessen, vor der Kamera zu stehen oder zu sitzen. Doch in einem Onlinemeeting liegt der Fokus noch stärker auf dir als Person. Dessen musst du dir stets bewusst sein, und zwar über den gesamten Zeitraum der Präsentation. Da wird jede noch so kleine Regung von deinem Publikum direkt wahrgenommen und unbewusst interpretiert. Da wir nur einen kleinen Bildausschnitt vor uns haben, giert unser Gehirn förmlich nach jeder noch so kleinen Information, um unsere Entscheidungen mit Wissen zu unterfüttern. Wie bereits gesagt, handelt es sich dabei um einen unbewussten Prozess. Wenn du gerne wissen möchtest, wie du auf andere wirkst, kannst du dich selbst bei deinem Vortrag aufnehmen. Allerdings solltest du es vorher immer ankündigen, wenn du vorhast, das Meeting aufzuzeichnen, allein schon aus rechtlichen Gründen.

In der Regel ist das für die meisten allerdings kein Problem. Du möchtest auf diesem Weg an deiner Außenwirkung feilen und dich verbessern. Das sollte sowieso zu jeder Zeit dein Anspruch sein. Jede neue Präsentation sollte besser als die vorherige sein. Wenn du im Anschluss die Aufzeichnung analysierst, dann richte dein Augenmerk auf folgende Parameter:

- Wie viel Empathie zeigst du?
- Wie interessiert wirkst du?
- Wie verhält sich deine Mimik den Vortrag über?
- Wie oft lächelst du?
- Hältst du Blickkontakt zu deinen Zuhörern und Zuhörerinnen?

Wenn du Diskrepanzen zwischen dem, was du in dem Moment empfunden hast, und dem, wie es tatsächlich war, feststellst, dann sind das für dich die perfekten Ansatzpunkte, um an deiner Außenwirkung zu feilen, um bei deiner nächsten Präsentation diese »Mängel« auszugleichen.

10.2.2 Die ersten Minuten

In einem Onlinemeeting ist der Ablauf meistens streng getaktet. Umso wichtiger ist es, die paar Minuten vor dem eigentlichen Start der Präsentation zu genießen. Nutz die Zeit, um vorher noch ein wenig mit den Teilnehmern zu plaudern und ein wenig Small Talk zu betreiben. Das Schöne daran ist, dies geschieht alles ohne Stress und Zeitdruck. Sei dafür einfach schon ein paar Minuten vorab online und zeige Präsenz. Hab dabei stets ein Lächeln auf den Lippen.

In diesen ersten Minuten kannst du bereits eine Beziehung zu deinen Teilnehmern und Teilnehmerinnen aufbauen. Begrüße sie einfach mit »Wie schön, dass Sie dabei sind« oder »Wie schön, dass wir uns sehen«. Ich habe Onlineseminare erlebt, da hat der Präsentator jeden mit Namen begrüßt – ein sehr persönlicher und schöner Einstieg, wenn du mich fragst. Ich als Zuhörerin komme mir so direkt wichtig und wertgeschätzt vor.

Auch ein kurzes Winken in die Kamera kann Sympathie auslösen. Du kannst die paar Minuten auch dazu nutzen, deine Präsentation schon ein wenig anzuteasern. Aber Achtung, verrate noch nicht zu viel. Du sollst deine Teilnehmer und Teilnehmerinnen nur schon einmal neugierig machen.

Tipp

Hab bereits in diesen ersten Minuten alles perfekt vorbereitet. Sprich, auch dein äußeres Erscheinungsbild sollte stimmen. Verzichte darauf, dir noch einmal durch die Haare zu fahren, Lippenstift aufzulegen oder das Hemd oder die Bluse zu richten. Das sollte alles im Vorfeld passiert sein.

10.2.3 Technikprobleme locker nehmen

»Ich habe gar keinen Ton« oder »Ich sehe nur einen schwarzen Bildschirm« – das sind die wohl meistgenutzten Sätze, wenn man an einem Onlinemeeting teilnimmt. Das ist jedoch kein Grund, um in Panik zu geraten und hektisch zu werden. Vielmehr kannst du es als Chance betrachten, um zu zeigen, dass du selbst bei technischen Problemen souverän und kompetent deinen Zuhörer oder deine Zuhörerin unterstützen kannst.

Je lockerer du mit der Situation umgehst, desto sympathischer wirkst du auf dein Gegenüber. Du kannst der Situation auch den Schrecken nehmen, indem du etwa antwortest: »Ach ja, das kenne ich auch. Das kann manchmal passieren.« Auch wenn deine Gesprächspartner an der Technik verzweifeln sollten, weil am Morgen noch alles perfekt funktioniert hat, kannst du zum Beispiel die Person ruhig dazu auffordern, den Meetingraum noch einmal zu verlassen und sich erneut einzuloggen.

Manchmal kann es passieren, dass wertvolle Minuten deiner Präsentationszeit damit vergeudet werdet, weil deine Zuhörerschaft mit der Technik zu kämpfen hat. Auch hier rate ich dir, ruhig zu bleiben und dich nicht über die verlorene Zeit zu ärgern. In solchen Situationen kannst du mit einer guten Vorbereitung punkten, da du dich mit sämtlichen Funktionen und Buttons auf dem Desktop und auf dem Tablet befasst hast und so auf kurzem Wege helfen kannst. Du weißt, welche Buttons zu klicken sind.

Für den Fall, dass der Ton partout nicht funktionieren will, greife auf das gute alte Telefon zurück und telefoniere einfach zu dem Videobild. Besonders bei einem Teilnehmer ist das eine wunderbare Möglichkeit, das Onlinemeeting durchzuführen. Doch was machst du, wenn sich deine Präsentation nicht starten lässt? Das ist zwar ärgerlich, aber bei Weitem kein Weltuntergang. Schicke in so einem Fall die Präsentation schnell per Mail an deine Teilnehmer und führe sie im Anschluss Schritt für Schritt durch die Folien. Die beste Vorbereitung und das häufige Proben bringen dir nichts, wenn du dich bei der kleinsten Unstimmigkeit direkt aus dem Konzept bringen lässt. Es gilt das alte Sprichwort: In der Ruhe liegt die Kraft.

Expertentipp

Rechne immer mit unvorhergesehenen Vorfällen, und sei in der Lage, zu improvisieren. Du kannst dir gerne auch einen Art Krisenplan aufstellen, der alle Eventualitäten mitsamt den dazugehörigen Lösungen enthält, damit du im Ernstfall direkt darauf zurückgreifen kannst.

Dein Anspruch sollte zwar sein, deine Präsentation so perfekt wie möglich zu gestalten, aber eine hundertprozentige Perfektion wird es nie geben. Vielmehr verleitet uns der Gedanke dazu, uns darüber zu ärgern, wenn etwas nicht so läuft, wie wir das gerne hätten. Bleib stets positiv und stecke deine Teilnehmer und Teilnehmerinnen mit deiner positiven Energie an.

10.2.4 Wenn du in ein schwarzes Loch blickst

Bei meiner letzten großen Onlinepräsentation als Gastrednerin vor Studenten blickte ich auf lauter schwarze Bildschirme. Bis auf die Dozentin hatten alle anderen Teilnehmer ihre Kamera ausgeschaltet. Für mich bedeutete es, dass ich keinerlei Anhaltspunkte bekam, wie mein Vortrag bei den Studenten ankam. Mir blieb allerdings nur eine Option: Augen zu und durch.

Vermutlich wird dir in Zukunft diese Situation ebenfalls ab und an passieren, dass du in lauter »schwarze Löcher« blickst. Du kannst dein Gegenüber selbstverständlich nicht zwingen, die Kamera einzuschalten. Das hat allerdings für dich den Nachteil, dass du auf keinerlei Feedback zurückgreifen kannst, um gegebenenfalls etwas an deinem Auftreten zu verbessern. Trotzdem ist deine Professionalität gefragt. Auf jemanden gut zu wirken ohne irgendein emotionales Feedback ist enorm anstrengend und etwas völlig Neues gegenüber einer direkten Reaktion.

Dennoch hast du die Möglichkeit, diese Situation im Vorfeld ein wenig zu trainieren. Nimm dich selbst bei deinem Vortrag mit dem Handy oder der Webcam auf, um zu sehen, wie du wirkst. Du kannst dieses Szenario auch mit einem Kollegen durchspielen und ihn hinterher fragen, wie du auf ihn gewirkt hast. Durch dieses wertvolle Feedback lernst du, wie du deinen Vortrag optimieren kannst, wenn der Zuschauer oder die Zuschauerin wieder einmal die Kamera nicht einschalten möchte. Bei meinem Vortrag war es dank der Dozentin letzten Endes so, dass zumindest während der Fragerunde ein paar Studenten den Mut gefasst hatten, ihre Kamera einzuschalten und ich so nicht länger in schwarze Bildschirme sprechen musste.

10.2.5 Das Wir-Gefühl betonen

Ich weiß nicht, wie es dir geht, ich hatte bei Onlinepräsentationen schon oft das Gefühl, irgendeine x-beliebige Fernsehsendung zu schauen. Da wurden die Informationen und vorbereiteten Folien heruntergebetet und das Ende der Präsentation schnell erreicht. Auf zum nächsten Programm.

All diese Präsentationen hatten einen gravierenden Fehler. Sie waren unpersönlich und vermittelten kein *Wir-Gefühl*. Wir als Teilnehmer waren lediglich zum passiven Konsumenten degradiert. Genauso gut hätten wir uns eine Onlineaufzeichnung ansehen können. In der Regel gibt es in solchen Situationen keinerlei Interaktion, und der Chat ist nur pseudomäßig vorhanden und bietet keinerlei Mehrwert für die Teilnehmer und Teilnehmerinnen.

Doch der Mensch ist ein Rudeltier und möchte als solcher interagieren und aktiv an etwas teilhaben. Deshalb solltest du deine Onlinepräsentation so attraktiv wie möglich gestalten und dafür sorgen, dass ein Wir-Gefühl bei deinen Teilnehmern aufkommt. Sprich daher nicht nur von dir, sondern sprich dein Publikum direkt an. Geh weg vom ich hin zum du bzw. zum wir. Vom ersten Augenblick an sollte ein klares Wir-Gefühl erkenn- und spürbar sein. Beziehe deine Zuschauer mit in deine Präsentation ein. Mit einfachen kleinen Fragen gelingt dies auf eine wunderbare Art und Weise. Gleichzeitig zeigst du deinen Teilnehmern, dass sie dir wichtig sind und du sie wertschätzt.

Beginne am besten direkt mit einer Frage in die Runde und sorge dafür, dass deine Zuschauer nicht in den Stand-by-Modus schalten und sich einfach nur noch berieseln lassen. Das ist im Übrigen bereits nach 5 Minuten der Fall. Wenn du die ersten Minuten mit einer ausschweifenden Vorstellung verschwendest, wird es dir zunehmend schwerer fallen, deine Teilnehmer und Teilnehmerinnen aus diesem Ruhemodus wieder herauszuholen.

Sieh deine Onlinepräsentation lieber als Chance, um deinen Teilnehmern das Gefühl zu vermitteln, dass sie wahrgenommen werden und ihre Meinung wertgeschätzt wird. Lass sie Teil der Veranstaltung werden und interagiere mit ihnen. Mach deutlich, dass jeder Einzelne der Anwesenden wichtig ist. Deine Präsentation ist keine Einbahnstraße, die nur in eine Richtung verläuft. Wie du bereits gelernt hast, sind bei einer Kommunikationssituation mindestens zwei Parteien involviert. Lass deine Präsentation zu einem Ort der Begegnung werden.

10.2.6 Der alles entscheidende Blickkontakt

Ein großes Problem bei Onlinemeetings ist, dass der fehlende Blickkontakt einen schnell ermüden kann. Wenn wir, während wir vortragen, nicht angeschaut werden, schaltet sich unser steinzeitliches Gehirn ein und gaukelt uns vor, ignoriert zu werden. Studien haben ergeben, dass Menschen sich am wenigsten präsent fühlen, wenn der Eindruck entsteht, nicht gesehen oder wahrgenommen zu werden. Es entsteht das Gefühl, aus der Gruppe ausgeschlossen zu sein. Vielleicht erinnerst du dich noch an Maslows Bedürfnispyramide aus Kapitel 3, »Storytelling – die Würze deiner Präsentation«? Eines der dort genannten Bedürfnisse ist die Anerkennung durch andere. Sie ist mit eines der wichtigsten evolutionären Grundbedürfnisse.

Dies geht, wie bereits erwähnt, noch auf die Steinzeit zurück. Damals war ein Einzelner auf den Schutz der Gruppe angewiesen, um überhaupt überleben zu können. Ein Ausschluss aus der Gruppe kam einem Todesurteil gleich. Leider ist dieses in der Evolution zurückliegende Relikt noch nicht ganz aus unserer heutigen DNA getilgt worden. Natürlich geht es während einer Präsentation nicht um Leben oder Tod. Es geht an dieser Stelle in erster Linie um den Blickkontakt und um das Gefühl, ich werde von anderen wahrgenommen und ich bin wichtig. Ich werde gesehen. Aber Vorsicht, es geht nicht darum als Angeber angesehen zu werden. Vielmehr ist gemeint, dass wir uns wohlfühlen, während wir präsentieren.

Ein direkter Blickkontakt löst aber noch eine ganze Reihe weitere chemische Prozesse in unserem Körper aus. Zum Beispiel wird das Hormon *Oxytocin* ausgeschüttet. Falls du dich fragen solltest, was das ist, bin ich mir ziemlich sicher, dass du schon einmal etwas von dem sogenannten Kuschelhormon gehört hast. Genau das ist Oxytocin. Es wird aber auch als Bindungshormon angesehen. Und das ist es, was wir wollen, wir wollen eine gewissen Bindung mit unseren Zuhörern und Zuhörerinnen eingehen.

Da du nun über die wichtige Bedeutung des Blickkontakts weißt, wirst du dir sicher denken können, was das für dich bedeutet. Um einen Blickkontakt aufzubauen, solltest du direkt in die Kamera blicken. Ich weiß, dass das gerade am Anfang vielen schwerfällt. Da schaut man lieber überall hin, doch bloß nicht in die Kamera. Mit einer kleinen Übung kannst du dich an den Blick in die Kamera Schritt für Schritt gewöhnen. Wenn du das nächste Mal telefonierst, blick dabei direkt in deine Webcam und stell dir vor, dass du direkt in die Augen deines Gesprächspartners blickst. Auf diese Art und Weise wirst du nach und nach damit anfangen, auf die Signale in der Stimme deines Gegenübers einzugehen und entsprechend darauf zu reagieren.

Auch bei einer Generalprobe vor einer wichtigen Onlinepräsentation solltest du dir angewöhnen, in die Kamera zu blicken. Du wirst sehen, dadurch wird es dir von Mal zu Mal leichter fallen, deinen Blick in die Kamera zu richten, statt daran vorbei.

Tipp: Erhöhe den Abstand zur Webcam

Besonders für diejenigen, die sich noch etwas schwertun mit dem direkten Blickkontakt: Bau dein Präsentationssetup so auf, dass du nicht direkt vor der Kamera sitzt und man nur deinen Kopf sieht. Richte die Kamera so aus, dass auch etwas von deinem Oberkörper zu sehen ist. Dies gelingt vor allem dadurch, dass du dich etwas weiter weg vom Monitor positionierst. Das hat dann den netten Nebeneffekt, dass sich der Blickkontakt etwas verschleiert und kleinere verstohlene Blicke nach unten nicht so auffallen. Auf längere Sicht betrachtet wirkt es auf deine Zuschauer und Zuschauerinnen angenehmer, wenn sie auch etwas von deinem Oberkörper sehen.

10.2.7 Wie viele Folien sind erlaubt?

Ab wie vielen Folien sind es zu viele? Eine Frage, die man so pauschal nicht beantworten kann. Das hängt zum einen davon ab, wie komplex dein Präsentationsthema ist, und zum anderen davon, was dir für ein Zeitfenster für deinen Vortrag zur Verfügung steht. Ich gehe da nach folgendem Motto vor: So viele, wie nötig sind, und keine mehr, als unbedingt sein muss.

Um deine Zuschauer nicht übermäßig mit Folien zu überfordern, rate ich dir, ab und an von den Präsentationsfolien, auf deine Kamera zu schalten, um dich zu zeigen und nahbar auf deine Teilnehmer zu wirken. Mittlerweile bieten die meisten Onlinemeeting-Anwendungen die Möglichkeit, die Ansicht zu teilen, sodass man nicht nur deinen freigegebenen Monitor sieht, sondern auch noch dich. Zoom bietet dazu beispielsweise drei verschiedene Ansichten:

- Ansicht des aktiven Sprechers
- Miniaturansicht
- Galerieansicht

Am besten machst du dich mit den verschiedenen Ansichtsoptionen noch vor deiner Präsentation vertraut und findest die für dich ideale Lösung. Natürlich ist es persönlicher Gusto, wie viel du während deines Vortrags von dir zeigst. Bedenke aber, wenn die Teilnehmer dich als Person sehen, baust du eine ganze andere Bindung zu ihnen auf, als wenn man nur deine Folien sieht und deine Stimme dazu hört. Wenn ich es an dieser Stelle einmal auf das Wesentliche herunterbrechen muss, bedeutet das: Menschen kaufen von Menschen und nicht von Folien.

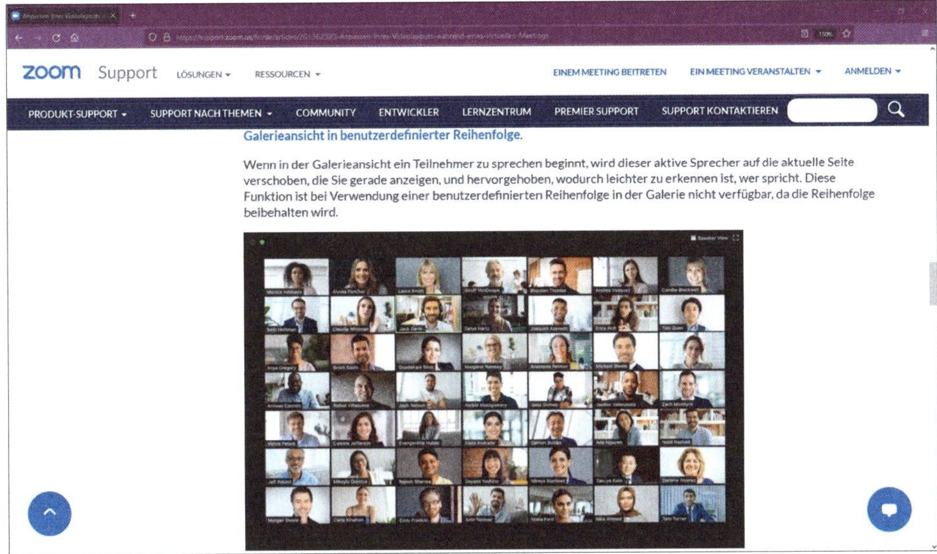

Abbildung 10.12 Exemplarische Ansicht der Galerie in Zoom (Quelle: support.zoom.us/hc/de/articles/201362323-Anpassen-Ihres-Videolayouts-w%C3%A4hrend-eines-virtuellen-Meetings)

Wenn du bis dato noch nicht so viele Präsentationen gehalten hast, empfehle ich dir, mithilfe der Notizfunktion in deiner Präsentationssoftware einen Vermerk zu machen, sobald du die Ansicht umschalten solltest, um dich während deines Vortrags wieder zu zeigen.

Aus der Praxis

Hierzu nun ein kleines Anwendungsbeispiel: Stell dir vor, du willst ein neues Produkt präsentieren. Zuerst zeigst du deine Folien, auf denen die Kernmerkmale deines Produktes stehen. Auch eine Folie mit den Kosten und dem Aussehen des Produkts darf nicht fehlen. Sobald dein Publikum diese Grundinformationen bekommen hat, schaltest du die Kameraansicht um und zeigst dich selbst wieder.

Ab diesem Moment beginnst du damit, das Produkt in der Anwendung zu zeigen. Wenn du es richtig anstellst, kann dieser Moment, also der, indem du anfängst dich zu zeigen und das Produkt zu präsentieren, ein kleiner Gänsehautmoment werden. Die Aufmerksamkeit ist dir damit dann auf jeden Fall garantiert. Nutz jeden nur erdenklichen Moment, um deine Teilnehmer und Teilnehmerinnen zu überraschen und von deinem Produkt zu überzeugen.

Übe hierzu auf jeden Fall im Vorfeld das Hin- und Herschalten zwischen den Ansichten, damit der Übergang von der Folie zur Kamera fließend ist. Nichts kann den Moment mehr zerstören, als dass man nicht weiß, wie man hin- und herwechseln kann.

10.2.8 Dein Publikum bei Laune halten

Nicht nur bei einer Präsenzveranstaltung ist es wichtig, die Teilnehmer bei Laune zu halten, sondern auch bei Onlineveranstaltungen. Du solltest sämtliche dir zur Verfügung stehenden Möglichkeiten nutzen, um aus deiner Präsentation ein Erlebnis zu machen. Nutz verschiedene Medien, wie beispielsweise Erklärvideo oder Produktvideos, und streue sie geschickt in deinen Vortrag ein. Achte allerdings auf eine ausgewogene Mischung, ansonsten tritt auch hier schnell der Gewöhnungseffekt auf.

Eine weitere Möglichkeit, um Abwechslung in deine Onlinepräsentation zu bekommen, ist der Einsatz von *Flipcharts* oder *Whiteboards*. Gemeinsam mit deinen Kunden kannst du eine entsprechende Grafik erstellen. Auch Umfragen sind wertvolle Tools, um deine Teilnehmer aktiv einzubinden. Nur weil man online präsentiert, muss man nicht zwangsläufig auf bewährte analoge Tools verzichten. Es ist völlig legitim, dass du etwas am Flipchart zeigst. Allerdings solltest du in so einem Fall mit einer zweiten Kamera arbeiten, auf die du bequem umschalten kannst. So vermeidest du ein unnötiges Hin- und Herrücken deiner Kamera.

Abbildung 10.13 Beim Arbeiten mit einem Flipchart ist der Einsatz einer zweiten Kamera unerlässlich.

Schreib auf dem Flipchart so groß wie möglich, damit deine Teilnehmer die Texte ohne Probleme über den Bildschirm lesen können. Auch hier hilft ein Vorabtest mit einer Kollegin oder einem Familienangehörigen, um die richtige Schriftgröße zu ermitteln. Wenn du an dem Flipchart stehst, sollte deine Ausleuchtung genauso gut sein wie direkt vor deinem Computer. Am besten ist es, wenn das Licht aus derselben Richtung kommt, um ein kohärentes Erscheinungsbild zu erzielen.

Ein zweites Mikrofon sollte für diesen Fall zu deiner Ausstattung gehören. Wenn du nicht so gerne zwischen mehreren unterschiedlichen Mikrofonen hin- und herschalten möchtest, bietet sich ein Mikrofon mit Funkstrecke an.

Selbstverständlich kannst du auch deine komplette Präsentation im Stehen abhalten. Das wirkt sogar etwas energetischer und dynamischer. Ein höhenverstellbarer Tisch oder ein Stehtisch sind hier von Vorteil. Wichtig ist nur, dass sich deine Kamera, wie weiter oben bereits erwähnt, auf Augenhöhe befindet, damit du nicht auf deine Zuschauer herabblickst. Generell gilt: Bring Bewegung in deine Präsentation und versuch, wann immer möglich deine Teilnehmer und Teilnehmerinnen aktiv einzubinden. Je mehr und intensiver sie sich mit der Thematik der Präsentation befassen, desto besser sind deine Chancen, dass du überzeugst oder verkaufst.

10.2.9 Überzeuge durch klare Strukturen

Klare Strukturen helfen dir nicht nur in der analogen Welt, sondern auch in der digitalen. Mehr noch, du bist besonders auf sie angewiesen. In Onlinemeetings ist es schwieriger, zugespielte Pässe aufzunehmen und entsprechend zu verwandeln.

Im analogen Dialog geschieht dies einfach im Gesprächsfluss, ohne sich groß anstrengen zu müssen. Auch kleinere Unterbrechungen, um Details oder Informationen zu ergänzen, bereiten dabei keine Probleme. Beim digitalen Pendant kann eine kleine Unterbrechung dagegen bereits als aggressiver Einwand angesehen werden. Halte dich also mit derartigen Unterbrechungen ein wenig zurück, wenn du dir nicht sicher sein kannst, wie dein Gegenüber darauf reagiert und ob es bei ihm keinen negativen Eindruck hinterlässt.

Was mich persönlich bei Onlinepräsentationen immer sehr irritiert, ist, wenn der Präsentator oder die Präsentatorin den Blick im Raum schweifen lässt. Mich lenkt so etwas sehr vom eigentlichen Vortrag ab, weil ich mich immer frage, was sie sich eigentlich gerade anschauen. Halte deinen Blick also möglichst konstant auf die Kamera gerichtet. Auch ein gut gemeintes Lächeln, das allerdings völlig aus dem Zusammenhang gerissen ist, kann irritierend auf andere wirken. Wenn beispielsweise ein ernstes Thema besprochen wird und du dabei anfängst zu lächeln, passt das nicht in den Kontext der Präsentation.

Während der gesamten Veranstaltung musst du hoch konzentriert bleiben. Ich weiß, das ist anstrengend und kräftezehrend. Frag immer danach, was du erreichen willst. Führe dir immer wieder dein angestrebtes Ziel vor Augen, dann erscheint 1 Stunde Präsentation bei Weitem nicht mehr so schlimm. Eine klare Struktur hilft dir dabei, die Konzentration nicht zu verlieren. Deinen Teilnehmern wird es ähnlich gehen, auch wenn er oder sie gerade unbeobachtet ist, ist er oder sie jeder Ablenkung von außen hilflos ausgeliefert.

Ich nutze gern Notizen, die mich daran erinnern, was ich an welcher Stelle tun oder sagen will. Ich nenne es den *roten Präsentationsfaden*. Dort kannst du Hinweise zu Methodenwechsel, Fragerunden, Umfragen oder Erinnerungen für dich selbst aufschreiben. Du betreibst damit das sogenannte *Braindumping* (das Auslagern von Gedanken und Ideen). Sind deine Gedanken erst einmal zu Papier gebracht, brauchst du dir keine Sorgen mehr darüber zu machen, du könntest etwas vergessen, und du kannst dich so besser auf den eigentlichen Vortrag fokussieren. Deine Konzentration wird es dir danken, da sie sich nicht ständig im Unterbewusstsein mit Dingen beschäftigen muss, die sie auf keinen Fall vergessen darf.

10.2.10 Mögliche Störungen ankündigen

Sind wir mal ehrlich, keiner liebt in Störungen irgendeiner Form, besonders dann nicht, wenn sie unsere Arbeit betreffen. Ab und an kann man allerdings nicht vermeiden, dass etwas Unvorhergesehenes passiert. Es liegt dann an uns, wie wir darauf reagieren.

Es gibt gewisse Störfaktoren, die du bereits vorher identifizieren und ankündigen kannst. Das ist aber kein Freifahrtschein dafür, sich danebenzubenehmen. Auch hier bitte alles in Maßen und nur so weit, wie es für deinen Vortrag nicht schädlich ist. Man spricht hier auch von einer *Selbstlegitimierung*. Dabei handelt es sich um eine Strategie, um sich über gewisse vorherrschende Konventionen hinwegzusetzen. Besonders wenn du aus dem Homeoffice heraus präsentierst, empfehle ich dir, zu dieser Strategie zu greifen.

Mögliche Störfaktoren

Folgende Störfaktoren können als solche im Vorfeld angekündigt werden:

- Kinder, die plötzlich zur Tür hereinkommen und Aufmerksamkeit fordern
- Baustellen in unmittelbarer Nachbarschaft. Weise hier auf möglichen Baulärm hin.
- Essen und Trinken. Sollte es notwendig sein, dass man während der Präsentation etwas essen oder trinken muss, weil man zum Beispiel Diabetiker ist, sollte das vorab kommuniziert werden, damit sich die Zuhörer nicht die ganze Zeit fragen: »Muss das jetzt wirklich sein? Kann der sich nicht einmal zusammenreißen?«

Während einer Schulung, an der ich teilgenommen hatte, teilte uns der Schulungsleiter direkt zu Beginn mit, dass er etwa alle 5 Minuten etwas trinken müsse, da er aufgrund einer Autoimmunerkrankung keinen Speichel produzieren und ansonsten nicht mehr richtig sprechen könne, da sein Mund austrocknen würde. Aus einem möglicherweise störenden Verhalten, das wir als Teilnehmer als solches ohne Erklärung wahrgenommen hätten, wurde Verständnis. Nach kurzer Zeit blendet unser Gehirn solche Verhaltensweisen sogar aus und nimmt sie gar nicht mehr wahr.

10.2.11 Checkliste: Tipps und Tricks für einen professionellen Auftritt

Zum Abschluss dieses Kapitels gebe ich dir weitere zusätzliche Tipps in Form einer kleinen Checkliste mit auf den Weg, um aus deinem Onlineauftritt das Maximum herauszuholen.

Tipps für einen professionellen Auftritt

- **Für einen glanzfreien Auftritt**: Stell dir vor, alles ist perfekt vorbereitet. Das Licht kommt genau richtig, die Leitung weist keine Schwankungen auf und auch deine Haare sitzen heute perfekt. Doch der Blick in den Spiegel fördert die erste Stressschweißperle auf deine Stirn, denn dein Gesicht glänzt total. Zuerst einmal, das ist völlig normal. Besonders die T-Zone ist davon betroffen. Dadurch entsteht ganz leicht der Eindruck, man wäre ungepflegt, was natürlich nicht der Fall ist. Doch anstatt hastig die nächste Schicht Puder aufzutragen, solltest du lieber zu einem sogenannten mattierenden Papier oder auch *Blotting Paper* greifen, das du günstig in jeder Drogerie erwerben kannst. Damit tupfst du über dein Gesicht, und schon wirkt deine Haut gleichmäßig mattiert.
- **Bleib im Fluss**: Oft höre ich die Frage, was ich davon halte, ein Präsentations-PDF im Vorfeld an die Teilnehmer zu schicken. Meine ehrliche Antwort: Ich halte gar nichts davon. Im Gegenteil, du bremst damit deinen eigenen Präsentationsfluss. Entweder sucht ein Zuhörer gerade die entsprechende Stelle in dem PDF oder eine Teilnehmerin hat schon weitergelesen und fängt an, sich zu langweilen. Besser ist es, vorab anzukündigen, dass du nach der Präsentation das entsprechende PDF an alle Teilnehmer per E-Mail verschickst. Wenn du möchtest, kannst du sogar noch auf einzelne Wünsche der Teilnehmer eingehen und gegebenenfalls weiterführende Informationen mit anhängen.
- **Bleib an Ort und Stelle**: Ich muss gestehen, dass ich selbst am Anfang den Fehler gemacht habe und meinen Drehstuhl nicht arretiert habe. Die Folge war, dass ich immer wieder mit dem Stuhl hin- und herschwenkte, wodurch mein Auftreten eine gewisse Unruhe bekommen hat. Sofern du die Möglichkeit hast, solltest du direkt auf einen feststehenden Hocker oder Stuhl zurückgreifen. Dadurch nimmst du automatisch eine ruhigere Sitzhaltung ein. Sollte dieser nicht griffbereit sein, dann arretiere bitte deinen Drehstuhl in Zukunft, um ein unnötiges Hin- und Herschwenken zu vermeiden. Deine Beine sollten idealerweise in einem 90-Grad-Winkel zum Boden stehen. Stell dir außerdem vor, dass jemand an einem Faden zieht, der von deinem Scheitel ausgeht, um dich gerade aufzurichten.

Abbildung 10.14 Sorge für eine aufrechte und ruhige Haltung und arretiere deinen Drehstuhl dafür.

- **Nutz eine externe Kamera für einen professionellen Look**: Wenn du regelmäßig Onlinepräsentationen hältst, ist es durchaus eine Überlegung wert, in eine hochwertige externe Kamera und eine zusätzliche Lichtquelle zu investieren. Eine Möglichkeit ist, dass du deine Spiegelreflexkamera zu einer Webcam umfunktionierst. Fotoleuchten erhältst du mittlerweile für kleines Geld über diverse Onlineshops. Wenn du mit solchen externen Fotoleuchten arbeitest, hat das den Vorteil, dass du das Licht gezielt steuern und du dich somit perfekt ausleuchten kannst.

Abbildung 10.15 Eine Spiegelreflexkamera kann bereits den Unterschied zwischen »Ja, ganz nett« und »Wow, sieht das toll aus« machen.

- **Frag nach Feedback**: Ohne ein konstruktives Feedback hast du nicht die Möglichkeit, dich zu verbessern. Bitte also um Feedback. Dazu gehören Faktoren wie Bild und Ton, aber auch der eigentliche Auftritt. Konnte man dich gut sehen oder war der Bildausschnitt nicht gut gewählt? All das sind Dinge, die man selbst durch entsprechendes Feedback beim nächsten Mal besser machen kann und auch sollte. Frage dich immer, an welchen Stellschrauben du noch etwas optimieren kannst. Bleibe offen dafür, neue Technik auszuprobieren.
- **Say cheese**: Es mag banal klingen, aber versuch immer, mehr zu lächeln als andere. Das wirkt ansteckend und setzt positive Energien frei, von denen alle profitieren werden.

In diesem Kapitel hast du nun erfahren, was es braucht, um im Onlineshowdown zu überzeugen. Bevor die Kamera angeht, atme einmal tief durch und sag zu dir selbst: »Let the show begin.«

Kapitel 11
Nach der Präsentation

Welche Informationen und Learnings kannst du für sich selbst aus der Präsentation ziehen? Und wie sieht es mit der Diskussions- und Fragerunde aus? Genau diesen und weiteren Fragen geht dieses Kapitel auf den Grund und wie du Kontakte pflegst und dein Netzwerk weiter ausbaust.

Eine Präsentation hört nicht einfach nach dem Ende des Vortrags oder der Diskussionsrunde auf. Im Anschluss daran muss die Präsentation nämlich noch nachbearbeitet werden. Dies erfüllt zwei wesentliche Aufgaben:

- Zum einen sollen mit der Nacharbeit Maßnahmen definiert und ergriffen werden, um Ziele und Interessen der Präsentation nachzuverfolgen.
- Zum anderen sorgt die Nacharbeit dafür, die gesammelten Eindrücke auszuwerten und für sich Schlüsse daraus zu ziehen, was man wie optimieren kann.

Darum wird es nun in diesem Kapitel gehen. Doch zunächst einmal hast du es geschafft. Du hast deine Präsentation vor deinem Publikum gehalten, sie unterhalten und hoffentlich von deiner Idee, deinem Produkt, deinem Konzept oder von dir selbst überzeugt. Dabei hast du alles angewendet, was du bis hierhin gelernt hast. Dazu erst einmal herzlichen Glückwunsch, denn das bedeutet, dass du bereits einen gewaltigen Berg an Arbeit bewältigt hast, um an diesen Punkt zu kommen. Du kannst dir somit einmal einen Tag Pause gönnen, um alles sacken zu lassen. Denn nun erwartet dich die *Nachbearbeitung* deiner Präsentation.

Die Nachbearbeitung einer Präsentation sollte im Idealfall, aber vor allem konsequent und zeitnah nach der Präsentation erfolgen. Auch die Diskussions- und Fragerunden gehören dazu. Diesem Thema widme ich gleich einen eigenen Abschnitt. Notiere zunächst einmal, was aus deiner Sicht besonders gut gelaufen ist und was gegebenenfalls einer kleinen Nachbesserung bedarf. Dazu gehören unter anderem folgende Punkte:

- Konnte ich meine Botschaft vermitteln?
- War mein Publikum stets bei der Sache?
- Bin ich selbst zufrieden mit dem, wie es gelaufen ist?
- Wie war die Zeiteinteilung? Bin ich zeitlich mit allem hingekommen?
- Ist das Präsentationsziel erreicht worden?
- Was kann ich beim nächsten Mal vielleicht noch besser machen?

Tipp: Nachbearbeitungsvorlage

Erstelle dir am besten eine Vorlage, in der du deine Eindrücke nach der Präsentation erfassen und sammeln kannst. Die Fragen dazu kannst du individuell und nach deinen persönlichen Ansprüchen selbst definieren.

Genauso verfährst du mit den Dingen, die dir nicht so gut gefallen haben. Damit solltest du dich nicht einfach zufriedengeben und sie akzeptieren. Es ist wichtig, hieraus deine Konsequenzen zu ziehen, um es beim nächsten Mal besser zu machen. Allein mit dieser einfachen und wenig zeitaufwendigen Methode wird es dir gelingen, dich stetig zu verbessern und weiterzuentwickeln.

Sofern du die Möglichkeit dazu hast, solltest du dir auch Feedback von deinen Zuschauern und Zuschauerinnen einholen. Wenn du professionell wirken willst, empfehle ich dir, sogenannte Feedbackkarten oder -blätter vorzubereiten und sie an deine Präsentationsteilnehmer zu verteilen. Auch ein Onlinefragebogen ist denkbar und heutzutage leicht realisierbar, wenn es sich zuvor um ein Onlinemeeting gehandelt hat. Verweise dazu einfach auf den entsprechenden Link auf deiner Website.

Inhalt der Feedbackkarten

Das Feedback sollte immer als eine Ich-Botschaft erfolgen und sich an der aktuellen Sache orientieren. Folgende Fragen sollten dabei berücksichtigt werden:

- Wie habe ich auf Sie gewirkt? (Sprache, Körpersprache, Mimik, Gestik)
- Wie empfanden Sie persönlich die Gliederung und Visualisierung der Präsentation?
- War ich gut zu verstehen bzw. zu hören?
- Wie war für Sie die Organisation? Lief aus Ihrer Sicht alles reibungslos ab?
- Wie empfanden Sie die Fachkompetenz?
- Gab es etwas, das Sie gestört hat?
- War die Präsentationslänge in Ordnung?

In den zusätzlichen Materialien zum Buch (*www.rheinwerk-verlag.de/5625*) habe ich dir ein Worksheet zu diesem Feedbackbogen zusammengestellt, um dir den Anfang zu erleichtern. Du kannst ihn gerne um weitere und eigene Fragen ergänzen.

Bedenke, auch wenn du glaubst, die Präsentation sei gut gelaufen, so gibt es immer wieder Möglichkeiten, an gewissen Stellschrauben nachzujustieren. Bleib offen für Veränderungen und Weiterentwicklungen. Das ist aus meiner Sicht besonders wichtig. Wenn du dir die Mühe machst, wird sich das in Zukunft positiv auf alle weiteren Präsentationen auswirken und nicht zuletzt deiner persönlichen beruflichen Weiterentwicklung aufhelfen. Dafür ist es wichtig, dass du in einem gewissen Maße dir selbst gegenüber kritikfähig bleibst und das Feedback deiner Zuschauer annimmst und es verwertest. Doch schauen wir uns zunächst einmal den Bereich genauer an, der unmittelbar auf eine Präsentation folgt: die Diskussions- und Fragerunde.

11.1 Diskussions- und Fragerunde

An dieser Stelle möchte ich eines ganz klar und direkt vorwegnehmen. Deine Präsentation kann noch so gut gewesen sein, wenn du allerdings in der darauffolgenden Frage-Antwort-Runde enttäuschst, wird das leider das sein, was in den Köpfen deiner Zuschauer und Zuschauerinnen hängen bleibt. Besonders problematisch wird es, wenn die eigenen Emotionen ins Spiel kommen und es droht, dass du die Kontrolle über die Situation verlierst. Durch unsichere oder unzureichend beantwortete Fragen kann es dir sogar passieren, dass du an Glaubwürdigkeit verlierst. Allerdings bietet dir eine Frage-und-Antwort-Phase, im Folgenden kurz *Q&A-Phase* genannt, ungeahnte Vorteile. Aber auch nur dann, wenn du dich gut auf diesen Teil deiner Präsentation vorbereitet hast. Wie du das am besten bewerkstelligen kannst, erläutere ich dir nachfolgend.

Zunächst einmal musst du dir bewusst machen, dass diese Stelle deiner Präsentation ein *Turning Point* ist. Aus deinem Monolog wird ein Dialog mit deinem Publikum. Das heißt, du lässt nun andere zu Wort kommen.

Vorteile der Q&A-Phase

Folgende Vorteile kannst du dir in dieser Phase der Präsentation zunutze machen:

- **Aktivierung der Zuschauer**: Deine Zuschauer sind gefordert, sich aktiv zu beteiligen, wodurch die Aufmerksamkeit gesteigert wird.

- **Mitspracherecht**: Menschen werden gerne nach ihrer Meinung gefragt. Diesen Umstand nutzt du nun für diese Phase.
- **Zeitbereitschaft**: Mit dem Halten einer Q&A-Phase signalisierst du deinem Publikum, dass du eine Kommunikation auf Augenhöhe wünschst. Die Q&A-Phase dient gleichzeitig auch als eine Art zusätzliche Serviceleistung. Dadurch entsteht der Eindruck einer gewissen Wertig- und Wichtigkeit. Du zeigst damit außerdem, dass du keine Angst vor zusätzlichen Fragen hast.
- **Schafft Klarheit bei noch offenen Fragen**: Während deines Vortrags dringen jede Menge neue Informationen auf dein Publikum ein. Da kann es durchaus passieren, dass einige Details noch unklar bleiben. Die Q&A-Phase schafft Klarheit bei allen Beteiligten.
- **Exklusive Serviceleistung**: Auf Fragen werden sofortige Antworten gegeben und nicht erst später, wie es zum Beispiel bei einer E-Mail der Fall wäre. Du kannst weitere Vorteile oder Argumente aufführen.

Wenn du es richtig angehst, gelingt es dir, nicht nur deine Botschaft klarer zu formulieren, sondern sie zu verstärken und in den Köpfen zu verankern. Schauen wir uns nun einmal die genauen Rahmenbedingen für solche Q&A-Phasen an und wie du sie am besten strukturierst.

11.1.1 Rahmenbedingungen und Struktur der Q&A-Phase

Der Vollständigkeit halber möchte ich erwähnen, dass es verschiedene Formate für Frage-Antwort-Situationen gibt. So gelten beispielsweise bei einem Seminar oder einem Workshop andere Regeln, als es bei einer Präsentation der Fall ist. Im Folgenden beschränke ich mich allerdings auf die Bedingungen, die sich auf eine Präsentation beziehen. Es geht in erster Linie darum, diese Phase bewusst zu gestalten und durchzuführen.

Um eine Q&A-Phase zu meistern, braucht es vor allem eine Eigenschaft ganz besonders: *Souveränität*. Deine Zuschauer und Zuschauerinnen müssen merken, dass du in dieser Phase der Präsentation immer noch die Verantwortung und die Kontrolle über die Situation hast. Das mag zunächst einmal banal klingen, aber Präsentationen sind an dieser Stelle schon oft gescheitert, da die Situation außer Kontrolle geraten ist. Wenn du vor großem Publikum präsentierst, wirst du wahrscheinlich in den Genuss eines separaten Moderators kommen, der die Fragerunde leitet. Für dich bedeutet das, dass du dich zu 100 % auf die Fragen konzentrieren kannst. Bei kleineren Präsentationen wirst du selbst diesen Part übernehmen müssen. Auch wenn du vielleicht denken magst: »Ach, das sind doch nur ein paar Fragen, das schaffe ich schon«, solltest du diese Phase auf keinen Fall unterschätzen. Möglicherweise ist dir bereits in einem anderen Zusammenhang der Spruch »Das ist kein Sprint, sondern ein Marathon« untergekommen. Hier gilt dasselbe Prinzip: Die Präsentation und die anschließende Q&A-Phase sind kein Sprint, sondern ein Marathon.

Viele Präsentatoren, insbesondere die, die nicht oft vor Publikum sprechen, neigen dazu, nach dem letzten Satz der Präsentation erleichtert mental abzuschalten. Auch die Körpersprache verändert sich plötzlich. Um bei unserer Marathon-Metapher zu bleiben: Dir geht kurz vor dem Ziel die Puste aus, und du erreichst dein Ziel nicht. Du musst aber über genügend Ausdauer verfügen, um auch die letzten Meter bis zum Ziel und über die Ziellinie hinaus zu schaffen.

Was ich damit sagen will, ist, dass an dieser Stelle noch einmal deine volle Konzentration gefordert ist. Du wechselst vom Monolog- in den Dialogmodus. Das bedeutet vor allem eines, lerne, gut zuzuhören und dich auf Fragen einzulassen. Antworte wohlüberlegt und nicht zu voreilig. Das erfordert auch eine gewisse Disziplin, die sich ebenfalls in deiner Körpersprache widerspiegeln sollte. Anstatt also nach vorne zu sinken, erinnere dich stets daran, dass da jemand ist, der dich an einem Faden nach oben zieht. Eine zu entspannte Haltung kann deinem Publikum ein völlig falsches Bild vermitteln. Der Fragensteller könnte denken, dass du desinteressiert an seiner Frage bist.

Eine gute Struktur kann dir helfen, die Q&A-Phase zu meistern. Zunächst einmal solltest du nach dem Ende deiner Präsentation eine klar erkennbare Pause einlegen. Damit gibst du deinem Publikum noch einmal kurz die Möglichkeit, sich zu sammeln und die Gedanken zu ordnen und zu sortieren. Auch du solltest diese Pause nutzen, um einmal tief durchzuatmen und dich mental auf die bevorstehende Phase vorzubereiten. Es ist ratsam, dich etwas von der Präsentation, also vom Rechner, Flipchart oder Whiteboard zu entfernen, um zu signalisieren, dass deine volle Aufmerksamkeit nun den Fragen des Publikums gilt.

Es empfiehlt sich, die kommende Fragerunde anzumoderieren. Ideal ist es, wenn die Zuschauer und Zuschauerinnen sich eingeladen fühlen, aktiv daran teilzunehmen. Dies kannst du beispielsweise durch folgende Einleitung erreichen: »Meine Damen und Herren, ich habe nun 10 Minuten für Ihre Fragen eingeplant. Wer möchte gerne die erste Frage stellen?«

Je nach Publikum, kannst du die Einleitung auch etwas lockerer formulieren: »Nun freue ich mich schon auf Ihre Fragen. Ich habe dafür etwa 10 Minuten eingeplant. Wer möchte gerne anfangen?«

Auf hölzerne und plattitüdenhafte Formulierungen wie »Gibt es noch Fragen?« solltest du besser verzichten. Das suggeriert nur, dass du eigentlich keine Fragen mehr beantworten möchtest. Inhaltlich ist die kurze und knappe Frage natürlich identisch mit den beiden anderen, doch im Gegensatz zu diesen kommt sie eher barsch und unfreundlich rüber. Die ersten beiden Formeln sind deutlich einladender und wohlwollender formuliert.

Wenn du ein bestimmtes Zeitlimit einhalten musst, kannst du auch mit einer Art Countdown arbeiten. Das richtige Zeitmanagement ist entscheidend. Wenn du merkst, dass die Zeit knapp wird, empfehle ich dir, folgende oder ähnliche Formulierungen zu benutzen: »Wir haben nun noch Zeit, um drei Fragen zu beantworten. Wer von Ihnen möchte seine erste Frage stellen? ... Wer möchte die letzte Frage stellen?«

Sobald nun eine der beteiligten Personen ihre erste Frage gestellt hat, wird es spannend. Nun gilt es, einen kühlen Kopf zu bewahren und sich auch einmal in die Situation der Zuhörer zu versetzen. Wie bereits erwähnt, waren sie bis zu diesem Teil nur passive Konsumenten all deiner dargebotenen Informationen. Das muss alles erst einmal verarbeitet werden, und manchmal ist das auf Anhieb gar nicht möglich, da die Informationen zu komplex waren. Die Ausgangssituation hat sich verändert. Nun ist dein Publikum gefordert, eine verständliche Frage zu stellen. Doch oftmals ist das aus dieser Situation heraus nicht der Fall. Darauf musst du dich als Präsentator*in auf jeden Fall einstellen. Anstatt zu denken: »Was ist denn das für eine blöde Frage?«, versetz dich in die Lage deiner Zuhörer und zeig Verständnis.

Hör also aufmerksam und mit voller Konzentration zu, und versuch, den Kern der Frage zu erfassen. Oftmals versteckt sich die Frage in lose zusammenhängenden Sätzen, da der Fragende erst noch seine Gedanken ordnen muss. Gib wirklich erst in dem Moment eine Rückmeldung, wenn die Frage klar ist und du eine wohlüberlegte Antwort geben kannst. Widerstehe dem Drang, dem Fragenden, noch während er eine Frage stellt, zu antworten. Die Person könnte sich schnell über den Mund gefahren fühlen, oder dir entgehen wichtige Details, die für die richtige Beantwortung der Frage notwendig gewesen wären. Eine zu schnell gegebene Antwort kann auch den Eindruck erwecken, sie wäre eingeübt, was wiederum deiner Authentizität schadet.

Auch eine unbedachte und vorschnelle Antwort aufgrund von Nervosität ist alles andere als förderlich für dein Präsentationsziel und wirkt schnell unprofessionell. Es kann peinlich für dich werden, wenn du eine Antwort auf eine Frage gibst, die du möglicherweise falsch, der Rest deines Publikums aber richtig verstanden hat. Sorge dafür, dass deine Nervosität oder Aufregung dir nicht im Weg steht und dich zu vorschnellen Antworten verleitet. Lies dir hierzu am besten auch noch einmal Abschnitt 7.4, »Die letzten Minuten vor der Präsentation: Wie du deine Nerven im Zaum hältst«, genau durch. Die Techniken, die ich dir dort vorgestellt habe, helfen dir dabei, auch in dieser Phase der Präsentation die Ruhe zu bewahren.

Am besten ist es, wenn du die Frage, die dir gestellt wurde, laut wiederholst. Besonders bei größeren Veranstaltungen ist dies hilfreich, wenn die Frage nicht von jedem im Raum gehört wurde. Ein weiterer Vorteil ist, dass du dadurch Missverständnisse aus dem Weg räumst. Auch das ist ein Zeichen deiner Professionalität.

Für den Fall, dass du die Frage trotz allem nicht richtig verstanden hast, bitte darum, dass die Frage wiederholt wird. Aber Achtung, der Ton und die Formulierung machen die Musik. Wenn du so etwas in der Art fragst wie: »Können Sie die Frage wiederholen?« oder »Das war nicht verständlich, wiederholen Sie das bitte«, könnte die fragende Person das Ganze so auffassen, als hätte sie einen Fehler gemacht. Es ist essenziell wichtig, klarzustellen, dass du die Frage nicht verstanden hast. Antworte lieber so etwas in der Art wie: »Bitte entschuldigen Sie, aber ich habe Ihre Frage nicht richtig verstanden oder konnte Ihnen nicht folgen. Können Sie die Frage bitte wiederholen?«

Mit dieser Art von Formulierung ist man dir in der Regel eher wohlgesonnen als bei der ersten Antwort. Ich habe es schon erlebt, dass manche Präsentatoren diese Technik angewendet haben, obwohl sie die Frage verstanden haben, nur um Zeit zu schinden. Das solltest du tunlichst unterlassen. Dein Publikum wird merken, ob deine Aufforderung ernst gemeint war oder nicht.

Manche Fragende werden versuchen, dich aus der Reserve zu locken, und stellen absichtlich provokante Fragen, um zu testen, wie angreifbar du bist. Einen derartigen Angriff oder eine Provokation solltest du nicht mit gleicher Münze zurückzahlen, sondern der Frage durch eine Umformulierung ihre Schärfe nehmen. Sonst könnte dein Publikum denken, dass du deinem Kritiker recht gibst. Wie du mit solchen unbequemen und kritischen Fragen am besten umgehst und wie du dich bei Störungen während deiner Präsentation verhältst, wird Thema des folgenden Abschnitts sein.

11.1.2 Mit Störungen und unbequemen Fragen umgehen

Widmen wir uns zuerst den störenden Zwischenfragen während deiner Präsentation. Sie sind Fluch und Segen zugleich. Doch gleichzeitig sind sie ein Zeichen dafür, dass dein Zuschauer und deine Zuschauerin wirklich an dem interessiert ist, was du gerade präsentierst. Er oder sie schenkt dir seine/ihre ganze Aufmerksamkeit. Unerfahrene Präsentatoren lassen sich an dieser Stelle gern aus dem Konzept bringen und verlieren schnell den roten Faden, der nur schwer wieder aufgenommen werden kann. Und das Ende vom Lied ist, dass deine Zuhörer abschalten und kein Interesse mehr an deinem Vortrag zeigen.

Mit ein paar einfachen Tipps und Tricks kannst du allerdings aus dem Fluch ein Segen machen. Sieh Zwischenfragen als Chance an, um deine Professionalität und Souveränität zu zeigen. Du solltest es auch als eine Art Ehre ansehen, dass jemand den Mut gefasst hat, eine Frage zu stellen, weil er oder sie dem Vortrag gern weiter aufmerksam folgen möchte.

Wir alle kennen die Situation während eines Vortrags, dass wir etwas nicht verstehen und infolgedessen nicht mehr richtig folgen können. Wenn es uns nicht mehr gelingt, ins Thema zu finden, ist die Chance vertan und die Aufmerksamkeit weg. Auch wenn viele Präsentatoren sich in ihrem Rede- und Gedankenfluss gestört fühlen, solltest du eine Zwischenfrage genauso ernst nehmen wie Fragen, die erst am Ende deiner Präsentation gestellt werden. Des Weiteren solltest du eine Frage nie als irrelevant abtun, nur weil du denkst, dass sie sich im nächsten Abschnitt sowieso von selbst erklärt. Du kannst in solchen Momenten schnell mürrisch und genervt wirken. Mit den folgenden Tipps kannst du versuchen, die Zwischenfragen zu umgehen oder zumindest die Störungen auf ein Minimum zu reduzieren:

- Kündige am besten direkt zu Beginn der Präsentation an, dass du nach der Präsentation noch Zeit für Fragen eingeplant hast, und bitte darum, dass sich die Zuhörer ein paar Stichpunkte zu ihren Fragen notieren.
- Arbeite mit einem Fragenspeicher. Hierbei sammeln die Teilnehmer ihre Fragen auf einem Flipchart oder in einem entsprechenden digitalen Pendant. So werden alle Fragen gesammelt, und nichts geht mehr verloren. Außerdem bietet sich hier die Möglichkeit, falls die Zeit für alle Fragen nicht mehr ausreicht, auf die Fragen später einzugehen und sie zusammen mit den Materialen der Präsentation per E-Mail an die Teilnehmer zu senden. Auch das zeigt wieder einmal deine Wertschätzung für die Situation.
- Versuch, während deiner Präsentationsvorbereitung bereits mögliche Fragen zu identifizieren und eine Antwort vorzuformulieren, um diese in deinen Vortrag einzubauen.
- Wenn eine Frage in dem Moment, in dem sie gestellt wird, nicht direkt zum Kontext passt, weise freundlich darauf hin, dass du direkt in der anschließenden Fragerunde darauf eingehen wirst.

Ab und an wirst du dich allerdings in Situationen wiederfinden, in denen du abwägen musst, ob du die Frage direkt oder doch lieber später beantworten willst. Ist die Frage interessant und könnte auch deine restliche Zuschauerschaft interessieren, solltest du eine Antwort auf jeden Fall in Betracht ziehen. Folgende Gedanken können dir bei der Entscheidung behilflich sein:

- Reicht ein kurzes Statement? Wenn ja, dann beantworte die Frage und kehre im Anschluss zu deiner Präsentation zurück. Oder musst du, um die Frage zu beantworten, weiter ausholen? Wenn ja, würde ich die Frage auf später verschieben. Du kannst dann so etwas sagen wie: »Das ist ein interessanter Einwand. Darauf würde ich gerne im Anschluss näher eingehen.« Am besten machst du dir hierzu eine kleine Notiz, um die Frage am Ende der Präsentation wieder aufzugreifen.
- Gehört die Frage aktuell zum Thema? Ja, dann beantworte die Frage kurz. Lenkt sie allerdings von der eigentlichen Kernbotschaft ab und passt nicht zur Thematik, verweise auch hier freundlich auf den Fragenteil nach der Präsentation.

Durch diese Überlegungen bist du in der Lage, deinen Zuschauern den Grund zu nennen, warum du gegebenenfalls nicht direkt auf die Fragen antwortest. Diese werden ebenfalls den Vorteil dieser Methode erkennen und sich auf die Fragerunde später berufen. Wenn du Glück hast, werden keine weiteren Zwischenfragen gestellt, da die übrigen Teilnehmer ihre Fragen für später aufheben.

Da allerdings durch die erste Frage bereits eine Störung entstanden ist, musst du sowieso in irgendeiner Form darauf reagieren. Das Schlimmste, was du in so einer Situation machen kannst, ist, die Frage einfach zu übergehen oder abweisend zu wirken.

Wie sieht es nun mit unbequemen und kritischen Fragen aus? Anhand deiner gezeigten Reaktion auf kritische Fragen oder verbale Angriffe trennt sich bereits die Spreu vom Weizen. Wozu möchtest du gezählt werden?

11.1.3 Kritische Fragen meistern

Bestimmt kennst du noch die ein oder andere Talkshow aus den 1990er Jahren, in der sich zwei Streithähne lautstark beschimpfen und alle im Studio und vor dem Fernseher gebannt und amüsiert dabei zusehen, wie sie immer wieder aneinandergeraten, und zwar so lange, bis keiner mehr so wirklich weiß, um welches Thema es noch einmal ging.

Und genauso ist es auch bei deiner Präsentation, wenn du dich dazu verleiten lässt, zu emotional auf kritische und unbequeme Fragen zu reagieren und zu antworten. Deine Kernbotschaft rückt dabei in den Hintergrund, und aus dem Streit gehen zwangsläufig ein Verlierer und ein Gewinner hervor. Das birgt wiederum die Gefahr, dass sich deine Zuschauer und Zuschauerinnen auf eine Seite stellen werden. Blöd nur, wenn es dann nicht deine Seite ist. Was also tun, um erst gar nicht in eine solche Situation zu geraten und – falls es doch einmal geschieht, und das ist nur allzu menschlich – sie nicht eskalieren zu lassen?

Der Mensch neigt dazu, bei persönlichen Angriffen auf den eigenen Autopiloten zu schalten und gewisse Abwehrmechanismen ablaufen zu lassen, die sich in der Vergangenheit bewährt haben. Es ist also deine volle Aufmerksamkeit gefordert, um solche Situationen zu erkennen und dir darüber klar zu werden, was da gerade passiert ist. Erst dann solltest du entscheiden, ob du dich auf ein Wortgefecht einlässt oder ob du den verbalen Angriff lieber souverän abwehren möchtest und eine klare Antwort auf die kritische Frage gibst.

Selbstbewusstsein lautet hier das Zauberwort. Entscheidend ist, dass du aus einer aufgebrachten Emotion heraus nicht einfach nur reagierst und somit die Kontrolle über die Situation an den Fragenden abgibst. Vieles hängt von deiner persönlichen Einstellung ab, und zwar dem Thema, der Situation und deinen Zuhörern bzw. den kritischen Fragenstellern gegenüber.

Erinnere dich, es fand ein Wechsel vom Monolog zum Dialog statt. Damit nun der Dialog funktioniert und im Idealfall günstig verläuft, solltest du deinem Gegenüber immer auf Augenhöhe begegnen. Keine Person, die Fragen stellt, ist per se böse und nur darauf aus, dich zu provozieren oder aus der Reserve zu locken.

Schenk deinem Publikum während der wichtigen Q&A-Phase deine volle Aufmerksamkeit. Manchmal kann es passieren, dass man so aufgeregt ist oder so auf die Präsentation fokussiert war, dass man schnell arrogant wirken kann, was aber keineswegs der Fall sein muss. Ich rate dir, leg dir eine allgemein positive, wenn auch nicht naive Haltung gegenüber denjenigen an, die eine Frage stellen. Freu dich lieber über jede Frage und über diejenigen, die den Mut finden, eine zu stellen.

Überdenk in einem ruhigen Moment auch dein eigenes Verhalten. Fühlst du dich schnell angegriffen, wenn jemand Kritik äußert, oder siehst du es als Chance? Oft regen sich Menschen viel zu schnell auf und fühlen sich persönlich angegriffen, obwohl die Frage reine Fakten beinhaltet und vom Fragenden aus neutral zu bewerten war. Dieses Phänomen kannst du im Übrigen oft im Straßenverkehr beobachten. Wenn du allerdings zu der Sorte Mensch gehörst, die die Ruhe weghaben und die nichts so schnell aus der Fassung bringt, dann Glückwünsch, damit hast du einen klaren Vorteil in Situationen mit kritischen und unbequemen Fragen.

Aber kann man sich überhaupt richtig auf kritische Fragen vorbereiten? Ich behaupte: Ja, man kann. Und wie das funktioniert, möchte ich dir nun kurz erläutern. In der Q&A-Phase solltest du versuchen, kritische Fragen vorwegzunehmen und entsprechende Antworten inhaltlich vorzubereiten und parat zu haben. Damit du für solche Situationen bestens gewappnet bist, bedarf es allerdings einiger Überlegungen. Kläre zuerst einmal für dich selbst, was für dich persönlich kritische Fragen sind. Du kannst diese Fragen grundsätzlich in zwei Kategorien einteilen:

- inhaltliche Kritik an deiner Präsentation
- persönlicher Angriff auf deine Fähigkeiten

Niemand von uns hört gerne Kritik, schon gar nicht an etwas, in das wir viel Zeit und Herzblut investiert haben. Manchmal ist es auch nicht ganz einfach, einen klaren Trennstrich zu ziehen. Wenn wir inhaltliche Kritik ernten, so sind wir dafür verantwortlich und neigen dazu, die Kritik persönlich zu nehmen. Die Kritik wurde auf der Beziehungsebene interpretiert und nicht auf der Sachebene. In Abschnitt 8.2.3, »Das Vierohrenmodell«, habe ich dir hierzu bereits wertvolle Informationen erläutert. Die Grenze zwischen inhaltlicher und persönlicher Kritik ist extrem schwammig und nicht immer klar zu verorten.

Eine recht einfache Art und Weise, sich auf unerwartete und unbequeme Fragen vorzubereiten, ist es, sich selbst so viele Fragen wie möglich zu stellen und sich darauf gleichzeitig eine Antwort zu geben. In der Regel gelingt es dir so, bereits einen

Großteil an kritischen Fragen abzudecken. Diese Vorgehensweise hat noch weitere Vorteile. Du bist dadurch bestens gewappnet, wenn du mit deinem Kunden oder deiner Kundin, deinem Professor oder mit einer Seminarteilnehmerin in ein 1:1-Gespräch übergehst. Schwierige Fragen können so im Vorfeld geklärt werden.

Um möglichst viele Fragen vorab zu sammeln, bietet es sich an, mit Außenstehenden zu reden, die bis dato noch nichts mit deinem Präsentationsthema zu tun hatten. Das wirft noch einmal ein anderes Licht auf potenzielle Fragen. So gelingt es dir, möglichst viele relevante Fragen zu sammeln und dir gezielt eine Antwort darauf zurechtzulegen.

Selbstverständlich wird man nie alle Fragen vorab definieren können, und es wird immer wieder unerwartete Fragen geben, sie treffen dich allerdings nicht mehr völlig unvorbereitet. Durch eine gewissenhafte Vorbereitung wird sich die Zahl der unbequemen Fragen deutlich reduzieren. Achte jetzt noch darauf, dass deine Antworten nicht auswendig gelernt klingen, ansonsten büßt du an Glaubwürdigkeit und Authentizität ein.

11.1.4 Achte auf deine Körpersprache

Nachdem du deine Antworten inhaltlich gewissenhaft vorbereitet hast, solltest du deine Körpersprache mit deiner verbalen Kommunikation in Einklang bringen. Auch die Art und Weise, wie du körperlich auf eine unerwartete Frage reagierst, sagt viel über dich aus und liefert im schlimmsten Fall deinem Gegenüber neue Angriffspunkte. In Fachkreisen spricht man hier von *kongruentem* und *inkongruentem Verhalten* (siehe hierzu auch Abschnitt 8.2.3, »Das Vierohrenmodell«).

Gerade bei kritischen Fragen steigt die Aufmerksamkeit aller Beteiligten und besonders die des Fragenstellers oder der Fragenstellerin. Da wird jede noch so kleinste Regung registriert und genaustens unter die Lupe genommen. Auch wenn man kein Experte auf dem Gebiet der Körpersprache ist, wird dein Gegenüber bemerken, ob du von der Frage irritiert, genervt oder völlig überrumpelt bist.

Innerhalb des Bruchteils einer Sekunde wirst du analysiert und eingeschätzt. Für dich bedeutet das, dass du dich entspannt geben musst. Dein Fokus und deine Konzentration sollten darauf ausgerichtet sein, keine Miene zu verziehen, damit du nicht unbewusst unerwünschte Signale sendest.

Man spricht auch davon, *körpersprachlich neutral* zu bleiben. Halte dich aufrecht und wende dich dem Fragesteller zu. Auch deine Hände sollten frei sein und nicht anfangen, nervös an etwas herumzuspielen. Vermeide auch, die Hände in der Hosentasche zu verstauen. Das kann ganz schnell Desinteresse oder Nervosität ausdrücken Mehr dazu erfährst du in Abschnitt 14.4, »Nützliche Gesten während der Präsentation«.

Halte auf jeden Fall den Blickkontakt. Ein leichtes Kopfnicken als Zeichen, dass du aufmerksam und bereit zum Austausch bist, ist okay. Eine schiefe Kopfhaltung dagegen kann als eine Art Unterwürfigkeit gedeutet werden. Versuch deinen aufrechten Stand beizubehalten.

Wenn du antwortest, dann richte dich zunächst an die Person, die die Frage gestellt hat. Erst im weiteren Verlauf der Antwort gehst du dazu über, die weiteren Teilnehmer miteinzubeziehen. Wenn dein Blick zu lang auf deinem Kritiker haften bleibt, kann sich dieser herausgefordert fühlen.

Denk immer daran, du bist der Präsentator oder die Präsentatorin und du solltest, egal in welcher Phase der Präsentation du dich befindest, stets die Kontrolle über die Situation haben und behalten.

11.1.5 Den Kern erfassen und Neutralität wahren

Bis hierhin haben wir uns nur mit dem Verhalten bei Fragen befasst, aber noch nicht mit der eigentlichen Antwort. Wie du gemerkt hast, gehört eine ganze Menge mehr dazu, als sich nur die Frage anzuhören und darauf zu antworten. Wir sind nun an dem Punkt, an dem du deine Antwort auf eine kritische Frage geben kannst. Doch eine alles entscheidende Hürde gilt es noch zu überwinden. Du musst die Frage richtig verstehen. Das bedeutet, dass du den Kern der Frage erfassen musst und die Bedenken, die der Fragende damit zum Ausdruck bringen will.

Wie bereits weiter oben erwähnt, solltest du die Frage, bevor du antwortet, zunächst einmal wiederholen. Im Fall einer kritischen Frage, die möglicherweise sogar in einem aggressiven und angreifenden Ton erfolgt, solltest du sie *paraphrasieren*. Dahinter verbirgt sich das Prinzip, dass du den Kern der Frage in eigenen Worten in einer neutralen Form wiedergibst. Damit hast du es in der Hand, den aggressiven Tonfall herauszunehmen und die Frage in eine positivere Richtung zu lenken. Das bietet gleich mehrere Vorteile:

1. Du machst deutlich, dass du die Frage verstanden und dem Kritiker somit zugehört hast.
2. Durch eine neutrale Formulierung zeigst du deine entspannte Haltung, was wiederum einen positiven unbewussten Einfluss auf die restlichen Teilnehmer und Teilnehmerinnen hat. Es zeigt auch, dass du die kritische Frage ernst nimmst und sie nicht durch einen Gegenangriff abwerten willst.
3. Beide Seiten, sowohl du als Präsentator*in als auch der Fragensteller, wahren dadurch ihr Gesicht, indem die Situation nicht weiter eskaliert.

Durch eine geschickte Umformulierung der kritischen Frage, wird sie abgefedert und auf eine sachlich neutrale Ebene gebracht. Dadurch ist eine objektive Antwort überhaupt erst möglich. Um zum Kern der Frage zu kommen, solltest du heraushören können, um was es dem Frager wirklich geht, also was sein eigentlicher Kritikpunkt ist. Hierzu ein kleines Beispiel: »Wie sollen wir denn da Geld sparen, wenn die Gerätschaften so teuer sind? Bei XY bekomme ich dieselben Geräte für 20 % weniger. Wollen Sie uns auf den Arm nehmen?«

Die Frage, ob wir ihn auf den Arm nehmen wollen, ist nicht der Kern der Frage, obwohl sie als solche klar erkennbar ist. Sie ist rein rhetorisch. Ich denke, da sind wir beide uns einig. Leider passiert es viel zu oft, dass wir im Affekt genau auf diese Frage antworten und sie verneinen. Und siehe da, wir haben uns weiter angreifbar gemacht, da wir in den Modus der Rechtfertigung gefallen sind.

Um richtig auf eine rhetorische Frage zu antworten, stell den eigentlichen Kern in den Fokus und bring die Frage in eine neutrale Form. Wenn wir uns nun die Aussage von eben ansehen, steckt vielmehr die Frage nach der eigenen Preispolitik dahinter. Daher solltest du die Frage und die Antwort darauf wie folgt formulieren: »Sie fragen also, wie unsere Preise gerechtfertigt sind? Wir haben dazu folgende Kalkulation zugrunde gelegt.« Wenn du eine Frage paraphrasierst, lass alle negativen Wörter weg und vereinfache die Frage so weit wie möglich – eine Reduktion auf das Wesentliche, ohne böswillige Unterstellungen. Neutralität bedeutet hier, dass du weder der Unterstellung recht gibst noch zu einem verbalen Gegenangriff ansetzt. So lenkst du das Gespräch Schritt für Schritt in eine positive Richtung.

Behalte zwei Dinge im Hinterkopf, wenn du das nächste Mal auf eine kritische Frage triffst:

1. Erfass den Kern, die eigentliche Thematik der Frage.
2. Wiederhole die Frage und paraphrasiere sie, um einen neutralen Ton zu erhalten, in dem eine sachliche Kommunikation möglich ist.

Checkliste: Wie hebt man eine angreifende Frage auf die neutrale Sachebene?

1. Nimm durch eine neutrale Wiederholung der Frage die Schärfe heraus. Das bewirkt, dass du souverän wirkst, weil du dich nicht aus der Ruhe bringen lässt.
2. Achte darauf, dass du nicht in Rechtfertigungen verfällst und zum verbalen Gegenangriff startest.
3. Lenke durch Paraphrasierung die Frage in eine neutrale Richtung und führe von dort aus deine Zuhörer und Zuhörerinnen Schritt für Schritt in eine positive Richtung.
4. Eine inhaltliche Vorbereitung ist das A und O. Hab die Kernaussage deiner Präsentation immer parat. Die Prinzipien des Elevator Pitches helfen dir dabei, diese auf den Punkt zu bringen (mehr zum Elevator Pitch erfährst du in Abschnitt 14.6, »Elevator Pitch«).

Es wird immer wieder Situationen geben, in der ein Fragensteller extrem emotional oder aggressiv agiert. In solchen Fällen sind diese Menschen nicht empfänglich für eine rationale Antwort. Hier kann es helfen, dass du bis zu einem bestimmten Punkt Verständnis für den Fragenden aufbringst. Damit nimmst du der Emotion ein wenig den Wind aus den Segeln und bereitest gleichzeitig deine Antwort vor. Ein einleitender Satz kann dabei wie folgt aussehen: »Ich kann Ihre Bedenken verstehen.«

Dann erst gehst du dazu über, eine Antwort zu geben, die sich auf einer rationalen und sachlichen Ebene befindet. Ganz wichtig an dieser Stelle, verzichte auf das Wort aber, da es dein zuvor geäußertes Verständnis wieder relativiert.

Lass deine erste Aussage so stehen. Damit signalisierst du, dass du durchaus Verständnis aufbringst und deinem Gesprächspartner bis zu einem gewissen Punkt recht gibst. Im Übrigen solltest du unbedingt darauf achten, in welchem Punkt du deinem Gegenüber recht gibst. Solange es nur die äußeren Umstände betrifft, ist alles gut, nicht aber, wenn es in Richtung der eigenen Person geht.

Wenn der Fragensteller dann immer noch in seiner aggressiven Stimmung verharrt, dann ist es durchaus legitim, dieses Verhalten zu kommentieren. Achte aber auch hier darauf, wie du dich äußerst. Du könntest beispielsweise folgenden Satz sagen: »So, wie Sie sich ausdrücken, spüre ich, dass Sie dieses Thema stark beschäftigt. Gern bin ich dazu bereit, mit Ihnen auf einer neutralen Ebene darüber zu sprechen. Wie lautet nun Ihre Frage?«

Du nennst damit das Kind beim Namen und entlarvst das unangemessene emotionale Verhalten des Fragenstellers. Lade ihn dazu ein, auf einer neutralen Ebene das Gespräch fortzuführen, und zeig dadurch deine Souveränität in der Situation. Auch deine Körpersprache sollte dabei neutral bleiben. Wenn du mit einem hochroten Kopf um einen neutralen Ton bemüht bist, wird dir keiner deine vorgetäuschte Entspanntheit abkaufen.

11.1.6 Tipps für Fragerunden

Du fühlst dich nun hoffentlich gut vorbereitet, wenn es um das Thema unbequeme Fragen und Störungen geht. Zum Abschluss dieses Abschnitts gibt es erneut eine kleine Checkliste mit zusätzlichen Tipps für deine nächste Q&A-Phase.

Tipps für die Q&A-Phase

- Für den Fall, dass du **einmal eine Antwort nicht direkt weißt oder eine Zukunftsaussage treffen** musst, wiederhole die Frage und kommuniziere im Anschluss offen und ehrlich, dass du die Antwort zu diesem Zeitpunkt noch nicht im Detail beantworten kannst, du sie aber im Hinterkopf behältst und nachreichst, sobald du alle Fakten vorliegen hast. Das kann im späteren Verlauf eines Gesprächs sein oder per E-Mail erfolgen. Damit signalisierst du deine Bereitschaft, adäquat auf die Frage einzugehen.

- **Vermeide unnötige Füller oder Bewertungen**. Dazu zählen beispielsweise Sätze wie »Das ist eine gute Frage«. Das kann schnell nach hinten losgehen, wenn die Frager später erwarten, dass sie immer eine Bewertung ihrer Frage erhalten.
- **Stell falsche Unterstellungen richtig**. Nenn hierzu die falsche Unterstellung und sag, dass dies so nicht richtig sei. Begib dich hier auf keinen Fall in den Rechtfertigungsmodus. Leite das Gespräch wieder in eine positive Richtung. So nimmst du dem Fragensteller die Gelegenheit für einen weiteren verbalen Angriff.
- Kommen einmal keine Fragen von deinen Zuschauern, gib ihnen einen Moment Zeit, damit die Informationen sich setzen können. Kommen dann noch immer keine Fragen, **stell selbst häufige Fragen und gib direkt eine Antwort** darauf. So gibst du deinem Publikum zusätzlich die Zeit, sich Fragen zu überlegen, und überbrückst eine möglicherweise unangenehme Stille.
- Bei **irrelevanten Fragen**, die nicht zum eigentlichen Thema passen, antworte dennoch höflich und neutral. Vermeide Anzeichen wie Stirn runzeln, Augenbrauen hochziehen oder Augen verdrehen. Wiederhole auch hier die Frage und antworte mit einer knappen und höflichen Antwort. Keine Reaktion zu zeigen, ist nicht die Lösung. Zeig dich souverän.
- Dann gibt es noch Fragen, die aus unterschiedlichsten Gründen (rechtlich, privat, sicherheitsrelevant, wettbewerbsrelevant etc.) nicht beantwortet werden können. Wenn du einen nachvollziehbaren Grund für das Ausbleiben der Antwort gibst, ist das in den meisten Fällen für die Beteiligten in Ordnung und nachvollziehbar.

Nachdem die Q&A-Phase abgeschlossen ist, solltest du noch einmal für einen sogenannten runden Abschluss sorgen. Dieser beinhaltet die Kernbotschaft deiner Präsentation in Kurzform. Wenn du deinen Vortrag mit einer Frage gestartet haben solltest, solltest du spätestens jetzt die Antwort liefern. Kreiere einen eigenen Abschluss, um bei deinem Publikum in guter Erinnerung zu bleiben.

11.2 To-dos im Office

Entspannt lehnst du dich einen Tag nach deiner Präsentation in deinem Bürostuhl zurück und wartest darauf, dass dein Kunde, deine Professorin, der Seminarteilnehmer oder Coaching-Interessierte sich meldet. Deine Arbeit ist schließlich getan. Weißt du was? So wird es nicht funktionieren. Es folgt das alles entscheidende *Follow-up*. Wie das aussehen kann, erfährst du in den folgenden Abschnitten. Diese spiegeln meine persönliche Arbeitsweise nach einer Präsentation wider. Fühl dich frei, eigene Dinge und Vorgehensweisen auszuprobieren, um dein ideales Follow-up zu finden.

Follow-up

Ein Follow-up umfasst sämtliche Maßnahmen, die nach einer Präsentation anfallen, um sich noch einmal für die Aufmerksamkeit zu bedanken und besprochene Materialien zu versenden. Man bekundet wiederholt sein Interesse an einer zukünftigen gemeinsamen Zusammenarbeit, ohne dabei Druck auf den Kunden auszuüben.

11.2.1 Zusammenfassungen, Unterlagen und zusätzliche Informationen

Der Tag nach deiner Präsentation ist der Tag, an dem du die zuvor getroffenen Vereinbarungen einhältst. Dazu zählt zum Beispiel, dass du die Präsentation oder das dazugehörige Handout per E-Mail versendest oder noch offene Fragen beantwortest. Für diesen Teil solltest du dir nicht zu viel Zeit lassen und Tage vergehen lassen. Die ersten 48 Stunden nach der Präsentation sind entscheidend. Man spricht auch vom Zauber der ersten 48 Stunden. In dieser Phase ist noch alles frisch in den Köpfen deiner Teilnehmer und Teilnehmerinnen.

Auch ist ihr Tatendrang in dieser Zeit noch am größten. Danach nimmt er kontinuierlich ab, bis zu einem Punkt, an dem deine E-Mail möglicherweise noch registriert, aber nicht mehr beachtet oder beantwortet wird.

Ich persönlich versende die versprochenen Unterlagen gerne am nächsten Tag. Zum einen hat das den Vorteil, dass meine Teilnehmer sich noch mit dem präsentierten Thema beschäftigen und sie auf die Materialen warten, und zum anderen kann ich selbst wieder etwas von meiner eigenen To-do-Liste streichen, um im Anschluss zu meinem Tagesgeschäft überzugehen.

Manchmal kann es Sinn machen, eine kleine zusätzliche Zusammenfassung an die Teilnehmer zu versenden. Das kann ruhig stichpunktartig sein. Hierzu zählen Informationen, die sich aus den Gesprächen ergeben haben und die in dieser Form nicht in deiner Präsentation enthalten sind.

Tipp

Nimm dir die Zeit, um die Unterlagen passend zu deiner Präsentation zu gestalten. Das wirkt nicht nur professionell, sondern wird auch von deinen Teilnehmern positiv bewertet. Dafür kannst du bereits vor der Präsentation eine entsprechend angepasste Vorlage erstellen, die du später nur noch mit Inhalten füllen musst. Für dieses Handout verwendest du dieselben Farben und Schriften wie in deiner Präsentation. Wenn du Bilder integrierst, sollten diese auch der Optik deiner bisherigen Präsentationsbilder entsprechen. Führe auf jeden Fall auch noch einmal deine Kontaktdaten auf, damit deine Kunden diese direkt griffbereit haben, für den Fall, dass sich weitere Fragen ergeben sollten.

Mein Fazit lautet an dieser Stelle: Versprechungen, die du zuvor getroffen hast, müssen unbedingt eingehalten werden, am besten direkt am nächsten Tag. Manche Präsentatoren schicken bereits am selben Tag noch ihre Materialien an die Teilnehmer. Ich persönlich finde das zu früh, weil das den Eindruck erwecken könnte, dass alles schon irgendwie auf Masse vorproduziert wurde. Nutz diesen einen Tag, um möglicherweise noch auf einzelne Wünsche oder Fragen gezielt und persönlich einzugehen. Je mehr Mühe du dir gibst, desto größer werden deine Chancen, einen positiven Abschluss, eine prima Abschlussnote oder weitere Anfragen für zusätzliche Coachingtermine zu erzielen.

11.2.2 Gespräch mit Ansprechpartnern

Gerade bei einer Präsentation vor einer größeren Gruppe wirst du die ein oder andere Visitenkarte eingesammelt und die ersten losen Kontakte geknüpft haben. Nun geht es darum, diese Kontakte zu pflegen und zu vertiefen. Das Thema *Networking* wird immer wichtiger, und du solltest dir die Zeit nehmen, dein Netzwerk um die neuen Kontakte zu erweitern und eine persönliche Kontaktaufnahme im Sinne deines Networkings zu planen. Das bedeutet, du hinterlegst die neuen Kontaktdaten in deiner Datenbank. Sofern du auf *XING* oder *LinkedIn* ein eigenes Profil besitzt, vernetz dich auch dort mit den Teilnehmern und Teilnehmerinnen deiner Präsentation und schicke ihnen eine Kontaktanfrage. Wenn du bei XING über einen Premium-Account verfügst, kannst du zusammen mit deiner Kontaktanfrage eine kleine Nachricht mit übermitteln. Das ist eine weitere Gelegenheit, um dich noch einmal persönlich für den tollen Tag, das Interesse und die anregenden Gespräche zu bedanken.

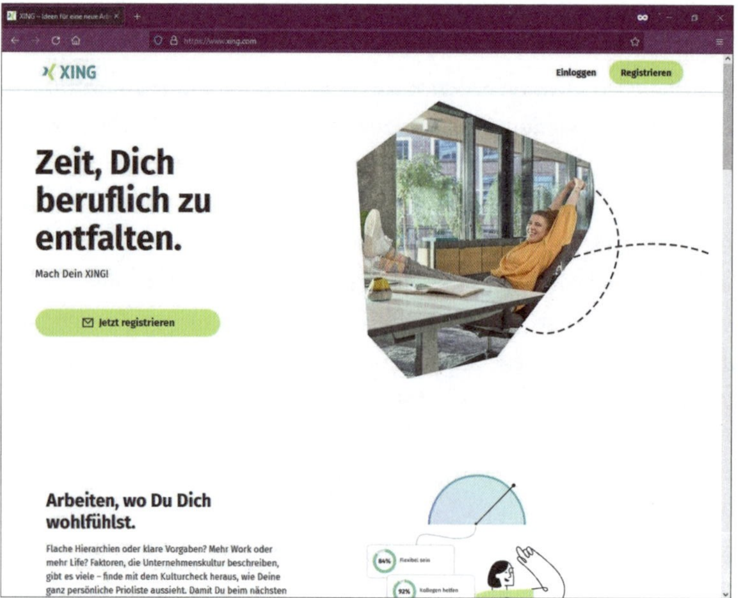

Abbildung 11.1 Nutz zusätzlich zu den altbewährten Kommunikationskanälen auch die neueren und vernetz dich via XING mit deinen Kontakten. (Quelle: www.xing.com)

XING ist ein soziales Netzwerk, das überwiegend im deutschsprachigen Raum genutzt wird. Wenn du internationaler unterwegs bist, bietet es sich an, dir ein Profil bei LinkedIn anzulegen.

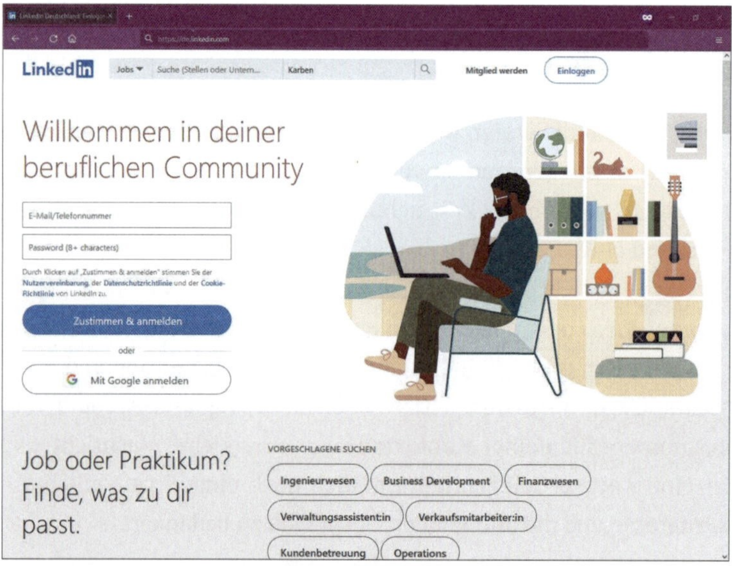

Abbildung 11.2 Für eine internationale Vernetzung empfiehlt sich das soziale Netzwerk LinkedIn. (Quelle: de.linkedin.com)

In deiner Kommunikation, die nun folgt, hast du den Vorteil, dass ein höherer Grad an Nähe erreicht ist, da ihr euch nun persönlich kennt. Um mit deinem Kunden oder deiner Kundin zu kommunizieren, nutz auf jeden Fall den Kanal, den ihr zuvor vereinbart habt. Wenn ihr euch auf E-Mails geeinigt habt, dann wechsle nicht plötzlich zu einem anderen Kanal und schicke beispielsweise eine Direkt Message über Social Media. Bleib während eurer Kommunikation stets respektvoll, und rede auf keinen Fall schlecht über einen Beteiligten, falls es einmal nicht zu einem Verkaufsabschluss kam.

Manchmal können mehrere Tage ins Land gehen, bevor man überhaupt eine Rückmeldung von seinem Kunden erhält. Gehe nicht direkt vom Schlimmsten aus, wenn du keine Rückmeldung erhältst. Meistens sind es ganz banale Gründe, warum eine Antwort so lange auf sich warten lässt. Dein Kunde hat noch sein eigenes Tagesgeschäft zu erledigen.

Besser ist es, noch einmal freundlich nachzuhören und zu fragen, ob noch irgendwelche Fragen offen sind, bei deren Beantwortung du behilflich sein kannst. Biete zusätzliche Ressourcen oder Support an, um die Entscheidung weiter zu erleichtern. Wenn wider Erwarten mehrere Wochen verstreichen, empfehle ich dir, das Kind beim Namen zu nennen und direkt zu fragen, ob das Projekt noch interessant bzw. relevant ist.

11.2.3 Dein Verhalten bei Zu- und Absagen

Fangen wir zunächst mit dem Schönen an. Du hast eine Zusage von deinem Kunden oder deiner Kundin bekommen. In den nachfolgenden Gesprächen dreht sich alles um das gemeinsame Projekt. Für deine Kommunikation bedeutet das, dass du weg vom Du und hin zum Wir gehst. Schaffe durch das Wort *wir* eine gemeinsame Basis und zeig Verbundenheit. Das kann auch für zukünftige Projekte zum Vorteil werden.

Für den Fall, dass du eine Absage erhältst, solltest du die positiven Aspekte der Sache sehen. Auch wenn kein gemeinsames Projekt zustande kam, kann der gewonnene Kontakt für die Zukunft von Bedeutung sein.

Gründe für eine Absage

- **Nicht die passende Zeit**: Mach dir auf jeden Fall einen Eintrag als Wiedervorlage in deinem Kalender und fass zu einem späteren Zeitpunkt noch einmal nach, ob das Projekt nun wieder interessant wäre.
- **Unterschiedliche Erwartungen**: Hier empfehle ich dir, Feedback einzuholen, um beim nächsten Mal mögliche Bedenken direkt aus dem Weg zu räumen.
- **Budget**: Versuch herauszufinden, was der Kunde sich vorgestellt hatte. Diese Information kann für dich bei anderen ähnlichen Projekten nützlich werden, um deine Leistungen dahingehend anzupassen.
- **Eine andere Idee war besser**: Bleib respektvoll und freu dich über deine hinzugewonnenen Erfahrungen.

11.3 Ein Resümee ziehen

Unabhängig davon, wie die Präsentation für dich persönlich ausgegangen ist, solltest du nicht nur die Dinge, die nicht ganz rund gelaufen sind beim nächsten Mal verbessern, sondern dir auch die Dinge vor Augen führen, die positiv aufgefallen sind. Daraus lassen sich für die nächste Präsentation deutliche Schlüsse ziehen.

Stell dir dazu die folgenden Fragen:

- Welche neuen Erkenntnisse hast du gewonnen?
- Welche eigenen Talente hast du durch die letzte Präsentation gefördert und weiterentwickelt?
- Welche Erfahrungen hast du für neue Projekte gesammelt?
- Inwieweit hast du deine Karriere mit deinem Vortrag vorangebracht?
- Welche Prozesse hast du bereits optimiert?
- Welche Investition hast du in dich selbst getätigt?
- Wie sieht deine persönliche Weiterentwicklung aus?

Ich habe es schon einmal erwähnt, eine Präsentation ist kein Sprint, sondern ein Marathon, der Ausdauer und Geduld erfordert. Auch ein Nein kann dich in deiner beruflichen Entwicklung weiterbringen, denn du hast an Erfahrung hinzugewonnen, und du weißt nun, was beim nächsten Mal besser gemacht werden muss. Was jetzt noch ein Nein ist, kann morgen schon ein Ja sein. Ich kann dir nur raten, die gemachten Erfahrungen für jede weitere Präsentation zu nutzen.

Und noch ein kleiner Ratschlag, den du dir zu Herzen nehmen solltest: Der eigene Wert und dein Talent hängen nicht allein davon ab, ob du jemanden genau im Moment der Präsentation oder dem Follow-up überzeugen konntest. Das ist im Grunde nur ein sehr kleiner Teil des großen Ganzen.

11.3.1 SWOT-Analyse nutzen

Wenn du einen Schritt weitergehen möchtest, um das Maximum aus deiner Präsentation und den daraus gewonnen Erkenntnissen zu holen, kannst du dafür die *SWOT-Analyse* nutzen. Dabei handelt es sich um ein Tool, mit dem sich zum einen die Positionierung eines Unternehmens definieren und die strategische Planung festlegen lässt und zum anderen die eigene persönliche Weiterentwicklung vorangetrieben werden kann. Der Begriff SWOT ist ebenfalls ein Akronym und setzt sich aus den Anfangsbuchstaben der englischen Wörter *strengths* (Stärken), *weaknesses* (Schwächen), *opportunities* (Chancen) und *threats* (Risiken) zusammen. Dabei werden die

Stärken und Schwächen (interne Merkmale) sowie die Chancen und Risiken (externe Analyse) in einer Tabelle dargestellt.

Die SWOT-Analyse hat ihren Ursprung in den 1950er Jahren. Damals wurde sie an der Harvard Business School eingeführt, um Fallstudien zu bearbeiten. Und genau dieses Prinzip kannst du dir für deine persönliche Auswertung der zurückliegenden Präsentation aneignen. Schau dir hierzu die nachfolgende Grafik in Abbildung 11.3 einmal genauer an.

SWOT Analyse		INTERNE MERKMALE	
		STÄRKEN (Strengths)	SCHWÄCHEN (Weakness)
EXTERNE MERKMALE	CHANCEN (Opprotunities)	Aus welchen Stärken ergeben sich neue Chancen?	An welchen Schwächen muss ich arbeiten, um neue Chancen zu nutzen?
	RISIKEN (Threats)	Welche Stärken reduzieren mögliche Risiken?	Weiterentwicklung! Schwächen dürfen nicht zu Risiken werden.

Abbildung 11.3 Vier Fragen bilden die Grundlage der SWOT-Analyse. Aus ihnen kannst du wichtige Erkenntnisse für deine nächste Präsentation ziehen.

Um die SWOT-Analyse zu nutzen, gehst du dabei wie folgt vor: Bevor es losgeht, gilt es, ein konkretes Ziel festzulegen. Was möchtest du genau analysieren? In unserem Fall den Ablauf deiner Präsentation vor Publikum. Die Frage könnte also lauten: »Wie schaffe ich es, meine Präsentation beim nächsten Mal noch effektiver zu gestalten?«

Zunächst einmal werden deine Erkenntnisse in einer Tabelle wie der obigen erfasst. Aus der Kombination der verschiedenen Bereiche lassen sich neue Erkenntnisse und strategische Konsequenzen ableiten, die du für deine nächste Präsentation einsetzen kannst. Als Erstes betrachten wir die externen Merkmale. Bei den externen Merkmalen wird das Umfeld analysiert, also alles, was von außen kommt. Dazu gehört zum Beispiel der Umgang mit unbequemen Fragen und wie du darauf reagiert hast. Aus den gewonnenen Erkenntnissen lassen sich Veränderungen in deinem Verhalten ableiten. Im nächsten Schritt erfolgt die Analyse der internen Merkmale. Die

Stärken und Schwächen beziehen sich hier direkt auf dich als Person. Sie ist von daher eine sehr individuelle und persönliche Sache, bei der du ehrlich zu dir selbst sein solltest.

Abschließend lässt sich sagen, dass bei der SWOT-Analyse keine Priorisierung vorgenommen wird. Aus den Ergebnissen lassen sich noch keine konkreten Maßnahmen ableiten oder umsetzen. Sieh sie eher als eine Art Kompass an, dem du folgst, um deinem Ziel einer »perfekten Präsentation« immer näher zu kommen.

Kapitel 12
Präsentationen von Brand-Projekten

Das Erstellen eines Brand-Projekts ist ebenso wichtig wie das Wissen darum, wie man es im Anschluss richtig präsentiert. In diesem Kapitel geht es um die Erstellung einer Erzählung bis zur Fertigstellung der Präsentation des Projekts, um den Kunden oder die Kundin am Ende zu fesseln und zu überzeugen.

In den vergangenen elf Kapiteln hast du alles Wichtige lernen können, um deine Präsentationen perfekt aufzubauen, mit voller Überzeugung zu präsentieren und auf mögliche unbequeme Fragen souverän zu reagieren. In den kommenden zwei Kapiteln gehe ich gezielt auf spezielle Formen des Präsentierens ein. Das erste richtet sich vor allem an Grafiker und Designer, die ein neues *Brand-Projekt* erstellen und ihrem Kunden präsentieren müssen. Ich persönlich liebe es, neue Branding-Projekte umzusetzen und meinen Teil dazu beizutragen, um neue Marken zu kreieren und zum Leben zu erwecken.

Das Erstellen eines Brand-Projekts ist genauso wichtig, wie das Wissen darum, wie man es am Ende seinem Kunden oder seiner Kundin richtig verkauft. Darum soll es nun gehen, von der Entstehung des Konzepts, der Entwicklung einer Erzählung bis hin zur Erstellung der Präsentation. Dazu gehört ebenfalls, die Marke für den Kunden zu visualisieren. Auf den folgenden Seiten zeige ich dir, wie du das Projekt entwickelst, inklusive des Arbeitens mit *Mock-ups*, um Markenvisualisierungen zu schaffen. Mach aus deiner Präsentation ein Markenerlebnis und fessle deinen Kunden mit deiner Idee.

12.1 Kreatives Konzept

Alles steht und fällt mit einem Konzept. Das sollte dir mittlerweile in Fleisch und Blut übergegangen sein. In Abschnitt 8.2.4, »Die Kundenmarke verstehen«, habe ich dir bereits von der Notwendigkeit erzählt, wie wichtig es ist, die Kundenmarke zu verstehen, um eine Punktlandung zu erzielen. Sofern ein Kundenbriefing vorliegt, kannst du dies hervorragend als Ausgangsbasis nutzen, um die visuelle Identität deines Kunden in einem aussagekräftigen Brand-Projekt umzusetzen. Lies dir am besten noch einmal den oben genannten Abschnitt aufmerksam durch und definiere für dich zu Beginn des Projekts, ob all deine anfänglichen Fragen bezüglich des Projekts geklärt sind.

Für den Fall, dass nicht genügend Informationen vorliegen oder der Kunde neu am Markt ist, bietet es sich an, mit ihm einen kleinen Positionierungsworkshop durchzuführen. Das hat den Vorteil, dass du schon einiges über deinen Kunden oder deine Kundin erfährst. Wenn du es geschickt anstellst, findest du sogar heraus, welche Vorlieben er oder sie hat und was ihm bzw. ihr möglicherweise nicht so gut gefällt. All das sind nützliche kleine Informationen, damit dein Projekt genau das gewünschte Ergebnis bringt. Auf der anderen Seite hast du so die Möglichkeit, gemeinsam mit deinem Kunden oder deiner Kundin seine/ihre *Businessnische* zu finden, zu besetzen und seinen/ihren einzigartigen *USP* (*Unique Selling Point* – Alleinstellungsmerkmal) klar herauszustellen. Ich unterteile diesen Findungsprozess gern in drei Kategorien:

- Wer bin ich?
- Was kann ich?
- Was biete ich?

Wer bin ich? Die Selbstanalyse

Hier dreht sich alles darum, was einen auszeichnet, was motiviert und welche Ziele man erreichen will. Folgende Impulsfragen können dabei hilfreich sein:

- Was kann ich besonders gut, und was fällt mir leicht?
- Zähle deine fünf besten Stärken auf.
- Beim Einsatz welcher Stärke fühle ich mich besonders sicher?
- Welche Stärke ist mir besonders wichtig?
- Welche Stärke möchte ich noch stärker in den Fokus rücken?
- Welche Fachkompetenz möchte ich vermitteln?
- Für welche drei Werte möchte ich stehen?
- Wofür kann ich mich begeistern?
- Wie möchte ich in Zukunft arbeiten?
- An welchen Projekten möchte ich zukünftig arbeiten?

Was kann ich? Die Marktanalyse

Die zweite Kategorie definiert, mit welchen Kunden man in Zukunft gern zusammenarbeiten möchte und wie das berufliche Umfeld aussehen soll. Folgende Impulsfragen können dabei behilflich sein:

- Welche Kunden werden aktuell bedient?
- Aus welchen Bereichen stammen die Kunden?
- Wie komme ich mit Kunden in Kontakt?
- Welche Ziele haben die Kunden?
- Was motiviert diese?
- Worauf legen sie Wert?

Was biete ich? Das Angebot

Im letzten Abschnitt geht es darum, zu zeigen, was man tut, wem es nützt und welcher Wert daraus entsteht. Folgende Impulsfragen können dabei behilflich sein:

- Was genau biete ich?
- Was ist das Besondere daran (Art und Weise)?
- Welches Werteangebot soll dem Kunden damit vermittelt werden?
- Welchen Nutzen zieht der Kunde daraus?
- Was macht die Kunden glücklich?
- Welche Kommunikationsmittel sollen genutzt werden?

Hinweis

In den zusätzlichen Materialen zum Buch (*www.rheinwerk-verlag.de/5625*) findest du eine Vorlage zum Ausdrucken mit diesen Fragen, um dir den Anfang der Positionierungsaufgabe zu erleichtern.

Dies sind natürlich nur grob umrissene Fragen, und sie können selbstverständlich um weitere Fragen ergänzt und erweitert werden. Ich gehe davon aus, dass du nun ein wenig Gespür dafür bekommen hast, dass du maßgeblich mit am Erfolg der Marke beteiligt bist und sie sogar ein Stück weit lenken kannst, zumindest was die Optik der Marke angeht. Nach einem zuvor festgelegten Zeitraum sind Feedbackgespräche mit dem Kunden wichtig, um in Erfahrung zu bringen, welche Ziele durch die Arbeit erreicht wurden und wo womöglich weiterer Optimierungsbedarf besteht.

Wir werden nun im Folgenden ein kleines Projekt zur *Brand Identity* erstellen, das die wichtigsten Kernelemente widerspiegelt und die Welt zeigt, in der die Marke leben wird. Dafür bedienen wir uns noch einmal unseres fiktiven Beispiels der Gartenbauer *green feelgood*, das du bereits in Kapitel 4, »Erwecke deine Präsentation zum Leben«, kennengelernt hast. In diesem Abschnitt soll es nun darum gehen, der Marke einen kompletten Relaunch zu verpassen, um neue Märkte zu erschließen bzw. sich neu zu positionieren. Es ist dabei ein moderneres Erscheinungsbild gewünscht, das vermehrt die jüngere Generation anspricht.

12.1.1 Konzept

Das Konzept ist das Herzstück deines Projekts. Es gibt der Marke einen Sinn, aus dem heraus du die Idee entwickelst. Es enthält alle spezifischen und einzigartigen Charakteristika. Deshalb muss das Konzept von Anfang an klar sein. Es ist der rote Faden, der alles zusammenhält und auf den man im Zweifelsfall immer zurückgreifen kann. Das gilt im Übrigen für sämtliche Bereiche, die von der kreativen Entwicklung betroffen sind. Dabei solltest du stets zwei Fragen im Hinterkopf behalten:

1. Passt die kreative Ausarbeitung zum Konzept?
2. Kommuniziert die kreative Ausarbeitung die Idee des Konzepts?

Diese zwei Fragen helfen dir dabei, deine Designs zu verfeinern, sodass man später über die Marke kommunizieren kann. Um das Konzept ausarbeiten zu können, bedarf es dreier Elemente.

Elemente eines Konzepts

1. Kundenbriefing
2. Kontext der Marke
3. die wichtigsten Punkte der einzelnen zu verwendenden Elemente, um eine Erzählung zu generieren, die mit dem kreativen Konzept übereinstimmt und mit dem, was erreicht werden soll

Es gibt noch einen weiteren Ansatzpunkt, an dem du bei der Entwicklung des Konzepts ansetzen kannst und der dir eine Reihe von Spielmöglichkeiten erlaubt. Dabei handelt es sich um den bisherigen kulturellen Background der Marke.

Bei der Entwicklung eines sogenannten *Markenmanifests* haben sich in der Regel sechs Schritte als erfolgreich erwiesen. Zuerst einmal geht es im ersten Schritt darum, einen Ausgangspunkt zu definieren, von dem aus das kreative Konzept zum Leben erweckt wird. Im zweiten Schritt werden zwei bis drei Sätze formuliert, die den Kerngedanken der Idee wiedergeben. Daraus entwickelt sich im dritten Schritt der Leitsatz der Marke. Dieser wiederum hilft dir dabei, die Markenstimmem vierten Schritt zu definieren und daraus eine Erzählung abzuleiten. Durch diese Vorbereitungen solltest du im fünften Schritt in der Lage sein, die Markenwelt zu beschreiben und im Anschluss daran im sechsten Schritt alle benötigten Designs zu erstellen. Für mich persönlich ist die Gestaltung der Designs in diesem letzten Schritt immer der schönste Teil. Wenn die Marke vor deinen Augen entsteht, wächst und am Ende in die Welt hinausgetragen wird.

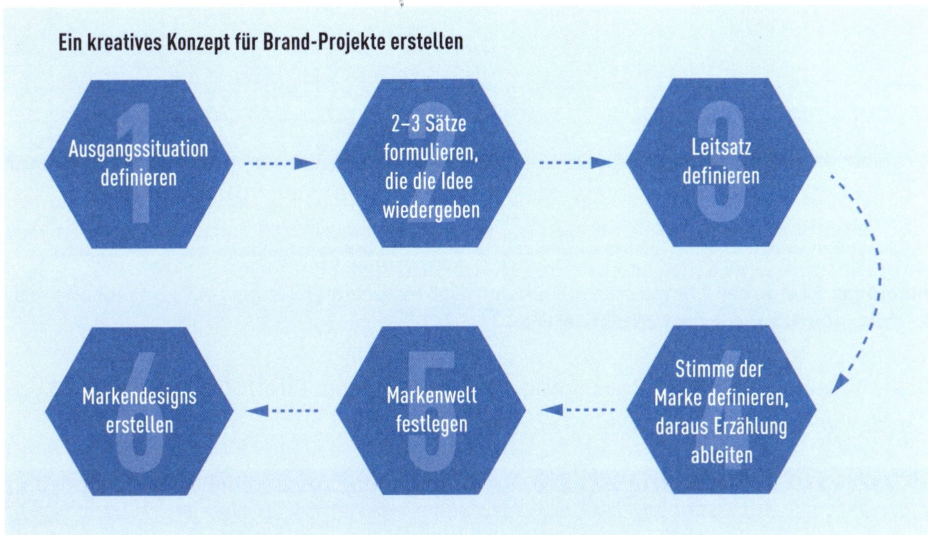

Abbildung 12.1 Die sechs Schritte zur Erstellung eines Brand-Konzepts

Das neue Konzept der Marke *green feelgood* beruht auf der japanischen Philosophie *MA*. Diese Philosophie kann sich auf sämtliche Aspekte des Lebens beziehen und beschreibt die Leere oder Pause eines bestimmten Zeitintervalls, die benötigt wird, um zur Ruhe zu kommen und um neues entstehen zu lassen. MA ist die Essenz japanischer Ästhetik und bildet oft die DNA japanischer Designs.

Dieser Ansatz deckt sich mit der Mission von *green feelgood*, Räume zu schaffen, in denen man zur Ruhe kommen kann, für den ganz persönlichen MA-Moment des Tages. Für den gesamten Prozess der Konzeptfindung solltest du dir genügend Zeit nehmen und nichts überstürzen. Bei unbeantworteten Fragen, die während des Prozesses auftauchen können, greif am besten immer erst auf das Briefing des Kunden zurück.

Wichtig ist, dass dein Design nicht im Widerspruch zu deiner Präsentation steht. Leg dir ebenfalls ein entsprechendes Grundraster an, wie du es bereits in Kapitel 4 gelernt hast, um es im Anschluss mit Leben zu füllen. Achte auch hier darauf, dass die Folien nicht mit Text überfrachtet sind.

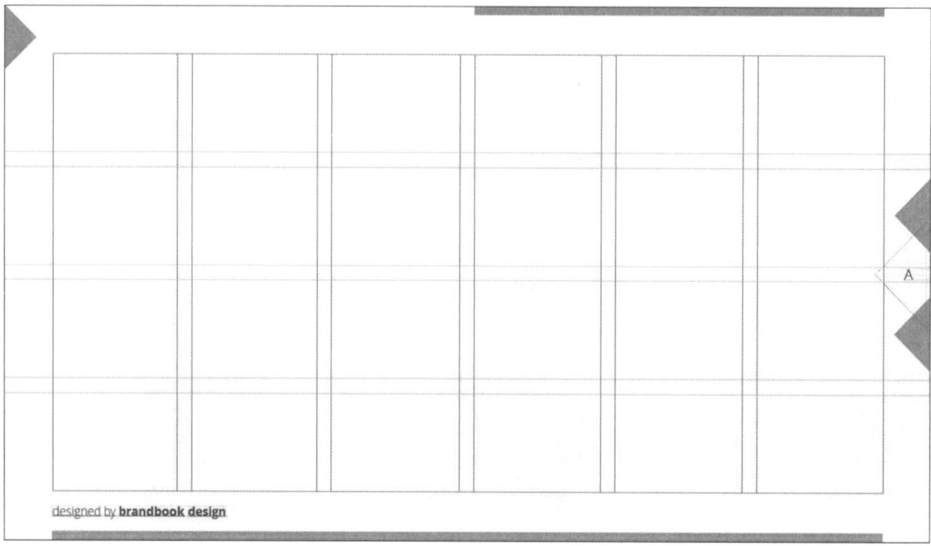

Abbildung 12.2 Arbeite am besten mit einem zuvor festgelegten Raster, um deine Inhalte später schnell und zeitsparend zu platzieren.

Beginne auch eine Brand-Präsentation immer mit einer **Titelfolie**, um deinem Kunden den gedanklichen Einstieg zu erleichtern.

Abbildung 12.3 Eine Titelseite sieht nicht nur schön aus, sondern sie stimmt deinen Kunden auch bereits unbewusst auf die nachfolgende Präsentation ein.

Fasse für deine Präsentation die ersten drei Punkte auf einer Folie zusammen und orientiere dich dabei an den Grundgedanken des Designs.

Abbildung 12.4 Die Darstellung der Leitidee sollte dem Konzept entsprechen und es widerspiegeln. In unserem Beispiel liegt der Fokus auf einer minimalistischen und reduzierten Darstellung. Entsprechend wurde die Folie nicht mit aufwendigen Grafiken und Designs überfrachtet.

In den zusätzlichen Materialien zum Buch (*www.rheinwerk-verlag.de/5625*) findest du zum einen die Antworten des Positionierungsworkshops und zum anderen das fertig erstellte kreative Konzept für *green feelgood*, das du in Zukunft gern als eine Art Leitfaden nutzen kannst.

Bevor es zum Kern des Designkonzepts kommt, bietet es sich an, das Markenprofil und die Werte des Kunden (siehe Abbildung 12.5) ebenfalls mit in deiner Präsentation aufzuführen. Dies verdeutlicht, dass du dich intensiv mit dem Thema auseinandergesetzt hast und die Werte, für die dein Kunde oder deine Kundin steht, respektierst und in deinen Überlegungen berücksichtig hast.

Abbildung 12.5 Das Markenprofil fasst in zwei bis drei Sätzen kurz zusammen, wie der Kunde sich am Markt positionieren will und mit welchen Werten er dafür steht. Diese werden, falls nicht im Briefing vorhanden, im Positionierungsworkshop erarbeitet.

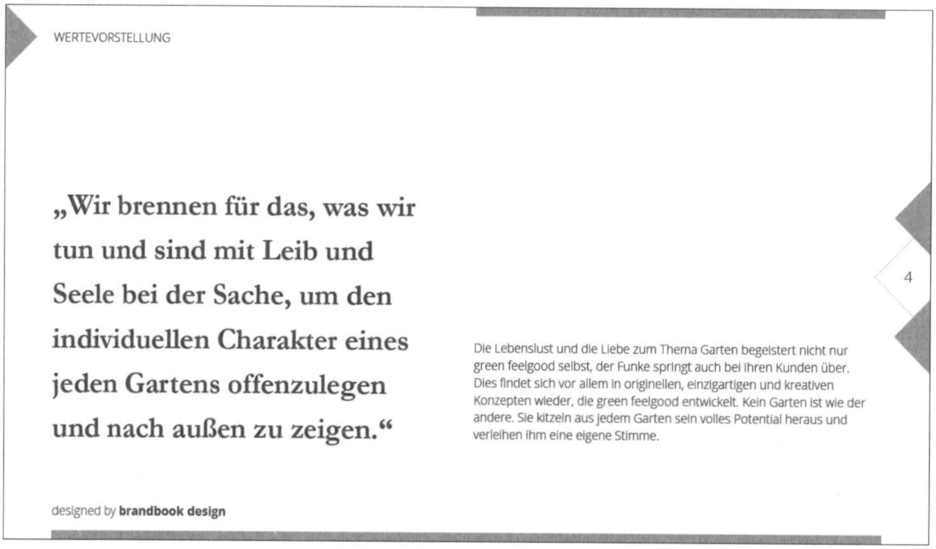

Abbildung 12.6 Die Vorstellung der Werte kann dabei noch einmal separat auf einer Folie ergänzt und verdeutlicht werden.

Als letzten Punkt vor der eigentlichen kreativen Präsentation, empfehle ich, einen kleinen Blick auf die Wettbewerbssituation zu werfen und die Marke in Relation zur Konkurrenz zu setzen. In der Regel reichen zwei Folien, die sich auf die Zielgruppe (siehe Abbildung 12.7) und den Wettbewerb (siehe Abbildung 12.8) beziehen.

Abbildung 12.7 Die Zielgruppe

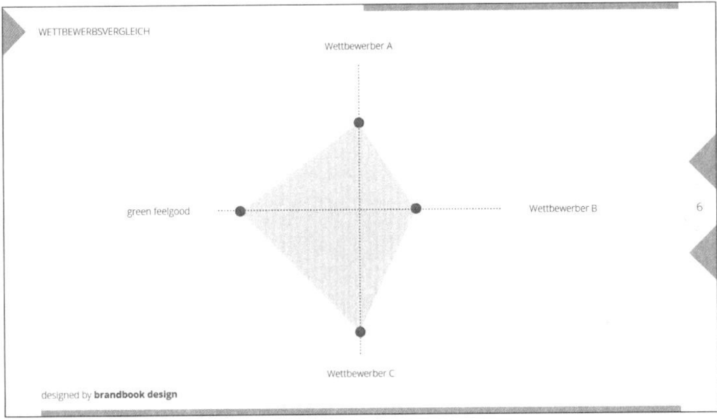

Abbildung 12.8 Wettbewerbsvergleich

12.1.2 Markenmanifest und Slogans

Ein weiterer wichtiger Teil des Konzepts ist das Markenmanifest. Es ist die Stimme deiner Marke und beinhaltet folgende Punkte:

- Was macht die Marke?
- Warum gibt es sie?
- Was ist die Mission?
- Über welche Kanäle kommuniziert sie?

Wie du vielleicht gemerkt hast, deckt sich dies mit der Positionierung und den Impulsfragen, die ich dir bereits weiter vorne genannt habe. Das Markenmanifest gibt im Grunde die Kernessenz der Positionierung wieder und fasst sie zusammen.

Abbildung 12.9 Dein Markenmanifest beinhaltet in kurzen und knappen Sätzen den Kern deiner nachfolgenden Ausführungen und legt bereits fest, welche Kommunikationskanäle in Zukunft genutzt werden sollen.

Zusätzlich kannst du an dieser Stelle über Träume, Ziele oder Probleme sprechen, die die Marke aktuell beschäftigen. Daraus ableitend ergeben sich drei Säulen, aus denen sich das weitere Erscheinungsbild entwickelt:

- Tonfall der Marke
- Zielgruppe und Markt
- Mission und Vision

Und noch einmal, je mehr Arbeit du in die zuvor ausgearbeitete Positionierung gesteckt hast, desto einfacher wird dir die Konzeptphase fallen, da du im Grunde sämtliche Bausteine bereits vorliegen hast, die du nur noch für deine Kundenpräsentation in eine ansprechende Erzählung mit einer entsprechenden optischen Aufmachung bringen musst.

Der Slogan, der sich aus den vorherigen Überlegungen ableiten lässt, fasst das Markenmanifest in einem kurzen Satz zusammen. Er dient in erster Linie der externen Kommunikation und kann sich zudem in unterschiedliche Kategorien gliedern. Die drei wichtigsten Elemente bei der Slogan-Entwicklung sind folgende:

- Wie ist das kreative Konzept?
- Wie sind die Eigenschaften der Marke?
- An welche Zielgruppe richtet sich der Slogan?

Abbildung 12.10 Für den Fall, dass du mit mehreren Slogans arbeiten möchtest, mach dies auf der Folie kenntlich und erwähne es in deinem Vortrag.

12.1.3 Konzept- und Grafik-Moodboards

Mit den ersten Folien hast du bereits den Grundstein gelegt, um darauf aufbauend dein grafisches Konzept zu erstellen. Es dient nicht nur dir, sondern vor allem deinem Kunden bzw. deiner Kundin als visuelle Unterstützung, damit diese dein kreatives Konzept verstehen. Viele Menschen tun sich ein wenig schwer damit, wenn man sagt: »Stellen Sie sich vor …« Das Prinzip, das hier angewendet wird, lautet dabei: Show, don't tell.

Auch wenn es dir zunächst mehr Arbeit macht, werden dir Visualisierungen später dabei helfen, mit deinem Kunden effektiver zu kommunizieren und sich konkret auf etwas zu beziehen. Die wichtigsten Punkte aus dem Konzept müssen natürlich berücksichtigt werden. Bevor ich auf einer separaten Folie mein Moodboard für den Kunden einfüge, nutze ich vorab eine Folie, um die Designprinzipien anschaulich darzustellen. Schau dir hierzu Abbildung 12.11 an.

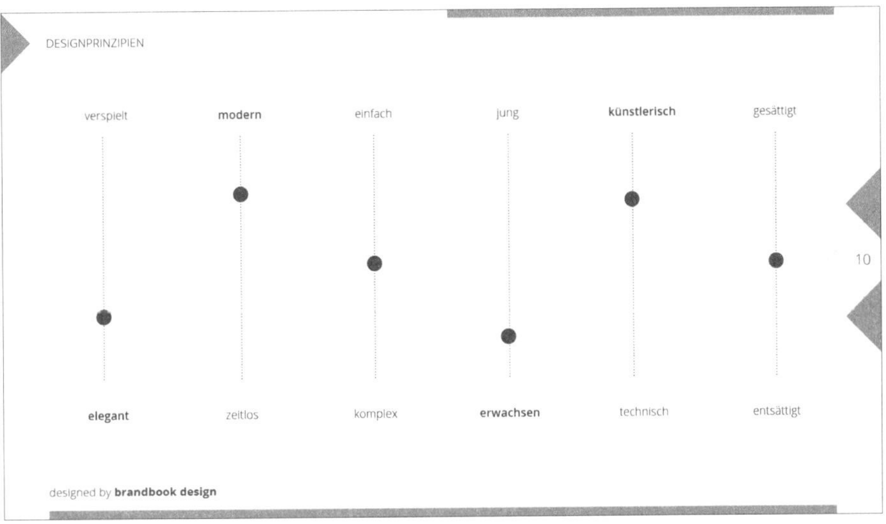

Abbildung 12.11 Dank der Reglerdarstellung ist auf einen Blick erkennbar, in welche Richtung das spätere Design gehen wird. Ohne viel Wort darüber zu verlieren, ist der Kunde in der Lage, die Idee dahinter zu verstehen.

So kannst du deinen Kunden oder deine Kundin schon einmal auf die nachfolgenden Folien einstimmen. Ich unterteile das Moodboard gern in zwei Kategorien:

1. Die erste beschreibt die wichtigsten Charakteristika oder Merkmale.
2. Die zweite betrifft die grafische Umsetzung: Es werden noch keine endgültigen Designs gezeigt. Vielmehr geht es darum, den Grundgedanken anhand von Beispielen zu zeigen. Hierzu kannst du unter anderem folgende Elemente mit berücksichtigen: Farbpaletten, Schriften, Symbole, Bildideen etc.

Für beide Kategorien nutze ich jeweils zwei Folien. Auf der ersten Folie arbeite ich in der Regel mit Schlagwörtern, die die folgende Folie mit Bildern beschreibt.

> **Tipp: Zahl der Schlagwörter begrenzen**
>
> Nutz nicht mehr als fünf Stichpunkte. Alles darüber hinaus kann irritieren oder schon zu viel des Guten sein.

Das Ganze sieht nun aus wie in Abbildung 12.12 und Abbildung 12.13.

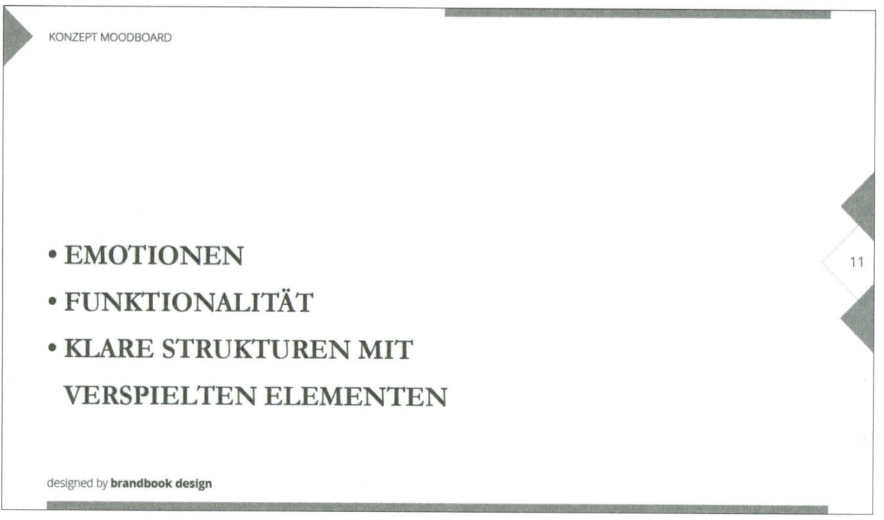

Abbildung 12.12 Schlagwörter, die einen Übergang zur zweiten Folie bilden, die den Charakter der Marke in Bildern darstellen soll

Abbildung 12.13 Das eigentliche Moodboard zur ersten Kategorie, um dem Kunden den bevorzugten Charakter näherzubringen

Ähnlich verhält es sich mit der zweiten Kategorie, dem grafischen Charakter. Wie bereits erwähnt, zeigst du hier noch nicht deine fertigen Designs. Diese kommen erst später ins Spiel. Du fütterst deinen Kunden erst etwas an. Auch hier beginnst du zunächst mit Stichpunkten, um den grafischen Stil zu definieren, bevor du mit der zweiten Folie zeigst, in welche Richtung sich das Ganze bewegt.

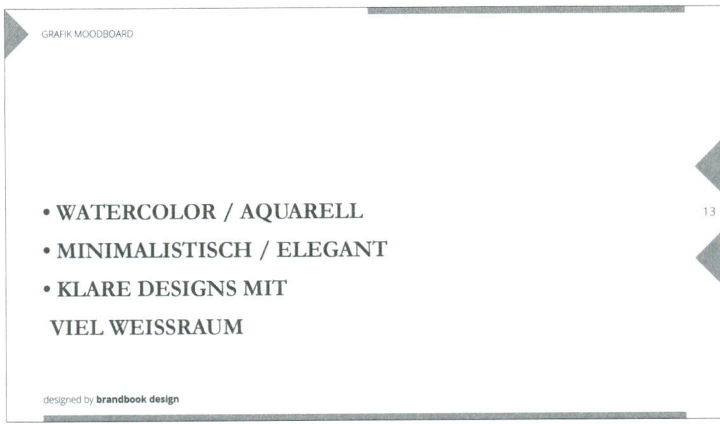

Abbildung 12.14 Nutz auch hier nicht mehr als fünf Stichpunkte. Gib den Kern deiner gestalterischen Idee wieder.

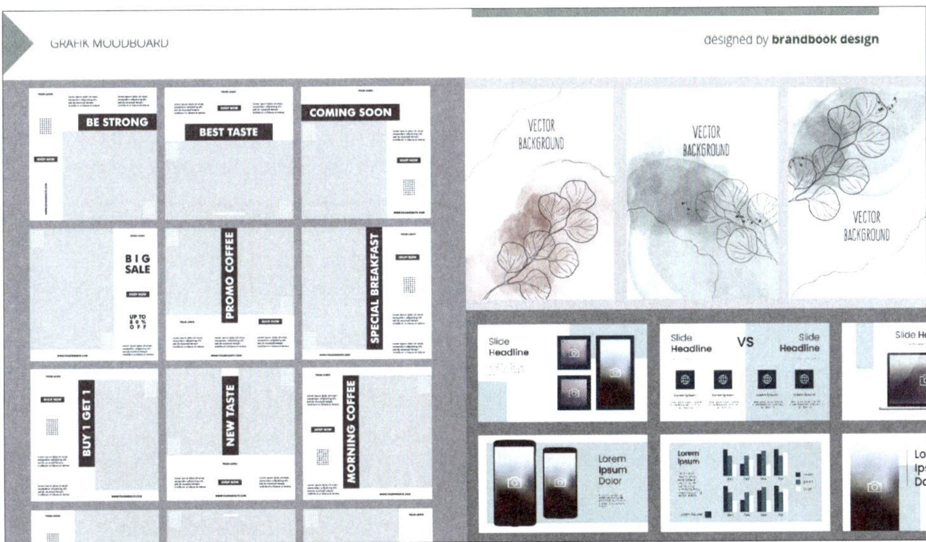

Abbildung 12.15 Erkläre deinem Kunden bei deinem Vortrag, welche Elemente interessant sind und welche du dir für seine späteren Designs vorstellen kannst. Hier kannst du gern schon einmal auf einen späteren Teil der Präsentation verweisen.

Dieser komplette Teil sollte am Ende in etwa die Hälfte deiner Folien ausmachen. In der zweiten Hälfte widmen wir uns ausschließlich der eigentlichen Gestaltung.

12.2 Grafische Umsetzung

In diesem Abschnitt geht es nun darum, wie du all die Überlegungen, die du zuvor angestellt hast, in ein ansprechendes Design packst, grafische Elemente organisierst und die Identität der Marke zusammensetzt. Hierzu gehören unter anderem die klassischen Bausteine wie Farben, Schriften oder Bildstil. Auf diese Art und Weise beginnst du, deinem Design Leben einzuhauchen. Schauen wir uns zunächst einmal die *grafische DNA* deines Designs an.

12.2.1 Die DNA der grafischen Marke

Die wesentlichen Teile der grafischen DNA, die später deine Markenidentität ergeben, bilden die Farbpaletten, die Typografie und der fotografische Stil. Auch weitere Elemente wie Grafiken oder Icons sind denkbar und können Teil des grafischen Vorschlags werden.

Wenn du die Farben für dein Projekt definierst, bedenke, dass es einen Unterschied macht, ob du Farben für den Webbereich oder für den Printbereich definierst. Das hat etwas mit der *additiven* und der *subtraktiven Farbmischung* zu tun.

Additive und subtraktive Farbmischung

Bei der *additiven Farbmischung* werden die Primärfarben des Lichts Rot, Grün und Blau auf einer Stelle gebündelt und übereinandergelagert dargestellt. Dabei entsteht wieder weißes Licht. Diese Art der Farbdarstellung erfolgt bei sogenannten Selbstleuchtern wie einem PC-Monitor oder einem TV-Gerät.

Die subtraktive Farbmischung kennst du zum Beispiel noch aus der Schulzeit, als du mit Wasserfarben gemalt und dabei verschiedene Farben miteinander gemischt hast. Theoretisch kann man mit den Primärfarben Cyan (Blaugrün), Magenta (Purpur) und Gelb alle übrigen Farben herstellen. Die subtraktive Farbmischung kommt in Druckereien und auf dem heimischen Drucker zum Einsatz.

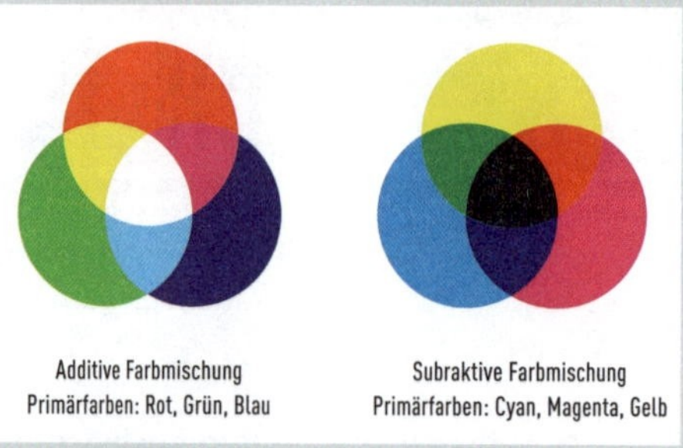

Abbildung 12.16 Prinzip der additiven und subtraktiven Farbmischung

Um die Farbpalette optisch ansprechend darzustellen, gibt es verschiedene Möglichkeiten. Der Einsatz mehrerer Folien ist denkbar. Ich persönlich finde allerdings eine Folie mit den primären (Farben erster Ordnung), sekundären (Farben zweiter Ordnung) und tertiären Farben (Farben dritter Ordnung) am schönsten und übersichtlichsten. Wenn du Farben definierst, gib ihnen am besten einen entsprechenden Namen (beispielsweise personalisierte) und ordne ihnen eine Bedeutung zu. In Abbildung 12.17 siehst du, wie ich dieses Thema optisch löse.

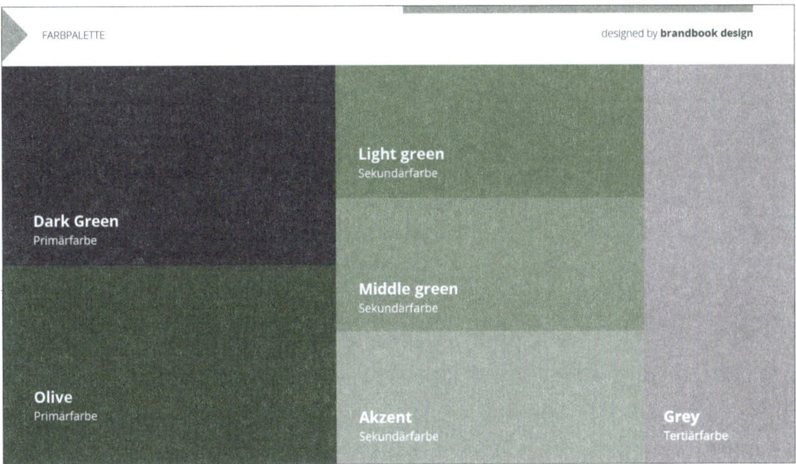

Abbildung 12.17 Die definierte Farbpalette – übersichtlich und mit einer klaren Zuordnung, welche Farben die primären sind und welche weiteren Farben wie genutzt werden

Auch die folgenden Darstellungsmöglichkeiten in Abbildung 12.18 und Abbildung 12.19 sind machbar. Dabei bildet ein Bild die Referenz für den Ausgangspunkt.

Abbildung 12.18 Möglichkeit 1 bietet zusätzlich die Chance, die Farbwahl in einem kurzen Text zu erläutern.

Abbildung 12.19 Möglichkeit 2 kommt ganz ohne Beschreibung und Farbnamen aus und beruht allein auf dem zuvor definierten Referenzfoto.

Ein weiteres wichtiges Merkmal der grafischen DNA sind die Schriften. Hier gehst du im Grunde ähnlich vor wie bei den Farben und präsentierst auf mehreren Folien die definierten Schriften und ordnest sie hierarchisch an. Es bietet sich die folgende Aufteilung an: Titel, Akzente und Fließtext.

Manchmal kann es sein, dass dein Kunde deine bevorzugte Schrift nicht mag oder aus anderen Gründen ablehnt. Deswegen rate ich dir, biete deinem Kunden direkt eine Alternative für diese drei Bereiche mit an.

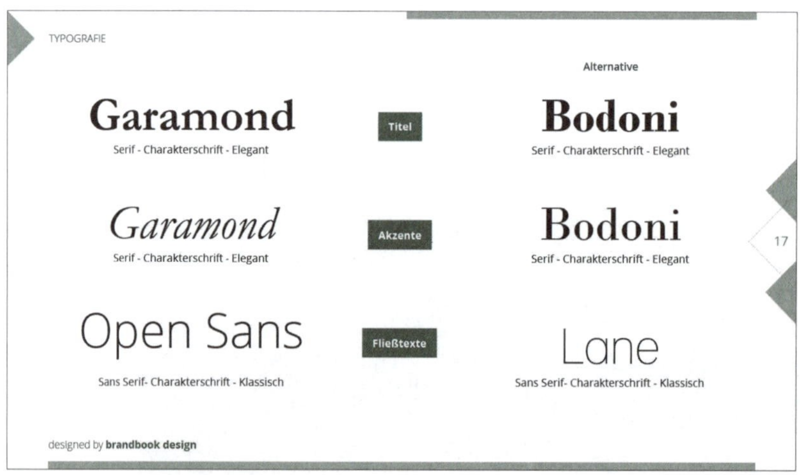

Abbildung 12.20 Bei der Wahl der Schrift solltest du nicht mehr als zwei oder maximal drei Schriften aussuchen und diesen eine klare Funktion und Hierarchie zuordnen.

Hier geht es rein um die Schriften, die für die Kommunikation genutzt werden. Die Logoschriften sind an dieser Stelle außen vor, da für sie andere Regeln gelten. Zusätzlich zu der Schriftwahl bereitest du ebenfalls eine Folie vor, die das Zusammenspiel der Schriften zeigt und wie die Schriften sich in verschiedenen Größen und Proportionen verhalten. Schau dir dazu Abbildung 12.21 und Abbildung 12.22 an.

Abbildung 12.21 Eine zweite Folie zum Thema Typografie stellt die Schrift in verschiedenen Größen und Proportionen dar.

Diese Art der Darstellung kannst du im Übrigen hervorragend nutzen, um dir selbst eine Art Typeface-Bibliothek anzulegen, auf die du immer wieder in zukünftigen Projekten zurückgreifen kannst.

Abbildung 12.22 Für das Zusammenspiel der Schriften bietet sich eine sogenannte Editorial-Folie an.

Als letzten großen Bereich innerhalb der grafischen DNA ist noch der *fotografische Stil* zu benennen. Hierbei gilt es vor allem, die gestalterischen Hauptmerkmale zu beachten. Arbeite mit drei bis vier Merkmalen, um deinen Bildstil zu definieren. Du kannst auch auf Merkmale wie Zielgruppe, Produkt, Lifestyle, Muster, Formen etc. eingehen. Außerdem legst du nun fest, ob der zukünftig eingesetzte Bildstil künstlerisch oder realistisch sein soll. Für unser Beispiel habe ich mich für einen realistischen Bildstil entschieden.

Die Wahl der hier gezeigten Bilder dient dazu, dass der Kunde oder die Kundin ein erstes Look-and-feel der Marke erhält und sich vorstellen kann, wie die Marke am Ende aussehen soll bzw. wird.

Abbildung 12.23 Der fotografische Stil legt bereits den ersten Grundstein für den späteren Look fest.

12.2.2 Grafischer Vorschlag und Grafik-Master

So langsam nähern wir uns dem Kern der neuen Marke. Als Designer neigt man oft dazu, dem Kunden oder der Kundin zu viele Vorschläge präsentieren zu wollen, weil man sich selbst nicht auf einen Stil festlegen kann, da man zu viele Ideen hat. Dieses Vorgehen ist allerdings kontraproduktiv. Wenn es dir bereits schwerfällt, dich für ein Design zu entscheiden, wie soll es dann erst deinem Kunden gehen? Führe dir bitte noch einmal vor Augen, dass du die Optik der neuen Marke maßgeblich mitbestimmst und an dieser Stelle die optische Richtung vorgibst. Fokussiere dich also lieber auf einen grandiosen Vorschlag statt halbherzig auf mehrere kleine. Hier zählt wieder einmal: Qualität geht vor Quantität. Natürlich steht es dir frei, einen zweiten Entwurf anzufertigen, allerdings solltest du diesen nur als Notfallplan in Reserve halten und nicht direkt mit ihm herausplatzen. Doch was genau enthält nun der grafische Vorschlag? Wieder einmal sind es drei wesentliche Bausteine:

1. Logovorschlag
2. grafische Elemente
3. Mock-ups (Vorführmodelle)

Hier erhält jedes Element wieder seine eigene Folie, um eine ideale Wirkung zu erzielen. Das Leitkonzept sollte als solches klar erkennbar sein. Überleg dir also zunächst einmal, welche Visualisierungen du benötigst, um deinen Kunden oder deine Kundin nun Schritt für Schritt in die neue Markenwelt einzuführen. Sie erfüllen an dieser Stelle repräsentative Zwecke. Doch beginnen wir zunächst einmal mit dem Logo. Nun ist der große Moment gekommen, um das neue Markenlogo zu präsentieren.

Abbildung 12.24 Bei der Logofolie wird nur das Logo platziert. Weitere Elemente wirken sich hier nur störend aus und lenken von dem eigentlichen Fokus ab.

Wenn dein Logo eine Besonderheit enthält, weil du möglicherweise eigene Schriften oder Ähnliches gestaltet hast, kannst du eine weitere Folie nutzen, um deine Logokonstruktion zu erklären. Diese kleine Logoanalyse dient dazu, das Logo besser zu verstehen. Auch weitere Aspekte wie Ausrichtungen, Anordnungen etc. können so berücksichtigt werden.

Abbildung 12.25 Exemplarische Darstellung der Logokonstruktion mit entsprechenden Anmerkungen

Als Nächstes folgt eine Folie mit den grafischen Elementen. Hierzu gehören:

- Icons
- Texturen
- Muster
- Abbildungen
- Illustrationen
- Signets

Abbildung 12.26 Darstellung grafischer Elemente. Für dieses Design gibt es ein Zusammenspiel aus Illustrationen, Mustern und Strukturen.

Es empfiehlt sich, eine weitere Folie einzubauen, die die grafischen Elemente im Zusammenspiel widerspiegelt.

Abbildung 12.27 Die grafische Welt von green feelgood

Zum Schluss folgt das große Highlight der Präsentation. Hier zeigst du nun endlich deine erstellten Mock-ups, die die neue Marke im Einsatz zeigen. Je nachdem, wie viele Visualisierungen du erstellt hast, bieten sich fünf bis acht Folien an, um die Vielfalt der Marke zu zeigen. Für dieses Bespielprojekt habe ich mich lediglich auf eine Folie mit Visualisierungen beschränkt, um dir das Prinzip zu zeigen.

Abbildung 12.28 Markenvisualisierungen

Deine Visualisierungen sind dabei nicht auf einen bestimmten Bereich festgelegt. Du kannst hier sowohl digitale als auch analoge Produkte zeigen. Wenn du von beiden Bereichen Visualisierungen zeigst, rate ich dir, diese entsprechend zu gliedern. Zeig beispielsweise erst nur die analogen Produkte wie Briefpapier, Visitenkarten etc. und gehe dann über zu den digitalen wie der Website oder dem Social-Media-Auftritt. Hier kannst du das volle Potenzial der Markenvisualisierungen nutzen.

Eine Folie fehlt zum Schluss noch, und zwar eine kleine »Vielen Dank«-Folie, zusammen mit deinen Kontaktdaten. Wie bereits in den vorangegangenen Kapiteln beschrieben, hilft dir diese Folie dabei, den Kreis zu schließen und deinem Kunden einen angemessenen Abschluss zu geben.

Abbildung 12.29 Zum Schluss sollte ein kleines Dankeschön nicht fehlen. Auch deine Kontaktdaten sollten auf der letzten Folie noch einmal aufgeführt werden.

12.3 Abschlusspräsentation

Bevor es an die finale Präsentation vor dem Kunden geht und du das Gelernte erfolgreich anwenden kannst, solltest du vorab noch ein wenig Zeit in den finalen Feinschliff investieren. Deine Präsentation kann davon nur profitieren. Schauen wir uns also an, was final zu erledigen ist.

12.3.1 Der letzte Feinschliff

Du hast nun alle wichtigen Folien erstellt, Mock-ups generiert und eine ansprechende Erzählung rund um die neue Marke aufgebaut. Doch wie so oft steckt der Fehler im

Detail. Ich lasse meine erstellten Präsentationen gern ein bis zwei Tage ruhen, um wieder etwas Abstand dazu zu gewinnen. Wenn man zu lange an einer Sache arbeitet, neigt man dazu, betriebsblind zu werden, und übersieht schnell irgendwelche Fehler oder Ungereimtheiten.

Zuallererst solltest du die komplette Rechtschreibung deiner Präsentation überprüfen. Am besten durchläufst du diesen Prozess mehrmals. Auch nach zweimaligem Lesen können kleinere Schreibfehler wie Buchstabendreher übersehen werden. Unser Gehirn erfasst nämlich zuerst nur den Umriss eines Wortes und mit ihm seine Bedeutung, erst danach erfolgt die genaue Buchstabenreihenfolge. Vielleicht ist dir hierzu schon einmal in einem anderen Zusammenhang das folgende Beispiel begegnet, das dieses Phänomen veranschaulicht und versucht, es zu erklären:

Gmäeß eneir Sutide eneir elgnihcesn Uvinisterät ist es nchit witihcg, in wlecehr Rneflogheie die Bstachuebn in eneim Wrot snid, das ezniige, was wcthiig ist, ist dass der estre und der leztte Bstabchue an der ritihcegn Pstoiion snid. Der Rset knan ein ttoaelr Bsinöldn sien, tedztorm knan man ihn onhe Pemoblre lseen. Das ist so, wiel wir nciht jeedn Bstachuebn enzelin leesn, snderon das Wrot als gseatems.

Fehler beeinträchtigen die Wirkung deiner Präsentation erheblich. Selbst wenn es zum Beispiel nur ein kleiner Buchstabendreher ist. Schnell wirkt dein Vortrag dadurch unprofessionell. Vergiss dabei nicht, auch deine erstellten Grafiken und Mock-ups zu überprüfen. Gerade hier werden gerne einmal Fehler übersehen.

Abbildung 12.30 Hast du den Fehler im Bild direkt erkannt?

Oftmals wird gar nicht groß darüber nachgedacht, wie man Daten für den E-Mail-Versand vorbereitet. Da wird einfach die Datei exportiert und fertig. Ich rate dir aber, dich einmal genauer mit den Einstellungen deines bevorzugten Arbeitsprogramms zu beschäftigen. Das kommt dir besonders dann zugute, wenn du deine Präsentation per E-Mail versenden möchtest. Dafür sollte das PDF nicht zu groß sein, damit du das Postfach deines Kunden oder deiner Kundin nicht sprengst. Wenn du ausschließlich mit Texten arbeitest, kommst du in der Regel mit der kleinstmöglichen Auflösung zurecht. Doch sobald Bilder eingebunden sind, musst du die Einstellungen beim PDF-Export so treffen, dass deine Bilder nach wie vor von guter Qualität sind.

Wenn du also ein PDF mit der kleinsten Dateigröße auswählst, dann sorg dafür, dass du bei der Bildkomprimierung die Qualität von niedrig auf hoch einstellst. So kannst du sicher sein, dass dein PDF deutlich kleiner in der Dateigröße ist, aber die Qualität deiner Bilder nur unwesentlich gelitten hat.

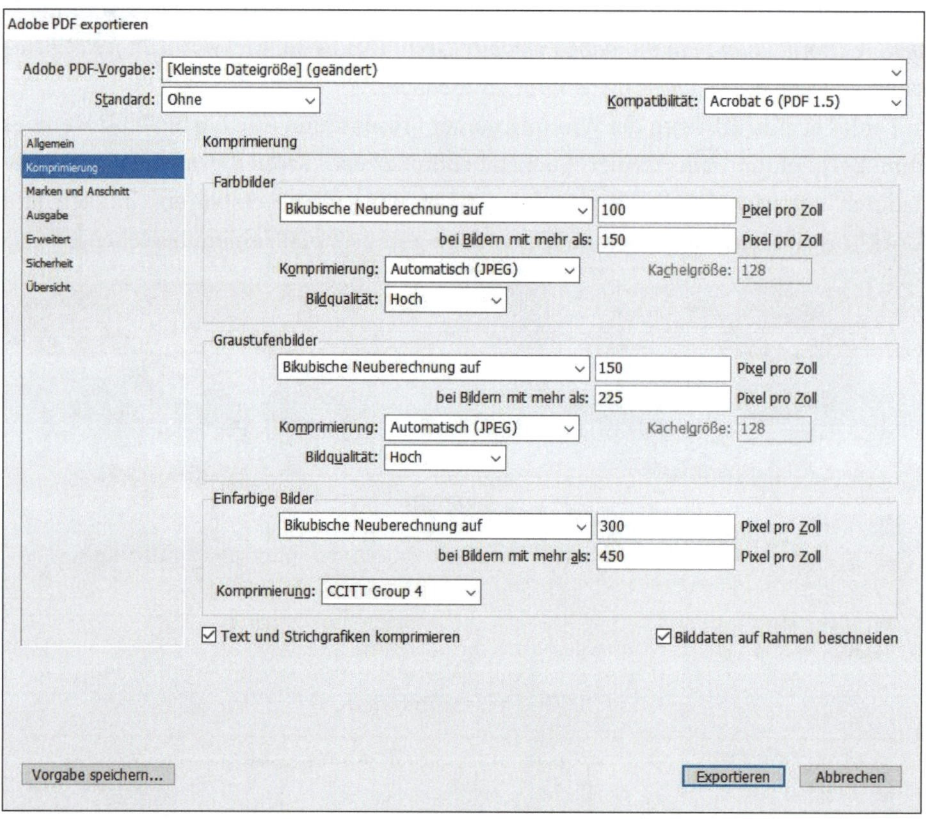

Abbildung 12.31 Achte beim PDF-Export darauf, dass du die Komprimierung deiner Bilder anpasst.

Tipp: Exporteinstellungen testen

Probiere einmal die verschiedenen Einstellungen beim PDF-Export aus und notiere dir das beste Ergebnis oder speichere dir eine entsprechende Export-Vorgabe ab.

Ich habe es schon bei Kolleg*innen erlebt, dass diese nach der Präsentation ihre zuvor erstellen Daten gelöscht haben. Bitte, tue so etwas niemals! Wenn du Platz auf deinem Rechner schaffen willst, dann lagere die Daten aus. Behalte immer die originale offene Datei. Ich lege mir dazu gern einen eigenen Projektordner mit der Struktur an, die du im Kasten siehst.

Projektname

Beispieldatei.indd	die eigentliche offene Datei
Links	In diesem Ordner sammelst du sämtliche Bilder, Grafiken etc.
Schriften	die verwendeten Schriftdateien für den Fall, dass diese auf anderen Rechnern nicht installiert sind
Input	Hier kommen Daten vom Kunden hin, zusätzliche Infos oder Notizen, eben alles, was für das Projekt von Relevanz ist. Auch eingescannte Dokumente gehören dazu.
PDF-Dateien: ■ Ansicht ■ Web ■ Druck	Dieser Ordner wird noch einmal untergliedert in: ■ eine Ansichtsdatei, die man zur Prüfung zum Beispiel an Kollegen versendet ■ die finale Datei, die der Kunde oder die Kundin später per E-Mail bekommt ■ Falls die Präsentation gedruckt werden soll, kommt hier eine hochauflösende Version mit Anschnitt und im CMYK-Farbraum hinein.
Bitte lesen.txt	eine Textdatei, die zusätzliche Informationen beinhaltet, für eine spätere zusätzliche Bearbeitung durch beispielsweise einen Kollegen oder eine Kollegin

Diese Struktur hat sich bei mir schon seit Jahren bewährt und hat den Vorteil, dass auch Projektfremde sich schnell zurechtfinden und die benötigten Daten finden und nutzen können. Die Grundstruktur dieses Ordners kannst du dir am besten als einen Vorlagenordner erstellen, den du nur kopieren und umbenennen musst.

Mit als Letztes solltest du überprüfen, dass sich keine Folien doppelt eingeschlichen haben. Wenn du deine Prüfung abgeschlossen hast, bitte einen Kollegen oder eine Kollegin darum, sich die Präsentation ebenfalls anzusehen und aufzuschreiben, was ihm oder ihr auffällt. Hier gilt das Vieraugenprinzip. Dies erspart dir in der Regel eine Menge Ärger.

Wenn du zukünftig mehrere solcher Präsentationen erstellen willst, rate ich dir, nach der finalen Prüfung eine Master-Vorlage anzulegen, die du immer wieder nutzen kannst. Wenn du, wie in Kapitel 4, »Erwecke deine Präsentation zum Leben«, gezeigt, mit Absatzformaten und Farbfeldern arbeitest, brauchst du nur die entsprechenden Parameter abzuändern, und schon kannst du die Vorlage individuell für ein neues Projekt nutzen. Das spart dir nicht nur wertvolle Zeit, auch tragen deine gesamten Brand-Konzepte zukünftig deine Handschrift, wodurch du dich als Profi auf dem Gebiet etablieren kannst.

12.3.2 Tipps zum Präsentieren

Im Grunde habe ich dir bis hierhin schon alle wichtigen Parameter genannt, die eine erfolgreiche Präsentation ausmachen. Ich möchte dennoch noch einmal in aller Kürze auf die wichtigsten Punkte eingehen und dir Tipps mit auf den Weg geben, wie du ein Brand-Konzept am besten präsentieren kannst.

Und noch einmal, du bist die Person, die am meisten über das Projekt weiß. Damit hast du die Chance, mit zusätzlichen Details zu glänzen und dich als zuverlässigen Ansprechpartner für das Projekt zu positionieren. Das Wichtigste ist, dass du Spaß hast, denn dann springt der Funke leichter auf deinen Kunden oder deine Kundin über, und du wirst es leichter haben, sie für deine Idee zu gewinnen. Außerdem steigert der Spaß an der Sache das eigene Selbstbewusstsein und Vertrauen, das du so wie selbstverständlich auch nach außen ausstrahlst.

Wenn du mit deiner Präsentation startest, beginne mit einer kurzen Einleitung. Stell dich kurz vor und erläutere, was dein Kunde oder deine Kundin erwarten darf und was der Inhalt der Präsentation sein wird. Das kann beispielsweise wie folgt aussehen:

»Hallo und herzlich willkommen zu der Präsentation Ihres neuen Brand-Konzepts. Vielen Dank, dass Sie sich die Zeit nehmen, um meinen Ideen zu lauschen. Mein Name ist …«

Hiernach kannst du noch kurz ein paar deiner Eigenschaften aufzählen, die dich besonders für das Projekt auszeichnen.

»Als Erstes beginne ich damit, zu erläutern, was die Marke ist, welche Werte sie vermittelt und an wen sie sich richtet. Später folgt das kreative Konzept, dessen Bestandteile sich aus dem Markenmanifest, dem Slogan und der Stimme der Marke zusammensetzen.

Es folgen konzeptionelle Moodboards, damit Sie schon einmal einen Eindruck vom Design bekommen. Dazu habe ich extra für Sie grafische Referenzen herausgesucht. Ein weiterer großer Abschnitt dieser Präsentation wird die grafische DNA sein, die im neuen Logo und in Markenvisualisierungen enden wird.

Lassen Sie uns also keine Zeit mehr verliehen. Es wird höchste Zeit, dass wir in Ihr neues grafisches Universum abtauchen. Ich wünsche viel Spaß bei den nun folgenden Ausführungen.«

Zum Schluss noch ein ernst gemeinter Rat: Egal, was kommt, steh zu deiner Idee und kämpfe für sie, wenn es sein muss. Das sorgt dafür, dass du ernst genommen wirst und zeigt dein Herzblut hinter dem Projekt. Ein überzeugenderes Argument wird es kaum geben.

12.3.3 Checkliste: Die wichtigsten Folien für eine Brand-Konzept-Präsentation

Zum Abschluss habe ich noch eine weitere Checkliste für dich zusammengestellt. Sie beinhaltet die wichtigsten und am häufigsten genutzten Folien für Präsentationen eines Brand-Projekts. Auch hier gilt: Nichts muss, alles kann.

Entscheide für jedes Projekt aufs Neue, ob du alle Folien benötigst, um deine Idee zu präsentieren. Je weniger Folien du nutzt, desto dankbarer wird dein Kunde/deine Kundin sein. Auch die Reihenfolge der Folien kann variieren. Zusätzlich empfehle ich dir, für jeden neuen Abschnitt eine Art Zwischenfolie zu nutzen, um das neue Thema visuell für deinen Kunden oder deine Kundin kenntlich zu machen.

Abbildung 12.32 Nutz Zwischenfolien, um einen neuen Themenblock hervorzuheben.

Präsentationsfolien eines Brand-Projekts

Nachfolgend die häufigsten und wichtigsten Folien eines Brand-Projekts im Überblick:

- **Titelfolie**
- **Zwischenfolien** (zum Kenntlichmachen neuer Themenblöcke)
- **Ausgangsbasis**
- Markenprofil und Werte
- Wertevorstellung
- Zielmarkt
- Wettbewerbsvergleich
- Markenmanifest
- Slogans
- **Designprinzipien**
- **Konzept Moodboard** (Nutz hierfür zwei Folien, wie weiter oben beschrieben.)
- **Grafik-Moodboard** (Nutz hierfür zwei Folien. wie weiter oben beschrieben.)
- **Farbpalette**
- **Typografie**
- Editorial
- **fotografischer Stil**
- **Logo**
- Logokonstruktion (An dieser Stelle hast du die Möglichkeit, auf Besonderheiten einzugehen.)
- grafische Welt
- **grafische Elemente**
- Markenvisualisierung
- Markenszenario
- **Dankesfolie mit Kontaktdaten**

Die fett hervorgehobenen Folien sind aus meiner Sicht die wichtigsten und sollten auf jeden Fall ein Teil deiner Präsentation sein.

Kapitel 13
Präsentieren wie die Profis

Das Feld der Präsentationen ist riesig, und nicht nur Kreative sehen sich damit konfrontiert. In diesem Kapitel werfen wir einen Blick auf drei weitere große Gruppen der präsentierenden Gesellschaft: die Lern- und Lehrenden, die klassischen Businessmenschen und den Beratersektor.

Langweilige Präsentationen sind für alle Beteiligten eine Bürde. Da wünschst du dir als Zuhörer nichts sehnlicher, als dass sie endlich enden mögen. Auch als Redner*in denkst du bei dem immer größer werdenden Desinteresse deiner Zuhörer und Zuhörerinnen: »Wann ist es endlich vorbei?«

Und schon steckst du mittendrin im Teufelskreis. Mittlerweile sind Präsentationen zu einem Allgemeingut in der heutigen Arbeitswelt geworden. Doch die eigentliche Konfrontation mit dem Thema beginnt bereits viel früher. Schon Schüler*innen oder Studierende sind gefordert, ansprechende Präsentationen zu erstellen. Zwar hängt an dieser Stelle kein teures Budget von einem Vortrag ab, dafür aber eine Note. Und die soll im Idealfall sehr gut heißen.

Auch andere Berufsgruppen sind heutzutage geforderter als jemals zuvor, um im Kampf um die Aufmerksamkeit nicht den Kürzeren zu ziehen. Doch je nach Gruppe gelten andere Spielregeln, um nicht nur die Aufmerksamkeit des Publikums zu gewinnen, sondern es auch aktiv zum Mitmachen zu bewegen. Coaches, Trainerinnen und Berater können hier sicherlich ein Lied von singen. Und was ist überhaupt mit den Zahlenmenschen unter uns? Müssen Präsentationen dann zwangsläufig trocken und zäh sein? Garantiert nicht!

In diesem Kapitel wird es darum gehen, all das bisher Gelernte auf deinen speziellen Bereich zu übertragen, damit ...

- ... deine Präsentationen nicht nur deine Lehrerinnen und Dozenten, sondern auch deine Mitschüler oder Kommilitoninnen vom Hocker reißt.

- ... deine Coaching-Teilnehmer dir am Ende einen tosenden Beifall schenken.
- ... du all den Zahlenmenschen da draußen einen optischen und spannenden Hochgenuss bieten kannst.

13.1 Schüler, Lehrer, Studenten und Co.

Bereits während unserer Schulzeit werden wir mit dem Thema Präsentation konfrontiert. Zu meiner Zeit damals hieß es nur: »Bereite ein Referat zu dem und dem Thema vor, und dann präsentierst du uns deine Ergebnisse an Tag X.« Wir wurden damals nicht in die hohe Kunst der Präsentationen eingeweiht, wie es heute an einigen Schulen der Fall ist. Damals waren unsere Möglichkeiten eher beschränkt, eine Präsentation zu erstellen. Nicht jeder von uns besaß einen Rechner oder sogar ein Programm wie PowerPoint. Wir mussten uns anderweitig behelfen. In der Regel bestanden unsere Präsentationen aus mehreren *Overheadfolien*, die wir mit Inhalten vollgestopft hatten. Daraus dann noch schnell das Handout erstellt, ein paar Notizkarten dazu, und fertig war die Präsentation. In Abbildung 13.1 siehst du eine derartig gestaltete alte Präsentation, die für den Kunstunterricht vorbereitet wurde. Das Thema damals: Jugendstilarchitektur. Erwartet wurde ein mindestens 20-minütiger Vortrag mit anschließender Fragerunde.

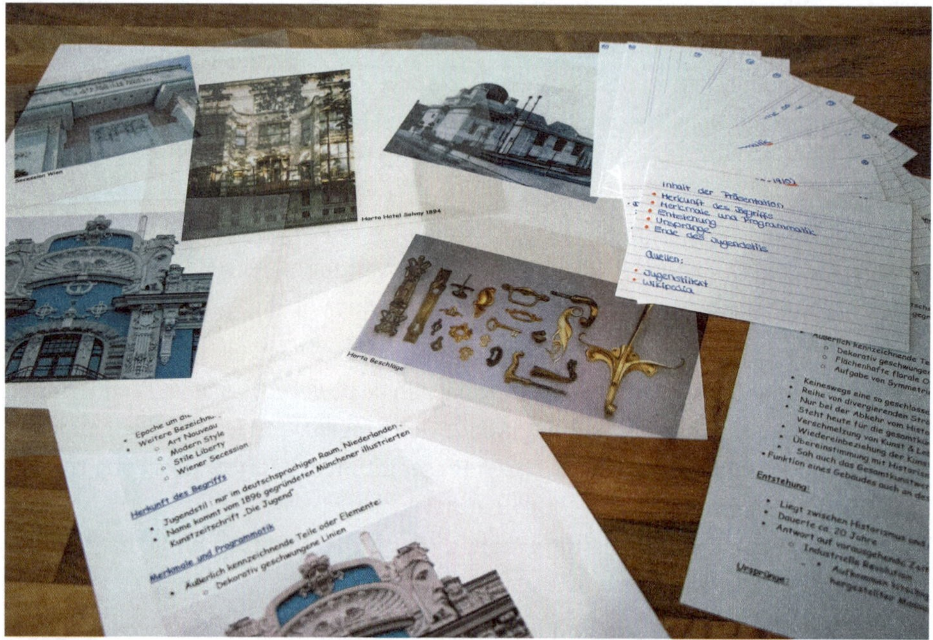

Abbildung 13.1 Damals der Status quo: Präsentationen mittels Overheadfolien

Diese Zeiten sind mittlerweile längst vorbei, und in den Schulen ist nach und nach das digitale Zeitalter angekommen. Da ich dir in den vorangegangenen Kapiteln bereits Schritt für Schritt erklärt habe, wie du eine Präsentation nicht nur spannend, sondern auch optisch interessant aufbauen kannst, möchte ich dir an dieser Stelle nur noch einmal einen zusammenfassenden Überblick geben, an dem du dich orientieren kannst, wenn du eine Präsentation vor deiner Klasse oder deinem Kurs halten musst.

13.1.1 Tipps für deinen Präsentationsablauf

1. **Vorüberlegungen zum Thema**: Es mag erst einmal ein wenig komisch klingen, aber mach dir bewusst, vor wem du präsentierst. Natürlich sind es deine Mitschüler, aber in allererster Linie bewertet dich dein Lehrer anhand deiner Kompetenz. Mach dir Gedanken darüber, was deine Mitschüler und Mitschülerinnen und natürlich deine Lehrerin erfahren müssen und wie groß das bereits vorhandene Wissen ist. Eine gute Gliederung ist wie immer das A und O. Der inhaltliche Umfang ist in der Regel abhängig von der Art des Themas. Notiere dir, wie viel Zeit dir zur Verfügung steht und ob du Zwischenfragen zulassen möchtest oder Fragen lieber am Ende beantworten willst.
2. **Aufbau der Präsentation**: Am besten arbeitest du hier mit dem klassischen Aufbau aus Einleitung, Hauptteil und Schluss. Wie du diese spannend aufbaust, kannst du in Kapitel 3, »Storytelling – die Würze deiner Präsentation«, nachlesen.
3. **Achte auf deine Körperhaltung**: Ein freundliches Auftreten sollte selbstverständlich sein. Deine Gestik und Haltung sollte im besten Fall Ruhe und Gelassenheit ausstrahlen. Ein nervöses Herumzupfen an Pulli oder Haaren lenkt viel zu sehr von deinem Vortrag ab. Halte den Blickkontakt zu deinen Mitschülern, damit sich diese angesprochen fühlen. Versteck dich nicht hinter dem Lehrerpult, sondern beweg dich im Rahmen deiner Möglichkeiten durch das Klassenzimmer.
4. **Sprache und Sprechen**: Dein Vortrag sollte so frei vorgetragen werden wie möglich. Nutz dazu Stichpunktkarten. Ein vorgelesener Vortrag wirkt schnell langweilig und ermüdend. Sprich flüssig und achte auf eine laute und deutliche Aussprache. Versuch unschöne *Ähms* und *Öhs* zu vermeiden. Leg lieber eine kleine Sprechpause ein, bevor du deinen Gedanken weiter fortführst. Besonders im ländlichen Bereich, wenn man mit einem Dialekt aufwächst, neigen wir dazu, in Situationen, in denen wir nervös werden, in den Dialekt zu fallen. Nutz ein sauberes Hochdeutsch. Wenn du unbekannte Begriffe während deiner Präsentation verwendest, erkläre diese auch, damit man dir bei deinen Ausführungen weiter folgen kann. Auch deine Grammatik und der korrekte Satzbau sind wichtige Parameter für ein erfolgreiches Präsentieren. Übe dich im Gebrauch von sogenannten *geschickten Überleitungen* (zum Beispiel: »Als Erstes sehen wir hier nun ..., was mich zu mei-

nem weiteren Punkt führt, den ich nun näher erläutern möchte ... Für sehr wichtig halte ich hier, dass ...« usw.). Am besten übst du deinen Vortrag ein paar Mal vor Freunden und Familie.

5. **Der Einsatz von Medien**: Hier stehen dir im Grunde sämtliche Mittel zur Verfügung, die dir einfallen, etwa mittels Visual ein eigenes Tafelbild zu erstellen, Overheadfolien, PowerPoint-Präsentationen, Fotos, Poster, selbst gedrehte Videos, Rollenspiele, Experimente, Modelle usw. Wichtig ist allein, dass dein Thema, egal, für welches Medium du dich entscheidest, veranschaulicht dargestellt wird. Selbst hergestellte Medien sind hierbei wertvoller als irgendwelche zusammenkopierten Dateien aus dem Internet. Nutz die Möglichkeiten voll aus, die sich dir in diesem digitalen Zeitalter bieten. Produziere nicht einfach auf Masse, sondern stell gezielt *die* Inhalte zusammen, die deinem Präsentationsziel dienlich sind. Für einen digitalen Vortrag ist es ratsam, mit einem Laserpointer zu arbeiten, um auf wichtige Dinge hinzuweisen. Bevor dein Vortrag überhaupt startet, sollte die Technik bereits einsatzbereit und alles an seinem Platz sein. Stell sicher, dass alle eine gute Sicht auf deine Präsentation haben. Gerade deine Mitschüler in der letzten Reihe müssen auch noch alles gut erkennen können. Teste im Idealfall alle notwendigen Medien zwei Tage vorher aus. Hierzu berätst du dich am besten mit deinem Lehrer oder deiner Lehrerin.
6. **Präsentieren im Team**: Mein letzter Tipp mag möglicherweise banal klingen und hat im ersten Augenblick augenscheinlich keine große Wirkung, aber unbewusst wirkt er auf deine Mitschüler und Mitschülerinnen. Wenn ihr im Team präsentieren müsst, sprecht euch bezüglich eurer Kleiderwahl ab. Bezieht dabei auch euer Thema mit ein. Wenn ihr beispielsweise einen Vortrag über die Forstwirtschaft halten müsst, zieht euch beide ein grünes T-Shirt an. Die Wahl eurer Kleidung betont unterbewusst die Bedeutung eures Themas. Reagiert flexibel, und achtet auf ein partnerschaftliches Präsentieren. Agiert abwechslungsreich mit jeweils einem eigenen klar gegliederten Abschnitt. Spielt euch während der Präsentation die Bälle zu und sorgt für fließende und geschickte Übergänge.

13.1.2 Best Practice: Das Thema Mutterschutz einmal anders präsentiert

Nachfolgend möchte ich dir ein Beispiel aus meiner schulischen Vergangenheit erzählen, das dir zeigen soll, dass man auch einer eher trockenen Thematik etwas abgewinnen kann, in unserem Fall mittels Schauspiel. In Abschnitt 9.2 habe ich dir bereits die Grundzüge hierzu erklärt. Zurück zu meinem Beispiel, das nicht nur mir, sondern auch meiner Vortragspartnerin eine glatte eins eingebracht hatte.

Während unserer Berufsschulzeit mussten wir für das Fach PoWi (Politik & Wirtschaft) eine Präsentation zum Thema Mutterschutz vorbereiten. Schon während unserer Recherchen zog sich das Theme fürchterlich in die Länge, weil wir einfach keinen richtigen Zugang dazu fanden. Als wir dann endlich alle wichtigen Daten und Fakten zusammen und einen einigermaßen logischen Aufbau erstellt hatten, stellte sich uns allerdings immer noch die Frage: Wie präsentieren wir das Thema, ohne dass unsere Mitschüler einschlafen? Wir überlegten hin und her, kamen aber zu keiner wirklich zufriedenstellenden Antwort. Gefrustet fingen wir an, wilde Ideen in den Raum zu werfen. Und eine lautete: »Was hältst du davon, wenn wir ein kleines Zwei-Personen-Theaterstück daraus machen?«

Zuerst mussten wir beide herzhaft darüber lachen und verwarfen die Idee, doch immer wieder kehrten wir zu ihr zurück und dachten uns: Warum eigentlich nicht? Das war auf jeden Fall mal etwas anderes und hatte es so in unserer Klasse noch nicht gegeben. Warum also nicht etwas Neues wagen? Und von der damaligen Abi-Prüfung, von der ich dir erzählt habe, wusste ich, dass das durchaus Erfolg versprechend sein konnte. Wir gingen folglich das Risiko ein, dass Thema einmal auf eine völlig andere Art und Weise zu präsentieren. Entweder würde es funktionieren oder wir würden uns eine schlechte Note einhandeln und unserer Mitschüler hätten bis zum Ende der Schulzeit etwas zu lachen. Doch wir wollten es machen. So entwickelten wir ein kleines Theaterstück. Ausgangsbasis war die Situation, dass eine Angestellte ihrer Chefin berichtete, sie sei schwanger. In das folgende Gespräch zwischen den beiden Frauen streuten wir die relevanten Daten und Fakten ein, die notwendig waren, um das Thema zu verstehen. Wir haben die Dialoge nicht einfach nur mit den Details ausgeschmückt, sondern auch kleinere Witze im Sinne von Bienchen und Blümchen eingebaut, um den Vortrag im Ganzen aufzulockern.

Zuerst waren unsere Mitschüler etwas irritiert, als wir uns einfach gegenüber hinsetzten und anfingen, uns zu unterhalten. Doch dann nahm das fiktive Gespräch immer mehr Fahrt auf, und anhand der Reaktionen aus dem Zuschauerraum merkten wir, dass unsere Art der Präsentation funktionierte. An den richtigen Stellen wurde gelacht, ab und an hörte man ein leises »Ah, okay«. Auch unseren Lehrer erwischten wir aus den Augenwinkeln dabei, wie er schmunzelnd nickte – ein gutes Zeichen. Nach rund 15 Minuten war unsere Präsentation beendet, und wir empfingen unseren Beifall. Natürlich folgte noch eine kleine Fragerunde, die wir aber aufgrund unserer guten Vorbereitung perfekt meistern konnten. Dank der Dialogsituation waren wir bereits ein sehr gut eingespieltes Team, sodass ein natürlicher Gesprächsaustausch auch während der Fragerunde zwischen uns und unseren Mitschülern stattfand.

Unterm Strich betrachtet hatte sich unser Mut ausgezahlt, und wir wurden für unsere Art der Präsentation und sicherlich auch ein Stück weit des Inhalts wegen mit einer sehr guten Note belohnt.

13.1.3 Tipps für Lehrer*innen

Vieles, was ich dir bis hierhin gezeigt oder erklärt habe, lässt sich selbstverständlich von dir als Lehrer oder Lehrerin adaptieren. Ich möchte an dieser Stelle gar nicht zu sehr ins Detail gehen, da du dich während deines Studiums sicher ausgiebig mit den unterschiedlichsten didaktischen Möglichkeiten der Unterrichtsgestaltung befasst hast und wahrscheinlich schon mehr als eine Präsentation in deiner Karriere gehalten hast. Nichtsdestotrotz habe ich einmal eine kleine Checkliste zusammengestellt, die dir in Zukunft dabei helfen soll, die Vorträge vor deinen Schülern und Schülerinnen spannender auszubauen. Sie speist sich aus persönlicher, während der Schulzeit gesammelter Erfahrung sowie aus diversen Gesprächen mit Lehrern und Schülern aller Altersklassen.

Checkliste für einen perfekten Auftritt

1. **Finde einen interessanten Einstieg**: Ich weiß, aller Anfang ist schwer, doch gerade dieser entscheidet darüber, ob dir die Aufmerksamkeit sicher ist oder nicht. Starte zum Beispiel eine Unterrichtsstunde mit einer unerwarteten provokanten Aussage, die deine Schüler und Schülerinnen wachrüttelt, oder nutz ein humorvolles Zitat, das dein heutiges Thema einleitet.
2. **Erkläre, warum das heutige Thema für deine Schüler relevant ist**: Zeig den Mehrwert, den das Thema deinen Schülerinnen bietet und mach es am besten an einem alltäglichen Beispiel fest. Du kannst dann auf die passenden Übungen dazu hinweisen.
3. **Behalte den roten Faden im Blick**: Während meiner eigenen Schulzeit hatte ich leider oft das Glück oder Pech, je nachdem, wie man es sieht, Lehrer zu erwischen, die plötzlich vom eigentlichen Thema abkamen und von etwas ganz anderem redeten. Da fielen sogar Sätze wie: »Da fällt mir eine Geschichte ein ...« Ganz ehrlich, damit tust du deinen Schülern und Schülerinnen keinen Gefallen. Als Lehrer*in bist du in deinem Schulfach Experte. Und damit du dieses Expertenwissen vermitteln kannst, folge dem roten Faden deines Unterrichtstoffs.
4. **Achte auf einen guten Stand**: Ich habe es bereits in diesem Buch erwähnt, ein fester Stand sorgt dafür, dass du selbstbewusst wirkst und deinen Vortrag optimal präsentieren kannst. Am besten ist ein hüftbreiter Stand. Achte darauf, dass du dabei deine Knie nicht zu sehr durchstreckst. Das sieht sonst schnell zu steif aus. Die Fußspitzen zeigen nach vorn.
5. **Geh auf deine Schüler und Schülerinnen ein**: Es gibt leider heutzutage immer noch den ein oder anderen Lehrer, der sein Programm wie im Autopiloten abspult. Aber da du dieses Buch in Händen hältst, gehörst du offenbar nicht zu dieser Sorte Lehrer. Dir ist es wichtig, dass deine Schüler etwas

von dir lernen. Das bedeutet, wende dich deinen Schülern direkt zu, damit du ihre Aufmerksamkeit nicht verlierst. Wenn du etwas an der Tafel notiert hast, drehst du dich am besten direkt wieder um. Halte Blickkontakt und setz eine freundliche Mimik auf.

6. **Ermutige deine Schüler und Schülerinnen zum aktiven Mitmachen**: Plane in deinen Vortrag bewusst Phasen ein, in denen deine Schüler und Schülerinnen am Zug sind. Somit wird dein Unterricht lebendiger. Du kannst zum Beispiel Gruppenarbeiten integrieren. Dies stellt nicht nur eine willkommene Abwechslung im Schulalltag dar, deine Schüler dürfen sich nun offiziell mit ihrem Sitznachbarn unterhalten.
7. **Nutz wohlüberlegte Sprechpausen**: Wie heißt es so schön: Reden ist Silber, Schweigen ist Gold. Bedeutungsschwere Pausen laden deine Schüler*innen dazu ein, über das Gesagte nachzudenken. Richtig eingesetzt, ist eine wohlplatzierte Sprechpause ein rhetorisches Wundermittel. Außerdem gibst du deinen Schülern die Möglichkeit, die neuen Informationen zu verarbeiten. So können sie dir bei dem zweiten Teil deines Vortrags besser folgen.
8. **Verwende einfache Sätze**: Bedenke, lange Schachtelsätze, gespickt mit allerlei Fremdwörtern, machen es deinen Schülern unnötig schwer, dir zu folgen. Man kann auch sagen, sie sind der absolute Aufmerksamkeitskiller. Gerade bei mündlichen Vorträgen solltest du deine Sprache einfach halten. Arbeite sparsam mit Fremdwörtern und bringe sie nur an den notwendigen Stellen ein.
9. **Nutz lebensnahe Beispiele**: Lebensnahe oder praxisbezogene Beispiele helfen deinen Schülern und Schülerinnen dabei, das neu gewonnene Wissen besser mit dem bereits vorhandenen Wissen zu verknüpfen. Insbesondere bei komplexen Themen helfen alltägliche Analogien dabei, das Gesagte zu verstehen. Anstatt von einer rechteckigen Fläche zu sprechen, vergleich sie lieber mit einem Fußballfeld. Deine Schützlinge können damit mehr anfangen, als mit einem abstrakten Begriff oder einer Zahl.

13.1.4 Nützliches für Studenten

Kommen wir zum Abschluss dieses Abschnitts noch zum Universum des Hörsaals. Hier gilt dasselbe wie bereits für Lehrer. Auch als Student*in kannst du das bereits in diesem Buch erworbene Wissen deinen Bedürfnissen anpassen und adaptieren. Der Gerechtigkeit halber habe ich auch für dich eine kleine Checkliste zusammengestellt.

Checkliste: Killertipps für Präsentationen, die in Erinnerung bleiben

1. **Du hast Persönlichkeit, dann zeig sie auch**: Jeder von uns hat bestimmte Eigenschaften, die ihn oder sie besonders machen. Was auch immer das bei dir ist, nutz es, und sei du selbst.
2. **Überrasche mit etwas Unerwartetem**: Es ist schon eine Weile her, aber ich habe einmal eine Präsentation gesehen, in der sich der Präsentator mit einer Comicfigur unterhalten hat. Das erfordert natürlich ein perfektes Timing und etwas mehr Arbeit in der Vorbereitung, aber mit der richtigen Software kannst du bereits kleinere Animationen erstellen, die du perfekt in deine Präsentation einbauen kannst. Du fügst deiner Präsentation damit eine völlig neue Dimension hinzu. Und eins ist sicher: Das Überraschungsmoment wird definitiv auf deiner Seite sein.
3. **Nicht ablesen**: Ich kann es gar nicht oft genug sagen, vermeide es, deinen Vortrag einfach stupide vorzulesen.
4. **Lerne zu improvisieren**: Niemand von uns ist immer zu 100 % sicher in seinem Vortrag. Verlass dich in solchen Momenten auf dein Gedächtnis und deinen gesunden Menschenverstand. Reibungslose und super einstudierte Präsentationen prägen sich nicht ein. Frag einmal Bill Clinton dazu. Während seiner aktiven politischen Karriere war er geradezu ein Meister der Improvisation während seiner Reden.

Abbildung 13.2 »President Bill Clinton's Full Speech from the 2012 Democratic National Convention« (Quelle: www.youtube.com/watch?v=Z8F7JgqXQX4)

5. **Nutze deine Stimmvielfalt**: Stell dir einmal folgende Frage: Möchtest du über eine ruhige Landstraße fahren oder offroad ein Abenteuer erleben? Für deinen Vortrag solltest du dir ein Beispiel an der Offroad-Fahrt nehmen.

Exzellente Redner, wie der bereits vielzitierte Steve Jobs, wechseln ihre Stimme und ihren Ton zwischen laut und leise, aufgeregt und ernst, leise und dramatisch ab. Dies hält deine Kommilitonen auf dem Laufenden bei dem, was du sagst.

6. **Lass Bilder sprechen**: Bilder sind ein mächtiges Werkzeug und einer unserer stärksten Verbündeten. Anstatt deinen Bildschirm mit Text zu füllen, zeig einfach ein bildschirmfüllendes Bild, das den Kern deiner Ausführungen wiedergibt. Du referierst über den Hunger in der dritten Welt? Dann zeig dazu beispielsweise die Not leidenden Kinder, um die Wichtigkeit des Themas zu unterstreichen.
7. **Bring dein Publikum zum Lachen**: Ein professioneller und informativer Auftritt bedeutet nicht, dass du diesen stocksteif und voller Ernst vortragen musst. Du kannst während deiner Präsentation ruhig Spaß haben. Bewiesenermaßen hilft uns Humor dabei, Informationen schneller und besser zu erfassen. Und es gibt fast immer passende Stellen in einer Präsentation, an denen du ein wenig Humor einbauen kannst.
8. **Erzähle eine Geschichte**: Wir hören Menschen gerne zu, wenn wir uns mit ihnen verbunden fühlen. Und wie gelingt uns das? Natürlich durch Geschichten. Es schafft Vertrauen und wir fühlen mit dem anderen mit. Eine kleine persönliche Geschichte, die zum Thema passt, ist der schnellste Weg, um nicht nur Vertrauen aufzubauen, sondern auch, um Emotionen in deinem Gegenüber zu wecken.
9. **Aristoteles' Dreierregel**: In seinem Werk »Rhetorik« schrieb Aristoteles, dass Menschen, die etwas Neues gelernt haben, dazu neigen, sich nur an drei Dinge zu erinnern. Für dich bedeutet das, dass deine Kommilitonen wahrscheinlich für sich nur drei wichtige Informationen aus deiner Präsentation mitnehmen. Es liegt an dir, zu steuern, welche das sind. Betone von daher nicht zu sehr die feinen Details, sondern wiederhole deine Hauptidee während der Präsentation immer wieder, und fass am Ende die wichtigsten Punkte noch einmal kurz und knapp zusammen, damit sich diese in den Köpfen einprägen.
10. **Leg falschen Stolz ab**: Wenn ein Professor oder eine Mitstudentin dich auf einen Fehler hinweist oder etwas infrage stellt, zeig Einsicht. Entschuldige dich offen, wenn du etwas falsch formuliert hast, und bedanke dich bei dem Fragesteller oder lobe die (konstruktive) Kritikerin für ihre Aufmerksamkeit. Du kannst der ganzen Situation die Anspannung nehmen, wenn du etwas erwiderst wie: »Vielen Dank für den Hinweis. Damit habe ich wieder etwas Neues gelernt.« Selbstvertrauen und Demut sind zwei wichtige Zutaten, um bei deinem Publikum einen bleibenden Eindruck zu hinterlassen.

13.2 Coaches, Trainer und Berater

In meinen Anfangsjahren im Agenturalltag musste ich öfter unterschiedlichste Präsentationen für Coaches, Trainerinnen und Berater erstellen. In der Regel sah der Arbeitsablauf so aus, dass ich ein fertiges Redemanuskript bekam und ich daraus irgendwie eine ansprechende Keynote gestalten sollte. Mittlerweile reicht es allerdings nicht mehr aus, nur eine schicke Keynote oder PowerPoint-Präsentation zu haben und diese wie im Schlaf herunterzubeten. Als Coachin, Trainer und Beraterin bist du geforderter denn je, zum Teil sogar mit vollem Körpereinsatz. Ganze Schulungen werden zu diesem Thema abgehalten, in denen du eine Reihe von Tools und Methoden an die Hand gereicht bekommst, um deine Vorträge aufzupeppen. Du willst deine Schützlinge ja dazu animieren, aktiv mitzumachen. Schließlich geht es gerade in diesem Sektor primär um Veränderungsprozesse, und diese können eben nur gelingen, wenn alle an einem Strang ziehen und sich von deiner Begeisterungsfähigkeit anstecken lassen. Weißt du, was das Beste daran ist? Du hast es selbst in der Hand, wie du deine Methoden am überzeugendsten rüberbringst und präsentierst.

Ich habe in den letzten Jahren einen Rückgang der klassischen Keynotes festgestellt. Wo früher Folien dominierten, setzt man heute wieder vermehrt auf analoge Methoden. Keynotes oder PowerPoints werden allenfalls noch als ein kleines, schmückendes Beiwerk oder eine Randnotiz eingesetzt. Der Coaching-Bereich ist aktiver denn je, und viele Expertinnen und Experten aus diesem Bereich greifen auf Sketchnotes zurück, die sie direkt mit den Teilnehmern gemeinsam erstellen.

Schauen wir uns also einmal an, wie du für deine zukünftigen Schützlinge eine visuelle Präsentation aufbauen kannst. Im Folgenden gehe ich näher auf die einzelnen Schritte ein, wie du als Coach, Trainerin oder Berater starke Ideen organisieren und vor deinen Teilnehmern und Teilnehmerinnen präsentieren kannst.

13.2.1 Erste Schritt in der visuellen Präsentation

Wenn vom Einsatz visueller Präsentationen die Rede ist, die auf kleinen Zeichnungen aufbauen, erntet man oft nur ein leichtes Stirnrunzeln oder wird erst gar nicht richtig ernst genommen. Doch lass mich direkt mit diesem Irrglauben aufräumen: »Visual thinking is a serious business.« Wenn du diesen Satz verinnerlichst, eröffnen sich dir unglaublich viele Möglichkeiten. Beim *visuellen Denken* geht es um *Co-Kreationen*. Mit Co-Kreation beschreibt man eine Methode, einen Prozess oder das Ergebnis eines Schöpfungsprozesses, der durch mehrere Personen oder Gruppen entstanden ist. Es geht um das gemeinsame Erforschen neuer Ideen, Konzepte und Strategien, also genau das, was du als Coachin im besten Fall erreichen möchtest.

Doch bevor du damit anfangen kannst, deine Präsentation für deine Teilnehmer vorzubereiten, solltest du dir über drei Fragen im Klaren sein:

1. Warum und welche Visuals benötigst du?
2. An wen richtet es sich?
3. Was wollen wir gemeinsam erreichen?

Tipp: Post-its

Zur Beantwortung dieser drei Fragen bietet es sich an, mit verschiedenfarbigen Post-its zu arbeiten. Das hat den Vorteil, dass du die Ideen schnell erfassen und ordnen kannst. Diesen Prozess kannst du auch hervorragend vor deinen Seminarteilnehmern demonstrieren. Ich selbst nutze sehr gerne Post-its, um eine Struktur in meine Unterlagen und Vorträge zu bekommen.

Aus diesen drei Fragen leitest du nun das übergeordnete Ziel der Präsentation ab und baust ein Grundgerüst für deinen Vortrag auf. Wie schon gesagt, können deine Teilnehmer und Teilnehmerinnen live dabei sein, während du den Prozess erklärst. Wichtig während dieser Phase ist es, sich und andere nicht zu limitieren. Erlaubt ist alles, was einem einfällt. Es geht primär um die Ideenfindung.

Zunächst einmal solltest du deine Zielgruppe genau kennen. Nutz nun jeweils ein Post-it, um darauf ein kleines Visual (wie du diese am besten erstellen kannst, erfährst du in Kapitel 5) mit einer möglichen Personengruppe darzustellen, die als Zielgruppe infrage kommt. Diese Technik kannst du super nutzen, um gemeinsam mit deinen Teilnehmern und Teilnehmerinnen in einem Workshop potenzielle neue Zielgruppen zu erschließen oder um neue innovative Ideen zu entwickeln. Schauen wir uns das einmal an einem kleinen Beispiel an:

Nehmen wir den eingangs erwähnten Gedanken: »Visual thinking is a serious business.« In deinem Vortrag soll es darum gehen, deine Teilnehmer und Teilnehmerinnen für dieses Thema zu sensibilisieren, damit diese die positiven Aspekte nicht nur kennenlernen, sondern auch schätzen lernen. Später soll es um eine klare und einfache Kommunikation innerhalb verschiedener Abteilungen kommen. Wie oben bereits erwähnt, definieren wir zunächst einmal die Zielgruppe.

Mit der sogenannten *WHO-DO-Technik* schaffst du nun die Basis für deinen Präsentationsaufbau im Visual-Format. Formuliere zunächst das Ziel der Präsentation. In unserem Beispiel lautet es wie folgt: »Wie kann Visual Thinkung uns helfen, die Kommunikation innerhalb unseres Unternehmens zu verbessern?«

Abbildung 13.3 Ideen sammeln und teilen mittels Post-its

Who bezeichnet nun die zuvor definierte Zielgruppe. In unserem Fall nehmen wir einmal exemplarisch die Anführer, die darauf aus sind, Prozesse zu verbessern. Und dazu gehört eine klare Kommunikation. Unter *Do* definierst du die Notwendigkeit deines Ziels. Überleg dir, was deine Zuhörer und Zuhörerinnen machen sollen, wenn sie deine Visuals am Ende deines Vortrags gesehen haben. Versuch, das Ganze in drei Schritten zu definieren, die vom Who zum Do führen. Dabei sollte als Erstes die Frage nach dem Was beantwortet werden, gefolgt von der nach dem Warum. Schließlich folgt die Antwort auf die Frage, *wie* man das Ziel erreichen kann oder *wie* man etwas anwendet. Schau dir hierzu Abbildung 13.4 an, um dich mit dem Aufbau vertraut zu machen.

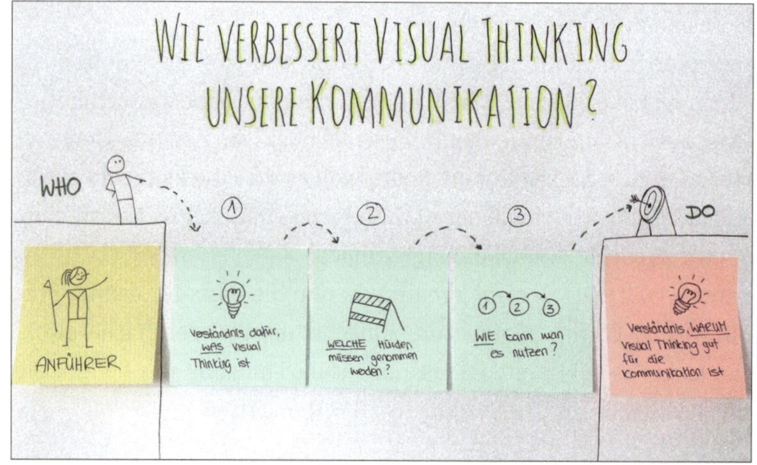

Abbildung 13.4 Der Who-Do-Prozess, umgesetzt als Visual

Mit dieser Vorlage hast du nun die perfekte Basis für deinen Vortrag geschaffen. Diese Vorbereitung hilft nicht nur dir, du kannst sie, wie bereits erwähnt, ebenfalls nutzen, um Workshops mit deinen Teilnehmern und Teilnehmerinnen aufzubauen.

13.2.2 Ist-Soll-Vergleich nutzen

Kennst du einen sogenannten *Ist-Soll-Vergleich*? Mit seiner Hilfe stellst du zunächst einmal die aktuelle Ist-Situation dar und gehst auf die akuten Probleme der Zuhörer und Zuhörerinnen ein. Dem stellst du die gewünschte Soll-Situation ebenfalls als Visualisierung gegenüber.

Setz am besten die Arbeit mit Post-its fort und verwende wieder verschiedene Farben, um den Unterschied deutlich zu machen. Das Arbeiten mit Post-its hat neben seiner Flexibilität noch einen weiteren entscheidenden Vorteil. Man fördert so sein visuelles Denken. Die Ideen und Gedanken, die man festhalten möchte, können sich um ganz unterschiedliche Dinge drehen, zum Beispiel um Prozesse, Menschen, Objekte oder Handlungen. Alles ist möglich und denkbar.

Abbildung 13.5 zeigt dir den Ist-Soll-Vergleich für unser oben genanntes Beispiel.

Abbildung 13.5 Ist-Soll- oder auch Heute-Morgen-Vergleich

Mit dieser Gegenüberstellung soll erreicht werden, dass ein grundlegendes Verständnis für die Ist-Situation geschaffen wird, um im Anschluss die Vorteile der Soll-Situation zu zeigen.

Das Schöne an dieser Technik ist, dass sie universell einsetzbar und auf sämtliche Bereiche übertragbar ist. Du kannst deinen Vortrag dahingehend vorbereiten, dass du dir im Vorfeld die benötigten Post-its anfertigst und diese während deines Vortrags Stück für Stück aufdeckst und erläuterst. Noch besser ist es natürlich, wenn du deine Zeichnungen live anfertigst. Das erfordert allerdings ein wenig Übung im Vorfeld, damit du nicht mehr Zeit mit Zeichnen verbringst als mit deiner eigentlichen Präsentation. Auch bietet sich die Möglichkeit, dass deine Teilnehmer und Teilnehmerinnen aktiv mitmachen können und selbst die Ist-Situation und die gewünschte Soll-Situation definieren. Nutz dieses Tool, um deinen Vortrag nicht nur interaktiver, sondern auch visueller zu gestalten.

13.2.3 Storystruktur und visuelles Konzept

Du kennst nun deine Zielgruppe, deine Ziele und Schwerpunkte. Nun geht es ans Konzept und dessen Umsetzung. Für diese Phase kannst du noch einmal dein Who-Do-Plakat zurate ziehen. Schauen wir uns das anhand des Beispiels einmal genauer an. Mit unserem Ziel wollen wir erreichen, dass jeder versteht, was Visual Thinking ist, warum es wichtig ist und wie es das Kommunikationsproblem lösen kann. All das stellen wir nun in einem grafischen Visual zusammen.

Das Was werden wir damit beantworten, dass wir zunächst eine passende Umgebung definieren, in der unser Ziel existiert. Mittels eines Vergleichs (heute vs. morgen) stellen wir das Warum dar. Und dank eines Prozesses können wir das Wie präsentieren. Schau dir nun Abbildung 13.6 an. Sie stellt auf der linken Seite die aktuelle Umgebung dar. Die Kommunikation läuft extrem text- und diagrammlastig und für manche unverständlich ab. Es kann zu Missverständnissen kommen.

Nun stellen wir auf der rechten Seite den Zustand dar, der ab morgen herrschen soll. Visual Thinking wird aktiv genutzt, um die Kommunikation und das Verständnis untereinander zu vereinfachen und zu verbessern. In diesem Moment beginnst du bereits damit, einen Vergleich darzustellen. Schau dir hierzu einmal die Personen auf beiden Seiten genauer an.

Abbildung 13.6 Das Visual »HEUTE« stellt die aktuelle Situation dar.

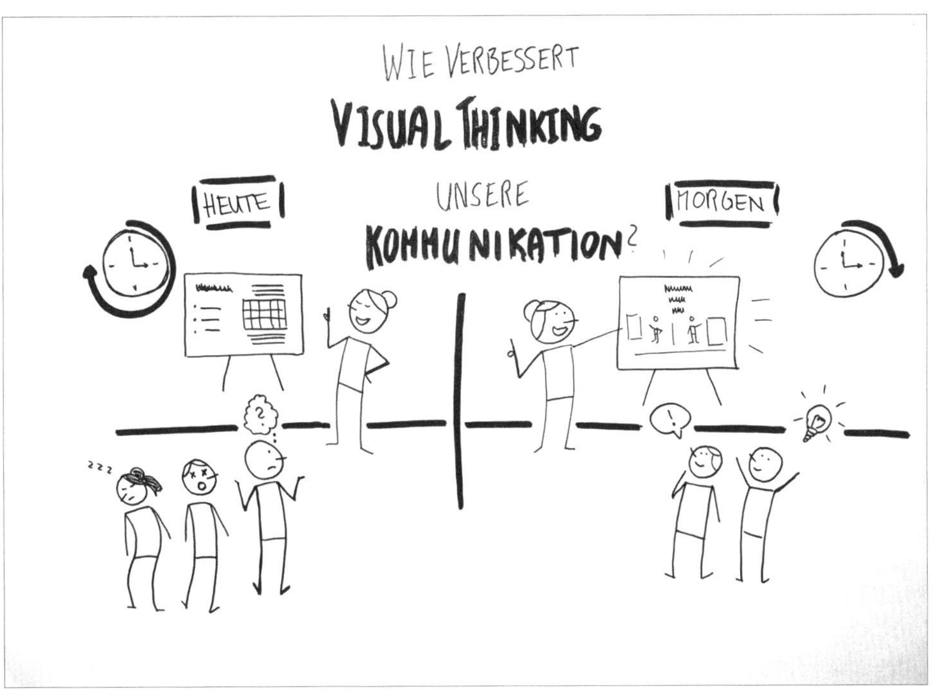

Abbildung 13.7 Schon auf den ersten Blick fällt die positive Veränderung auf.

Wenn du deine Vorträge zu verschiedenen Themen nach diesem Prinzip aufbaust, ist dein Publikum in der Lage, direkt einen Vergleich zu ziehen und auf die eigene Situation anzuwenden. Sie wird verständlicher und greifbarer. Aus einem komplexen Thema wurde dank Visual Thinking eine einfache Lösung dargestellt, die jeder verstehen kann. Bereits in dieser Phase deiner Präsentation hast du ein Verständnis dafür geschaffen, warum eine Veränderung sinnvoll und wünschenswert ist. Nun fehlt nur noch der Prozess, der dabei helfen soll, dass morgen zu erreichen. Hierfür greifst du auf die bereits definierten drei Schritte zurück, die du von deinem Who-Do-Plakat ablesen kannst. Der Prozess sieht dabei wie folgt aus:

1. Deine Teilnehmer lassen sich von dir helfen, um zu verstehen, was Visual Thinking ist.
2. Gemeinsam definiert ihr eine visuelle Sprache, die für deine Coaching-Teilnehmer und -Teilnehmerinnen funktioniert.
3. Die visuelle Sprache findet Anwendung bei deinen Zuhörern und Zuhörerinnen.

Abbildung 13.8 Final ergänzen wir unser Visual noch um den Prozess, um vom Heute zum Morgen zu gelangen.

Durch das Einfügen von Pfeilen verdeutlichst du noch einmal, dass deine Teilnehmer*innen etwas tun müssen. Du gibst ihnen eine Richtung vor, der sie folgen können.

Wenn du dein Visual nun so weit mit deinen Teilnehmern und Teilnehmerinnen erarbeitet hast, würde ich dir empfehlen, ergänzend mit Farben zu arbeiten, um noch einmal in aller Deutlichkeit den Ist-Soll-Zustand oder bestimmte Elemente hervorzuheben. Außerdem verleiht es deinem Visual eine zusätzliche Dynamik. Nimm am besten für den Ist-Zustand eine dezente und eher unauffällige Farbe, beispielsweise Grau oder Blau, und für den zukünftigen Soll-Zustand eine kräftige Farbe wie Gelb oder Grün.

Abbildung 13.9 Der Einsatz von Farbe unterstreicht die Dynamik in deinem Visual.

Diese Art der Kommunikation ermöglicht es dir als Coach, Trainerin oder Berater, effektiver mit deinen Teilnehmern zu arbeiten. Du kannst so auf einfache Art und Weise einen komplexen Kontext darstellen, den alle Beteiligten verstehen werden, egal, über welchen Wissensbackground sie verfügen oder aus welcher Abteilung sie stammen. Das hier gezeigte Vorgehen ist dabei nur exemplarisch aufzufassen. Du kannst es auf jede Art von Situation übertragen und anwenden. Die nachfolgenden Fragen können dir bei der Vorbereitung behilflich sein:

- Erzählt das Visual die richtige Geschichte?
- Fehlt etwas? Muss ich etwas ergänzen?
- Haben die dargestellten Elemente die richtige Bedeutung?
- Ist die Geschichte, deren Ablauf und die Antwort korrekt?

- Sind alle notwendigen textlichen Aufforderungen enthalten?
- Gibt es überflüssige Elemente, die ich entfernen kann?

Wie bereits in Kapitel 5, »Vereinfache komplexe Geschichten mithilfe von Visuals«, erwähnt, geht es nicht darum, Kunst zu erschaffen. Das wäre sogar kontraproduktiv, da deine Botschaft und Kernaussage verloren ginge. Halte deine Visuals so einfach und klar wie möglich. Verstehe deine erstellten Visuals wirklich als ein Tool, um Veränderungsprozesse zu schaffen und um neue Synergien zu erzeugen.

13.2.4 Tipps für deine Präsentation

Abschließend möchte ich dir gerne noch ein paar Tipps für deine visuelle Präsentation mit auf den Weg geben. Betrachte zunächst deine Visuals als eine Art Werkzeug. Dank Visual Thinking werden sowohl das Erinnern als auch das Verstehen deines Präsentationsziels verbessert. Es überwindet Sprachbarrieren und schafft Klarheit, wo viele Worte einfach an Wirkung verlieren.

Auch wenn der Gebrauch von Visuals zunächst einfach aussieht, so ist dennoch eine sehr gute Vorbereitung das A und O, um zu überzeugen. Erstell dir ebenfalls einen Plan mit Redenotizen. Dazu ist es wichtig zu wissen, in welchem Rahmen du präsentierst und wo. Selbst bei dieser Art von Präsentation findet zum Schluss eine Frage- und Feedbackrunde statt. Ich empfehle dir, direkt mit Post-its das Feedback zu erfassen und an den entsprechenden Stellen deines Visuals einzufügen, damit du später noch weißt, was gesagt wurde oder wo womöglich Klärungsbedarf seitens deiner Teilnehmer und Teilnehmerinnen besteht. Wenn du einige Fragen nicht direkt vor Ort beantworten kannst, liefere diese auf jeden Fall spätestens einen Tag nach der Präsentation nach (siehe hierzu auch Kapitel 11, »Nach der Präsentation«).

Aber das Allerwichtigste überhaupt, egal, ob du mit vorbereiteten Post-its oder live mit Visuals arbeitest: Mach auf jeden Fall Bilder nach der Präsentation. Fotografiere sämtliche fertig zusammengestellten Visuals und teile diese später mit deinen Teilnehmern und Teilnehmerinnen.

In Kapitel 5, »Vereinfache komplexe Geschichten mithilfe von Visuals«, habe ich dir bereits einige Programme gezeigt, mit denen du Visuals erstellen kannst. Zum Abschluss möchte ich dir zwei weitere Tools dafür ans Herz legen. Den Anfang macht die App *Procreate*, die allerdings aktuell nur für das iPad über den Apple Store erhältlich ist. Aktuell zahlt man einmalig 15,99 € (Stand Februar 2023) für die App. Das Schöne ist, du schließt kein Abo ab. Mit Procreate bekommst du eine leistungsstarke Illustrations-, Skizzier- und Mal-App, die kaum noch Wünsche offenlässt. Es ist ein umfassendes Creator Studio, das du überallhin mitnehmen kannst. Die App bietet dir allerhand einzigartige Funktionen mit intuitiven und kreativen Werkzeugen.

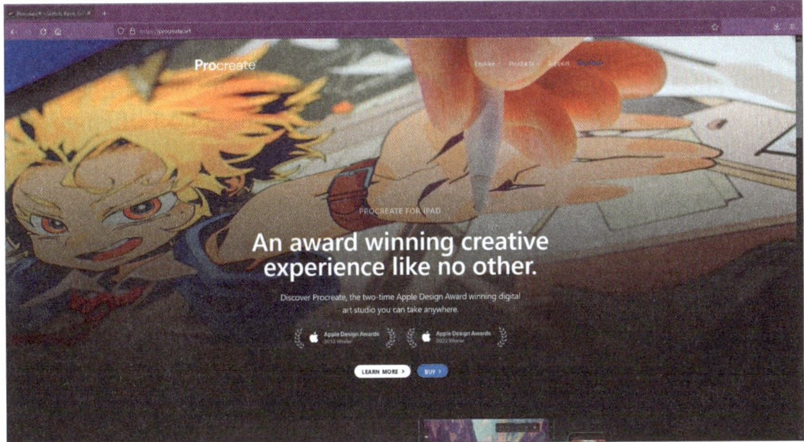

Abbildung 13.10 Mit Procreate erhälst du ein leistungsstarkes Zeichenprogramm, um deine Visuals zum Leben zu erwecken. (Quelle: https://procreate.art)

Ein weiteres Tool, das ich dir vorstellen möchte, ist *FlipaClip*. Dabei handelt es sich um ein Zeichenwerkzeug, mit dem du schnell und unkompliziert Animationen auf mobilen Endgeräten erstellst. Es ist einfach zu bedienen und extrem vielseitig, was seine Möglichkeiten betrifft. Dir stehen Werkzeuge wie Pinsel, Lasso, Farbeimer, Radiergummi, Linealformen und ein Textwerkzeug zur Verfügung. Es ist sowohl für Android als auch iOS erhältlich. In der kostenlosen Version kannst du bis zu drei Ebenen einfügen. Mit dem kostenpflichtigen Premium-Funktionen-Paket für 11,99 € (Stand Februar 2023) lassen sich verschiedene Begrenzungen der kostenlose Variante aufheben. Da hier die Entwicklung rasend schnell voranschreitet, lohnt sich immer wieder ein Blick auf die aktuellen Features, um zu entscheiden, ob sich das Premium Paket für einen lohnt.

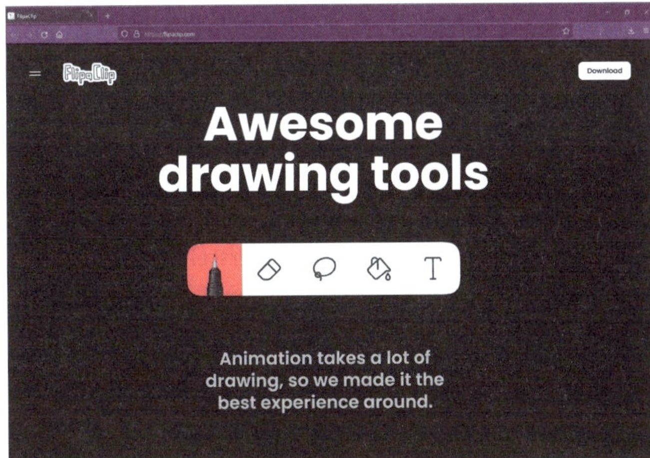

Abbildung 13.11 Für kleinere Animationen eignet sich hervorragend die App FlipaClip. (Quelle: https://flipaclip.com)

13.3 Coaching und Gamification

In diesem Abschnitt stelle ich dir eine weitere Möglichkeit vor, wie du deinen Vortrag nicht nur abwechslungsreich aufbaust, sondern deine Teilnehmer und Teilnehmerinnen auch aktiv einbinden kannst. Ich spreche von dem Prinzip *Gamification*, das in der Coaching-Szene noch relativ neu ist. Viele hadern noch ein wenig damit, da es voraussetzt, dass sich nicht nur du als Präsentierende(r), sondern auch deine Workshopteilnehmer oder Präsentationszuschauerinnen darauf einlassen.

Damit dieses Thema allerdings in Zukunft mehr Beachtung erhält, möchte ich dir seine Grundzüge und Möglichkeiten aufzeigen. Zunächst einmal, was bedeutet Gamification überhaupt? Darunter versteht man die Anwendung von spieltypischen Elementen in Prozessen, die normalerweise nichts mit Spielen zu tun haben. Typische Elemente sind Highscores, Ranglisten, Fortschrittsbalken, diverse Auszeichnungen oder unterschiedliche Levels. Das Integrieren dieser Elemente in deinen Vortrag soll vor allem motivationssteigernd wirken. Das monotone Vortragen soll dadurch durchbrochen werden. Die ersten Datenanalysen zu diesen Themen haben bereits Erstaunliches zutage gefördert. Es wurde eine signifikante Verbesserung in verschiedenen Bereichen wie Lernerfolg, Kundenbindung oder Datenqualität festgestellt – ein Grund mehr für dich, dich einmal mit diesem immer wichtiger werdenden Trend auseinanderzusetzen.

Der Kern der Gamification beruht darauf, spielerische Elemente in einem ernsten oder trockenen Kontext zu etablieren und so die Motivation deiner Teilnehmer und Teilnehmerinnen zu steigern und diese über einen längeren Zeitraum hinweg aufrechtzuerhalten. Dieses Prinzip wird bereits im Marketing, im Gesundheitsbereich, aber auch im Weiterbildungssektor erfolgreich eingesetzt und – was noch viel wichtiger ist – begeistert aufgenommen.

Die Idee ist simpel wie effektiv: Alles ist viel einfacher, wenn wir es mit Spaß und Freude angehen. Schon Mary Poppins wusste sich dieses Prinzip zunutze zu machen:

»In every job that must be done, there is an element of fun.
You find the fun and snap! The job's a game.«

Halten wir also fest, wir können Menschen spielerisch motivieren, sich mit inhaltlich schwierigen Themen auseinanderzusetzen und eigene Verhaltensweisen nachhaltig zu verändern oder zu beeinflussen. Wie gesagt ist dieses Prinzip bei Weitem nicht neu, doch die Spieleindustrie hat den Stein erneut ins Rollen gebracht.

13.3.1 Spielerische Elemente im Coaching-Vortrag

Die Reaktionen deiner Zuhörer und Zuhörerinnen sind ein wichtiges Mittel, um dir während deines Vortrags bereits ein Gefühl zu geben, wie du mit deinem Vortrag auf andere wirkst. Besonders im Coaching-Bereich, wo es oft um abstrakte und schwer greifbare Herausforderungen geht, kann dir das Prinzip der Gamification dabei helfen, quantifizierbare Resultate zu erzielen. Doch aus meiner Sicht noch viel elementarer ist, dass du damit gezielt eine emotionale Reaktion provozieren kannst.

Im Spiel werden reale Situationen und Begebenheiten, die zudem sehr komplex sind, stark vereinfacht, strukturiert und auf die relevantesten Elemente reduziert. Dadurch wird die Realität greifbarer und leichter handhabbar. Der Zusammenhang zwischen Handlungen und Konsequenzen tritt in den Vordergrund. Dein vorab definiertes Ziel führt dazu, dass deinem Spiel, das du mit den Teilnehmern während deines Vortrages durchgehst, ein Sinn und eine Messbarkeit hinzugefügt wird, ohne einen festen Weg zum Ziel festzulegen. Oftmals werden auch kleinere Unterziele, sogenannte Levels, mit in das Spiel eingebaut.

Beispielsweise kannst du deinen Vortrag so aufbauen, dass deine Teilnehmer erst erfahren, wie dein Vortrag weitergeht, wenn sie ein bestimmtes Level erreicht haben. Wichtig ist es allerdings, deinen Teilnehmern und Teilnehmerinnen gewisse Spielregeln mit an die Hand zu geben, ohne funktioniert es nicht. Diese sollen die Handlung gezielt einschränken, wodurch unter anderem neue kreative Wege zur Problemlösung gefunden werden müssen – ein Umstand und eine Qualifikation, die in Zukunft immer größere Bedeutung gewinnen wird.

In der Regel stehen dir dabei drei Strategien zur Verfügung, die die Interaktion und das Verhalten der Mitspieler untereinander bestimmt:

- Konflikt
- Wettbewerb
- Kooperation

Du selbst entscheidest, welchen Spielraum du deinen Teilnehmern geben möchtest. Denk immer daran, auch hier bist du stets die führende Kraft, die die Situation souverän kontrolliert. Weitere mögliche Elemente, um dein Spiel in deinen Vortrag zu integrieren, sind zeitliche Begrenzungen, Feedbackschleifen und Belohnungsstrukturen.

Eine zeitliche Begrenzung steigert nachweislich die Effektivität und regt das aktive Handeln der beteiligten Spieler und Spielerinnen an. Auch eine Aufteilung der Zeit in verschiedene Aktivitäten ist ein denkbares Szenario. Es gilt, Prioritäten zu setzen und ein aktives Zeitmanagement zu pflegen. Feedback ist ein wesentlicher Bestandteil des Spiels. Jeder Spielzug birgt Konsequenzen und kann Folgen für weitere Handlungen haben. Feedback bietet dir aber auch die Möglichkeit, über den voranschreitenden Fortschritt zu berichten. Als Letztes wäre da noch das Belohnungssystem zu nennen. Durch die Vergabe von Punkten oder Levels lieferst du deinen Teilnehmern und Teilnehmerinnen einen gewissen Ansporn, da jeder im Vergleich mit anderen besser abschneiden möchte.

Und dann hätten wir da noch das große Thema Storytelling. Dir sollte mittlerweile hinlänglich bekannt sein, wie wichtig dieses Thema ist und durch wie viele Bereiche es sich zieht. Auch im Bereich der Gamification spielt es eine zentrale Rolle. Die Story gibt der Spielhandlung nicht nur einen Sinn, sondern sie ist auch richtungsgebend. Du setzt damit das Spiel in einen Kontext, auf dessen Basis Diskussionen stattfinden können. Storytelling unterstützt auch den Lerneffekt und die Merkfähigkeit. Klassische Elemente sind dabei Charaktere, Handlungen, Spannungen und Auflösungen.

13.3.2 Die Psychologie des Spiels

Der ungarische Psychologe mit dem wunderbar klangvollen und kaum aussprechbaren Namen Mihály Csíkszentmihályi prägte in seinen Arbeiten den Begriff des *Flows* und galt als Begründer der Flow-Forschung. Flow beschreibt einen Zustand, in dem es zu einer optimalen Übereinstimmung von Anforderung und Bewältigungsfähigkeit kommt, die uns Zeit und Raum bei einer Tätigkeit vergessen lässt, die wir gerade ausüben. Dieser Zustand erfolgt aus einer tiefen intrinsischen Motivation (siehe dazu auch Abschnitt 8.2.4, »Die Kundenmarke verstehen«) heraus und läuft absolut selbstmotiviert ab. Über- oder Unterforderungen werden vermieden. Und genau dieser Effekt ist ebenfalls zu beobachten, wenn man Menschen beim Spielen beobachtet. Die Mitspieler geraten so in den Flow-Zustand. Auch die *Transaktionsanalyse* gibt weitere Aufschlüsse über die positiven Effekte des Spiels. Diese lassen sich mittles der Analyse der Transaktionen der verschiedenen Ich-Zustände herausfinden.

Transaktionsanalyse

Mit der Transaktionsanalyse versucht man, Antworten auf die Frage zu bekommen, warum sich Menschen so fühlen, so denken oder so verhalten, wie sie es genau in dem Moment tun, in der die Transaktion erfasst wird. Dazu analysiert man die zwischenmenschliche Kommunikation. Die Kommunikation wird hier als Transaktion bezeichnet.

Besonders bei größeren Gruppen oder Teams lohnt sich der Einsatz des Gamification-Prinzips. Es ermöglicht dir, besonders kopfgesteuerte und bereits lang andauernde Diskussionen auf eine neue Handlungsebene zu führen, weg vom Diskutieren hin zum einfach mal Machen. Durch den Einsatz entsprechender Materialien, die du vorab prima vorbereiten kannst, etwa Sheets oder Workpapers, wird der möglicherweise angespannten Situation zudem ein wenig der Ernst genommen und ein kreativer Umgang mit dem Problem ermöglicht. Die Überführung eines eher ernsten Themas in den Kontext des heiteren Spiels führt in der Regel zu neuen Erkenntnissen und Aha-Momenten.

Themen werden gefiltert, und schwierige Themen können anschaulich dargestellt werden.

Als Coachin, Berater oder Trainerin kannst du Gamification als ein Tool ansehen, das du gezielt in deinem Vortrag und deinen Prozess einbauen kannst, um das übergeordnete Ziel zu erreichen. Gamification kann bei einer ganzen Reihe von Themen Anwendung finden:

- im Marketing
- in der Kommunikation
- in der Führungsebene
- zur Motivationssteigerung
- zum Zeit- und Stressmanagement
- in der Work-Life-Balance

Es ermöglicht, Veränderungsprozesse auf einer anderen Ebene zu realisieren. Es ist im Grunde eine ganzheitliche Lernmethode, um nicht nur zu reflektieren, sondern auch gleichzeitig mehrere Sinne anzusprechen.

Präsentationen oder Vorträge von Coaches, Beraterinnen und Trainern müssen nicht immer aus Sicht der Teilnehmer durchlitten werden. Mit Spaß und Freude an der Sache kannst du deine Teilnehmer*innen mitreißen und mit ihnen gemeinsam auf eine Reise gehen, an deren Ende eine Transformation im Sinne der Veränderung oder der Entscheidung steht.

13.4 Manager und andere Zahlenmenschen

Lass mich diesen Abschnitt mit einer etwas provokanten Aussage eröffnen: Unser Gehirn ist nicht für Zahlen gemacht! Und dennoch können sie, wenn sie gut präsentiert werden, eine überzeugende Wirkung entfalten. Besonders im oberen Managementbereich sind Zahlen ein extrem wichtiger Faktor in Geschäftspräsentationen. Da ist von Jahresumsatz, Investitionen, Ausgaben, Gewinnmaximierung, Statistiken, Vergleichen usw. die Rede. Bei all der Euphorie um die schöne Welt der Zahlen vergisst man aber oft, dass wir während einer Präsentation gar nicht die Zeit haben, um sämtliche Daten zu erfassen, geschweige denn, sie mental zu verarbeiten. Da werden unübersichtliche Diagramme mal kurz an die Wand geworfen, um nach 1 Minute von der nächsten Folie abgelöst zu werden. Um die Zahlen wirklich richtig bewerten zu können, ist das eindeutig zu kurz.

Niemand von uns wurde mit der Fähigkeit geboren, Zahlen direkt zu erkennen. Die Wahrnehmung von Zahlen und ihre Verarbeitung laufen in zwei verschiedenen Bereichen unseres Gehirns ab. Das Bewerten und Interpretieren der erkannten Zahlen ist wie das Lernen einer Sprache (inklusive der Grammatik) eine Fähigkeit, die wir erst lernen mussten. Insofern gibt es Menschen, die diese Fähigkeit besser trainiert haben als andere. Wie bereits mehrfach im Verlauf des Buches erwähnt, werden wir rund um die Uhr mit Informationen beschallt. Um darüber nicht verrückt zu werden, filtert unser Gehirn unbewusst die Informationen, und wir nehmen nur die wahr, die für uns in dem Augenblick relevant sind. Kriterien für diese internen Filter sind Faktoren, wie zum Beispiel die Wichtigkeit und Relevanz der Information für einen persönlich und ob man die neuen Informationen mit dem bisherigen Wissen verknüpfen kann. Wer also von Hause aus viel mit Zahlen, Daten und Fakten zu tun hat, wird sich in der Regel beim Verständnis leichter tun.

Frag dich einmal, wie gut du selbst Zahlen einordnen kannst. Und was hilft dir dabei? Eine Zahl braucht vor allem eine Bedeutung, um verstanden zu werden. Dies gelingt uns entweder durch Vergleichswerte oder weil wir über eine entsprechende Erfahrung verfügen, die uns zum Verständnis hilft. Außerdem benötigt es in der Regel ein Bild, das die Zahl erzeugt. Zahlen werden in unserem Gehirn ebenfalls wie Worte in Bilder und Emotionen übersetzt.

Praxisbeispiel

Das Areal ist 15.000 m² groß.

Das ist für uns zunächst eine ziemlich abstrakte Vorstellung. Wenn ich nun die Information ergänze, dass es sich dabei um die Größe etwa zweier Fußballfelder handelt, wird die Zahl greifbarer und entfaltet ihre Wirkung. Wir haben plötzlich ein konkretes Bild vor Augen.

Ohne eine entsprechende Referenz fällt es uns schwer, Zahlen richtig einzuordnen. Erst im direkten Vergleich können wir Zahlen interpretieren. Dabei gilt ebenfalls, dass eine visuelle Darstellung von Zahlen es unseren Zuhörern und Zuhörerinnen erleichtert, sie zu erfassen und sich diese zu merken. Nur so gelingt es unserem Gehirn, Zahlen sinnvoll zu erkennen, zu verstehen und sich zu merken.

13.4.1 Wie Menschen mit Zahlen umgehen

Bevor ich näher darauf eingehe, wie du deine Präsentation am besten aufbaust, schauen wir uns zunächst einmal an, wie Menschen überhaupt Zahlen wahrnehmen. Dieses Verständnis wird dir später dabei helfen, deine Zahlen besser zu präsentieren. Studien haben gezeigt, dass es verschiedene Persönlichkeitstypen gibt, wenn es darum geht, wie sich jemand mit Daten und Details beschäftigt und diese letztendlich analysiert und strukturiert. Wir unterscheiden dabei drei Typen:

- Der **erste Typ (Rot)** mag Details, Daten, Zahlen und Fakten. Er liebt es, sie zu analysieren und zu strukturieren. Komplexe Zusammenhänge kann er relativ einfach erfassen. Allerdings gehört er nicht zu der schnellsten Sorte Mensch. Das liegt allerdings daran, dass er alles gründlich überprüft und mit anderen Werten vergleicht, ehe er zu einer Entscheidung kommt.
- Der **zweite Typ (Gelb)** dagegen ist eine Rakete. Er wird sogar ungeduldig, wenn man sich zu lang und ausgiebig mit Details beschäftigt. Er ist ergebnisorientiert. Der Weg zum Ziel ist eher zweitrangig. Bei zu vielen Zahlen besteht die Gefahr, dass er dich mit Desinteresse abstraft.

  Viele Führungskräfte entsprechen entweder dem ersten oder dem zweiten Typ. Doch der Durchschnitt bewegt sich irgendwo dazwischen, was uns zum dritten Typ führt.
- Der **dritte Typ (Grün)** ist derjenige, der aus dem Bauch heraus entscheidet. Zahlen spielen für ihn eine untergeordnete Rolle. Die Kommunikation mit seinen Mitmenschen steht bei ihm an erster Stelle. Er hilft, wo er nur kann, aber bei Zahlen, Daten und Fakten hört die Nächstenliebe auf.

Die hier dargestellten Typen sind selbstverständlich nur stereotype Beschreibungen, aber das Prinzip dahinter sollte dir in den Grundzügen verständlich sein. Jeder Mensch ist individuell und weist eine gesunde Mischung aus allen drei Formen auf.

Abbildung 13.12 Je nach Persönlichkeit gehen Menschen anders mit Zahlen um.

Wenn zum Beispiel der rote Anteil einer Persönlichkeit höher ist, wird sich diese deutlich leichter mit Zahlen tun als jemand, der einen höheren Grünanteil pflegt. Deine Zuschauer und Zuschauerinnen setzen sich normalerweise aus allen drei Typen zusammen. Mal sitzen mehr rote Typen im Publikum, mal mehr gelbe. Für dich bedeutet das, dass du dich darauf einstellen musst, dass dein Publikum sich mal leichter, mal schwerer damit tun, Zahlen zu erfassen, zu verstehen und sich zu merken.

13.4.2 Nutz Standards für mehr Verständnis

Das Schöne an Standards ist, dass wir das Rad nicht neu zu erfinden brauchen. In unserem Fall helfen uns Standards dabei, das Erfassen von Daten zu erleichtern. So gibt es bereits in einigen Bereichen typische Darstellungsformen, die immer wieder gleich sind. So bekommen zum Beispiel Aufsichtsräte die Quartalszahlen immer in demselben Format präsentiert. Das führt wiederum zu einem Lerneffekt, wodurch das Erfassen von Zahlen leichter fällt.

> **Tipp:**
>
> Schau dir einmal die Darstellungsformen in verschiedenen Berufszweigen (zum Beispiel Wissenschaft, Vertrieb etc.) an. Du wirst sehr schnell feststellen, dass sich bereits gewisse Standards etabliert haben. Das Ziel jeder Darstellungsform ist immer dasselbe: Die Betrachter von Zahlenkolonen, Tabellen oder Diagrammen an das Aussehen zu gewöhnen, damit sie sich auf Dauer schneller darin zurechtfinden.

Bedenke, du hast dich im Vorfeld bereits intensiv mit den Zahlen deiner Präsentation beschäftigt (Fluch des Wissens). Mach nicht den Fehler davon auszugehen, dass deine Zuschauer und Zuschauerinnen alles sofort verstehen.

Vielleicht ist dir folgende Situation schon einmal während einer Präsentation begegnet: Jemand präsentiert die neuen Quartalszahlen in etlichen überfüllten Tabellen, die an die Wand projiziert werden. Noch dazu wird permanent gesprochen, und du findest einfach nicht die Ruhe, um die Zahlen zu erfassen, zu verarbeiten und zu verstehen. Selbst der begabteste Mensch hätte damit seine Schwierigkeiten. Auch wenn viele von uns sich die Fähigkeit des Multitaskings auf die Fahne schreiben, an dieser Stelle werden wir wahrscheinlich alle scheitern, wenn wir es dennoch versuchen.

Wie solltest du am besten vorgehen, um deine Zahlen verständlich zu präsentieren? Ganz einfach, präsentiere deine Zahlen in kleinen Häppchen.

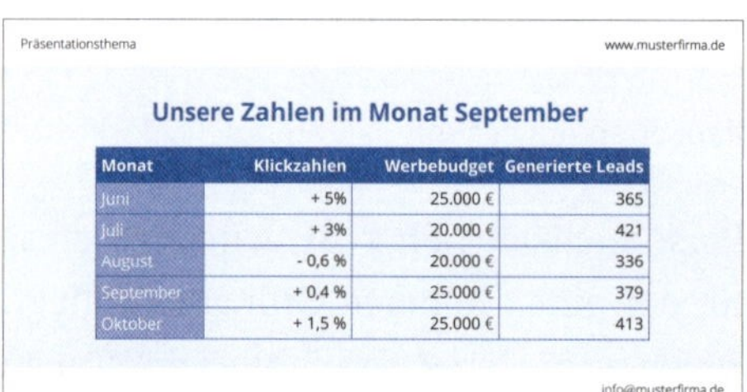

Monat	Klickzahlen	Werbebudget	Generierte Leads
Juni	+ 5%	25.000 €	365
Juli	+ 3%	20.000 €	421
August	- 0,6 %	20.000 €	336
September	+ 0,4 %	25.000 €	379
Oktober	+ 1,5 %	25.000 €	413

Abbildung 13.13 Links wird die komplette Tabelle gezeigt. Beim Betrachten muss man sich zunächst durch alle Daten arbeiten, um die notwenigen Informationen zu erhalten. Rechts dagegen werden die relevanten Zahlen übersichtlich dargestellt und um entsprechende Icons ergänzt, die die Interpretation erleichtern. Die Zahlen sind auf einen Blick zu erfassen und zu verarbeiten.

Eigentlich eine recht simple und naheliegende Antwort, aber die Realität sieht oftmals anders aus. Zeig sie einzeln und in kleinen Mengen und das optisch ansprechend.

Beim Präsentieren selbst solltest du immer wieder kleinere Sprechpausen einlegen und jede Zahl Stück für Stück erläutern. Alles andere ist, wenn ich es mal drastisch ausdrücken darf, Irrsinn und führt nur zu Verwirrung und Unverständnis.

Allein das Lesen mancher Zahlenkolonnen dauert länger, als man womöglich Zeit dafür hat. Doch wie bereits erwähnt, reicht Lesen allein nicht aus. Es geht ums Verstehen und Zuordnen der Werte. Deine Zuhörer und Zuhörerinnen müssen sich zunächst einmal orientieren und nach dem Erfassen für sich entscheiden, welche Informationen für sie persönlich von Relevanz sind und was die Zahlen zum Beispiel für den Vertrieb bedeuten. Daraus ergeben sich weitere Fragen, die ich hier in Kürze einmal aufführe:

- Was lernt man aus den Zahlen?
- Wo wurden eventuell im Ablauf Fehler gemacht, die man korrigieren muss?
- Welche neuen Ziele können wir davon ableiten?

Deine Aufgabe beim Präsentieren ist nicht damit erledigt, dass du die Zahlen stupide vorträgst und sie einfach so im Raum stehen lässt. Deine Aufgabe besteht darin, die Zahlen so aufzubereiten, dass deine Zuhörer und Zuhörerinnen sie leicht verstehen können. Du musst die Bedeutung der Zahlen darstellen. Je nach Situation kann es erforderlich werden zu erklären, wie sich die Zahlen zusammensetzen, woher sie kommen und welche Auswirkungen sie für verschiedene Bereiche haben können. Das setzt voraus, dass du dich vorab intensiv mit ihnen beschäftigt hast.

Triff eine weise Entscheidung, welche Zahlen du auf der Folie präsentieren möchtest, anstatt sie alle zu zeigen. Statt einer Tabelle steht nur eine einzelne Zahl an der Wand, die sich zum einen leicht erfassen lässt und die dir zum anderen die Möglichkeit bietet, mit deinem Hintergrundwissen zu glänzen.

Zu jeder Zahlenpräsentation gehört auch ein anständiges Handout. Dies ist der Ort, an dem du die kompletten Tabellen abbilden kannst. Das solltest du sogar. So kann jeder Beteiligte im Nachhinein und in seinem eigenen Tempo die Zahlen noch einmal in Ruhe durchgehen. Merk dir also: Folien sind kein Handout!

Sobald du mehrere Zahlen miteinander vergleichen möchtest, sollten nicht einfach wahllos viele Zahlen auf deiner Folie abgebildet sein. Vielmehr solltest du sie in eine ansprechende visuelle Form bringen. Wie du das machst, habe ich bereits in Kapitel 5, »Vereinfache komplexe Geschichten mithilfe von Visuals«, erläutert. Die Darstellung deiner Zahlen sollte gut durchdacht und aufbereitet sein. Aber vor allem sollte sie leicht verständlich und nicht unbedingt mit den automatischen Tools von Excel, PowerPoint oder Keynotes erstellt worden sein.

Wenn du nach deiner Vorbereitung die Zahlen erst einmal so weit zusammengetragen hast und ihre Bedeutung kennst, stell dir einmal die folgenden Fragen:

- Was ist das Präsentationsziel?
- Was soll mit den Zahlen gezeigt werden?
- Welche Zahl belegt am besten mein gewünschtes Ziel?

Versetz dich bei diesen Fragen auch in die Position deiner Zuhörer und Zuhörerinnen. Vor wem präsentierst du und wie ticken diese Menschen so? Welche Referenzen kennen sie möglicherweise bereits, und was ist eventuell noch unbekannt? Setz am besten nicht zu viel voraus. Überleg dir, welche Standards deine Zuhörer*innen möglicherweise bereits gewöhnt sind. Versuch diese, sofern möglich, noch weiter zu vereinfachen und wirkungsvoller zu gestalten. Kläre im Vorfeld ab, ob es rechtliche Aspekte gibt, die du beim Erstellen des Handouts beachten musst.

Merk dir, dass auch Zahlen ein bestimmtes Ziel bei der Präsentation verfolgen. Von daher lohnt es sich immer, Zahlen richtig aufzubereiten.

13.4.3 Was ist deine Aufgabe?

Wie bereits weiter oben erwähnt, besteht deine Aufgabe nicht darin, Zahlen vorzulesen. Das schaffen deine Zuhörer und Zuhörerinnen auch ohne dein Zutun. Außerdem spricht das nicht gerade für deine Kompetenz und dein Know-how.

Aufsichtsräte, CEOs, Investoren oder Vertriebsleiter wollen Ergebnisse und Ziele präsentiert bekommen. Dafür musst du den Zahlen eine Bedeutung geben und ihre Relevanz zeigen. Je nach Ausgangssituation musst du dafür definieren, welche Zahlen überhaupt relevant sind. Grundsätzlich gilt dabei, je weniger Zahlen du auswählst, desto größer wird die Bedeutung der einzelnen ausgewählten Zahl. Je mehr Zahlen dargestellt werden, desto größer ist die Gefahr, dass eine wichtige Zahl in der Bedeutungslosigkeit verschwindet. Sie verliert an Wirkung und Prägnanz.

Nichtsdestotrotz gilt es auch hier, einen gewissen Spannungsbogen aufzubauen. Dazu können dir folgende Fragen behilflich sein:

- Wovon leitet sich der Wert ab?
- Wie kann ich eine optimale Wirkung erzielen?
- Wie stelle ich die Zahlen am besten optisch dar?
- Welche Faktoren haben die Zahl beeinflusst?
- Wurden in der Vergangenheit Fehler gemacht, die nun behoben wurden?
- Was löst die Zahl als Nächstes aus?
- Welchen Einfluss wird sie nehmen?

- Welche Konsequenzen müssen aus den Erkenntnissen gezogen werden?
- Was muss getan werden, um die Situation zu verbessern?

Doch welche Zahlen besitzen nun Relevanz? Jeder von uns hat bestimmt schon die ein oder andere Präsentationsfolie in seinem Leben gesehen, die überfüllt mit Statistiken, Diagrammen und Tabellen war, nur weil es die Werte gab. Die Daten nur um ihrer selbst willen darzustellen ist zwar gut gemeint, aber wenig bis gar nicht effektiv. Mach dir deine Präsentation damit bitte nicht kaputt.

Viele hoffen, dass die Zahlen allein ausreichen, um Situationen klar darzustellen. Dabei werden gerne dir drei wesentlichen Bausteine vernachlässig, die deine Zahlen erst verständlich machen:

- Darstellung des Nutzens
- eine klare Empfehlung
- Call to Action

Und noch einmal, beschränke dich lieber auf ein bis zwei wirklich relevante Zahlen, und packe die restlichen in dein Handout. Gib den wichtigen Zahlen den Raum, den sie benötigen, um die Kernbotschaft zu transportieren.

In manchen Firmen wird sogar ein *Executive Summary* in Kombination mit ein paar Folien verlangt, Auf diese greifst du allerdings nur bei Bedarf zurück oder wenn sich Fragen ergeben sollten.

Executive Summary

Als Executive Summary bezeichnet man ein Schriftstück, das die wesentlichen Punkte umfangreicher Texte und komplexer Sachverhalte komprimiert zusammenfasst.

Du kannst deine Kompetenz bereits damit unter Beweis stellen, dass du die richtigen Zahlen auswählst. Doch welche Kriterien sind dabei wichtig?

1. Welche Zahl dient deinem Präsentationsziel? Welche Zahl benötigst du, damit deine Zuschauer das tun, was du möchtest?
2. Welche Zahlen wirken beeindruckend auf deine Zuhörer und Zuhörerinnen und wecken Emotionen?
3. Gibt es rechtliche Vorgaben, die weitere Zahlen zwingend erforderlich machen?

Plane genau, wann du welche Zahl präsentieren willst. Beachte dabei auch den Spannungsbogen. Vielleicht ist deine Zahl sogar das Highlight der ganzen Präsentation. Du kannst hier das Prinzip der *anonymen Anmoderation* nutzen. Möglicherweise kennst du die Technik bereits aus dem Fernsehen oder von einer Liveveranstaltung. Da tritt die charmante Moderatorin auf und zählt ein paar tolle Eigenschaften des noch namenlosen Gastes auf. Die Moderatorin macht, ganz wie sie es gelernt hat, einen auf spannend und geheimnisvoll, obwohl das Publikum schon längst weiß, wen es zu erwarten hat. Dann wird schließlich der Name genannt und der Gast wird von allen begeistert empfangen. Dieses Prinzip kannst du dir auch bei Zahlen zunutze machen. Arbeite dich langsam und spannungssteigernd zur eigentlichen Zahl vor, ohne diese vorab zu nennen. Und dann folgt die große Sensation: die Enthüllung der Zahl.

13.4.4 Welche Zahlen darf ich zeigen?

Eines vorab, wer mit Zahlen, Daten und Fakten arbeitet, muss sich darüber im Klaren sein, dass nicht alle davon für eine Präsentation freigegeben sind oder sich dafür eignen. Stell deine Zahlen zuvor immer genauestens auf den Prüfstand. Folgende Fragen sollen dir dabei helfen, geeignete Zahlen zu finden:

1. **Welche Zahlen ergeben überhaupt Sinn aus Sicht des Publikums?** Geh dabei nicht von deinem Wissen aus. In der Regel fehlt dem Publikum das notwendige Vorwissen.
2. **Wie sehen die möglichen Folgen aus?** Zahlen können ungewollte Folgen auslösen. Diese können sowohl positiv als auch negativ sein (wenn zum Beispiel der Umsatz zurückgeht, könnte das Ängste vor möglichen Entlassungen auslösen). Versuch negative Folgen direkt zu entkräften und mit etwas Positivem zu belegen.
3. **Ist es strategisch sinnvoll, bestimmte Zahlen zu nennen oder sollte man sie besser verschweigen?**
4. **Welche Zahlen bewirken eine emotionale Reaktion?**
5. **Sind die Zahlen überhaupt für die Präsentation freigegeben und autorisiert?** Aus welcher Quelle beziehst du deine Zahlen?
6. **Gibt es rechtliche Relevanzen, sodass gewisse Zahlen genannte werden müssen?**

13.4.5 Mit Zahlen Emotionen wecken

Wenn man mit zahlenorientierten Menschen spricht und sie auf emotionale Regungen während einer Präsentation anspricht, werden die meisten von ihnen sagen, Emotionen hätten im Business nichts zu suchen. Es sei falsch und gefährlich, sich von ihnen leiten zu lassen. Man sei dann nicht in der Lage, rationale Entscheidungen zu treffen. Aber wie du mittlerweile gelernt hast, werden alle unseren Entscheidungen unbewusst von Emotionen gesteuert, also auch die, die wir vermeintlich aus rationalen Gründen treffen und von ausgewerteten Matrizen oder Ähnlichem her ableiten.

Emotionen sind der Schlüssel zur Überzeugung und Entscheidung. Emotionen führen zu Bewegungen, etwa dazu, neue Meinungen anzunehmen, eine Entscheidung zu treffen oder zu handeln. Und all das läuft in unserem Unterbewusstsein ab. Hier greift das sogenannte *Pain-and-Pleasure-Prinzip*. Darunter versteht man den Vorgang in unserem Unterbewusstsein, Unangenehmes zu vermeiden und Angenehmes herbeizuführen. Als Kriterien dienen dazu stets die Emotionen und Gefühle, die wir bei einer Sache haben. Auch Zahlen, Daten und Fakten schaffen das. Dies wurde sogar von Professor Daniel Kahnemann nachgewiesen, der dafür 2002 den Nobelpreis für Wirtschaftswissenschaften erhielt.

Die Zahlen und die damit verbundenen Informationen führen dazu, dass die für die Entscheidungsfindung notwendigen Emotionen erzeugt werden. Stell dir einmal folgende Situation vor: Du hast gerade eine Millionendeal deinem größten Konkurrenten vor der Nase weggeschnappt. Ich bin mir sicher, dass dich das nicht völlig kalt lässt und du diesen Coup gebührend feiern wirst. Oder stell dir vor, dass dein Umsatz im letzten Quartal um 25 % gestiegen ist. Auch diese Zahl wird dich in eine freudige Emotion versetzen.

Es ist also auch ein Zusammenspiel aus der jeweiligen Situation und dem bereits vorhandenen Wissen, das eine Zahl emotional macht. Wenn du Zahlen präsentierst, werden sie nur emotional auf deine Zuhörer und Zuhörerinnen wirken, wenn sie das entsprechende Vorwissen oder Referenzwerte haben oder wenn eine weitere Bedeutung der Zahl bereits vorliegt. Es geht im Grunde immer um einen Vergleich. Ist die Zahl im Vergleich zum Referenzwert ...

- ... über oder unter den Erwartungen?
- ... klein oder groß?
- ... enttäuschend oder gibt sie Anlass zum Jubel?

Präsentiere deine Zahlen so, dass deine Zuhörer betroffen sind oder deine Zuhörerinnen berührt werden. Wenn kein direkter Vergleich möglich ist, nutz die bildhafte Vorstellung deines Auditoriums und verknüpfe Zahlen mit Bildern.

13.4.6 Zahlen spannend präsentieren

Wenn du Zahlen spannend präsentieren möchtest, arbeitest du am besten mit Extremen. Dabei entscheidend ist die Art des Satzbaus und wie du mit deiner Stimme die Dinge betonst. So kannst du beispielsweise direkt vor der Zahl eine dramatische

Sprechpause einlegen, dann die Zahl nennen und erneut eine weitere kleinere Pause einlegen, um die Zahl sacken zu lassen. Diese Art der Präsentation sorgt für die richtige Betonung, Spannung und einen dramaturgischen Aufbau.

Eine weitere und aus meiner Sicht sehr effektive Methode, um die Bedeutung der Zahlen ins fast Unermessliche zu steigern, ist die, die Zahl zunächst einmal zu nennen, allerdings ohne eine Erklärung, welche Bedeutung sie hat. Ganz am Ende folgt dann die Auflösung. Ein wunderbares Beispiel dafür liefert die Serie »The Big Bang Theory«. In der Folge »The 43 Peculiarity« sehen die Zuschauer die Zahl 43 auf einer Tafel stehen. Zu diesem Zeitpunkt weiß noch niemand, wofür die Zahl steht. Stellvertretend für die Zuschauer und Zuschauerinnen versuchen Raj und Howard erfolglos herauszufinden, wofür die Zahl genau steht, und verzweifeln fast daran. Die Spannung bleibt bis zum Schluss, als zumindest die Zuschauer endlich erfahren, wofür die Zahl steht.

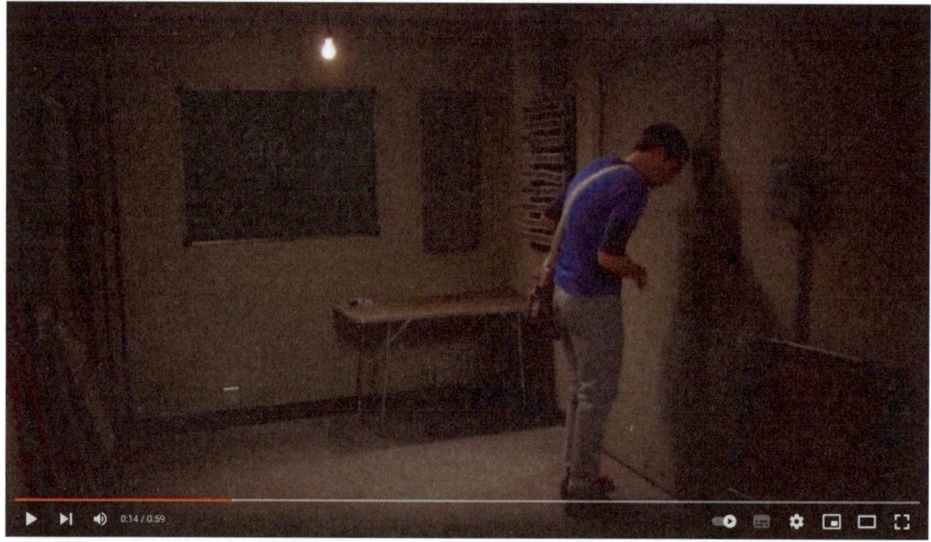

Abbildung 13.14 »The Big Bang Theory – Sheldon's 43 Secret« (Quelle: www.youtube.com/watch?v=ylKEHSDAZqM)

Natürlich funktioniert diese Technik auch umgekehrt. Wichtig ist dabei, dass du deine Stimme und deine Körpersprach gezielt einsetzt, um der Zahl die angemessene Bedeutung zu geben. Und noch einmal muss ich auf Steve Jobs zurückkommen (präsentationstechnisch kann bzw. konnte ihm keiner so schnell das Wasser reichen). Wenn Jobs wichtige Zahlen präsentiert hat, hat er in der Regel vor der eigentlichen Nennung der Zahl gerne Wörter wie *awsome* oder *gorgeous* benutzt, was so viel wie spitze, beeindruckend oder umwerfend bedeutet. Allerdings hat er das ohne übertriebende Begeisterung gemacht und dennoch war es wirkungsvoll.

Hierzu ein Beispiel:

Unser Umsatz hat sich in diesem Quartal positiv entwickelt. Wir können uns über eine Steigerung von – und dieser Wert hat mich einfach überwältig – 18,5 % freuen. Damit hätten wir nach dem letzten Jahr nicht gerechnet.

Ein typischer Fehler, den du hier machen kannst, ist der, dass du die Zahl viel zu früh bekannt gibst, weil sie schon auf der Folie zu lesen ist, obwohl du noch gar nicht an der besagten Stelle der Präsentation angekommen bist. Dein Timing muss genau auf dem Punkt sein. Du darfst wichtige Zahlen erst in dem Moment zeigen, wenn du sie aussprichst.

Ein weiterer Fehler ist, dass bedeutende Zahlen oft einfach so nebenbei erwähnt werden oder im Gesagten untergehen. Anstatt zu sagen: »Wir konnten unseren Umsatz im letzten Quartal um 18,5 % steigern«, machst du es lieber spannend: »Wir konnten unseren Umsatz im letzten Quartal steigern um ... 18,5 %.«

Überlass bei der Präsentation von Zahlen nichts dem Zufall, und übe vorher, die Zahlen spannend zu präsentieren.

13.4.7 Was muss auf die Folie, was kommt ins Handout?

Wie schon mehrfach erwähnt, wird im Bereich Zahlen, Daten und Fakten oft der Fehler gemacht, die Folien im Anschluss im Handout zu nutzen. Das ist allerdings aus mehreren Gründen völlig verkehrt. Du wirst sehen, dass sich der Mehraufwand, im Handout andere bzw. vertiefende Informationen zu bieten, lohnen wird. In erster Linie dienen Folien dazu, den Redner, also dich, zu unterstützen und zwar aus Sicht deiner Zuhörer und Zuhörerinnen. Auf der Folie präsentierst du das, was deine Aussagen unterstützt und was deinem Publikum hilft, das Gesagte besser zu verstehen und sich zu merken. Doch wie kommt es, dass heutzutage immer noch so viele schlechte Folien gezeigt werden? Dafür gibt es verschiedene Gründe, die ich hier gerne noch einmal aufführen möchte:

1. Der Präsentierende ist schlecht vorbereitet und hat im Vorfeld einfach mal schnell alles zusammenkopiert und auf die Folie gesetzt. Schlimmer noch, da wurden zum Teil alte Folien von der Festplatte recycelt und dann nur vorgelesen.
2. Die Präsentierende nutzt ihre Folien als Notizen. Auch das beruht auf mangelnder Vorbereitung. Als gut vorbereiteter Redner oder Rednerin solltest du deine Story immer im Kopf haben. Für Details, die du dir nicht merken kannst, bieten dir Programme wie PowerPoint oder Keynote eine Notizfunktion, die du in der Referentenansicht zu sehen bekommst, während dein Publikum nur die Folie sieht.

Hierzu eine kurze Anmerkung: In Apple Keynote können die Moderationsnotizen während der Präsentation nur angezeigt werden, wenn der Vortrag auf einem separat angeschlossenen Monitor erfolgt. Deine Notizen werden ausschließlich auf deinem Endgerät angezeigt, damit nur du sie wirklich sehen kannst. Allerdings kannst du die Moderationsnotizen auch anzeigen lassen, wenn du deine Präsentation testest.

Abbildung 13.15 Die Referentenansicht während einer Präsentation in PowerPoint. Zusätzlich zu deinen Notizen siehst du, welche Folie als Nächstes folgt und wie viel Zeit du auf der aktuellen Folie bereits verbracht hast. Zusätzliche Tools wie Laserpointer oder Textmarker lassen sich problemlos von dort steuern, um deinen Vortrag lebhafter zu gestalten.

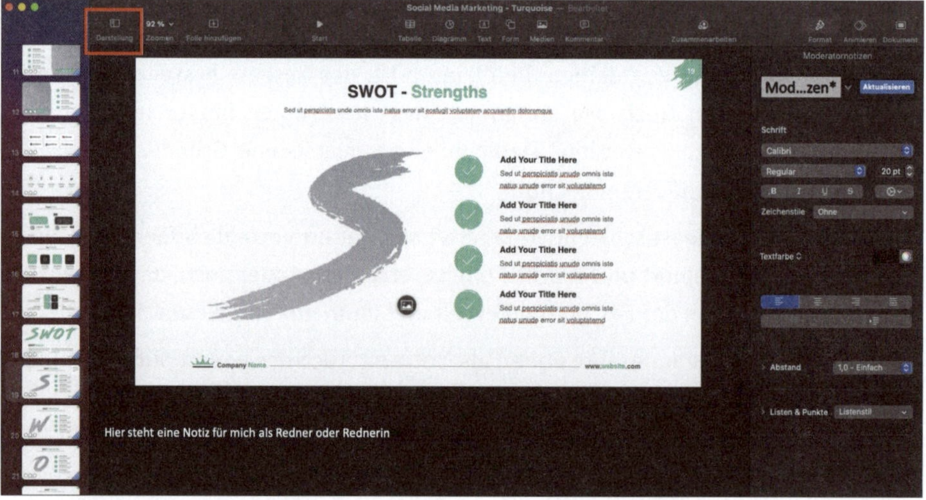

Abbildung 13.16 Um eine Notiz in Apple Keynote einzufügen, geh auf den Menüpunkt »Darstellung • Moderationsnotiz einfügen«.

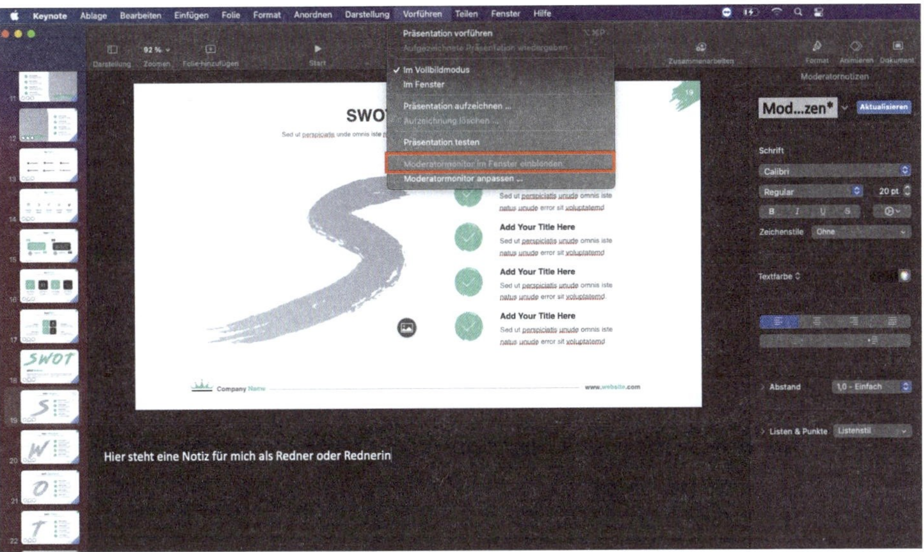

Abbildung 13.17 Unter »Vorführen • Moderationsmonitor in Fenster einblenden« kannst du dir deine Rednernotizen in Keynote dann anzeigen lassen.

1. Viele Präsentierende denken entweder aus Gründen der Dokumentation oder weil sie es überall ebenfalls so zu sehen bekommen, dass das, was sie sagen, auch schriftlich gezeigt werden muss. Doch diese zusätzlichen Informationen gehören später ins ausgearbeitete Handout.
2. Die Folien werden als Arbeitsdokument verwendet, die einfach abgearbeitet werden.
3. Folien werden, wie bereits erwähnt, als Handout verwendet und zum Teil vorab per E-Mail an die Teilnehmer und Teilnehmerinnen versendet. Damit wirst du selbst allerdings komplett überflüssig, da bereits alle Informationen vorliegen und die Teilnehmer*innen selbst alles durchgehen können.

Ins Handout gehören die Dinge, die die *Dokumentationspflicht* erfüllen, Dinge, die die Arbeit unterstützen, die aber nicht mündlich präsentiert werden. Wenn du zuvor nur einen Ausschnitt aus einer Tabelle gezeigt hast, gehört nun die komplette Tabelle mit Quellenangaben und Verweisen hinein. Dein Handout sollte so ausgearbeitet sein, dass ein Teilnehmer oder eine Teilnehmerin, der oder die zum Zeitpunkt der Präsentation verhindert war, trotzdem alles verstehen kann.

Und noch einmal, auf eine Folie gehören nur wenige Informationen, idealerweise nur eine Kernaussage. Nutz lieber eine Folie zu viel als zu wenig. Wenn du doch mit etwas komplexeren Darstellungen arbeiten musst, empfiehlt es sich, die einzelnen Elemente per Mausklick nach und nach einzublenden und so deine Darstellung langsam und nachvollziehbar aufzubauen. Verzichte hierbei bitte auf herumwirbelnde Elemente oder sonstigen Firlefanz.

Wie du deine Zahlen visuell ansprechend gestalten kannst, damit deine Zuschauer und Zuschauerinnen, die ihnen dargebotenen Informationen schnell erfassen können, kannst du in Kapitel 5, »Vereinfache komplexe Geschichten mithilfe von Visuals«, nachlesen. Auch der Einsatz von Farbe spielt eine Rolle bei der Aufbereitung der Daten. Auch hierzu findest du ebenfalls in Kapitel 5 alle notwendigen Informationen.

Ein letzter Hinweis für den Einsatz von Flipcharts oder Whiteboards: Auch wenn ich persönlich lieber mit Folien arbeite, bieten Flipcharts doch einen gewissen Vorteil gegenüber Folien. Ein Flipchart wirkt in der Regel sympathischer auf dein Publikum, da Inhalte schneller und einfacher aufgenommen werden können. Das hat etwas damit zu tun, dass du im Prinzip gemeinsam mit deinen Zuhörern und Zuhörerinnen die Inhalte entwickelst. Das Arbeiten mit Flipcharts oder Whiteboards wirkt lebendiger, menschlicher und emotionaler als eine top gestaltete Folie. Allerdings, und das möchte ich an dieser Stelle betonen, ist das alles persönlicher Geschmack. Wähle das Mittel zur Unterstützung deiner Präsentation aus, das dir am meisten liegt.

Der Umgang mit einem Flipchart oder einem Whiteboard will geübt sein. Du musst deine visuelle Gestaltung dahingehend anpassen, dass du so schreibst und zeichnest, dass selbst dein Publikum in der letzten Reihe alles noch gut lesen kann. Und das erfordert ein wenig Übung im Vorfeld und einige Versuche, um die passenden Schriftgrößen zu ermitteln.

Kapitel 14
Tipps und Tricks für die Zukunft

Zum Abschluss gibt es noch eine geballte Ladung Tipps und Tricks, um nicht nur dein Gehirn auf Erfolg zu trimmen, sondern dir auch eine Hilfestellung an die Hand zu geben, wie du auf häufig vorkommende Fehler reagieren kannst und wie du mit Gesten das Unterbewusstsein deines Publikums triggern und beeinflussen kannst.

Wir sind nun fast am Ende unserer gemeinsamen Reise durch die spannende Welt der Präsentationen und aller Dinge, die mit ihr zu tun haben, angekommen. In den vorangegangenen Kapiteln habe ich dich Schritt für Schritt durch die einzelnen Phasen einer Präsentation geleitet, damit du bei deinem nächsten großen Auftritt vor Publikum glänzen kannst. Mittlerweile solltest du nicht nur das Design im Griff haben, sondern auch den Präsentationsablauf. Selbst unbequeme und kritische Fragen bringen dich in Zukunft nicht mehr aus dem Konzept.

In diesem letzten Kapitel verrate ich dir meine absoluten Geheimtipps und Tricks, die sich im Laufe der Zeit bei mir etabliert und mir das Organisieren, Strukturieren und Arbeiten mit Präsentationen deutlich vereinfacht haben. Die nachfolgenden Kniffe können dir nicht nur zukünftig bei Präsentationen weiterhelfen, du kannst sie auch bequem auf deinen normalen Arbeitsalltag übertragen, um beispielsweise strukturelle Abläufe zu verschlanken oder schneller und effektiver zu arbeiten. Schauen wir uns zunächst einmal ein kleines, aber mächtiges Onlinetool an, mit dem du auf eine einfache Art und Weise den Überblick behältst.

14.1 Organisation ist alles – Arbeiten mit Trello

Eine Präsentation zu erstellen und zu halten erfordert nicht nur eine Menge an Recherche, sondern auch an Organisation, insbesondere dann, wenn du gemeinsam mit einem Kollegen oder einer Kollegin eine Präsentation vorbereiten musst. Gerade in solchen Fällen können Onlinetools ein wahrer Segen sein, um die Organisation so unkompliziert wie möglich zu gestalten und alle projektrelevanten Informationen allen Beteiligten an einer zentralen Stelle zur Verfügung zu stellen. Das Onlinetool Trello bietet dir genau diesen Komfort.

Trello ist ein auf *Kanban* basierender Aufgabenverwaltungs-Onlinedienst des australischen Unternehmens Atlassian und bereits seit 2015 auf Deutsch verfügbar. Der Begriff Kanban stammt ursprünglich aus dem Japanischen und bedeutet übersetzt Signalkarte. Im deutschsprachigen Raum wird dagegen vermehrt mit dem Begriff Tafel gearbeitet.

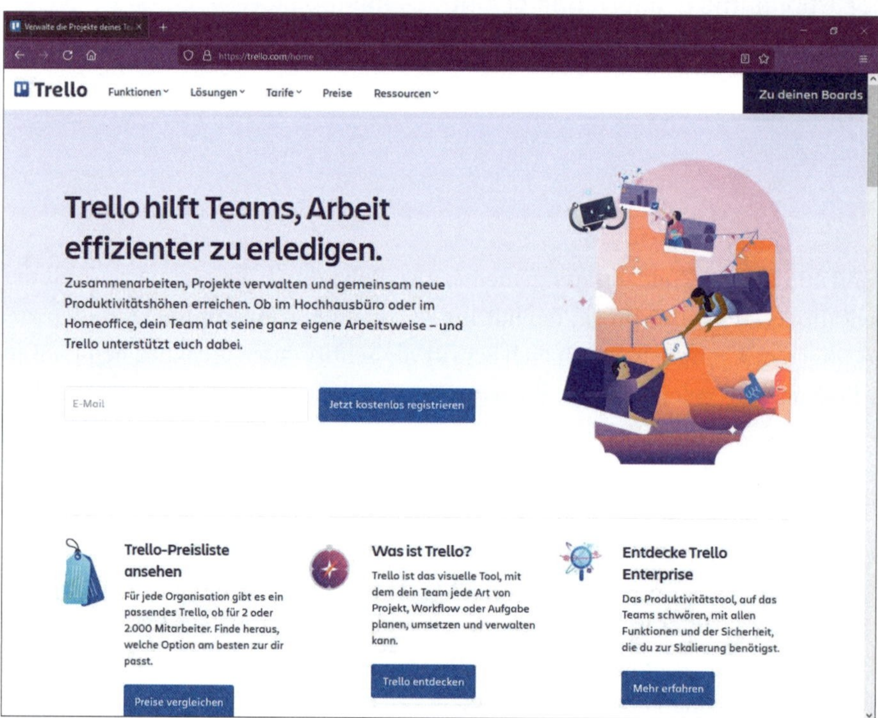

Abbildung 14.1 Einfache Organisation von Aufgaben mittels Trello (Quelle: https://trello.com/home)

Mit dieser Onlineanwendung ist es möglich, in den sogenannten BOARDS Aufgaben in verschiedenen Listen zu verwalten. Die Aufgaben können beliebig bearbeitet werden und um Checklisten, Anhänge, Termine, Labels und viele weitere Informationen ergänzt werden. Die Aufgaben selbst lassen eine umfangreiche Protokollierung zu, sodass jedes Board-Mitglied sehen kann, wer wann an dem Projekt gearbeitet hat. Per

Drag & Drop lassen sich die Karten beliebig verschieben. In der kostenfreien Variante von Trello stehen dir bis zu zehn Boards zur Verfügung.

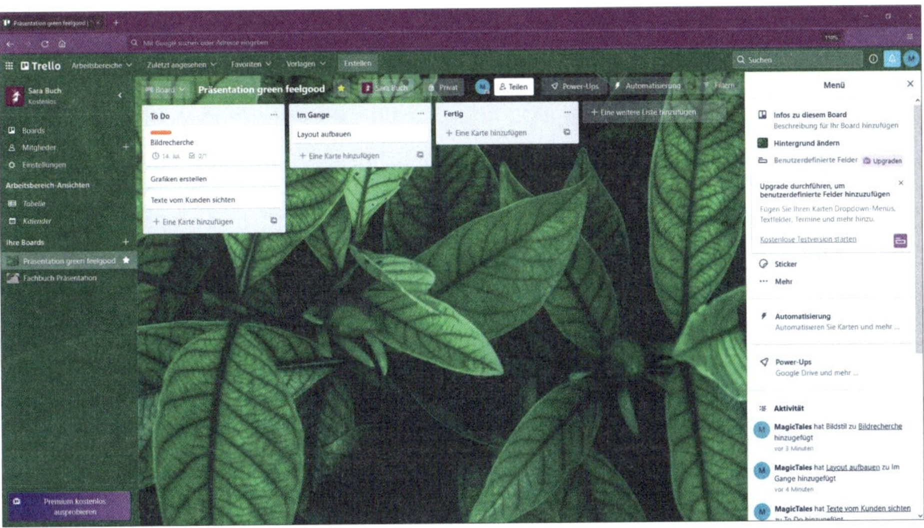

Abbildung 14.2 Das Trello-Board – Herzstück eines jeden Projekts. Das Board kann beliebig um Listen und Karten ergänzt werden.

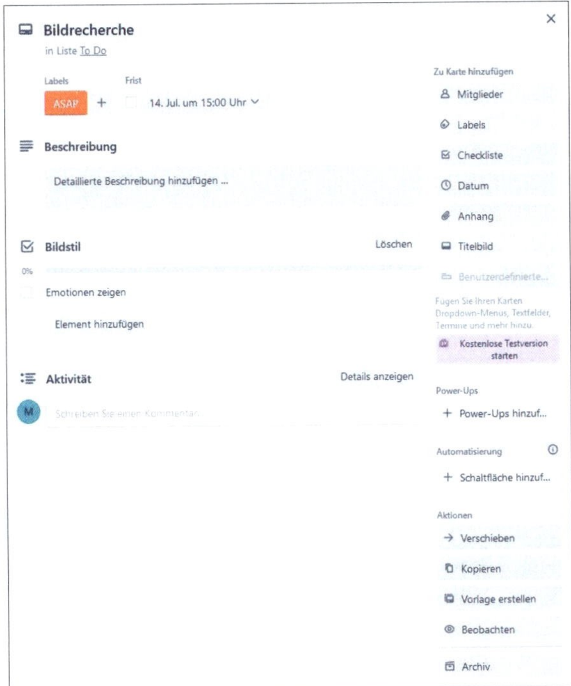

Abbildung 14.3 Kartenansicht in Trello: Jede Karte kann individuell angepasst und bearbeitet werden.

Über den Bereich MITGLIEDER lassen sich weitere Personen per E-Mail oder über die Versendung eines Links hinzufügen, um gemeinsam mit dir an dem Projekt zu arbeiten.

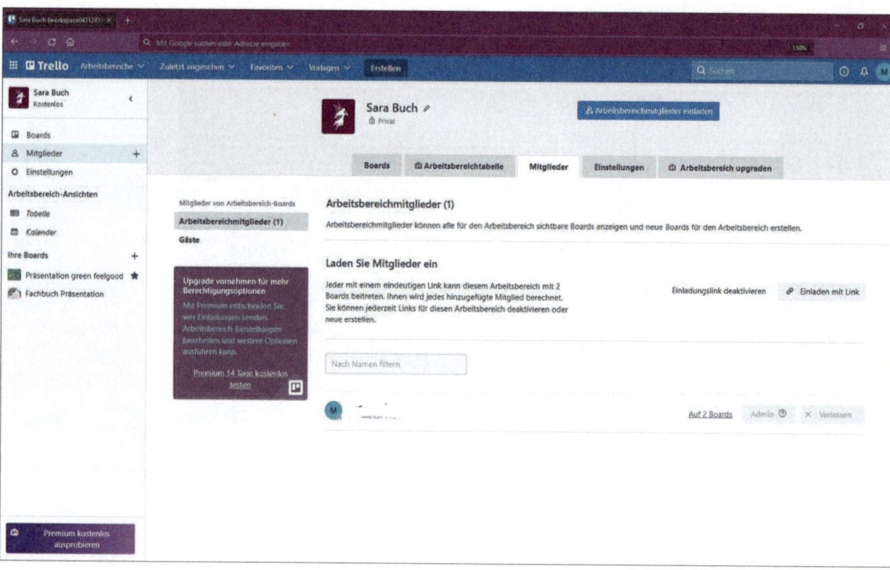

Abbildung 14.4 Du hast die volle Kontrolle darüber, wer dein Board sehen und bearbeiten darf.

In der Übersicht ARBEITSBEREICHE siehst du alle deine bisher erstellten Boards aufgelistet. An dieser Stelle kannst du verschiedene Boards als Favoriten markieren, verschiedene Vorlagen erstellen und weitere Einstellungen treffen.

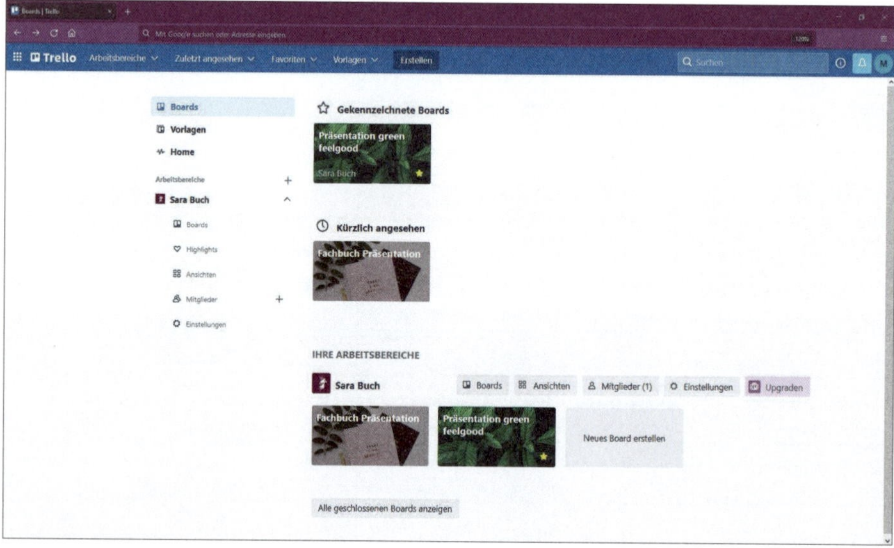

Abbildung 14.5 Über deine persönliche Startseite kannst du verschiedene Aktionen ausführen, um dein Projekt zu organisieren.

Alles in allem bietet Trello dir selbst in der kostenlosen Version jede Menge Funktionen, um dein Projekt zu organisieren und immer alles im Blick zu behalten. Dieses Tool kannst du nicht nur im beruflichen Kontext hervorragend nutzen, auch private Projekte lassen sich hiermit auf einfache Art strukturieren, planen und ausführen.

14.2 PowerPoint-Shortcuts

Als großer Freund von schlanken und zeitsparenden Abläufen kann ich dir nur wärmstens ans Herz legen, dass du dir von Anfang angewöhnst, mit *Shortcuts* zu arbeiten. Schau dir einmal aus Spaß an, wie viel Zeit und Kilometer du mit der Maus zurücklegst und wie wenig im Vergleich dazu, wenn du mit Shortcuts arbeitest. Hierfür bietet sich das Tool *mousometer* (*www.mousometer.de*) an. Du wirst erstaunt sein, wie viel Zeit du wirklich einsparen kannst.

Damit du in Zukunft auch deine Präsentationen schneller erstellen kannst, findest du in Tabelle 14.1 bis Tabelle 14.6 die wichtigsten PowerPoint-Shortcuts.

⇧ + Mausklick	einzelne Objekte auswählen
⇧ + A	alle Elemente auf einer Folie auswählen
Strg + ⇧ + G	markierte Objekte gruppieren
Strg + D	markiertes Objekt duplizieren (Nach der Neuausrichtung des duplizierten Objekts kannst du durch erneutes Drücken von Strg + D das Objekt weiter kopieren.)
Strg + C	Kopieren
Strg + V	Einfügen
Strg + ⇧ + Mausklick	Objekt durch Ziehen kopieren

Tabelle 14.1 Shortcuts für Objekte

Die Shortcuts in Tabelle 14.2 funktionieren nur, wenn der Text bereits markiert ist.

Strg + ⇧ + F	Text fett formatieren
Strg + A	den ganzen Text innerhalb eines Textfeldes markieren

Tabelle 14.2 Shortcuts für Texte

Strg + ⇧ + C	Formatierung kopieren
Strg + ⇧ + V	kopierte Formatierung übertragen
Strg + L	Text linksbündig
Strg + R	Text rechtsbündig
Strg + E	Text zentrieren
⇧ + ↵	Zeilenumbruch
↵	Absatzumbruch
⇧ + Alt + ↑	Aufzählungspunkt nach oben verschieben
⇧ + Alt + ↓	Aufzählungspunkt nach unten verschieben
Strg + ´	Vergrößern
Strg + ß	Verkleinern

Tabelle 14.2 Shortcuts für Texte (Forts.)

F5	Präsentation von erster Folie aus starten
⇧ + F5	Präsentation von aktueller Folie aus starten
Foliennummer + ↵	direkt zu Folie X springen (Eingabe erfolgt über den Nummernblock.)
B	Bildschirm auf Schwarz ein-/ausschalten
W	Bildschirm auf Weiß ein-/ausschalten
Strg + L	Mauszeiger in Laserpointer umwandeln
Strg + P	Mauszeiger in Stift umwandeln
← + ↑ + ↓ + →	zur nächsten Folie wechseln
Esc	Bildschirmpräsentation beenden
G	Folienübersicht (alle Folien) einblenden

Tabelle 14.3 Shortcuts für die Bildschirmpräsentation

Alt + F9	Führungslinien ein- und ausblenden
⇧ + F9	Raster ein- und ausblenden
⇧ + Alt + F9	Lineal ein- und ausblenden
Alt + F10	Auswahlbereich ein- und ausblenden
Strg + F1	Menüband ein- und ausblenden
Strg + Z	letzten Befehl rückgängig machen
Strg + Y	letzten Befehl wiederholen
Strg + ⇧ + C	Format kopieren
Strg + ⇧ + V	kopiertes Format übertragen
Strg + S	Speichern
F12	Speichern unter

Tabelle 14.4 Shortcuts für Ansichten und Funktionen

Strg + ⇧	Objekt aus der Mitte vergrößern
⇧	Objekt durch Skalieren vergrößern
Alt + ←	Objekt im Uhrzeigersinn drehen (15°)
Alt + →	Objekt gegen Uhrzeigersinn drehen (15°)
⇧ + ↑	Breite des Objekts vergrößern
⇧ + ↓	Breite des Objekts verkleinern

Tabelle 14.5 Shortcuts für Positionierungen und Ausrichtungen

Die Shortcuts in Tabelle 14.6 funktionieren nur, wenn die Folie ausgewählt ist.

Strg + M	neue Folie einfügen
Strg + D	Folie duplizieren
Strg + ↑	Folie eine Position nach oben verschieben
Strg + ↓	Folie eine Position nach unten verschieben
Strg + Pos1	zur ersten Folie wechseln
Strg	mehrere Folien einzeln auswählen
Strg + A	alle Folien auswählen
Strg + ⇧ + ↑	Folie an die erste Position verschieben
Strg + ⇧ + ↓	Folie an die letzte Position verschieben
⇧	mehrere, aufeinanderfolgende Folien auswählen

Tabelle 14.6 Shortcuts für Folien

In den zusätzlichen Materialien zum Buch (*www.rheinwerk-verlag.de/5625*) findest du die Shortcuts als separate Datei zum Ausdrucken und immer Dabeihaben.

14.2.1 Das Arbeiten mit der Zwischenablage

Die Zwischenablage von Microsoft PowerPoint ist eine feine Sache. Die Wenigsten wissen, dass hier bis zu 24 Elemente gespeichert werden können, auf die man im Anschluss zugreifen kann. Sie zeigt alle Elemente an, die mittels Strg + C eingefügt wurden.

Tipp: Zwischenablage anzeigen

Unter den OPTIONEN unten links kannst du einstellen, dass die Zwischenablage angezeigt wird, sobald du zweimal Strg + C hintereinander gedrückt hast.

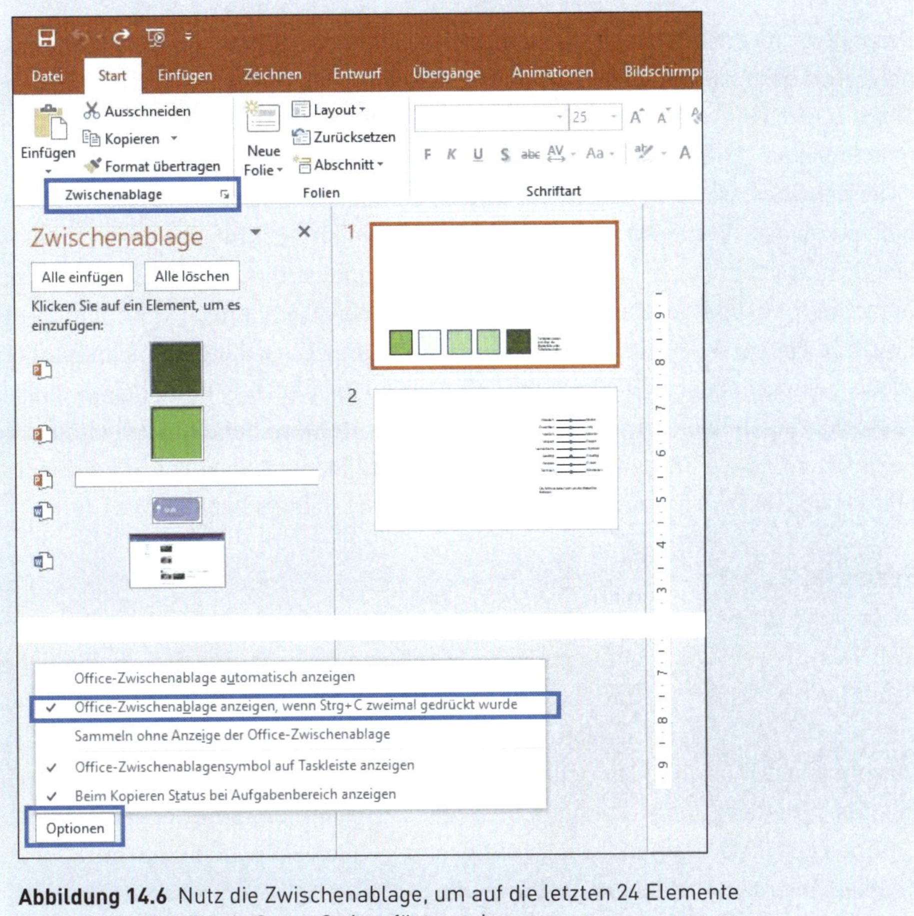

Abbildung 14.6 Nutz die Zwischenablage, um auf die letzten 24 Elemente zuzugreifen, die mittels Strg + C eingefügt wurden.

14.3 Häufige Fehler – und wie man auf sie reagiert

Nobody is perfect – es kommt nur darauf an, wie man auf Fehler reagiert und mit ihnen umgeht. In diesem Abschnitt soll es genau darum gehen. Ich habe dir einmal die acht häufigsten Fehler herausgesucht und zeige dir, wie man am besten auf sie reagieren kann, damit du weiterhin souverän auftreten kannst. Wie bereits mehrfach erwähnt, bist du selbst die Präsentation, deine grafische Darstellung ist lediglich eine visuelle Unterstützung. Kleinere Fehler in gewissen Bereichen können passieren, und es wird auch immer etwas geben, das du besser machen kannst. Doch versuch stets den folgenden Rat zu beherzigen: Nimm dir selbst den Druck!

Fehler Nr. 1

Besonders am Anfang, wenn du noch nicht so viele Präsentationen gehalten hast, neigt man dazu, zu viel und zu oft auf seine Notizen zu schauen und womöglich das Skript einfach nur vorzulesen. Dadurch verlierst du nicht nur die Verbindung zu deinem Publikum, auch die Kernaussage verliert dadurch an Aussagekraft.

Besser ist es, wenn du deinen Vortrag vorher mehrfach übst und dadurch Sicherheit bekommst. Deine Notizen sollten nicht komplett ausformuliert sein, sondern lediglich Stichpunkte enthalten, sodass du gezwungen bist, frei zu sprechen. Ich nutze gern Moderationskarten mit einem einzelnen Stichpunkt. Wenn ich wieder Erwarten einmal den Faden verliere, reicht ein kurzer Blick auf den Stichpunkt, um wieder reinzukommen, vorausgesetzt, ich habe meinen Vortrag vorher gewissenhaft geübt. Mal auf die Notizen zu schauen, ist in Ordnung, doch dein Blick sollte nicht zu lange darauf haften bleiben. Sorg dafür, dass dieser Moment so kurz wie möglich ist, und such danach wieder aktiv den Augenkontakt mit deinem Publikum.

Fehler Nr. 2

Du beginnst deinen Vortrag damit, dass du deinem Publikum verrätst, dass du nervös bist. Das ist womöglich gut gemeint, schließlich zeigst du dich authentisch, aber damit hast du deinen Vortrag bereits mit einem negativen Satz gestartet. Dein Publikum wird so nur noch mehr darauf achten, wie du dich verhältst, und die eigentliche Präsentation wird nicht mehr richtig wahrgenommen. Atme vorher einmal tief durch, um dich zu erden, und starte dann deine Präsentation immer mit etwas Positiven. Eröffne deinen Vortag zum Beispiel mit dem folgenden Satz: »Ich freue mich, heute hier bei Ihnen sein zu können, um Ihnen von dem neuen Konzept zu erzählen. Lassen Sie uns nun eine tolle gemeinsame Zeit haben, und legen wir am besten direkt los.«

Fehler Nr. 3

Du verweist zu früh darauf, dass es am Ende der Präsentation ein Handout mit allen wichtigen Eckdaten geben wird und dass die Präsentation zusätzlich per E-Mail versendet wird. Wenn du das tust, wird sich die Aufmerksamkeit deines Publikums schlagartig halbieren. Da kann dein Vortrag noch so spannend aufgebaut sein. Um deine Zuhörer und Zuhörerinnen zum aktiven Mitmachen zu bewegen, lade sie dazu ein, sich während des Vortrags Notizen zu machen, um im Anschluss darüber konstruktiv zu diskutieren. Während der Verabschiedung kannst du gerne darauf hinweisen, dass du die gesammelten Punkte gerne zusammen mit dem Handout und der Präsentation herumschicken wirst, sodass alle noch einmal nachlesen können, was die Kernaussagen waren und welche Fragen es dazu gab. So bleibt dein Publikum nicht nur aufmerksam, du bietest noch weiteren Mehrwert nach der Präsentation.

Fehler Nr. 4

In deiner Stimme liegt zu wenig Emotion, sie reißt deine Zuhörer nicht besonders vom Hocker. Den richtigen Einsatz deiner Stimme kannst du zuvor hervorragend üben. In Kapitel 8, »Kommunikationstechniken für eine kreative Präsentation«, bin ich darauf bereits näher eingegangen. Übe deinen Vortrag zuvor laut und nimm dich am besten selbst dabei auf, um zu analysieren, wo du deine Stimme anders einsetzen musst. Du kannst deine Stimme mit einem Schweizer Taschenmesser vergleichen, die – richtig eingesetzt – zur Allzweckwaffe werden kann.

Fehler Nr. 5

Im Eifer des Gefechts achtest du nicht darauf, wie sich das Publikum verhält. Ist es abgelenkt, hört es überhaupt noch richtig zu und läuft die Präsentation so, wie du dir das zuvor vorgestellt hattest? Oder hältst du die Präsentation sogar nur noch für dich selbst?

Du musst ein Gespür für dein Publikum entwickeln. Du bist derjenige, der die Fäden zieht, oder diejenige, die jederzeit die Kontrolle haben sollte. Wenn du also bemerkst, dass dein Publikum langsam im Begriff ist, gedanklich abzuschalten, dann versuch, es mit einer überraschenden Wendung wieder an Bord zu holen. Auch eine Zwischenfrage deinerseits, kann dazu führen, dass die Aufmerksamkeit wieder steigt. Anstatt dich verunsichern zu lassen, bring etwas Unerwartetes.

Fehler Nr. 6

Du bist bereits einen Tag vor deiner Präsentation so nervös und angespannt, dass du weder essen noch schlafen kannst. Die Folge: Du bist an Tag X unkonzentriert, müde und unausgeglichen. Die Lösung für dieses Problem liegt im Grunde auf der Hand, wären da nicht die Nerven oder das Gefühl, möglicherweise irgendetwas Wichtiges vergessen zu haben.

Wenn sich bei dir dieses Gedankenkarussell unaufhörlich drehen sollte, dann ist es das Beste, wenn du den Abend zuvor nichts mehr für die Präsentation machst. Schalte ab und gönn dir etwas Schönes. Es ist alles erlaubt, was dich ablenkt und dich nachts beruhigt schlafen lässt. Alles andere wird dich nicht weiterbringen.

Fehler Nr. 7

Manchmal passiert es, dass du vieles einfach voraussetzt oder als selbstverständlich ansiehst. Da du die Person bist, die dank der Recherche und der intensiven Auseinandersetzung mit dem Thema am meisten über das Projekt weiß, darfst du nicht davon ausgehen, dass dein Publikum über dasselbe Wissen verfügt. In Abschnitt 6.1.4, »Wie passt man Inhalte dem Zielpublikum an?«, habe ich dir bereits vom *Fluch des Wissens* erzählt. Diesem darfst du an dieser Stelle nicht zum Opfer fallen.

Bleib bis zur letzten Frage freundlich und offen gegenüber Fragenstellern gestimmt und rufe dir immer wieder in Gedanken, dass nur du alle Informationen in deinem Kopf hast. Dein Gegenüber muss diese erst durch Fragen in Erfahrung bringen.

Fehler Nr. 8

Es treten unerwartete Störungen in folgenden Formen auf:

- Technikausfälle
- Jemand kommt oder verlässt die Präsentation.
- Ein eingehender Anrufer eines Teilnehmers unterbricht den Vortrag.

Eines ist ganz wichtig, bewahre Ruhe und lass dich davon nicht aus dem Konzept bringen. Für den Fall, dass die Technik nicht funktioniert, lächle es weg und verweise darauf, dass du später die Präsentation per E-Mail versenden wirst, du an dieser Stelle aber erst einmal weiter in deinem Vortrag fortfährst. Plane solche Eventualitäten mit ein und leg dir bereits vorab eine Art Reaktionskatalog zurecht, damit du in einer solchen Situation angemessen und souverän reagieren kannst.

14.4 Nützliche Gesten während der Präsentation

»Ich bin überzeugt davon, dass am Anfang nicht das Wort, sondern die Geste war.«
– Maja Plissezkaja (Primaballerina und Choreografin)

In diesem Abschnitt geht es um nützliche Gesten, die unbewusst positive Auswirkungen auf dein Publikum haben. Wenn wir reden, nehmen wir gerne unsere Hände zu Hilfe. Beobachte dich einmal selbst, sogar wenn wir telefonieren und unser Gesprächspartner uns nicht sehen kann, führen wir unbewusst gewisse Gesten mit unseren Händen aus, um unser Gesagtes zu verdeutlichen.

Wenn du einfach deine Arme an der Seite baumeln lässt, kann das den Eindruck erwecken, dass du gelangweilt bist. Achte während deiner Präsentation darauf, dass sich deine Hände möglichst immer oberhalb deines Bauchnabels befinden, um deinen Vortrag an den passenden Stellen mit Gesten zu untermalen. Das erzeugt Spannung und Dynamik. Vermeide es, wenn möglich, deine Hände hinter deinem Rücken zu verstecken. Dies kann ebenfalls ein falsches Bild auf dich werfen. Es sei denn, du willst etwas Bestimmtes damit verdeutlichen, was sich direkt auf deinen Vortrag bezieht.

Kommen wir nun zu ein paar Gesten, die jeder und jede im Repertoire haben sollte, wenn es darum geht, vor anderen zu reden oder zu präsentieren.

Zeig deine Handflächen: Wenn deine Handflächen nach außen zu deinen Zuhörern und Zuhörerinnen gewandt sind, signalisiert das, du bist offen gegenüber deinem Publikum und zeigst bis zu einem gewissen Grad Verletzlichkeit. Es sagt so viel wie: »Ich bin eine(r) von euch.«

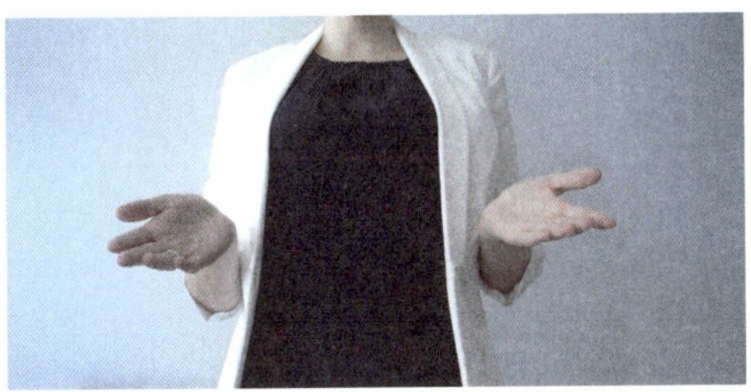

Abbildung 14.7 Handflächen nach außen stehen für Offenheit und werden positiv von deinem Publikum interpretiert.

Aber Achtung, es gibt auch eine Variante beim Zeigen der Handflächen, die abwehrend und negativ wirken kann.

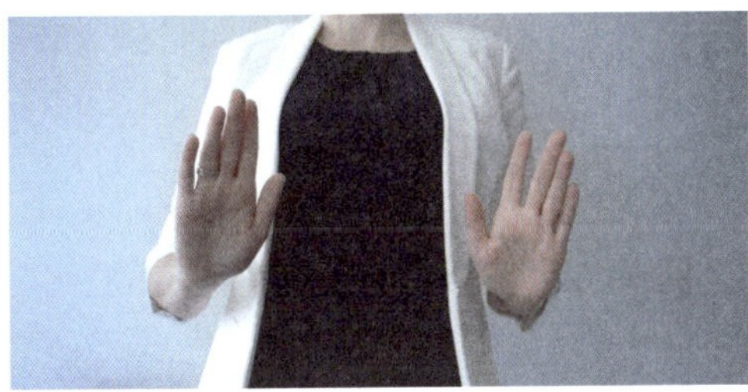

Abbildung 14.8 Zwar werden hier ebenfalls die Handflächen gezeigt, allerdings in einer abwehrenden Haltung. Gebrauche diese Art von Geste sehr sparsam und nur, wenn es wirklich für deinen Vortrag sachdienlich ist.

Zeigefinger und Daumen aufeinanderlegen: Diese Geste solltest du benutzen, wenn du auf Details eingehst. Diese kleine Geste signalisiert deinem Publikum, dass nun etwas sehr Wichtiges kommt, das du direkt auf den Punkt bringen willst und es dadurch betonen möchtest.

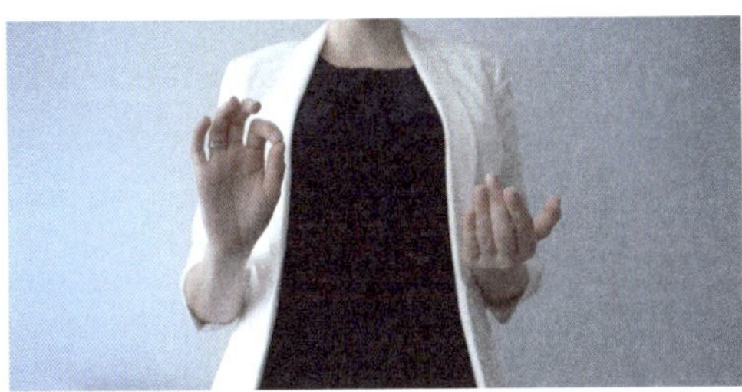

Abbildung 14.9 Um ein Detail besonders zu betonen

Hände locker ineinanderlegen: Mit dieser Geste gönnst du deinem Publikum eine kleine Verschnaufpause. Dadurch, dass die Hände nur locker ineinanderliegen, kannst du jederzeit schnell aus dieser Geste heraus und in eine andere Position wechseln.

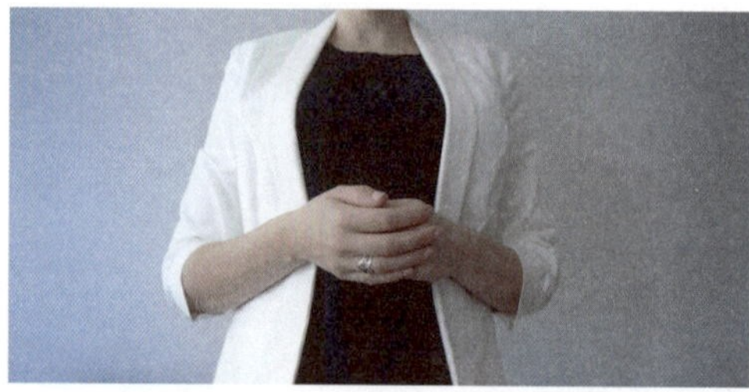

Abbildung 14.10 Die Hände ruhen locker ineinander.

Abbildung 14.11 Auch locker ineinander verschränkte Finger sind eine alternative Haltung.

Eine Hand zur Faust machen: Diese Geste sollte sparsam benutzt werden. Im übertragenen Sinne bedeutet die Geste, man haut mal so richtig auf den Tisch. Nutz diese Geste nur, wenn du etwas mit absolutem Nachdruck betonen möchtest.

Abbildung 14.12 Mit der Faust dem Gesagten Nachdruck verleihen

Hand aufs Herz legen: Eine Geste, die ich persönlich sehr schätze, denn sie vermittelt deinem Publikum, dass du glücklich bist. Sie ist zudem eine äußerst ehrliche Geste. Du wirst sehen, diese positive Stimmung wird sich ebenfalls auf deine Zuhörer und Zuhörerinnen übertragen.

Abbildung 14.13 Hand aufs Herz

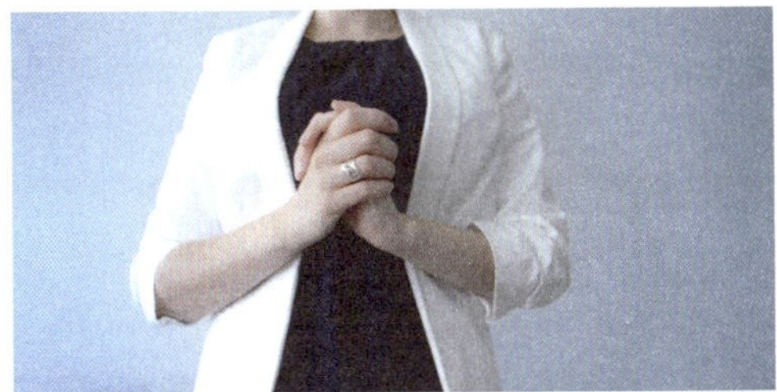

Abbildung 14.14 Alternativ zu Hand aufs Herz kannst du auch die Hände in Höhe des Herzens ineinanderlegen. Allerdings ist die erste Variante die weitaus stärkere.

Merkel-Raute: Sofern sich diese Position für dich und deine Hände natürlich anfühlt, solltest du sie nutzen. Dank Frau Merkel steht die Geste für Entschlossenheit und Stärke. In einer abgewandelten Form kannst du auch einfach die Fingerspitzen aufeinanderlegen.

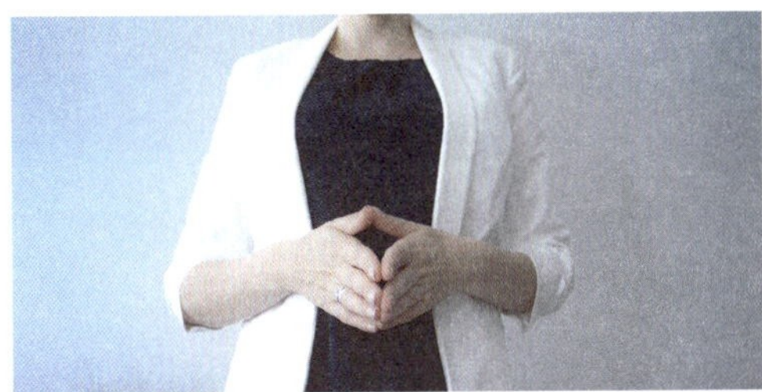

Abbildung 14.15 Merkel-Raute

Eine Geste, die der Merkel-Raute ähnlich ist, ist die Dachgeste. Sicherlich kennst du Mr. Burns aus den »Simpsons«. Er ist ein wahrer Meister der Dachgeste.

Diese Geste ist ein Zeichen für Selbstvertrauen. Auch wenn sie sehr subtil wirkt, ist sie dennoch raumgreifend, wenn man sie mit anderen Gesten vergleicht. Die Geste signalisiert, dass du eins bist mit deinen Gedanken und nicht ins Wanken gerätst. In dem Moment, in dem du diese Geste nutzt, zeigst du deinem Umfeld, dass du auf deine Gedanken und Überlegungen vertraust und auf deine Überzeugungen baust.

Abbildung 14.16 »Montgomery Burns – The Rich White Man Is In Control« (Quelle: www.youtube.com/watch?v=YHyU_rRukss)

Es gibt selbstverständlich noch weitere Gesten, die du in dein Repertoire aufnehmen kannst. Die nachfolgenden Gesten gehören zu den neutralen Gesten. Versuch, sie immer so natürlich wie möglich in deinen Vortrag einzubauen.

Abbildung 14.17 Auch hier ist die Position der Hände oberhalb des Bauchnabels.

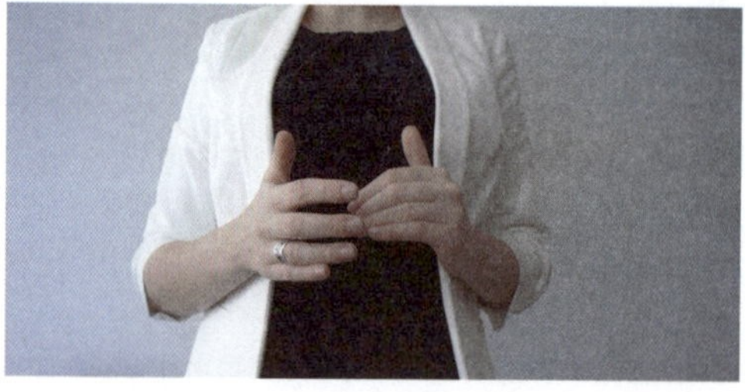

Abbildung 14.18 Versuch, deine Hände immer locker aussehen zu lassen. Von dieser Haltung aus kannst du ohne Probleme in die nachfolgende Pose übergehen.

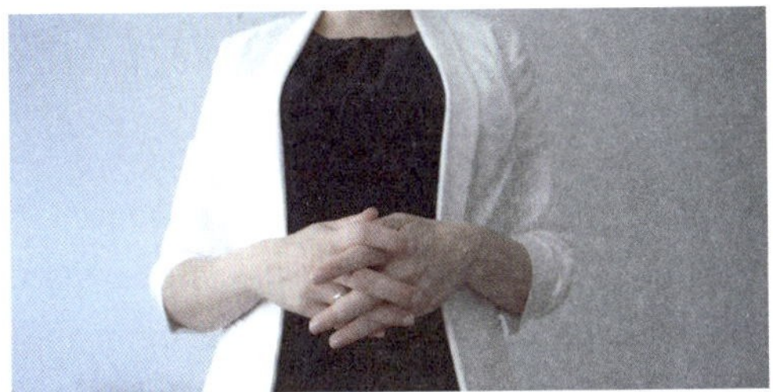

Abbildung 14.19 Gönne deinem Publikum erneut eine kleine Verschnaufpause.

Ich habe dir nun einige nützliche Gesten gezeigt, es gibt allerdings auch Gesten, die du nach Möglichkeit vermeiden solltest. Zum einen ist das der erhobene Zeigefinger. Der kann schnell besserwisserisch oder belehrend bei deinem Publikum ankommen.

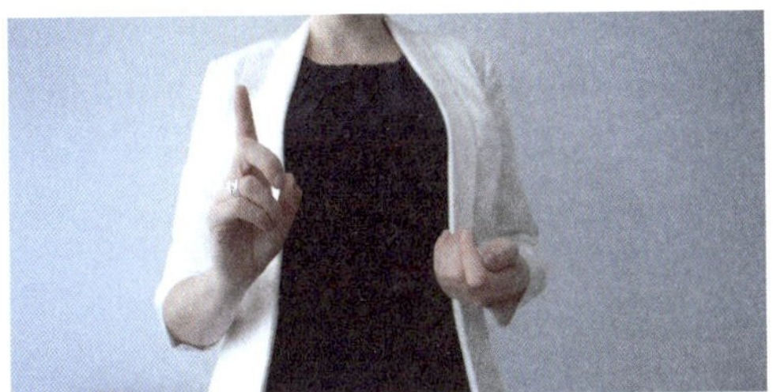

Abbildung 14.20 Versuch, den erhobenen Zeigefinger zu vermeiden.

Eine letzte Geste, die du während deines Vortrages unbedingt vermeiden solltest, wirkt auf den ersten Blick gar nicht so dramatisch. Sie ist aber eine besonders vielsagende Geste der Ohnmacht: eine seitlich an den Nacken gelegte Hand. Diese Geste führen wir häufig aus, wenn wir uns unwohl fühlen und uns in körperlicher und geistiger Hinsicht unsicher fühlen. Sie signalisiert, dass wir uns von außen bedroht fühlen. Doch warum machen wir dann genau diese Geste? Um es ein wenig überspitzt zu formulieren: Wir schützen uns vor den Reißzähnen unseres Angreifers. Wir schützen unsere Halsschlagader, indem wir sie mit der Hand verdecken. Menschen, die sich selbstsicher fühlen, führen diese Geste instinktiv niemals aus. Wenn wir uns dagegen unsicher fühlen, machen wir uns klein und falten uns zusammen, um uns zu beschützen. Versuch, deinen Blick für diese Geste zu schulen, und beobachte in nächster Zeit einmal die Menschen um dich herum. Wer führt wann und in welcher Situation diese Geste aus? Es wird dir dabei helfen, ein tieferes Verständnis für verschiedene Situationen zu erhalten.

Das Schöne an all den eben genannten Gesten ist, dass du sie perfekt vor dem Spiegel üben kannst, damit sie dir in Fleisch und Blut übergehen. Mach dir diese Gesten beim Sprechen bewusst und nutz sie geschickt für deinen Vortrag, um dein Publikum zu lenken. Du hast es im wahrsten Sinne des Wortes in der Hand.

14.5 Das Gehirn auf Erfolg einstimmen – Powerposen und Ausstrahlung

In Kapitel 8, »Kommunikationstechniken für eine kreative Präsentation«, habe ich dir bereits eine Power- oder Machtpose vorgestellt, die ikonische Haltung von Superman. Bevor ich gleich auf weitere Powerposen eingehe, noch einmal kurz zur Erinnerung: Mithilfe der sogenannten Powerposen ist es möglich, den Testosteronspiegel zu erhöhen und den Cortisolspiegel zu senken. Das bewirkt, dass wir ruhiger, selbstsicherer und auch ein Stück weit glücklicher werden. Mittlerweile nutzen viele prominente Sportler oder Politiker diese Technik, um alltägliche sowie herausfordernde Situationen besser zu meistern. Dieses Phänomen kann man sogar im Tierreich beobachten. Sicherlich hast du auch einmal das Verhalten von einem Gorilla beobachtet, wenn er seinen Feind einschüchtern will. Er macht sich groß und trommelt sich auf die Brust. Auch das kann man durchaus als eine Powerpose betrachten. Allerdings empfiehlt es sich jetzt nicht, sich vor seinem Gegenüber aufzuplustern und sich wie wild auf die Brust zu klopfen. Anstatt ernst genommen zu werden, würde dann wohl eher das Gegenteil passieren.

Das Einnehmen einer Powerpose dient dazu, mächtiger und selbstsicherer zu erscheinen, als man womöglich (in der Situation) ist. Dafür nimmt man weite und offene Körperhaltungen ein. Die US-amerikanische Sozialpsychologin Amy Cuddy unterscheidet dabei zwei Arten von Powerposen:

- *Low-Power Poses* (*machtlose Posen*): Körperhaltung ist jeweils geschlossen und eng.
- *High-Power Poses* (*machtvolle Posen*): Körperhaltung ist jeweils offen und entspannt.

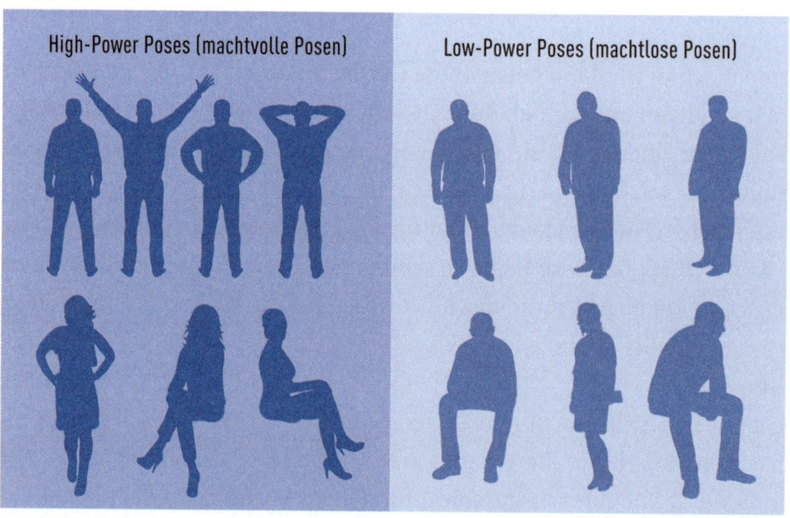

Abbildung 14.21 Machtvolle Posen vs. machtlose Posen

Wie du mittlerweile weißt, kommunizieren wir Menschen nicht nur verbal, sondern auch nonverbal, zum Beispiel durch unsere Körperhaltung. Diese spiegelt oft vor allem unbewusst unser inneres Befinden wider. Lässt du die Schultern hängen, wirkst du auf andere bekümmert, niedergeschlagen und schwach. Wenn du dich dagegen aufrichtest und wie Superman deine Arme in die Hüften stemmst, wirkt das stark und entschlossen auf andere. Und genau das ist der Kerngedanke hinter den Powerposen.

In Amy Cuddys Buch »Dein Körper spricht für dich« beschreibt die Autorin ein paar Übungen, die dabei helfen sollen, das Selbstbewusstsein zu stärken. Vier von ihren Übungen möchte ich an dieser Stelle mit dir teilen. Und da wir bereits beim Thema Superhelden waren, starten wir direkt einmal mit Wonder Woman.

Wonder Woman: Nimm ähnlich wie Superman die Pose einer Heldin ein. Dafür stellst du dich leicht breitbeinig hin und stemmst deine Hände in die Hüften. Hebe nun das Kinn leicht an. Verharre in dieser Position für einen Moment.

Schauen wir uns nun einen Helden aus der realen Welt an:

Barack Obama: Obama hatte seine ganz eigene Art, tolle Ideen zu präsentieren. Er saß dabei gerne in seinem Stuhl, lehnte sich zurück und legte seine Arme in den Nacken. Diese Haltung ist an dieser Stelle nicht zu verwechseln mit der Geste Hand im Nacken. Bei der Geste ist der Arm eng an den Körper gepresst. Bei der Obama-Pose sind die Ellenbogen allerdings nach außen gestreckt. Dabei ruhten seine Füße entweder auf dem Tisch oder aber ein Bein auf dem anderen. Bitte nimm diese Pose nicht zu wörtlich und präsentiere deine Idee so deinem Publikum. Wenn du nicht gerade ein US-Präsident bist, wirst du wahrscheinlich nur verwirrte Blicke ernten. Nimm diese Pose am besten vor deiner Präsentation ein.

Als Letztes schauen wir uns noch zwei übergeordnete Kategorien an:

CEO: Man kann auch sagen, dass es sich hier um eine Managerpose handelt. Dafür stellst du dich vor einen Tisch und stützt dich auf ihm ab. Stell dir vor, wie du deinem Gegenüber dabei tief in die Augen blickst, um ihn oder sie von deiner Idee zu überzeugen.

Be a Rockstar: Stell dich hierfür breitbeinig hin und streck deine Hände weit in die Luft, so als wärst du ein Rockstar und würdest eine Zugabe von deinen Fans fordern. Führe diese Übung vor einem wichtigen Gespräch aus, am besten ohne Beobachter.

Laut Cuddy genügen bereits wenige Minuten dieser Übungen, um eine signifikante Verbesserung des Hormonspiegels zu erreichen, und das sogar für mehrere Stunden. Wie viele Studien, wurde auch Cuddys Theorie kritisch beäugt. Dennoch ist der psychologische Effekt nicht ganz von der Hand zu weisen. Wenn wir uns im übertragenen Sinne wie ein Gorilla verhalten, fühlen wir uns stärker und selbstbewusster. Allein unsere aufrechte Körperhaltung stimmt uns positiv, und wir gehen gestärkt in eine neue Situation hinein.

Du kannst das Einnehmen einer Powerpose vor einer wichtigen und für dich stressigen Situation als ein Ritual etablieren. Bis zu einem gewissen Grad helfen uns die Powerposen dabei, unsere Nerven zu beruhigen. So können die High-Power-Haltungen vor Präsentationen, dem Verkauf von Produkten oder sogar beim Sport dabei helfen, das eigene Selbstbewusstsein zu stärken. In Kombination mit den Atemübungen, die ich dir in Kapitel 6, »Vor Publikum sprechen – finde deinen Flow«, vorgestellt habe, kannst du so weitere Maßnahmen ergreifen, um so aufzutreten, wie du das möchtest: stark, selbstbewusst oder einfach nur überzeugend.

Wenn wir über Selbstbewusstsein reden, müssen wir uns auch mit einem weiteren Begriff befassen, der damit ebenfalls viel zu tun hat: der *Ausstrahlung*. Der amerikanische Dichter Walt Whitman sagte einst:

»Wir überzeugen mit unserer Ausstrahlung.«

Und darin liegt der Kern für unsere Präsentationen. Eine positive Ausstrahlung hat ihre Wurzeln in dem Glauben und dem Vertrauen in uns und unsere Fähigkeiten. Das ist auch wichtig, denn wie soll ich andere überzeugen, mir und meiner Idee zu vertrauen, wenn ich mir selbst nicht vertraue? Wir alle waren schon in Situationen, die auf uns beängstigend und einschüchternd gewirkt haben und in denen wir dennoch eine gewisse Haltung an den Tag legen mussten. Unsere Ausstrahlung ist es letztendlich, die uns die Kraft und die Stärke dafür gibt, solchen Situationen standhaft zu begegnen.

14.5.1 Präsenz zeigen

»Ausstrahlung bedeutet, dass das innere Selbst sich zeigt.«

– Padi, Spanien

Diesen Abschnitt möchte ich dazu nutzen, um dir die Kraft der Ausstrahlung kurz aus psychologischer Sicht zu erläutern. Präsentieren bedeutet, präsent zu sein. Im englischsprachigen Raum wird hier gerne der Begriff *Presence* verwendet, der in diesem Fall ebenfalls als synonym für Ausstrahlung steht. Doch im Grunde meint es dasselbe. Eine positive Ausstrahlung wurzelt in dem Glauben an sich und die eigenen Fähigkeiten. Dieser Glaube ist wichtig, um zu überzeugen. Denn wie willst du jemanden von dir überzeugen, wenn du selbst an dir zweifelst? Verschiedene Psychologen befassen sich seit Jahren mit dem Phänomen der Ausstrahlung und versuchen, die wesentlichen Elemente der Ausstrahlung zu definieren. Mittlerweile geht man davon aus, dass es die folgenden Eigenschaften sind, die erfolgreiche Redner und Rednerinnen ausmachen: Selbstvertrauen, Wohlfühlniveau und eine leidenschaftliche Begeisterungsfähigkeit. Forschungen haben ergeben, dass Menschen, die diese Eigenschaften aufweisen, signifikant häufiger einen Projektzuschlag erhalten, als jene, die nicht über diese Eigenschaften verfügen und sich stattdessen hinter Selbstzweifeln verstecken.

Die positive Wirkung von Ausstrahlung ist nicht von der Hand zu weisen, zudem geraten die oben genannten Eigenschaften nur schwer ins Wanken, was wiederum direkte Auswirkungen auf unseren Körper hat und wie wir uns in öffentlichen Situationen geben und zeigen. Wenn wir uns selbstbewusst, ja sogar mutig fühlen, wirkt sich dies auf unseren Tonumfang und unsere Stimmhöhe aus. Sie ist deutlich abwechslungsreicher, sodass wir in der Lage sind, ausdrucksvoller und zugleich entspannter zu klingen, wodurch wir einen positiven Eindruck auf unser Gegenüber erzielen.

Es geht im Grunde also darum, eine Antwort auf die Frage zu finden, wie wir unser Selbstvertrauen und unsere Performance bei bestimmten Aufgaben und in bestimmten Situationen steigern können, um einen positiven Effekt herbeizuführen. Die Antwort hierauf ist denkbar einfach und schwierig zugleich: Du musst dein bestes authentisches Selbst zum Ausdruck bringen. An das *authentische Selbst* zu glauben bedeutet, dass man in der Lage ist, Bedrohungen zu überwinden, die uns ansonsten vor große Herausforderungen stellen würden und uns aus dem Konzept bringen könnten. Der Psychologe William Kahn untersuchte aus diesem Grund 1992 die psychologische Präsenz am Arbeitsplatz und machte dabei vier entscheidende, wie er es nannte, Dimensionen aus:

»Eine Person muss aufmerksam, bezogen, integriert und fokussiert sein.«

Diese Dimensionen definieren laut Kahn kollektiv, was es bedeutet, lebendig und im übertragenen Sinne präsent zu sein. Diese Präsenz manifestiert sich und zeigt sich in persönlich engagiertem Verhalten. Auf die Frage, was einen Menschen davon abhält, präsent zu sein, liefert im Übrigen die amerikanische Schauspielerin Julianne Moore eine wunderbare Antwort:

»Leute fühlen sich dann am wenigsten präsent, wenn sie den Eindruck haben, nicht gesehen zu werden.«

Jede neue Situation bedeutet eine neue Herausforderung, in der man sein eigenes authentisches Selbst nicht nur finden, sondern auch anerkennen muss. Der eigentliche Schlüssel zum authentisches Selbst und somit letztendlich zur Präsenz liegt in der Entspannung. Und diese Entspannung gelingt dir mit einer guten Vorbereitung und einem kleinen Stups in die richtige Richtung.

14.5.2 Nur ein kleiner Schubs

Wenn du zu den Menschen gehörst, die ungern in der Öffentlichkeit sprechen oder präsentieren und die sich vorab zu viele Gedanken um ihren Auftritt machen, um im entscheidenden Moment fast starr vor Angst zu sein, dann lass dir gesagt sein: Damit bist du nicht allein. Jeder Mensch ist anders und geht dementsprechend anders mit Stresssituationen um. Die gute Nachricht ist, dass Wissenschaftler und Forscherinnen ständig neue kleine Anstöße finden, die wir uns selbst geben können, um unser psychisches Wohlbefinden zu verbessern und unser Verhalten nachhaltig zu beeinflussen.

Hierzu organsierte Alison Wood Brooks 2014 im Rahmen des jährlichen Treffens der Society for Personality and Social Psychology ein Symposium mit dem Titel »Self Nudges: How Intrapersonal Tweaks Change Cognition, Feelings and Behaviour«. Brooks befasst sich unter anderem mit den psychologischen Hürden, die Menschen davon abhalten, gute Leistungen zu erzielen. Besonders das Thema Lampenfieber fand Eingang in ihre Ausführungen. Mitunter kann sie sich wie eine Überdosis aus Angst anfühlen. In unserem Körper passiert dabei Folgendes: Der Testosteronwert sinkt auf ein Minimum, während der Cortisolwert seinen Höhepunkt erreicht. Wie du bereits gelernt hast, ist aber genau der umgekehrte Fall wünschenswert.

Und genau an dieser Stelle soll das Prinzip des *Nudges* (Schubs) greifen. Mit einem Nudge geben wir uns selbst einen Ruck, uns auf den vor uns liegenden Moment zu konzentrieren und nicht an das Ergebnis der Leistung (denk an die Lösung, nicht an das Problem). Das führt langsam und schrittweise dazu, eine mutigere und authentischere Version seiner selbst zu werden. Es findet eine kognitive Neuausrichtung von Furcht in Aufregung statt.

Was bedeutet das? Indem du die Bedeutung eines Gefühls, das du erlebst, änderst (Furcht wird zu freudiger Aufregung), änderst du die psychologische Orientierung und nutzt die kognitive Quelle, die du benötigst, um in einer Stresssituation zu funktionieren und Erfolg zu haben. Auf diese Art gelingt es dir, aus Bühnenangst Bühnenpräsenz zu transformieren. Wenn du also das nächste Mal vor einer wichtigen Präsentation stehst und dich das Lampenfieber packt, gib dir selbst einen kleinen mentalen Stups und sag dir: »Ich schaffe das«, nicht »Ich werde scheitern.«

14.5.3 Der psychologische Aspekt von Powerposen

Kennst du eigentlich das neuseeländische Rugby-Nationalteam All Blacks? Sie zählen seit 1884 zu so etwas wie dem nationalen Stolz oder einem nationalen Gut. Neben dem Team aus Südafrika zählen die All Blacks zu den Rekordweltmeistern im Rugby-Bereich. Doch was macht sie so erfolgreich? Natürlich ist es die sportliche Leistung, die das gesamte Team bringt. Aber aus psychologischer Sicht gibt es ein weiteres wichtiges Element, das den Erfolg der Mannschaft ausmacht. Es ist ein Ritual, das die Spieler vor Beginn eines jeden Spiels vollziehen, um ihre Gegner einzuschüchtern und um die eigene Präsenz zu steigern. Sie führen den traditionellen Māori-Tanz *Haka* auf, ein Ereignis, auf das das Publikum zum Teil weitaus gespannter ist als auf das eigentliche Spiel. Für einen unerfahren Betrachter mag die Szene skurril und fast ein wenig beängstigend wirken und aussehen, wenn fünfzehn Männer, die von der

Statur her einem Superhelden gleichen, aufs Spielfeld treten, ihre Positionen einnehmen und dann mit einer kontrollierten Wildheit ihren Tanz aufführen. Dabei schreien sie und führen kraftvolle Bewegungen aus. Ihr Teamkapitän schreitet dabei durch die Reihen und brüllt Kommandos, die vom Rest des Teams erwidert werden.

Abbildung 14.22 »The Greatest haka EVER?« (Quelle: www.youtube.com/watch?v=yiKFYTFJ_kw)

Menschen, die diesen Moment bereits live erlebt haben, beschreiben ihn als geradezu berauschend. Die Energie, die in dem Moment von den Spielern ausgeht, ist bedeutsam und nimmt das ganze Stadion für sich ein. Man kann sich nur schwer vorstellen, wie eine gegnerische Mannschaft sich in diesem Augenblick fühlen mag. Ich will jetzt nicht damit sagen, dass du vor deiner Präsentation einen Haka vor deinem Publikum ausführen sollst. Doch die Idee dahinter ist es, die für dich relevant ist. Es geht um eine offene Körpersprache, die es uns erlaubt, uns mächtig, stark und präsent zu fühlen. In Abschnitt 14.5, »Das Gehirn auf Erfolg einstimmen – Powerposen und Ausstrahlung«, habe ich dir bereits die High-Power Poses gezeigt.

Eine Studie aus dem Jahr 2004, die in der Zeitschrift »Human Physiology« erschienen ist, belegt, dass sich das Hormonverhältnis im Blut verändert, wenn man vor wichtigen Ereignissen eine Powerpose einnimmt. So stieg im Durchschnitt das Testosteronniveau (Dominanzhormon) um 16 % an, während der Cortisolspiegel (Stresshormon) um 11 % sank. Und genau dieses Verhältnis aus erhöhtem Testosteron zu niedrigem Cortisol ist es, das uns Selbstvertrauen gibt, sodass unsere Ängste weniger von uns Besitz ergreifen. Bewegungen und unsere Körpersprache geben unserem Gehirn zu verstehen, wie wir uns in Situationen fühlen sollen, und lösen sogar eine Art Erinnerung aus. Wenn unsere Haltung offener, aufrechter und lebensbejahend ist, folgt unser Gehirn dem Beispiel, und die Erinnerungen selbst sind ebenfalls positiver.

Abschließend lässt sich also festhalten, dass sich eine expansive und offene Körperhaltung in unserer Bewegung und unserer Ausdrucksweise wiederwindet. Sie verleiht uns mehr Selbstvertrauen und innere Stärke und sorgt dafür, dass wir uns weniger ängstlich oder schwach fühlen. Generell sind wir einer Situation gegenüber positiver eingestellt. Allerdings gibt es einen weiteren positiven Effekt: Mit einer raumgreifenden Körperhaltung bewirkst du nicht nur, dass du dich selbst in einem positiven Licht siehst, es sorgt außerdem dafür, dass du einen klaren Kopf hast, in dem Platz für Kreativität, kognitive Ausdauer und ein abstraktes Denkvermögen ist. Und das sind alles Punkte, die dir während deiner Präsentation zugutekommen.

14.6 Elevator Pitch

In meinen bisherigen Ausführungen habe ich ab und an bereits die Bezeichnung *Elevator Pitch* verwendet. Nun möchte ich genauer darauf eingehen. Der Begriff *Pitch* bezeichnet hier eine Kurzpräsentation einer Idee oder deiner Person vor potenziellen Geschäftspartnern oder Geldgebern. Er beruht auf dem Szenario, dass du genauso einer wichtigen Person während einer Aufzugfahrt begegnest und zwischen 60 und 90 Sekunden Zeit hast, um dein Gegenüber davon zu überzeugen, das Gespräch nach der Aufzugfahrt fortzusetzen. Die Zeitspanne wird danach bemessen, wie lange der Aufzug vom Erdgeschoss bis zum obersten Stockwerk benötigt.

Da uns hier nur so eine kleine Zeitspanne bleibt, um zu überzeugen, möchte ich dich vorab erst etwas fragen. Kennst du eigentlich den *Treppenwitz*?

Der Begriff geht zurück auf den französischen Schriftsteller und Philosophen Denis Diderot, der im 18. Jahrhundert gelebt hat. Er schilderte dabei folgende Situation: Er sei auf einer Abendveranstaltung eingeladen gewesen und wurde in eine Diskussion zu einem ihm vertrauten Thema verwickelt. An dem Abend fühlte er sich allerdings ein wenig fehl am Platz und verunsichert und befürchtete, er würde bei all den wichtigen Menschen vor Ort einen falschen Eindruck von sich hinterlassen. Als er während der Diskussion provoziert wurde, fehlten ihm glatt die Worte und er konnte keine kluge Erwiderung geben. Daraufhin verließ er die Veranstaltung. Auf dem Weg nach draußen, ließ er auf der Treppe die Diskussion Revue passieren und am Fuße der Treppe fiel ihm die passende Erwiderung ein. Er fragte sich, ob er zurückkehren und seine geistreiche Erwiderung zum Besten geben sollte. Doch dafür war es nun zu spät. Der Moment und mit ihm seine Chance, waren vorbei. Enttäuscht von sich selbst ging er schließlich nach Hause.

Warum habe ich dir diese kleine Geschichte erzählt? Nun, frag dich einmal, ob du so etwas Ähnliches bereits selbst erlebt bzw. gefühlt hast. Genau das fühlen nämlich viele Menschen, wenn sie plötzlich in die Situation eines Elevator Pitches kommen und hinterher das Gefühl haben, nicht das Richtige gesagt zu haben. Die Idee hinter dem Treppenwitz ist die, dass einem eine prägnante oder geistreiche Bemerkung erst dann einfällt, wenn es zu spät ist. In der Fachsprache spricht man auch von einem *verhinderten Comeback* oder einer *verwaisten Retourkutsche*. Diese ist in den meisten Fällen geprägt von Bedauern, Enttäuschung und Demütigung. Wir wünschen uns eine zweite Chance, die wir aber nicht bekommen werden.

Ich wollte dir hiermit keine Angst machen, vielmehr möchte ich dich für die Wichtigkeit solcher Situationen sensibilisieren. Während du dich in einem Elevator Pitch befindest, sollten deine Gedanken nicht zu sehr darauf fokussiert sein, was andere von dir denken könnten. Auch solltest du nicht glauben, dass sie bereits eine feste Meinung von dir haben. Du begehst damit einen schwerwiegenden Fehler. Diese Gedanken lassen dich machtlos zurück und – noch schlimmer – du hast dich damit abgefunden. Diese Gefühle darfst du nicht zulassen. Du hast im besten Fall nur 90 Sekunden, um dich und deine Idee zu präsentieren. Verschwende sie nicht mit unnötigen Gedanken und lande damit einen schlechten Treppenwitz. Verbanne die folgenden Gedanken aus deinem Kopf, bevor du selbstbewusst in den Ring für einen Elevator Pitch steigst:

- Wäre mir dieses Argument doch nur eingefallen ...
- Hätte ich es doch bloß so gemacht ...
- Ach, hätte ich ihnen doch bloß noch das gezeigt ...
- Warum habe ich mich nicht so gezeigt, wie ich wirklich bin ...

Nun, da du dich hoffentlich von den negativen Gedanken befreit hast, widmen wir uns dem eigentlichen Pitch.

14.6.1 Was bringt dir ein Elevator Pitch?

Wenn du deinen persönlichen Elevator Pitch gewissenhaft vorbereitet hast, bist du bereits bestens gerüstet, wenn sich in deinem Alltag die spontane Möglichkeit bieten sollte, dich vorzustellen. Das kann im Grunde überall passieren: in der Supermarktschlange, im Fitnessstudio, auf einer Feierlichkeit, auf einem Netzwerkstreffen oder eben, wie es der Name schon andeutet, in einem Aufzug. Besonders während der Situation im Aufzug solltest du den Kontakt zu deinem Gesprächspartner schnell herstellen.

Der Elevator Pitch kann dir auch während eines Vorstellungsgesprächs begegnen. In der Regel wirst du gebeten, eine Zusammenfassung darüber zu geben, wer du bist, was für einen Background du hast und was für berufliche Ziele dich antreiben. Die Technik des Elevator Pitches hilft dir dabei, deine Antwort darauf zu planen, wenn der Personalchef dich beispielsweise fragt: »Erzählen Sie mir doch mal etwas über sich.«

Der aus meiner Sicht größte Vorteil eines Elevator Pitches ist der, dass du in diesem kurzen Gespräch die Führung innehast. Anstatt zu warten, dass der andere das Gespräch übernimmt und eine Frage stellt, präsentierst du selbstbewusst, was du zu bieten hast oder welche tolle Idee auf ihre Umsetzung wartet. Wie du ein Präsentationsskript erstellst und das Ganze in eine spannende Geschichte verpackst, hast du bereits in Kapitel 3, »Storytelling – die Würze deiner Präsentation«, und Kapitel 6, »Vor Publikum sprechen – finde deinen Flow«, gelernt. Grundsätzlich sollte dein Elevator Pitch folgende Fragen in aller Kürze beantworten:

- Wer bist du?
- Was machst du?
- Was willst du?
- Was ist deine Motivation?
- Was ist deine berufliche Leidenschaft?

Schauen wir uns im Folgenden einmal an, welche Bausteine es benötigt, um einen erfolgreichen Elevator Pitch aufzubauen.

14.6.2 Bausteine für deinen Pitch-Erfolg

In der Praxis haben sich sechs Bausteine als erfolgreich herausgestellt, um einen Elevator Pitch aufzubauen, zu strukturieren und zu halten. Egal, bei welchem Baustein wir uns im Folgenden befinden, für jeden solltest du ein starkes und repräsentatives Bild finden. Ziel ist es, eine ganze Geschichte in den Köpfen der Menschen zu verankern. Es sollte dabei der Gedanke entstehen, dass deine Idee genau das ist, worauf die Welt gewartet hat. Beginnen wir also mit der Einleitung.

Die sechs Bausteine eines Elevator Pitches

Einleitung

Die Einleitung dient dazu, sich unter anderem dafür zu bedanken, dass jemand sich die Zeit nimmt, dir zuzuhören. Bring zum Ausdruck, dass du eine großartige Idee auf Lager hast. Sofern du passende Referenzen hast, binde sie in deine Einleitung mit ein. Wenn du visuelle Hilfsmittel hinzuziehst, bietet sich die Gelegenheit, deine zuvor getroffenen Aussagen zu bekräftigen. Beachte, du übernimmst aktiv die Gesprächsführung und lenkst ihre Geschicke.

Das Problem

Hier kümmern wir uns um die großen Pain Points der Welt oder der Welt deines Kunden oder deiner Kundin. Schildere kurz das Problem, das du lösen willst. Dabei gibst du deine Sicht auf die Dinge und deine Idee wieder. Auch die Ergebnisse deiner Recherchen und Referenzen helfen dabei, deine bisherige Expertise zu beweisen. Hierzu zählen vor allem Angaben dazu, wie du anderen Kunden bei einem ähnlichen Problem bereits geholfen hast. Aber pass auf, wie du das formulierst. Manche mögen es nicht, wenn du dabei den Namen des Konkurrenten direkt in den Mund nimmst. Rede hier lieber nur von deinen Kunden oder Kundinnen.

Die Einsicht

Überrasche dein Gegenüber mit unvorhergesehen Einsichten und Einblicken, die ihn oder sie neugierig werden lassen und dazu verleiten, weitere Fragen zu stellen. Ziel ist es, das Gespräch zu verlängern.

Die Vision

Lass ein Bild deiner zukünftigen Vision vor dem geistigen Auge deines Gegenübers entstehen. Erkläre, wie du diese Vision erreichen möchtest, so klar und deutlich wie möglich. Es ist essenziell wichtig, dass deine Idee hinter der Vision verstanden wird. Zeige unbedingt deine Begeisterung und deine Hingabe für das Projekt. Falsche Scheu oder Scham davor, wie du wirken könntest, wenn du voller Herzblut sprichst, sind hier absolut fehl am Platz.

Die Problemlösung

Du greifst in diesem Schritt noch einmal das Problem vom Anfang auf und erklärst, wie deine Vision diesen Zustand ändern soll. Präsentiere es so, als wäre es das selbstverständlichste und offensichtlichste, was es überhaupt gibt. Stell weitere Möglichkeiten vor, wie deine Vision in Zukunft weiter mit Leben gefüllt werden kann, um das Problem endgültig aus der Welt zu schaffen.

Vielen Dank

Im letzten Baustein bedankst du dich noch einmal für die Aufmerksamkeit, die man dir geschenkt hat. Ermutige deinen Kunden dazu, sich zu melden, sollte er oder sie noch Fragen oder Anmerkungen zu deinen Ausführungen haben. Lass auf jeden Fall deine Kontaktdaten dar. Trage am besten stets ein paar Visitenkarten mit dir herum. Man weiß nie, wann man eine benötigt. Bekräftige zum Abschluss noch einmal, wie toll es wäre, gemeinsam an einer großen Version und für eine bessere Welt oder Zukunft zusammenzuarbeiten, ehe du dich verabschiedest.

14.6.3 Verbessere dein Mindset vor dem Pitch

Hast du dich eigentlich schon einmal mit deinem eigenen *Mindset* beschäftigt, wenn es darum geht, einen Pitch zu halten? Wie bist du ihm gegenüber eingestellt und welche Haltung nimmst du ein? Gerade an arbeitsreichen Tagen, in denen wir gefühlt 20 Dinge gleichzeitig zu erledigen haben, fehlt uns oft die Energie, um mit voller Überzeugungskraft in einen Pitch zu starten. Da haben wir die 30 E-Mails, die sich in unserem Postfach häufen, die Kollegin, die noch schnell etwas Wichtiges wissen will, oder das Telefonat, dem wir gerade nur mit halbem Ohr lauschen.

Dieser ganze Stress und die Hektik spiegeln sich in unserem Körper, in unserer Stimme und auch in unserem Mindset wider. Dann heißt es plötzlich: Der Elevator Pitch startet in 5 Minuten. Doch keine Panik, noch ist nichts verloren. Du hast es selbst in der Hand, dein Mindest in ein positives zu verwandeln. Dafür musst du nur deine ganz persönliche *Glücksmethode* finden. Diese sollte so gewählt sein, dass du sie schnell abrufen kannst, wenn es darauf ankommt. Darunter ist ein Ereignis zu verstehen, dass dich für eine kurze Zeit glücklich stimmt.

In der Regel wissen wir instinktiv, was uns in maximal 5 Minuten in eine bessere Stimmung versetzt. Bei mir ist es ein bestimmtes Musikstück, das ich mir vorher laut anhöre und dabei die Augen schließe, um es auf mich wirken zu lassen. Das kann bei dir natürlich etwas ganz anderes sein. Vielleicht ist es ein kurzer Plausch mit der besten Freundin, die dich in gute Laune versetzt, oder aber das Betrachten der letzten Urlaubsbilder. Erlaubt ist alles, was dich für kurze Zeit glücklich macht. Und sei es, dass du zu einem bestimmten Song tanzen musst. Dann tanz es einfach raus.

Es ist extrem wichtig, vor einem Pitch ein positives Mindset zu haben. Schließlich möchtest du die beste Version deiner selbst präsentieren. Wenn es also darum geht, dich selbst, ein Produkt, deine Dienstleistung oder deine Idee zu pitchen, dann wende 5 Minuten vorher deine persönliche Glückmethode an. Dazu habe ich noch eine kleine Übung für dich, um dir den Unterschied zwischen einem neutralen und einem positiven Mindset zu verdeutlichen. Bereite einmal einen kleinen Pitch vor oder nimm deinen zuletzt erstellten Pitch und trage ihn vor. Nimm dich dabei selbst mit einer Kamera oder deinem Smartphone auf. Mach eine kleine Pause und wiederhole die Übung dann mit demselben Pitch wie zuvor. Nur dieses Mal wendest du vorher deine Glücksmethode an, um dich positiv zu stimmen.

Analysiere im Anschluss beide Aufnahmen. Hier sollte dir bereits ein deutlicher Unterschied in deiner Körperhaltung und in der Art auffallen, wie du sprichst. Du wirst wahrscheinlich auch feststellen, dass du beim zweiten Versuch sogar sympathischer und lockerer erscheinst. Wiederhole die Übung ruhig ein paar Mal mit unterschiedlichen Pitches, um ein Gespür für das richtige Mindset zu bekommen.

Zum Abschluss habe ich noch ein paar zusätzliche Tipps zusammengestellt, um das Maximum aus deiner Kurzpräsentation herauszuholen.

Fünf Tipps für deinen Elevator Pitch

- **Übe deinen Elevator Pitch vorher sorgsam**, aber lerne ihn nicht Wort für Wort auswendig. So kommt er dir in der entscheidenden Situation spontaner über die Lippen, und es gelingt dir besser, einen lockeren, schon fast zwanglosen Ton beizubehalten. Halte deine Kurzpräsentation am besten vor Menschen, die bisher nichts mit dem Thema zu tun hatten, und bitte sie um ein ehrliches Feedback. So kannst du Fehler vermeiden, irrelevante Informationen streichen und Formulierungen verfeinern.
- **Lass dir beim Sprechen Zeit**. Auch wenn bei einem Elevator Pitch die Zeit gegen dich ist, verfalle nicht in Panik und rassele deine Präsentation wie ein gehetzter Hund herunter. Dabei besteht die Gefahr, dass du dich verhaspelst oder vor lauter Nervosität sogar wichtige Informationen weglässt. Langsam geht's am schnellsten.
- **Präg dir die allgemeine Struktur deines Pitchs ein** und pass sie der Situation entsprechend an.
- **Vermeide zu viele Fachbegriffe**, um dein Gegenüber nicht unnötig zu verwirren. Nutz für einen Elevator Pitch eine einfache und umgangssprachliche Sprache.
- **Zeig dich selbstbewusst**. Ein gut vorbereiteter Pitch verliert an Ausdruckskraft, wenn du dich klein machst und deine Ausstrahlung eher Flucht als Kampf signalisiert. Achte darauf, dass du mit fester Stimme sprichst, eine aufrechte Körperhaltung einnimmst und einen freundlichen Gesichtsausdruck zeigst.

14.7 Das Oreo-Prinzip – die Präsentation deines Angebots

Ein kleiner runder Keks soll dir nun dabei helfen, deine Angebote oder Vorschläge so aufzubauen, dass du sie gewinnbringend präsentieren kannst. Das Angebot oder der Vorschlag werden im Englischen mit dem Begriff *Proposal* beschrieben. Der Einfachheit halber werde ich im Folgenden ebenfalls diesen Begriff verwenden, da er ein wenig eingängiger ist und sich auch im deutschen Sprachgebrauch immer weiter etabliert.

Wichtig ist dabei zu verstehen, dass das Proposal nicht mit einem Kostenvoranschlag gleichzusetzen ist. Es ist so viel mehr als das. Es ist in der Regel ein Dokument zwischen zwei Parteien, die sich in irgendeiner Form bereits kennengelernt haben, und definiert im Grunde das, was du zu bieten hast. Es ist noch kein allgemeingültiger Vertrag oder eine Vereinbarung, vielmehr ist es ein Marketingdokument, das du nutzen solltest, um dich bestmöglich zu präsentieren. Mit die wichtigsten Bestandteile deines Proposals sind Informationen über dich und deine Leistungen. Du kannst es auch als eine Art *Exposé* ansehen.

Schauen wir uns den Aufbau genauer an. Ein Proposal ist vom Grundprinzip her wie ein Sandwich oder ein Oreo-Keks aufgebaut. Dein Proposal bildet hier die eigentliche Cremefüllung, also das, was jeder am liebsten hat. Du kannst dir das Ganze so vorstellen, dass die beiden Kekse den Gesprächsteil deines Vorschlags darstellen, während die Cremefüllung dazwischen all das Gute beschreibt, das du zu bieten hast. Der erste Keks definiert die Gespräche, die du mit den wichtigen Entscheidern führst, bevor du dein Proposal ausarbeitest. Und der zweite Keks ist das Gespräch, nachdem du dein Proposal präsentiert hast. Ich habe dir in Abbildung 14.23 einmal das Grundprinzip anschaulich zusammengefasst.

Abbildung 14.23 Das Präsentieren eines Proposals ist vergleichbar mit dem Aufbau eines Oreo-Kekses.

Bevor ich nun näher auf die drei Phasen bzw. Schichten des Proposals zu sprechen komme, möchte ich dir vorab ein paar Fehler aufzählen, die es bei der Erstellung deines Proposals zu vermeiden gilt.

14.7.1 Fehler, die man vermeiden sollte

Nachfolgend die zehn größten Fehler, die du beim Erstellen und Präsentieren eines Proposals machen kannst:

1. **Versteck dich nicht**: Oft neigen wir dazu, uns kleiner zu machen als wir sind. Wenn du etwas kannst, dann zeig dich in voller Größe.
2. **Versteck nicht deine beste Arbeit**: Ähnlich verhält es sich mit unseren Arbeitsproben. Das, auf das wir besonders stolz sind und das mit zu unseren besten

Arbeiten gehört, verstaubt oft in irgendeiner Schublade. Zeig deine Arbeit. Sie bezeugt am besten den Erfolg deiner ganzen Bemühungen.

3. **Ruh dich nicht auf Aussagen aus**: Auch wenn du gerade auf eine Rückmeldung von deinem Gesprächspartner wartest, mach nicht den Fehler und verfalle in eine passive Haltung. Bleib aktiv und frag lieber einmal mehr nach.
4. **Mach es nicht zu allgemein**: Wenn du dein Proposal zu allgemein hältst, wird er beliebig und austauschbar sein. Stattdessen solltest du mit deiner Einzigartigkeit überzeugen.
5. **Es dreht sich nicht alles um dich**: Auch hier gilt wieder einmal: weg vom Ich, hin zum Du.
6. **Gib keine Vermutungen ab**: Vermutungen lassen einen bitteren Beigeschmack entstehen. Tätige nur Aussagen, die du zu 100 % einhalten und umsetzen kannst.
7. **Hab nicht nur eine Option zur Verfügung**: Für den Fall, dass sich im Verlauf des nachfolgenden Gesprächs zeigt, dass deine potenzielle Investorin nicht so überzeugt von deinem Proposal ist wie du, dann eröffne ihm oder ihr eine zweite Möglichkeit.
8. **Lass dein Proposal nicht einfach fallen**: Bewahre dein Proposal bis zum Schluss auf. Was für den einen nicht funktioniert, kann für die Nächste zu 100 % passend sein.
9. **Geh nicht davon aus, dass alles, was du präsentierst, auch verstanden wird**.
10. **Geh nicht davon aus, dass dein Vorschlag nicht genommen wurde**, nur weil du ein paar Tage lang nichts von deinem Gesprächspartner gehört hast. Das kann ganz unterschiedliche Ursachen haben. Denk daran, es gehört in der Regel nicht zum Tagesgeschäft deines Kunden/deiner Kundin, sich mit deinem Proposal zu beschäftigen.

Bei jeder Anfrage, die du bekommen wirst, stellt sich über kurz oder lang die Frage, ob man die Zeit in die Erarbeitung eines Proposals stecken sollte oder nicht. Um direkt zu prüfen, ob sich die wichtige Entscheiderin Zeit für dieses Projekt nimmt, bitte ihn bzw. sie um ein kurzes Vorabgespräch (Cookie Nr. 1). Das Ganze kannst du als eine Art Testphase des Projekts verstehen.

Frag dich selbst, ob du eher ein gutes oder schlechtes Gefühl bei dem Projekt hast und ob du bereits eine Art Verbindung zu den ersten zarten Ideen dazu aufgebaut hast. Zeigt dein Kunde, deine Kundin die Bereitschaft, sich auf ein Vorabgespräch zu treffen, startet offiziell die erste Phase des Proposals mit dem Cookie Nr. 1.

14.7.2 Cookie Nr. 1: Das qualifizierte Gespräch

Vorab sei so viel schon einmal erwähnt: An diesem Punkt des Projekts ist noch nicht klar, ob du überhaupt ein Proposal erstellen wirst. Zuerst musst du anhand des folgenden Gesprächs mit dem Verein, der Institution oder der Firma herausfinden, um was es genau gehen soll. Die daraus gewonnenen Informationen kannst du im Anschluss in deinem Proposal nutzen, für den Fall, dass du dich dazu entschließen solltest, ein Proposal auszuarbeiten.

Abbildung 14.24 Cookie Nr. 1 dient dazu, herauszufinden, ob du den Auftrag haben möchtest oder nicht.

Wichtig ist auch, deine eigenen Interessen zu beachten. Einen Auftrag nur annehmen zu wollen, um des Auftrags willen ist auf längere Sicht nur frustrierend und demotivierend. Und plötzlich fühlt sich das Projekt nur noch wie Kaugummi an, und du versuchst, irgendetwas zustande zu bekommen, um möglichst schnell fertig zu werden. In der Regel liegen diese Vorschläge und Umsetzungen weit unter deinem eigentlichen Niveau. Und das kann sich im schlimmsten Fall auf deine Reputation auswirken. Denk daran: Du selbst entscheidest, ob du ein Projekt annehmen willst oder nicht.

14.7.3 Acht wichtige Fragen für dein Proposal, um den eigenen Wert zu demonstrieren

Um eine qualifizierte Entscheidung zu treffen, ob ein Proposal für dich infrage kommt oder nicht, habe ich dir acht wichtige Fragen zusammengestellt. Diese kannst du nach Belieben ergänzen. Außerdem empfiehlt es sich, sich für diese Fragen eine Art Formular anzulegen, das du später immer wieder als Template nutzen kannst. Du kannst das Ganze sogar erweitern und auf deiner Website einen Bereich mit einem passenden Formular einrichten. Bereits hier lässt sich die Bereitschaft deiner Interessenten eruieren. Ist er oder sie gewillt, das Formular auszufüllen, kannst du das zum Beispiel mit einem zusätzlichen Beratungsgespräch belohnen. So kannst du noch einmal gezielt auf die zuvor beantworteten Fragen näher eingehen, sollte noch etwas unklar sein. Je mehr Informationen du vorab sammeln kannst, desto besser für dich und deine finale Entscheidung. Das Ganze sollte an dieser Stelle kostenlos sein und nicht mehr als 30 Minuten in Anspruch nehmen.

Für deinen Gesprächspartner oder deiner Gesprächspartnerin wird es so aussehen, als würdest du eine zusätzliche Leistung anbieten, die inkludiert ist, aber für dich bedeutet das zusätzliche Informationen, die du für dein Proposal nutzen kannst.

Acht Fragen für dein Proposal

Folgende Fragen sind wichtig und wegweisend für dein Proposal:

1. Was genau brauchen Sie und bis wann?
2. Was sind die Ziele?
3. Wer ist Entscheidungsträger bei diesem Projekt?
4. Wie sieht der zeitliche Rahmen aus?
5. Wie ist das Budget?
6. Sind noch weitere Personen in das Projekt involviert, mit denen ich reden kann bzw. muss?
7. Haben Sie irgendwelche Bedenken bezüglich des Projekts?
8. Gibt es noch allgemeine Informationen, die wichtig sind, um das Projekt zu starten?

In Bezug auf Frage sechs besteht außerdem die Möglichkeit zu erfragen, wie viele weitere Personen im Rennen um das Projekt sind. Hier kommt es auf dein Verhandlungsgeschick an. Du solltest mit dieser Frage nicht direkt mit der Tür ins Haus fallen. Wenn sich die Situation während des Gesprächs ergibt, ist dies eine Information, die maßgeblich an der Entscheidung beteiligt ist, ob du ein Proposal abgibst oder nicht. Wenn bereits 20 weitere Personen angefragt wurden und du im Vorfeld gewisse Skepsis gegenüber der Anfrage hattest, würde ich persönlich von dieser Anfrage Abstand nehmen. Aber das bleibt alles in deinem eigenen Ermessen.

Bereits in der ersten Phase des Projekts (Cookie Nr. 1) solltest du dich mittels deiner Expertise als Expert*in auf deinem Gebiet positionieren. Das kannst du auf eine ganz einfache Art und Weise tun, nämlich über Fragen. Die Art, wie du Fragen stellst, kann deine Expertise unterstreichen. Für ein späteres aussagekräftiges Proposal benötigst du neben den oben gestellten Fragen noch ein paar spezifische. Diese teile ich gerne in drei Gruppen ein:

1. zielorientierte Fragen
2. technische Fragen
3. Fragen zur Entscheidung

Zu den zielorientieren Fragen gehören beispielsweise Fragen, wie das geplante Projekt in den Gesamtplan des Vereins oder der wissenschaftlichen Einrichtung passt. Wie soll sich das Projekt zukünftig darin wiederfinden und eingliedern? Wie soll der Erfolg des Projekts gemessen werden? Welche *KPIs* (*Key Performance Indicators*) liegen ihm zugrunde?

Die technischen Fragen zielen darauf ab, deinem Gegenüber das eigene Wissen zu demonstrieren, aber in einer unaufdringlichen Weise. Es sollte dir so natürlich wie möglich gelingen, über etwas zu sprechen, das du beherrscht. Hier zeigt sich ganz besonders der eigene Wert. Die Fragen sind dazu da, die Lücke zwischen dem, was der Entscheider weiß, und dem, was du weißt, zu schließen. Beliebte Fragen in diesem Themenkomplex sind Fragen zu Nutzungsrechten und technischen Know-hows, um eine Idee umzusetzen.

Im letzten Fragenbereich geht es darum, herauszufinden, welche Faktoren den Ausschlag geben, um eine Entscheidung zu treffen. Oftmals kommunizieren Kunden und Kundinnen nicht ganz eindeutig, was ihnen wirklich wichtig ist. An dieser Stelle kannst du wieder deinen Expertenstatus ins Spiel bringen. Erkenne, was der Kunde wirklich braucht. Mach aus dem Was der Kundin ein Warum, um eine starke Basis für dein Proposal zu schaffen. So gelingt es dir in der Regel, dich aus einer, ich nenne es einmal Vielzahl an Einreichungen, hervorzutun.

All diese Fragen führen dich früher oder später zu der Frage nach dem Geld – ganz nach dem Motto »Let's talk about money«. Bitte lass dir an dieser Stelle des Gesprächs die Führung nicht aus der Hand nehmen. Es ist enorm wichtig, dass du aktiv am Gespräch beteiligt bleibst. Da es in der Natur des Menschen liegt, nicht gerne über das liebe Geld zu sprechen, kannst du die Situation mit Fragen ein wenig entspannen. So eine Frage kann beispielsweise sein: »Denken Sie eher an einen Mercedes oder doch eher an einen Volkswagen?«

Manche versuchen durch absurde Preise eine Reaktion vom Entscheider zu erhalten. Ich wäre da an deiner Stelle jedoch vorsichtig. Dieser Schuss kann ganz schnell nach hinten losgehen. Eine bessere Frage wäre: »Wie viel haben Sie im letzten Jahr in Ihre Marke, in den Verein oder wissenschaftliche Studien investiert?« Sie ist eine Kernfrage und sagt bereits eine Menge über dein Gegenüber aus. Wenn er oder sie anfängt, die eigene Geschichte zu erzählen, ist das wie ein Jackpot für dich. Nun musst du nur noch aufmerksam zuhören. Besonders solltest du hier auf mögliche *Pain Points* (Schmerzpunkte) deines Gegenübers achten. Dies kann eine hervorragende

Ausgangsbasis für neue Ansatzpunkte sein, sogar mit einem kleinen Budget. Besonders dieser Punkt sollte in einem Proposal nicht unkommentiert bleiben. Und für den Fall, dass dein Kunde am Ende sagt: »Das ist ja mehr als ich dachte«, stell ihm einfach mal die Frage: »Was dachten Sie denn, was es kostet?«

14.7.4 Die Cremefüllung: Das Proposal

Nun sind wir an dem Punkt, an dem du eine qualifierzte Entscheidung auf Grundlage deiner obigen Fragen treffen kannst. Widmest du dich der leckeren Cremefüllung oder lässt du es lieber bleiben? Schauen wir uns einmal den Aufbau des eigentlichen Proposals an, den du im Anschluss präsentieren willst.

Abbildung 14.25 Die Cremefüllung stellt das eigentliche Proposal dar. Hier werden nun die einzelnen Optionen und Möglichkeiten definiert.

Zunächst einmal geht es darum, das Projekt zu bewerten, sodass es für dich am Ende auch rentabel ist. Wenn du das Projekt bereits vorher bepreist, verschwendest du im Grunde nur deine Zeit. Erst wenn du alle Informationen aus dem qualifizierten Gespräch vorliegen hast, kannst du deinen Projektvorschlag richtig bewerten. Das erste Gespräch hat dir die mögliche Obergrenze gezeigt, die dein Investor bereit ist zu zahlen. Nun geht es darum, die Basis zu definieren, unter die dein Angebot nicht fallen darf. Dein Proposal wird sich dann irgendwo dazwischen ansiedeln. Du kannst es dir als den Raum vorstellen, der sich zwischen Boden und Zimmerdecke befindet.

Stellen wir uns also einmal vor, dass die Obergrenze des Vereinsvorstandes bei 3.000 € liegt. Nun musst du wissen, wie lange das Projekt dauern soll und wie hoch dein eigener Stundensatz während dieser Dauer ist. Wird es unterhalb dieser Obergrenze sein oder wird es darüber liegen. Das ist der wesentliche Kern dessen, wie du Projekte gewinnbringend bepreisen und präsentieren kannst.

Lass mich das noch einmal in aller Kürze zusammenfassen: Du musst wissen, wie lange du für das Projekt brauchst, und du musst wissen, wie hoch dein Stundensatz ist. So kommst du auf eine Zahl, an der du bereits erkennen kannst, ob du über der Obergrenze von 3.000 € oder noch darunter liegst. Hierzu ein kleines Beispiel zur Veranschaulichung.

Gehen wir davon aus, dass dein Stundensatz bei 95 € liegen und du von einer Zeit von 28 Stunden ausgehst. Daraus ergibt sich, dass du mit 2.660 € unter der Obergrenze deines Kunden liegst. Du kannst also Gewinn erwirtschaften.

Dies ist nur ein einfaches Rechenbeispiel, da es an dieser Stelle noch keinen zeitlichen Puffer inkludiert hat. Wenn du von 28 Stunden ausgehst, solltest du dir zumindest einen Puffer von 14 Stunden einplanen, da es immer zu unvorhergesehenen Verzögerungen kommen kann. Das bedeutet allerdings auch, dass du mit 3.990 € deutlich über dem Budget des Vorstandes liegt. Dies solltest du so natürlich nicht kommunizieren, aber zumindest für deine Rechnung im Hinterkopf behalten.

Eine wunderbare Möglichkeit, um auch höherpreisige Pakete ins Spiel zu bringen, sind verschiedene Optionen, die unterschiedliche Dienstleistungen beinhalten. Dies ist außerdem eine weitere Chance, deinen Wert zu zeigen und unterm Strich betrachtet mehr Gewinn zu machen. Die Entscheiderin hat dabei immer noch die freie Wahl. Wenn er sich für das höherpreisige Paket entscheidet, umso besser für dich. Widmen wir uns den eigentlichen Elementen des Proposals.

Elemente des Proposals

1. individuelles Anschreiben an den Entscheider des Projektes
2. Definiere das Warum der Insitution, der Firma oder des Vereins.
3. Definiere das Was als einen Lösungsvorschlag.
4. Wie wirst du bei deiner Arbeit vorgehen?
5. Erstelle einen Zeitplan für den Projektablauf.
6. Füge einen kleinen »Über mich«-Bereich ein.
7. Nenne die Kosten des Projekts und möglich Optionen.
8. Falls vorhanden, füge Beispiele und Fallstudien hinzu.
9. Füge Referenzen und Testimonials ein.

Bis zu einem gewissen Grad kannst du dir hierfür eine Vorlage erstellen, die du immer wieder nutzen kannst. Allerdings sollte ein Proposal so individuell und maßgeschneidert wie nur möglich sein. Achte auch auf ein ansprechendes Design, das allerdings nicht zu überladen sein sollte. Arbeite hier lieber mit einfachen und klaren Designs.

Expertentipp: Optik des Proposals

Wenn du bereits vorab eine positive Wirkung auf die beteiligten Parteien allein durch die Optik des Proposals erzielen willst, gestalte das Proposal schon in Richtung des Corporate Designs deines Kunden/deiner Kundin, dem Verein oder der Instiution. So kann er/sie schon grob erkennen, wohin die Reise gehen könnte.

Bezüglich der Länge eines Proposals gilt die alte Weisheit: In der Kürze liegt die Würze. Es sollte nicht zu detailreich sein, da sonst die Gefahr besteht, dass es nicht komplett gelesen wird. Allerdings dürfen keine wichtigen Informationen fehlen. Um es deinem Gegenüber ein wenig leichter zu machen, kannst du die wichtigsten Hauptaussagen in separaten Grafiken zusammenfassen, die sich auf einen Blick erfassen lassen. Wie das funktioniert, habe ich dir bereits in Kapitel 5, »Vereinfache komplexe Geschichten mithilfe von Visuals«, erklärt.

Ist dein Proposal nun so weit vorbereitet, folgt der große Moment. Du präsentierst es dem Investor. Widmen wir uns also der letzten Phase, dem Cookie Nr. 2.

14.7.5 Cookie Nr. 2: Den Vorschlag teilen

Nun folgt der Teil, um den sich bisher alles in diesem Buch gedreht hat: die Präsentation. Diese sollte bei einem Proposal am besten in Echtzeit und von Angesicht zu Angesicht erfolgen. Dies hat den unschlagbaren Vorteil, dass die zarten Bande, die bereits im ersten qualifizierten Gespräch geknüpft wurden, vertieft werden und sich eine echte Geschäftsbeziehung daraus entwickeln kann.

Abbildung 14.26 Nun kommt es darauf an, mit dem Cookie Nr. 2 zu überzeugen.

Kennst du eigentlich den Begriff des *selbst verschuldeten Stresses*? Dieser bildet sich, wenn man kein Gespräch führen will und einfach das Proposal ohne Kommentare oder Erklärungen seinem Gegenüber aushändigt und darauf wartet, dass etwas passiert. Soll ich dir mal etwas verraten? Das wird nicht funktionieren. So wird es dir nur in den allerseltensten Fällen gelingen, jemanden von deinem Vorschlag zu überzeugen. Es wäre dein Sechser im Marketinglotto. Und dafür war der Aufwand vorab einfach zu groß, also schlag dir bitte diese Art des Denkens aus dem Kopf.

Das nachfolgende Gespräch nach der Präsentation des Proposals ist enorm wichtig, da es dir die Chance bietet, auf mögliche Fragen direkt zu antworten und die Reaktionen deiner Zuhörerschaft zu sehen. Zudem kannst du noch einmal in aller Deutlichkeit dein Interesse an dem Projekt bekunden, etwas, das am besten in Echtzeit gelingt.

Wie solltest du nun also vorgehen? Sofern die Präsentation via Zoom oder einem anderen Onlinedienst stattfindet (siehe Kapitel 10, »Der große Onlineauftritt – überzeuge im digitalen Show-down«), solltest du das fertige Proposal maximal 30 Minuten vor der Präsentation an deinen Kunden oder deine Kundin verschicken. Sobald es losgeht, fängst du damit an, dass du dich für das Interesse an dir als Person und die Zeit zu bedanken, die man sich jetzt für dich nimmt. Anschließend führst du die Teilnehmer Schritt für Schritt durch das Proposal und erläuterst die einzelnen Elemente darin. Dein besonderes Augenmerk sollte hier auf deinem Lösungsvorschlag und deinem Zeitplan liegen.

Sobald du die Präsentation des Proposals abgeschlossen hast, gibst du deinem Gegenüber die Möglichkeit, Fragen zu stellen. Gib ihnen dazu ruhig einen Moment Zeit, damit sie sich sammeln und ihre Gedanken sortieren können. Sofern alle Fragen geklärt sind, solltet ihr klar kommunizieren, wie die nächsten Schritte aussehen und diese am besten schriftlich fixieren. Du kannst deinen Vortrag damit beenden, dass du dich jetzt schon auf eine Rückmeldung seitens deines Kunden oder deiner Kundin freust.

14.7.6 Follow-up nach der Präsentation

Wie bereits in Kapitel 11, »Nach der Präsentation«, erwähnt, ist das nachfolgende Follow-up entscheidend. Ich mach es gern so, dass ich einen Tag später noch einmal eine kurze E-Mail versende, in der ich mich bedanke und mein Interesse an dem bevorstehenden Projekt bekunde. Wie weiter oben bereits erwähnt, bedeutet keine Rückmeldung zu bekommen nicht zwangsläufig, dass man den Zuschlag nicht bekommen hat. Bleib wie gesagt ruhig und gib dem Gedankenkarussell keine Nahrung, indem du vom Schlimmsten ausgehst. Frag besser nach einer gewissen Zeitspanne von maximal zwei Wochen noch einmal freundlich nach, ob das Projekt noch Relevanz hat. Für den

Fall, dass es auf einen späteren Zeitpunkt verschoben werden sollte, trag dir dies unbedingt als Wiedervorlage in deinen Kalender ein und fass in dem genannten Zeitfenster nach.

Tipp

Biete deinem Gesprächspartner an dieser Stelle an, noch einmal auf wesentliche Punkte des Proposals einzugehen, um sich alles wieder ins Gedächtnis rufen zu können.

In den zusätzlichen Materialien zum Buch (*www.rheinwerk-verlag.de/5625*) findest du ein exemplarisches Proposal zu unseren altbekannten Freunden, dem fiktiven Gartenbauer *green feelgood*. An diesem kannst du dich gerne orientieren, um deine eigene Mastervorlage für ein Proposal zu erstellen.

Nun sind wir endgültig am Ende unserer gemeinsamen Reise durch die aufregende Welt der Präsentationen angelangt. In den zurückliegenden vierzehn Kapiteln habe ich dir all mein gesammeltes Wissen aus den letzten zehn Jahren zusammengetragen, damit du niemals in eine Situation gerätst, wie ich es bei meiner allerersten großen Präsentation vor rund 50 Personen erlebt habe.

Ich hoffe, du hattest viele Aha-Momente und kannst in Zukunft deine Präsentationen nicht nur spannend aufbauen, sondern auch gestalterisch aus dem Vollen schöpfen. Ich wünsche dir allzeit viel Erfolg, Spaß und jede Menge inspirierende Begegnungen bei deiner zukünftigen Arbeit mit und an Präsentationen.

Abbildungsnachweis

Seite 16, Abb. 1:	Artinun – stock.adobe.com
Seite 22, Abb. 1.1:	MYDAYconten – stock.adobe.com
Seite 51, Abb. 3.3:	Petar – stock.adobe.com
Seite 117, Abb. 4.30:	Igor Dudchak – stock.adobe.com
Seite 170, Abb. 4.101:	Naboding – stock.adobe.com
Seite 176, Abb. 4.111:	Pefkos – stock.adobe.com
Seite 179, Abb. 4.118:	nasik – stock.adobe.com
Seite 180, Abb. 4.119:	Tomasz Zajda – stock.adobe.com
Seite 242, Abb. 6.15:	smolaw11 – stock.adobe.com
Seite 254, Abb. 7.1:	Arif Arisandi – stock.adobe.com
Seite 257, Abb. 8.1:	opolja – stock.adobe.com
Seite 259, Abb. 8.2:	NDABCREATIVITY – stock.adobe.com
Seite 267, Abb. 8.8:	RAYBON – stock.adobe.com
Seite 278, Abb. 8.11:	Rawpixel.com – stock.adobe.com
Seite 292, Abb. 8.17:	Miyuki Omori – stock.adobe.com
Seite 293, Abb. 8.18:	nndanko – stock.adobe.com
Seite 306, Abb. 9.1:	fizkes – stock.adobe.com
Seite 317, Abb. 9.3:	Pixel-Shot – stock.adobe.com
Seite 330, Abb. 10.1:	Kateryna – stock.adobe.com
Seite 341, Abb. 10.9:	Friends Stock – stock.adobe.com
Seite 343, Abb. 10.10:	sdecoret – stock.adobe.com
Seite 345, Abb. 10.11:	LIGHTFIELD STUDIOS – stock.adobe.com
Seite 354, Abb. 10.13:	Javvani – stock.adobe.com
Seite 358, Abb. 10.14:	artinspiring – stock.adobe.com;
Seite 358, Abb. 10.15:	WDnet Studio – stock.adobe.com
Seite 394, Abb. 12.13:	shaiith – stock.adobe.com; Olesya Frolova – stock.adobe.com
Seite 400, Abb. 12.23:	Rawpixel.com – stock.adobe.com; krishna – stock.adobe.com; alexeg84 – stock.adobe.com

Index

A

B

C

D

E

F

G

H

I

J

K

L

M

N

O

P

Q

R

S

T

U

V

W

Z